石元春全集

COMPLETE WORKS OF SHI YUANCHUN

土壤文集卷

石元春◎著

中国农业大学出版社
China Agricultural University Press
·北京·

内 容 简 介

《石元春全集·土壤文集卷》选入了包括作者研究生论文在内的46篇文章，按内容分土壤学篇、盐渍土及改良篇和水土资源与环境篇。卷内有作者在地学综合体、半湿润季风气候区水盐运动、现代资源环境观等方面的心得。

图书在版编目（CIP）数据

石元春文集. 土壤文集卷/石元春著. --北京：中国农业大学出版社，2022.2

ISBN 978-7-5655-2688-6

Ⅰ.①石… Ⅱ.①石… Ⅲ.①石元春－全集②土壤学－文集 Ⅳ.①N53 ②S15-53

中国版本图书馆CIP数据核字（2021）第262260号

书 名 石元春全集·土壤文集卷

作 者 石元春 著

总策划	席 清 丛晓红	**责任编辑**	洪重光
策划编辑	何美文	**封面设计**	李尘工作室
出版发行	中国农业大学出版社		
社 址	北京市海淀区圆明园西路2号	**邮政编码**	100193
电 话	发行部 010-62818525,8625		读者服务部 010-62732336
	编辑部 010-62732617,2618		出 版 部 010-62733440
网 址	http://www.cau.edu.cn/caup	**E-mail**	cbsszs@cau.edu.cn
经 销	新华书店		
印 刷	涿州市星河印刷有限公司		
版 次	2022年2月第1版 2022年2月第1次印刷		
规 格	170 mm×240 mm 16开本 37印张 725千字 插页 2		
定 价	220.00元		

滴水粒沙集

——代全集序

科教生涯快70年了。

前40年主要从事土壤地理科教工作。参加过中国科学院黄河中游水土保持综合考察和新疆综合科学考察；参加过土壤地理教学；“文革”后参加黄淮海平原旱涝盐碱综合治理达20年之久。

世纪之交，参加过国家高技术研究发展计划（863计划）、国家重点基础研究发展计划（973计划）以及国家中长期科学和技术发展规划等三次国家重大科技发展战略的研究。

学术生涯的最后一站，是年过古稀还满怀激情地投入到一个全新领域，倡导生物质科技与产业化。

20世纪八九十年代，担任过8年北京农业大学校长。

自研究生学习以来，养成了一种“随做随总随写”的勤于笔耕习惯。为庆祝中国工程院成立20周年，不到一年时间就编撰出版了280多万字五卷册《石元春文集》。当了8年校长，秘书没为我起草过一篇文稿。因勤于笔耕，70年积淀了一大箩筐的陈年旧纸。

2016年夏得短暂性脑缺血症，即小中风，体能明显衰退，毕竟已是85岁的人了。于是减少外勤学术活动，增加室内写作，启动了整理编撰《全集》计划。

《全集》包括：文集类6卷册，《土壤文集卷》《农业文集卷》《教育文集卷》《生物质文集卷》《杂文文集卷》和《研究报告文集卷》；专著类4卷册，《黄淮海平原水盐运动卷》《战役记卷》《决胜生物质卷》《决胜生物质Ⅱ卷》，其中《决胜生物质卷》上一版出版后，美国和韩国的两家出版社又分别出版了英文版和韩文版，此次一并纳入《全集》中；其他类5卷册，《PPT选辑卷》《视频选辑卷》《自传卷》《影像生平卷》和《全集总览卷》。《全集》中的部分卷册是新编的，部分卷册之前出版过，此次在原有版本基础上稍做修改补充，尽量保持原貌。作为科技与教育成果，《全集》内容与资料都已经过时了，但却留下了一些时代印痕。《全集》工程，打算 2023 年底收官。

感谢一生中鼓励、支持和帮助我的贵人；感谢我的老伴李韵珠教授；感谢中国农业大学出版社席清社长和丛晓红总编辑等同志为出版《全集》所做的巨量工作；感谢王崧老师在《全集》出版过程中提供的种种帮助。

我是新中国培养的知识分子。通过《全集》，将自己一生工作做一番清理，像整理打扫一间老旧住房一样。也想以此作为一种交代，对培养我的祖国与人民的一个交代与感恩，对辛勤一生的自己的一个交代与慰藉。

科学是一条流淌不息的长河，科技工作者是一滴水；科学是一座巍峨雄伟的大山，科技工作者是一粒沙。科技工作者的岗位就是做好滴水粒沙工作。

石元春

识于北京燕园，2021 年末

序

20世纪50年代，师从著名土壤地理学家李连捷院士，研究生论文研究是“晋西黄土中埋藏古土壤”，以后参加中国科学院新疆综合考察和土壤地理学教学工作。70年代初到90年代初从事长达20年的黄淮海平原旱涝盐碱综合治理研究与实践，90年代中期主持国家自然科学基金重大项目“华北平原节水农业应用基础研究”，乃黄淮海平原综合治理项目的一个后续专项研究。21世纪之初开始关注我国西北地区的水土资源与生态环境问题。

发表的文章也大体集中于“土壤学”“盐渍土及改良”和“水土资源与环境”三个方面，构成了本《土壤文集卷》中的三篇，共选入46篇文章。

早期研究中，提出了黄土中古土壤的分类系统及第四纪期间的棕褐土—典型褐土—灰褐土—碳酸盐灰褐土的古土壤演替序列；提出了塔里木盆地北部盐分的积聚规律和盐渍土的利用与改良。20世纪70年代和80年代的国家重大科技攻关项目中，提出了黄淮海平原水盐运动规律和水盐平衡、区域水盐监测预报体系和水盐调节、地学研究和综合治理区划，以及半湿润季风气候区水盐运动理论和旱涝盐碱综合治理的技术体系等。并在多年地学研究基础上提出了“地学综合体”概念。

20世纪90年代，主持“节水农业应用基础研究”项目，该项目研究提出了农田水循环（FWC）和土壤—植物—大气水循环（SPAC）相结合及其水调节的应用基础理论；近十多年，相继提出“土壤学的数字化和信息化革命”“土壤的一个新的功能”“现代资源环境观”“绿色文明观”，以及农业节水中的盲区与亮点、走出治沙与退耕中的误区、西北呼唤草业等观点。

曾著有《黄淮海平原的水盐运动和旱涝盐碱综合治理》（1983年）、《盐渍土的水盐运动》（1986年）、《区域水盐运动监测预报》（1991）等5部著作，此《土壤文集卷》又收集了46篇文章，基本反映了长达60年在土壤学领域的工作。

将60年土壤科学领域的研究心得汇集于此，是对自己的一份交代，也是对业内同仁的一种交流与求教。篇中各文均有“写作背景”和相关图像，以助读者对该文的了解。卷中诸文内容皆一家之言，难免偏颇，恳请读者赐教与指正。

石元春

2014年春节于海南

在自然界，在不同气候带的影响下，第四纪沉积物、地貌、水文与水文地质、土壤、植被等五个地学要素不是各不相干和随机叠置，而是有规律和相互协调的一个统一的地学系统。第四纪沉积物是地学综合体的基础，决定了地貌的基本骨架及其构成物质的岩性和年代、土壤母质以及水文和水文地质特征；地貌是水、风、重力等外营力作用于第四纪沉积物的一种外在表观；土壤和植被则是在一定的沉积物（母质）、地貌、水文和水文地质条件下发育生成的。把握了第四纪沉积物、地貌特征及水文与水文地质状况，土壤与植被的类型及分布规律就一目了然了。地学五要素及其综合体形形色色，繁复多样，但在空间分布上与地貌类型的相关性和一致性最高。这就是我的“地学综合体”观。

——石元春，引自《20世纪中国著名科学家成就概览》，2011

目 录

CONTENTS

上篇 土壤学篇

中篇 盐渍土及改良篇

下篇 水土资源与环境篇

上篇

土壤学篇

本篇以作者的研究生论文报告开篇，有晋西黄土的形成和我国黄土古土壤地理学研究等3篇第四纪古土壤地理方面研究论文；有新疆土壤和我国北方旱区土壤论文各1文；有20世纪50年代末“学术大批判”中关于“农业土壤”方面2文，土壤学词条1篇，以及以后对土壤科学发展展望的3篇文章，以2008年发表的《土壤：一个新的功能》文结篇。全篇共收入文章11篇。

上篇目录

1 晋西黄土中古土壤的初步研究

【写作背景】

《文集》作者的研究生论文研究工作是在参加中国科学院黄河中游水土保持综合考察队第四纪地质组，在刘东生先生协助指导下进行的。作者在北京农业大学 1956 年秋季学术报告会上作了报告。本文是根据该报告整理的文字稿，手刻油印，保存至今，现被收入本《文集》，实乃幸事。此文是作者进入土壤学领域的处女作。

第四纪期间，地球上已有明显的生物气候带分异，黄土也正是在一定的生物气候带里才能被堆积和保存下来。如果我们注意了黄土在地球上分布的特点，那么就可以看到它主要是分布在中纬度一带的事实。反之，在第四纪期间我国华南一带生物气候条件下的任何堆积物均不可能具有黄土的那些性状，而是富铁铝型的红色风化壳。此外，黄土堆积地区地域辽阔，以及自然地理条件上的差异而使得各地方的黄土具有不尽相同的性状，相同年代的南京下蜀黄土与西北黄土在性状上的显著差异即为证明。在不同时期里，黄土沉积条件的改变亦引起同一地区黄土层不同层位的黄土具有不同的性状。以上均说明黄土为一地理体，是第四纪时期里古地理景观中不可分割的组成部分。因此，我们不仅要用地质的方法，也要用地理学的和土壤学的方法来研究黄土。

黄土在堆积过程中（无论是何种地质营力），只要它裸露在地表，它就会受到各种自然因素的综合影响而形成各种类型的土壤。当沉积速度较快，成土作用不强时，沉积物主要表现出地质营力留下的特征，土壤过程的影响不明显。在沉积间断和减缓，土壤过程强烈进行的情况下，沉积物中往往留下了明显的被埋藏的古土壤层。因此，在研究黄土的土壤学性质，尤其是其中埋藏的古土壤层不仅有助于了解黄土沉积过程中生物气候条件演变的特点，并对黄土成因问题的讨论提供重要线索。

在李希霍芬和奥勃鲁切夫来中国研究黄土的时期即已提出黄土是在草原条件下沉积，并受到过程的影响。奥勃鲁切夫在最近发表的文章里更明确地提出“……黄土是在比较干旱气候条件下形成的另一种类型的土壤”[1、2]。但是不得不承认，在过去的文献中，对我国北方黄土的土壤学研究是极为缺乏的。

本文不拟对黄土作一般的土壤学说明，只是根据在晋西观察所得，对黄土中古土壤层作一些尝试性探讨。

1.1 红色黄土中的古土壤层

自从洛奇和奥勃鲁切夫将黄色黄土和红色黄土区分开来以后，德日进、杨钟建二氏在山陕一带对红色黄土曾作了专门考察。他们注意到了夹在红色黄土中的红棕色层次，并作了详细描述，认为是黄土中地下水流造成，或为流水的沉积层次。直到最近几年来才提出红色黄土中夹有数层土壤层的说法。这种说法虽然很快得到多数研究者的赞同，但是这方面的研究资料几乎完全缺乏。因此红色黄土中的“红层”是埋藏的古代土壤层呢？还是沉积层次的问题仍然是目前讨论的中心。自然，只有对“红层”本身进行详细研究，才能得到更确切的回答。

红色黄土在晋西的中部和南部尤为发育，可厚达百余公尺。它的最主要特征是其中夹自多达 18 层以上的“红层”，所以在天然露头上可以看到红黄相间的条带成水平排列，在人工修理过的窑洞的壁上看得更加清楚。由于雨水淋洗和表面的风化作用，使整个层次呈现浅红颜色，故有“红色土”和“红色黄土”之名，实则为红黄相同的条带所组成（见附图 1）。根据在晋西各地，尤其是离石县王家沟中一含有 18 层“黄层”的剖面的观察和对其中具有代表性的两层进行理化性质及孢粉分析的结果，证明了该“红层”，确系被埋藏的古土壤层而非流水沉积层次。

古土壤层发育在浅棕黄色的轻壤质的黄土物质之上，无论在形态上，或是理化性质和古生物学性质上均保存着土壤过程留下的明显痕迹，主要特征如下（参见本文后附图 2、附图 3、附表 1、附表 2）：

（1）剖面中具有明显的淋溶、淀积和母质的发生学层次。

（2）土色自上而下渐浅，A 及 AB 层为暗红棕色，B 层为红棕色，钙积层则由黄棕色逐渐变为浅灰黄色。

（3）表层及亚表层常有核状及核块状结构，有时尚有小的裂隙和附着在结构面上的暗色锰质胶膜。在下部和古土壤层中很少见到结构及裂隙，可能是存在时间较久，受压力较大之故。土层中经常可以见到虫穴、鼠洞和动物粪便等遗迹，并偶有田螺化石出现。

（4）表层有明显的黏化现象，物理性黏粒可达 58% 左右，B 层较母质层黏重（参见本文后附图 3 的 A 层），值得提出的是黏化现象是逐渐地向下减轻，从未见到层理。

（5）腐殖质层较厚（60 ～ 80 cm），但绝对含量很低（表层仅 0.4% ～ 0.7%），这与久经埋藏后所遭到的进一步矿质化有关（参见本文后附图 3 的 B 层）。

（6）土体中移动最大的是碳酸盐，往往在一公尺以下沉积成层，含量可达 10% ～ 17%，为碱性反应（pH=8.1），有时碳酸钙聚积成头状或柱状的结核。表层为中性和微碱性，且碳酸钙较多，为复钙作用所致，表层以下即为碳酸钙淋溶层（参见本文后附图 3 的 C 层和 D 层）。

（7）无论在颜色、质地、结构及化学元素的淋溶和淀积方面均为逐渐过渡，BC 层一般都是舌状或波状的土壤型过渡方式，未见有流水沉积的层面。

（8）胶体部分的硅铁铝率为 2.7 ～ 3.0，硅铝率为 3.6 ～ 4.0，三氧化物（尤以三氧化二铝）在土层中显然较底土为多，Al_2O_3 稍有下移现象。

由上所叙，红色黄土中古土壤层的最主要性状是：全剖面均有显著的黏化现象，尤以上层为最；坚实而有明显的核状－块状结构；风化程度很深，为低硅铝型，三氧化物稍有移动；该土壤处于碳酸盐淋溶，一般均在腐殖层（很厚）以下淀积成层，表层为微碱性反应。从剖面形态及理化性质看来，它不同于山地的森林土壤（如灰色森林土或棕色森林土），也不同于一般的草原土壤，而接近于在温暖，干湿交替的气候和旱生森林下发育的褐色土型土壤（淋浴的和典型的）。

根据孢粉分析的资料，证明当时植被亦为旱生森林型，其中有欧洲赤松（*Pinus silrestris* sp.）、桦树（*Betula* sp.）、桤木（*Alnus*）等木本植物（参见本文后附表 3）。在动物化石化方面，也证明当时为森林和森林草原景观，除田螺外，其中尚有马、小牛、鹿和穴生的啮齿类哺乳动物，古生物学的研究资料也同样符合于古土壤研究的结果。

由以上对“红层”的描述中可以看到其碳酸钙极少而逐渐在下面淀积成层，显然这是在比黄土快速堆积期更为潮湿的气候下，由土层中的下行水流所造成。如为地下水流所致，则钙质结核层必在红层以上出现。其次，在经过矿化后的腐殖质剖面中，仍可看出表层的含量大于底土的 3 倍，这与孢粉分析结果是相吻合的。颜色、质地及结构的逐渐过渡而未见有层理也有力地说明了这是成土过程的结果而不是沉积物的特征。此外，红层并非被限制在基岩谷地和凹地的底部，相反地，它却随着基岩面而起伏，并可一直延伸到河流的分水岭地段，显然，它是古地面（古土壤）而不是河流冲积层。

该古土壤层由于被埋藏的时期较短，上面的覆盖层不厚（20 ～ 80 公尺），没有内应力所加于的剧烈影响（高温高压），并且一直在比较干旱的条件下保存，故成岩作用对古土壤的形态特征破坏不大，不仅再结晶作用不明显，即使是质点的直接靠近作用也只是在下部的土层有着比较明显的影响。

古土壤层间的“黄层”纯净均一，少有杂质，除了比较坚硬和颗粒稍细以外，均同于红色黄土上面的风积黄色黄土。但在与红层接触处往往有坡积的痕迹。“黄层”的结构、孔隙和团聚度等性质说明了成土作用的影响，但是矿物分析的结果和缺乏古生物化石的事实也说明了当时的风化及成土作用对沉积物的影响是十分微弱的。

根据朱显谟先生的考察[8]，在晋、甘、陕三省境内的红色黄土中普遍含有该古土壤层，在兰州、县宁、定西一带所见较之今晋西则表现出更加微弱的淋溶作用，剖面中有泡沫反应，钙积层中仅有白色假菌丝的新生体而少见砂姜，黏化层的红色也较浅。这更能说明下更新统和中更新统期间，越靠近中亚荒漠地区的气候越加干旱。

1.2 黄色黄土中的古土壤层

中更新统和上更新统期间，风积的黄色黄土覆盖在红色黄土构成的丘陵沟壑地形的分水岭和谷坡之上。在谷底里的黄色黄土底砾层之上的黄色黄土却带有淤积性质，它们将河谷沟道填成宽平的“台地”，在各河上游保持得尤其完整，越往下游越是割切破碎，构成最高的一级阶地。在这种淤积性黄色黄土中往往有2～3层被埋藏的古土壤层，虽然它仅限于河谷之内，但是它仍然反映了黄色黄土沉积初期的生物气候条件和地理景观特点。

整个土层以黑色和深灰色为主，但在表层以下棕的色彩逐渐加重，故当地老乡称之为“黑垆土”。腐殖层很厚，一般在1公尺左右，表层腐殖质较多（1.2%），往下很快渐少。显然，它的腐殖质不如红色黄土中的褐土型古土壤那样深度的矿化。土层中明显的黏化也是它的重要特征，但是物理性黏粒的含量较褐土型古土壤为低，坚实而没有明显结构。碳酸钙在下层淀积，往往随根孔成假菌丝状和斑点状，其下为钙积层，但缺乏定型的石灰结核。上叙性状均与褐土型古土壤层不同，但酸度及胶体部分的分子比则比较近似（以上均见本文后附表4，附表5）。

根据孢粉分析的结果，证明其中以蒿属和藜科植物为最多，此外有少数禾本科及其他草本植物。

从以上观察和分析的结果，黄色黄土中的古土壤层不同于红色黄土中褐土型古土壤，而属于干旱温暖的半荒漠条件下发育的灰褐土型土壤。由以下特征可进一步确定为草甸型的灰褐土：①腐殖质深厚，且含量较高；②在剖面较深的部位才出现碳酸盐反应；③BC层及C层有少量铁锈斑出现；④含有极少数的水藓和羊齿植物的孢粉。

马溶之先生曾在山西及河南西北部的黄色黄土中发现 1 ～ 3 层被埋藏的古土壤层，并定名为栗钙土[6、7]，因无具体剖面描述及分析资料，故无法比对。

1.3 由黄土中古土壤层看第四纪气候

无论对黄土成因问题的见解是多么分歧，但是对黄土堆积（或残积）时的气候条件的看法却较为一致。B.B. 波波夫认为“……沙漠成岩作用是形成黄土的主导作用，所以黄土是气候干燥，经常寒冷的极好标志。”他还描写道：“在此干燥的草原地区，有河流流过，虽然这里的降水量并不大，但已足够草木的需要。在这样的地区，人、犀牛、毛象和牦牛等动物，以及许多陆上的软体动物皆可生存[11]。对我国陕西[5]及甘肃省[9]的黄色黄土的矿物及胶体矿物的研究有力地证实了黄土中风化和成土作用是十分微弱的，熊毅先生确切地指出“从长石没有充分风化来说，黄土（风极）时期，气候应属干冷，是无疑问的”。

但是，值得我们注意的是，过去我国黄土的研究多偏重在纯净均一的马兰黄土（即黄色黄土），相反地，分布极广，厚度很大的红色黄土却未得到应有的重视。因此，当我们证实了黄土，尤其是红色黄土存在一系列古土壤的事实以后，不得不使我们进一步考虑和更加细致地探讨在黄土沉积过程中生物气候条件演变的特点及黄土的生成问题。

红色黄土中十数层古土壤层的存在说明了下更新统和中更新统期间，黄土的堆积并非始终如一，而是有着周期性的间歇。因此，奥勃鲁切夫认为上新统—更新统期间，中国北方由于气候的变动而三次侵蚀期被三次黄土堆积期所替代的说法[1]不得不重新加以考虑。因为即使在潮湿气候时期（侵蚀期）之间的黄土堆积期里的气候也有着十数次的周期性变动。只是在此期间，有关地壳的相对稳定而未引起周期性的侵蚀和下切而已（可能降水量亦较侵蚀期为小）。

在堆积黄土的时候，气候干燥、寒冷，仅有稀疏的荒漠草原型的植被和少数能忍受这种严酷气候环境的动物群，土壤及风化过程十分微弱，这些已如上叙。当气候转变得比较温暖和潮湿的时候，黄土物质的来源减少以至间歇下来。原来生长在海拔较高的山区的旱生森林逐渐向下推移，随着成土及风化作用的增强而在原来堆积的黄土物质上留下了褐土型的土壤层。钙质的移动和在底土的沉积说明当时的气候仍然比较干旱（但较黄土堆积时潮湿得多），而土层的黏化现象又往往与季节性的干湿交替有关。此时地表流水也开始活动，其主要水系和现代大致相符[10、13]，但集中下切不明显。以后，当气候又趋干冷，生物大量死亡，黄土又开始了快速堆积。在整个红色黄土堆积的时期里，随着气候周期性的变动，极为干旱寒冷的荒漠草原景观和比较温暖湿润的旱生森林景观也多次和往复地更替，形成了厚达百余公尺，夹有十数层古土壤层的红色黄土，将原来的石质丘陵（包括三趾马红土）填平成为高原地形。

中更新统期间，红色黄土遭到强烈分割，红色黄土也就不是整合地覆盖在此丘陵地形之上了。但厚度却小得很多，因气候周期性变动的次数大为减少，幅度也变窄，旱生森林景观已不复出现。

因此，认为我国北方在周口店时期和三门期间气候干热，马兰期气候干冷的看法是不够全面的。同样地，认为“三趾马红土沉积时期的干旱不很明显，且较温和；三门层比较很快地变冷，而黄土层则急剧变冷”[1]的说法也不尽妥当。显然过去的这些看法是与把红色黄土误认为介于红土和黄土之间的浅红色土状物质有关的。

黄土层中埋藏的古土壤层说明了目前地面上的褐色土早在第四纪期间即有发育，目前吕梁山西坡土壤垂直带的结构正是第四纪期间周期性变更的延续。因为，我们有可能将目前垂直带的结构与第四纪期间变动的规律性结合起来，更清楚地了解目前自然景观带的演变由来与特征。

目前吕梁山西坡的垂直景观带中常有过去比较潮湿的时期所留下的遗迹，如具有显著灰化现象的灰化棕色森林土的表层的代换性钙、镁的饱和度达到 30%，pH 值为中性[14]，这显然与过去潮湿时期形成的灰化现象，逐渐被以后干旱条件下的次生复钙作用有关。从植被来看，它已不是喜湿性森林，而是旱生的落叶松林，云杉只是在海拔较高的山地上零星残存，此应为趋向干旱的现象。

此外，在北川河流下游二级阶地上所发育的土壤，在中层已有微度黏化，碳酸钙稍有下移，并有明显的腐殖质剖面[15]，这说明本区仍处在形成褐色土的成土条件之下。但是人为的破坏显然是促进了草原化的发展。关于现代处在周期性变动的什么阶段是十分有兴趣和具有实践意义的问题。在这方面的看法很不一致，研究得也很少。

李希霍芬和维理士认为第四纪期间我国北方气候变动是与东部山地的周期性升降有关；奥勃鲁切夫和熊毅先生则认为这是我国境内的山岳冰川引起的。但是当我们了解到仅在红色黄土沉积期间即有十数次的气候变动和埋藏有十数层古土壤的事实时，不得不加深这一问题的复杂性，和提供研究这一问题的重要线索。

参考文献

[1] B.A.Обручев，Лёсс Северного Китая. “идбранные рабомыпогео графдии ” мом третий，1951.

[2] B.A.Обручев，Лёсс какособый-ВЕД Почвы，егогенезис и задачегоизучения，1948.

[3] B.A.Обручев. 黄土及其意义."Новый Мир" No.3，1952.

[4] 德日进，杨钟健. 山西西部陕西北部蓬蒂纪后黄土期前之地层观察. 地质专报甲种第8号.

[5] 熊毅. 由更新统沉积物的胶体矿物分析试验第四纪气候，地质学报32卷1，2合期.

[6] 马溶之. 中国黄土生成（未刊稿）.

[7] 马溶之. 土壤剖面之研究及其地文意义（未刊稿）.

[8] 朱显谟. 关于黄土层中红层问题的讨论（未刊稿）.

[9] И.Д.谢德列茨基，В.П.阿奈也夫. 中国西北部黄土的矿物成分与风成成因（未刊稿）.

[10] 石元春，晋西地区的黄土及其形成过程（未刊稿）.

[11] B.B. 波波夫. 论"黄土问题". 工程地质选辑第二辑.

[12] C.A. 雅可甫列可夫. 论黄土的成因. 工程地质选辑第二辑.

[13] 王乃樑. 对于张伯声先生"从黄土线说明黄河河道的发育"一文的意见. 科学通报，1956.7.

[14] 林培. 吕梁山西麓的土壤（研究生论文，1956，未刊稿）.

[15] 钱光熹. 晋西黄土丘陵区北川河川地土壤（研究生论文，1956，未刊稿）.

附图和附表

层数	古土壤层与其下黄土层之厚	古土壤厚(m)	說明
1	3.5	2.1	紅褐色古土壤有砂流孢发现一田螺化石
2	7-8	1.8	紅褐色古土壤及其下黄色夹层详见图
3	11-12	1.4-1.7	〃
4	4-5	2.3-2.8	〃
5	7-8	1.2-2.0	〃
6	8-9	1.0-1.2	〃
7	7-8	1.1-1.8	〃
8	6-7	2.0-2.2	〃
9			
10			
11	30-35	—	因无法攀登,未作詳細測量和描叙
12			
13			
14			
15	5-6	1.1-1.5	十分坚实,鈣积层已成灰岩,組成物比較混杂
16	5-6	2.5	〃
17	1.5-2.0	1.5	〃
18		1.5	組成物十分混杂的紅褐色过渡层,坚实
			第三紀三趾马紅粘土

附图1　晋西离石县王家沟内红色黄土中古土壤层的剖面

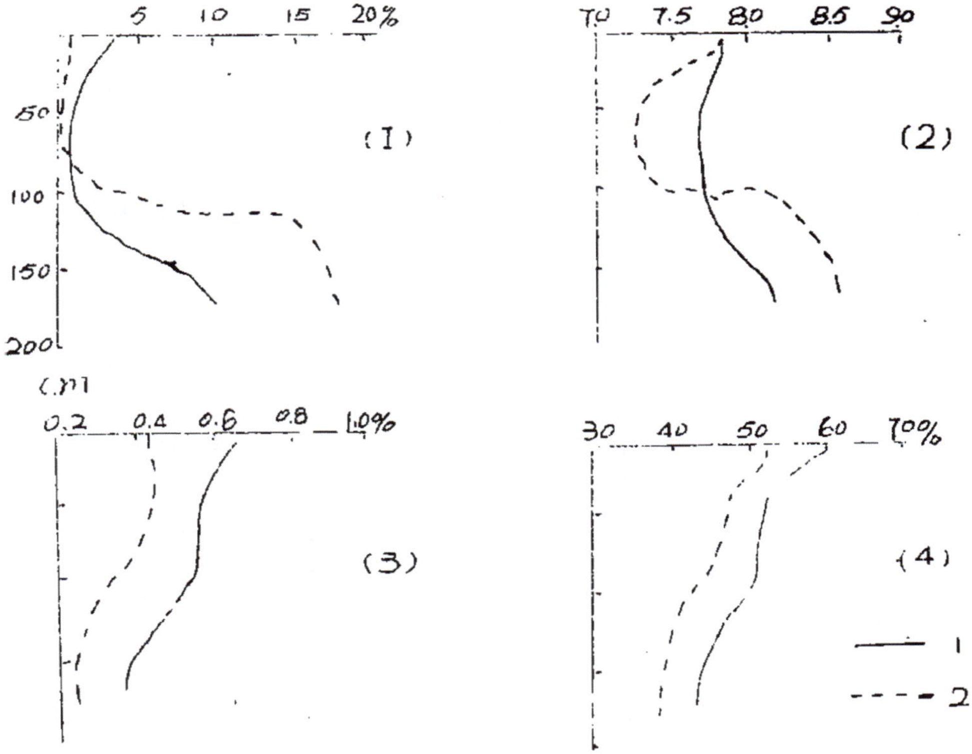

附图 2　红色黄土中古土壤层的一般化学性质

（1）$CaCO_3$%　（2）pH　（3）腐殖质 %　（4）物理性黏粒 %

1. 第 6 层　2. 第 8 层

名称	厚度	岩性
黄色夹层	4—8m	纯净的浅棕黄色的黄土物质均一
古土壤层与其上黄色夹层间的过渡层	0.2—0.6m	1、下部为浅红棕，向上逐渐变浅到上部则为浅棕黄色 2、下部有浅棕黄色斑块，反晕状物，上部有浅红棕色的斑块
古土壤层	0.8—1.5m	1、上部为暗红棕色，向下逐渐变浅、 2、上部为重壤，有核状结构，无泡沫反应． 3、下部有$CaCO_3$淀积层及石灰质结核 4、其中有虫穴，鼠洞及动物粪便等遗迹． 5、各层均为舌状或波状等逐渐过渡方式、
古土壤的母质层	0.5—1.2m	棕黄色的黄土物质中有红棕色碎粒．
黄色夹层	4—8m	纯净均一的浅棕黄色的黄土物质

附图 3　红色黄土中古土壤层及黄色夹层的剖面图

附表 1　红色黄土中古土壤层的化学性质及机械组成（采样地点：离山县王家沟）

剖面层位	深度 /cm	$CaCO_3$ /%	腐殖质 /%	pH		含砂量 /mm					粉砂量 /mm			粘粒 < 0.001 /mm	质地命名
				H_2O	KCl	极粗砂 3 ~ 1	粗砂 1 ~ 0.25	细砂 0.25 ~ 0.05	极细砂 0.05 ~ 0.01	含砂 /%	粗粉砂 0.01 ~ 0.005	细粉砂 0.005 ~ 0.001	含粉砂 /%		
第6层	0 ~ 37	3.182	0.662 8	8.0	7.8	—	0.01	2.11	38.65	40.77	9.65	17.63	27.28	31.95	重壤土
	37 ~ 91	0.372	0.589 6	7.9	7.7	—	0.01	3.15	43.99	47.51	10.03	11.00	21.03	31.46	重壤土
	150 ~ 170	10.171	0.373 8	8.2	8.1	—	0.02	9.26	47.05	56.33	7.24	12.91	20.15	23.52	中壤土
第8层	10 ~ 30	0.415	0.427 1	8.0	7.8	—	0.01	4.94	42.99	47.94	7.83	15.19	23.02	29.04	重壤土
	30 ~ 90	0.179	0.430 7	7.5	7.2	—	0.01	4.54	48.02	52.57	7.37	12.90	20.27	27.16	重壤土
	100 ~ 120	16.05	0.310 7	8.6	8.3	—	0.02	11.48	47.91	59.41	4.46	16.02	20.48	20.11	中壤土
	> 150	17.00	0.251 5	8.8	8.6	—	0.02	11.89	48.32	60.23	7.57	12.50	20.07	19.70	中壤土

1. 腐殖质用丘林发测定，以下同。
2. 机械分析用吸管法测定，偏磷酸钠分散，以下同。

附表 2　红色黄土中古土壤层的胶质黏土（< 0.001 mm）的分子比

剖面层位	深度 /cm	绝对含量 /%			$SiO_2+Fe_2O_3+Al_2O_3=100\%$			分子比			
		SiO_2	Fe_2O_3	Al_2O_2	SiO_2	Fe_2O_3	Al_2O_2	SiO_2/R_2O_3	SiO_2/Fe_2O_3	SiO_2/Al_2O_3	Al_2O_3/Fe_2O_3
第 8 层	10 ~ 30	49.40	12.21	22.47	58.76	14.52	26.72	2.770	10.76	3.730	2.886
	30 ~ 90	50.77	11.87	23.64	58.84	13.73	27.43	2.759	11.37	3.643	3.122
	100 ~ 120	38.93	9.193	16.72	60.02	14.18	25.80	2.923	11.26	3.948	2.853
	> 150	37.74	8.553	16.11	60.49	13.71	25.80	2.368	11.73	3.973	2.954

附表 3　晋西离石县王家沟中新生代地层的孢粉分析

年代	上下新统	上上新统、下更新统		下中更新统				中上更新统		
岩石名称	三趾马红土	红色黄土		过渡层（2m±）				黄色黄土		
层位		古土壤间浅灰黄层	古土壤层	灰蓝色层	下层	中层	上层	古土壤层（黑垆土）	下层	上层
欧洲赤松	—	3	2	—	3	—	—	—	1	—
云杉	—	—	—	—	—	—	—	—	—	2
桦树	—	—	1	1	—	—	—	—	—	—
桤木	3	11	2	—	—	—	—	—	—	—
香蒲	—	—	—	—	1	—	—	—	—	—
禾本科	1	—	—	—	—	—	—	1	—	—
藜科	—	3	—	1	2	—	—	9	1	1
丁香属	—	—	1	—	—	—	—	3	—	—
蒿属	—	1	1	—	—	—	—	3	—	7
黄属其他	—	—	—	—	—	—	—	32	—	11
菊科（其他）	—	—	—	—	—	—	1	—	—	—
鉴定的草本	1	1	—	—	—	—	—	10	1	11
水藓属	—	—	—	—	—	—	—	1	—	—
羊齿科	—	1	—	—	8	—	—	1	—	—
未鉴定的残体	5	4	—	51	5	13	11	26	38	24

寄往苏联由 A.A.ЦПГУPeeBa 教授分析。

附表 4　黄色黄土中古土壤层的化学性质及机械组成（采样地点：离石县王家沟）

类型	深度 /cm	$CaCO_3$ /%	腐殖质 /%	pH		含砂量 /mm					粉砂量 /mm			含粘粒 /% < 0.001 /mm	质地命名
				H_2O	KCl	极粗砂 3 ～ 1	粗砂 1 ～ 0.25	细砂 0.25 ～ 0.05	极细砂 0.05 ～ 0.01	含砂 /%	粗粉砂 0.01 ～ 0.005	细粉砂 0.005 ～ 0.001	含粉砂 /%		
黑垆土	10 ～ 50	1.508	1.222	7.8	7.8	—	0.01	9.26	49.30	68.57	8.25	11.32	19.57	21.86	中壤土
	105 ～ 135	0.840 0	0.264 0	8.0	8.0	—	0.02	19.16	31.40	50.58	13.16	8.01	21.17	28.25	重壤土
	＞ 180	13.69	0.237 1	8.0	8.5	—	0.01	23.93	37.94	61.88	5.91	11.95	17.92	20.20	中壤土

附表 5　黄色黄土中古土壤层的胶质黏土（＜ 0.001 mm）的分子比（采样地点：离石县王家沟）

类型	深度 /cm	绝对含量 /%			$SiO_2+Fe_2O_3+Al_2O_3$=100%			分子比			
		SiO_2	Fe_2O_3	Al_2O_2	SiO_2	Fe_2O_3	Al_2O_2	SiO_2/R_2O_3	SiO_2/Fe_2O_3	SiO_2/Al_2O_3	Al_2O_3/Fe_2O_3
黑垆土	10 ～ 50	47.31	10.54	23.11	58.46	13.03	28.51	2.684	11.94	3.472	3.438
	105 ～ 135	46.79	10.67	20.43	60.06	13.70	26.24	2.913	11.66	3.885	3.002
	＞ 180	42.52	9.818	18.16	60.32	13.93	25.57	3.081	11.52	3.971	2.900

2 晋西地区的黄土及其形成过程（摘要）

【写作背景】

1957 年中国第四纪地质研究会召开成立大会暨学术讨论会。本《文集》作者在大会宣读了《晋西地区的黄土及其形成过程》论文，摘要发表在 1958 年创刊的《中国第四纪研究》第 1 卷第 1 期。这是作者第一次出席全国性学术会议、做报告和发表文章。

在吕梁山西坡（晋西）海拔 1 700 米以下的地区，普遍地被厚层黄土所覆盖，是我国黄土高原的东缘。该区黄土可分为四层：①下更新统和中更新统形成的，含有多层古土壤层的红色黄土；②砾石或黄土状物质组成的，含有很多植物残骸和铁锈斑的过渡层；③上更新统形成的黄色黄土；④黄土状近代沉积物。

下更新统期间，红色黄土将原来的宽谷和盆地，以及残丘和孤山的地形填平，成为宽广平坦的高原地形。无论从分布面积和厚度来看，它都是本区黄土中最主要的组成部分。红色黄土层中含有多达十八层以上的古土壤层，形成红黄相间的条带，这种古土壤层构成了当时的地面，普遍随着基岩地形而倾斜起伏。根据形态学的观察、理化性质的分析，以及孢子花粉和动物化石等资料的研究结果，初步鉴定此红棕色古土壤层是在温暖，干湿交替的气候和干旱型森林草原下发育的褐土型土壤。

其中黄色夹层颇纯净，如黄色黄土一般，但较紧实，质地也较细。在红色夹层和黄色夹层接触处，往往有红棕色碎屑混入黄层中，乃坡积或洪积的痕迹。此外，在红棕色土层面上偶尔夹有冲沟型的透镜体或洪积性的砾石层。

中更新统末期，红色黄土层遭到流水的严重割切，原来的高原变成水系纵横，丘陵起伏的地貌特征。当侵蚀减缓时，河流和沟谷的底部堆积了由砾石、砂子和黄土状物质组成的过渡层。侵蚀停止后，又开始了黄土的堆积。黄色黄土不整合地覆盖在红色黄土的分水岭和斜坡上，此外，在吕梁山最高峰——南阳山（海拔 2 780 米）也有零星出现。黄色黄土的厚度不大，尤其在南部只是小片地盖在较平缓的坡上，红色黄土多直接在地表出露。

黄色黄土具有黄土所有的最典型的特征。根据机械组成的差异可以分为典型黄土、砂质黄土和黄土状沙，此外，地面上还有活动性沙丘，除前二者外，其他各层均有明显接触面。它们在水平方向和垂直方向上都显著变化。粗质黄土主要集中在北部，而中部和南部只有细质的典型黄土。在垂直方向上一般是下细而往上变粗，乃不同时期中的不同风力强度所致。

在谷地里与过渡层相接触处的黄色黄土一般均带有坡积和淤积性质，不如坡上的黄色黄土纯净，且较紧实，厚 2 ～ 10 米，向上逐渐过渡到纯净的松软的黄色黄土。

淤积性黄色黄土中往往含有 1 ～ 3 层黑灰色古土壤层，根据形态特征，物理化学性质，以及孢子花粉分析的研究结果，初步鉴定该古土壤层为草甸型的灰褐土型土壤。这说明了当时的气候已经比红色黄土中发育褐土时的气候要更加干旱和温暖一些。同时，该地区已经不是旱生森林而是荒漠草原了。

黄色黄土堆积以后，流水侵蚀复苏，风、水和重力等营力的作用将原来堆积的红色黄土和黄色黄土又重新搬移和堆积起来，造成各种成因类型的黄土状近代堆积物。

对黄土的多样性和复杂性进行详细的研究和划分是探讨黄土发生问题的必要步骤。

根据以上对晋西地区地貌的演化，以及对各种黄土的分布，产状，岩性，花粉孢子，动物化石和古土壤层的研究，使我们不能不怀疑认为黄土（指晋西以至黄土高原）主要是河流（湖泊）沉积的观点。黄土物质的主要来源应当是风作用物的沉积，但是在堆积过程中随着气候的周期性改变而堆积速度不同，有时强，有时弱，有时甚至停止堆积。当气候变得比较湿润和堆积速度减缓时，地面上存在着流水所引起的小规模的坡积或洪积作用，以及进行着强烈的成土过程，它们大大地改变了黄土原来堆积时的性状。但是它们毕竟只是在风积物质的部分层面上起着变性作用，所以我们也不认为黄土的成因是坡积的、洪积的或残积的，因为物质的来源和堆积后的变性是不能混同的。

以上只是针对晋西和黄土高原上主要的黄土类型（红色黄土和黄色黄土）而言的。这并不否定在这些地区有其他成因类型的黄土存在，甚至在有些地方还存在大量的冲积或洪积黄土。

在红色黄土堆积的整个时期里，气候是有节奏地、周而复始地变动着的。但是在黄色黄土堆积的时期里，这种变动的次数减少，而且变动的幅度也变窄。此外，这种变动与山区垂直带在海拔高度上的变化有着直接的关系。在现代山区垂直带的结构中仍可找到这种变动的线索。

最后，现代处在这种变动的什么阶段的问题是非常有兴趣和具有十分重要实践意义的。

3 1956 年新疆土壤考察报告

【写作背景】

1956 年中国科学院组织了新疆综合考察队，李连捷院士任队长，《文集》作者协助导师主持土壤组考察工作。1956 年和 1957 年在北疆，1958 年在南疆考察土壤和土地资源。这里收入的是《文集》作者和林培共同执笔撰写的 1956 年土壤考察报告，载于中国科学院新疆综合考察队出版的《1956 年新疆综合考察报告》。

3.1 北疆的自然地理条件

3.1.1 北疆的自然地理位置

北疆位于东经 82° ～ 91°，北纬 44° ～ 49° 之间，总共面积 30 余万平方公里。占据欧亚大陆的中心，为亚寒温带的大陆性区域。在水平地理带上，它相当于中亚荒漠带，长而寒冷的冬天，年平均温度 3 ～ 10℃之间，年降水量 150 ～ 200 毫米，主要土壤类型为灰棕色荒漠土。植被是以 *Reaumuria soongarica*（琵琶柴）为主的小灌木荒漠。

3.1.2 北疆的地貌分区及自然地区分区

北疆主要以准噶尔盆地为中心，东北为阿尔泰山系，西北为准噶尔界山，南为天山，向东逐渐过渡向蒙古高原，所以北疆的地貌单元显然可分为阿尔泰断块——褶皱高山山区，准噶尔界山断块——块状的中高山山区，天山褶皱高山山区和准噶尔盆地。由于这四个地貌区在位置上、气候上、山势特征上的差异，形成了不同的自然景观和不同的垂直景观带结构，所以相应地也就能把它们割分为阿尔泰山、准噶尔界山、天山和准噶尔等四个自然地理区。

3.2 北疆土壤总论

3.2.1 北疆的土壤地理分布规律

北疆面积这样广阔，地形这样复杂，土壤作为一个地理体来说，它一定服从于现代的自然地理规律，具体的土壤地理规律就表现在纬度地理带、子午线地理带和垂直地理带三方面。

首先是在纬度地理带上，在我们所绘制的 1/100 万的“北疆土壤图”上就可清楚地看到，如果要把它缩为平面模式图（图 1）的话，那就更为清楚了。愈向南气候变得愈温暖，到天山地区，地形又重新开始上升，但它出现的不是一个垂直结构系列，这只有用水平地理带来进行解释。

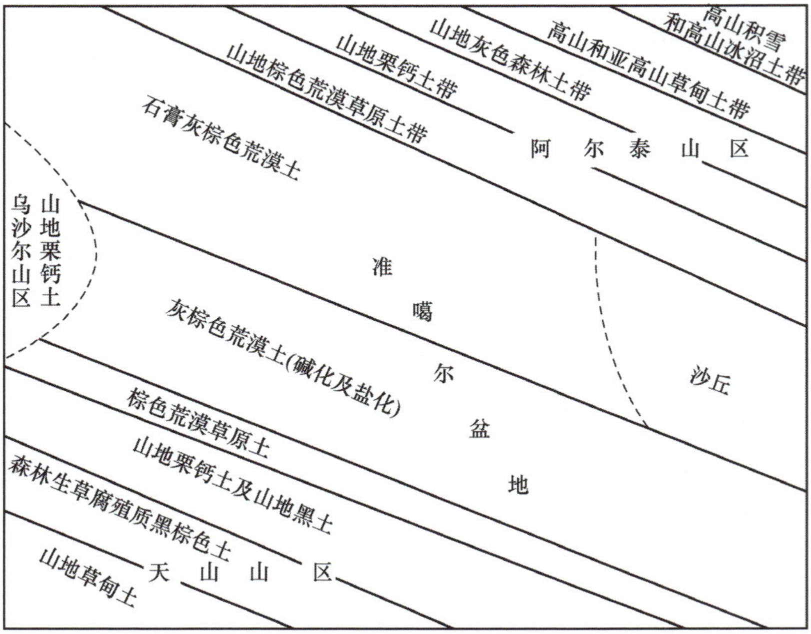

图 1　北疆水平土壤模式图

其次以阿尔泰山区为例来说明北疆土壤的子午线地带性的规律，因为水汽由西而来，愈向东就愈形减弱，所以在阿尔泰山区的灌木草原带和森林草原带愈向东就愈形升高，愈形宽广，在平面土壤模式图和下列图 2 中可以完全证实这一点，这个地理规律有非常重要的经济意义。

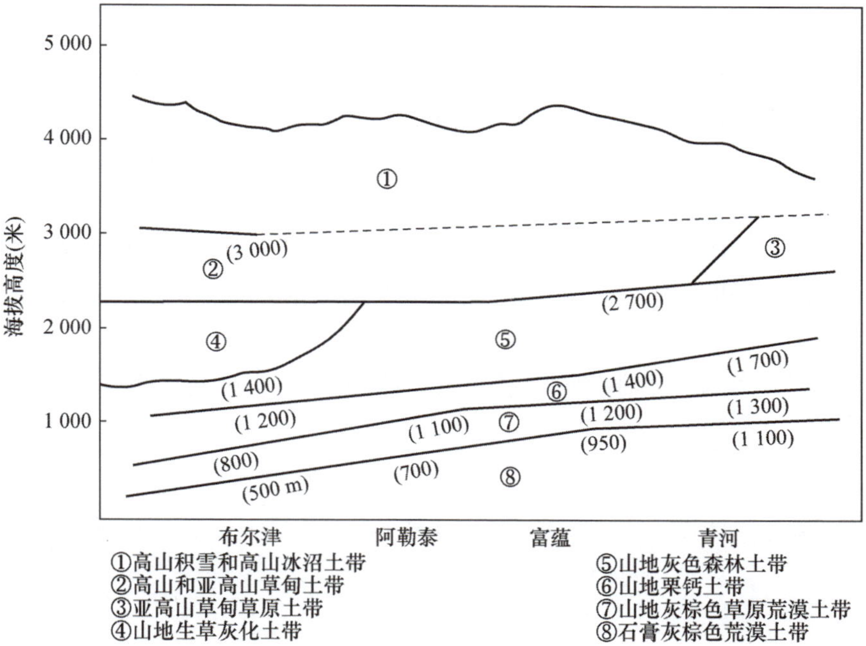

图 2　阿尔泰山西南坡土壤垂直带结构东南方向纵图

第三是关于垂直带结构的规律问题，也是非常重要的，它不但反映了当地水平地带的特点，而且与山区特点有很大的关系。阿尔泰地区偏北，基本上为一种亚寒温带的大陆性垂直带结构类型，为高山和亚高山草甸带的高山和亚高山草甸土—森林草原的灰色森林土—灌木草原的山地栗钙土—荒漠草原的棕色荒漠草原土的垂直带系列；相反，在天山，由于地位偏南，就成为温带大陆性的垂直带结构，它为山地草甸土—山地森林生草腐殖质黑棕色土（暂定）—山地栗钙土的垂直带结构系列；另一方面，在萨乌尔，虽然地位偏北，但由于是一个孤立的块状山，且一般山势不高，那它就形成了由山地栗钙土—山地黑土直接向亚高山草甸土的过渡。因此，这显然是三个不同垂直带的结构类型，也是我们将这三个山区划分为三个不同土区的根据。这三个山区，显然与准噶尔盆地又不一样，所以我们将北疆划为四个土壤区。这四个土壤区完全反映了不同的自然地理条件。

3.2.2 北疆的土壤分类

我们的分类主要依据下列原则：

1. 土壤所处的自然景观的特征

因为土壤作为一个自然历史体，必定是一定自然景观的产物。

2. 成土过程的特征

不同成土条件表现为不同的土壤形成过程中，如生草过程、泥炭化过程、灰化过程、草原过程、荒漠过程等等。这些不同的成土过程必然会形成一些不同类型的、各自稳定的土壤剖面形态，所示的土壤具有一定的理化性状和自然肥力。

3. 经济利用的不同方式

因为在分类中也要反映出不同的利用方式，如森林土壤、草原土壤、半荒漠带的土壤应各采取不同的利用方式，这是毋庸置疑的。就是在同一垂直带内，不同土类以至于亚类在利用上也是不一样的。

根据这种思想，我们将阿尔泰—萨乌尔山区的土壤初步拟定了一个分类（表 1）。

表 1 阿尔泰—萨乌尔山区土壤分类表

自然景观带	土类	亚类	土种	分布地点	经济利用特点
高山、亚高山草甸和草甸草原带	高山和亚高山草甸土	石质薄层的高山草甸土		阿尔泰	
		腐殖质高山草甸土		阿尔泰	不宜于放牧，因地势太高，且草类不多
		生草亚高山草甸土		阿尔泰	优良的夏季牧场，牧草丰富
		黑土型亚高山草甸土		萨乌尔	优良的夏季牧场，牧草丰富
	亚高山草甸草原土			阿尔泰东部	优良的夏季牧场，牧草丰富
	山地沼泽土	腐殖质沼泽土	厚层泥炭的	阿尔泰	
			中层厚度泥炭的	阿尔泰 萨乌尔	
			薄层泥炭的	阿尔泰 萨乌尔	

续表 1

自然景观带	土类	亚类	土种	分布地点	经济利用特点
亚高山森林和森林草原带	山地灰化土	生草灰化的	弱度灰化	阿尔泰西部	森林采伐区，只要加强抚育工作
	山地灰色森林土	草甸化的		阿尔泰	要用人工破坏草甸以助长森林更新和人工造林
		淡色的		阿尔泰	森林采伐区，要大力加强抚育工作
		典型的		阿尔泰	森林采伐区要大力加强抚育工作
		暗色的		阿尔泰 萨乌尔	要减轻放牧而助长森林的更新
	山地黑土	淋溶的			破坏草甸，进行造林而且可为刈草场
		深厚的		阿尔泰 萨乌尔	有希望的刈草场，及饲料种植区
		普通的			
低山灌木草原带	山地栗钙土	淋溶的		阿尔泰	春秋牧场区
		典型的		阿尔泰 萨乌尔	有希望的冬季牧场
		淡的		阿尔泰 萨乌尔	有希望的大田农作和饲料基地
		草甸的			
前山和山麓荒漠草原带	山地棕色荒漠草原土	普通的		阿尔泰	冬季牧场，并有希望灌溉，农作
		草甸的		阿尔泰	优良的农业基地（进行灌溉）
		盐化的		阿尔泰	优良的农业基地及饲料种植区

3.3 阿尔泰山区的土壤

3.3.1 阿尔泰山区土壤垂直带结构总论

1. 阿尔泰西南坡垂直带结构系统

严格说来，中国阿尔泰位于蒙古阿尔泰的西南坡，处于东经 87° ～ 92°，北纬 46° ～ 49° 之间。东、南、西三面为极端干旱的蒙古戈壁、准噶尔荒漠和中亚半荒漠所包围，这种地理位置就决定了它的极干旱性和大陆性；另一方面由于它的山势较高，山系宽广，所以它就全面地完整地反映了真正的亚寒温带大陆性的垂直带结构。可以参考图 3。

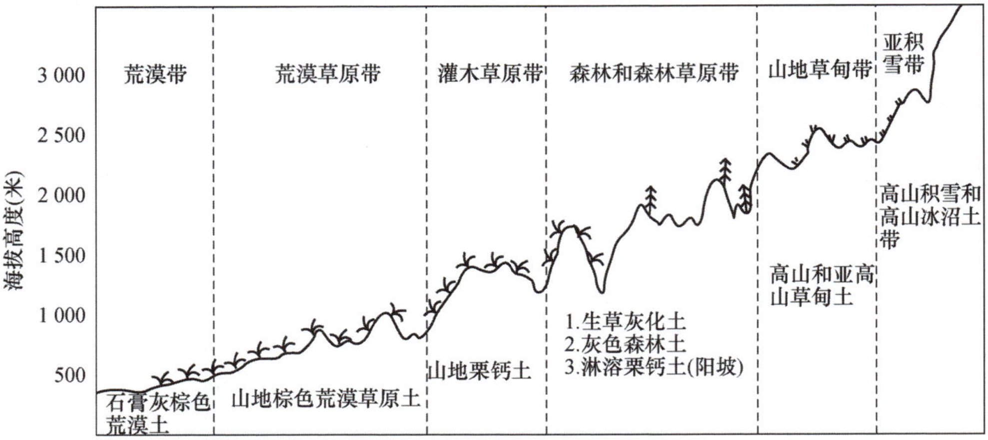

图 3 阿尔泰西南坡垂直带结构图式

这种结构的垂直分带性在地貌景观上、植被上、土壤上以及元素的地球化学行动系列上都得到了综合、全面的反映。只有我们深入地研究这些景观因素及其相互关系，才能使阿尔泰得到合理的利用。

2. **阿尔泰西南坡垂直系统的变异性**

因阿尔泰为一个西北—东南走向的山脉，由额尔齐斯河谷地进入的水汽在整个西南坡上的分配是不均匀的，由西北往东南逐渐变得更加干旱。在西部的卡拉斯山区就成为“近水楼台”，且该段山脉的南北走向利于地形雨的产生，因之地形雨丰富，所以在卡拉斯山区分布有特殊的红松（*Pinus cembria*）、冷杉（*Abies*）等树种组成的泰加林型，相应地也发育着弱度灰化的生草灰化土。它的垂直带结构是高山草甸—山地森林—森林草原—灌木草原—荒漠草原。

相反，东部，在小清河一带，大西洋—北冰洋水汽到此已为“强弩之末”了，而且它孤伸于蒙古戈壁和准噶尔半荒漠之间，所以气候就比卡拉斯显得干旱，它的垂直带结构就变为高山草甸—亚高山草甸草原—森林草原—灌木草原—荒漠草原的过渡系列。

除上述最西和最东的地段外，在最广大的地区内的垂直带结构为高山和亚高山草甸—森林草原—灌木草原—荒漠草原的过渡系列。

3.3.2 阿尔泰山区土壤垂直带的分带叙述

1. 高山、亚高山草甸和草甸草原带

（1）总的特征

一般均在 2 300 米以上，向东愈形升高。这里是一个在第三纪中期开始上升所造成的古老准平原，相对高差不大，由于上升的差异和岩性的不同而形成一些波状起伏的小丘和个别高山。在高山地带有明显的冰川雕刻地形，在亚高山地区，虽然也曾有过去冰川所留下的冰川谷、冰碛湖等地形，但由于高处的物理崩解，融雪时的块体移动，地形在很大的程度上不断地被夷平，仿佛成为一个广阔的高原。

这里每年平均温度很低，冬季积雪在 8 个月以上，没有真正的夏天，水分在大多数情况下以固体的状态存在，所以流水侵蚀网发育得非常弱。

这一地带中最主要的和分布最广的是亚高山草甸土，而高山草甸土只是分布在海拔 2 800 米以上的高山区。亚高山草甸草原土只是在最东边的清河系山区有小块的分布。此外，在山间凹地和宽谷里有山地沼泽土，以下分叙之。

（2）主要土壤类型的描述

A. 腐殖质高山草甸土　它主要分布在 2 600 或 2 800 米以上的高山区，其植被组成都是一些高山种属如马先蒿属（*Pedicullaris*）、漏斗菜（*Aguslegia glandulosa*）、高山猫毛草（*Phleum alpirum*），西伯利亚火绒草（*Leontopodium sibiricum*）等等。总覆盖度一般在 40% 左右。但应当指出，这一带愈向东，愈形升高，可达到 2 800 米以上，其植被组成中狐茅（*Festuca*）也就愈占优势，形成狐茅 - 马先蒿群丛，而愈向西，则愈降低，到卡拉斯山区可以降到 2 350 米，而且灌木桦（*Betula rotundifolia*）占到了绝对优势，组成纯粹的灌木桦群落。

高山草甸土的主要特点如下。

第一，由于高山冰冻风化强烈，形成大片的“石海”，所以成土过程不稳定，且在春季融雪时往往容易发生土层的块体移动，所以往往有埋藏层出现。

第二，由于气候寒冷，微生物活动很弱，即使在夏季，土壤也为融雪水所浸润，因之在土壤表层进行弱度的泥炭化过程，呈较强的酸性反应，pH 一般在 5 以下。碳酸盐完全被淋溶。

第三，由于春夏土壤水分状况的变化，形成铁的还原和氧化以及铁质的移动，所以土壤剖面一般都表现有鲜明的棕色。

石质薄层的高山草甸土我们就不详细讨论了，现在就将一弱度泥炭化的高山草甸土的具体剖面记录列于下面以供参考。

剖面号：A_{15}

剖面地点：青河县大海子坡间西 40° 南，海拔 3 050 米。

剖面形态：

0 ～ 2 cm：新鲜之草根层。

2 ～ 12 cm：湿润，灰棕，为很多根系交织一部分轻壤质土粒而成之草间层，有弹性，松，pH=5.30。

12 ～ 27 cm：湿润，鲜明的棕色，含砾少轻壤，粒状结构，新根分布多，松，有些风化的岩片侵入，pH=4.92。

27 ～ 66 cm：湿润，暗棕，含砾轻壤，粒状结构较好，与下层呈参差状过渡，pH=4.65，可能为埋藏层次。

68 ～ 87 cm：湿润—泞湿，暗棕，色不均一，石块多，石块大小在 10 厘米以上，pH=5.27。

B. 生草亚高山草甸土　它是阿尔泰亚高山地区最富有代表性的一个亚类，主要分布在 2 300 ～ 2 600 米的亚高山的古老准平原地区。植被组成中禾本科的比重增大，以狐茅 – 小糠草为多。在东部比较干旱的清河地区甚至在高山地区有蒿属出现，愈向西愈湿润，阔叶的羽衣草就愈占优势，在阿山县的亚高山地区形成羽衣草 – 委陵菜 – 狐茅群丛。此外，阴阳坡上的植被组成亦有不同。

亚高山草甸土区别于高山草甸土主要是在 4 ～ 8 厘米厚的半腐解的草甸层之下即为一棕色的细粒状结构的层次，腐殖质含量不高，故未染成褐色或暗灰棕色。pH 一般均在 6 左右。土层厚薄不一，多在 30 ～ 50 厘米之间。愈往东草原化过程逐渐变得明显起来。

以下列剖面为代表。

剖面号：F_4

剖面地点：富蕴县索尔斯拜的一个古老准平原的低山，坡向正南，坡度 12°，海拔 2 500 米。

剖面形态：

0 ～ 3 cm：生草—草甸层，为狐茅和羽衣草等根系交织而成，灰棕色，在根系间夹有团粒结构，轻壤，无泡沫反应，pH=6.36。

3 ～ 12 cm：湿润，灰棕色，砾质轻壤，细粒 – 块状结构，松，根系已少，无泡沫反应，pH=5.97，向下过渡极不明显。

12 ～ 50 cm：湿润，棕色，砾质轻壤，在 26 厘米以下质地变粗，无结构，松，到此已无根系分布，无泡沫反应，向下仅为质地上的过渡，pH=5.85。

50 ～ 81 cm：湿润，棕发灰色，含砾多之沙壤，无结构，松，有直径 20 厘米以上的片麻岩侵入，无泡沫反应，pH=5.92。

81 cm 以下：为片麻岩风化而来之粗砂，pH=5.96。

C. 亚高山草甸草原土　它主要只是分布在阿尔泰东部的亚高山地区，由于气候到此继续变向干旱，蒿植物出现，形成蒿属丛 – 狐茅群丛。亚高山草甸草原土和高山亚高山草甸土的最根本区别在于草原过程得到充分的发展。在阳坡它直接与山地栗钙土过渡。土壤表层的半腐解的草根盘结层没有或很薄。生草层中腐殖质含量不高，有团粒结构。此外，根下层有碳酸钙的聚积也是它的重要特点之一。pH 一般为中性，具体可参考下列的土壤剖面记录：

剖面号：B_{10}

剖面地点：清河县崐德山谷之一小山，坡向南 52°，坡度 23°，海拔 2 550 米。

剖面形态：

0 ～ 2 cm：生草层，稍干，暗灰，为半腐解之植物残落物质，松，pH=6.83。

2 ～ 23 cm：A 层，稍湿润，暗棕，沙壤—轻壤，团粒结构，松，根系穿插，有少量岩片侵入，与下层逐渐过渡，无泡沫反应，pH=5.99。

23 ～ 45 cm：B_1 层，稍湿润，棕，含砾少之轻壤—中壤，有小的团粒结构，须根多，无泡沫反应，pH=6.34。

45 ～ 60 cm：B_2 层，浅灰棕，以半风化之岩片为主，其中夹有一些砾质轻壤，在岩片下方有碳酸盐薄膜，泡沫反应强烈，pH=6.80。

60 ～ 90 cm：C 层，稍湿润，棕黄色的岩片风化物，也有一些砾质沙壤，碳酸盐在此淀积成层，泡沫反应强烈，pH=7.00。

D. 山地沼泽土　阿尔泰的亚高山地区的准平原地形，形成排水不畅的条件，因之普遍的在山间凹地形成斑块状的草甸沼泽，也就是低位沼泽的一种类型，虽然个别的冰水湖（如中海子）有很深厚的泥炭，但其上仍为苔属等水生植物生长，并未发展向过渡沼泽。所以我们把它统归于腐殖质沼泽土一个亚类。根据 И.П. 格拉西莫夫院士的意见，可按泥炭层次的厚度来划分为土种。

a. 厚层泥炭的腐殖质沼泽土

剖面号：B_{11}

剖面地点：清河县中海子为冰碛所阻河口而成之湖泊，海拔 2 322 米，剖面在湖的北岸。

剖面形态：

0 ～ 11 cm：湿润，黄，为莎草根丛所形成之草墩。

11 ～ 22 cm：湿润，暗灰发黑，为莎草植物残存之根系，但大部已进到了嫌气性腐解，仅部分还以完整的根系保存下来。

22 ～ 30 cm：泞湿，黄，为腐解度很小之泥炭，如黄色纸浆一样。

30 ～ 82 cm：泞湿，黄棕，一切同上，只是颜色稍深一点。

82 ～ 100 cm：为永冻层的泥炭，非常坚硬。

b. 中层厚度泥炭的腐殖沼泽土

剖面号：F_5

剖面地点：富蕴县索尔斯拜的山间凹地，海拔 2 480 米。

剖面形态：

0 ～ 9 cm：草甸层，湿润，深棕，主要为莎草科的根系，密致而有弹性，无泡沫反应，与下层逐渐过渡，pH=5.22。

9 ～ 28 cm：草甸—泥炭层，潮湿，暗棕，中壤，呈小片状结构，还保有藻类植物的残片，以及许多莎草科的植物根系，pH=4.93。

28 ～ 43 cm：泥炭化层，潮湿，暗棕，其中还保有个别黑色或灰色的植物残片，与下层逐渐过渡，pH=5.12。

43 ～ 53 cm：泥炭潜育过渡层，潮湿—泞湿，巧克力色，重壤—黏壤与下层逐渐过渡，pH=5.60。

53 ～ 100 cm：潜育层，泞湿，由浅灰蓝直变到深灰蓝色，其中也有锈斑，中壤—重壤，pH=5.42。

2. 亚高山森林和森林草原带

（1）总的特征

森林和森林草原带的景观就大为不同了，首先是在地形上就有了一定的水蚀割切，愈向下，割切愈深，尤其在地壳运动激烈的地区，如富蕴，割切形成非常深峻的峡谷，森林一般多发育在阴坡，而阳坡为灌木草甸草原，故阴阳坡差别极为明显。

这一带总的来说应当以森林草原为主，这点还不只是说它在表面上：“阴坡是森林，阳坡是草甸草原”，就来决定它是森林草原景观，更重要的是表现在它的植被组成上的内部结构，以及植被和土壤的相互关系上，这点我们将在灰色森林土作为一个独立土类的特点的讨论中可以充分看出。

但这一带与高山、亚高山草甸和草甸草原带一样，自西而东有明显的变化，同样在西部的卡拉斯山区由于湿润，而形成泰加型的森林，相反，愈向东，这就愈为干旱，形成以落叶松为主的森林草原，所以我们才称之为“亚高山森林和森林草原带”。

另一方面这个带也不是自上而下都一样，往往向上与亚高山草甸草原逐渐过渡，而形成森林草甸的形式，向下与灌木草原逐渐过渡，使灌木成分在森林中加大。这样在土壤中就表现向上是腐殖质加大，向下是碳酸盐新生体出现。所以土壤是很清楚地反映了这种关系。

在这种森林草原为主的地区为灰色森林土类型。在泰加林下为生草灰化土类型。

（2）主要土壤类型的描述

（A）山地灰化土　它主要分布于阿尔泰西部的卡拉斯山区，其植被类型为西伯利亚落叶松（*Larix sibirica*）+ 西伯利亚红松（*Pirus cembra* var. *sibirica*）– 乌饭树 –（*Vaccinium*）– 冰草（*Agropyron*）– 苔藓群丛，或者为西伯利亚落叶松＋西伯利亚冷杉（*Abies sibirica*）＋云杉（*Picea obovata*）－忍冬（*Lonicera*）－苔藓群丛，郁闭度在 70% 以上，显然它是一个泰加林型。

但这种土壤在灰化上并不十分明显，虽然这样好的森林覆盖，但并未有很厚的 A_0 层，相反的是林中苔藓特别发达，所以我们认为这种“生草”过程也是特别的。但生草层是明显的。

灰化程度在不同母质上表现强度并不一样，一般在比较黏重的母质上表现较为清楚。现将个别较为黏重母质上的生草灰化土的剖面描述如下。

剖面号：布 18

剖面地点：布尔津县卡拉斯山区，嘉定山谷南面的山上，阴坡，海拔 1 750 米，坡度 20°。

剖面形态：

0 ～ 10 cm：A_{00}—苔藓层，主要为苔藓形成之“死”覆盖。

10 ～ 16 cm：A_0A_1 层，湿润，暗棕，为冷杉的残落物及苔藓根系所组成。其中有少许的土粒，白霉物质多，向下逐渐过渡而明显，pH=5.91。

16 ～ 38 cm：A_1 层，湿润，暗棕，中壤，小团粒，松，为木本根系分布层，向下逐渐过渡，pH=5.17。

38 ～ 72 cm：A_2 层，湿润，棕灰，轻壤，夹有许多岩片，岩片下方有 Fe_2O_3 的胶膜，pH=5.20。

72 ～ 90 cm：B_1 层，湿润，棕而带有褐色小斑块，重壤，块状结构，pH=5.62。

90 ～ 100 cm 以下：B_2 层，湿润，棕褐，黏土，许多大石块，夹入，pH=5.84。

可以肯定地说阿尔泰的灰化土的面积不大，而且灰化程度也不强，因之，认为阿尔泰为灰化土的垂直带结构类型是可以考虑的。这是由于气候的干旱性决定了它的这样的特点。

（B）山地灰色森林土　它是阿尔泰最有代表性的森林土壤，它作为一个独立土类是具有一系列的特点的：

第一，它的植被在阿尔泰是以落叶松为主而形成的森林草原，由于落叶松是一种淡针叶林，所以林相稀疏，林下灌木，草本植物非常发达，因之它绝不同于泰加森林。所以它与阿尔泰西部的卡拉斯山区的泰加森林成鲜明的对比。这种植被往往也代表一定的干旱情况。

第二，它的表层绝不是真正的 A_{00} 层或 A_0 层，而是由灌木、草本特别是莎草（Carex）类的植物与落叶松的残落物质相混而形成的 A_{00}—草甸层，或为 A_0—草甸层。

第三，它的 A_1 层非常厚，常在 20 厘米以上，而且由于含大量的胡敏酸，颜色较黑，有大团粒结构。

第四，A_2 层非常不明显，或者是以 A_1/A_2，或者是以 A_2/B_1 的过渡形式存在，且仍呈核状结构，表层是否有一些白色的 SiO_2 粉末还不敢定，颜色稍发灰而已。

第五，B 层一般不太容易看出。而且往往下层为石质的残积 – 坡积物质母质层次，只在淡灰色森林土中可以看到微微的淀积现象。

第六，整个剖面近中性反应，在森林带下部与灌木草原过渡的地区，土壤母质中还有碳酸盐存在。

第七，在分类上，我们觉得灰色森林土在阿尔泰采取的分类有一些特别的地方：

（a）在森林带上部与亚高山草甸草原过渡的地带是一种森林草甸的形式，即林下全以莎草和羽衣草等矮生草本植物为主，林下未有灌木，或者很少。如公园草地一样，林相稀疏，土壤表层腐殖质含量很大，灰化不明显，但我们觉得它不应称为“暗灰色森林土”，因为我们理解的暗灰色森林土一般是与草原类型的黑土过渡的，而在阿尔泰，它是与亚高山草甸草原土过渡的，所以我们暂称之为“亚高山草甸化灰色森林土”。

（b）在森林带的下部，它与灌木草原过渡，林下的旱生灌木成分加多，如蔷薇科就是一例，相应地在土壤母质中有明显的 $CaCO_3$ 积聚，这种类型，我们就称之为“山地草原化灰色森林土”。

（c）其他的亚类，它们就是微灰化灰色森林土和普通灰色森林土。它们都分布于森林草原带的中部，但地形在其中起很大作用，如峡谷割切较深的地区，森林发育较好，则形成灰色森林土，有一定弱度灰化的形态；富蕴就是一个明显的例证，我们就称之为微灰化的灰色森林土。在地形割切不大之处，则相反，形成普通灰色森林土。如我们所到的阿山、青河一带都是如此。现将几个亚类的剖面记载附录以下，以供参考。

（a）亚高山草甸化灰色森林土

剖面号：阿勒泰 22 号

剖面地点：阿勒泰县阿苏拜北面的山上，坡向北 30° 西，坡度 22°，海拔 2 080 米。

剖面形态：

0 ～ 3 cm：A_0—草甸层，以莎草、羽衣草为主，夹有部分落叶林残落物形成之草甸层，潮湿，暗棕。

3 ～ 17 cm：A_1 层，潮湿，暗棕，中壤，团粒结构，疏松。

17 ～ 45 cm：A_1/A_2 层，湿润，暗棕，较上层稍淡，中壤，核状 – 块状结构，有蚯蚓活动的粪粒，且有绿色片岩侵入。

45 ～ 61 cm：B 层，湿润，棕，中壤，有大到 10 cm 以上的岩片侵入，岩片下方有红棕色胶膜。

61 ～ 80 cm：B/C 层，湿润，棕黄，含碎屑之中壤，岩片更多，岩片下方也有红棕色胶膜，整个剖面无泡沫反应。

（b）微灰化的灰色森林土

剖面号：F_9

剖面地点：富蕴县库义波上游，坡向北 30° 东，坡度 18°，海拔 1 680 米。

剖面形态：

0 ～ 4 cm：A_{00}—草甸层，稍湿润，为莎草和落叶松的残落物形成之草甸层，有弹性。

4 ～ 14 cm：A_0 层，湿润，暗灰，为莎草根系夹一些落叶松的残落物质的半腐解物质，呈腐絮状，有白霉，并有小炭片侵入，pH=6.47。

14 ～ 24 cm：A_1 层，稍湿润，棕灰，砾质沙壤 – 轻壤，大团粒结构，松，pH=6.38。

24 ～ 46 cm：A_2 层，稍湿润，灰，微发棕，砾质沙壤，微呈片状结构，松，pH=6.32。

46 ～ 65 cm：A_1/B_2 层，稍湿润，灰发棕，轻 – 中壤，片状结构，为木本根系之粗根分布，pH=6.51，向下逐渐过渡。

65 ～ 100 cm：B_1B_2 层，稍湿润，发棕色，有少数黄色斑块，含砾较少之中—重壤，块状结构，较紧实，pH=6.49，向下逐渐过渡。

100 ～ 140 cm：B_3 层，湿润，棕黄色，中—重壤，无结构，较上层松，pH=6.81。与下层过渡不整齐。

140 cm 以下：为片麻岩风化而来之粗砂，灰色，pH=6.78。

（c）普通灰色森林土

剖面号：A_{66}

剖面地点：阿勒泰县查氏格拉盖依，坡向北 20° 西，坡度 18°，海拔 1 810 米。

剖面形态：

0 ～ 6 cm：A_0—草甸层：湿润，为莎草科植物和落叶松的残落物组成的半腐解的层次。

6 ～ 20 cm：A_1 层，湿润，深棕灰色，轻壤，中有小碎片，有很好的大团粒结构，多为蚯蚓粪造成，有大孔，根系多有白霉，pH=6.27。

20 ～ 43 cm：A_2 层，稍湿润，棕灰色，轻壤，有已经风化的绿色片岩的风化物，有团粒结构，不如上层，pH=6.36。

43 ～ 70 cm：B 层，稍湿润，灰棕，中壤，有石片较多，块状结构，pH=6.33。

70 ～ 93 cm：B/C 层，稍湿润，灰绿色之岩块风化物，故色和质地不均，紧实，pH=6.42。

93 ～ 110 cm：C 层，同上，但岩片下有泡沫反应，pH=6.75。

（d）草原化灰色森林土

剖面号：B_4

剖面地点：青河县矿区南，坡向北 30° 西，坡度 20°，海拔 1 825 米。

剖面形态：

0 ～ 2 cm：A_{00}—草甸层，干，棕色。

2 ～ 10 cm：A_0 层，稍湿，暗棕，为腐解的落叶松残落物与莎草根系交织而成之腐絮状物质，松，有弹性。

10 ～ 29 cm：A_1 层，稍湿，暗棕，较上层淡，中壤，有粒状结构，木本根系多，无泡沫反应，pH=6.33。

29 ～ 82 cm：A_2B_1 层，稍湿，棕，含砾轻壤，小块状—核状结构，无泡沫反应，pH=6.49。

82 ～ 90 cm：B_2 层，稍湿，棕，较上层淡，含砾轻壤，块状结构，无泡沫反应，pH=7.18。

90 ～ 108 cm：B_C 层，稍湿，淡棕发灰白，含砾轻壤，无结构，有碳酸盐开始积聚，泡沫反应强，pH=7.25。

108 ～ 120 cm：C 层，稍湿，灰，及灰白色，化风之片麻岩块，有 $CaCO_3$ 壳，pH=7.22。

（C）山地黑土　主要分布在森林和森林草原带的阳坡，但由于过度放牧和土壤侵蚀，腐殖质层一般很薄，腐殖质含量很少。

在阿尔泰的山地黑土有三种情况，一种是分布在卡拉斯山区的森林带中上部的半阳坡地区，由于泰加森林的人为破坏而形成一种湿润的森林草甸，其植物组成都是一种鸭茅（*Dactylis glomerata*）、防风（*Heracleum dislectum*）等，形成林间高草地。甚至结合有泉水露头，土壤很湿润，强烈腐殖质积聚，甚至发生泥炭化过程，在这种植被下形成淋溶山地黑土。第二种情况是在一般森林和森林草原带的中下部的河岸阶地附近，由于人为的破坏森林而形成一种灌木草甸草原或草甸草原的植被。这就看破坏的轻重来定，如长期的放牧，当然灌木成分就渐渐减少而到完全没有。其灌木方面有栒子木（*Cotoneaster*）、忍冬（*Lonealeae*）及部分绣线菊（*Spiraea*），草本植物则为狐茅、小糠草、羽衣草、蓍草（*Achillia*）等。在这种植被之下就形成深厚的山地黑土，具有深厚的腐殖层，土层下部可能还有碳酸盐新生体出现。第三种情况就是大面积的受不同侵蚀程度所破坏的山地黑土。现将三个类型的剖面记录如下：

（a）淋溶山地黑土

剖面号：布 15 号

剖面地点：布尔津县卡拉斯山区，坡向南 45° 西，坡度 15°，海拔 2 175 米。

剖面形态：

0 ～ 14 cm：湿润，暗棕，中壤，团粒结构，主要为莎草及羽衣草之根系。

14 ～ 58 cm：湿润—潮湿，暗棕，中壤，团粒结构，有坡积的砾石侵入，土层疏松。

58 ～ 70 cm：湿润—潮湿，棕灰，中壤，无结构，坡积岩块很多。

（b）深厚山地黑土

剖面号：A_{48}

剖面地点：阿勒泰县克拉玛依林业经营所东面之坡积—洪积阶地上，海拔 1 450 米。

剖面形态：

0 ～ 6 cm：生草草甸层，湿润，棕黑，为腐解很好之腐殖质层。

6 ～ 40 cm：A_1 层，稍湿润，暗棕灰，粉砂中壤，如豌豆一样大的团粒结构，由蚯蚓粪引起的团聚也很多，松，无泡沫反应，pH=7.51。

40 ～ 58 cm：A_2 层，稍湿润，暗棕，质地同上，只是团粒小一点，而且小团粒占主要，灌木根系多，无泡沫反应，pH=7.05。

58 ～ 70 cm：B_1 层，一切同上，只是有泡沫反应，中—强，pH=7.57。

70 ～ 118 cm：B_2 层，稍湿润，棕黄，质地同上，有拟柱状结构，有黄色的石灰斑块，泡沫反应强，pH=7.70。

118 ～ 188 cm：B_3 层，湿润，浅棕黄，细砂轻壤，石灰积聚较上层多，pH=7.72。

188 cm 以下：C 层，湿润，浅棕黄，细砂轻壤，其中夹有风化度很大之砂页岩，无明显的碳酸盐的新生体，有锈斑细纹，pH=7.60。

（c）山地普通黑土

剖面号：阿勒泰 25 号

剖面地点：阿勒泰县的小分水岭，坡向北，海拔 1 400 米，坡度 6°。

剖面形态：

0 ～ 10 cm：湿润，暗棕灰，细砂轻壤，小团粒结构，松，无泡沫反应。

10 ～ 30 cm：湿润，灰棕，细砂轻壤，团块状结构，无泡沫反应。

30 ～ 48 cm：稍湿润，黄棕，轻壤，有石英及片麻岩岩片，无结构，无泡沫反应。

48 ～ 65 cm：干，灰白，沙壤，为 $CaCO_3$ 的积聚层，向下逐渐过渡。

65 ～ 80 cm 以下，为大量的石灰积聚，而且主要积在片麻岩岩块的四周。

3. 低山灌木草原带

它主要是在低山地区，在这个地带里就开始显出了干旱草原的景观，植被的覆盖度开始减小，岩石的干旱物理崩解开始出现，而且开始了明显的富钙风化过程。

由于这种干旱的生物气候，这种低山地形就不能重大地影响水热条件，因此阴阳坡的差别重新又开始变小，主要都是以绣线菊、羽茅为主的灌木草原，在这种植被下主要是山地栗钙土。

这种植被在阳坡一直可以爬得较高。

山地栗钙土作为一个独立土类而存在，它的共同特点就是，腐殖质含量少，缺乏结构以及大量的碳酸盐积聚。

（a）淋溶山地栗钙土

剖面号：F_{19}

剖面地点：富蕴库义沟，坡向正南，坡度 17°，海拔 1 670 米。

剖面形态：

0 ～ 14 cm：稍湿润，暗棕灰，轻壤，小团粒结构。

14 ～ 36 cm：干，灰棕，轻壤，有小砾片侵入，团粒结构，稍紧实，向下过渡明显。

36 ～ 56 cm：干，棕，轻壤，含砾较上层少，块状结构，稍紧实，根系已很少。

56 ～ 90 cm：干—稍湿润，棕黄，主要受片麻岩母质的影响，无结构，全剖面无泡沫反应。

（b）普通山地栗钙土

剖面号：B_3

剖面地点：青河县，欧脱布拉克河谷旁的山坡上，坡向北 5° 西，坡度 25°，海拔 1 350 米。

剖面形态：

0 ～ 6 cm：A_1，干，灰棕色，含砾轻壤无结构，疏松狐茅及蒿属的细根很多，也有坡积的碎石块，无泡沫反应，与下层过渡明显。

6 ～ 35 cm：A_2，干，灰棕色，轻壤，含砾和碎石块较上层多，而且大，无结构，24 厘米以下的石块背面有大量碳结皮，30 厘米以下土中才有泡沫反应。向下呈舌状和波状过渡。

35 ～ 65 cm：B_1，干，灰黄白色，粉砂质轻壤土，无结构，稍坚实，为碳酸盐淀积层，石头背面的碳酸钙可厚达 2 ～ 3 毫米。

65 ～ 120 cm：B_2，干，浅白黄色，其他性状同上层。

（c）草甸山地栗钙土

主要是在干河谷的阶地上，由于地下水的浸润而生长着芨芨草丛、蒿属等干旱草甸性的植被，与其他亚类不同的地方就是有机质含量稍微加多，其他特性仍然一致，具体的剖面记录如下：

剖面地点：青河县塔那达河桥阶地，海拔 1 500 米。

剖面形态：

0 ～ 13 cm：干，浅灰棕，细砂土壤，细粒状结构，为莎草根丛分布层，向下过渡明显，无泡沫反应。

13 ～ 40 cm：干，浅灰色，砂质轻壤，无结构，禾本科细根分布，从 20 厘米处开始有碳酸盐假岗线出现。

40 ～ 87 cm：干—稍湿润，棕黄，质地变粗，根已减少，泡沫反应加强，中—强。

87 ～ 112 cm：干，灰棕黄，轻壤，无结构，泡沫反应，中等。

4. 前山和山麓的荒漠草原带

它一般均在 1 300 米（个别开阔之处可以到 1 500 米）以下，而且愈向西，这一带是愈形下降，到阿山就下降到 1 100 米附近，因此，它和其垂直带一样，服从于这个总的由西向东逐渐升高的规律。

这一个垂直带，按照水平地理带来看，它是属于半荒漠的棕色荒漠草原土地区，因为在这样半荒漠气候条件之下，这种高度很小的山区地形条件已经不能引起水热条件的变化，所以它应当反映水平地理带的特点而为一个半荒漠的棕色荒漠草原土区。但地形因素是起了另一方向的变化，就是不同的地形条件，给予了不同的母质来源，发生了不同的水盐平衡，从土下层来影响土壤的发育。在这区域中就发育为棕色荒漠草原土的各个亚类。

棕色荒漠草原土作为一个独立土类，有以下几个特点：

第一，它是亚寒温带的半荒漠气候条件下的产物，其植被是一种蒿属——羽茅的半荒漠草原，其中蒿属的比重很大，在春季暂时流水的地方有些小的绣线菊矮生灌木。在较高的残积物上有麻黄（*F. phdra*）和 *Echirops gmelini* Jurcz 等干旱的小灌木和半灌木参加，总的覆盖度不超过 20%。半荒漠性表现得非常明显。

第二，土壤剖面的形态特点：

（a）最表层有一层“荒漠活动层”，它是由于夏季的干旱和春季的大风使土壤结构破坏而形成的。其厚度一般只 3 ～ 5 厘米，且无泡沫反应。机械组成很粗，往往含砾。

（b）A 层一般厚度为 20 厘米左右，腐殖质含量很少、并且表现出不太明显的片状结构及海绵状孔隙，这就证明荒漠过程已有一定的发展但不显著。但泡沫反应是开始于 A 层的下部。而且颜色发棕。

（c）B 层开始石灰质的积聚，依据积聚的形态可以划分出 B_1（假菌丝）、B_2（斑点）及 B_3（石灰块）。并且 B 层往往因石灰质胶结而变得坚硬。

（d）C 层间开始石膏的积聚。

但注意，这种情况只有在普通棕色荒漠草原土中才表现得最明显。它一般发育在前山残积物以及山麓洪积扇上。在残积的母质上，一般土层很薄，但这剖面规律也可以看出，不过看到石膏在下层积聚的并不多。

草甸棕色荒漠草原土，盐化棕色荒漠草原土由于发育时间还不长，这种剖面形态还不明显。而且由于地下水和母质的影响，就更难看出，但荒漠活动层及A层的规律性还是可以看到的。现在我们可以用剖面记录加以证实。

（a）普通棕钙土

剖面号：A_{42}

剖面地点：阿勒泰县城以东5公里，第二级阶地，海拔875米，坡度4°。

剖面形态：

0～2 cm：干，浅棕灰，荒漠活动层，砾质沙壤，无泡沫反应，pH=6.88。

2～5 cm：A_1层，干，棕灰，含砾轻壤，有不明显的片状结构，结构上之海绵孔隙不明显，无泡沫反应，pH=6.99。

5～28 cm：A_2层，干，浅棕发灰，轻—中壤，小块状结构，坚实，石灰反应强，与下层过渡明显，pH=7.12。

28～55 cm：B_1层，干，棕灰白，含砾轻—中壤，块状结构，坚实，碳酸盐呈粉末状平均分配在土粒中间，pH=7.10。

55～76 cm：B_2层，干，浅灰发白，沙壤，细团粒结构，坚实，碳酸盐呈大量的粉状淀积，pH=6.86。

76～97 cm：B_3C_1层，干，浅黄发灰，含砾粗砂，无结构，松，泡沫反应减弱，中等，pH=6.95。

97～110 cm：C_2层，稍湿润，浅黄发灰，含砾粗之砂土，纤维状石膏结晶，在此层有大量出现，泡沫反应++，pH=6.82。

110～124 cm：C_3层，稍湿润，颜色同上，为片麻岩之风化物，石膏结晶已小。pH=6.78。

（b）草甸棕钙土

剖面号：No.2

剖面地点：青河县城北0.5公里，青格里河的第二级阶地。

剖面形态：

0～4 cm：稍干，灰，沙壤，有微片状结构，松，泡沫反应+。

4～12 cm：稍湿，棕灰，沙壤，不明显的汽状结构，稍紧，为芨之草根的主要分布层，泡沫反应强。

12～56 cm：湿润，棕灰，砂质，无结构，根系已减少，泡沫反应强。

56～140 cm：湿润，其中沉积层次明显，灰色沙壤，在76厘米以下可能为埋藏层次，颜色又逐渐变黑。

3.4 萨乌尔山区的土壤

准噶尔盆地西北部的萨乌尔山已不属于阿尔泰山和天山山系，而是狭窄的，呈东西走向的塔尔巴哈台山脉的东端，位于北纬 46° 10′ ～ 48°，东经 85° ～ 87°。本山区西北部分位于苏联境内。

萨乌尔山区的土壤 – 生物气候带属于干温带的大陆性区域的结构类型，山地草原景观几乎直接与雪线相衔接，没有山地森林及森林草原带。这种景观垂直带结构和阿尔泰山、天山的显著差异是与它具体的成土条件的特点分不开的。

3.4.1 成土条件综述和土壤垂直带的一般结构

影响萨乌尔山景观垂直带结构的主要因素有四：①地理位置及气候条件；②地貌特征；③冰川的伸缩；④新构造运动所引起的地壳上升。四者综合地和相互制约地起着作用。

萨乌尔山处于欧亚大陆腹地的半荒漠地带中。山地的北面是额尔齐斯河谷地和齐桑盆地（苏联境内），为北冰洋气流进入准噶尔盆地的主要孔道。因此，萨乌尔山北坡直接承受着北冰洋气流的影响。但是，由于萨乌尔山远不如阿尔泰山和天山那样深厚高耸，不能阻截和吸收来自北冰洋的冷湿气流，且又相对地受到周围半荒漠气候的影响很深。这是它的景观垂直带结构不同于阿尔泰和天山的地理的和气候的原因。

萨乌尔山南坡所受北冰洋气流的影响极小，且与更为干旱炎热的内陆低地（准噶尔盆地和哈萨克斯坦丘陵地东端）相接，故而半荒漠景观可以一直伸展到海拔 1 500 米的地方，造成萨乌尔山南北两坡的垂直带结构在海拔高度上的巨大差异。

本区气象资料几乎完全缺乏，根据向当地牧民访问所得，可略知本区气候的特点是：即使在海拔 2 000 米以上的山地里，降水量也是不多的，且多降落于春季，而夏季比较干燥。有限的降水和生长季节比较干旱，使得森林的生长受到限制，而有利于草原的发展。

萨乌尔山区地貌的特征对景观带结构的形成也有着密切的关系。

萨乌尔山的一般高度多在海拔 1 500 ～ 2 500 米之间，最高峰达 3 500 余米。该山区可明显地划分出主山带和前山带来。前山带颇宽阔，呈列状的石质山岭和其间的宽谷平原平行地相间排列，走向大致与主山带一致（东西向）。因此，当我们进山时，翻过一山即见一平原，走完平原又一石山。宽谷平原为 2 ～ 3 级阶地和干沟所构成，其中充填着很厚的第三纪地层。第三纪地层之上又覆盖有不厚的第四纪沉积物，厚度一般不超过 8 ～ 10 米，为砾石组成的洪积物。

并列于平原之间的石质山岭由于长期的夷平作用而相对高度仅 100 ～ 200 米。

这种石质低山多由花岗岩和砂岩组成，物理风化很盛，残积及坡积物中多石块而少土质。植物生长较为稀疏。

上述石质低山和平原相间排列的地形特征使得海拔 800 ～ 1 600 米的高程内景观带的垂直分异较为缓慢和不明显，为一片干旱草原。相反地，主山带在不大的平面距离内由海拔 1 500 米很快地上升到 3 500 米，造成垂直带的迅速分化，出现了黑土草原、小片落叶松林、亚高山草甸和分水岭部分的积雪和冰川带。

主山带窄狭陡直，为第三纪造山运动时期的断裂上升所形成的块状山岭，为海西宁期花岗岩组成。山地上升后，气候干燥而流水割切不盛，故在海拔 2 000 米以上的山地仍保持着原来的准平原地形，起伏低缓。分水岭尚保存有小型的现代冰川，其下有 U 形谷数条，为现代的主要水系，赖融冰雪水使能保持经常的水流。支流及其他水流均短促稀少，割切不深，且为季节性流水。因此，主山带地形的特点是：由于流水地形不发育，在海拔 2 000 米以上仍为开阔平坦的准平原地形，海拔 2 000 米以下又少有深峻峡谷。显然，在干温带大陆性区域里的地形特点也是森林不能得以充分发展的地形条件（图 4）。

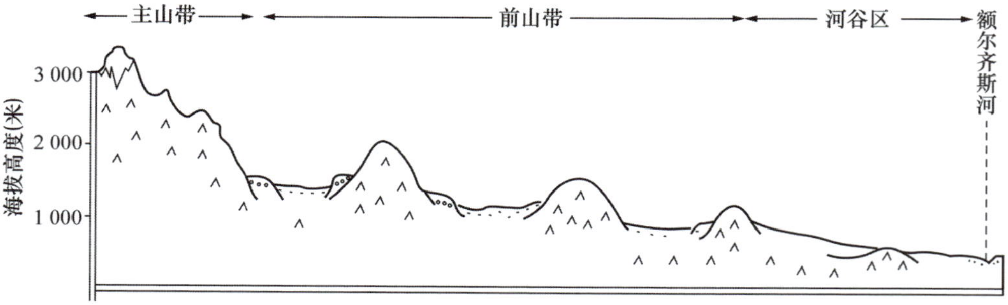

图 4　萨乌尔山北坡断面图

1. 主山带：3 400 ～ 1 700（1 600）米高山草甸，山地草甸草原及干旱草原，黑土型高山草甸土，山地黑土，山地栗钙土；2. 前山带：1 700（1 600）～ 950 米山地干旱草原，山地栗钙土，变质石膏灰棕色荒漠土；3. 前山河谷带：950 ～ 450 米荒漠草原和荒漠，棕色荒漠草原土，灰棕色荒漠土，石膏灰棕色荒漠土。

上述地理位置和山地的地形决定了萨乌尔山区现代地理条件的基本特点。此外，在整个第四纪的时期里，随着山地的逐渐隆起和冰川的伸缩而造成了自然景观带和土壤带的复杂更替过程，以至于近代地理条件的特点尚不足以完全消除自然历史所遗留下的痕迹。因此，有必要说明第四纪期间冰川的活动和新构造运动对景观带的形成及成土过程的影响。

在海拔 3 000 米以上的主峰上仍保存有小型的现代的山嶽冰川，但过去冰川所遗留下的痕迹（冰川地形和冰碛物）到海拔 2 500 米处尚可见到。现代的小型冰川和过去冰川所塑造的大型 U 形谷表明了现代冰川只是过去冰川退缩后的残余。第四纪后期冰川的后退对萨乌尔山景观带的发展和深化起着重要作用，使得这些地区的土壤随着冰川的后退和冰缘气候影响的逐渐减少而有规律地演替着，这尤其明显地反映在阴坡上，而阳坡则远不如阴坡灵敏。演替的一般图式是：山地草甸土→森林草原的灰色森林土→山地草原的山地黑土→山地干旱草原的山地栗钙土。以下将作具体讨论。

最后，新构造运动对萨乌尔山的景观带的形成也起着重要的作用。最后一次冰期里的冰川退缩后所遗留下的 U 形谷谷底已被冰水割切成 8 ～ 12 米高的阶地，说明了近代的构造上升运动仍然十分显著和剧烈。前山带的宽谷平原上有着明显的 2 ～ 3 级阶地。第三纪及第四纪初期的地层被割切的深度达 40 米以上。第四纪以至于近代的构造上升运动使原来的海拔较低的地面被提升到较高的地位，使原来在半荒漠条件下发育的土壤又重新处在干旱草原的条件下，造成前山带土壤复杂的演替过程。这些将结合对各土壤类型的叙述加以讨论。

萨乌尔山土壤垂直带结构为“草甸土—黑钙土—栗钙土”类型，以下为土壤垂直带的一般结构的模式图（图 5）：

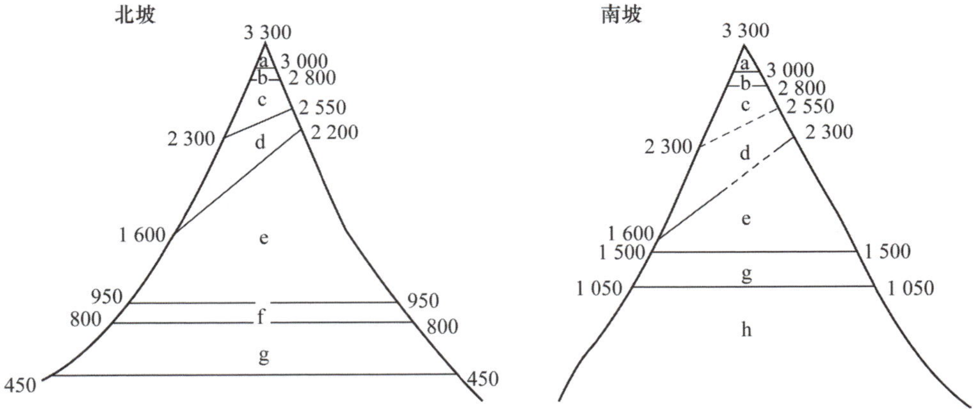

图 5　土壤垂直带的一般结构模式图（单位：米）

a. 积雪和冰川带（3 500 ～ 3 000 米）；b. 冰雪积极活动带——薄层粗骨质的亚高山草甸土（3 000 ～ 2 800 米）；c. 亚高山低草草地——黑土型亚高山草甸土；d. 黑土草原和小片落叶松林——山地黑土，山地灰色森林土；e. 禾本科与蒿属的干草原——山地栗钙土；f. 蒿属草原——棕色荒漠草原土（包括小部分的，蒿属藜科荒漠植物——石膏灰棕色荒漠土）；g. 蒿属荒漠草原和荒漠——灰棕色荒漠土和石膏灰棕色荒漠土；h. 砾质戈壁——石膏灰棕色荒漠土。（注：虚线为没有实查的推测线）

3.4.2　萨乌尔山区主要土壤类型分述

1. 冰雪积极活动带

薄层的粗骨质的亚高山草甸土（海拔 3 000 ～ 2 800 米）。

海拔 3 000 米以上的分水岭部分至今仍常年为冰雪覆盖，没有土壤的发育。在积雪和冰川带的周围地区，一年内有七八个月的时间被冰雪覆盖。在这一地区，花岗岩的物理风化极为强烈，春末夏初的融雪期间和秋季落雪后融化的时期里，融雪水将风化的花岗岩碎屑由高处搬运到低处，堆积起来，故花岗岩区的球状地形甚为发育。在球状的花岗岩块上有地衣的生长，是土壤发育的原始阶段。融冰雪水聚流的低地为一片乱石堆，几乎没有植物生长，只有在低平的花岗岩细粒堆积的地方土壤才开始发育起来。但是每年融雪水在地面上的积极活动和花岗岩坡积物转运的频繁，故土壤发育在极不稳定的条件下，极薄的土层往往被冲走或盖上一层细粒，所以没有大片的土壤而是与没有植物生长的花岗岩碎屑堆相间呈斑块状。

本区土壤最为年幼，土层极薄，一般很少超过 20 厘米。土层主要为两部分组成，即表层深棕的草垫层和其下暗灰色的腐殖质层。机械组成多为含砾轻壤，母质为花岗岩碎屑，透水性良好，但因一年内大部时间为冰雪覆盖，夏季降雨亦多，故土体中经常保持着湿润状态。又由于嫌氧性分解和富含腐殖质而将土层染成灰黑色。

植物以莎草科为主，其他尚有虎耳草科植物、苔藓、狐茅等。以下为代表剖面的描述：

0 ～ 3 cm：暗棕色湿润的草垫层，以新鲜的和半腐解的莎草科根系最多，疏松有弹性。

3 ～ 12 cm：灰黑色的腐殖质层，向下渐浅和发棕，湿润，细粒状结构，多植物须根。

12 cm 以下：棕黄色或灰色的花岗岩碎屑。

2. 黑土型亚高山草甸土（海拔 2 800 米 ＜ 2 550 米阳坡 / 2 300 米阴坡）和泥炭沼泽土

在海拔 2 800 ～ 2 300 米（阳坡为 2 800 ～ 2 550 米）的高程内，古老的准平原地形显得十分辽阔开朗，谷宽坡缓，起伏不大，为一片低草草地，是牧民们优美的夏季牧场。

在此高程内，由于冰川退出较早和冰雪作用减弱，土壤的发育是在比较稳定的条件下进行的。植被以莎草科草甸型植物为主，覆盖度达 90%，主要植物有莎草科的蒿草（*Cobresia* sp.）、沟叶狐茅（*Festuca socata*）和苔藓，此外有少数薄雪草和蓼科、虎耳草科植物。

土壤表层有 3 ～ 8 厘米厚的草垫层，为莎草科植物根稠密地盘结，有时已泥炭化，由于富含未分解和半分解的残体，呈深棕色。其下的生草层为炭黑色或暗褐色，往下色渐浅，厚 20 ～ 30 厘米，腐殖质含量很高，为细粒状结构。土体中碳酸盐完全遭到淋失，但偶尔可以在母质层下部的岩石缝中觉察到一些碳酸盐的痕迹。有机胶体在剖面中也有淋溶淀积现象，淀积深度不定。pH 偏于弱酸性和酸性，在 5.6 ～ 6.3 之间。与阿尔泰山的亚高草甸土相较，其主要区别在于草根层以下为灰黑色而非棕色，且富含腐殖质。这是与它的特殊的水热条件和有机质进入及分解类型上的不同有关的。因为它有短的，比较干燥温暖的夏天。

形态特征：

剖面 G_{13}，海拔 2 700 米，为开旷平缓的古老准平原地形，微域地形亦极平缓，约为 4° 的斜坡，母质为花岗岩碎屑和细粒的坡积物。

0 ～ 4 cm：为禾本科及莎草科植物须根组成的草垫层，夹有少数土粒，疏松有弹性。

4 ～ 15 cm：A 层，灰黑色腐殖质层，有很多禾本科须根，轻壤质，细粒状结构，疏松，湿润。

15 ～ 25 cm：B 层，棕色过渡层，往下渐发黄，植物根较少，中壤，多小石块，石块背面有暗紫色有机质胶膜，较上层更湿润。

25 ～ 40 cm：C 层，棕黄色，含小石块极多的母质层，湿润，疏松。

随着海拔高度的减低，上述剖面中的一些性状有着相应的改变，首先是腐殖质层的加厚和生草过程的增强，其次是通体都显得比较干燥，尤其在下部棕黄色花岗岩碎块层更加干燥紧实。最后，有机胶体的现代淋溶过程不明显，而在底土中的小石块背面却有着过去淀积的有机胶膜的痕迹。

显然，在此高程内，冰川是在相当长的时间里逐渐退却的，这就造成不同海拔高度的土壤的绝对年龄的差异。此外，距现代雪线愈远，冰雪作用愈亦减弱，气候变得比较温和和干燥。因此，随着发育过程的增长和水热条件的逐渐改变而使得草甸过程减弱，生草过程增强，逐渐向山地黑土的方向过渡。

在冰水河的谷地里，生长着浓密的和成丛的莎草科植物，其中夹有少数薄雪草、委陵菜和蓼科植物。总覆盖度达 100%。成丛的莎草科植物使地面凹凸不平，且富弹性，马蹄往往陷入其中。其下为泥炭沼泽土，它发育在冰水冲来的大的石块堆上，其中夹有一些土粒。由于水分经年十分丰富，有喜水性草甸类植物生长，而它又起着阻留冰水中细的土粒的作用。年复一年，在冰水谷中的石块堆上有着厚达 1 米左右的其中夹有少许土粒的泥炭层，黑色或黑棕色，其中含有大量水分，手拧之，可出水。一年中绝大部分时间该泥炭层为冰水所浸润，有机质不易遭受分解，故泥炭层中有完整的莎草科植物的有机残体。

这种泥炭沼泽沿冰水谷可下达到海拔 1 800 米的地方。

3. 山地黑土和山地暗灰色森林土｛**阴坡为海拔** 2 300 ～ 1 600 **米**；**阳坡为海拔** 2 550 ～ 2 200 **米**｝

在海拔 2 300 米（阳坡 2 550 米）至 2 000 米的古老准平原型的山地里，普遍地分布着山地黑土，此外，海拔 2 000 ～ 1 600 米的峡谷地区的阴坡上也有着黑土和暗灰色森林土的分布。

暗灰色森林土在萨乌尔山区的分布是十分有限的，仅分布在海拔 2 000 米以下割切较深、坡度较陡的阴坡上，也就是说只有在由于地形条件所造成的，较为阴湿的情况下才有灰色森林土的发育。显然在萨乌尔山区这种地形条件是极其缺乏的。

森林草原景观下发育的灰色森林土是森林土壤和草原土壤之间的过渡类型。萨乌尔山区的很多现象使我们觉察到，随着冰川的后退和相应的气候变得比较干燥温和，而草原过程逐渐代替了森林和森林草原的过程。

在地形条件有利于森林生长的情况下，落叶松林生长尚好。在比较开旷和不大的阴坡上，落叶松则生长得稀疏矮小。在托本沟我们也曾见到小块阴坡上有一株和几株残存的矮小的落叶松生长，其下虽有一些林下的植被，但已阻挡不住草原植物群落的侵入。特别令人寻味的是在这种植物群落下的土壤剖面形态几乎完全接近于黑土，并且普遍地存在着坡积作用所引起的干扰和埋藏现象。显然，这与在陡坡上森林过程逐渐减弱后地表径流的加强有关。

森林草原逐渐在缩小，和草原的逐步发展的重要原因是冰川的后退和气候的相应变得比较干燥和温和。为什么森林上限不随着冰川的缩小而上升到更高的海拔（如海拔 2 000 米以上）呢？显然在海拔 2 000 米以上，开旷平缓的地形所造成的气候特点不利于森林的生长，反而为草原所占据。因此在海拔 2 000 米以上的山地里有大面积的黑土分布，反而未见有灰色森林土。

山地黑土的主要植被是：狐茅（*Festuca*）和莎草科植物，其他有沟籽草（*Anlacolepis* sp.）、异燕麦（*helictorichon xhellianum*）、*Brachanthemum*（菊科）、委陵菜（*Potentilla* sp.）和少数蒿子、蓼科，总覆盖度为 85%，禾本科植物可占 60% 左右。

山地黑土的腐殖质层的上部为黑色，富含腐殖质，有小团粒结构。往下由于腐殖质的逐渐减少，而色渐浅，呈灰棕色，结构亦变坏。A+B 层约 50 厘米，故腐殖质层较薄乃山地黑土的特点之一。碳酸盐在 50 厘米处的母质层开始淀积，60 厘米处即大量集聚，在石块背面往往形成钟乳状新生体。碳酸钙淀积层为中性到微碱性（pH=7.0 ～ 7.4），腐殖质层为弱酸性（pH=6.1 ～ 6.8）。

山地黑土代表剖面的描述如下。

0 ～ 7 cm：暗棕色的草垫层，湿润，疏松，有弹性，根间有白霉。

7 ～ 33 cm：A，黑色腐殖质层，砾质轻壤，湿润，疏松，小团粒结构，须根很多呈网状交织于剖面中，无泡沫反应，与下层逐渐过渡。

33 ～ 50 cm：B，深灰棕色过渡层，向下颜色逐渐变浅，砾质轻壤，但有较多坡积的石块，湿润，疏松，细粒 – 小团粒结构，仍有很多须根，无泡沫反应，与下层呈舌状过渡。

50 ～ 80 cm：B/C，浅橙黄色含砾的砂质轻壤，泡沫反应十分强烈，在石块背面有钟乳状的 $CaCO_3$ 新生体。

80 cm 以下：均为坡积大石块，以花岗岩和辉绿岩为多。

上述剖面为海拔 1 800 米处峡谷阴坡上的山地黑土，在 2 000 米以上的山地黑土剖面显得更加干燥，腐殖质较少，为暗灰棕色，结构亦较差。

山地暗灰色森林土的主植被是：落叶松（*Larix sibirica*）郁闭度约 70%，林下灌木有栒子木（*Cotoniaster* sp.）、绣线菊（*Spiraea* sp.），草本植被为禾本科和莎草科，已枯未鉴定，此外苔藓极多，总覆盖度 98%。

以下用和丰县松格沟海拔 1 720 米处的剖面作为代表，为强度生草化的山地暗灰色森林土：

0 ～ 8 cm：A_0，暗棕色，半腐解的残落物和草根层，湿润，疏松。

8 ～ 19 cm：A_1，暗棕灰色中壤，湿润，稍紧实，细粒状结构，有较多的草本须根和木本侧根。

19 ～ 30 cm：A_2，深灰棕，较上层浅，轻壤，有石块，湿润，疏松，有细粒结构。

30 ～ 71 cm：B_1，灰棕色，重壤，有石块，湿润，有小团块结构。

71 ～ 83 cm：B_2，灰棕色，但棕的色调较上层强，重壤，有大石块，湿润，疏松碎屑状结构，有的石块背后有泡沫反应，土中没有。

83 ～ 110 cm：B/C，淡黄棕色，砾质重壤，大石块很多，有的石块背后有泡沫反应，土中无，有的石块背面有三氧化物的胶膜。

从上述剖面可以看到生草过程在强烈地改变着原来的面貌。腐殖质层可厚达 50 厘米，将 A_2 层亦染成暗灰棕色。在 70 厘米以下的石块背面开始了少量的碳酸钙淀积，但是在原来的森林过程下所造成的机械组成和三氧化物的分化仍然被保存下来。

4. **山地栗钙土**［**阳坡为海拔** 2 200 ～ 950 **米**
阴坡为海拔 1 600 ～ 950 **米**］

山地栗钙土是萨乌尔山区土壤垂直带结构中发育得最为广泛和普遍的土类，它占据的相对高度约为 1 200 米（海拔 2 200 ～ 950 米）。在海拔 1 600 米以上的主山带里仅分布于阳坡，与阴坡的山地黑土相对。海拔 1 600 米以下则不分坡向或山地与平原，均为山地栗钙土，至海拔 950 米以下逐渐过渡为微量碳酸盐灰钙土。

萨乌尔山的栗钙土区（尤其是前山带的石质山岭和宽谷平原）为阿尔泰专区最重要的冬季牧场。每当冬季到来的时候，附近若干县份的许多牲畜均被赶至此处越冬。因此，对萨乌尔山区栗钙土的调查和防止自然肥力衰退的研究具有十分重要的实际意义。

萨乌尔山南坡（即和丰地区）由于受到荒漠地区的大陆性气候的影响较

深，山地栗钙土的发育受到很大限制，仅分布在海拔 2 200 ～ 1 500 米的阳坡上，1 500 米以下的前山地带则为荒漠草原的棕色荒漠草原土和石膏棕色荒漠草原土所占据。

山地栗钙土在主山带和前山带的石质山岭区均发育在山坡的坡积物上，土层薄。在宽谷平原地区则为多砾石的洪积物或洪积冲积物。

山地栗钙土的主要植被是：长芒羽茅（*Stipa capillato*）、狐茅（*Festuca*）、蒿属（*Artemisia*）和地衣（*Lichen*），此外有少数的伏地肤（*Kochia*）和委陵菜（*Potentilla fruticola*）。在海拔 1 500 米以上以狐茅为主，羽茅较少，且有较多的扁穗鹅冠草。海拔 1 500 米以下以羽茅为主，狐茅相对减少，地面上有很多地衣，在稍微低凹的地方有大量的绣线菊（*Spirea*），植被的总覆盖度为 40% ～ 60%。

田鼠的积极活动和地面上密布田鼠洞穴也是栗钙土区中的景观特征之一。当我们骑着马通过这一片草原时可以很清楚地看到地面上星罗棋布的田鼠洞穴，洞穴的旁边堆着一堆松土（直径约为 15 ～ 20 厘米），有的十分新鲜，有的已被雨水或融雪水浸湿后下陷成为没有植物生长的小土包。分布得比较密的地方几乎占去了地面的 50% 以上（一般在平原上比山上要多得多）。显然，田鼠的积极活动不仅改善了土壤中的通气状况，并且对土层进行了一番翻动和改造。往往将下部钙积层的底土翻到上层和地表，使得表层的碳酸钙淋溶层中发生次生的复钙作用。

山地栗钙土的一般特征是：

（1）A 层厚约 17 厘米，B 层厚约 13 厘米，故一般较平原地区的栗钙土为薄，且 A 层反而比 B 层要厚。

（2）A 层为灰棕色或栗色，B 层色稍浅常带有灰色和黄色的色调，石灰淀积层一般为灰白色或棕黄色，质地以砾质轻壤为主，往下有时为砾质中壤。

（3）A，B 层为碎屑状或细粒状结构，以下即无结构，通剖面均较干燥。

（4）泡沫反应一般在 20 厘米左右开始，往往迅速过渡到钙积层，一般均呈粉末状淀积，有少数眼状石灰斑，石灰背面可呈钟乳状聚积。

以下引用 G_{18} 号剖面加以描述，吉木乃县达尔漠，山间平原的冲积台地上，微域地形平坦，微微向不深的干沟倾斜。

0 ～ 2 cm：A_1，灰棕色的松散层干燥砾质轻壤，有少数小石块。

7 ～ 13 cm：A_2，棕色，稍湿润，禾本科须根很多，砾质轻壤，有少数小石块，为细粒状结构。

13 ～ 26 cm：B，浅灰棕色，稍湿润，有较多小石块砾质沙壤，稍紧实，碎屑状结构或粉状结构，泡沫反应强烈，石块背面有很厚的碳酸钙结皮。

26 ～ 50 cm：C，浅灰白色的碳酸钙淀积层，石块极多。

在不同海拔高度和地形部位上剖面性状没有明显的和规律的变化，只是在地形部位稍微低凹，容易积聚地表水流的地方，有大量绣线菊生长，泡沫反应在

34 厘米以下才开始，（仅限于海拔 1 500 米以下的地方），腐殖质较多，颜色亦较深。

5. **棕色荒漠草原土**（**阴、阳坡均为海拔** 950 ～ 800 **米**）

在萨乌尔山北坡海拔 950 米以下的洪积冲积平原地区和前山地带平原间的列带山岭普遍地分布着棕色荒漠草原土，海拔 800 米以下过渡为灰棕色荒漠土。

主要的植被是灰蒿和不多的长芒羽茅与地衣，狐茅只是零星的存在。此外尚有较多的优若藜（*Eurotia*）、角菓藜（*Ceratocarpus*），总覆盖度为 30% ～ 35%，是牧民们春季和秋季的牧场。

棕色荒漠草原土的母质的特点是山前和山间的洪积和堆积性物质，主要为砂质组成，很少有壤质土层。

土壤的主要特征是：灰棕和黄棕色的砂土，腐殖质含量很低，除表层的通体紧实无结构，碳酸盐在 30 厘米以下才开始淀积，往往有明显的钙积层，显然，这些特征均不同于山地栗钙土。以下用 G_{25} 号剖面作为代表，吉木乃县萨乌尔山北坡前山带的洪积坡积物上，微域地形平坦，稍向中部倾斜。

0 ～ 10 cm：浅棕灰色，含砾的砂土，干燥，无结构，无泡沫反应。

10 ～ 40 cm：浅灰黄棕，含砾砂土，干燥，稍紧实，没有结构，有不强的泡沫反应，但往下逐渐增加。

40 ～ 79 cm：浅棕灰稍发黄，含砾较多的砂土，干燥，紧实，无结构，泡沫反应强烈，且有眼状石灰斑。

79 cm 以下：棕黄色，砾质砂土，余同上层。

棕色荒漠草原土不同于山地栗钙土的最主要特征，是缺乏腐殖质和结构性。在植被组成方面，蒿属比重加大，且覆盖度较为稀疏。

棕色荒漠草原土的碳酸盐淋溶较深是与机械组成较粗（粗砂质洪积坡积物）有关的。

6. **灰棕色荒漠土**

萨乌尔山北坡，海拔 800 米以下的平原地区，为灰棕色荒漠草原土与石膏灰棕色荒漠土组成的复域。南坡可分布到海拔 1 500 ～ 1 050 米。

灰棕色荒漠钙土的母质和分布的地形部位大致与棕色荒漠草原土相似，有时可发育在第三纪地层上面的第四纪坡积物上，或是前山带石质低山的残积和坡积物上。由于强烈风蚀而地面上覆盖着一层砾面。

植物的覆盖度较栗钙土和棕色荒漠草原土要稀疏得多，10% 左右，主要植被是灰蒿和零星的长芒羽茅、伏地肤、优若藜，小蓬（*Nanophyton eriraceum*）。

土壤的主要特征是：表层为浅灰色有层片状结构，多量的大孔隙，B 层为灰棕色和黄棕色，没有结构，自表层即有泡沫反应，33 厘米以下大量淀积，到 60 厘米以下又逐渐减少，以至于完全没有泡沫反应，相反地石膏却大量聚积起来，

以下引用 G_1 号为代表，布尔津县城南稍偏西约 20 公里，前山带的洪积冲积平原上为平坦的第二级台地。

0 ～ 6 cm：灰色含砾的粗砂，有少数小石块，疏松，干燥，有层片状的多孔结构，植物根很少，泡沫反应强烈。

6 ～ 18 cm：灰棕色含砾的砂土，少数小石块，疏松，稍湿润，没有结构，植物根比上层多，在石块背面有薄的碳酸钙结皮，土中泡沫反应不均匀。

18 ～ 33 cm：黄棕色，含砾较多的粗砂，石块也较多，稍湿润，稍紧实，没有结构，有很多蒿子根，泡沫反应强烈，石块背面有碳酸钙结皮。

33 ～ 52 cm：棕黄色，含砾很多的粗砂，石块更多了，紧实无结构，泡沫反应极强，石块背面有厚的碳酸钙结皮和橘黄色的胶膜。

52 ～ 76 cm：同上，但有石膏在石块背面呈针状和纤维状结晶，而没碳酸钙结皮，土中泡沫反应也不强。

76 cm 以下：同上层，但石膏更多了，无泡沫反应。

在以上所述剖面中有轻度碱化现象，尚待分析后证明。

石灰和石膏明显的分层淀积和碳酸钙的下淋现象，在其他母质和地貌部位上的剖面中均有相近似的反应。

7. **石膏灰棕色荒漠土**

石膏棕色钙土在萨乌尔山的南坡十分普遍，在海拔 1 500 ～ 1 000 米之间它与普通棕钙土组成复域，在海拔 1 050 米以下它却占据绝对优势的地位，一直向南和东南伸展到克拉玛依和北山山麓一带，在此均为一片荒凉死寂的砾质戈壁。

石膏棕色钙土在萨乌尔山北坡分布面积不大，一般在额尔齐斯河两岸与典型棕色荒漠草原土成复域存在。此外，它还零星地分布到海拔 1 500 米的栗钙土带和棕色荒漠草原土带（图 6）。

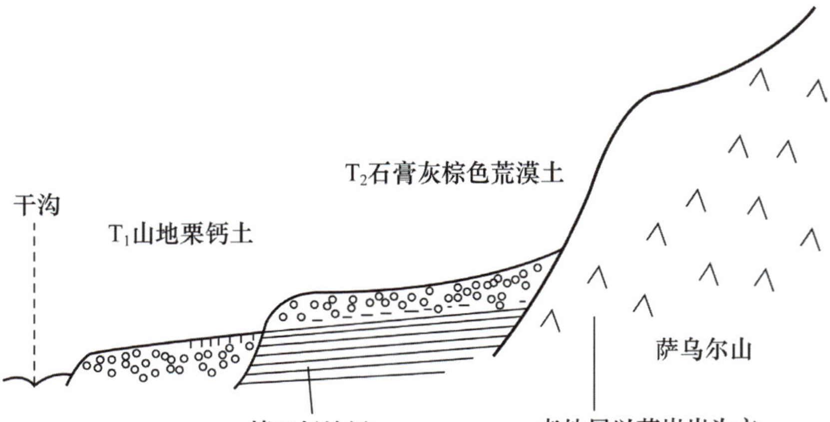

图 6　萨乌尔山北坡前山带的洪积冲积阶地断面图

石膏灰棕色荒漠土一般多发育在石砾洪积物和坡积物的斜坡上，有时构成最高一级的台地（其下大多为第三纪的杂色地层），故组成物质以砾石或卵石为主，由于风蚀而在地面上留下一层砾面，其下有不厚的土层。植物生长稀疏，总覆盖度为 0 ～ 5%，主要植被有小蓬、蒿子，在干沟和低凹部分有优若藜、梭梭。在萨乌尔山北坡海拔 1 500 米处的变质石膏棕钙土上的植被却以羽茅、狐茅和蒿子为主，几乎同于附近栗钙土的植被，只是稀疏矮小些而已，这种植被与土壤不相协调的现象以下作讨论。

石膏灰棕色荒漠土将在准噶尔盆地的土壤中详细说明，以下仅着重讨论在栗钙土和棕色荒漠草原土带中的变质石膏棕钙土。

石膏灰棕色荒漠土的主要特征是地表的石质砾面；土壤表层的层片状多孔结构以及剖面中石膏呈各种结晶形式成层地聚积起来。其上为碳酸钙淀积层（有时石膏也可在表层出现）。与此相应的荒漠性植被是十分稀疏的蒿属和藜科植物。但是在山地栗钙土区中的变质石膏棕钙土的性状却起了以下的变化。

首先是表层的层片状或海绵状结构遭到破坏，土壤的团聚性加强了。其次，表层 10 厘米以内（或更多些）的碳酸盐被淋溶。由于有砾面的保护和多砾的砂性土质使得每年淋溶的碳酸盐不能向上移动。此外，又由于降水渗入土中的深度有限，石膏仍然在比较高的部位上保存下来。与此相应的是在这种变质石膏棕钙土上的植被早已不是荒漠草原性的而是干草原性的了。因此，从剖面特征和植被上来看，栗钙土和微量碳酸盐灰钙土区的变质石膏灰棕色荒漠土已经在改变着它原来的面貌，故命之为“变质”石膏灰棕色荒漠土。

以下引用 G_3 号剖面为代表，吉木乃县城东北约 10 公里，公路旁的最高一级阶地上，阶地已被分割成小的垄背，剖面设在垄背上。

0 ～ 6 cm：浅棕灰色含砾的砂土，干燥，疏松，没有结构，有少量植物根，没有泡沫反应（地表有一层磨圆度不大的卵石铺成的砾面）。

6 ～ 20 cm：灰棕色，砾质沙壤，有少量小石块，稍湿润，疏松，无结构，但根系附近有小团聚体和小团粒结构，泡沫反应强烈。

21 ～ 39 cm：浅棕灰和黄褐色不均一，卵石很多的砂土，稍湿润，疏松，没有结构，无泡沫反应，在石块背面有石膏呈钟乳状或纤维状结晶，可厚达 2 厘米。

39 ～ 70 cm 及以下：为奶油黄色的石膏层，石膏呈粉状与土粒相混，石块背面仍呈纤维状结晶，但不如上层好，本层仍为卵石很多的砾质中砂。

假使我们能考虑到栗钙土和棕色荒漠草原土带中变质石膏灰棕色荒漠土所分布的地貌部位，以及前山带新构造运动的特点时就更能证实上述思想。

在栗钙土，棕色荒漠草原土带中的变质石膏灰棕色荒漠土，主要只分布在宽谷平原的最高一级阶地上。这一级古老的阶地直接与准噶尔北部及东北部分布最广的山前平原相接，由厚层的第三纪地层和其上不厚的砾石洪积物组成，其成土作用的共同特点是有大量的石膏在表层及不深的地方积聚。以后，在第三纪末和第四纪期间，随着萨乌尔山前山地带的构造上升运动，而在荒漠草原条件下所形成的石膏棕钙土被提升到更高的地位。由于自然景观组成的相对稳定性遭到破坏，土壤植被亦发生相应的改变，以取得新的平衡（即向所在地带的方向改变）。同时，侵蚀基准面的下降而使该级台地遭受割切，并形成年轻的堆积阶地，其上未见有过去荒漠草原条件下所遗留下的痕迹，它主要是反映了它所处地带的特征。因此，我们在栗钙土带的宽谷平原上的年轻的阶地上所见的为典型山地栗钙土，而在古老阶地上则为变质石膏灰棕色荒漠土，地貌的界限亦即二者的界限。

以上简单地叙述了萨乌尔山土壤垂直带结构中主要的土壤类型，它们在东西方向上的变异不明显。栗钙土带和微量碳酸盐棕钙土带中盐化、碱化和草甸型的土壤因调查太少未作说明。

3.5 准噶尔盆地的土壤

准噶尔盆地占据了纬度约 4°，经度约 8° 的广大面积，因此，整个盆地里的自然地理条件不会是千篇一律的，而是有着规律的变化。盆地周围环山，仅西部的山势较低，大西洋和北冰洋的气流得以进入，最后为天山所阻截。故地理条件总的趋势是愈往东南愈趋干燥。但是，对盆地的自然景观的形成具有更加直接和显著影响的因素是地面组成物质的不同和不同的自然历史发展过程。据此可将准噶尔盆地划分为三个自然景观分区：

（1）中心部分的沙地景观，为一片广大的活动和半活动的风积沙丘。

（2）北部和东北部的砾质戈壁景观。

（3）南部的黄土—盐化荒漠草原景观。

以上不同自然景观分区中具有不断类型的土壤。砾质戈壁区为石膏棕钙土，沙丘地区为沙质灰钙土和龟裂土型灰钙土，黄土—盐化荒漠草原区为盐化灰钙土。以下分述之。

3.5.1 准噶尔盆地北部和东北部的砾质戈壁

石膏荒漠地区北接阿尔泰山山麓，南止于古尔班通古特沙漠，西起萨乌尔山南麓，东至北塔山山地，是准噶尔盆地东北部分，呈西北、东南方向分布的狭长地区。在这个地区里，第三纪地层十分发育，尤以乌纳木、克拉玛依一带。在第三纪地层覆盖着的盆地中，有准平原型的石质低山和残丘零星分布，犹如大海中的孤岛一般。第三纪地层之上普遍地盖上了一层不厚的第四纪沉积物，其中以古老的额尔齐斯河和乌仑古河的河床沉积物最为广泛，一般均造成两级台地，是阿尔泰山山前平原主要构成部分。在将军戈壁一带也有着大面积的干涸的河床和古老的阶地。除了冲积物以外，洪积和坡积物要算分布得比较普遍的了。它们都分布在准平原化的石山的周围，由二台至青河，和丰到乌纳木的一路上均可见到。此外，准平原型的石质低山和残丘上的残积物和布仑托海周围的湖阶地上的湖相沉积物亦为砾质戈壁的组成部分。所有这些沉积物的共同特征是组成物质以砾石（或卵石）为主，风蚀的结果造成了地表的砾面，砾面下的土层不厚，质地较粗，且多卵石。组成物质的这种特点所造成的特殊水热条件是形成本区砾质戈壁景观的基本因素。

在此砾质戈壁地区的土壤主要为石膏棕钙土类型。无论在分布的地貌部位，植被组成和剖面特征上均不同于山地棕钙土，可分列如下：

第一，它主要是分布在阿尔泰山和萨乌尔山北坡的山前平原上。母质亦以富含石砾的冲积或洪积物为主，且由于强烈风蚀而在地面有一层暗色的砾面。

第二，植被由极为耐旱的藜科和蒿类植物（假木贼为优势种）组成，生长矮小，覆盖度极为稀疏，景象十分荒凉。

第三，土层很薄，约 30 ～ 50 厘米，但分化明显。荒漠活动层和浅灰色海绵状孔隙层更加发育。

第四，在离地表不深的地方石膏即大量成结晶状出现，有时在砾面下就可见到。

第五，由于植物十分稀疏，土层中腐殖质含量极少。

本区石膏棕钙土可分为三个亚类：典型的石膏棕钙土、碱化的石膏棕钙土和微量碳酸盐石膏棕钙土。

1. **典型石膏棕钙土**

典型石膏棕钙土在本区分布最为广泛，它遍及阿尔泰山山前额尔齐斯河的古老河床与阶地，以及和丰乌纳木、克拉玛依和将军戈壁一带。在这样广大的地面上自然地理条件是不尽相同的，阿尔泰山山前一带受到由额尔齐斯谷地进入的北冰洋气流的影响，但是和丰乌纳木一带所受影响较小；显得更加干旱。此外，随着距离山地愈远（即愈接近于盆地中心），大陆性气候也愈明显和突出。这些气候条件的特征都反映在不同地区的典型石膏棕钙土的土壤性状和植被组成的差异上。因此以下列举三个类型分别叙述。

剖面 A93 可以代表阿尔泰山山前一带所发育的典型石膏棕钙土。它发育在额尔齐斯河的第二级阶地上，地面平坦铺满了不大的卵石，主要植被是分杈假木贼（*Anabasis* sp.），生长得稀疏矮小，此外有短杈假木贼、十字假木贼，在稍低的地方有毛蒿（*Artemisia* sp.），卵石更多的地方有琵琶柴（*Reaumuria Soongarica*）和皱叶蒿（*Artemisia* sp.）。

地表为卵石组成的砾面。

0 ~ 11 cm：浅棕灰色的砾质砂土，层片状结构，海绵状孔隙，干燥，疏松，植物根很少，泡沫反应强烈。

11 ~ 30 cm：浅棕色沙壤，干燥，稍紧实，仅上部有层片状结构，以下没有结构，泡沫反应微弱。

30 ~ 46 cm：红棕色轻壤，干燥，稍紧实，无结构，没有泡沫反应。

46 ~ 70 cm：红棕色，比上层稍深，含砾粗砂，干燥，无结构，62 ~ 73 厘米间根系较多，无泡沫反应，石块背面有纤维状石膏结晶。

70 cm 以下：浅灰色砾石和粗砂层石膏大量淀积，无泡沫反应。

上述剖面的石膏是在 46 厘米以下开始出现的，且淀积量不大。这代表着阿尔泰山山前平原一带的典型石膏棕钙土的特点。在老和丰乌纳木、福海一带石膏在很高的部位上就开始了淀积，植被的组成也是属于更加干旱的类型，以下可以引用剖面 8*x* 作为代表，和丰乌纳木西面的冲积平原地面十分平坦，布满一层暗色的石砾，有时在大片的面积上寸草不生，偶有宽浅的干沟，沟中大梭梭（*Haloxylon* sp.）较多，此外有猪毛菜（*Salsola* sp.）和碱蓬（*Sueada* sp.）。

地表为暗色砾面，砾石上有岩漆。

0 ~ 11 cm：浅灰色稍发棕，含砾的砂土，有小石块夹在其间，干燥层紧实，块状结构和海绵状孔隙，泡沫反应强烈。

11 ~ 31 cm：浅灰棕含小石块很多的砂土，干燥，紧实，没有结构，在石块背面有针尖状的石膏结晶，上部泡沫反应强，向下渐弱。

31 ~ 46 cm：主要为卵石和细砾组成，石膏大量聚积成纤维状和针尖状结晶，没有泡沫反应。

当我们继续深入到盆地中心的时候，土壤性状也逐渐发生变化。石膏在表层就出现了，它破坏了表层的层片状结构和海绵状孔隙，使表层只剩了半厘米的一层结皮，结皮下面的石膏就大量出现，剖面 7*x* 可作为代表，它发育在洪积扇的边缘部分，所以砾石较小，且洪积物不厚（1 ~ 4 米），其下即为第三纪地层，植被大致与上一剖面相同：

地表是小砾石组成的砾面，比较稀疏（指砾石）。

0 ~ 0.5 cm：浅棕黄色的沙质结皮，有时也较厚，可达 1 ~ 2 厘米，有大孔如海绵状，结皮下即有粒状的石膏晶体。泡沫反应强烈。

0.5 ~ 20 cm：均为小石块组成，石块间有很多粒状和粉状的石膏与土粒相混，在石块背面往往有雪白的针尖状的石膏结晶。

根据这一地区的典型石膏棕钙土的观察，它一般都可以分为以下的层次：

（1）表层为砾面和松散的砂层，一般厚 2 厘米左右。

（2）浅灰色或浅棕灰色的沙质沙壤或砂，多含有小石块，干燥，疏松，有层片状结构、海绵或蜂窝状孔隙，泡沫反应强烈，厚 8 ～ 20 厘米，一般为 12 厘米。

（3）以棕色为主，一般为浅灰棕或棕色，干燥，稍紧实，无结构，有时在上部有层片状结构，上部泡沫反应尚强，往下渐减，以至于无，本层厚 10 ～ 30 厘米。

（4）棕色，没有结构，有很多砾石，泡沫反应极弱或没有，开始有石膏淀积，愈往下愈多，一般呈纤维状、针尖状或粉状结晶。

石膏层出现的深度依该地区干旱的程度而定。

2. 碱化石膏棕钙土

碱化石膏棕钙土在福海的湖阶地上分布得特别广泛，植物的组成十分单纯，主要是假木贼（*Anabasis* sp.），土面有裂隙想必为强度碱化所致，其剖面特征描述如下。

地表为砾和松散的沙层。

0 ～ 6 cm：浅灰棕色，有少数石块的砂土，干燥，稍紧实，层片状结构，海绵孔隙，根很少，泡沫反应强烈。

6 ～ 21 cm：黄棕色轻壤，有少数石砾，干燥，紧实，呈块状结构，有中量假木贼的根系，没有泡沫反应。

21 ～ 33 cm：浅黄棕色，砂土，稍湿润，稍紧实，没有结构，有很多白色粉状的盐斑，植物根很少，没有泡沫反应。

33 ～ 43 cm：石膏呈白色粉状的斑点，大量聚积，其他性状同上层。

43 ～ 75 cm：浅灰黄色，石膏较上逐渐减少，但斑点较大。

3. 微量碳酸盐石膏棕钙土

微量碳酸盐石膏棕钙土分布得也相当普遍，它主要是发育在已经准平原化的石质残丘上，如萨乌尔山（阿尔泰山的前山）、喀拉泰山（布尔津沟内）和和丰到克拉玛依的公路线上均可见到。植物群丛也随着干旱的程度不同而不同，如萨乌尔山是分权假木贼（*Anabasis* sp.）、灰蒿（*Artemisia* sp.）、小蓬（*Nanophyton erinaceum*）群丛，另外有优若藜（*Eurotia* sp.）、伏地肤（*Kochia*）和狐茅（*Festuca* sp.）。在喀拉泰山则为假木贼（*Anabasis* sp.）的单群落。在更加干旱的萨乌尔山南麓则为大梭梭（*Holoxylon* sp.）和琵琶柴（*Reaumuria soongarica*）群丛，另外有泡泡刺（*Nitraria*）、猪毛菜（*Solsola* sp.）、似蓼藜（*Atraphexis* sp.）等。土壤的主要特征是石膏较其周围的洪积或冲积物上的石膏灰棕色荒漠土的出现要深一些，量且少。碳酸钙在剖面中有淋溶现象，表层有微弱的泡沫反应，往下逐渐加强，到石膏层反逐渐减少以至没有泡沫反应。此外，表层浅棕灰的层片状结构和海绵状孔隙的层次有时不明显。以下引用喀拉泰山上一剖面为代表，为准平原型的低谷的石质残丘。

0 ～ 4 cm：砾面和疏松的活动层，为灰色砂土，泡沫反应中等。

4 ～ 16 cm：浅灰棕色，砾质砂土，稍湿润，稍紧实，层次状结构，海绵孔隙，根很少，泡沫反应强烈。

16 ～ 42 cm：棕色，含砾砂土，稍湿润，稍紧实，没有结构，泡沫反应中等，但下渐弱。

42 cm 以下：为半风化的片岩中夹有土粒，无泡沫反应，有少量石膏结晶。

以上对各种石膏棕钙土的描述，有助于我们初步地探讨该土壤类型的成土过程的特点。

本区年降水量一般在 200 毫米以上，蒸发量仅大于降水量 6 倍左右（南部地区为 10 倍）。但土质粗松透水性极强，地下水位又很深，故一年的大部分时期里土体中处在极端干旱的情况下，植物难以生长。生物过程的微弱而使得土体中主要反映出地质大循环所给予的影响。

石膏棕钙土的重要特征之一是在不同深度内含有大量石膏结晶。关于石膏之生成问题，在文献中争论纷纭，由于观察不多，不做讨论。但以下事实仍值得一提。

富含石膏的石膏棕钙土均分布在前山和山前的最高一级冲积或洪积阶地之上，而在准平原化的石质残山上石膏层较深，含量也少。这说明石膏的大量出现是与古代地表和地下水流比较发达的时期里石膏的积聚有关。

石膏层出现的深度与所在地区的降水状况有关。

在砾质荒漠地区里有额尔齐斯河、乌伦古河、克兰河、合博克河、乌纳木河以及它们的支流，另外还有乌伦古河下游的内陆湖泊——乌伦古湖（布伦托海）。这些水系一般均切入砾质戈壁，在河流流入湖泊或支流与主流汇合的地方往往形成三角洲。比较大者如乌伦古河下游的三角洲，盐池河与克兰河汇合处所形成的三角洲，以及和博克河出山后的干三角洲。它们的组成物质主要是近代的黄土状的沉积物。因而，无论在组成物质、成土年龄和水文状况等方面均不同于砾质荒漠上的古代河床沉积物或洪积坡积物。

在这个地区里的所有成土条件中，水文状况的特点起着决定性的作用。在这里发育的主要是草甸性和沼泽性的土壤，虽然它们不能反映出地带性的特征，却为石膏荒漠景观中的一个组成部分，因此有必要加以说明。

在整个三角洲上水文条件的变化也是很大的，故而形成了一系列相互关联的土壤类型。从三角洲的顶部往下的顺序是：①典型棕钙土；②草甸棕钙土；③淡色棕钙土型草甸土；④暗色棕钙土型草甸土；⑤淤泥沼泽土和；⑥泥炭沼泽土（图 7）。

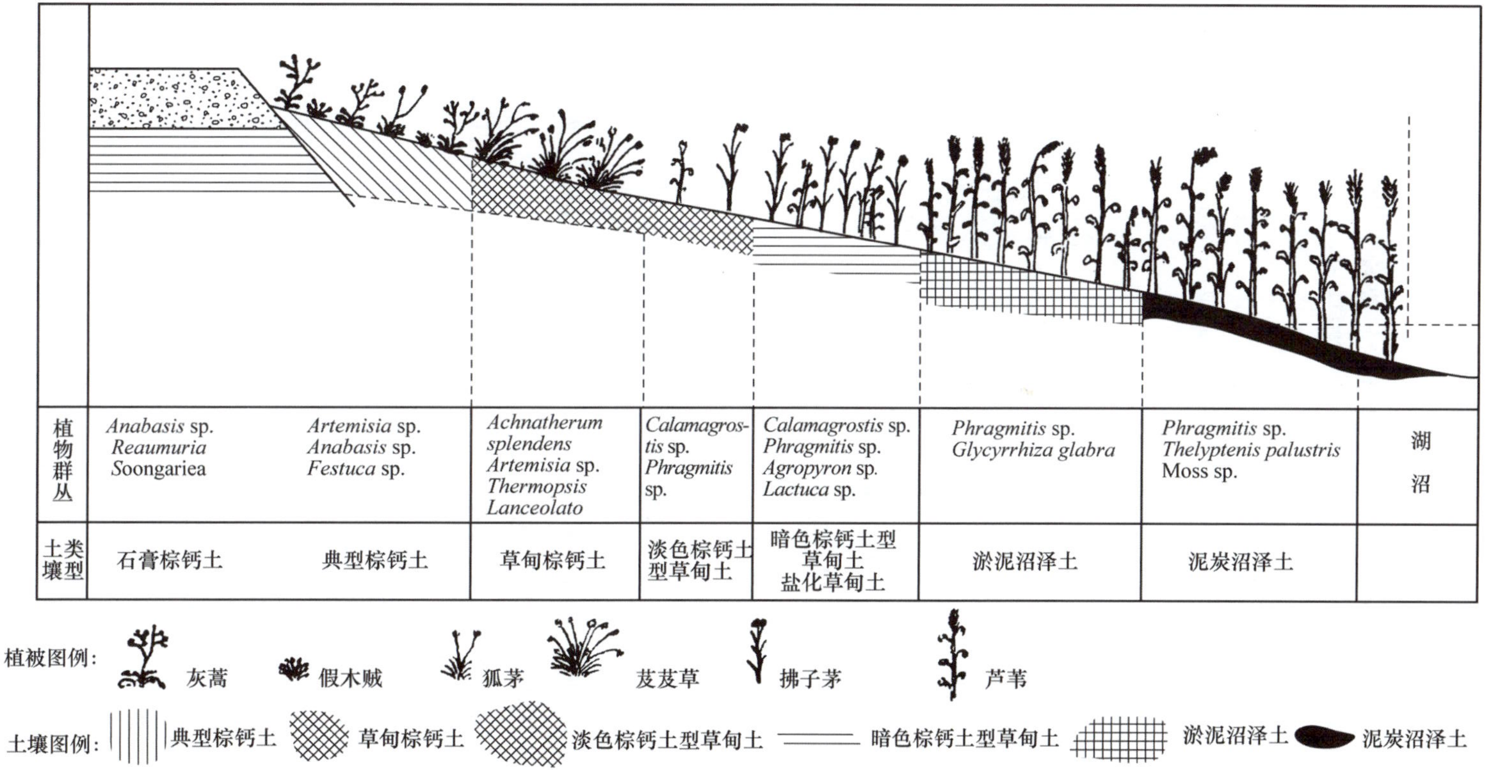

图 7　砾质戈壁的植被组成和剖面特征

以下分别描述之。

（1）典型棕钙土

分布在三角洲上部的边缘部分，是整个三角洲地势最高的地方，一般现在都很少受地下水的影响，主要植被是：狐茅（*Festuca* sp.）、假木贼（*Anabasis* sp.）、蒿子（*Artemisia* sp.）。

地表有小砾石的砾面。

0 ～ 12 cm：灰色沙壤，干燥，稍紧实，层片状结构，多孔，禾本科须根较多，泡沫反应强烈。

12 ～ 54 cm：灰棕色中壤，干燥，紧实，上部稍有不明显的片状结构，以下为碎屑状结构，有碳酸钙的新生体出现，泡沫反应很强。

54 ～ 75 cm：黄棕色的含砾砂土，没有结构，泡沫反应中等。

75 cm 以下：棕黄色砂土，紧实，无结构，没有泡沫反应。

（2）草甸棕钙土

发育在三角洲上部的芨芨草滩上，地形平坦，为黄土状物质，很少含有石砾，植被为芨芨草（*Achnatherum splendena* Ohwi），高约 1.5 米，生长得很好，其他有灰蒿（*Artemisia* sp.）、苦豆子（*Thermopsis lanceolata*）、铁线莲（*Clematis* sp.）等，覆盖度 60% 左右，剖面特征如下。

地表往往有极薄的一层残落的半腐解的有机物层或是被风刮后的细砾层，有时有盐分结晶的灰白色脆皮。

0 ～ 4 cm：灰色轻壤，干燥，松散细粒状结构，有时有不明显的片状结构物，泡沫反应弱。

4 ～ 24 cm：棕灰色的生草草甸层，轻壤，干燥，疏松，细粒状结构，芨芨草根很多，交织成网，泡沫反应弱，与下层逐渐过渡。

24 ～ 57 cm：棕色，稍发黄，稍湿润，疏松，轻壤，小团聚体结构，芨芨草根仍然很多，但已较上层减少，泡沫反应强烈。

57 ～ 78 cm：黄棕色，中壤，稍湿润疏松，小团聚体结构，芨芨草根仍然很多，泡沫反应较上层减弱。

78 ～ 105 cm：棕黄色，中壤，稍湿润，稍紧实，少量的小团聚体结构，芨芨草根很少，泡沫反应中等。

草甸棕钙土的主要特征是土层厚轻壤质，表层的生草—草甸层约 25 厘米，但芨芨草根在 1 米内分布比较均匀，碳酸盐有淋溶，有时有明显的钙积层和新生体出现，有时则不明显。

（3）棕钙土型草甸土

分布在三角洲的中下部，地面平坦，地下水位一般在 2 ～ 4 米之间。在春季洪水期间有时部分被洪水浸漫，组成物质为黄土状沉积物，主要植被是拂子茅群丛（*Calamagrosis* sp.）。另外有少数的芦苇（*Phragmitis* sp.）、冰草（*Agropyron* sp.）和山莴苣（*Lactuca* sp.）（菊科的一种）。剖面的特征是：岩层为灰黑色的草甸层厚约 12 ～ 30 厘米，以下即为黄灰色潜育层，有鳞片状 – 核状结构，碳酸盐有淋溶，具体剖面特征描写如下。

0 ～ 30 cm：灰黑色的沙壤，12 cm 以下色渐浅为暗灰色，稍湿润疏松，没有结构，根系很多，无泡沫反应。

30 ～ 44 cm：浅黄灰色，沙壤，湿润，没有结构，有黄色锈斑，泡沫反应弱。

44 ～ 72 cm：浅黄灰色，沙壤，湿润，有片 – 鳞片状结构，锈斑很多，在 50 cm 以下泡沫反应极强烈。

72 ～ 100 cm：同上层，但黄的色调加强，泡沫反应减弱。

100 cm 以下：粗砂土，没有泡沫反应。

上述剖面代表棕钙土型暗色草甸土，在三角洲的稍上部分为棕钙土型的淡色草甸土，地下水位较深，洪水期一般不能浸漫到这里。三角洲的伸展和湖泊的缩小使这个地区的草甸过程减弱而生草过程增强，这些都在土壤剖面上留下了无可怀疑的痕迹，表层的腐殖质开始分解，颜色渐渐变浅，原来的潜育层变得十分板结和干燥，片状或鳞片状的结构也被破坏得不太明显，岩层就开始了泡沫反应，27 cm 以下碳酸盐大量淀积，这些是与暗色草甸土不同的地方，它反映了不同的土壤发育阶段。

棕钙土型草甸土虽然经常有洪水的泡洗，但是由于地下水位较高，水面蒸发强烈，所以在微域地形稍高一些的地方有盐化草甸土呈斑块的分布，有时在芦苇沼泽的外围呈条带式分布，但所占面积不大。盐化草甸土除含盐较多外，剖面性状相似于暗色草甸土，故不另作描述。

（4）淤泥沼泽土

淤泥沼泽土发育在三角洲的下部的低湿地方，每年洪水期均可积水生长着一片芦苇，覆盖度达 90%，地面有残落物覆盖，土壤剖面的特征是，表层有机质大量聚积，同时又分解强烈与土相混污泥，并发出硫化氢的臭味，污泥下即为潜育层，代表剖面描述如下。

0 ～ 7 cm：A，棕黑色中壤，为腐殖质淤泥层，表层有很薄的残落物组成的半泥炭层，H_2S 臭味很浓。

7 ～ 24 cm：AG，灰色的过渡层，细砂层轻壤，湿润，没有结构，有少数的新鲜芦苇粗根，本层开始有黄色锈斑出现。

24 ～ 67 cm：G，浅黄色的潜育层，砂质中壤，上部潮湿，下部泞湿，67 cm 以下地下水出现，仍有较多的芦苇粗根，本层中有大量的黄色锈斑。

（5）泥炭沼泽土

泥炭沼泽土比淤泥沼泽土分布在更加低湿的地方，一年内有大部分时间是浸泡在水下，生长着浓密高大的芦苇，其下有沼泽蕨（*Thelypteris palustris*）、苔藓，土壤剖面的主要特征是有 30 厘米左右厚的腐殖质泥炭层，腐解度较低，以下即为潜育层，地下水一般在 50 厘米左右，代表剖面描述如下。

0 ～ 5 cm：为残落物组成的草泥层，咖啡色。

5 ～ 32 cm：灰黑色的腐殖质—泥炭层，中夹有芦苇的落叶和根的半腐殖泥炭，为细砂质的沙壤，潮湿没有结构，与下层逐渐过渡。

32 ～ 43 cm：A/G，褐灰色的过渡层，潮湿有很大的黏性，中壤，没有结构，有少数芦苇的粗根和支根，本层开始有黄色锈斑。

43 ～ 95 cm：G，灰色的潜育层，有大量的黄色锈斑，为有极少细砾的轻壤，没有结构，泞湿，76 厘米以下地下水出现。

泥炭沼泽土中的泥炭层厚薄不一，有的可达 1 米，有的与砂土相间成层。

3.5.2 准噶尔盆地西部和南部的土壤

准噶尔盆地的西南部分也就是天山北麓广阔的山前冲积平原。西起艾比湖盆地，东至奇台北道桥一线，南沿天山山麓，北抵古尔班通古特沙漠的南缘，成为东西间的狭长地区。

天山北麓的山前平原不同于上节所述的阿尔泰山的山前平原。天山北麓，水系众多，均呈南北向在盆地中穿流，形成极厚的黄土状的第四纪沉积物。在此广阔的山前平原上，除了局部地区由地上或地下水分条件较好而进行着沼泽和草甸的过程外，普遍地分布着盐渍化和碱化的土壤，这是荒漠地区现代的和古代的积盐过程的结果。

在本区土壤的形成过程中，水分条件的变化和盐分的累积起着极其重要的作用。而水分条件的变化和盐分的累积是直接与这个地区地貌的生成相关联的。因此有必要简单说明本区地貌的生成和水文地质的特点。

天山上的水系在出山以后，由于地形骤然变得平坦开旷，河水往往分成数股散流而下，在山前低地形成无数大大小小的沼泽和摆动不定的河道，堆积了很厚的黄土状沉积物和湖沼型的淤泥。随着冰川的后退和水量相应的减少，沼泽逐渐变得干涸，河道也减少和缩短。如在莫索湾、沙湾、下野地一带有很多正在被填平的凹地和干沟，也有现代已经干涸的沼泽（如莫索湾的“湖心”和下野地的“乌连湖”）。此外，在奎屯河下游车排子一带的低地为古代的三角洲和沼泽地，现在已逐渐变得干涸和盐化。如上事实，不胜枚举。

水流和沼泽的变迁与缩小以及相应的地下水位的下降引起了土壤的普遍盐化和植被的演替，以下引用两个相互垂直的断面图（东西向的和南北向的）来表示现代的水文地质和盐分积累的特点，以便进一步阐明古代的积盐过程。

在图 8 和图 9 中可以看到地下水位在东西向和南北向上变化的特点。这使得现代的积盐地区主要分布在洪积扇边缘和沿河两岸（地下水位为 2 ～ 5 米），河间地区（泉线地带除外）的地下水位均在临界深度以下，不能进行现代的积盐过程。

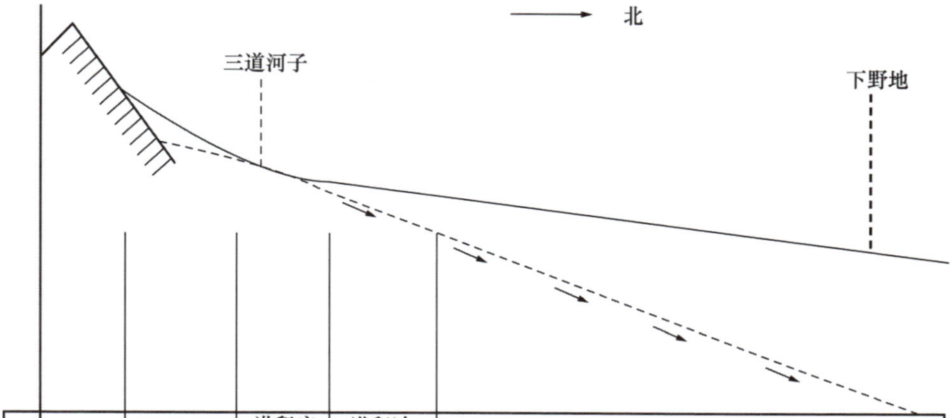

1	前山带	山麓洪积扇	洪积扇边缘	洪积冲积平原	山前冲积平原
2	——	>5 m	0～2 m	2～5 m	5～>16 m
3	——	无	无	现代积盐带	古代积盐带
4	——	淡灰钙土	沼泽与草甸土	盐土	强盐化和碱化的土壤

1.地貌单元 2.地下水深度 3.积盐特点 4.土壤类型

图 8　南北向断面图（地形地下水和积盐的特点）

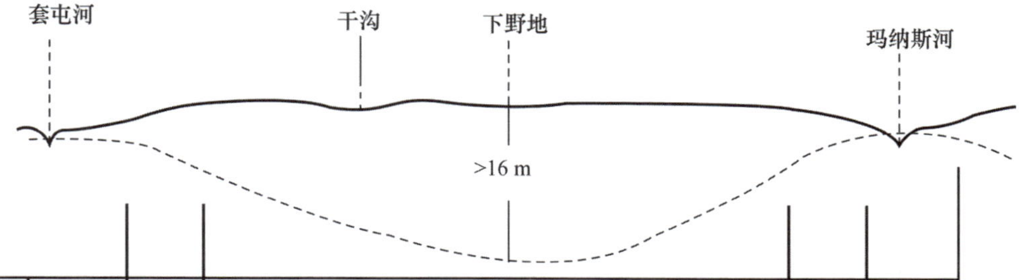

1	河岸低地		河间地区		河岸低地
2	0～2 m	2～5 m	5～>16 m	2～5 m	0～2 m
3	无	现代积盐	古代积盐带	现代积盐	无
4	沼泽和草甸土	盐土	强盐化和碱化的土壤	盐土	沼泽和草甸土

1.地貌单元 2.地下水深度 3.积盐特点 4.土壤类型

图 9　东西向断面图

河间地上的干沟和洼地证明了过去这个地区的地下水位比现在要高得多，当时也曾进行着积盐过程（即古代积盐过程），当沼泽和水系缩小和改道后，地下水位即逐渐下降和原来积累的盐分在土壤中被保存下来，这可以用图 10 来表示。

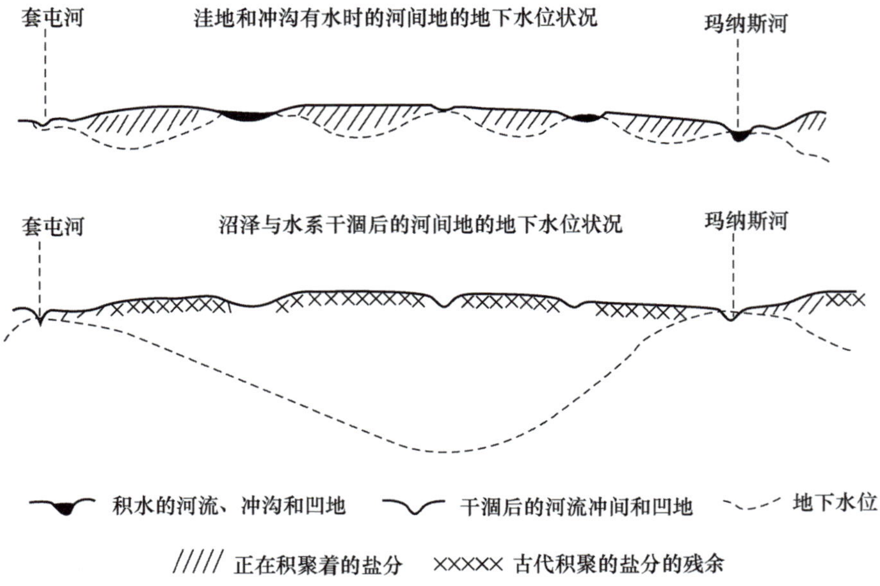

图 10　河间地上凹地和冲沟中有水和无水时地下水位的变化以及引起的古代积盐过程

当河间地区地下水位下降到临界深度以下时，则不能再继续进行积盐过程，而只是将残留下来的盐分加以重新分配和改造。原来有水和进行草甸、沼泽过程的地方盐分增加起来，逐渐成为盐渍化的土壤。此外，生物的活动（如红柳、琵琶柴）将土下层的盐分转运到土上层来，增加了土壤盐渍化的程度。

最后，小地形的差异引起地表水流分配不均，使得有的地方发生脱盐过程（即碱化），有的地方盐分却更加聚积起来。所以，河间地区的土壤往往是盐化土壤（或盐土）与碱化土壤（或碱土）呈斑块状的分布。

区域	Cl^-	SO_4^{2-}	HCO_3^-	CO_3^{2-}
梭梭根附近的土壤	0.48	0.18	0.19	0.055
梭梭根间的土壤	0.01	0.02	0.06	0

随着沼泽和水系的干涸以及地下水位相应地降低，土壤演替的一般图式是：

沼泽土 → 草甸土 → 草甸灰钙土 → 弱盐化灰钙土 → 强盐化或碱化灰钙土

↘ 强盐化或碱化灰钙土

与此相应的植被演替的图式是：

高芦苇 → 低的旱生的芦苇 → 梭梭、红柳 → 琵琶柴

↘ 琵琶柴

以上说明了盆地西南部分现代和古代积盐过程和普遍盐渍化和碱化的原因，这使我们能更清楚地了解本区土壤分布的特点是：在最广大的河间地上分布着盐化和碱化的灰钙土，而强盐化和盐土主要是在现代积盐区（泉线边缘和河岸附近）呈带状分布。此外在泉水出露带和地下水位极高的地方为草甸型和沼泽型的土壤。

本区主要土壤类型有：

沼泽土：（1）苇塘泥炭沼泽土

（2）苇塘淤泥沼泽土

灰钙土型草甸土：（1）典型灰钙土型草甸土（即非盐化）

（2）盐化灰钙土型草甸土

灰钙土：（1）草甸灰钙土

（2）盐化灰钙土（分轻度、中度和强度盐化以及残余盐化四个土种）

（3）碱化灰钙土（分轻度、中度和强度盐化以及盐碱化四个土种）

（4）淡灰钙土

（5）古老灌溉的灰钙土

盐土：（1）疏松的氯化物硫酸盐盐土

（2）黑色结皮的氯化物盐土

（3）潜育性盐土

碱土：（1）高位柱状盐土型的草原碱土

（2）高位块状盐土化的草甸—草原碱土

1. ***沼泽土***

沼泽土主要发育在洪积扇下缘泉线一带的低凹地区和玛纳斯河下游一带。在苇塘的中心部分，由于常年为水所淹没，芦苇的根基和落叶不能得以充分腐解而强烈地进行有泥炭化过程，为苇塘泥炭沼泽土。在苇塘周围，地面只是周期性地被浅水淹没，大部分时间均露出水面，但地下水位很高，一般在 50 厘米左右。有机质进行强烈的嫌氧性分解，而没泥炭的累积，为苇塘淤泥沼泽土。其成土过程及剖面特征均相似于盆地东北部分中所述的泥炭沼泽土和淤泥沼泽土。在此不另赘述。

2. ***灰钙土型草甸土***

灰钙土型草甸土一般分布在河岸低地和泉水出露带的边缘部分，地下水位一般在 2 米左右，是沼泽地区的边缘或沼泽逐渐干涸后演变的第一个阶段，生长着不高的芦苇和少数的苦豆子等，代表剖面描述如下。

0 ～ 27 cm：暗灰色的腐殖层，沙壤，疏松，没有结构，在 6 厘米以下根系较多，泡沫反应强烈。

27 ～ 55 cm：灰色，沙壤，稍湿润，没有结构，稍紧实，泡沫反应强，有许多黄色的锈斑。

55 ～ 96 cm：灰色，稍发绿，细砂土，有较大的黄色锈斑，稍紧实，没有结构，泡沫反应强烈。

灰钙土型草甸土的主要特征是表层进行着的草甸化过程和下层的潜育化过程。因此，在表层有很厚的暗色腐殖质层而没有片状结构和海绵状孔隙（为一般灰钙土表层的特征）。在不深的部位即有黄色锈斑出现，这与地下水位的下降和季节性的变动有关。碳酸盐没有明显分化。

由于它所进行的成土过程和剖面特征不同于灰钙土，也不同于沼泽土，而以草甸过程为主，故作为一独立土类提出。它是沼泽土和灰钙土之间的过渡类型。当地下水位继续下降时，即向灰钙土方向发展，成为草甸型灰钙土或盐化灰钙土。

灰钙土型草甸土的分布面积较广，为主要农垦区。

3. 草甸灰钙土

地下水位继续下降，芦苇群丛为芨芨草群丛所代替，生长着高大的芨芨草和苦豆子，披碱草、泡泡刺等中生植物，盖度在 70% 左右，土壤剖面分化良好，表层有机质多呈深灰色团粒结构。下部石灰斑点淀积，因之灰钙土过程显然较灰钙土型草甸土来得明显。

0 ～ 6 cm：干，暗深灰，生草层轻壤，粉末状，松，泡沫反应很弱。

6 ～ 21 cm：干，暗灰，轻壤，为芨芨草根所密织，有些团粒结构分布于根际，松，并且有些盐斑分布，泡沫反应弱。

21 ～ 42 cm：干—稍湿润，暗灰，轻壤，小团粒—细粒状结构，为根系交织甚紧，白色斑盐多，泡沫反应较强。

42 ～ 63 cm：干，浅黄灰，轻壤—中壤，细粒状，稍紧，支根多交织，有少量的眼状石灰斑，泡沫反应强。

63 ～ 97 cm：基本上同上层，只是眼状石灰斑比上层更多，颜色较上层浅。

97 ～ 121 cm：干，白灰，夹有黄棕色斑块（腐解根形成）中壤，无结构，紧实，泡沫反应极其强烈。

121 ～ 144 cm：干，浅黄，重壤，无结构，紧实，泡沫反应强烈。

草甸灰钙土与灰钙土型草甸土的主要区别在于它主要是进行着灰钙土的过程，故腐殖质含量较低，腐殖质层的厚度较大。其次，土层下部无潜育化现象，而有碳酸盐的淀积。草甸灰钙土开垦后肥力很高，但分布面积还不如灰钙土型草甸土。

4. **盐化灰钙土**

盐化灰钙土主要分布在河间地区，是本区分布得最广的一种土壤类型。如上所述，它是古代积盐和经过近代盐分的转移的结果。因此，随着地形部位和发育阶段（地下水位下降的早晚）的不同，含盐量亦有所差异。在本区（冲积平原）的北部，尤其西北部分车排子一带地势较为低凹，沼泽退出较晚，生长着茂密的梭梭树林，一般均为轻度盐化，以至没有盐化的灰钙土。但是在很多地方，随着盐分的逐渐累积而琵琶柴群落逐渐侵入，发展成为中度盐化或强盐化的土壤。在地势特别低凹（但地下水位仍在 8 米以下）偶尔有洪水贯入的洼地（如莫索湾的"湖心"）生长着旱出的芦苇，在这里盐化现象极弱或没有。在本区南部的地方，地势较高，沼泽退出较早，均为强盐化和碱化的土壤。

现将弱度盐化和强度盐化的灰钙土分述如下。

弱度盐化的灰钙土的剖面特征：

0 ～ 5 cm：深灰色，轻壤，干燥，层状至块状结构，有垂直的裂缝，结构体上有小孔，泡沫反应强烈。

5 ～ 15 cm：深灰—灰色，轻壤，干燥，有很好的薄片结构，泡沫反应强烈。

15 ～ 24 cm：浅灰发白，轻壤，干燥，有不明显的片状结构，有较多的梭梭细根和少数白色盐斑，泡沫反应强烈。

24 ～ 62 cm：浅黄灰色轻壤，稍湿润，紧实，没有结构，有很多黄色锈斑和残存的芦苇根孔和泥炭化的根皮，泡沫反应强烈。

62 ～ 96 cm：灰黄色，轻壤，干燥，紧实，有淤积层次。

强度盐化的灰钙土的分布要广泛得多，植被以琵琶柴为主，其间有梭梭零星分布，总覆盖度 20% 左右，地表疏松有小的裂隙，也有小块白色盐斑，在整个剖面中有很多的盐晶和斑点，表层仍为灰色的有海绵状孔隙的层片状结构，以下为棕色或棕黄色的无结构层次，通体泡沫反应强烈，具体剖面特征如下：

0 ～ 4 cm：浅灰色，轻壤，干燥，疏松，有很好的片状结构和海绵状孔隙，在 2 厘米以下即有大量白色盐斑。

4 ～ 15 cm：灰色轻壤，干燥，稍紧实，有片状及块状结构，有白色块斑。

15 ～ 37 cm：灰棕色，中壤，干燥，松散，有小团聚体结构和黄白色盐斑。

37 ～ 82 cm：棕色，稍发黄，轻壤，稍湿润，有不好的团块结构，有大量白色盐斑。

82 ～ 124 cm：棕色，稍发灰，轻壤，湿润，没有结构，白色盐斑已少。

除上述的弱度的和强度的盐化灰钙土以外，在柳沟一带尚分布有小面积的残余盐化灰钙土，在植被和地表形态上均与强盐化灰钙土相似，只是在土壤中有水平的石膏结晶层。在过去地下水位很高时剖面的下部积聚了大量石膏，随着地下水位下降，石膏作为历史的遗迹而存在，石膏层的上部一般进行着脱盐过程。

代表剖面描述如下。

0 ～ 3 cm：浅灰棕色，轻壤，有较厚的层状—壳状结构，为垂直裂纹所分割，有大的蜂窝状孔隙，泡沫反应强烈。

3 ～ 10 cm：棕色轻壤，呈小块状结构，有盐斑，泡沫反应强烈。

10 ～ 36 cm：棕色轻壤，有不明显的块状结构，较疏松，黄白色的盐斑呈斑块状分布，下部较少，灌木根系较多，泡沫反应强。

36 ～ 74 cm：有大量黄白色盐斑，白色的绒晶状及黄色的鳞片状的石膏结晶呈层分布在本层中部，刀子插入有"沙沙"声，为棕色稍发灰，中壤，泡沫反应强烈。

74 ～ 104 cm：棕色，中壤，其中夹有三层透明的石膏层，每层厚约 1 厘米，此外也有白色盐斑，泡沫反应强烈。

104 ～ 137 cm：棕色，中壤，有大的（约 1 cm）黄色透明的石膏结晶，每个结晶是由许多小鳞片状结晶所组成的晶簇，泡沫反应强烈。

137 ～ 200 cm：棕色，中壤，石膏呈小薄片状，在 180 cm 处也有半砂僵化的土质结核，泡沫反应强烈。

残余盐化灰钙土仅在得胜地的断石碑梁上有小面积的分布。

5. 碱化灰钙土

在广大的河间地区，随着地下水位的下降，在平坦的地面上普遍进行脱盐化过程。

碱化的灰钙土也是分布得相当广泛的一种土壤类型，在玛纳斯河与奎屯河之间的河间地上呈大片分布，在玛纳斯河东岸的大廟一带只是呈斑块状的零星分布在盐化灰钙土之间。这种土壤一般都发育在古代积盐地区里（地下水位均大于 10 米），在刚刚脱离沼泽和草甸过程不久的低地里很少见到。

碱化灰钙土的植被与盐化灰钙土相似，主要植物为琵琶柴（*Reaumuria soongaria*），在琵琶柴之间生长着不高的对叶盐蓬（*Girgensohma oppositiflora* Pengel）和横翅碱蓬（*Brezia* sp.），此外尚有少量的花穗草（*Matostachys caspica*）和红柳（*Tamasix* sp.），总覆盖度为 30% ～ 40%。

地面上有龟裂现象，裂隙深约 2 厘米，地表有很多小的圪塔突起呈核桃仁状，其上有粉红色地衣生长或黑色的地衣残体，老乡称为黑蛤蟆皮。地面较坚实，但也有小的白色盐堆，疏松易陷。另外，在地表有很多老鼠洞，在晚间行车时，车灯照射下往往有老鼠惊惶地逃窜。显然，老鼠洞和地下的穴道对灌溉是十分不利的。

在河间地区强碱化灰钙土分布最广，它的一般特征如下。

土壤表层为浅灰色，有层片状结构和海绵状孔隙，厚约 5 ～ 8 厘米，上部的孔隙较大，往下逐渐减小，本层干燥松脆，质地一般为沙壤轻壤，有强烈的泡沫反应，与下层逐渐过渡。

第二层是碱化层，一般为褐色，但不均一，呈拟柱状或大块状结构，坚实黏重（中壤—重壤），泡沫反应不均匀，有的完全没有反应，与下层逐渐过渡，本层厚约 10 ～ 15 厘米。

碱化层以下是盐分聚积层，黄棕色或棕褐色，不均一，非常疏松，没有结构，质地一般为轻壤，泡沫反应强烈，本层的特点还在于有大量盐斑和石膏的晶粒。本层厚约 20 ～ 40 厘米。

在盐分层以下是黄土状的物质，有少量盐斑分布其间，在 100 厘米处石膏呈碎冰糖状的晶簇大量出现。

以上各层的分化及典型的特征仅在强碱化灰钙土中可以见到，在弱碱化灰钙土中则不明显。可举以下剖面为例。

0 ～ 8 cm：浅灰色的轻壤，有层片状结构和海绵状孔隙，干燥，稍紧实，与下层过渡明显，泡沫反应强烈。

8 ～ 18 cm：黄褐色，夹有黄灰色斑块，轻壤，有不明显的块状结构，紧实，有松散的奶白色的盐斑，泡沫反应强烈。

18 ～ 32 cm：浅黄棕和黄灰色斑块相间，所以质地不均一,一般为沙壤或轻壤，没有结构，疏松，有较多白色盐斑，泡沫反应强烈。

32 ～ 77 cm：同上层但色较浅均一，仍有较多的盐斑，下部开始有少量锈斑出现。

77 ～ 150 cm：灰色的粗砂，但有灰褐及棕色层次，没有结构，泡沫反应不均一，在褐色层次中强烈，砂层中弱，粗砂中几乎没有泡沫反应，盐斑较上层显著减少，相反地愈往下锈斑愈增加。

上述剖面为小拐附近的弱碱化灰钙土。它的碱化层不明显，且全部剖面都有盐斑的分布。这种弱碱化和盐碱化灰钙土是一种过渡性的土壤，它仅分布在现代积盐区和古代积盐区交界的地方，呈条带状分布，故分布面积不大。

在冲积平原地区里河流的改道，原来地下水位很深的河间地区由于河流的重新穿过而地下水位很快地升高起来，原来的强碱化土壤又发生了现代的积盐过程，形成了盐土化的碱化灰钙土，在炮台一带这种现象十分明显。现代的积盐过程破坏了原来的碱化层次，结构逐渐地变得不明显起来，通剖面有了盐斑，有时在表层有薄的结皮和其下的疏松层。这些都说明原来的碱化土壤正向着盐土的方向发展。

在碱化灰钙土地区，由于透水性不良，春季融雪水在稍有起伏的微域地形上往往形成地表径流引起土壤的片蚀，土壤表层被侵蚀后，地表变得灰白光平，琵琶柴根外露。又由于融雪水所携带的物质在地势稍低的洼地中沉积，所以有埋藏的碱化土壤。此外，在干沟及河边两旁也可看到线蚀的现象。

6. **盐土**

根据荒地勘察设计局的部分分析资料来看，SO_4^{2-} 与 Cl^- 的比例一般是 7∶1。SO_4^{2-} 在剖面中变化不大，而 Cl^- 有向下递增之势。这种积盐的特征说明了本区为硫酸盐的聚积区。

本区盐土主要分布在洪积扇下缘的洪积冲积地带以及河岸的两则。它往往与草甸类型土壤相毗邻。

本区盐土主要有三种类型，其中以疏松性硫酸盐盐土分布得最为广泛。在局部低凹的小块地面上为黑色结皮的氯化物盐土。潜育性盐土一般都分布在地下水位较高的低地中。

（1）疏松性硫酸盐盐土　在泉水出露带的外缘，和河流两岸的沼泽草甸带的附近普遍地分布着硫酸盐盐土，地下水位一般在 3 ～ 5 厘米之间，植被以琵琶柴、红柳、对叶盐蓬为主，此外尚有横翅碱蓬（*Brezia* sp.）、毛碱蓬（*Suaeda* sp. aff. *Suaeda glauca* Bge.）和盐穗草。

土壤的一般特征是：

①地面上有一层白色盐霜，远看如初雪新晴的景色。

②表层有约 1 厘米厚的结皮层，稍有片状，大的孔隙较多，为浅灰色。

③在结皮层的下面就是极其松散的细粒，如肉松般呈褐色或棕色，中有盐晶如雪花，本层厚约 4 ～ 10 厘米，故疏松易陷。

④在松散层以下是黄土状物质，普遍分布有各种结晶形式的盐斑，没有结构，本层厚约 60 ～ 80 厘米。

⑤以下盐斑减少。

⑥通剖面有强烈的盐酸反应。

具体剖面描述如下。

0 ～ 1 cm：浅灰色的结皮层松脆，干燥，有片状结构及海绵状孔隙。

1 ～ 10 cm：暗棕灰色的松散层为极细的土粒组成粉砂轻壤，有盐晶。

10 ～ 34 cm：深棕灰色，粉砂轻壤，较紧实，细粒结构，有雪花般的透明盐分结晶，泡沫反应强烈。

34 ～ 44 cm：棕色，粉砂轻壤，较紧实，没有结构，有不透明的白色盐斑，有少量须根，泡沫反应强烈。

44 ～ 90 cm：色不均匀，有深棕色和灰褐色斑块，中壤，紧实，没有结构，本层盐斑大量聚积泡沫反应稍弱。

90 ～ 133 cm：浅黄灰色，有网脉状的黄色铁锈斑，也有灰色的粗砂和褐色的黏斑，所以质地也不均匀，没有结构，盐斑较上层少得多，泡沫反应也较弱。

133 ～ 184 cm：同上，但是有一层红棕色黏土层，中有石膏结晶泡沫反应很强。

184 cm 以下：为灰色粗砂，没有盐斑及泡沫反应。

（2）黑色结皮的氯化物盐土　主要是分布在硫酸盐盐土区的小块凹地上，地表为一层黑色的薄的结皮，故当地称为“黑碱地”，根据荒地勘察局的分析结果，土层中的可溶性盐以氯化物为主，具体剖面描述如下。

0 ～ 4 cm：暗灰色，干燥，表层有 0.2 厘米厚的暗灰色盐结皮，以下呈厚片状结构，有海绵状孔隙，泡沫反应强烈，且有较多的盐斑。

4 ～ 7 cm：浅灰棕色，干燥，中壤，碎屑状结构，有盐斑。

7 ～ 20 cm：灰黄色，中壤，稍湿润，疏松，有小块状结构，盐斑在本层大量出现。

20 ～ 41 cm：浅黄灰，细砂土壤，稍湿润有沉积的片状结构，本层盐斑显著减少，有锈斑出现，往下逐渐增加。

41 ～ 86 cm：浅灰黄色，盐斑较上减少，其他同上层。

（3）潜育性盐土　主要分布在洪积扇下缘稍低的凹地中，地下水位很高，地表有白色的疏松的盐堆，植被以猪毛菜为主，覆盖度 10% 左右，具体剖面描述如下。

0 ～ 8 cm：疏松的白色盐晶层，下部有一些土粒相混，为棕色。

8 ～ 30 cm：湿润，棕色，中壤，细粒状的团聚体，疏松有少数盐晶，与下层逐渐过渡。

30 ～ 63 cm：潮湿，棕色，轻壤，块状结构，有黄白色的盐斑，根系多集中在本层上部。

63 ～ 76 cm：潮湿，重壤，盐斑加多，且结晶大（潜育性盐分分布面积不大）。

7. 碱土

碱土多在碱化土壤和盐化土壤之间成斑块状的分布。本区主要是高位柱状，轻度盐化的草原碱土，植被为琵琶柴、横翅碱蓬群丛，总覆盖度为 40%，地面上有较好的多角形龟裂，上有黑色的地衣残体，一般均没有白色的小盐堆，此外地面上有很多鼠洞也是特征之一。土壤剖面的分化也是十分明显。具体剖面描述如下。

0 ～ 8 cm：浅灰色的细砂，干燥，松脆，有页片状结构和海绵状孔隙，泡沫反应强烈，与下层有明显整齐的过渡面。

8 ～ 28 cm：褐色，有棕灰色的斑块，干燥，坚实，中壤，有明显的棱柱状结构，高约 12 厘米，边长约 5 厘米，有少量琵琶柴支根，泡沫反应微弱，但不均一，在灰色斑块中较强。

28 ～ 45 cm：为褐色及棕灰色斑块组成，轻壤，紧实，没有结构，有较多须根，泡沫反应较强，但不均一，开始有白色盐斑，与下层逐渐过渡。

45 ～ 84 cm：浅棕灰色，有少数褐色斑块，轻壤，有很多石膏结晶，在褐色斑块中晶粒尤大，泡沫反应强烈。

84 ～ 158 cm：为淤积的黏土层，青灰色有棕色层，中黏土，有清楚的页片状结构，没有新生体，泡沫反应强烈。

158 ～ 180 cm：同上层，但有少量石膏的晶粒。

河流改道引起水文状况的局部改变，因此有小面积的盐土化碱土，A 层几乎完全破坏成为疏松的细粒结构，其上为一薄壳容易下陷，B_1 层也在不同程度上被破坏。棱柱状结构已不太明显。

8. **古老灌溉的灰钙土**

在 200 余年以前，玛纳斯河东岸莫索湾一带，城镇密布，阡陌连绵，古老的灌渠水道尚历历可见，但现在又生长着一片高大的梭梭树林，在这种土壤中留下了古代灌溉所给予的影响，如明显的耕作层和灌溉所造成的淀积现象、潜育现象以及鳞片状结构等。但是长久的放荒又使土壤在一定程度上获得了某些地带性土壤（灰钙土）所具有的某些特征，如表层的灰色、层片状结构和海绵状孔隙等。

古老灌溉灰钙土的含盐量一般都很低，剖面中未见有盐晶和盐斑，如重新开垦后灌水一两次即可望丰收，年产四百余斤小麦不以为奇。

在地势较高的地方的古老灌溉灰钙土亦有盐化及碱化现象，植物群落以琵琶柴为主，而很少有梭梭。碱化而引起的土壤片蚀往往使碱化古老灌溉灰钙土缺少表层。

上述土壤中盐分含量很低，为非盐碱化土壤，如开垦后灌水一两次即可丰收，年产小麦四百余斤不以为奇。

在地势较高的地方常有盐化及碱化的古老灌溉灰钙土。此外，有的古老灌溉灰钙土遭到侵蚀而缺少 A 层或 A 层的一部分。

3.5.3 准噶尔盆地中部沙丘地区的土壤

在准噶尔盆地的中部为广大的沙丘地区（即古尔班通古特沙漠）几乎占据盆地中 1/2 的面积。本年在此地区未作详细考察，仅根据穿过奇台—黄草湖、小拐—天山老壩和其他沙丘边缘地区所见，略加叙述。

我们所见的沙丘均为半活动性的风积沙丘，上生有高大的梭梭和红柳以及其他沙生植物（如沙拐枣、三芒草）。沙丘下面是古老的洪积物和沼泽型的沉积物，其中有成层的螺丝和蜗牛化石，组成物质一般较细但不匀，多成层理。在沙丘地区的边缘部分，这种古老的沉积物往往在沙丘之间成小块地出露。

沙丘地区的土壤不同于上述东北部分和西南部分的土壤，这是与沙丘地区的特殊水热条件以及其所引起的生物生长的特点有关的。

盆地中部沙丘地区的气候特点显然不同于山麓一带。在近山麓部分，年降水量较高，相反地，愈往盆地中心，则大陆气候的特征变得愈加明显和突出。

前山地带和山前洪积扇地区，一片蒿属和藜科的荒漠草原，土壤中可溶性盐多被淋洗。山前平原地区，地表的龟裂现象出现，生长着旱生耐盐的藜科植物，可溶性盐在土壤表层大量聚积。如继续往盆地中心部分，在沙丘边缘及沙丘地区的小块地上，则土壤坚实板结，龟裂的缝隙把地面刻画成整齐的图案，在光平的灰白色地面上仅有少数几株植物生长，呈现出一片荒凉死寂的景象。

上述由南至北的景象上的变化也可用石河子、炮台和小拐三处的部分气象记录加以说明。在同一年中，由南至北的年平均温度虽无明显的差异，但在沙丘附近地区的寒暑变化远较山麓一带为剧烈，年蒸发量与降水量之比值也较高。从积雪厚度来看，石河子为 94 ～ 147 厘米，炮台区仅 21 ～ 40 厘米。

在沙丘地区里主要的土壤是砂质荒漠灰钙土，以及在沙丘间古老沉积物上发育的龟裂土型荒漠灰钙土和龟裂土。以下分述之。

1. 砂质荒漠灰钙土

在沙丘上生长着相当茂密的梭梭、红柳和其他沙生植物，它们多属于主根性的深根植物，这是与沙丘的水分条件有关的，降水很快渗入沙丘中，但因缺乏毛管孔隙渗下的水分不能完全被蒸发，以供植物的利用。此外，沙层对大气水蒸气的凝结作用也是水分来源之一，所以我们拨开表面的砂层往往发现下部比表面要阴湿得多，这是高大灌木得以生长的重要条件。

土表层一般较为紧实，地面上有残落物覆盖，但由于风力猛劲，地表的残落物层和土层容易被刮走，故一般没有明显的土壤剖面的发育。

2. 龟裂土型荒漠灰钙土

龟裂土型荒漠灰钙土一般分布在沙丘地区的边缘，与盐化的和碱化的灰钙土组成复区，这种土壤多发育在古代冲积平原的较低部分，故成土母质为层状的黏壤质和砂质的沼泽型沉积物。

本区的龟裂型荒漠灰钙土绝大多数均有盐化现象，植被仍为琵琶群丛，但较为稀疏，地面上有整齐明显的龟裂裂缝，宽约 0.7 厘米，边长 5 ～ 8 厘米，在龟裂面上有薄的结皮，结皮的边缘卷起，在琵琶柴周围有黑色地衣残体（黑蛤蟆皮），此外，地面上有很多鼠洞。

土壤剖面的主要特征是：剖面厚度不大，在不深的地方就显示出未经改变的沉积物的特征。表层是相当紧实的龟裂结皮层灰色或棕灰色，多大孔，一般厚约 6 厘米，以下色较深，为鳞片或核状—粒状结构，再下即为母质层，全剖面泡沫反应强烈，锈斑在 6 厘米左右处即开始。此外，有白色盐斑和石膏结晶，具体剖面描述如下。

0 ～ 6 cm：浅灰色—浅棕灰色，有不明显层片状结构和海绵状孔隙，孔隙一般上部较大而往下渐小，泡沫反应强。

6 ～ 42 cm：浅灰色及浅黄色，不均一，粉砂质沙壤，干燥，松脆，鳞片状结构，有少量琵琶柴支根和盐斑，本层之最大特点还在于有大量黄色锈斑和较多蜗牛螺丝化石。

42 ～ 48 cm：黑色的炭渣层，有很多根化石和蜗牛螺丝化石。

48 ～ 112 cm：浅黄灰色的砂层，其中夹有三条浅棕红色壤土和灰色粗砂层，有大量锈斑和较多的白色盐斑，没有结构，仍有植物根分布，泡沫反应强烈，与下呈波状过渡。

112 ～ 144 cm：为黏重而以实的沉积层次，有大量锈斑和较多盐斑。

3. 龟裂土型土壤

它主要分布在盆地中部沙丘之间的低平地上，所以它是发育在最炎热和大陆性气候最明显的条件下，成土母质与龟裂土型荒漠灰钙土相同。

龟裂土上几乎完全没有植物，偶尔有个别的梭梭生长，在地面上有地衣和绿藻类低等植物的残体成为红色薄膜。地面十分平坦光滑，呈灰白色，多角形的龟裂把地面刻画成美丽的图案，在每个龟裂面上又被一些小的裂缝分割，多角形一般比较模糊和不整齐。龟裂缝宽者可达 1 厘米，深达 3 ～ 4 厘米，龟裂缝中往往填有粗的砂粒。这种土壤的地表十分坚硬，马蹄踏上锵锵成声，有柏油路之感。

土壤剖面的主要特征是：①剖面厚度比龟裂土型荒漠钙土更小，且无分明的层次分化。在 20 厘米左右即逐渐过渡到母质，通剖面极为干燥和坚实。②高等植物极少故剖面中很少腐殖质的色调，偶尔发现个别的植物根系。③在 9 厘米以下有大量锈斑出现，全剖面泡沫反应强烈，没有淀积现象。④自上层即开始有盐分结晶。具体剖面描述如下。

0 ～ 0.5 cm：是一层致密紧实的薄壳成板状，浅灰，背面有大孔隙。

0.5 ～ 2 cm：浅灰色向下稍发棕，有层状结构和海绵状孔隙，有极个别须根，此层干燥紧实。

2 ～ 4 cm：是一层松散的褐色细粒层，厚薄不一，有时完全没有，其中有少量盐斑。

4 ～ 9 cm：棕色，夹有灰砂，碎屑状结构，有较多盐斑，本层较上层疏松，与下过渡明显整齐。

9 ～ 25 cm：杂色的淤积层次，聚实成核块结构，盐斑及锈斑均多。

25 ～ 60 cm：同上，但白色盐斑减少。

60 ～ 135 cm：灰色，夹有很多黄色锈斑，有淤积时形成的片状结构。

（土壤组成员：李连捷、石元春、林培、陈静生、刘厚培、谢向荣、陈昌杰、曾宝玲、李宏、杨义群；执笔人：石元春、林培）

4 北京土壤“口性”的研究

【写作背景】

1957 年“反右”运动后，在学术界也组织了对“资产阶级学术观”的批判。农业领域在对摩尔根遗传学批判的同时，也批判了“自然土壤观”，提倡向农民学习，发展农业土壤学。本文是《文集》作者带着几位土化系高年级同学（庄锡华、李远珍、侯立中、刘大国）在京郊土壤调查时向农民学习的成果，发表在《土壤通报》1961 年第 2 期。

在和老乡评土时，常提及某土“口松”，某土“口紧”，并将土壤的这种“口松”“口紧”的性状统称之为“口性”。这个概念是我国北方农民在千百年生产实践中总结并流传下来的。它生动地反映了土壤的农业生产性状。在老乡的心目中，不同“口性”的土壤，其耕性不同，相应地，水分和养分状况，宜种作物的种类及其产量品质都有所差异。

在京郊普查中，我们注意了这一问题。随后又在密云县城关公社，我校农场和我校实验站三地进行了访问调查和学习，并做了若干室内和田间分析。其目的在于查明这个来自生产，来自农民的土壤农业性状的科学含意和内容，探索其划分方法，为控制和改良土壤的农业性状打下基础。

4.1 农民对土壤“口性”的划分

在第一个访问点上，农民都用对比的方法将这一地区的土壤“口性”分成几级，如密云县城关公社土壤比较复杂，农民将土壤“口性”划分成八级，而农大农场和实验站均分成三级。通过和农民多次讨论，并参考各项分析结果后，初步将京郊土壤的“口性”分成五级，即“口极紧”“口紧”“口合适”“口松”“口太松”。不同“口性”的土壤具有其显著不同的特征，农民对此划分甚严。有意思的是，不同地点的农民对土壤“口性”划分的标准却基本一致。

农民划分不同“口性”的主要依据是土壤的耕作性能。所以，在这方面的划分也较为细致。老乡认为，口偏紧的土壤宜耕期短，黏性大，耕作费劲，易起坷垃。农谚云：“干耕坷垃，湿耕泥，不干不湿净糊犁”，“早上软，晌午硬，晚上锄不动”。所以口紧的土壤“性暴”，“难侍候”。相反，老乡对口合适的土壤的评价是“干好干，湿好干，不干不湿更方便”。但是口太松的土壤又会发“泻”，不易起垄。

不同口性的土壤，在水分状况上的反映不一样。老乡认为，口合适的土壤“能透水，又保水，既经旱，又耐涝”。口偏松或偏紧的土壤均具有其相应的缺陷。但是，地下水位对此亦发生一定的影响。如夜潮黑土虽口紧而仍较高地之口合适的沙黄土（水皮深）耐旱。但是，在水皮比较近似的情况下，上述口性与水分状况之规律联系仍十分明显。

拿苗情况是区分不同“口性”土壤的另一重要标志。老乡说：“口紧的发老苗不发小苗，口松的发小苗不发老苗，口合适的发小苗也发老苗”。此外，由于不同“口性”土壤具有相应不同的水分、养分和耕作状况，这就必然会反映在宜种作物的产量和品质上。例如密云县的口紧的土壤水皮深，只宜种耐旱之杂粮作物，不能种小麦、玉米和白高粱。此外，同一作物在不同“口性”土壤上的品质也不一样（表 1），但是，水皮深浅对此也有很大影响。例如在我校农场访问的结果恰与密云相反，口紧之夜潮黑土正适合种小麦、玉米。因此，“口性”与宜种作物及其产量品质虽有其规律联系，但具体条件还需具体分析。

具体划分不同“口性”土壤的依据以及不同“口性”土壤在农业生产上的反映可列为表 1。这是和老乡反复讨论的结果。表中数字都是经验性的。

表 1　不同“口性”土壤划分的依据及其在农业生产上的反映

农业性状 \ 口性		口极紧	口紧	口合适	口松	口太松
耕作上的反映	宜耕期（天）*	2 ～ 3（下透雨后两天半才能下地）	3 ～ 7（雨后一到两天半才能下地）	10 ～ 15（下透雨后半到一天即可下地）	＞ 20（雨后即可干活）	＞ 30（雨后即可干活）

续表 1

农业性状 \ 口性		口极紧	口紧	口合适	口松	口太松
耕作上的反映	黏着情况	沾锄犁、要用工具才能刮下，可粘掉鞋	沾锄犁、用力敲打即掉，粘鞋走路费劲	一般不粘农具，或短时间内有点粘，稍粘鞋	不粘农具	不粘农具
	耕作阻力 ** （亩 / 天）	4（费劲）	4 ～ 5（较费劲）	5 ～ 7	7（省劲）	7（省劲）
	耕作效果	易起坷垃，当年不碎	易起坷垃多耢多敲可碎	不起坷垃，如有坷垃，雨后即自碎	不起坷垃，稍发“泻”	不起坷垃，发“泻”，不易起垡水
分上的反映	透水（寸 *）	＜ 3	3 ～ 4	5 ～ 6	8	如筛过水
	保水（天 *）	5	7 ～ 8	10 ～ 20		3 ～ 5
	耐旱涝	地势高则耐涝，十分怕旱，地势低则怕涝怕旱	地势高，耐涝怕旱，地势低，稍微怕旱怕涝	经旱经涝	较怕旱涝	怕旱怕涝
养分上的反映	适宜施用的肥料	沙土、圈肥骡马粪。河淤沙土	同左	各种肥料均好	淤泥圈肥 黄土圈肥	黄土圈肥 黄土
	基肥追肥的比例	基肥为主	基肥为主，适当增加速效追肥	基肥，追肥并重	基肥不宜过多，增加追肥	少施基肥，加强追肥
	漏肥情况	不漏肥	不漏肥	不漏肥（少数情况下稍漏肥）	漏肥	严重漏肥
	肥效	见效慢，后劲大	见效稍快，后效长	见效快，后劲大	见效快，后劲小	见效快，后劲很小
在作物上的反映	宜种作物	谷子、糜黍、杂豆、芝麻、小红高粱（水皮深）、高粱、玉米（水皮浅）	谷子、白薯、小红高粱、杂豆，玉米、（水皮深），小麦、玉米、高粱（水皮浅）	小麦、玉米、白高粱（种什么都好）	小麦、玉米、蔬菜（水皮浅）白薯、豆子（水皮深）	花生、果树
	出苗成数	6	7 ～ 8	10	10	10
	品质	白薯味甜，好吃但个小，产量不高。芝麻出油率高。（水皮深）	白薯好吃；谷子品质好；花生皮厚色黑；小麦瘦，色暗，出面率 73%（水皮深）	白薯不好吃，不耐贮藏，但产量高；小麦肥满，出面率 83%	同左	花生质量好，皮白籽大，出油率高

* 在伏天下透雨的条件下。

** 三头中等毛驴耕地一天，耕深 6 寸。

4.2 不同“口性”土壤的理化性状

我们先后对各级“口性”的35个土壤样品进行了理化性状的分析。结果列后。

1. 机械组成

图1是根据19个样品机械分析的结果绘制而成的。从中可以清楚地看出，随着口变紧而黏粒，尤其是物理黏粒逐渐增加。从口太松到口极紧，其黏粒和砂粒可相应增减5～10倍。其次，各级间机械组成的变化幅度不一（表2）。口紧的变化幅度较宽，口合适和口松的变化幅度较窄（5%～7%），口极紧及太松的未作细分。再次，各级间在交界处多有穿插。产生这种现象的原因是和其他因素，如团聚度和腐殖质含量等分不开的。

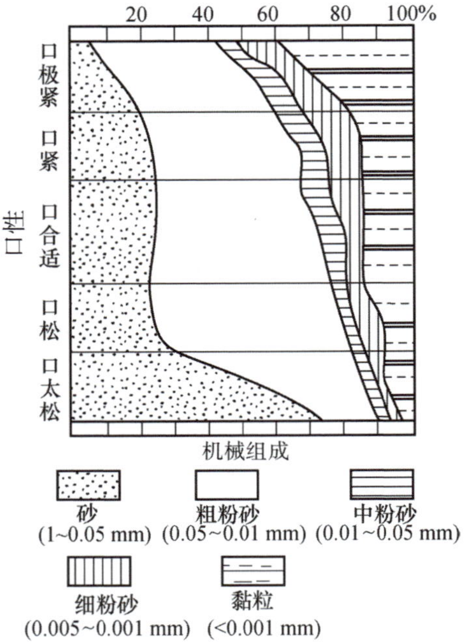

图1　不同“口性”土壤之机械组成

2. 团聚度

各种“口性”土壤之大团聚体（0.25～10 mm）极少。根据微团聚体分析结果，物理黏粒的绝大部分均团聚成微团聚体（0.25～0.01 mm）。其团聚度与物理黏粒呈正相关。也就是口越紧，黏粒越多，其微团聚体之百分数越高。这说明了微团聚体的多少直接受黏粒含量的影响，而对土壤“口性”的影响较小。不同“口性”土壤之微团聚体指标见表2。

3. 紧实度（以容重及孔隙度表示）

根据分析结果，土壤表层的紧实度变异很大，看不出它和土壤“口性”的相关性。这是它十分容易受到农业措施（如灌溉、耕作）的影响而发生很大变化的缘故。但是，第二层则不然，随着口变紧而容重增加和孔隙度相应减少（表2）。

4. 塑性和黏着性

根据15个样品的分析，随着口变紧而塑性系数增加。口极紧和口太松之间可差到10倍之多。与此相应的理塑性下限之数值降低和上限数值的升高（图2、表2）。

表 2 各种“口性”土壤之理化性状指标

口性	机械组成		微团聚体（0.25～0.01 mm）(%)	紧实度 *		黏着力		可塑系数	有机质 **(%)	$CaCO_3$**	土壤名称
	物理黏粒（%）< 0.01 mm	质地		容重	孔隙度 (%)	最大黏着力 (g/cm)	最大黏着力之含水率（%）				
口极紧	＞ 40	重壤 – 中壤	37 ～ 26	＞ 1.6	＜ 10	＞ 50	32 ±	30 ～ 18	0.70	0.14	石碴小黄土、黄胶土
口紧	40 ～ 28	中壤	20 ～ 22	1.6 ～ 1.5	40 ～ 45	50 ～ 35	30 ±	14 ±	0.87	0.17	二黄土、黑胶土、黄土板
口合适	30 ～ 21	轻壤偏中	22 ～ 17	1.5 ～ 1.4	45 ～ 50	35 ～ 20	28 ±	11 ±	0.95	0.18	大黄土、沙黄土
口松	25 ～ 17	轻壤偏砂	17 ～ 11	＜ 1.35	＞ 50	50 ～ 15	24 ±	7 ±	0.81	1.11	黄沙土、两砂土
口太松	＜ 17	沙壤 – 紧砂	＜ 11	—	—	＜ 15	21 ±	4 ±	0.62	0.37	两路沙

* 为第二层之分析结果；** 为平均数。

从图 3 和表 2 可以看到土壤“口性”与土壤黏着力之间的密切联系。随着口变紧而最大黏着点升高和幅度加宽。口极紧的土壤的最大黏着力可较大太松的高出 5 倍以上。塑性和黏着力的分析结果证明，口偏紧的土壤由于质地黏重，故而塑性系数高，黏着力强，黏着幅度大。因此，在耕作上也就必然会是适耕期短，耕作阻力大，耕作效果差，易起大坷垃。随着口变松而这些性状也逐渐改变。上述分析结果也印证了老乡对不同口性土壤耕性的深刻认识（表 1）。

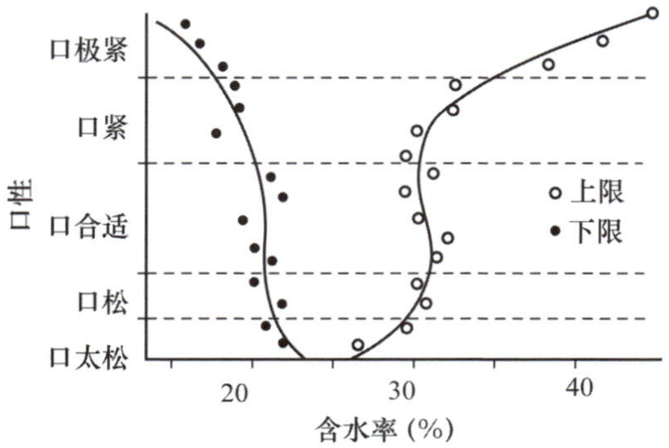

图 2　不同“口性”土壤之塑性变化曲线

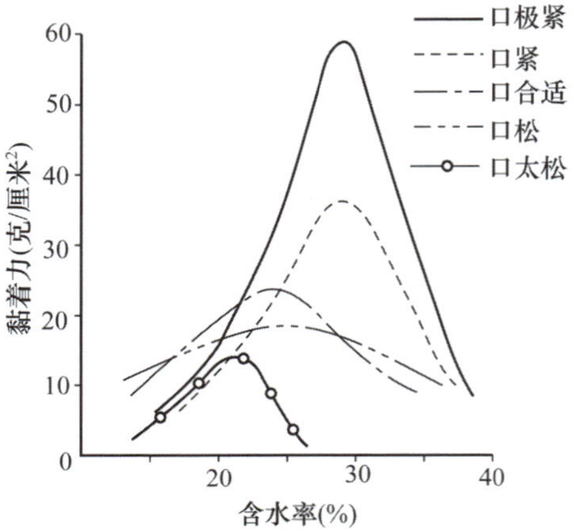

图 3　不同“口性”土壤的黏着力曲线

5. 透水性

从图 4 中可以看到口越紧，透水性越差。尤其是半小时以后，口偏紧的土壤的曲线变得更加平缓。与此相应地，不同“口性”土壤在单位时间内渗透深度亦有着明显差异（图 5）。

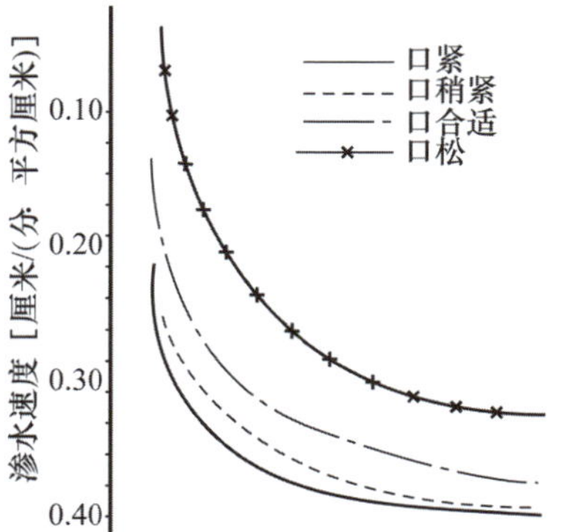

图 4　不同“口性”土壤渗水速度

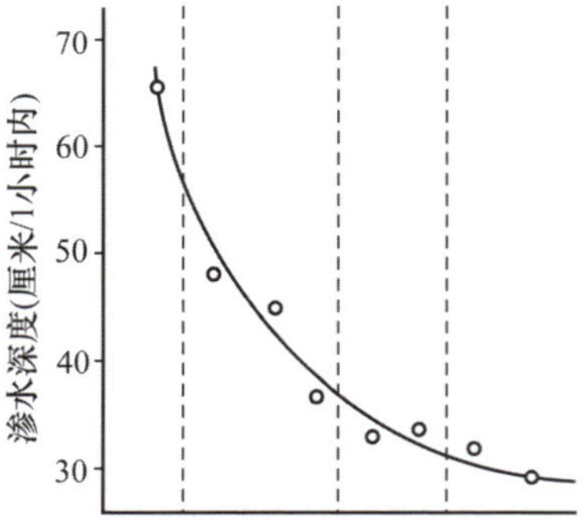

图 5　不同“口性”土壤渗水深度

6. **有机质和碳酸盐**

显然，它们的含量是会影响到土壤的各项物理性状的。但是，在我们分析样品中，各种“口性”土壤在这方面的差异不大。有机质含量均在 1% 以下，口合适者稍高，口紧口松者次之，极紧太松者最少，但均在 0.6% 以上。碳酸盐含量的差异更小，除个别在 1% 左右以外，其余都在 0.14% ～ 0.20%。

4.3 影响“口性”的因素和“口性”的科学含义

“口性”，作为土壤的一个农业生产性状，它具有一定的特征。不同“口性”的土壤在生产上的表现不同（表 1）。那么，究竟是哪些因素影响土壤的“口性”呢？根据访问和分析的结果，我们将影响“口性”的因素分为三种：即基本因素、一般因素和暂时因素。

在上述各项分析结果中，和土壤“口性”之间有着显著规律性联系的首先是机械组成、塑性和黏着性。而土壤表层的松紧状况表现得极不稳定；有机质和碳酸盐的差异很小，且和不同“口性”间的关系不明显；团聚状况主要决定于机械组成，和口性间反而得出相反的结果；透水性虽然和“口性”间表现了规律性的联系，但是，它最终仍决定于土壤的机械组成和松紧状况。因此，这些因素仅具有从属的意义。

塑性和黏着性具体体现了不同“口性”土壤在耕作上的特征。但是，最终决定塑性、黏着性等耕作性质的是土壤的比表面积。在团聚体和微团聚体的作用不明显的情况下，土壤的机械组成就成为决定其他性状，尤其是物理机械性状方面的主要因素。因此，我们认为，在北京地区，有机质和碳酸盐含量不多，微团聚体起作用不大的情况下，影响土壤口性的基本因素是机械组成。这种老乡认为的“口性”首先是指耕作状况，与“口紧的土发黏，口松的土带沙”的说法是相符合的。

但是，如果我们把土壤“口性”和机械组成间画上等号，这也是不对的。土壤“口性”的最重要特征是在于它的综合性。它是土壤各种理化性质的综合反映。在山区普查时，黑土（老乡的名称）的机械组成已为中壤，但老乡仍认为口合适，因为这种土的“油性大”。在我们的分析结果中，也常出现这种现象。如标本 1001（大黄土）在野外老乡定为口合适，而机械分析结果却和其他口紧的土壤相近。当查对其团聚度和有机质含量时，发现它显著高于其他口合适的土壤。这说明了随着物理黏粒的增加而口变紧的总趋势下，团聚度和有机质含量仍可起到一定作用。完全可以想到，较大量的碳酸钙、其他盐类和不同的代换性盐基等一系列理化性质均可影响土壤的口性。但是，土壤的化学性质的作用必然是通过对土壤物理性状，尤其是物理机械性状的影响而表现出来的。这些都是影响“口性”的一般因素。

除了基本因素和一般因素以外，还有一些因素只是在一定时期或一定条件下暂时地对土壤“口性”发生影响。我们把它叫“暂时因素”。

暂时因素中首先是水分状况。不同水分含量直接影响到土壤的各项物理机械性质，造成耕作性能和耕作效果上的巨大差异。老乡对选择适当的水分含量进行耕作有着十分丰富的经验。口紧的土壤“干了赛刀，湿了赛胶”，所以下透雨以后，往往要经常有人看着，等“一花地皮”马上就要下地，错过这个机会就不好耕了。如果耕作适时，口就显得稍松一些。又如灌溉以后，表土会变得“紧”，“板”，口也会变得稍紧了一些。但是，老乡认为这些变化可以通过耕作方法使之恢复原状，口紧的仍较紧，口松的仍是口松。同时，水分又随季节和昼夜而有节奏的变化着。所以，其影响最大，但仍为暂时因素。

“茬口”对口性也有影响。谷子茬可使四指深表土变酥，花生、白薯茬可使表土七寸变松。相反，高粱、荞麦茬使土壤发“板”，发“死”。此外，农事操作中人的践踏，耕作造成的犁底层，不适时耕作造成大坷垃等均使土壤口性暂时变紧。施用不同肥料（扫街土、圈肥、草粪、炕土、各种化肥等）也对口性有不同影响。

以上的全部材料和分析，使我们有可能将这个来自农民的土壤农业性状的科学含义进一步明确起来。我们认为，“口性”是土壤的一种农业性状，它是土壤各种理化性状在耕作上的综合反映。因此“口性”就不同于其他单一的物理机械性质（如塑性等），这些性质只能反映土壤耕性的某一个别方面的特点，而“口性”则能比较综合地和直接地反映该土壤的耕作性能以及相应的一系列农业特点（如水、肥、作物生长状况等）。这样就大大地便于我们在生产中应用。

4.4 土壤“口性”的改良

农民在长期的生产实践中，深入地了解到土壤“口性”变化的规律，善于控制和改变影响土壤“口性”的因素以改良土壤的口性。例如选择合适的水分含量进行耕作，合理的调换“茬口”，因土施肥，大量施用有机肥以及打破犁底层等一系列措施都控制了口性的变化，使之更便于耕作，更利于作物生长。但是，改良口性最常用的，也是最基本的方法是客土法。它是为了影响土壤“口性”的基本因素——机械组成。在口紧的土壤上施入河淤沙土或山淤沙土，在口松的土壤上施入黄土。老乡把它们称为“沙肥”“黄土肥”。其增产效果很显著。老乡说：“一茬沙肥顶茬粪”，“黏土掺沙土，一亩顶两亩”。这种方法的特点是收效快，且易于短时间内进行根本性的改良。另外，经常用的是以沙土或黄土垫圈，称作“沙土圈肥”，“黄土圈肥”（土粪比为 1∶2），将这两种圈肥分别施入口紧和口松的土壤。一般用量为 6 000 ～ 8 000 斤 / 亩。在春耕或秋耕时翻混入土中。

我们用对比的方法研究了小黄土和两路沙在“口性”改良过程中的各项变化。原为口极紧的小黄土，经改良 7 ～ 8 年后，变为口紧之二黄土，改良 50 ～ 60 年后即变为口合适的黄土。原为口太松的两路沙经改良后变为口合适的黄沙土。改变“口性”后的土壤在农业生产上的反映完全符合表 1 中所列举的各项要求。其主要物理性状的变化见表 3 和图 6、图 7。

表 3　小黄土和两路沙改良后主要物理性状的变化

土壤		机械组织		塑性系数	口性
土名	改良情况	物理黏粒（%）	质地		
小黄土	未改良	50.55	重壤	29.92	极紧
	改良 7 ～ 8 年	27.77	轻壤偏中	13.52	紧
	改良 50 ～ 60 年	22.26	轻壤偏沙	6.87	合适
两路沙	未改良	17.70	沙壤	6.0	太松
	初步改良	24.08	轻壤	11.0	合适

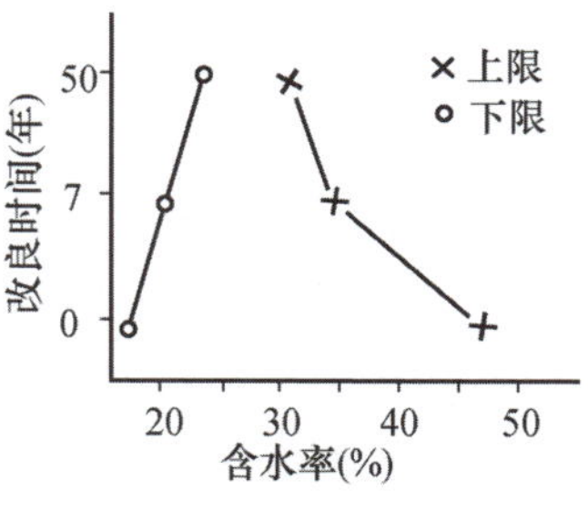

图 6　小黄土改良过程中塑性的变化

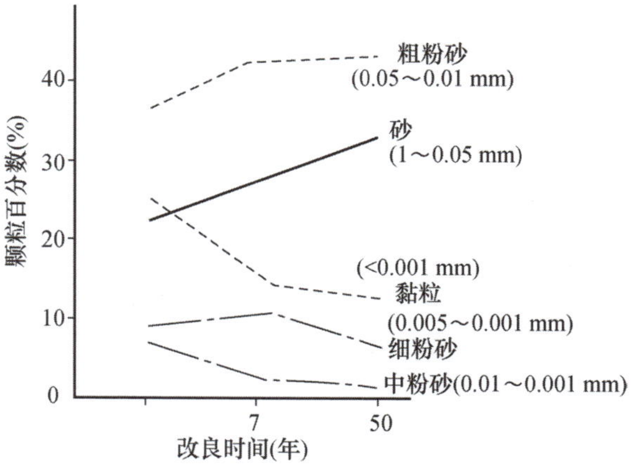

图 7　小黄土改良过程中土壤颗粒的变化

结语

“口性”是我国北方农民在千百年生产实践中总结出的一种土壤的农业性状。它是土壤的种理化性状在耕作上的综合反映。它直接地和综合地反映了土壤的耕作性能及其相应的一系列农业特征。根据访问和理化性状分析的结果，初步将京郊土壤的“口性”分为五级，即口极紧，口紧，口合适，口松，口太松。

影响土壤“口性”的因素是多方面的，但主要的影响因素是机械组成。因此，在北京地区，将土壤机械组成及其相应的物理机械性质作为划分土壤“口性”的主要指标应当是正确的。不过，一定要和表 1 中老乡划分“口性”的依据（尤以耕性和在作物上的反映）结合起来考虑。

土壤的不良“口性”是可以通过人为活动得到改善的。改良的基本方法是客土法。

土壤“口性”是有地区性的，不同地区土壤“口性”的内容和划分方法不尽相同。如果我们在各个地区都能系统地总结农民群众中的这个土壤的农业性状，摸清其科学含义和变化的规律，这不仅在理论上可以丰富土壤科学，在实践上也有很大意义。

5 正确认识土壤的矛盾运动，能动地利用改造土壤

【写作背景】

1959 年，中宣部主持在青岛召开了学术思想座谈会。《文集》作者参会并作了发言。经《哲学研究》杂志约稿，在会议发言基础上写成此文并发表于该杂志 1961 年第 1 期。

“农业八字宪法”是“土”字当头的。农作物生活所需要的日光、空气、热量、水分和养分等要素中，除了日光这个因素以外，水分、养分和土壤中的空气、热量都是依靠土壤供给的。农业生产中的灌溉、施肥和耕、耙、锄、耪等一系列措施也都是用来调节土壤中的这些因素，以满足作物的要求。所以，认识土壤自身运动的规律和自觉改良土壤就成为获得作物丰产和农业可持续性发展中的一项重要任务。

我国农民在长期的农业生产实践中，对土壤有着深刻的了解，在控制和改造土壤上积累了极为丰富的经验。近代的土壤科学也取得了不少研究成果，但其中的某些理论和观点有很大的形而上学的局限性。1958 年在全国范围内开展的群众性的土壤普查鉴定运动，为土壤科学研究提供了丰富的科学资料，为土壤科学工作提出了许多新问题。因此，坚持以辩证唯物主义的观点和方法来研究土壤，以严肃的科学态度来整理群众的经验，积极地学习和利用土壤科学上的一切有益的成果，正确认识土壤的矛盾运动，发挥人在改造土壤中的自觉能动性，这是摆在我国土壤科学面前的一项战斗任务。

5.1

人们对土壤的认识存在着两种根本对立的观点，一种是从形而上学的观点来

认识土壤，一种是从辩证唯物主义的观点来认识土壤。

某些旧土壤学家从地质观点出发，把土壤看成是在气候因素影响下，岩石风化破碎以后，随着植物出现而又混入了死的生物残体所构成的。所以，他们给土壤所下的定义是：土壤是矿物质和有机质的混合物，并且把土壤比喻为贮藏植物养分的“厨房”。在土壤是怎样发展的问题上，他们认为，土壤发展的过程是这堆“混合物”风化的过程和在雨水淋洗土壤时，土壤中最活跃的可溶性物质在数量上的增减和位置上的转移的过程（通称淋溶过程），推动这个过程发展的动力主要是气候，特别是降水的作用。显然，在什么是土壤，土壤是怎样发展的和推动土壤发展的动力是什么等这些基本问题上，他们不能深刻、充分、全面揭示土壤的实质及其发展变化的规律性。

我们应该承认，矿物质和有机质确是组成土壤最基本的物质。但是，把土壤说成是简单的、没有内在联系的一堆“混合物”就不对了，因为这样就否定了土壤有它自己质的规定性，这也就不能从土壤的特殊运动形式和特殊的矛盾中去认识土壤的本质。

毛主席教导我们：“对于物质的每一种运动形式，必须注意它和其他各种运动形式的共同点。但是，尤其重要的，成为我们认识事物的基础的东西，则是必须注意它的特殊点，就是说，注意它和其他运动形式的质的区别。只有注意了这一点，才有可能区别事物。”[①] 又说，“科学研究的区分，就是根据科学对象所具有的特殊的矛盾性。”[②] 毛主席在这些话里告诉我们，研究一个事物，应当特别注意它的特殊的矛盾和运动的形式，只有这样才能真正把握住它的本质。土壤学的研究对象是土壤，土壤是地球陆地上能生长绿色植物的疏松表层，它不同于地球表面上的岩石、海洋和森林等其他物质，就在于它具有能同时地和不断地满足绿色植物在生活中对水、肥、气、热的要求的能力，也就是肥力。所以，肥力是土壤最本质的特征，离开了肥力，也就谈不上什么土壤了。

土壤之所以具有肥力，这是由于它内部的矛盾运动所引起的。在土壤运动发展和不断供给植物以水、肥、气、热的过程中，都充满着各种各样的矛盾，例如土壤中水分的蒸发和保存、有机质的合成和分解、养分的聚积和消失、土壤的吸热和散热、土温的升高和降低、地质大循环和生物小循环等等。每一对矛盾的两个侧面都互相依存、互相排斥和在一定条件下相互转化。同时，这许多矛盾也不是孤立地存在于土壤中，各自单独发生作用，而是相互联系和制约着的。我们在进行玉米中耕试验时，发现中耕以后，表层土温可增加 2 ～ 4℃，表层以下各个土层的温差也普遍加大。温度的变化，也引起土壤水分运动的方向的变化，经过

① 《毛泽东选集》，第 1 卷，1952 年版，第 296–297 页。

② 《毛泽东选集》，第 1 卷，1952 年版，第 297 页。

中耕的表层土壤中的水分大量丢失，但是表层下面的土壤里的水分反而比原来含水量增加 10% ～ 20%。根据测定的结果，随着温度和水分的变化，养分的分解状况变了，有效养分增加了 1 ～ 2 倍。此外微生物的活动及一系列物理状况，也发生相应的变化。

在自然状况下也是如此。例如，土壤中的微生物一方面分解有机质，使之成为简单的矿质养分，与此同时，又合成了自己的身体和具有更加复杂结构的腐殖质。这种生物化学作用的产物又通过化学的及物理化学的作用，使各种不同性质的有机物和矿物质构成有机—矿物质复合体，从而引起了土壤结构、孔隙状况、透水保水能力、空气和温度等一系的变化。所以，土壤是作为一个由它本身中的矿物质、有机质和微生物组成有机整体而存在的，是绝不能用机械的方法把它分开的混合物。在土壤这个复杂的矛盾的统一体中，每一个微小变化都是和其他部分的变化有关，而又引起其他部分的变化，它们是互相联系和制约着的。土壤正是处在这种矛盾的、不均衡的状况中。这许许多多相互排斥和对立的矛盾，以及它们之间的斗争和统一，正是土壤发展的基本内容。正如毛主席所说："单纯的过程只有一对矛盾，复杂的过程则有一对以上的矛盾。各对矛盾之间，又互相成为矛盾。这样地组成客观世界的一切事物和人们的思想，并推使它们发生运动。"① 所以，我们在研究土壤为何具有肥力和怎样发展变化的时候，必须首先掌握其内部的矛盾性。

土壤是一个复杂矛盾的统一体，有着许许多多相互联系和制约着的内部矛盾。在这许多的内部矛盾中，决定土壤质的特征和"规定或影响着其他矛盾的存在和发展"② 的基本矛盾则是土壤肥力因素的消长，也就是构成土壤肥力的诸因素——水、肥、气、热、松紧等在土壤中不断消失和增长的矛盾。

土壤的整个发展过程中，自始至终和随时随地都在进行着土壤水分的增减、土壤空气的多少和成分的变动、土壤养分的积耗和类型的转化以及温度、松紧等一系列的消消长长的过程。我们的玉米中耕试验证实了，在一定条件下，中耕所造成的良好水热状况以及它们相应引起的养分和微生物等方面的特点在八天以后逐渐消失，中耕造成的疏松环境也在一定时间内逐渐成为紧密排列的无结构状态。农民在长期生产实践中，观察到粪施入土壤后，如何与土相融生成"土绒"，"土绒"又如何进一步变成土的"粪变土"的理论也同样说明了有机养分在土壤中消长转化的过程。显然，这些相互联系和制约着的肥力因素的消长不是简单的重复，而是新的一次消长，永远是建立在已有基础上呈螺旋式上升的过程。农民将"死土"变成"活土"变成"油土"的过程，正是不断地调节了土壤中各肥力

①《毛泽东选集》，第 1 卷，1952 年版，第 315-316 页。

②《毛泽东选集》，第 1 卷，1952 年版，第 308 页。

因素的消长过程，使土壤由一个阶段发展到另一个阶段，一种土壤演化成另一种土壤。

在自然土壤上，同样是随着年月日时而诸肥力因素之间以及同一肥力因素自身进行着不断的消长过程。草甸土的沼泽化主要是由水分因素急骤增长的结果。同时在沼泽化过程中，水分自身也在不同时期和季节里进行着消长的过程。森林土与草原土、干草原土和湿草原土、盐渍土与非盐渍土之间的互相转化等，都是其例。它们只不过是在自然因素作用下自发地进行而已。所以，肥力因素消长矛盾自始至终贯穿在整个土壤发展过程中，也存在于所有的土壤。正是在诸肥力因素不断消长过程里，土壤满足了绿色植物的需求和自身得到了发展，也正是这个过程反映了土壤最本质的特征。所以，肥力因素的消长是土壤的基本矛盾。土壤中合成分解、氧化还原、吸热散热、淋溶淀积等一系列内部矛盾组成了肥力因素消长的矛盾，并围绕着这对基本矛盾进行着不断的斗争和统一。虽然在一定的阶段里，这些矛盾中的某一对矛盾可以上升为该阶段的主要矛盾，如有机质的合成和分解，但是，它仍然只能反映整个土壤运动的一些个别方面，不能决定土壤这个独立个体的基本性质，并且它只有在一个阶段里起着主要作用。所以，它们不能作为土壤的基本矛盾。说得更确切些，这一系列矛盾组成肥力消长的矛盾，反过来肥力消长的矛盾又决定它们，这样地组成土壤运动，并推动它向前发展。正如在植物体中所进行的吸水和蒸腾、同化和呼吸、有机质的运输和贮藏、形成和转化等一系列矛盾都反映了生命现象的某些个方面，但是它们又构成了植物体的基本矛盾——同化作用和异化作用（异养植物除外）。

肥力因素消长的矛盾是所有土壤（自然土壤和农业土壤）中普遍存在的最基本的矛盾。当自然界的土壤一经被人用来种庄稼，从事农业生产以后，它就跨进了一个新的、质上不同于自然土壤的阶段，即农业土壤阶段。自然土壤只是在自然力影响下形成的，而农业土壤则是在自然力和人类的农业生产活动（耕耪耘锄、灌溉施肥等）的综合影响下形成的；自然土壤只是自发地满足绿色植物的要求，而农业土壤则是在人们有意识的活动下，使之适合于栽培作物的要求；自然土壤只是在自然界自生自灭地、缓慢地变化，而农业土壤则是在人们有意识地活动下定向地和迅速地变化。所以，农业土壤不仅是一个历史自然体，更重要的，它是人类劳动的产物和农业的基本生产资料。所有这些，都决定了推动土壤发展的基本矛盾在农业土壤阶段必然会表现其特殊性。

在农业土壤阶段，土壤发展过程中，参与了栽培作物的要求和为此而进行的人类的自觉的生产活动这两个积极的因素。所以，矛盾更加复杂化了。首先，农业土壤朝着哪个方向发展，这是和人在认识了客观规律以后按照他所栽种的作物的要求来改造土壤有关的。例如人们为了种植水稻、大田作物、蔬菜和茶树（橡胶、咖啡等）而对土壤采取了完全不同的措施，从而使自然情况下形形色色多种多样的土壤向着水稻土、大田土、菜园土和园林土的方向发展。所以，分析农业土壤的发展和它的内部矛盾时，必须首先考虑到作物的要求和人为了满足作物要求所进行的农业生产活动。其次，在农业土壤阶段，土壤中诸肥力因素一方面在终年变化的气候、地下水和地形等自然力影响下有着一定的消长变化过程，与此同时，人们为了满足作物生活需要而通过耕耪耘锄、灌溉施肥来调节土壤中诸肥力因素的消长过程。所以，农业土壤中肥力因素消长的过程实际上是在自然力影响下，土壤中所进行的自然作用过程和在人力影响下，土壤中所进行的人为作用过程之间的斗争和统一。例如盐土中的盐分一方面受着该地地下水水位、水质、季节变动和气候等自然力的影响，有着一定的消长变化过程（即自然作用过程），但是，为了避免盐分对作物的危害，人们通过排水洗盐、顶凌耙地、大量施用有机肥等措施来改变盐分向根系层积聚的时间、数量和种类。所以，在人力影响下，土壤中也进行着一定的盐分消长运动的过程（即人为作用过程）。在任何具体时间、地点、条件下，农业土壤中所表现的盐分特点和是否危害作物，都是土壤中所进行的自然作用过程和人为作用过程不断斗争和统一的结果。土壤中的盐分状况如此，其他也不例外。

根据以上分析，推动农业土壤发展的主要矛盾是在最大限度满足作物丰产要求的前提下，土壤中的自然作用过程和人为作用过程之间的矛盾。这一对矛盾是随农业土壤的出现而出现，并贯穿在农业土壤发展的全部过程和规定了农业土壤质的特征。在认识农业土壤的基本矛盾时，一方面不能忽视最大限度满足作物丰产要求的这个前提。另一方面也绝不可以把自然力和人力综合影响下土壤中所进行的自然作用过程和人为作用过程孤立起来，它们是土壤发展中相互依存，相互渗透，互为存在条件而又相互斗争着的一对矛盾的两个方面，而不是在土壤中彼此独立存在，互不相干的两个过程。

从总体上来看，农业土壤中的人为作用过程是矛盾的主导方面。无疑地，随着人类社会生产力的发展和人对土壤认识的逐渐深刻，土壤中的人为作用过程日益起着更加明显的主导作用。但是，在发展的各个具体阶段里，土壤中的这两个过程则是不断消长、相互转化的。

综上所述，在农业土壤发展的整个过程中，虽然肥力因素消长这个基本矛盾并未改变，但是，随着农业土壤的出现，在土壤中出现了自然作用过程与人为作用过程之间的矛盾，并逐渐激化起来，成为农业土壤的主要矛盾。这对矛盾规定了农业土壤的本质特征和影响着其他矛盾的存在和发展。土壤和农业土壤二者之间有着共性与个性关系、一般与特殊的关系。在这种关系中，自然土壤与农业土壤的共性，就在于都具有作为历史自然体的土壤的自然属性，具有肥力这一质的特性。农业土壤的特殊性，则在于它被利用为农业生产资料及其所产生的新的属性，其本质特性是经济肥力。土壤之具有肥力，并不决定于人类对土壤的影响，而土壤之具有经济肥力，则是社会生产活动对土壤发展积极影响的结果。

把土壤看成是具有特殊运动形式的独立物体，肥力是它本质的特征以及土壤之所以具有肥力和得到不断发展的原因是决定于其内部的复杂的矛盾性的观点，就有力地驳斥了那些把土壤看成是一堆互不联系的有机持和矿物质的机械“混合物”的观点。所以，在土壤发展的问题上就不能从其内在矛盾中去寻求，只是片面地把某一个个别方面的过程（风化过程和淋溶过程）夸大成土壤发展的基本过程，并且把这个过程看成是某些物质在数量上的增减和场所上的移动。这种错误的发展观在逻辑上必然会导致推动土壤发展的动力不在土壤内部，而在于影响土壤的气候等外部因素。显然，在什么是土壤、土壤是怎样发展的和推动土壤发展的动力是什么这些基本问题上的形而上学的观点是错误的。实质上，这种观点把土壤看成是只有量变，没有质变的一堆僵死的、静止的东西。

以上我们分析了土壤的内部矛盾，这是我们认识土壤必须首先解决的问题。唯物辩证法也曾教导我们，对待复杂的事物，必须先从分析它的最根本的矛盾，即内部矛盾着手。但是，肯定了土壤的内部矛盾和它是土壤发展的根本原因，不意味着忽视外部条件的重要作用。恰恰相反，和任何其他物质一样，土壤不仅不可能脱离外部环境而孤立地存在于自然界，而是和它的外部环境相互联系和制约着，构成了矛盾的两个侧面。因此，我们在研究土壤内部矛盾的运动规律时，还必须了解土壤和它外部环境条件之间的辩证关系。否则，我们也不可能正确地认识和有效地改造土壤。

土壤是整个自然界的一个有机组成部分，是在各种外界因素综合影响下形成的。气候因素直接影响着土壤的风化、养分的释放、有机质合成、分解的类型和速度、物质移动的特点和土壤中的水热状况；地形条件又使得影响土壤的日光、温度、大气降水等因素重新改组和分配；构成土壤的母质也影响着土壤一系列的物质性质、物理机械性质和化学反应的特点；生物因素对土壤起着特别重要的作用，正是在生物一代一代生生死死的过程中，才使得绿植物所需要的营养元素在土壤中保存和累积起来，不致完全受到淋失。植物生活所必需的氮素也是生物活动的产物。土壤之所以不同于风化的岩石碎屑或母质，其重要原因就是在于它具有了生物作用所构成的这些最基本的肥力因素。因此，影响土壤的各种外部因素中，生物因素起着主要的作用。

作为土壤外部条件的各个因素不是各自孤立的东西，它们是综合作用于土壤的。例如在同样的降水情况下，地形坡度不同，进入土壤中的水分就有多少不同。在山区和丘陵地，不同坡向上的光照、温度、湿度等都有很大差异。这些差异又引起植物分布上的不一致性。不同植被类型又调节了地面径流和近地面小气候等。因此，我们必须把外部因素看成是一个有机的整体，它仍是错综复杂、互相制约着，而又综合作用于土壤的。相反地，土壤本身的特点也在一定程度上影响了植被类型、地形的形成和小气候的特点。所以，只有把握住外部因素间这种联系变动的规律以及它与土壤之间如何相互斗争和统一的，才能正确地了解土壤与其外部条件的辩证关系，才能有效地调节这些外部因素的关系，控制土壤内部的变化。

以上只是指自然状况下的各个因素之间的关系，一旦人的农业生产活动开始以后，人们就积极地干预了自然，使之向着对人有利的方向发展。原来对土壤自发地起作用的野生植物被栽培作物所代替、原来不平的地形变平坦了，人们还通过耕作、施肥、灌溉等各项农业措施强有力的使土壤发生改变，获得了在自然状况下所没有的新的质。所以，在农业土壤上，人类的生产活动已成为影响土壤的一个强大的因素。但是，人类的作用在质上不同于自然因素，人在生产实践的过程中，可以认识土壤及其与外部因素的规律性，从而自觉地、有目的地调节诸因素的关系，使之向人所需要的方向发展。马克思曾提到，作为人类对土壤发生和演化的干涉记录的土壤熟化的本质是由于人改变了各个因素的分量和对比关系，改变了环境条件，迫使土壤过程加强或削弱，改变了它们的对比关系，因而整个土壤形成过程获得了新的方向，土壤获得了新的性质，这些性质是土壤以前所不具备的，但是其他土壤却部分地具有这些性质。因此，人类的生产活动一方面直接改变了土壤本身的各个因素的分量和对比关系，调节和控制着内部的矛盾过程，同时，也改变了影响土壤的外部环境条件，从而使土壤获得了新的性质，向着对人们有利的方向发展。

人类的生产活动作为影响土壤的一个外部因素，它同样是和其他因素（自然因素）综合作用于土壤的。但是，它又在质上不同于自然因素，也就是它不是自发地，而是自觉地影响土壤，是在认识了土壤本身运动的规律及其与外部条件的辩证关系的基础上，有力地、定向地改造土壤。所以，忽视人为因素的观点是错误的。当然，重视人为因素对土壤发展的作用，不意味着可以不重视自然因素对土壤发展的作用，而是要正确地认识土壤发展的规律，更好地发挥主观能动性。

土壤和它的外部因素构成了一个矛盾的统一体。但是，土壤的外部因素必须通过土壤内部的矛盾才能发挥作用。例如大气温度必须通过土壤本身的导热性，使其自身温度发生变化，才能影响土壤。在同样的气候条件下，村东的黑土地上幼苗绿壮，村西的火沙土上则常常发生烧苗、死苗现象。这正是气温、日光等外部因素通过火沙土本身的质地粗、多石英沙砾和有机质缺乏所造成的土壤骤冷骤热的特性所引起的。毛主席曾举出适当的温度可以使鸡蛋变成鸡子而不能使石头变成鸡子的生动例子，并且还教导我们："唯物辩证法为外因是变化的条件，内因是变化的根据，外因通过内因而起作用。"① 所以，我们必须从土壤内部矛盾出

---

①《毛泽东选集》，第 1 卷，1952 年版，第 291 页。

发，细致分析其外部条件是如何通过内部矛盾发生作用的。认为在什么气候条件下就有什么土壤，什么岩石就风化成什么土壤的人，正是不明白这条基本道理。

毛主席指出："辩证法的宇宙观，主要地就是教导人们要善于去观察和分析各种事物的矛盾的运动，并根据这种分析，指出解决矛盾的方法。"① 土壤是一个复杂矛盾的总体，要认识它，改造它，就必须从分析它的各类矛盾以及矛盾的各个方面入手。我们需要分析土壤内部的矛盾性和它的基本矛盾；需要分析作为土壤外部条件的诸因素之间的矛盾性；需要分析土壤和它的外界因素怎样得到对立的统一和外界因素如何通过内部矛盾发生作用。只有这样，我们才能正确地和全面地认识土壤运动发展的规律性，能动地改造土壤。

人们对土壤的认识过程中，表现着辩证法同形而上学之间的斗争。在土壤问题上，有这样一些观点：第一，它不是从土壤的特殊的运动形式中探求土壤不同于任何其他事物的质的规定性，而把土壤看成是一堆僵死的静止的"混合物"。第二，它不是首先分析土壤内部的矛盾，从土壤自身的矛盾里寻求土壤发展的根本原因，而是把推动土壤发展的动力归结为作为其外部条件的气候因素。第三，它不是把影响土壤的外部因素看成是一个综合的整体，并通过土壤内部矛盾发挥作用，而把它们看成是孤立的从而片面夸大个别因素对土壤的作用。我们必须坚决批判在认识土壤中的形而上学观点，坚持辩证唯物主义观点，正确地认识土壤。

5.2

正确认识土壤，是为了更加有效地改造土壤，使之朝着对人们有利的方向发展。反之，要做到更有效地改造土壤，就必须重视和正确地认识土壤发展的客观规律。

几千年来的农业生产过程，也正是对土壤不断认识、控制和改造的过程；也是认识逐渐深化，控制和改造逐渐全面、有力和准确的过程。土壤科学的任务正是为了更加深入地认识土壤活动的客观规律性，更加全面、有力和准确地控制和改造土壤，以促进农业生产的发展。但是，有些旧土壤学家往往是忽视以至否定人在改造土壤中的自觉的和巨大的作用，片面强调决定土壤性质的自然因素（特别是气候因素），而忽视人类生产活动对改变土壤性质的巨大作用。因此，在土壤分类中把自然因素的影响作为高级分类的依据，人为因素的影响作为低级分类的依据。

---

①《毛泽东选集》，第 1 卷，1952 年版，第 292 页。

1958 年以来，在全国土壤普查和深耕改土的群众运动中的大量事实说明，人认识了土壤运动的客观规律以后，不仅可以通过各种农业措施来控制和改变土壤的性质，而且可以把土壤改变成为和原来性质不同的土壤；不仅在小范围内能把不同的土壤改变成性质相似的土壤，而且在不同的气候带里，也可以通过人的活动把性质不同的土壤改变成为性质相似的土壤。当然，在实践中还必须从具体情况出发，全面地权衡利弊得失，然后采取相应的措施。

我们曾在北京地区和农民一起进行了小麦的丰产实验，当了解到土壤变化的规律和作物在不同生育期对土壤条件的要求以后，我们就通过各种措施来调节土壤中的水、肥、气、热的状况，以最大限度地满足作物生活的要求。例如小麦春天返青时，返青时要早，土壤通气要好，地温要高，但是，北京地区的小麦地在春天解冻时，地面往往返浆多水，地温较低，上升很慢。显然，这时的土壤条件是不符合小麦返青要求的。农民则采用冬季施暖肥，春季顶凌耙地和中耕松土等措施，调节了土壤水分和通气状况，提高了地温，可以使返青提前 5 ～ 7 天，满足了小麦返青时期对土壤的要求。返青以后，小麦开始拔节，生长迅速，需要充足的水分和养分。但是，此时土壤中冻层完全化通，温度迅速上升，气候条件又是降水少，刮旱风，蒸发强烈，使土壤中的水分大量丢失，造成春旱。自然情况下的土壤条件又不适于小麦拔节的需要。农民又采用适时浇水，适当中耕的办法，并提出“早中耕，地发暖；多中耕，地不板；深中耕，抗涝又抗旱”的整套经验。当然这只是一个地区的经验，在不同地区还要结合气候、土壤等等特点来考察。但它说明我国农民正是在长期生产实践中，认识了土壤运动的规律，分析了作物与土壤之间的供求矛盾，从而以各种措施，调节土壤内部水、肥、气、热的状况，更好地满足作物的需要。

在长期的农业生产过程中，人们就是这样自觉地和定向地改造和控制着土壤的变化，经过几年、几十年和几百年的长期耕作，就使得土壤改变了它原来的面貌、获得了它原来没有的新的性质。例如华北一带大田土壤中常常存在的熟土层（耕作层）、犁底层、冷土层和生土层的土层构造是自然情况下的土壤所没有的，它是人类改造土壤的见证。

如上所述，在认识土壤运动的规律性的基础上，人们可以根据作物要求来控制调节土壤变化，并随着长期对土壤的控制调节而使土壤发生根本变化。同时，人们也可以在较短的时间里用革命性的办法来彻底改变土壤的性质。例如在北京郊区山麓一带分布有大面积的“小黄土”(过去叫褐色土)，土性黏重，耕性和透水性不好，十分怕旱，所以老乡只种些谷子和豆子等耐旱的庄稼，每亩地只能收几十斤粮食。我们在密云县城关公社对这种土壤进行典型调查时，老乡说：“组织合作社以后，我们在这种小黄土上施用了大量掺有沙土的牲口粪。经过三年，浮头六寸的表土的黏性小了，耕作容易了，透水保墒力和耐旱力也增加了，开始可以种一些玉米和小麦，粮食产量接近 200 斤，所以现在把这种小黄土改名叫二黄土。人民公社化以后，不仅掺施了大量牲口粪，还深翻了二尺，今年就能水利化，这种二黄土就变得不沙不黏好耕作，透水保水能力好，经旱又耐涝，适于种植小麦、玉米和蔬菜等经济价值高的庄稼，每亩打四五百斤粮食没有问题，和沿河一带的大黄土（过去叫浅色草甸土）一样，是头等地，所以这块二黄土应当叫大黄土了”。根据我们对这三种土壤的物理和化学等方面的性质的鉴定结果，同样证实了老乡所说的这种巨大变化。

当我们访问如何把小黄土改成大黄土的经验时，老乡说：“小黄土的毛病很多，但是多一半是土性太黏引起的。土性太黏就不好渗水，容易跑墒，地里老是发干，耕起地来费劲，又容易起坷垃，影响出苗。所以改了土壤的黏性，就会既渗水又保墒，既经涝又耐旱，耕地省劲，不起坷垃。改掉黏性一定要掺沙、施粪，因为沙叫地发‘煊’（指疏松），粪叫土变‘油’”。农民们正是在长期生产实践中充分认识了土壤的变化规律，抓住了问题关键，改变了土壤条件，使之向有利于农业生产的方向变化。

以上典型调查的例子强有力地说明了这个由小黄土变成的大黄土是人类劳动的产物，没有人的生产活动，就不会有这个大黄土。小黄土变成二黄土，进而变成和原来性质完全相反的大黄土，这个过程本身就说明了人类的生产活动不仅可以对土壤起很大的作用，而且可以定向也改变土壤，使之更符合于人类生产的要求。过去把山麓小黄土和沿河的大黄土看成是在地形、地下水、气候等自然因素的不同影响下形成的质上不同的两个土类，人力是不可能改变二者在质上的差异的。但是事实说明人的生产活动是可以改变土壤的性质的。

如果以水稻土为例，还可以看出不仅在同一气候带内可以使自然条件造成的两种性质完全不同的土壤变成性质相似的土壤，即使是在不同的气候带内，通过人的活动也完全可以创造性质相近的土壤。根据中国科学院土壤研究所的研究结果，[①] 证实了不同气候带（包括江西、广西、云南等地）的水稻土，其起源不同，自然条件、农作制度和耕作措施、熟化方式等都不相同，但是，人调节了土壤水分和空气状况，使水耕熟化和旱耕熟化过程交替进行，从而使不同气候带的多种水稻土在一些主要的肥力性状上（如酸度、有机质结构性、耕性和养分状况等）都变得十分接近。也就是说，为了满足水稻生长的特殊要求而创造了一种具有特殊土壤性状和肥力特点的水稻土，这种性状和肥力特点是自然土壤和其他任何土壤所没有的。所以，水稻土在质上表现了更多的共同性。自然因素所造成的差异在一定程度上仍然是存在的，但是已经退居次要地位；所以耕作历史越久，经营越集约，人为因素对土壤的影响也就越为明显。

---

①《土壤学报》，第 8 卷，第 2 期，第 79–100 页。

从以上的几个事例中可以看到：自然条件下的土壤状况如果不符合小麦丰产的要求，人可以通过一系列的措施改变土壤的水、肥、气、热状况，使之满足小麦丰产要求；通过人的自觉的生产活动可以改变地形、地下水等自然因素对小黄土的影响，使之变成和它原来的性质完全相反的大黄土；不同气候带的各种性质差异很大的土壤，也可以在人为种植水稻过程中改变气候及其他自然因素的影响而变成性质相似的肥沃的水稻土。这些事实都说明了人在生产实践中可以认识土壤变化的规律并运用这种规律性根据农业生产要求来调节和控制土壤的变化，从而给土壤以巨大影响和彻底改变土壤的性质。因此，人类生产活动可以强力地改造土壤，而改造的程度主要决定于人们对土壤运动的客观规律的认识程度和生产力水平，所以必须要正确地和深入地认识土壤运动的规律，因势利导，因地制宜，充分利用和促进有利因素，限制和消除不利因素，才能使之向着对人们有利的方向发展。否定人在认识和改造土壤中的自觉的能动性，认为土壤性状完全决定于自然因素的形而上学观点不仅是错误的，而且是极端有害的。它使人们在向自然作斗争中放下了思想武器，在战略上处于被动地位。

但是，我们承认人在认识和改造土壤过程中的巨大的能动作用，绝不意味着可以忽视客观规律，可以忽视客观条件，为所欲为。要更大地发挥主观能动性，就必须更深入地去认识、利用客观规律。恩格斯说："自由不是在于想象中的对于自然规律的独立，而是在于认识这些规律，并且在这种认识所给予的可能性上，有计划地使得自然规律为着一定目的发生作用。"① 在土壤学中，就是要认识和利用土壤的规律，能动地改造土壤，为农业生产服务。

马克思主义认为，认识来源于实践，又是实践的指导力量。在农业生产中，人对土壤的认识和改造过程也是一样的。我国农民在几千年的生产斗争中，通过无数次的成功和失败，认识并运用了土壤运动的规律性，有力地控制和改造了土壤。尤其是新中国成立以后，他们更大地发挥了自觉的能动性，为了获得历史上从未有过的高额产量而在合理密植的条件下，通过深耕改土、合理灌溉施肥和一系列技术措施来创造高产作物所需要的最好的土壤环境；为了实现耕作园田化，他们又将平整土地以后露出的"生土"尽快地变成"熟土"，使"熟土"更快地变成"油土"和"油土"更加油化。所以，随着农业生产的迅速发展，人们对土壤的认识、控制和改造也不断地深化。土壤科学必须是在农业生产迅速发展的过程中，通过生产实践，总结和提高群众经验，更加深刻地认识土壤，更加全面和有力地控制和改造土壤，使人们在认识和改造自然中的自觉的能动性得到最充分的发挥。毛主席教导我们："一切根据和符合于客观事实的思想是正确的思想，一切根据于正确思想的做或行动是正确的行动。我们必须发扬这样思想和行动，

① 恩格斯：《反杜林论》，人民出版社 1956 年版，第 117 页。

必须发扬这种自觉的能动性。”[①] 这就是说，正确的理论必然是根据和符合于客观事实的理论，只有这样的理论，才是真正的科学的理论，才能指导人们更好地发挥主观能动性。

在认识和改造土壤问题上，要反对片面性，首先要反对那种只看到自然因素对土壤的影响，忽视以至否定人在认识和改造土壤中自觉的能动性的片面性。

在认识土壤上的这种片面性，必然会在工作中得出悲观的、“人无法胜天”的结论，最后不可避免地陷入“宿命论”的泥潭。例如在新疆吐鲁番盆地调查土壤时，曾有人只看到近湖一带的地势低，地下水位高，土壤黏重和容易聚积盐分等不利自然因素对土壤的影响，而不去分析有利的一面，尤其是人对土壤的巨大影响和能动的作用，所以得出建议该地农场搬家的结论。但是这里的农场从50公里以外引来了淡水，挖了排水沟，进行了大规模的洗盐，改良了原来含盐很重的盐土，在土壤调查以后的第二年，这里的棉花就达到了全国最高的产量。事实否定了“条件不好只有搬家”的结论。又如为了确定农场场址而到北京长辛店一带调查土壤，曾有人得出的结论是“此地沙、湿、碱、瘦，不宜建场”。事实是不仅这里建立了农场，而且建场后第一年平均亩产量就超过了400斤。这类例子是不胜枚举的。

另一方面，我们在认识和改造土壤过程中，在战略上藐视困难的同时，还必须在战术上重视困难；在强调主观能动性的同时，必须重视客观规律和客观条件。改造土壤的问题上，必须坚持因地制宜的原则。比如许多条件是可以改变的，但问题在于当条件还没有改变的时候，就只能采取与它们相适应的措施。有些条件花一定的代价去改变是合算的，有些条件用过多的力量去改变是不合算的。例如平整土地后露出的生土，由于坚实瘠瘦的坷垃而影响农作物的生长。农民一方面采用多耕多耙的方法使这些坷垃散碎，同时，也利用“风吹日晒、冬热春螭”等自然力来加速坷垃的散碎过程。所以，我们一方面要看到人在改造土壤中的可能性，同时也要在认识客观规律的基础上，因势利导、因地制宜地来改造土壤，做到简易有效、经济合算。我们必须充分地认识到农业生产的特点，了解人同自然斗争的复杂性和艰巨性。就作物和土壤的关系来说，农作物是有生命的东西，农作物的品种特性各不相同；农业生产还在很大程度上受着自然条件的支配，而自然条件一年四季各不相同，各地的自然条件也不同，土壤特性差异很大，农业地区之间的差异也很大。一方面，条件是可以改变的，土壤是可以改造的，不重视这一方面是片面性。另一方面，条件是具体的，不同地区有不同的特点，忽略了事情的这一方面，强求千篇一律也是不正确的，就是说，在认识和改造土壤过程中既要注意矛盾的普遍性，又要注意矛盾的特殊性。

---

①《毛泽东选集》，第2卷，1952年版，第167页。

在我国，丰富的社会主义农业实践是改造和推动我国土壤科学发展的根本泉源。新中国成立后，1958 年在全国范围内开展了一个群众性的土壤普查运动。在不到一年的时间里，初步查清了全国 16 亿亩耕地，开始熟悉各种土壤的底细，为用土、改土和正确实施“农业八字宪法”打下了良好基础。与此同时，全国范围内还大搞了深耕改土运动。深耕过的土地达 14 亿亩，原来 4 亿 5 千万亩低产田也有 80% 以上得到了不同程度的改良。由于连续几年的群众性的水利化运动，到 1958 年，灌溉面积达 10 亿多亩，比新中国成立前增加了 4 倍。施肥面积和施肥量也大大增加。由于这样大规模地改造土地和运用了各种增产措施，作物产量得到不断提高。从 1949 年到 1958 年，全国粮食平均产量由每亩 140 斤增至 275 斤；皮棉由 21.6 斤增至 49 斤。

土壤普查、深耕改土、发展水利、大量施肥和大搞园田化等一代系列措施，使我国 16 亿亩耕地的面貌日新月异，肥力迅速提高。原来的盐土洗走了盐，原来的沙荒变成了稻田和果园，平整土地以后的死土很快变成活土，活土又很快地变成油土，南方的稻田也向着泥肉化、鳝血化的方向发展……这些巨大成就，只是我们向地球开战中第一个回合的战绩。毫无疑问，今后我们将会更深刻更彻底地改造和控制土壤，叫它造福于人民。在这样丰富的社会主义农业实践里，我国土壤科学必将得到深刻的改造和迅速的发展。同时，生产实践也给土壤科学提出了巨大任务。目前，“全国各地各种低产的土地，像盐碱地、沙土地、黏土地、烂泥田、山岭瘠薄土地等，占全国耕地面积大约 3/10，加上低洼易涝地更多。……如何把坏地、远地都充分地合理地利用起来，在很长的时期内都是一个重要问题”。（见《人民日报》1960 年 12 月 14 日社论）此外，为了实现大地园田化，大面积高额丰产，全国范围的深耕改良土壤，以及提前实现“农业发展纲要”第四十条和建成现代化农业的宏伟计划，都需要土壤科学为我国社会主义建设做出更多贡献。

6 中国黄土中古土壤的发生学研究

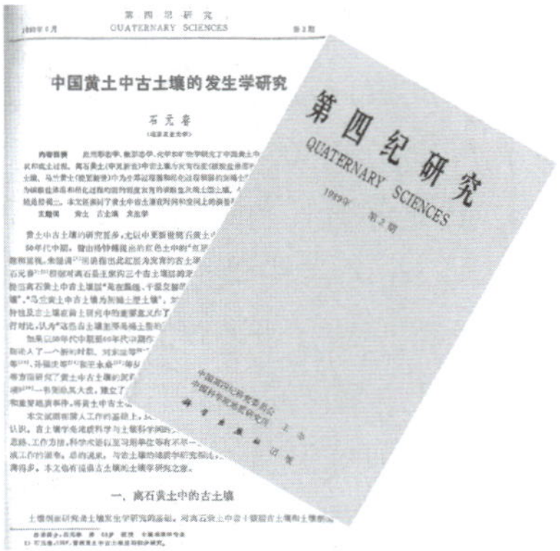
第 四 纪 研 究
QUATERNARY SCIENCES

中国黄土中古土壤的发生学研究

石元春

一、离石黄土中的古土壤

第四纪研究
QUATERNARY SCIENCES
1989年 第2期

【写作背景】

1988 年，遵导师刘东生院士所嘱，《文集》作者为中国《第四纪研究》杂志提供了一篇我国黄土地区古土壤地理方面的文章。此文是在晋西工作和黄淮海平原工作基础上，重新构思撰写的，发表在该杂志 1989 年第 2 期。文章论述了第四纪期间我国黄土高原和东部黄淮海平原的土壤地带性演化。

内容提要 应用形态学、微形态学、化学和矿物学研究了中国黄土中古土壤发生学性状和成土过程。离石黄土（中更新世）中古土壤为发育程度（碳酸盐淋溶和黏化）不同的褐土型土壤。马兰黄土（晚更新世）中为生草过程强和黏化稍弱的灰褐土型土壤。全新世黄土中为碳酸盐淋溶和黏化过程均弱的弱度发育的碳酸盐灰褐土型土壤。午城黄土（早更新世）中可能是棕褐土。本文还探讨了黄土中古土壤在时间和空间上的演替和分类问题。

主 题 词 黄土　古土壤　发生学

黄土中古土壤的研究甚多，尤以中更新世离石黄土中埋藏的古土壤。

20 世纪 50 年代中期，曾由杨钟健提出的红色土中的“红层”引起了地质学家和土壤学家的兴趣和重视。朱显谟[1]明确指出此红层为发育的古土壤，并就其分布和形成条件作了论述。石元春*[2]根据对离石县王家沟三个古土壤层的形态学观察、理化性质和孢粉分析资料，提出离石黄土中古土壤层“是在温暖、干湿交替的气候和干旱森林草原下发育的褐土型土壤”“马兰黄土中古土壤为灰褐土型土壤”。刘东生等[3]对古土壤埋藏的地质条件、土壤特性及古土壤在黄土研

* 石元春，1957，晋西黄土中古土壤层的初步研究。

究中的重要意义作了全面阐述。1965 年，朱显谟引用理化资料进行对比，认为“这些土壤主要是褐土型的”[4]。

如果以 50 年代中期至 60 年代中期作为黄土中古土壤研究的初期阶段，80 年代的研究则进入了一个新的时期。刘东生等[5-7]、卢演俦等[8、9]、安芷生等[10、11]、唐克丽[12]、文启忠等[13]、孙福庆等[14]和王永焱[15]等从微形态、古年龄、古地磁、古气候、古植被和地球化学等方面研究了黄土中古土壤的沉积条件、性状和形成年代等。刘东生等著的《黄土与环境》[16]一书则总其大成，建立了黄土—古土壤地层序列，全面论述了沉积过程、环境变迁和重要地质事件，将黄土中古土壤研究推向一个新的阶段。

本文试图在前人工作的基础上，从土壤发生学的角度谈一些对黄土中古土壤的粗浅认识。古土壤学是地质科学与土壤科学间的交叉学科。对同一研究对象，不同学科难免在思路、工作方法、科学术语以至习用单位等有不尽一致之处。某些资料不易对比而造成工作的困难。总的说来，与古土壤的地质学研究相比，土壤学方面的工作要少得多，单薄得多。本文也有提倡古土壤的土壤学研究之意。

6.1 离石黄土中的古土壤

土壤剖面研究是土壤发生学研究的基础。对离石黄土中含十数层古土壤和土壤剖面一般性描述的报道甚多，但严格而系统的剖面研究很少。就土壤剖面研究而言，离石县王家沟离石黄土中第六（W_6）和第八层（W_8）古土壤*和洛川离石黄土中第五层古土壤的研究程度较高。因前者未曾正式刊出，现将其中有关的化学资料分别列入表 1 和表 2。

在古土壤层与其上覆的纯净黄土之间，一般都有一厚约 0.3 ～ 0.5 m 的过渡层。颜色和质地处于上下层之间且向上逐渐过渡为黄土层。此过渡层的另一特点是常混有色质稍异的斑块。全层有自下而上增强的碳酸盐反应。此层记录了成土期向黄土堆积期转变的初始情况。值得提出的是，要正确划分土壤顶部与过渡层的下界，更不能将此层（或下部）定为古土壤的 A 层。否则将误判某些重要的发生学特性。

古土壤剖面一般分化为以下的发生学层次：腐殖质黏化层（A）、强黏化层（B_{Cl}）、过渡层（$B_{Cl'}$）和碳酸盐聚积层（B_{Ca}），其下为黄土母质（C）。综合有关资料，典型发生学特性分别归纳入表 3 和表 4。

---

* 石元春，1956，晋西黄土中古土壤层的初步研究。

表 1　离石黄土中古土壤的化学特性和颗粒组成 *

剖面号	发生学层次	采样深度（cm）	$CaCO_3$ (%)	腐殖质（%）	pH		砂 (mm)(%)				含砂量（%）	粉砂（mm）		粉砂量（%）	黏粒（mm）（%）
					H_2O	KCl	3～1	1～0.25	0.25～0.05	0.05～0.01		0.01～0.005	0.005～0.001		＜0.001
W_6	A	0～37	3.182	0.662 8	8.0	7.8	—	0.01	2.11	38.65	40.77	9.65	17.63	27.28	31.95
	B_{Cl}	37～91	0.372	0.589 6	7.9	7.7	—	0.01	3.15	43.99	47.51	10.03	11.00	21.03	31.46
	B_{Ca}	150～170	10.171	0.373 8	8.2	8.1	—	0.02	9.26	47.05	56.33	7.24	12.91	20.15	23.52
W_8	A	10～30	0.418	0.407 1	8.0	7.8	—	0.01	4.94	42.99	47.94	7.83	15.19	23.02	29.04
	B_{Cl}	30～90	0.179	0.430 7	7.5	7.2	—	0.01	4.54	48.02	52.57	7.37	12.90	20.27	27.16
	B_{Ca}	100～120	16.05	0.310 7	8.6	8.3	—	0.02	11.48	47.91	59.41	4.46	16.02	20.48	20.11
	B_{Ca}	＞150	17.00	0.251 5	8.8	8.6	—	0.02	11.89	48.32	60.23	7.57	12.50	20.07	19.70

* 腐殖质用丘林法测定；机械分析用吸管法测定，偏磷酸钠分散。

表 2　离石黄土中古土壤（W_8）的 SiO_2、Fe_2O_3、Al_2O_3 的状况

发生学层次	采样深度（cm）	含量（%）			$SiO_2+Al_2O_3+Fe_2O_3=100\%$			分子比		
		SiO_2	Fe_2O_3	Al_2O_3	SiO_2(%)	Fe_2O_3(%)	Al_2O_3(%)	SiO_2/R_2O_3 *	SiO_2/Fe_2O_3	SiO_2/Al_2O_3
A	10～30	49.42	12.21	22.47	58.76	14.52	26.72	2.770	10.76	3.730
B_{Cl}	30～90	50.77	11.87	23.64	58.84	13.73	27.43	2.759	11.37	3.643
B_{Ca}	100～120	38.93	9.193	16.72	60.02	14.18	25.80	2.923	11.26	3.948
B_{Ca}	＞150	37.74	8.553	16.11	60.49	13.71	25.80	2.368	11.73	3.973

* $R_2O_3=Fe_2O_3+Al_2O_3$。

表 3　离石黄土中古土壤的形态和微形态特征

发生学层次	一般厚度（m）	形态特征	微形态特征 *
A	0.4 ～ 0.6	深棕褐色。中壤—重壤。核状和核块状结构。植物根孔和生物活动痕迹较多。表部有弱—中度碳酸盐反应，时有假菌丝体，下部无碳酸盐反应，并出现黏粒胶膜。各种性状均为逐渐过渡	骨骼颗粒以石英为主，长石、云母明显风化，黏土矿物和细粒物质明显增多，表部有次生的针状和大晶粒方解石。中下部有应力扩散黏粒胶膜，下部有少量流胶状黏粒胶膜
B_{Cl}	0.6 ～ 1.2（有时可达 2）	暗红棕或暗红褐色重壤—轻黏土。呈核块和棱柱状结构，裂隙发育。在全剖面中，本层色最深，质地最黏重，结构最发育。结构面和孔隙壁上有大量深红棕色黏粒胶膜。无碳酸盐反应。各种性状为逐渐过渡	长石深度风化，数量减少，黑云母多已水化。赤铁矿、褐铁矿和水针铁矿的斑点增多。短粗鳞片状晶出黏土矿物集合体大量出现，消光方位一致。以流胶状、泉华状黏土矿物集合体和铁质黏粒胶膜附着于粒面隙壁或填充于孔隙之中。未见碳酸盐胶膜
$B_{Cl'}$	0.4 ～ 0.8	颜色渐浅，红棕或棕褐色。质地渐轻，中壤。结构也逐渐由棱柱而核块和粒状。黏粒胶膜渐减，到下部消失。上部无碳酸盐反应，下部有中度反应	风化程度向下逐渐减弱，细粒物质、铁质黏粒胶膜和黏土矿物集合体均逐渐减少。下部孔隙中出现次生针状、晶粒状方解石或呈胶膜状
B_{Ca}	0.6 ～ 1.2	浅灰黄色，碳酸盐聚积处呈色稍浅的坚实斑块。有大小、多少和形状不一的钙结核	在黄土母质中出现大量碳酸盐微粒集合体、粗粒斑晶和散染状微晶碳酸盐、方解石胶膜和结核
C		黄土（略）	

* 微形态主要参考安芷生资料。

表 4　离石黄土中古土壤的一般性化学指标

发生学层次	一般厚度（m）	pH	碳酸盐（%）	有机质（%）	黏化程度		部分氧化物分子比	
					< 0.001(%)	粉黏比 Kd*	SiO_2/R_2O_3**	SiO_2/Al_2O_3
A	0.4 ～ 0.6	7.6 ～ 7.8	1.0 ～ 2.0	0.5 ～ 0.8	25 ～ 30	1.2 ～ 1.5	2.8	3.7
B_{Cl}	0.6 ～ 1.2	7.2 ～ 7.6	< 1.0	0.4 ～ 0.6	30 ～ 40	1.0 ～ 1.2	2.7	3.6
$B_{Cl'}$	0.4 ～ 0.8	7.6 ～ 8.0	< 1.0	0.3 ～ 0.4	25 ～ 30	1.2 ～ 1.5	2.9	3.8
B_{Ca}	0.6 ～ 1.2	8.0 ～ 8.4	> 16.0	< 0.3	20 ～ 22	1.5 ～ 2.0	3.0	3.9
C	—	8.0 ～ 8.4	10.0 ～ 14.0	< 0.3	19 ～ 21	2.0 ～ 2.2	3.0	3.9

* 粉黏比 *Kd* 参考《黄土与环境》第 200 页。

** $R_2O_3=Fe_2O_3+Al_2O_3$。

古土壤的矿物学研究指出，重矿物组合中不稳定矿物一般低于 10%，明显偏低于各相应的黄土母质。黏土矿物中以伊利石为主，占黏土矿物总量的 50% 以上。还有蒙脱石、蛭石和高岭石。与黄土母质相比，古土壤中的伊利石和蛭石明显增加[16]。

上述发生学特性的基本点是：

（1）有机质积累、碳酸盐淋溶淀积和强度黏化；

（2）中性和微碱性环境；

（3）风化产生大量铁、锰、铝的氧化物和黏土矿物；

（4）胶体黏粒的 SiO_2/R_2O_3 在剖面中发生变化。

离石黄土中的十数层古土壤性状各异，但只是在上列典型性状上的程度和量的差异。

以下就其典型的发生学特性讨论此古土壤的成土过程。

黄土层和古土壤层的交互叠置记录了古气候的周期性波动，当气候由干冷转变为温湿时，黄土堆积锐减，植被繁茂，在堆积的黄土（母质）上，新的一次成土过程开始进行。根据孢粉分析，为以松、栎、桦木属为主的乔木和禾本科蒿属为主构成的森林草原植被（木本、孢粉占 50% 以上）。成土过程正是在这种生物气候条件下，在富含碳酸盐的黄土母质中进行的。

经过漫长的地质年代，生物活动累积的有机质多受矿质化而耗失，但仍保留了明显的、残存的腐殖质剖面。腐殖层较厚而逐渐过渡，且未发现密林下发育的 A_0 和 A_1 层的事实，反映了缺乏典型的林下环境而生草过程起着主要作用。

在降水丰富、土壤中以下行水流为主的条件下，随着易溶盐和石膏（二者含量占矿物质总量的 1% 以上）的淋失而进入碳酸盐淋溶阶段。积极的生物活动增大了土壤空气中 CO_2 分压，从而加速了碳酸盐的溶解和下移。碳酸盐的淋溶淀积是成土过程中重要的和相当长时期进行的过程。

从上述发生学特性中还看到，原生铝硅酸盐矿物的风化和风化产物的溶移以及次生黏土矿物的形成在成土过程中起着重要作用。不稳定矿物（如长石、白云母等）强烈风化。在微碱性的土壤溶液中，风化产物中的 SiO_2 具有较大的可溶性。可以分子态或凝胶态移动，也可与碱土金属的重碳酸盐和碳酸盐作用而形成非晶质 SiO_2 沉积物。通过超微形态观察发现石英颗粒受到物理－化学的风化和溶蚀面上次生 SiO_2 的沉淀以及钙质结核中含 3% ～ 6% 的移动性 SiO_2[16] 的事实，说明了成土过程中的脱硅过程。SiO_2 与 R_2O_3 分子比值在剖面中的变化亦可作脱硅的佐证。

在中性和微酸性环境中，风化产物中的铁、锰、铝的氧化物的可溶性很低。但是，可与生物活动产生的有机酸，特别是富里酸结合成移动性的络合物，也能因黏化层透水性差而出现的局部和暂时的还原环境增加其移动性。此外，土壤溶液的运动也可使黏土颗粒产生机械位移。以上的移动都是在非真溶液状态下进行的，其移动能力和距离是很有限的，往往随土内蒸发和溶液浓度的增大而淀积于结构面和隙壁之上。这正是微形态中各种成分，包括铁质黏粒胶膜所表现出的种种姿态。铁、铝的三氧化物在原处或略有移动下进行其风化，重新合成和淀积过程以及 SiO_2 有较大移动性是铁、铝在黏化层相对富集的内在原因。以伊利石和蒙脱石为代表的黏土矿物的存在也说明了土壤中的微碱性环境。

综上所述，可将此成土过程概括为：在生物活动积极参与的中性和微碱性环境中，进行着生草性的有机质积累、易溶盐和碳酸盐的淋溶淀积以及铝硅酸盐风化的轻度脱硅、铁铝相对富集和黏化的过程。

参考处在不同发育程度和时期的古土壤剖面特征，上述成土过程可大体划分为三个阶段：以易溶盐和石膏淋溶为主的短暂的初期阶段，碳酸盐淋溶淀积和轻度脱硅黏化阶段以及碳酸盐淋溶后期的强黏化阶段。不同发育阶段有其相应的发生学特性以及形态和微形态上的表现。

以上对发生学特征和成土过程的分析说明，此古土壤曾进行着典型的褐土过程，属褐土型土壤。根据不同发育阶段及其碳酸盐淋溶、黏化和有机质积累上的差异，可续分成不同类型的褐土。

研究在此成土过程中，是否存在或是否曾经存在过中性和微酸性环境的问题具有重要的发生学意义。它是划分褐土和棕壤两个土类的质的分界点。就目前的研究，似未见有棕壤成土过程留下的痕迹。

6.2 马兰黄土和全新世黄土中的古土壤

将两个时期黄土中的古土壤放在一节中讨论，是因为首要的工作是把二者中的古土壤明确区分开来。

马溶之曾报道了山西和河南西北部的马兰黄土中有 1 ～ 3 层埋藏古土壤，并名之为栗钙土。石元春 *[2] 在晋西马兰黄土中观察到 1 ～ 3 层埋藏古土壤，通过形态观察、理化和孢粉分析，认为是灰褐土型土壤。王振权[17]对武功和西峰的 1 米左右厚的现代土壤下埋藏的第一层古土壤进行了描述和理化分析。刘东生等在《黄河中游黄土》[3]一书中指出：“马兰黄土中的黑垆土一般出露于表面而埋藏者少见”。朱显谟[4]将洛川塬第一层古土壤定名为黑垆土，同时认为黄土（包括马兰黄土）中古土壤主要是褐土型的，而马兰黄土中草原化作用强烈增长。唐克丽[12]通过微形态研究，将武功境内超河漫滩三级阶地（晚更新世）上，埋藏

* 石元春，1957，晋西黄土中古土壤层的初步研究。

现地面 1 m 以下的古土壤称作棕壤。

诸研究报道常有较大出入以至矛盾之处，这与此沉积物年龄短、厚度小、沉积环境复杂，又深受现代成土和人为活动的影响有关。特别需要明确区分此二层黄土及其中的古土壤。对此，《黄土与环境》一书对黄土和古土壤的年龄测定具有重要意义。该书将黑垆土作为全新世的代表性古土壤。洛川全新世黄土和发育的黑垆土厚度为 0.8 m（定西陇西厚 3 ～ 4 m），其下即为马兰黄土。据此，关中塿土和陕北塬上黑垆土的 1 米左右土层下面的埋藏土应为马兰黄土中的古土壤。

6.2.1 马兰黄土中的古土壤

对马兰黄土中的古土壤进行具体描述和有测定资料报道的有宋达泉[18]、石元春*[2]、王振权[17]、朱显谟[4]、唐克丽[12]、刘东生等[16]和吴标云[19]等。资料包括形态、微形态、化学、矿物学等方面，涉及武功、离石、洛川、西峰、斋堂及南京等地的十多个剖面。表 5 列出了比较典型、资料比较完整和可比的三个剖面的化学分析资料。

表 5 马兰黄土中古土壤的化学特征

剖面号	发生学层次	采样厚度（m）	pH	碳酸盐（%）	有机质（%）	黏粒（< 0.001 mm）（%）	胶体黏粒分子比		采样地点及资料来源
							SiO_2/R_2O_3*	SiO_2/Al_2O_3	
W_3	A	10 ～ 50	7.8	1.51	1.22	21.9	2.68	3.47	山西离石县王家沟（石元春）
	B_{Cl}	105 ～ 135	8.0	0.84	0.26	28.3	2.91	3.88	
	B_{Ca}	> 180	8.0	13.69	0.24	20.2	3.10	3.97	
Y_7	A	30 ～ 40	8.37	2.86	0.93	25.0	2.61	3.25	陕西武功头道塬（中国农业科学院陕西分院）
	B_{Cl}	80 ～ 95	8.27	0.23	0.89	33.7	2.63	3.39	
	B_{Ca}	145 ～ 155	8.57	17.57	0.65	22.5	2.94	4.03	
	C	310 ～ 320	8.57	10.38	—	24.7	2.94	4.22	
BK–I	A	35 ～ 60	7.5	1.45	0.69	20.5	2.41	3.07	陕西武功头道塬（王振权）
	B_{C1}	60 ～ 100	7.1	0.19	0.56	32.5	2.41	3.10	
	$B_{C1'}$	100 ～ 137	7.3	0.54	0.51	25.5	2.43	3.13	
	B_{Ca}	> 137	7.7	17.50	0.44	20.5	2.58	3.45	

* $R_2O_3=Fe_2O_3+Al_2O_3$。

根据已有资料，马兰黄土中古土壤（不含下蜀黄土中古土壤）的发生学性状归纳如下：

（1）有一个明显而深厚的腐殖质层（60 ～ 100 cm）。上层有机质含量在 1% 左右，有大量根孔和植动物活动残迹。腐殖质将土层涂染为灰棕色并依量的多少而颜色深浅不同。

（2）碳酸盐被淋溶，淋溶层厚达 1 米余，钙积层多假菌丝体，结核不大，多少不一。A 层，特别是上部有明显复钙现象，有假菌丝体和少量钙质胶膜。

（3）有明显黏化层，胶体黏粒含量较母质高 30% 以上。A 层黏化程度较低。黏化层有明显棱块和棱柱状结构，结构面和隙壁有腐殖质—铁质黏粒胶膜。

（4）全剖面呈中—微碱性反应，以黏化层为低。胶体黏粒之 SiO_2、Al_2O_3 和 Fe_2O_3 分子比相似于离石黄土中古土壤。A 和 B_{C1} 层 R_2O_3 相对富集。

（5）黏化层有大量红棕色光性黏粒以定向排列分布，隙壁和孔隙内有铁质黏土胶膜或絮凝物质以泉华状、流胶状集中析出。此外，无原生型碳酸盐而出现次生的针形和大晶粒方解石（据唐克丽微形态观察）。

马兰黄土中古土壤之上述发生学性状说明，其成土过程同于离石黄土中古土壤，在中性和微碱性条件下，碳酸盐和铝硅酸盐原生矿物风化，碳酸盐和 SiO_2 淋溶淀积，R_2O_3 转化为次生黏土矿物以及土内黏化。不同点是生草过程明显增强，A 层黏化程度较低和被腐殖质浸染成灰棕色。此土为草原化较强的干旱森林灌丛草原下发育的灰褐土。它和现代西北干旱地区栗钙土带以上分布的山地灰褐土[20]具有地带性上和发生学上的共同特征。

成土过程发展的程度不同，导致不同地点和埋藏层的发生层厚度、颜色深浅、含碳酸盐多少以及胶膜发育程度上的差异。当然，这种差异在离石黄土中各古土壤层之间也是存在的。

6.2.2 全新世黄土中的古土壤

全新世黄土中的古土壤过去研究报道甚少，且常与马兰黄土中古土壤相混同。刘东生等著《黄土与环境》一书始明确确立黑垆土为其代表性土壤，并对洛川、岐山和陇西三处剖面作了形态描述。但未见化学等其他资料报道。《中国土壤》一书则对现代的黑垆土有较详细阐述。总的来看，全新世黄土中古土壤的研究程度和所积累的资料远不及以上两个时期的古土壤。

据已有资料，可以初步勾绘其发生学上的轮廓。与马兰黄土中灰褐土型土壤相比较，发育程度明显较差。一是尚处在碳酸盐淋溶的初中期阶段，表现在淋溶程度低、通剖面有碳酸盐反应、A 和 B_{C1} 层碳酸盐含量在 5% ～ 10%、碳酸盐淋溶层薄、B_{Ca} 层少定形结核而多呈细粒和假菌丝体的碳酸钙形式等方面；二是黏化程度低，胶体黏粒中 R_2O_3 和 SiO_2 分异不明显，一般无铁质黏粒胶膜。腐殖质含量一般均高于马兰黄土中的古土壤，显示出暗灰或灰黑色的 A 层。显然，这种土壤，特别是残积型黑垆土已十分相近于现代的、由干旱森林灌丛草原下的褐土和干草原的生草土壤之间的过渡型土壤，是一种处在发育初期阶段的、弱度发育的碳酸盐灰褐土。

就现代土壤而言，灰褐土作为一种发生学的地带性土壤，它应当覆盖整个黄绵土区和黑垆土区（相当于黄土高原的主体部分），即我国褐土区的西北部。北与栗钙土带相接，西北与棕钙土接壤，西邻灰钙土。它是我国森林和干旱森林灌丛草原向干草原和荒漠草原过渡带的前沿。黑垆土实际上是灰褐土经长期耕种的古耕型土壤，黄绵土实际上是灰褐土遭受侵蚀后的黄土母质上的耕种土壤。以弱度发育的碳酸盐灰褐土命名更具有地理和发生学上的意义。

如果假设残积型"黑垆土"和现代土壤分布区基本相似，那么，全新世黄土在现代的碳酸盐灰褐土区发育为碳酸盐灰褐土，在现代的关中塿土区则应发育为褐土型土壤。这是空间和地理上的概念。至于埋藏型古土壤又当别论。

6.3 讨论

6.3.1 古土壤地理和分类

据上所述，离石黄土中各古土壤层均属干旱森林灌丛草原下具有不同发育程度（碳酸盐淋溶和黏化）的褐土型土壤。马兰黄土中的古土壤为强草原化干旱森林灌丛草原下发育的灰褐土。全新世黄土中的古土壤是在强草原化的稀疏干旱森林灌丛草原下弱度发育的碳酸盐灰褐土。

褐土是作为一个独立土类分布在暖温带半湿润落叶阔叶林下的棕色森林土（棕壤）和温带半干旱草原下的栗钙土和黑土之间的一种过渡型土壤，有着明确而较稳定的分布的地理区域。在其地理分布区内，除分布有典型的褐土外，在北部邻接草原的过渡区有强生草过程的灰褐土，在南和东南向棕色森林土的过渡区则有其过渡型土壤——棕褐土。这在现代土壤中的这种地理分布格局是清楚的。黄土高原辽阔少山而褐土区南和东南近山临海，故灰褐土区（包括黑垆土、黄绵土区）宽展而棕褐土区狭窄和不连续。

黄土中古土壤分类暂拟如下：

土类	亚类	土属
褐土	褐土	普通褐土
		淋溶褐土
		碳酸盐褐土
	灰褐土	（同上）
	棕褐土（待研究）	

上述分类中，土类的划分依据是地带性，亚类是亚地带性，土属是发育程度。

6.3.2 古土壤在时间和空间上的演替和古土壤系列

离石黄土中有十数层古土壤，按发育程度不同而有普通褐土、淋溶褐土和碳酸盐褐土之分。但是，不能简单地依此推论当时形成的气候和植被。因为在相同生物气候条件下，成土过程时期的长短决定土壤所处的发育阶段。没有古土壤发育年龄的资料就很难断定淋溶褐土的生成环境比碳酸盐褐土更为暖湿。同样，在空间上需要有多点及其对比研究，才有可能恢复不同时期古土壤的地理分布。第四纪中古土壤在时间和空间上演替频繁。就现有资料和认识，对此种演替试提一粗略构想如下：

全新世（全新世黄土）	碳酸盐灰褐土（弱度发育）
↑	↑
晚更新世（马兰黄土）	灰褐土
↑	↑
中更新世（离石黄土）	褐　土
↑	↑
早更新世（午城黄土）	棕褐土?[1)]

上述各古土壤之地理界线，自北而向南移，直至与现代土壤界线相吻合。

古土壤的土壤学研究尚处初始阶段，未曾揭示的问题很多。土壤性状及其在漫长地质时期埋藏环境下的变性；古土壤的发生、地理和分类及其在不同时期的演化等均有许多工作要做。古土壤在第四纪地质研究中有着重要意义，加强古土壤的土壤学研究也就十分重要了。限于笔者水平和目前所处的初始研究阶段，难免文中谬误甚多，愿就教于同行和在提倡黄土中古土壤的土壤学研究起到一点作用。

参考文献

[1] 朱显谟．关于黄土层中红层问题的讨论．中国第四纪研究，1953，1(1)：74−82.
[2] 石元春．晋西地区的黄土形成过程．中国第四纪研究，1958，1(1)：252.
[3] 刘东生，等．黄河中游黄土．北京：科学出版社，1964：171−180.
[4] 朱显谟．我国黄土性沉积物中的古土壤．中国第四纪研究，1965，4(1)：7−19.

1) 未见有发育较好的古土壤报道。据洛川剖面的描述，笔者估计在此百余万年中，因下伏地形起伏、高原抬升较快而古土壤层多遭侵蚀。另据孢粉、古动物资料以及钙核中移动性 SiO_2 显著高于离石黄土中古土壤钙核等现象，故推断为棕褐土。

［5］刘东生，等．中国黄土的古气候记录及其反映的古气候演化．国际交流地质学术论文集（5），北京：地质出版社，1980.

［6］刘东生，袁宝印．第四纪气候波动的形式——黄土和深海沉积记录的对比．中国科学院地质研究所地质科研成果选集．第 1 集，北京：文物出版社，1982.

［7］刘东生，安芷生．洛川北汉泰黄土磁性地层学的初步研究．地球化学，1984，2.

［8］卢演俦，安芷生．约 70 万年以来黄土高原自然环境变化系列探讨．科学通报，1979，24(5)：221−224.

［9］卢演俦．黄土地层中 $CaCO_2$ 含量变化与更新世气候旋回．地质科学，1981(2)：122−130.

［10］安芷生，魏兰英．淀积铁质黏料胶膜及其成因意义．科学通报，1979，24.

［11］安芷生，魏兰英．离石黄土中的第五层古土壤及其古气候的意义．土壤学报，1980，17(1)：1−9.

［12］唐克丽．武功黄土沉积中埋藏古土壤的微形态及其发生学．科学通报，1981(3)：177−179.

［13］文启忠，孙福庆，刁桂仪，余素华．黄土剖面中氧化物的比值和相对淋溶、积聚值在地质上的意义．地球化学，1981,(4)：381−387.

［14］孙福庆，文启忠，刁桂仪．古土壤地球化学的某些问题——黄土风化过程中元素的变化．土壤学报，1983，20（2）：101−110.

［15］王永焱．中国黄土区第四纪古气候变化．中国科学（B 辑），1987(10)：1099−1106.

［16］刘东生，等．黄土与环境．北京：科学出版社，1985.

［17］王振权．西北地区褐色土型耕种土壤及古土壤的基本性质的初步研究．中国科学院土壤研究所专刊．土壤专报，1958，32.

［18］宋达泉．南京区下蜀系的古土壤研究．中国土壤学会会志，1950，1（3−4）：141−153.

［19］吴标云．南京下蜀黄土沉积特征研究．海洋地质与第四纪地质 .1985，5（2）：113−123.

［20］熊毅，李庆逵．中国土壤 .2 版．北京：科学出版社，1987：109−110.

ON THE PEDOLOGIC GENESIS OF PALEOSOLS IN LOESS OF CHINA

Shi Yuanchun

(*Beijing* Agriculture *University*)

Abstract

The approach of genetical pedology is applied to elaborate the genetical characteristics, processes and classifications of the paleosols in loess deposited during Quaternary period.

Fourteen layers of paleosols were buried in Lishi loess accumulation (Middle Pleistocene). It has been argued that with the paleoclimatic fluctuations, specifically the increase of temperature and precipitation, these forming processes of the paleosols were proceeding in xero-forest and bushgrass zones where loess depositions were extremely weak or even stopped then. Soil morphological, micromorphological, chemical and mineralogical studies have revealed the existence of distinct humic-argillic, strong argillic and calcic horizons in these paleosols. Furthermore, humic horizons are 50 to 70 cm thick and humus content reduces regularly with depth. Argillic horizons are dark brown or reddish brown. Moreover, clayey loam texture and angular block structure are popular. There is humic ferric-argillan on the ped and pore surface. Aggregates of clay minerals are abundant while micas and feldspars were strongly weathered. Illites are dominant though other clay minerals, such as montmorillonites, vermiculites and kaolinites, also exist. Under neutral and weak alkaline conditions, carbonates were eluviated and precipitated. Aluminosilicates were weathered which caused desilicification and activation of ferric-alumino sesquioxides, and produced secondary clay minerals and enriched secondary clay minerals and ferric-alumino sesquioxides in argillic horizons. Typical cinnamon soils are formed in this way. However, these paleosols are actually cinnamon soils in different stages of development.

In Malan Loess (Upper Pleistocene), one to three layers of paleosols exist which were gray cinnamon soil with strong humus accumulations and weak argillic processes. One or two of paleosols have been identified in Holocene Loess. Both carbonate eluviations and argillic processes were weak in these relatively new calcaric gray cinnamon soil. No typical well developed paleosols have been found so far though more than ten calcic horizons and weathered layers do exist in Wucheng Loess (Lower Pleistocene). Studies of pollens, animal fossils and calcic horizons imply the possible occurrence of favourable conditions for soil genesis during Early Pleistocene. Therefore, it may be reasonable to postulate that some brown cinnamon soils existed in the oldest loess and later were truncated.

Cinnamon soil is one transitional type of soil between brown forest soil and chernozem. To the north of the cinnamon soil region, a gray-cinnamon soil zone lies between it and the chernozem soil region. To the south and southeast, the cinnamon soil region is delimited from the brown forest soil region roughly with a transitional zone where brown-cinnamon soils dominate. Brown-cinnamon soil, orthic cinnamon soil, gray-cinnamon soil and weakly developed calcaric gray-cinnamon soil occur temporarily from Early Pleistocene to Holocene and spatially from north to south.

These paleosols in loess are referred to today's cinnamon soils and are further divided into orthic cinnamonic soil, gray-cinnamon soil and brown-cinnamon soil. In the terms of different developing stages, these subgroups are subdivided into haplic, luvic and calcic families (genus).

7 我国北方旱区土壤

【写作背景】

20 世纪 80 年代中期，娄成后院士主编出版《我国北方旱区农业现代化》一书，约稿《文集》作者撰写此《我国北方旱区土壤》章。该书 1989 年由气象出版社出版。

地带性土壤及其分布是和生物气候带相一致的，大区地形也有重要影响。

我国北方旱区呈东西方向的带状分布。东起太平洋西岸的辽东半岛和山东半岛，向西一直延伸到欧亚大陆的腹地——新疆地区。在东南季风气候的影响下，大气降水自东向西逐渐减少。山东半岛和淮河北岸年降水量 800 ～ 900 毫米，黄淮海平原 500 ～ 600 毫米，内蒙古高原中东部 300 ～ 400 毫米，银川平原和河西走廊只有 200 毫米左右，到东疆和南疆，年降水量普遍在 100 毫米以下。东西方向上降水量的变化，引起了植被和土壤相应的更替和演变。在温带，地带性土壤自东而西的排列是：暗棕壤—黑土—栗钙土—棕钙土和灰钙土—荒漠土。在暖温带，自东而西依次出现的地带性土壤是：棕壤—褐土—黑垆土，再往西则受到青藏高原的阻隔而与黄土高原西北部的灰钙土带相汇合。

在地带性土壤区域内，不同生物气候亚带的土壤有机质含量、碳酸钙、石膏和易溶盐的移动特点有着规律性的量上差异。而中小地形、地貌、成土母质、水文和水文地质特点以及人为活动影响的不同而使土壤有规律地分异为各种类型。如季节性受地下水的影响而使土壤草甸化或盐渍化；长期受高地下水位影响或渍水者出现沼泽化；受风力的强烈吹扬而产生砾质戈壁沙漠和耕地中的风沙土。

我国北方旱区土壤多发育在干旱和半干旱气候、干草原、荒漠草原和荒漠的植被条件之下，土壤有机质含量不高，垦后更是迅速减少，一般维持在 1% 左右。但是，因淋溶过程微弱而矿质养分较丰，一旦具有较好水肥条件和优越的光热条件，农业可以获得相当高的产量。

在土壤肥力方面，一个重要的限制因素是土壤水分的不足，一半多的耕地缺乏灌溉条件，产量较低，种树种草也非易事。另外，自然植被被破坏以后的农田，耕作粗放而导致水土流失的耕地近 2 亿亩。自东而西的农牧交错地带，滥垦和过度放牧而使土壤沙化的现象严重。近 30 年来，平均每年扩大 16 万亩，现有耕地中此类风沙土约 5 000 万亩。在平原地区，凡地下水位高者，在强烈的蒸发条件下，土壤普遍盐碱化。不合理的灌溉也会抬高地下水位而导致土壤的次生盐碱化。内蒙古的后套平原、银川平原北部、河西走廊以及新疆等灌区，无不为土壤次生盐碱化所困扰。北方旱区耕地中有约 1 亿亩盐碱土。

北方旱区土壤基础肥力不差，具备一定条件，可以获得较高产量。但是限制因素多，开发利用中要慎重对待，要讲究科学，注意防止生态环境的恶化。我国北方旱区土壤面积大，类型多，其中耕地面积占全国 60% 左右，全国一半以上的小麦、玉米、棉花、烟草、水果等均出自本区。我们要十分重视这个地区的开发，研究农业生产中的问题。

下面分别对几个主要地带性土区的土壤类型、分布规律和性状加以说明，并以耕地和宜农荒地土壤为介绍重点，山地土壤从略。

7.1 东北黑土、黑钙土区的土壤

东北地区的东北西三面为大小兴安岭和长白山所环绕，中部为一片大平原。由三江平原、松嫩平原和辽河平原三部分组成，统称东北平原，面积约 35 万余平方公里，是我国最大的平原之一，也是我国的重要农区。在半湿润温带气候下，生长着茂密的草甸草原植被，发育着黑土、黑钙土和白浆土。在地势低下地区，分布有草甸土、沼泽土和盐渍土。

黑土主要分布于黑龙江和吉林两省的中部。东界可延伸到小兴安岭和长白山等山地的山麓和部分山间谷地，西界与松辽平原的黑钙土相接，面积约 1.5 亿亩。黑土主要分布在受不同程度割切的高平原和山前洪积平原形成的波状起伏漫岗的中上部。成土母质多为黄土状黏土沉积物。这里气温低（年平均气温 0.5 ～ 6℃），冬季严寒，土壤冻结深和时间长。年降水量高（500 ～ 600 毫米），并大部集中于暖季。这种水热条件的特点使这里生长着十分茂盛的草原化草甸植被，并发育着具有深厚有机质层的黑土。黑土成土过程的主要特征是腐殖质的累积，自然状态下有机质含量多在 6% 以上，多者达 10% 左右。有机质层厚 40 ～ 70 厘米，疏松和含有大量团聚体，结构和通透性良好，为中性和微碱性，具有很高的肥力。上述水热条件也有利于土壤的淋溶过程，土壤剖面中无石灰反应和钙积层。黑土的自然肥力很高，但耕种后土壤有机质含量渐减，一般在 40% 左右。由于黑土所处地形为低缓起伏的漫岗，耕种后没有自然植被的保护，水土易流失，严重者可演变成“破皮黄”。另外，春旱（5～6月）对小麦生长影响较大，需要采取相应的抗旱保墒措施。

黑钙土主要分布在松嫩平原、大兴安岭东西两侧和松辽分水岭地区。东以呼兰河为界，西沿大兴安岭两侧，北起吉拉林，南到西辽河两岸。与黑土相比，黑钙土区的气温较高（年平均气温4～5℃），降水量较低（350～500毫米）；为株体较矮小、具耐旱性的草甸草原植被，覆盖度也低（45%～70%）。因此，在成土过程中腐殖质积累过程和淋溶过程均较弱。腐殖质层的厚度在30厘米左右，有机质含量3%～5%，有机质黑土层以下出现钙积层，因以得名。黑钙土分布的地形部下位有山麓洪积台地，冲积洪积平原，母质为黄土状河湖相黏质土。黑钙土区春旱更加严重，但地下水资源丰富，灌溉面积较大。内涝和土壤退化也是农业生产中的重要限制因素。

白浆土主要分布于吉林省和黑龙江省东部，被新构造运动抬升的低平原的河谷阶地和山前洪积台地上，常与黑土相混存。吉林、黑龙江二省有白浆土7 500万亩，其中1/4已垦为农田。由于母质黏重，透水性差，季节性的干湿交替而导致土壤中氧化还原过程的更替和铁锰等有色矿物发生淋溶和积聚过程，使土壤下部出现30～40厘米厚的白色或灰白色的白浆土层。其中含大量铁锰结核，盐基饱和度低，呈酸性反应。白浆土因透水性不良，土壤上部湿润，植被为喜湿的草甸和草甸沼泽类型，以蒿草—小叶樟和蒙古栎—杂草类为多。土壤有机质层的有机质含量可达10%左右，但厚度仅十余厘米，下面即为白浆层。白浆土是本区重要低产土壤之一。

草甸土零星分布在黑土和黑钙土区的地表和地下径流汇集的低洼地形部位。由于地下水位高，土壤湿度大，地面生长着丛密的草甸植被。土壤有机质层一般为20～50厘米，厚者可达100厘米。有机质含量3%～6%，耕地中在1.7%～2.5%之间，矿质养分较丰富，是一种高肥力的土壤。有机质层以下为含铁锰结核和锈斑的潜育层。由于地势低，地下水位高，要注意防治洪涝灾害。也要注意培肥土壤，防止土壤退化。草甸土约1.1亿亩，一半左右已被退为农田。

沼泽土主要分布在平原北部气温低，降水多，有季节性渍水的封闭洼地上。全区有1.2亿亩沼泽土，以三江平原最多。沼泽土有15～40厘米厚的泥炭层，其下为灰黑色腐殖质层，再下为灰色潜育层。沼泽土的有机质含量很高，可达20%以上，多者达70%。此土肥力虽高，但需经排水改良方能利用。泥炭本身就是一种有机质源，可作为机肥源和某些工业原料之用。

本区盐渍土分布很广，面积约9 000万亩，主要集中分布在以安达为中心的松嫩平原上。在平原的低洼部分，地下水位高，为易溶性盐类的积聚创造了条件。盐渍土常与草甸黑钙土呈复区分布，以碳酸钠盐渍化为主。有的地区也有较多的硫酸盐和氯化物的累积。而辽河地区的沙丘间低平地上，常有低湿地和碳酸钠盐渍土分布，含盐量一般较松嫩平原为低。呼伦贝尔高原的河谷和阶地的低洼地上，分布有较多的氯化物、硫酸盐和碳酸钠混合型盐渍土。在上述地区，内陆湖泊星罗棋布，湖的北部矿化度较高，滨湖低地有大面积盐渍土分布。

7.2 蒙东栗钙土区的土壤

黑土土区向西过渡到栗钙土区。包括松辽平原的西南部，内蒙古高原的东部以及呼伦贝尔高原的西部，呈一东北—西南向的带状区域。本区降水减少到450 ～ 250 毫米。因地处高原，年平均气温为 2 ～ 5℃，属温带半干旱地区。植被为多年生旱生草本植物组成的干旱草原，是我国重要牧区之一。

与黑土和黑钙土区相比，栗钙土上的植被矮小稀疏，生物累积量低，土壤有机质层厚仅 20 ～ 35 厘米，有机质含量在 2% ～ 4% 之间，耕地多低于 2%。不多的腐殖质，仅将有机质层涂染为栗色。虽有一定数量的土壤团聚体，但结构不如黑土和黑钙土。由于降水量减少，土壤淋溶过程也减弱，土壤上层有石灰反应，有机质层以下即出现明显的、厚约 30 ～ 60 厘米的钙积层。土壤上层呈微碱性反应。

在栗钙土区，随着降水量的多少、植被类型和覆盖度大小而使土壤中有机质的累积过程发生相应的变化。根据土壤有机质含量和层厚以及钙积层出现的部位可分为暗栗钙土、栗钙土和淡栗钙土。暗栗钙土分布在锡林郭勒高原中西部和乌兰察布高原中部。栗钙土分布在呼伦贝尔高原中部，锡林郭勒高原东部和大兴安岭东南部的低山丘陵。淡栗钙土分布在呼伦贝尔高原西部和鄂尔多斯高原东北部。

此土区多为高原地形，低丘漫岗和低地连绵相接。在低地上，地下水位较高，土壤湿度较大，生长着较为茂盛的草甸植被，土壤中腐殖质累积过程较强，有机质含量和层厚均较大和钙积层发育较弱，为草甸栗钙土或草甸土。高原上的封闭洼地常年或季节性积水的“淖尔”星罗棋布。在强烈的蒸发条件下，湖水多已矿化，“淖尔”周围有大片盐渍土分布。地形较高处，尚有碱化栗钙土或碱土。

栗钙土区多为半农半牧，农牧交错。以农田而论，栗钙土的自然肥力不算低，但地处高原，热量条件差，无霜期仅 100 天左右，风力强劲，灌溉水源不足，旱地亩产仅 50 余公斤。在内蒙古自治区，亩产不及 50 公斤的低产田占耕面积的67%。低产田中，有以水土流失为主的大兴安岭东南麓的黄土丘陵区，有以土层薄、质地粗、结构差、保水保肥力弱的内蒙古高原东部石质丘陵低山的旱薄地，可占内蒙古自治区耕地面积的 1/5。也有近千万亩栗钙土耕地沙化现象严重。

因此，栗钙土区内，要十分重视生态环境的保护，加强农田防护林，人工草地和基本农田的建设，防止沙化、水土流失和土壤退化。垦殖不当的要有计划地还林还牧，过度放牧的草地要适当减少载畜量。在农田中要重视节水保墒、科学施肥和选种抗旱性强的作物和品种。

7.3 宁蒙棕钙土和灰钙土区的土壤

由栗钙土区往西，气候更加干燥，年降水量降到 300 ～ 150 毫米，植被为荒漠草原或草原化荒漠，土壤以棕钙土和灰钙土为主，是我国温带草原和荒漠土区之间的过渡地带。分布的地区是内蒙古高原中部和西部，黄土高原西北部以及银川平原，并向西延伸到河西走廊的东部和中部。准噶尔盆地北部也有少量分布。本区是我国西北的重要农业区。

荒漠草原和草原化荒漠植被稀疏，以旱生型的针茅、蒿属以及多年生旱生灌木与小半灌木为主，并伴生多种短命植物，覆盖度在 10% ～ 30%。土壤的成土过程表现为弱的腐殖质积累和强的钙化过程，成土母质以黄土状沉积物为主。棕钙土剖面由腐殖质层、钙积层和母质层组成。腐殖质层呈浅棕色，厚仅 10 余厘米，有机质含量 1% ～ 2%，结构性很差。腐殖质层以下即出现紧实的钙积层，厚 20 ～ 30 厘米，石灰含量在 10% ～ 40%。灰钙土的剖面发育微弱，腐殖质层和钙积层分化不明显。土壤上层的有机质含量很低，只有 0.8% ～ 1.5%，但可扩展到 50 ～ 70 厘米深处。通体有强石灰反应，碳酸钙有轻微下移，但钙积层不明显。

由于本区土壤的淋溶过程微弱，灰钙土及部分棕钙土的钙积层以下，有石膏和易溶盐类的存积。

和栗钙土区一样，随着降水量和植被类型覆盖度的差异，土壤中的腐殖质积累过程和碳酸钙移动过程也有着相应的反应，从而有棕钙土和淡棕钙土，灰钙土和淡灰钙土之分，但无暗棕钙土和暗灰钙土。因为总的来说，腐殖质的积累是很少的。另外，在银川平原、河西走廊等地区内的低地部位，较高的地下水位导致土壤湿度较高和植被较为茂盛，有草甸型土壤，也有盐渍土。这类地形部位上，盐渍土分布相当普遍，以中性的氯化物和硫酸盐为主。由于灌溉不当，次生的盐渍土也广为分布。

棕钙土和灰钙土的有机质含量不高，但富含矿物质营养。本区降水量虽少，但光照资源比较丰富。在有灌溉的条件下，若注意培养地力，提供良好的水肥条件和耕作管理，可以获得较高的产量。银川平原和河西走廊的灌溉农田，一季可获 300 公斤以上的亩产。银南引黄灌区，大面积稻田的平均亩产达 500 公斤以上，素有“塞上江南”之称。但是，这里也深受盐碱、风沙和水土流失之害，中低产土壤占 70% 以上。

本区主要农田都在灌区，但是土地不平整、大水漫灌、耕作粗放，特别是缺乏排水系统和忽视排水出路而导致了土壤的次生盐化。河西走廊耕地中有百余万亩的原生和次生盐渍土。银北地区 180 万亩耕地中有盐渍化土壤约 150 万亩，尚有近 400 万亩的盐碱荒地。因为盐渍化主要发生在灌区和主要农田，盐渍土又多分布在有可能发展灌溉的冲积低平原，所以治理盐渍土和防治土壤的次生盐渍化，对利用本区水土资源和农业的发展具有重要意义。

鄂尔多斯高原西部，河西走廊以北及内蒙古高原西部耕地沙化现象严重，甘肃有风沙土 200 万亩，宁夏中部有风沙土 300 万亩。地力瘠薄，干旱和风沙危害而使作物产量很低，严重者被迫弃耕。必须改广种薄收为集约经营，建护田林网，兴修水利，精耕细作，建设基本农田。这样，既提高了产量，又防止了耕地的沙化。在牧区，也要改变单纯放牧和草地超载现象，发展草原放牧与种植畜牧业，集约育肥相结合的舍饲、半舍饲的饲养制度。

7.4 新甘荒漠土区的土壤

从棕钙土和灰钙土继续往西，即深入到欧亚大陆的腹地，为新疆和河西走廊西段的荒漠土区。这里的年降水量一般在 150 毫米以下，不少地区只有 50 毫米左右，蒸发量大于降水量十几倍以至数十倍。植被属小半灌木和灌木荒漠类型，多为肉质深根和极端耐旱和耐盐的种属。植被呈单丛状分布，十分稀疏，有时成片土地无高等植物生长。因此，土壤中腐殖质累积过程极弱，无明显有机质层，有机质含量在 0.3% 以下。通体含碳酸钙，无下移过程，而石膏和易溶盐可在土壤上部积聚。大量的石膏和易溶盐结晶，形成石膏层和盐磐层，含量可达 10% ～ 30%，高者达 50% ～ 60%。盐磐的组成以氯化钠为主。荒漠土的一个重要特征是普遍具有一荒漠结皮层，1 ～ 2 厘米厚的表土呈浅灰棕色，大量气孔如面包状。亚表层为红棕色黏化铁质化层。这和水热反差极大的荒漠气候有关。

荒漠土具有上述的一般特征，但由于土壤形成的地貌、水文、水文地质、母质条件以及发育过程的不同而在剖面性状上表现出各种差异，分化出不同的土壤类型。如在荒漠结皮及亚表层以下即出现石膏聚积层的石膏荒漠土（主要分布在塔里木盆地北部、将军戈壁、诺敏戈壁等地）；从地表以下有厚 20 ～ 40 厘米坚硬盐磐（以氯化钠为主）的盐磐荒漠土（塔里木盆地南部、吐鲁番盆地北部、嘎顺戈壁等）；具有明显黏化 B 层的碱化荒漠土（准噶尔盆地南部及河西走廊的细土平原）；在低平微低地，母质黏重，透水性差，而在地表形成平坦光滑和具龟裂的表层，强碱性的龟裂荒漠土等。

在河流低阶地、河漫滩、牛轭湖、冲积洪积平原的扇缘潜水溢出带及湖滨低地，地下水参与成土过程，多发育为草甸型土壤。一种是沿主要河流，如南疆的塔里木河，北疆的玛纳斯河等两侧河漫滩和低阶地上，以及扇缘带的走廊森林草地下发育的草甸型土壤。一种是各类低地在高地下水位影响下生长着相当茂密的芦苇、芨芨草等喜湿性植被下发育的草甸型土壤。

盐渍土无疑是荒漠土区中分布很广的一种重要土壤。一般分布在冲积平原沿岸淡化带的外侧，扇缘潜水溢出带，干三角洲及滨湖低地。这些地貌部位的地下水埋藏不深而矿化度多在 10 克 / 升以上。强烈的蒸发使盐分在土壤上部大量积聚。地表有数厘米以至十余厘米的盐分层，含盐量可在 10% 以上，高者达 50% 以上。其下才是含盐很高的土壤层。此外，尚有残余盐土和碱土等类型。

荒漠土区地域辽阔，土地资源丰富。仅新疆即有可利用天然草场 7.36 亿亩，耕地近 5 000 万亩，土地后备资源约 1 亿亩。本区没有灌溉就没有农业，垦殖均以水源定地。荒漠土一般有机质极少，多易溶盐或碱化，需经过改良方能利用。本区日照十分充足，热量资源丰富（年平均≥ 10℃的积温为 3 500 ～ 4 200℃），少有旱涝危害，故而在经过改良的灌溉土地上，只要精细耕作，可获较高产量。但是目前粮棉单产远低于全国平均水平，一是耕作粗放和农业技术水平不高，二是盐渍化等土壤障碍性因素影响了作物产量。在现有耕地中，有各种低产土壤 2 400 万亩，占耕地面积的 42%，其中盐渍化土壤 1 752 万亩，主要分布于塔里木盆地北缘，天山南坡的河流中下游地带，喀什和阿克苏地区为多。其次有板结土壤 400 多万亩，分布在天山北麓冲积洪积扇上部，由吉木萨尔到精河一线。还有水蚀、风蚀土壤 300 万亩零星分布。

在治理盐渍土上，本区积累了丰富经验。一是以流域为单位，上中下游统一规划，综合治理。乌鲁木齐河已取得显著成效，开都河和孔雀河正在进行规划和治理。二是井渠结合，建立完整的排灌体系。三是种稻洗盐，改土增产两受益。四是铺膜植棉可提高保苗率 30% 左右。目前铺膜棉田已发展到 200 多万亩，占棉田面积一半以上。本区土壤瘠薄，种植绿肥牧草，实行粮草轮作，对培肥土壤和增加产量有重要作用。“六五”期间，耕地累计种草 2 332 万亩。增加有机肥和化肥施用量，植树造林，改善农田生态条件等也都有十分重要意义。

7.5 黄淮海棕壤—褐土区的土壤

我国北方暖温带的东部为棕壤—褐土区，大体与黄淮海地区相一致。包括山东半岛的低山丘陵、黄淮海平原、关中平原和汾河谷地。本区年平均温度 10 ～ 13℃，≥ 10℃的积温为 3 000 ～ 4 900℃，年平均降水量 500 ～ 900 毫米，是北方旱区中光热水条件最好的地区，也是我国重要农区之一。

本区土壤主要有东部沿海湿润地区的棕壤，内陆低山、洪积冲积平原和高阶地上的褐土和广布于黄淮海平原的潮土。

棕壤是我国东部沿海的一种湿润类型土壤。在温带，东北小兴安岭和长白山地区为暗棕壤，暖温带的山东半岛和辽东半岛为棕壤。北亚热带为黄棕壤。本土区叙述的是暖温带的，分布于辽东半岛和山东半岛的棕壤。

棕壤多为黄土状母质。在自然状态下，有约20厘米厚的腐殖质层，有机质含量2%～9%。以下为一鲜棕色B层，厚约30～40厘米，黏粒含量较高，质地黏重，棱块结构，结构面上多有铁锰胶膜。由于淋溶过程较强，通体无石灰反应，盐基不饱和。腐殖质层的盐基饱和度在70%左右，以下更低。腐殖质层呈微酸性反应，往下为酸性反应，铁铝在剖面中也有移动。

发育在山东半岛和辽东半岛土质低缓丘陵上的棕壤多已开垦为农田，是重要粮食果品生产地。此地经耕种熟化，可获较高肥力和产量，但要注意防止水土流失和耕作保墒，减轻初夏干旱的影响。

褐土分布在广大的内陆地区，燕山、太行山、吕梁山与秦岭等山地的山前低山丘陵、洪积冲积平原或台地以及关中、晋南、豫西等盆地。分布范围和面积以及在农业生产上的意义都大于棕壤。褐土区的降水量稍低于棕壤区，在500～800毫米之间。

褐土腐殖质层较薄，自然状态下的有机质含量多在4%～8%，耕种土壤在2%以下。剖面中有明显的碳酸钙淋溶淀积现象，按钙积层出现部位的高低，可将褐土分为淋溶型、淋溶钙积型和钙积型。淋溶型褐土在1米土层内无碳酸累积，但盐基呈饱和状态，有别于棕壤。褐土的另一重要特征是有机质层以下有一棕褐色的黏化层，其黏粒含量明显高于上层，氧化铁和氧化铝的含量也较高。钙积层一般出现在黏化层之下。

褐土分布的地形部位一般较高，多为黄土状母质，土壤肥力中上，占有本区光热水资源优势而无涝碱之害。因此，凡有灌溉条件的水浇地上，一年二熟或二年三熟，可获800公斤以上的亩产。河北的石家庄、唐山、保定等地区，关中平原的“八百里秦川”，汾河平原，晋中南盆地等都是华山一带粮棉高产稳产区。但是，无灌溉条件的旱地，产量低而不稳。主要是在季风气候影响下，降水过于集中，变率大，春旱、初夏旱、伏旱和秋旱常交相发生。因此，提高地力，增强土壤蓄水保墒能力和采用系统的旱作农业措施对提高土地生产力有重要意义。

在广阔的黄淮海平原的冲积平原上，主要的土壤类型是潮土。就其分布范围、面积和在农业生产上的意义均不亚于褐土。潮土是在暖温半湿润气候条件下，受地下水影响而形成的草甸型土壤。母质为河流冲积物，以壤质为主，有砂有黏，空间上变化很大，剖面中交互成层。潮土多已垦为农田，有机质含量在1%左右，通体富含碳酸盐，剖面发育程度低，分化不明显。耕作土壤的肥力，在很大程度上取决于上层土壤质地、质地剖面构型以及人工提供的水肥条件。在水浇地上可以获得相当高的产量。

在黄淮海平原的潮土区内也有大面积的各种类型的低产土壤。一是盐渍土，有约 4 000 多万亩，平原南部和中部以苏打盐化为主，北部以中性的氯化物和硫酸盐为主，东部沿海为氯化钠的滨海盐土。二是分布在皖北和苏北的砂姜黑土，面积约 2 700 万亩。这是一种在黄土状冲积湖积母质上，由沼泽性土壤在无水源供应下脱沼泽而发育形成的土壤。此土上部多有黑土层，乃过去沼泽过程的残存特征。剖面中尚残留大量砂姜，一般出现在 50 ～ 60 厘米及以下，也有上层甚至地表有砂姜裸露的。砂姜黑土质地黏重，透水性差，干缩湿胀，易旱易涝，土壤物理及耕作性质很差，是淮北一带的主要低产土壤。通过排水，改进种植制度，增加土壤有机质等措施可以改善其不良物质性状。由于此地水热条件优越，经改良的砂姜黑土可转化为重要的高产农田。

此外，黄淮海平原的潮土土区中，有约 3 000 万亩砂地，由于受风沙干旱危害，产量很低。但是，和栗钙土、棕钙等干旱半干旱地区的风沙土相比，这里的水势条件好得多，治理也比较容易。一些风沙土经治理后，已成为发展农业、果林和畜牧业的重要基地。

7.6 黄土高原黑垆土—黄绵土区的土壤

在暖湿带，棕壤—褐土区向西，进入我国的黄土高原黑垆土—黄绵土区。以晋西北、陕北、陇东和陇中分布最广。与褐土区相比，本区的气温和降水量都较低。年平均气温 8 ～ 10℃，≥ 10℃的积温在 3 000℃上下，年降水量 300 ～ 500 毫米。与褐土区相同的是同受季风气候影响，全年降水的 60% 集中于夏季，干湿季分明，降水的年和季节变率大。

黑垆土是发育在黄土母质上的古老耕种土壤。在以地形平坦，侵蚀轻微的黄土塬（如董志塬、早胜塬、洛川塬、长武塬等）上发育得最好。黑垆土剖面自上而下可划分为耕种熟化层、古耕种层、黑垆土（腐殖质）层和碳酸钙淀积层。整个剖面可深达 3 米。

黑垆土的颗粒组成中以粗粉粒为主，具有良好的水分物理性质和耕作性质。耕作层、古耕作层和黑垆土（腐殖质）层的累积厚度可达 60 ～ 80 厘米，有机质含量 1.2% 左右。通体含碳酸钙（镁）。由于淋溶，上层多低于 10%，下层在 15% ～ 20% 之间。黑垆土是黄土高原上肥力较高的一种土壤和主要的高产农田。但水资源贫乏，灌溉面积不大，春旱和伏旱极大地影响着这个地区的农业生产。因此要注意沟垄种植，区田耕作，伏耕立垡不耱等蓄水保墒措施。通过秸秆还田，种植绿肥，增施有机肥等以增加土壤有机质，改良土壤结构和提高蓄水保水能力。此外，必须加强水土保持工作，固沟保塬。

在水土流失严重的丘陵沟壑区，由于水土流失而不具有稳定地发育为黑垆土的条件。在耕作层表土经常流失的情况下，土壤整个表现为黄土母质的特性而无明显的剖面分化，这就是黄绵土，又称黄土性土壤。黄绵土剖面由熟化程度很低的耕作层和黄土质的底土层构成，具有良好的透水性、保水性和易耕性。但土壤肥力低下，水土流失严重，产量很低。由于水源极缺和地形破碎，黄绵土农田均为旱地。本区旱灾频繁，加以黄绵土不能保蓄雨水，其干旱威胁更严重。

黄土高原丘陵沟壑严重水土流失区的面积为 12 万多平方公里，宁夏耕地的 3/4，甘肃耕地的 65% 都在此区，是全国产量最低、最贫困地区之一。改变这个地区的严峻现实，要在正确认识和合理调整农林牧三者关系的前提下，摒弃广种低产薄收的道路，积极建设基本农田，做到少种高产多收和使生态环境得到改善。在以修筑梯田、坝地和水地为中心的基本农田建设的基础上，才能减轻水土流失，培肥地力和提高单产。陕甘宁地区已将此列为长期的基本建设，并已取得初步成效。另外，要重视和推广旱农耕作法，如以蓄墒、保墒、提墒为中心的“三墒”耕作法，粮豆草轮作，抗旱栽培技术以及少耕免耕、田面覆盖等。

以上分别对我国北方旱区中六个主要土区的土壤情况作了介绍。可以看出，我国北方旱区的土地资源是比较丰富的。耕地近 9 亿亩（按上报面积），占全国耕地面积的 60% 左右。宜农荒地资源也较丰富，是我国耕地后备资源集中分布的地区。

北方旱区土壤中，黑土、黑钙土和栗钙土的有机质含量和天然肥力较高。其他土壤的有机质含量偏低，但矿质营养元素尚较丰富。只要具有良好水肥条件和管理，注意培肥土壤，本区光热优势即可发挥，获取较高的农业产量。但是，现在产量较低，一是因为耕作粗放，物质投入少和农业技术水平不高；二是大量低产田拖了后腿。

北方旱区耕地中，灌溉面积只占 38.5%，在降水量低和变率大的情况下，广大旱地备受干旱威胁。盐渍化、沙化和水土流失等也严重制约着土地生产力的发挥。本区耕地中具有各种障碍因子的低产土壤达 4 亿亩，占耕地总面积的 45%（表 1）。低产田的改造，制止环境的进一步恶化并使之逐渐得到改善是一项艰巨和长期的任务。

表 1　我国北方旱区耕地现状和低产土壤（单位：万亩，括弧内为 %）

土区	耕地面积	灌溉情况（按 1980 年）			生产水平			低产田的主要类型及面积
		水田	水浇地	非灌溉地	高产田	中产田	低产田	
东北黑土区（辽、吉、黑）	24 795	1 363（5.5）	2 611（10.5）	20 821（84.0）	5 636 (22.8)	9 700 (39.1)	9 459 (38.1)	盐碱土 2 894 白浆土 2 265 黑粮土 1 389 旱薄地 3 689 风砂土 843

续表 1

土区	耕地面积	灌溉情况（按 1980 年）			生产水平			低产田的主要类型及面积
		水田	水浇地	非灌溉地	高产田	中产田	低产田	
西北栗钙土、棕钙土、灰钙土、荒漠土和垆土、黄绵土区（陕、甘、宁、晋、蒙、新）	30 931	495 (1.6)	11 007 （35.6）	19 429 （62.8）	5 973 （19.4）	7 370 （23.8）	17 588 （56.8）	盐碱土 3 392 风砂土 1 410 旱薄地 10 220 黏质土 1 100
黄淮海棕壤、褐土区（冀、鲁、豫、京、津）	33 410	1 301 （3.9）	17 620 （52.7）	14 489 (43.4)	8 906 (26.7)	11 358 (34.0)	13 146 (39.3)	盐碱土 2 525 风砂土 2 700 旱薄地 4 617 砂姜黑土 1 886
合计	89 136	3 159 （3.5）	31 238 （35.0）	54 739 (61.5)	20 515 (23.0)	28 428 (31.9)	40 193 (45.1)	—

8 土壤科学发展展望

【写作背景】

中国科学院主持下，安徽教育出版社 1998 年出版了《院士思维》一书。本《文集》作者撰写了题为《实事 创新 求是》的文章。文章中的一节阐述了作者对土壤科学发展的展望。以下是该节的引录。

各学科发展有其自身的规律，又深受相关学科的影响。在科技发展日新月异、学科之间日趋交叉融合的时代，考虑本学科的发展，不仅要瞻前顾后，还要环顾左右。

19 世纪中叶以来，土壤学的发展受化学和地学的影响很大，一是 1840 年德国化学家李比希的植物矿质营养学说，致使 1850 年在英国洛桑实验站工作的卫和劳斯发现土壤中的离子交换现象；二是 19 世纪末以道库恰耶夫为代表的苏联的土壤发生学学派。1931 年，Richards 将达西定律引入非饱和土壤水的研究，开创了土壤水动力学研究的先河。菲利普提出的 SPAC 系统（1966 年），将土壤—植物—大气作为物理上统一的连续体来研究，使一些物理学的理论和研究方法进入和推动了土壤学科的发展。20 世纪 70 年代以来，数学、计算机、信息和航天航空等现代技术，以前所未有的迅猛之势进入土壤学科，产生了全面而深刻的影响，例如土壤过程的数学模拟、土壤空间变异，以及使土壤分类、调查制图、监测管理在概念、体系和方法上发生深刻变化的 RS 和 GIS 技术。进入 90 年代，全球定位系统 GPS 与 RS 和 GIS 共同形成了比较完善的 3S 技术系统，将土壤学和农学推进到精确化阶段；信息技术使土壤学更趋于量化、规范和信息传递的网络化。国际灌溉管理研究所和美国犹他州立大学提供的世界土壤图相匹配，从而为全球提供了水土状况和动态的信息网络服务。物理学、数学和信息科学的理论和方法已成为推动土壤学发展的一股强劲动力。土壤过程的数学模拟，土壤分类制图，监测管理的数量化、信息化和精确播种施肥灌溉的土壤 GIS 等，将成为未来发展的重点领域。

随着人口骤增和开发强度加大，土地资源和环境状况急剧恶化，严重威胁着人类的生存和发展。全球性的干旱化和以土地退化为中心的荒漠化进程，已引起人们极大的忧虑，成为“21 世纪议程”的重要内容。土壤的沙化、盐渍化、潜育化、酸化、水土流失，以及人为不良耕种导致的土壤肥力衰退等研究，将运用新的理论方法而进入一个新的阶段。土壤污染成为土壤化学研究的一个新的生长点和分支，汞、镉、砷、铅、铜、铬等污染元素进入土壤后形态转化，导致的生物毒性对人体健康的影响；过量施用氮素化肥对水体的富营养化和污染；碳素循环对环境的影响，以及温室气体的稻田水面释放等，将成为研究的重点和热点。

土壤学科的微观研究也日趋综合化，土壤生物学呈现出新的发展态势。在作（植）物与生长环境关系的研究中，一方面是通过育种以加强作物地上部分对光、温、水、气的高效利用，而另一方面即最大量的农事活动，如耕作、灌溉、施肥等主要是为调节地下部分的土壤水、肥、温、气状况，以改善作物的生活环境。近年来，土壤物理学、土壤化学和土壤微生物学，特别是土壤根际生态学的研究有了很大进展。传统的“土壤是植物的水肥供应库”的概念，上升到土壤—植物—微生物相互作用的“土壤根际微生态系统”。土壤的电化学、溶质迁移、微生物群系以及与植物根系的相互作用，构成了一个复杂的动态系统。我们应当承认，虽然对其中某个侧面或子系统的研究已经取得了不同程度的进展，但整体性的相互作用和演化还是个未知世界。运用新的理论方法和技术，特别是生物技术，对植物和土壤微生物方面的研究，必将在人为调控和水肥高效利用上取得新的突破。

9 土壤学的数字化和信息化革命

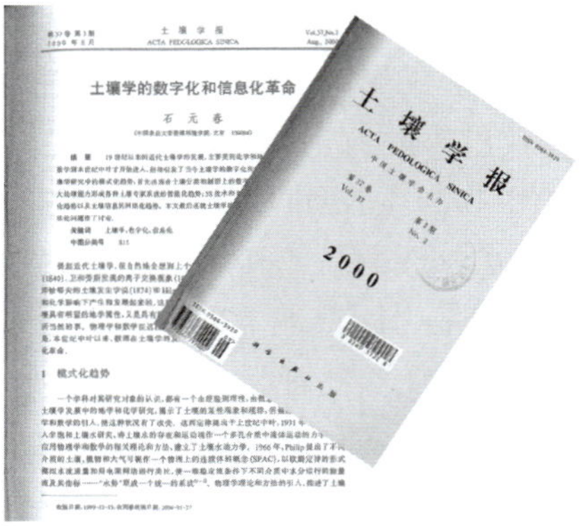

【写作背景】

中国土壤学会1999年在南京召开了第9届全国会员代表大会。《文集》作者在学术报告会上以“土壤学的数字化和信息化革命”为题作了讲演。此文是根据讲演PPT撰写成文，刊载于《土壤学报》2000年3期。

【摘　要】 19世纪以来的近代土壤学的发展，主要受到化学和地学的影响，而物理学和数学到20世纪中叶才开始进入，但却引发了当今土壤学的数字化和信息化革命。它表现在土壤学研究中的模式化趋势；首先出现在土壤分类和制图上的数字化趋势；应用信息技术的强大处理能力形成各种土壤专家系统的智能化趋势；3S技术和PA推动下农田土壤研究的精确化趋势以及土壤信息的网络化趋势。本文最后还就土壤学的数字化和信息化发展中的一些方法论问题做了讨论。

【关键词】 土壤学，数字化，信息化

中图分类号 S15

提起近代土壤学，很自然地会想到19世纪的李比希植物矿质营养及元素归还学说（1840年）、卫和劳斯发现的离子交换现象（1850年）；也会想到，法鲁的农业地质学说（1865年）、道库恰耶夫的土壤发生学说（1874年）和Hilgard的土壤形成理论（1893年）。近代土壤学是在地学和化学影响下产生和发展起来的，这种影响一直到20世纪中叶。作为地球的一个圈层，土壤具有明显的地学属性，又是具有肥力特征的农业生产资料，地学与化学的首先进入是理所当然的事。物理学和数学在这段时间里的贡献不大，没有进入土壤学发展的主流。可是，

20世纪中叶以来，数理在土壤学的发展中却异军突起，引发了土壤学的数字化和信息化革命。

9.1 模式化趋势

一个学科对其研究对象的认识，都有一个由经验到理性，由概念到量化的过程。近代土壤学发展中的地学和化学研究，揭示了土壤的某些现象和规律，但偏经验与概念，物理学和数学的引入，使这种状况有了改变。达西定律提出于19世纪中叶，1931年Richards引入非饱和土壤水研究，将土壤水的存在和运动视作一个多孔介质中流体运动的力学体系，应用物理学和数学的相关理论和方法，建立了土壤水动力学。1966年，Philip提出了不同介质的土壤、植物和大气可视作一个物理上的连续体的概念（SPAC），以欧姆定律的形式模拟水流通量和用电阻网络进行类比，使一维稳定流条件下不同介质中水分运行的能量流及其指标——“水势”联成一个统一的系统[1,2,3]。物理学理论和方法的引入，推进了土壤学的模式化和数量化研究。

模式化和数量化是骨骼和肌肉的关系，是理论概括和量化的重要形式和方法。20世纪60年代以来，特别是计算机技术的兴起，土壤过程的数学模拟发展很快，如Sposito的土壤化学模型GEOCHM（1979年）、Pachepskyd的土壤盐化和碱化模型（1979年）、Hutson的土壤溶质运移模型LEACHM等。Hoosbeek从发生学角度对已有土壤过程的定量模型按不同层次（空间尺度）、定量化和复杂性程度做出了土壤模型分类[4,5]，但分类中没有反映土壤变化的时间尺度（CRT值）[6]。90年代初，我们建立了黄淮海平原水盐运动的数学模型，以物流和能流概括和量化了这个多要素构成和时空变化复杂体系的水盐运行规律和过程[7,8,9]。以后又将这种模式化研究扩展到土壤水气热耦合运移模型、土壤—作物系统及环境间的整合模型[10]、针对冲积平原土壤质地剖面复杂多变提出的农田土壤质地剖面的随机模拟模型[11,12,13]，以及土壤中多离子运移模型[14,15]、田间条件下土壤氮素运移模拟模型[16]、土壤—作物系统中氮素循环模型[17]、土壤中钙运移的化学过程模拟[18,19]、干旱地区人为活动作用下的土壤过程模拟[20]等。这种综合化、模式化和数量化的研究，越来越广泛地渗透到土壤研究的各个领域，深化了土壤学的理论性研究，也推动了土壤科学在农业的水肥管理、农田节水、作物生产、盐渍土改良、土壤资源可持续利用以及宏观测报等各个方面的应用。

9.2 数字化趋势

土壤的数字化工作发端于土壤的分类与制图研究。土壤分类由概念和经验转移到以诊断层和诊断特性为基础的系统分类，为土壤的数字化研究打下了重要基础[21]。20 世纪 70 年代和 80 年代初，加拿大和美国开始建立土壤数据库，1986 年国际土壤学会提出了建立全球和国家层次的土壤—地形数字化数据库 SOTER 计划。加拿大 70 年代建立的土壤数据库，已发展到包括土壤、景观和气候数据和不同比例尺的 GIS 图件的国家土壤数据库系统 NSDB（The National Soil DataBase,1999）；美国 80 年代初建立的土壤地理数据库系统[22]已开发更加强大和完善的数据及图形信息处理功能，并采用视窗系统及基于 Web 网络的国家土壤信息系统 NASIS（The National Soil Information System）[23]。此项工作我国起步较晚，80 年代中期才开始某些专项的土壤信息系统研究，如土壤侵蚀信息系统[24]、京郊水土流失信息系统[25]、海南岛土壤与土地数字化数据库[26]、干旱土壤分类检索和数据库系统[27]、红壤资源信息系统[28]等。1995 年提出我国土壤系统分类[29]将促进我国土壤信息系统的建立。

土壤是一个具有明显时空特性的复杂系统，在信息采集和数量化表达上的数据量大，难度也大。20 世纪 70 年代发展起来的 RS 和 GIS 技术才对此问题的解决有了实质性的推动。RS 是通过航天航空传感器接收地物电磁波及其光谱特性，以图像形式解读有关土壤信息的技术。目前卫星遥感的物理分辨率已达 10 米 ×10 米，最高可达 1 米 ×1 米，成像重复周期 3 天；航空遥感可以 0.05 米 ×0.05 米的分辨率实时实地采集信息。GIS 则可以进行大量图片形式的各种地面数据的储存、处理和用叠加法作三维时空分析，是计算机影像和地面数据管理系统。RS 和 GIS 成为土壤信息数量化操作和分析的得力帮手，很快就在土壤地理、调查制图、动态监测、土地资源管理等方面得到应用和日臻完善。令人高兴的是，90 年代出现了可全球性精确定位到厘米级的 GPS 技术，这就弥补了 RS 和 GIS 在实时实地精确定位上的不足。三者各司其职和相互补充地构成一个功能完整和强大的空地信息采集处理系统，成为土壤数字化和信息化的强有力的技术支撑。

戈尔的分辨率为 1 米的“数字地球”概念，也是基于这种信息技术最新的发展才有可能提出来的。作为地球的一个重要圈层和农业的基本生产资料，数字化土壤将成为数字化地球家族中的重要一员。

9.3 智能化趋势

智能化是信息技术的一个重要功能，即应用人类知识和信息技术的强大处理能力对获取的信息进行解释、推理和决策，是人类思维的延伸。近一二十年来，各领域的知识系统、辅助决策系统、智能化专家系统及其相应的软件等得到迅速发展。土壤方面的专家系统如用于农用土地评价的专家系统、用于控制土壤污染的专家系统（1992 年）[30]、用植被分布的光谱信息进行土壤的数值分类[31]和基于土壤系统分类开发的 SOIL TaxES 专家系统[32]等。Minnesota 大学、North Carolina 州立大学和 Kent 州立大学还开发了用于土壤学教学的专家系统。

我国重视对水、肥和土地管理方面专家系统的开发。具有很强实用价值的平衡施肥专家系统一直是研究开发的热点，最近中国农科院土肥所提出和商品化了平衡施肥专家系统[33]。农田水管理方面，我们在黄淮海平原土壤水盐运移模型基础上开发了区域水盐预报的 PWS 系统[7,8,9]，可以按用户输入的参数和数据提供区域地下水水位和水质，土壤水分和盐分的预报等值线图，以后又研究开发了农田土壤—作物系统水循环和科学管理的 SWAF 专家系统[10]。土地管理信息系统方面开发的 LIS 土地管理信息系统已实现商品化[34]。

李保国等将虚拟技术应用于专家系统的探索，使专家知识与模型量化相互补充，用虚拟技术形象地描述专家的系统推理和辅助决策，可以进行操作性设计，这将使智能化研究进到一个新的意境[35]。智能化研究开发中，加强自动知识获取、推理策略、优化模拟以及新的开发平台的研究研制具有重要意义。智能化农业专家系统的研究发展很快，1998 年在荷兰召开的计算机农用应用国家会议上提出了上百个农业专家系统，覆盖了育种、栽培、耕作、灌溉、施肥、植保、养殖、经营管理和农业经济等各个方面。从进展和现状看，土壤学科的智能化研究尚有待加强。

9.4 精确化趋势

土壤领域的 RS 和 GIS 技术目前主要用于中小比例尺的宏观性工作，而农田尺度土壤的复杂空间变异仍困扰着土壤学家和农学家。当具有实时实地，快速高精度空间定位功能的 GPS 技术出现并与 RS、GIS 相互补充地构成了一个空—地数据采集、处理和可用于实时实地操作的 3S 技术后，很快就在农业上得到应用。3S 技术首先在精确施肥上取得了成功，继而在喷洒农药和除草剂，耕作和播种上被采用，其最小操作单元为 12 ～ 15 m^2。由于使用范围的迅速扩大，当时人们称为精确农作（precision farming），现在已统一称之精确农业（precision agriculture，PA）了，发展势头强劲。在美国 9% 的玉米种植农场的 20% 农田上采用了 PA；明尼苏达州甜菜等经济作物地区采用 PA 的比例高达 60%～80%(1)。PA 一改传统农业的粗放和经验为精细和科学，可显著提高土肥水等资源的利用效率，减少对环境的污染，降低生产成本和增加农民收入。

PA 的实质是应用 3S 的现代数字化和智能化技术表达农田生产条件和作物状况的复杂空间变异，并实时实地做出操作处理。而这种农田条件的空间变异性是以土壤为基础的，所以 PA 的最初提法是“Farming by Soil Types”。1998 年美国的 PA 服务中主要是耕地制图（88%）和土壤采样（82%）；最新调查提出的 PA 研究十大需求中排在最前面的是实时传感器和土壤—作物时空变异参数(1)。第四届 PA 国际会议（1998 年）上土壤、耕作条件和产量的可变性方面的论文最多。PA 对土壤学提出了精确化的挑战和需求，也为土壤学的发展提供了一个新的生长点和空间。农田土壤空间变异特性、田间土壤信息实时快速采集技术、地类统计分析、模型的模拟运算、空间信息处理、图形自动生成与图像判读、多种数学方法的应用等大量工作需要开展。

9.5 网络化趋势

全球和国家层次的资源、环境和农业的宏观管理和服务，对土壤 / 土地信息资源共享的需求日增，土壤 / 土地信息的网络化已是大趋势。信息网络化经历了单用户系统、集中式网络系统（局域网）、客户 / 服务器网络系统和 Internet/Intranet 的发展阶段。GIS 也随之发展到目前的基于网络的 WWWGIS 和 OpenGIS。土壤信息的网络化始于六七十年代各自建立的单用户土地利用系统，如加拿大的 CGIS（1964）、美国的 LUNR（1967）等。进入 90 年代，它们相继或正在发展为基于网络的土壤信息系统，如上述的 NASIS[23] 和 NSDR[32] 等。国际灌溉管理研究所 1998 年建成了“世界农业水和气候图集”，在互联网上可以查阅该数据库配合世界土壤图提供的，以 1 平方英里为单位的，近几十年全球农业水文和气候资料。

土壤信息的网络化，我国目前仍处在单用户系统阶段，比发达国家晚了一二十年。最近我们做了两件有益的尝试，一是在李保国、钟骏平指导下完成的中国土壤系统分类中诊断层和诊断特性和土壤分类的知识库、辅助识别以及系统分类的检索与数据库系统 STDB(2)；二是基于 WWW 的土地信息系统的研究对基

（1）Robert P C. Status of Precision Agriculture in the USA and Research Needs,1999.

（2）蒋平安。土壤系统分类的计算机实现及其应用。博士论文，中国农业大学，1999。

于 Internet/Intranet 的客户 / 服务器的应用做了有益的探索，这套体系的结构和软件经检验对区域和全国土地信息系统的建立有重要实用价值(3)。后发也有优势，在当今网络技术趋于成熟和不断发展中，我们可以在网络技术的现水平上推进，如能讲究策略，集中力量，可能较快缩小差距。

9.6 方法论思考

应用量子力学理论和方法研究氢分子结构的成功，从而建立了量子化学和现代化学的理论体系；进化论、细胞说、基因说到 DNA 双螺旋结构的发现，使生物学由经验性发展到分子基础上的现代生物学体系；当深入到 DNA 的大分子结构和纳米尺度时，生物学与物理学的统一成为当今重大科学前沿[36]；C.E. 申农的信息论是将对象的运动抽象为信息流动的过程和变换系统，J.W. 图契用二进位制的“bit”作为数字化符号和信息单位，才发展到今天的信息科学和技术。列举这些事例是想说明，在认识客观世界中，从方法论上说，一是通过微化以求物质构成的基本单元和共性，一是通过简化以揭示复杂系统及其运动的本质和原貌。

土壤是在气候、生物、地学条件和人类活动影响下，具有时空属性的地理体和能够提供植物生长条件的地球陆地表层。土壤的运动主要表现在一定时空条件下土壤中进行的理化和生物学过程及其所表现出的相应特性。矿质营养和元素归还、土壤发生和大小循环、诊断特性和系统分类等皆从某一侧面揭示了土壤的性状和运动过程。那么，土壤的最基本单元是什么？最本质的运动形式是什么？Pedon（单个土体）是出于土壤调查的考虑而提出的最小描述和采样单元，而作为具有普遍意义的土壤的基本单元应当是符合土壤定义和本质特征的，可以统一获取信息和数字化表示的基本单元，可称之为“土素”，如生物体之细胞。单体土素中具有相对均一的土壤特性和物能运动特征。确立土壤的基本单元，必将有力地推进土壤学的数字化过程。土壤最本质的运动形式是土壤及其与环境间物质和能量的信息流的变换和转移过程。以“土素”为基本单元，通过物能信息流的运动有可能构建统一的土壤观和土壤学体系。从这个意义上说，20 世纪中叶开始的数字化和信息化是土壤学的一次意义深远的革命，一次由经验走向系统理论的革命。当然，要走的路程很长。

李政道说：“科学家抽象的阐述越简单，应用越广泛，科学创造就越深刻。”爱因斯坦说：“物理上真实的东西一定是逻辑上简单的东西”，又说：“想象力比知识还重要，因为知识是有限的，而想象力概括着世界的一切，是知识进化的源泉。”

（3）涂真。基于 WWW 的土地信息系统研究。博士论文，中国农业大学，1998。

参考文献

[1] Philip J R. Plant water relation:some physical aspects. Ann.Rev.Plant Physiol, 1966,17：245–268.

[2] Jones H G. Plants and Microclimate–A Quantitative Approach to Enviromental Plant Physiology. Cambrige: Cambrige University Press,1983.

[3] 康绍忠，刘晓明，熊运章．土壤—植物—大气连续体水分传输理论及其应用．北京：水利电力出版社，1991.

[4] Hoosbeek M R, Bryant R B. Towards the quantitative modeling of pedogenesis–a review. Geoderma, 1992，55：183–210.

[5] Amundson R. Towards the quantitative modeling of pedogenesis–a review–Comment. Geoderma,1994, 63: 299–302.

[6] 李保国．土壤变化及其过程的定量化．土壤学进展，1995，23（2）：33–42.

[7] 石元春，李保国，李韵珠，等．区域水盐运动监测预报．石家庄：河北科学技术出版社，1991.

[8] 石元春．区域水盐运动监测预报体系．土壤肥料，1992（5）：1–3.

[9] Li Y Z, Shi Y C, Li B G. Monitoring and prognosis of regional water and salt. Geoderma,1993,60:213–233.

[10] 李保国，等．农田土壤水动态模型及应用．北京：科学出版社（印刷中），1999.

[11] 李卫东，李保国，石元春．区域农田土壤质地剖面的随机模拟模型．土壤学报，1999，36（3）：289–300.

[12] Li W D, Li B G, Shi Y C. Application of Markov Chain theory to describe the spatial distribution of textural layers. Soil Science, 1997,162(9):672–683.

[13] Li W D, Li B G, Shi Y C. Markov Chain simulation of soil textural layers. Geoderma,1999,92(1–2):37–53.

[14] Chen W L, Li Y Z, Rienk R.van der Ploeg. Modelling multi–ion transport in saturated soil and parameter estimation. I:theory. Z.Planzenernahr. Bodenk., 1990,153：167–173.

[15] Chen W L, Li Y Z, van der Ploeg R R. Modelling multi–ion transport in saturated soil and parameter estimation. II:experimental. Z.Planzenernahr. Bodenk., 1990,153：175–179.

[16] 黄元仿，李韵珠，陆锦文．田间条件下土壤氮素运移的模拟模型．水利学报，1996，6:9–23.

[17] 王红旗，李韵珠．土壤—作物系统中氮素循环转化联合模型与模拟．水利学报，1997（增刊），47–56.

[18] 段建南，李保国，石元春，等．干旱地区土壤碳酸钙淀积过程模拟．土壤学报，

1999, 36（3）：318−326.

［19］Li X Y, Li B G, Lu H Y. Modeling and simulation of carbonate deposition processes in a Loess−paleosol sequence. Chinese Science Bulletin,1999,44(supp):211−217.

［20］Duan J N, Li B G, Shi Y C. A modeling approach to evaluating soil change caused by man. In:Cao.Z. ed. Soil, Human and Environment Interactions. Beijing:China Science & Technology Press,1998,71−79.

［21］Moore A W. Classification and Soil Information Systems, Division of Soils. Australia, CSIRO, The Cunningham Laboratory, 1983.

［22］Anderson D L, Ernstom D. National Soil Information System. SCS Report,Washington, 1991.

［23］The National Soil Information System. 1999, http: // pestilence.ftc.nrcs..gov./NASIS.

［24］Ma A N. Proceeding of Internation Workshop on Geographic Information System, Published by Institute of Geography of Chinese Academy of science,1987.

［25］王洽堂，高林，张世清，等．北京郊区水土流失信息系统的建立与应用．水土保持学报，1989,3（2）：1−9.

［26］周慧珍．海南岛土壤与土地数字化数据库及其制图．北京：科学出版社，1994.

［27］蒋平安，常松．干旱土壤分类检索与数据库系统．土壤学报，1995，32：225−234.

［28］史舟，王人潮．大比例尺红壤资源信息系统的研制．浙江大学学报，1997, 23（6）：707−710.

［29］龚子同．中国土壤系统分类的建立和发展．土壤学报，1995，32（增刊）：1−11.

［30］Wagenet R J. 土地评价与环境保护中土壤水文性质的估计和应用．土壤学进展，1992,（1）：23−26.

［31］Samson S A，Lewis D T. 用植被分布的光谱信息进行土壤数值分类．土壤学进展，1992（4）：26−29.

［32］Gaibraith J. Soil TaxES—An Expert System for Soil Taxonomy, Ithaca: Cornell University, 1994.

［33］Zhang W L, Liang M Z, Lu C A. Introduction of soil and fertilizer information system of China. Complied by China Association of Agricultural Science Societies, Research Progress in Plant Protection and Plant Nutrition. Beijing: China Agriculture Press,1999.

［34］严泰来，朱德海．土地信息系统．北京：科技文献出版社，1994.

［35］李保国，郭焱．作物生长模拟研究进展．科技导报，1997（7），11−12.

［36］朱棣文．生物学及其与物理科学的统一//北京大学自然科研处．聆听大师．北京：北京大学出版社，1998，5−31.

Digitalization and Information Revolution in Soil Science

Shi Yuan-chun

(*College of Resources & Environment*, *China Agricultural University*, *Beijing*, 100094)

Summary

The development of soil science was influenced mainly by chemistry and geo-science since the 19th century. Physics and mathematics did not play the important role in soil science till the middle of the 20th century, but they have initiated the digitalization and information revolution in the field of soil science. This revolution finds expression in the tendency of modularization, in the tendency of digitalization which appeared first in soil classification and cartography, in the tendency of intelligentization , of which the strong treatment ability of information technology is used to form various soil expert systems, in the tendency of precision in the research of soil science which is promoted by 3S and PA and in the tendency of networking for soil information. In the end, the methodology in the development of digitalization and information of soil science is also discussed in this article.

key words: soil sciece, digitalization, information

10 土壤学（Pedology）

【写作背景】

《20 世纪中国学术大典》是以条目形式总结百年来自然科学、工程技术、社会科学和人文学科领域中国学人学术成果的一部大型工具书。《文集》作者担任 2002 年出版的《20 世纪中国学术大典·农业科学》主编，并负责撰写了其中的“土壤学”条目。其中对 6 个分支学科的介绍是各分支条目的汇总。

土壤是具有肥力的地球陆地的松散表层，是农业的基本生产资料和人类赖以生存和发展的环境空间。土壤学是研究土壤特性、发生演化、生产和环境功能及其管理的，既有基础性，又有很强应用性的一门学科。

土壤学既古老又年轻。早在三四千年前，《禹贡》《管子·地员篇》就有我国土壤类型、命名和评级的记载，是世界最早的土壤分类文献。其后的《周礼》《山海经》对土壤的生产性、土宜性和经营管理等都有详细记载。古罗马公元前一二百年的《农书》和《稼穑诗》也有土壤及其与农作关系的阐述。但是，到 19 世纪才开始应用物理学、化学、生物学、地理学等自然科学的成就认识土壤，逐渐形成一门独立的土壤学科。1840 年李比希提出的“植物矿质营养学说”和“营养物质归还学说”；19 世纪中叶 F.A. 法鲁提出的“土壤地质形成学说”和 19 世纪末 B.B. 道库恰耶夫的“土壤发生学说”等奠定了土壤学的理论基础。20 世纪是近代土壤学形成和发展的时期，土壤物理学、土壤化学、土壤微生物学、土壤地理学、土壤植物营养学和土壤改良学等分支学科有了长足发展，形成了比较完整的土壤学科体系；土壤肥力和施肥、土壤改良和管理在推动 20 世纪农业发展上做出了重要贡献。近一二十年间，计算机和信息技术、航空和航天技术、分子生物学和生物技术等现代科学技术为近代土壤学注入了新的生机；土壤环境科学和可持续发展成为人类面向 21 世纪的重大课题。

10.1 发展历程

中国近代土壤学是1931年在中华教育文化基金会资助下，前“中央地质调查所”成立的土壤研究室开创的。60余年的发展历程，可分为开创期（1931—1949）、初始期（1950—70年代末）和发展期（70年代末以后）。

开创期　土壤研究室成立伊始，延聘了R.L.潘德顿（R.L.Pendleton）和J.梭颇（J.Thorp）两位美国土壤学家和侯光炯（1905—1996）、李连捷（1908—1992）等十多位我国老一代土壤学家，他们是我国近代土壤学的奠基者。当时在美国土壤学理论和方法影响下，主要工作是在我国20多个省（自治区、直辖市）进行野外土壤调查制图和室内化学测定，编制了中国土壤概图和发表出版了大量土壤调查报告和《中国之土壤》一书。

初始期　新中国成立初期，为国家大规模经济建设做准备，政府组织了一批科技专家在东北、西北、华北平原等地进行了大规模土壤调查和土地资源勘测；继而于1958开展了以耕地和农民经验为主导的全国第一次土壤普查，以后在土壤物理学、土壤化学、土壤植物营养学和土壤微生物学、土壤改良学等分支学科上也都有长足发展。这个时期的一个重要特点是苏联土壤发生学和农民认土、用土、改土经验对年轻的中国土壤学的深刻影响，一直延续到70年代末期，历经30年。

发展期　在改革开放的时代背景下，学术界有机会了解吸收美欧诸国近代土壤学的理论观点和最新成就，在良好的国际国内环境下，中国土壤学和各分支学科得以健康发展，渐趋成熟。

10.2 各主要分支学科的发展与学术成就

10.2.1　土壤物理学

土壤物理学是研究土壤中物质和能量的状态和传输的物理现象和过程的科学。三四十年代的土壤物理工作，主要是在土壤调查中对土壤机械组成、容重、比重等物理性状的描述。1953年兰梦九出版的我国第一部《土壤物理学》，系统介绍了当时欧美诸国的土壤物理学的研究成就和我国的早期工作。

土壤水分是土壤物理学中研究程度最高和最活跃的领域。20世纪五六十年代，主要是在苏联A.A.罗戴土壤水分形态学观点和方法指导下，对我国黑土、塿土、褐土、潮土、盐渍土等主要土类的土壤水分状况和周年动态进行了比较系统的研究，取得了丰富成果，为我国土壤水分研究打下了良好的基础。70 年代末，我国开始应用能量观点和土壤水动力学理论进行土壤水分研究，主要在土壤水分的运动参数测定、动力学模型、均衡模型和统计模型，盐渍土的水盐运动、土壤空间变异等方面取得一批新的成果。以后，又在土壤水分和溶质运移模型、随机模型及其应用、土壤水分管理等方面的研究中取得了重要进展。1998 年完成的“节水农业的基础研究”中，对以土壤水为中心的农田水均衡模型及软件开发、土壤—植物—大气连续体（SPAC）的多学科研究成果均处于学科领域前沿和国际先进行列。

土壤结构和孔隙状况是土壤物理学的另一重要研究内容。威廉斯的土壤团粒结构学说曾对我国农业界很有影响，研究中证实，除含丰富腐殖质的黑土能形成足够的，大于 0.25 mm 水稳性团聚体外，影响我国多种土壤肥力状况的主要是有机矿质复合体构成的微团聚体。围绕土壤肥力，对其组成和氧化稳定性；地带性土壤有机矿质复合体的表面性质、腐殖质组成、养分特征；集约农作条件下的水稻土及垦殖后黑土的土壤结构退化、土壤微形态等方面的研究均取得较好成果。此外，1937 年熊毅提出我国第一个土壤粒级和质地分类，1978 年重新拟订了我国土壤质地分类系统，并编制了 1/400 万的中国土壤质地图；70 年代以后在我国主要土壤的磁化率剖面、地理分布特征、发生学意义及其应用上做了有益探讨。

10.2.2 土壤化学

土壤化学是研究土壤的化学组成、性质及其变化规律的科学。早期研究是配合区域土壤调查所做的化学性质测定和研究，熊毅等还对我国主要土类的胶体组成和盐渍土代换性盐基方面做了专门研究。土壤化学的系统工作是 1950 年以后才开始的。经过十余年的土壤黏土矿物的研究，基本摸清了我国主要土壤的黏土矿物组成和分布规律，划分了 11 个土壤黏土矿物分布区。通过土壤酸度和酸化的研究，编制了不同比例尺的全国和地区性的土壤酸度图和土壤的酸敏感性分级和分区。50 年代以来，于天仁等用独创的测定方法研究了氧化还原性质的数量因素特征及其与强度因素的关系，使此项研究进入定量化研究阶段；还区分了有机还原性物质的电化学特征和与无机氧化还原体系间的反应规律。我国土壤氧化还原过程的这些研究一直处于学科前沿和达到国际领先水平。陈家坊等在土壤胶体表面性质研究中，将可变电荷表面区分为带可变负电荷的低电荷零点和带可变正电荷的高电荷零点两个表面。袁朝良、李学垣就此在我国热带和亚热带土壤研究中得到证实和取得了进一步成果。我国科学家注意到恒电荷土壤与可变电荷土壤的物质区别、电荷位置、符号和吸附位方面的研究，也十分重视将土壤表面电荷性质与离子的吸附与解吸联系起来进行研究。在土壤胶体与离子相互作用上，60 年代研究了铵、钾、磷酸根离子的吸附与交换；70 年代后开展了土壤对铜、锌和磷酸、砷酸等离子的专性吸附及有关动力学的研究。近年我国在土壤胶体表面化学方面的研究在国际上有较好的影响。1997 年于天仁等编著的《可变电荷土壤的电化学》一书是多年来这方面研究的系统阐述和总结。

10.2.3 土壤微生物学

土壤微生物学是研究土壤中微生物的种类、数量、分布、群落结构及其动态的科学。30 年代，张宪武、陈华癸和樊庆笙等主要从事豆科根瘤菌和生物固氮的研究，为我国土壤微生物学的发展奠定了基础。大量和系统的土壤微生物学研究是 50 年代以后开展的，主要在土壤微生物生态、土壤微生物与土壤物质转化、生物固氮等几个方面。

土壤微生物生态学研究首先是对我国主要土壤类型的土壤微生物种类和数量的研究，积累了大量有价值的基础性资料。此外，针对南方水稻土和红壤土，北方冬小麦和丰产大豆土壤的优势微生物种类和区系，农事活动影响下的活动规律和动态开展了研究，为改善土壤耕作和肥力提供了科学依据。周启等在土壤微生物与土壤物质转化研究中发现，硝化和反硝化作用在水稻生长过程中的表面氧化层和以下的还原层均可进行，所获得的亚硝酸细菌可在无氧培养下将氨态氮氧化成亚硝态氮。在施肥条件下，土壤有机态氮的氨化和有机磷矿质化的研究也取得了较大进展。生物固氮一直是土壤微生物学的重要前沿，我国在自生固氮、豆科植物与根瘤菌共生固氮、禾本科植物根际联合固氮、固氮蓝藻菌等的生理和生物化学、生态学和遗传学以及农业应用方面的研究都取得了较好进展。我国在固氮微生物资源研究上也做出了有益贡献，30 年代陈华癸首次分离获得紫云英根瘤菌被定名为华癸根瘤菌；90 年代陈文新在新疆根瘤菌资源调查中发现并以其名命名的有 2 个新属和 6 个新种（该类根瘤菌目前世界上仅有 5 个属 23 个种）。在根瘤菌分子遗传学的研究上，马庆生等在紫云英根瘤菌的质粒组成、结瘤基因及其遗传多样性方面都有出色的研究成果。

10.2.4 土壤植物营养学

土壤植物营养学是研究土壤中植物营养元素状况、转化及其有效性的一门应用性较强和发展较快的学科。早在 1935 年中国就出版了彭家元编著的《肥料学》一书和在 30 年代就组织了全国性的氮磷钾三要素试验，但大规模和系统性的研究仍是在 50 年代以后开始的，主要研究集中在中国土壤的养分状况、土壤养分转化、土壤—植物根际营养、肥料有效性和平衡施肥等方面。

在 1958 年和 1979 年的两次全国土壤普查中，对中国土壤类型的养分状况有了比较全面和系统的了解。土壤养分作为土壤构成要素的一部分，它与土壤类型和地理分布规律是相一致的；农田土壤虽受施肥左右，但也表现出明显的农业生态区的特点和分布的规律性。在中国养分转化的研究中，揭示了集约栽培条件下以有机氮的矿化为主要来源，而化肥氮利用效率一般不高，稻田氮损失量达50%和损失途径主要是氨挥发和硝化 - 反硝化。磷的多态性及其转化和有效性一直是研究的热点，我国在研究中首先证明了南方红壤中结晶态磷酸铁在旱作条件下基本无效而水田中有效；发现多季施磷被固定的大部分仍可被利用以及在北方石灰性土壤磷的形态和转化研究中提出了石灰性仍需施磷的重要结论。钾元素研究中发现，其含量水平取决于含钾矿物的种类和数量；作物生长过程中速效钾消耗到一定程度，缓效性钾可使之恢复到原来水平以及土壤高磷环境对钾素形态转化的影响。微量元素在植物生长和代谢中的作用机理、营养特性和转化的研究也有长足进展。80 年代以来，土壤—植物根际营养成为研究热点和前沿，中国在根土界面的显微特征、根表对离子的吸附、根际 pH 和 Eh 状况、根际养分浓度梯度变化等方面的研究已取得较好进展。

中国曾三次组织了全国性的肥料试验研究。1936—1940 年，前中央农业试验所在 14 个省（自治区、直辖市）的 69 个试验点上进行了全国首次多种作物的氮、磷、钾三要素试验。由张乃凤（1904—）主持的这次试验，得出当时三要素的需要程度分别为 80%、40% 和 10%。1958—1962 年陈尚谨（1914—）主持的第二次全国三要素化肥试验是在全国 28 个省（自治区、直辖市）的 157 个点上进行的。试验结果与 20 年前相比，不同土壤和不同作物上，氮肥仍普遍有效和增产贡献居首位；磷肥肥效较 20 年前有了提高和提出豆科作物“以磷增氮”、禾本科作物“氮磷配合”的施磷技术以及钾肥肥效仍然很低。1974—1978 年进行的第三次全国化肥肥效试验和 1981—1985 年林葆主持的“六五”科技攻关的肥料试验项目，通过大规模的田间试验，提出在化肥施用量和作物产量迅速增长形势下，不同农业生态区的氮、磷、钾状况和肥效、适宜用量和合理配比、复化肥肥效和施用方法的大量研究成果，并在此基础上提出了《中国化肥区划》。土壤植物营养研究直接用于农业生产的平衡施肥技术和提高肥效技术也是近一二十年来投入力量较大和成果较多的领域。

10.2.5 土壤地理学

土壤地理学是研究土壤类型及其地理分布规律的科学，是土壤学的重要分支。20 世纪 30 年代初成立的前“中央地质调查所”土壤研究室的主要工作即在于对中国土壤的野外调查和制图。在 R.L. 潘德顿和 J. 梭颇两位美国土壤学家及侯光炯、李连捷等中国老一代土壤学家的努力下，根据美国土壤分类系统，1935 年编制了我国第一幅比例尺为 1/750 万的中国土壤概图；1936 年出版了《中国之土壤》一书和 40 年代初进而编制了比例尺为 1/300 万的全国土壤图和分省（自治区、直辖市）土壤图，并对水稻土、盐渍土、漠境土等土壤类型进行了专门研究。这些工作，第一次全面和系统地阐述了中国的土壤类型和地理分布，代表了中国早期土壤地理工作。

新中国成立初期，政府组织大批科技人员在东北、甘青、西藏、新疆、蒙宁、华北平原、两广（橡胶种植）等地进行了历时十年的大规模土壤调查和土地资源勘查。这一时期我国土壤工作的主要指导和分类依据是苏联土壤发生学和土壤分类系统。1958 年，中国又开展了全国第一次以耕地为主和以农民认土、用土、改土经验为基础的群众性土壤普查，建立了中国的农业土壤分类系统。这两次大规模的土壤调查工作，有相互补充的一面，也有如何相融的一面。在此期间，马溶之（1908—1976）主持编制了 1/1 000 万的《中国土壤图》（1965 年）和李锦主持编制了 1/400 万的《中华人民共和国土壤图》（1978 年），并出版了《中国土壤》（一版，1978 年）一书，比较集中地反映了这个时期的研究成果和学术思想状况。20 世纪 70 年代末以来，美欧等国的近代土壤学思想和最新成就的传入，遥感、计算机和地理信息系统等现代技术的应用，使中国土壤地理学的研究推进到一个新的发展时期。此间的一个重要工作是 1978 年开始的第二次全国土壤普查和资料汇总，历时 15 年，《中国土壤》《中国土种志》和比例尺为 1/100 万、1/250 万和 1/400 万的中国土壤图和相应的系列图件等集成果之大成，是中国土壤工作发展中的一件大事。熊毅、李庆逵主编的《中国土壤》二版也于 1987 年出版。

我国幅员辽阔，自然条件复杂，土壤类型繁多。在土壤发生与形成研究中总结提出的钙积、潜育、白浆、黏化、熟化等 10 个主要成土过程和所处欧亚大陆东南部地理位置的气候、地质、地貌、植被等综合影响下呈现出的东部纬度带、北部经度带以及山地垂直带的地理分布规律对全球性土壤地理的研究做出了重要贡献。水稻土、白浆土、紫色土、燥红土和季风—半湿润区盐渍土等的研究处于世界先进水平。李连捷早期对广西红壤和南京下蜀黄土的地文学研究和以后石元春等对我国黄土区域古土壤的类型、地理分布和演替规律的第四纪古土壤地理研究丰富了我国土壤地理学的学术成就。

土壤分类是基于对土壤属性和发生的认识，将各类土壤做出科学和系统的区分。1950 年宋达泉（1912—1988）提出的“中国土壤分类”代表了我国早期应用美国土壤分类系统的成果。50 年代采用了苏联土壤发生学分类系统和 1958 年全国土壤普查提出耕种土壤分类后，出现了近 20 年的“耕种土壤”与“自然土壤”分类系统之争。1978 年全国土壤分类会议上方取得共识并提出了 1978 年的全国土壤分类系统。在此期间，世界土壤分类研究发展很快，美国历经 7 次更改，提出了以诊断层和诊断特性为基础的分类系统，还有联合国 FAO 的分类系统和代表欧洲土壤分类思想的库比安纳分类系统等。我国过去的土壤分类已经不能适宜国际分类领域发展的现状和趋势，80 年代初，赵其国（1930— ）、龚子同主持下，经10年努力，总结国内外经验，以诊断层和诊断特性为基础，结合中国实际，于1995年提出了《中国土壤系统分类》。国际土壤信息参比中心（ISRIC）已将此作为国家分类收入该系统；日本将此作为世界三大土壤分类系统之一；我国人为土壤分类已正式列入国际土壤学会的分类方案。

20世纪70年代末，遥感、地理信息系统、全球定位系统（即RS、GIS和GPS）等现代技术相继用于土壤地理、制图、资源环境监测，成为新一代的强有力的宏观性研究手段。在中小比例尺遥感制图中，林培应用同比例尺透明地形图与卫星影像叠加方法较好地解决了影像几何精度与土壤类型区分相结合的问题。随着土壤资源制图与GIS的应用，80年代末中国也开始了SOTER的小比例尺和大比例尺的制图研究，90年代开始了GPS在大比例尺制图中的应用。

10.2.6 土壤改良学

20世纪50年代以来，中国进行了大规模的土壤改良和综合治理的研究和实践，沙漠化、盐渍化和水土流失的防治以及红壤改良等均取得重要进展。但是在整体上，中国土壤退化形势十分严峻，种植土壤中具有障碍因子的中低产土壤可占到60%。1992年的“世界环境与发展大会”上将荒漠化定义为：“荒漠化是由于气候变化和人类活动等因素所造成的干旱半干旱和干燥半湿润地区的土地退化”。中国荒漠化面积占国土面积的27%，还有南方大面积的水土流失和贫瘠的红壤。

中国沙漠面积为60多万 km^2，20世纪70年代以来，沙化面积每年以2 500 km^2 的速度扩展，特别是在面积达69万 km^2、年降水量250～500 mm的半干旱的农牧交错带的沙化最为活跃和威胁最大。20世纪50年代以来，中科院陆续在不同生物气候带建立了16个沙漠化治理试验站和示范区研究提出了沙障阻沙技术、生物和化学固沙技术、草场改良和农业高产技术等。在包兰铁路沙坡头段、巴丹吉林沙漠南沿以及国家三北防护林带等均取得良好治理效果。中国的沙漠化防治在国际上有着良好评价，但任务十分艰巨。

中国水田流失面积367万 km^2，其中水蚀面积179万 km^2，是世界上水土流失最严重的国家之一。20世纪50—80年代，我国曾三次组织了大规模的黄土高原水土保持综合考察和在不同类型区建立了水土保持实验站。对降水、地形、土质、植被、农作等要素与水土流失的相关、水土流失规律、水土流失预报等的研究为水土保持提供了科学依据和指导。梯田工程、生物被覆、沟坝淤地、水力拉沙造田等技术都有较好防治效果。治理方针上，由初期的减少泥沙入河的生态治理，发展到保持水土与开发水土资源结合，综合治理与发展经济、脱贫致富结合的方针，实行全面规划、因地制宜、综合治理、坡沟兼治以坡为主等治理方案。全国治理面积已达58万 km^2，其中黄河流域15.4万 km^2，使进入黄河的泥沙量减少了 18%；淮河流域完成了治理面积的 42%；长江三峡地区水土流失面积由 65%下降到 36%；素有“南方荒漠”之称的江西兴国花岗岩侵蚀劣地治理后的植被由 10%增加到 53%。综合治理地区的农业生产和人民生活水平都有了显著提高。

中国是个盐渍土分布广，类型多，盐渍化危害严重的国家。盐渍土总面积 0.35 亿 hm^2，其中农田盐渍土 567 万 hm^2。中国的土壤盐渍化的科学研究和治理实践十分丰富，在盐渍土的发生和过程、类型和分布、水盐运动的时空规律等方面的研究上取得了大量成果。但中国盐渍土类型繁多，形成条件复杂，在近半个世纪的改良和治理实践中有成有败有反复。20 世纪 50 年代的新疆农垦、黄淮海平原水利化、六七十年代的前后套引黄等都曾引发大面积农田土壤次生盐渍化，导致农业严重减产。在大量的实践中，探求了不同条件下因地制宜的治理原则和措施，如农田工程与生物措施结合、水利措施与农业措施结合和实行综合性治理具有普遍的意义；因地制宜地采用以农田水调节为中心的，多种模式的井灌井排与渠灌沟排结合，种稻改良，有机肥 / 绿肥改良等均可取得良好效果。半湿润季风气候条件下的黄淮海平原，土壤盐渍化与旱涝和地下咸水共存，使治理的复杂性和难度大大增加。经过 30 多年的探索，找到了以农田水盐管理为中心，以地下水位调控为杠杆，对旱、涝、盐和地下咸水实行综合治理的成功经验。我国土壤盐渍化的理论研究和治理实践在国际上得到很高的评价。

红壤是中国亚热带低山丘陵区的主要土壤。红壤土区面积约 0.57 亿 hm^2，其中耕地面积为 313.2 万 hm^2，集中分布于赣湘两省，是发展亚热带农业和经济林木的重要基地。由于土壤的强度风化和淋溶而土质黏重偏酸和贫瘠。加以季风气候、地形起伏和不良垦殖，水土流失严重，农业产量很低。江西赣州地区的水土流失面积，20 世纪 60 年代占到总面积的 27%，以后水土流失面积不断扩展。80 年代实行家庭联产承包责任制后，开始小流域综合治理承包，建立农田工程——植物生态体系，在水平台地、水平沟工程的基础上，因地制宜地发展油茶、柑橘、板栗等经济林木和药材；在花岗岩崩岗区种植竹和速生杉树等，使过去称为“红色沙漠”和“白沙岗”的水土流失得到了有效控制，经济林木也有了很大发展。包括湘、赣、川、鄂、黔红壤土区的长江中上游防护林体系的启动，森林覆盖率将由现在的 20%提高到 40%，可控制水土流失面积 7.4 万 km^2，生态环境及经济发展条件都将得到根本性改善。

10.3 前景展望

在谈到 20 世纪我国土壤学科发展和成就时，对土壤学科近代的发展历史和对未来的展望是很有必要的。近代土壤学的发展深受化学和地学的影响，一是 1840 年德国化学家李比希的植物矿质营养学说和 1850 年在英国洛桑实验站工作的 J.T. 卫（Way, J. T.）和 J.B. 劳斯（Lawes，J.B）发现土壤中的离子交换现象为土壤化学和植物营养施肥的发展奠定了基础；二是 19 世纪末以道库恰耶夫为代表的土壤发生学学派在土壤地理和分类上产生了广泛的影响。1931 年，L.A.Richards（Richards，L.A.）将达西定律引入非饱和土壤水的研究，开创了土壤水动力学研究的先河。J.R. 菲利普（Philip，J.R.）提出的 SPAC 系统（1966 年），将土壤—植物—大气作为物理上统一的连续体来研究，使一些物理学的理论和研究方法进入和推动了土壤学科的发展。20 世纪 70 年代以来，数学、计算机、信息和航天航空等现代技术，以前所未有的迅猛之势进入土壤学科，产生了全面而深刻的影响。土壤过程的数学模拟、土壤空间变异，以及使土壤分类、调查制图、监测管理在理论概念、体系和方法上发生深刻变化的 RS、GIS 和计算机、数字化技术发展很快。进入 20 世纪 90 年代，全球定位系统（GPS）与 RS 和 GIS 的结合共同形成了比较完善的 3S 技术系统，将土壤学和农学推进到精确化阶段；信息技术使土壤学更趋于量化、规范和网络化。国际灌溉管理研究所和美国犹他州立大学提供了与世界土壤图相匹配的世界水土状况和灌溉信息服务网。物理学、数学和信息科学的理论和方法已成为推动现代土壤学发展的一股强劲动力。土壤过程的数学模拟，土壤分类制图，监测管理的数量化、信息化和精细播种、施肥、灌溉的土壤 GIS 等，将成为未来发展的重点领域。

随着人口骤增和开发强度加大，土地资源和环境状况急剧恶化，严重威胁着人类的生存和发展。全球性的干旱化和以土地退化为中心的荒漠化进程，已引起人们极大的忧虑，成为“21 世纪议程”的重要内容。土壤的沙化、盐渍化、潜育化、酸化、水土流失，以及人为不良耕种导致的土壤肥力衰退等的研究，将运用新的理论方法而进入一个新的阶段。土壤污染成为土壤化学研究的一个新的生长点和分支，汞、镉、砷、铅、铜、铬等污染元素进入土壤后形态转化，导致的生物毒性对人体健康的影响；过量施用氮素化肥对水体的富营养化和污染；碳素循环对环境的影响，以及温室气体的稻田水面释放等，将成为研究的重点和热点。作为人类赖以生存和可持续发展的资源和环境的保护中，土壤学将发挥着越来越大的作用，资源和环境保护也将成为土壤学科发展的一个重要方向。

土壤学科的微观研究日趋综合化，土壤生物学呈现出新的发展态势。在作（植）物与生长环境关系的研究中，一方面通过育种以加强作物地上部分对光、温、水、气的高效利用；而另一方面即最大量的农事活动，如耕作、灌溉、施肥等，主要是为调节地下部分的土壤水、肥、温、气状况，以改善作物的生活环境。近年来，土壤物理学、土壤化学和土壤微生物学，特别是土壤根际生态学的研究有了很大进展，传统的“土壤是植物的水肥供应库”的概念，上升到土壤—

植物—微生物相互作用的“土壤根际微生态系统”。土壤的电化学、溶质迁移、微生物群系以及与植物根系的相互作用，构成了一个复杂的动态系统。我们应当承认，虽然对其中某个侧面或子系统的研究已经取得了相当程度的进展，但整体性的相互作用和演化还是个未知世界。运用新的理论方法和技术，特别是生物技术，对植物和土壤微生物方面的研究，必将在人为调控和水肥高效利用上取得新的突破。

11 土壤：一个新的功能

【写作背景】

中国土壤学会于2008年9月25日在北京召开第11届全国会员代表大会，本《文集》作者在大会上作了题为“土壤：一个新的功能”的讲演。以下是根据讲演用PPT撰写的文稿。讲演者在土壤界提出了一个新的命题，即除生产食物和纤维功能以外，土壤还有生产能源和调节碳汇功能。

各位会员同志：早上好！将近来的一点心得与大家交流，就教于大家。

11.1 可持续发展与能源换代

19世纪和20世纪的工业化给人类社会带来了高度的物质文明，也高强度地消耗了地球资源和恶化了人类生存环境。受联合国之托，以挪威首相布伦特兰夫人为首的“世界环境与发展委员会”于1987年发表了著名的《我们共同的未来》报告。报告提出了地球的资源和能源远不能满足人类发展的需要；提出了全人类正面临着“人口、资源、食物和环境的严重挑战”；提出了必须为当代人和下代人的利益而下决心改变当今的发展模式。“全球正面临人口、资源、食物和环境的严重挑战”成为时代的最强音。

据美国能源信息署等权威机构的资料，全球的石油、天然气和煤炭的2005年储采比分别是53、47和90，即尚可分别开采53年、47年和90年；中国分别是14年、45年和57年。21世纪将是化石能源资源渐趋枯竭和能源换代的世纪。一面是化石能源资源的枯竭，一面是因燃烧化石能源排放温室气体，导致全球气候变暖。图 1 是引自 L.R. 布朗 2003 年出版的《B 模式》[1] 书中的 1880 年到 2000 年的全球气温变化曲线；《国际能源展望 2005》（IEO2005）[2] 明确提出：“化石燃料的使用是导致全球气候变暖的主要原因”。

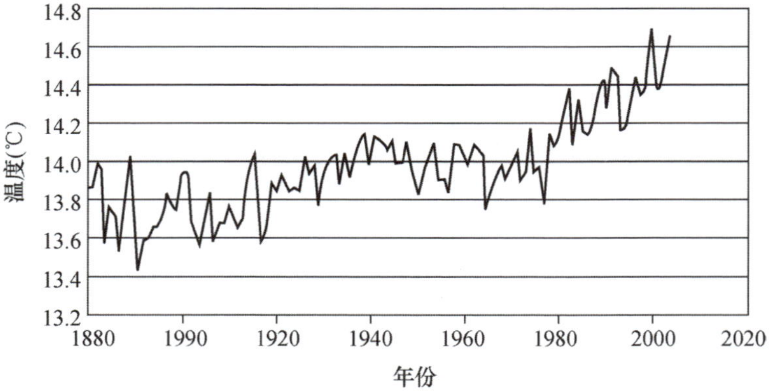

图 1　1880 年到 2000 年全球年均气温变化图

（资料来源：L.R. 布朗《B 模式》，2003）

IPCC 关于全球气候变暖的第四次评估报告（2007.5.4.）指出：“全球气候变暖已是不争的事实，近百年全球地表平均温度明显升高，21 世纪变暖幅度还会增大”。全球气候变暖影响冰川消融加速，冰川积雪的储水量减少，海平面上升，旱区面积扩大，1/6 以上世界人口的可用水量将受到影响；全球气候变暖导致水资源时空分布失衡，部分地区旱者愈旱，涝者愈涝，洪涝灾害加重，热浪、强降水、台风等极端事件将更加强烈和频繁；全球气候变暖导致突发性公共卫生事件增多增强，严重威胁人类健康；全球气候变暖对沿海及低洼地区的经济及社会发展将造成巨大影响。

特别重要的是，全球气候变暖对生态系统将造成不可恢复的影响，平均温度增幅超过 1.5 ～ 2.5℃，2 到 3 成物种可能灭绝；对陆生和水生动植物的季节迁徙和地理推移将产生重大影响；使农林业承受气候变率以及气候和生物灾害增加，收成更加不稳定的影响；二氧化碳还将增加海水酸度，导致海洋生态失衡。

化石燃料的使用从造福人类到祸害人类，对人类社会的生存环境提出了时代的挑战。

1999 年 8 月 12 日，克林顿发布了《发展生物基产品和生物能源的总统令》。“总统令”开门见山地指出：“目前生物基产品和生物能源技术有潜力将可再生农林业资源转换成能满足人类需求的电能、燃料、化学物质、药物及其他物质的主要来源。这些领域的技术进步能在美国乡村给农民、林业者、牧场主和商人带来大量新的，鼓舞人心的商业和雇佣机会；为农林业废弃物建立新的市场；给未被充分利用的土地带来经济机会；以及减少我国对进口石油的依赖和温室气体的排放，改善空气和水的质量”[3]。

此“总统令”将发展生物基产品和生物能源的目标直指发展农村经济、能源替代与改善环境。

11.2 土壤的新功能：清洁能源生产与温室气体减排

所谓生物质产业，是指以可再生的有机物质，包括作物秸秆和畜禽粪便等农业废弃物、林业剩余物以及利用边际性土地种植的能源植物为原料，进行生物能源（燃料乙醇、生物柴油、工业沼气、成型燃料等）和生物质基产品（可降解塑料、各种生物材料和化工产品）生产的一种新兴产业。

《发展生物基产品和生物能源的总统令》提出，美国利用这些农林废弃物，“到 2010 年生物基产品和生物能源增加 3 倍，2020 年增加 10 倍，以及每年为农民和乡村经济新增 200 亿美元的收入和减少 1 亿吨碳排放量”的宏大目标。

因而 2000 年 2 月 1 日的《今日美国》载文[4]说道：“在今后的 25 年内，工业农场主将能种植出足够的燃料和原料，从而我们几乎可以不再依赖于外国石油。据专家估计，利用 5 000 万英亩尚未得到利用的农田，美国最终每年可以生产 750 亿加仑乙醇，而我们目前每年利用进口石油提炼的汽油的总量为 700 亿加仑。”

为通过 2030 年实现生物质燃料替代现石油消费量 30% 的目标法案，美国国会要求美国农业部和能源部提交美国本土是否具有每年提供 10 亿吨生物质原料的可行性研究报告。2005 年 4 月，两部提交的报告作出了十分肯定的回答，提出了每年可提供 13.66 亿吨生物质原料的解决方案（图 2）。其中农业的贡献占 73%，林业的贡献占 27%[5]。

克林顿的这份总统令不仅快速推进了美国生物质产业，欧洲、巴西、中国、日本等国家和地区也都雄心勃勃地启动了本地区的生物质经济。

2002 年出版的著名土壤学教材《The Nature and Properties of Soils》第 12 版提出：“土壤的功能不仅是生产食物和纤维，还要担负起生产能源的任务”。我以为，随着人们对土壤的碳调节功能认识的加深，土壤还将担负起温室气体减排和增加碳汇的功能。

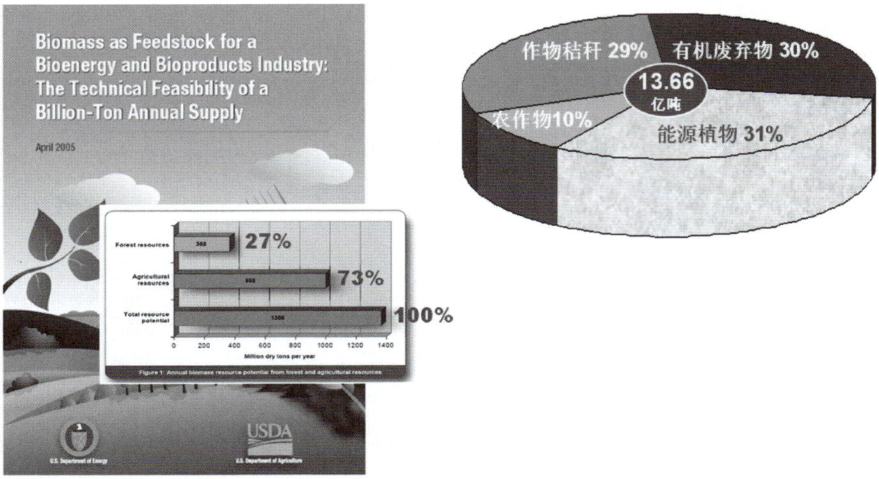

图 2　美国农业部和能源部为美国国会提交的美国本土可每年提供 13.66 亿吨生物质原料的报告及其来源构成图

11.3　全球及中国生物质原料资源很丰富

2004 年荷兰乌德勒支大学 Edward Smeets 等使用 IMAGE 模型，设计了三类生物质原料资源（专用能源作物、农业废弃物和林业剩余物）、五类地区及四种情景，提出了全球 2050 年的生物质原料资源量的预测[6]。此四种情景的全球生物质资源量分别为 65.3、122.7、281.2 和 351.7 亿吨标煤，分别为 2005 年世界石油消费量的 170%、320%、733% 和 917%。

根据中国工程院“中国可再生能源发展战略研究”重大咨询项目中对中国生物质能源资源的研究[7]，我国可收集和作为能源用的有机废弃物原料的年产生潜力为 4.74 亿吨标煤，边际性土地种植能源植物的年产生潜力为 4.25 亿吨标煤，二者合计 8.99 亿吨标煤，详见图 3。

1.36 亿公顷边际性土地中，宜种植能源作物的边际性土地 2 734 万公顷（占 20.1%）；现有的薪炭林、木本油料林和灌木林 5 176 万公顷（占 38.0%）；宜林的荒山荒坡 5 704 万公顷（占 41.9%）。

马克思说：“一旦有了社会需要，比十所大学的推动力还要大。”以生物能源和生物基产品的原料生产为目标，以边际性土地为重点的土地利用新时代正在来临。

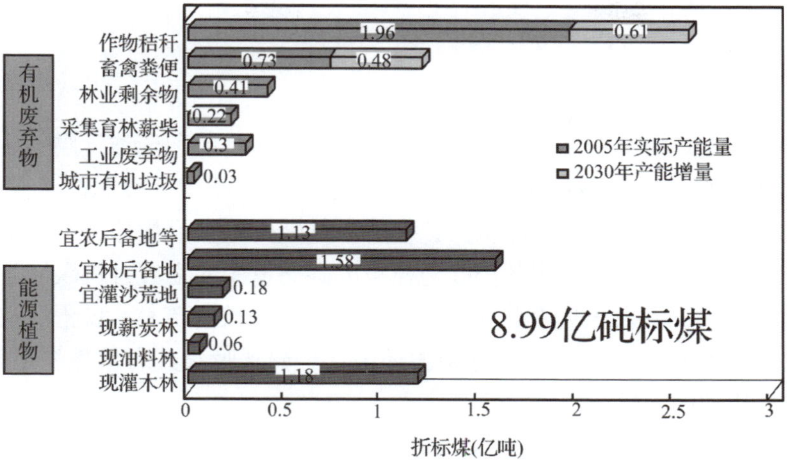

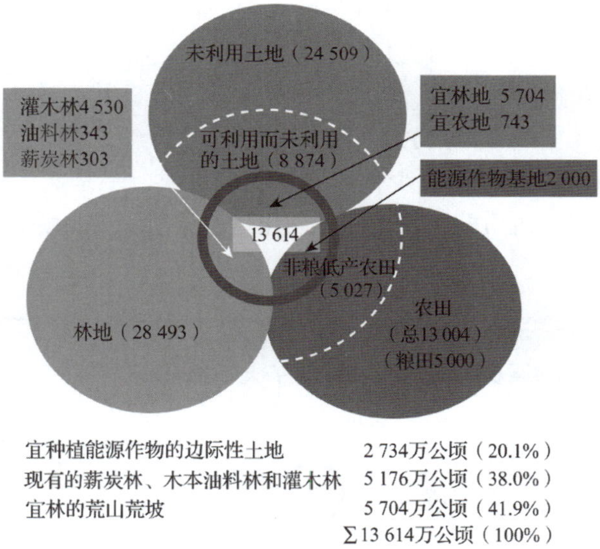

有机废弃物种类	年产出(亿吨)			边际性土地类型	面积万公顷	年产能	
	可用实物量	折标煤	%			亿吨	%
1.作物秸秆	4.80	2.57	54.2	1.宜农后备地	2 734	1.13	26.7
2.畜禽粪便干重	2.71	1.21	25.5	2.宜林后备地	5 004	1.58	37.1
3.林业剩余物	0.73	0.41	8.7	3.宜灌沙荒地	700	0.18	4.2
4.采集育林薪柴	0.38	0.22	4.6	4.现薪炭林	303	0.13	3.0
5.工业废弃物	0.66	0.30	6.3	5.现油料林	343	0.06	1.5
6.城市有机垃圾	0.16	0.03	0.7	6.现灌木林	4 530	1.18	27.5
合计	9.44	4.74	100.0	合计	13 614	4.25	100.0

图 3 中国生物质资源构成（上）、边际性土地结构（中）和综合资源统计表（下）

（中国工程院可再生能源发展战略研究，2008）

11.4 土壤碳管理

以往对碳循环研究较多，今天则要放在温室气体排放和全球气候变暖这个大背景下重新审视。这是 Schlesinger 提供的全球碳库与碳循环概念图（图 4），从中可以看到，岩石圈和水圈碳库虽大，但与大气间的碳交换量却远不及土壤圈和生物圈。据戴民汉研究，中国各类陆地植被的碳储量中的土壤有机碳储量可占到总碳储量的 77%，以及土壤有机碳中除冻原 / 高山植被、疏林 / 灌丛植被外，作物可占到 21%（表 1）。所以，全球碳循环中，土壤呼吸及其通量是举足轻重的，特别是人为扰动的土壤。

1850—1980 年的 130 年间，全球因改变土地用途导致 120 Pg 碳的释放，由 1850 年的 0.4 Pg/a 增加到 1990 年的 1.7 Pg/a，其中 1/3 来自新垦土地，2/3 来自土壤有机质的矿质化（R.A.Houghton,1995）。工业化以来，全球大气 CO_2 浓度由 280 ppm 上升到 360 ppm，增加了 165 Pg 碳排放，其中约 50 Pg 来自耕作土壤有机质的分解（K.Paustian,1997）。

全球碳管理一是要减少化石能源的碳排放，一是要注重土壤碳的输入输出管理，加强对有机质的腐殖化和矿质化过程调节，如少耕、免耕、增加有机质进入等。

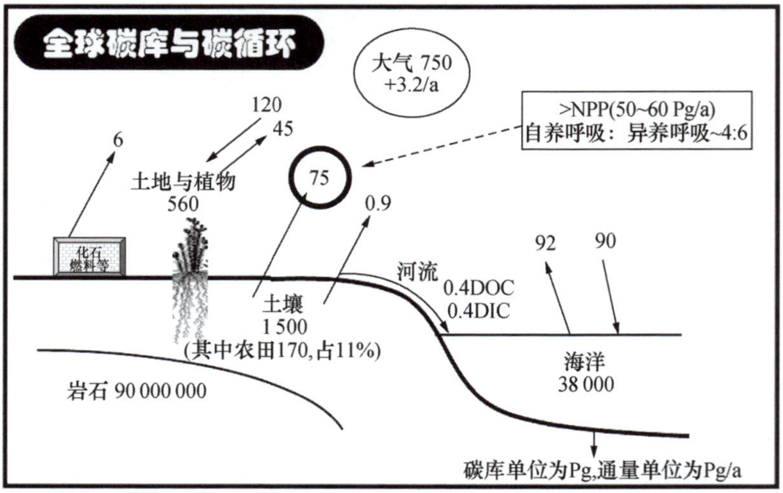

图 4　全球碳库与碳循环概念图

（数据来源：Schlesinger,1997；农田数据来自 K.Paustian,1997）

表 1　中国各类陆地植被的碳储量（单位：10^{44} km^2，10^9t）

（资料来源：戴民汉，2004）

植被类型	面积	总碳储量	生物质碳	土壤有机碳	
森林	112.03	31.75	15.96	15.80	
疏林和灌丛	216.37	37.50	9.45	28.05	
草原	58.54	7.49	0.72	6.76	
温带荒漠	83.82	5.70	0.50	5.20	21%
冻原和高山植被	202.09	37.02	1.95	35.07	
湿地	33.19	4.95	0.87	4.08	
作物	183.46	30.55	5.74	24.80	
戈壁，流石滩	70.15	0.01	0.02	0.01	77%
总计	959.65	154.99	35.23	119.75	

美国采取了改变燃料品种与结构以减少碳排放的措施。阿尔贡国家实验室和 Michael Wang 用“全生命周期法”研究和提出电力、汽油、煤炭、玉米乙醇和纤维素乙醇 5 种燃料的能量产出投入比分别是 0.45、0.81、0.98、1.36 和 10.31（图 5 左），以及玉米乙醇与纤维素乙醇在温室气体减排效果（图 5 右），肯定了玉米乙醇的正效应和纤维素乙醇的巨大能效和减排温室气体的潜力[8]。

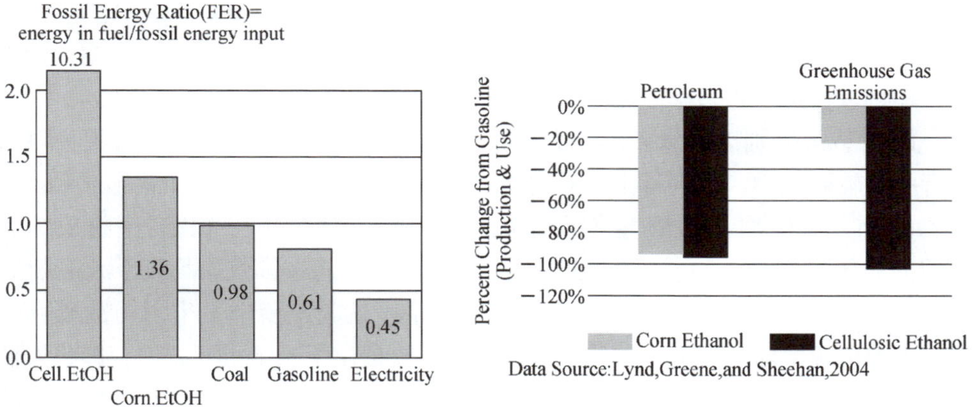

图 5　几种燃料的能量产出－投入比（左图）和玉米乙醇和纤维素乙醇的温室气体减排效果（右图）[8]

2007 年 12 月美国国会通过的《能源自主与安全法案》[9]中，将食物基燃料定名为“常规生物燃料”，将农林废弃物和纤维素基燃料定名为“先进生物燃料”。二者的发展计划见图 6，即常规生物燃料趋于稳定在 4 500 万吨，先进生物燃料快速增长到 6 300 万吨。

David Tilman 教授等在 2006 年《科学》杂志上发表了“源自高多样性低投入草地生物质的负碳生物燃料”文章[10]，文章摘要中写道：

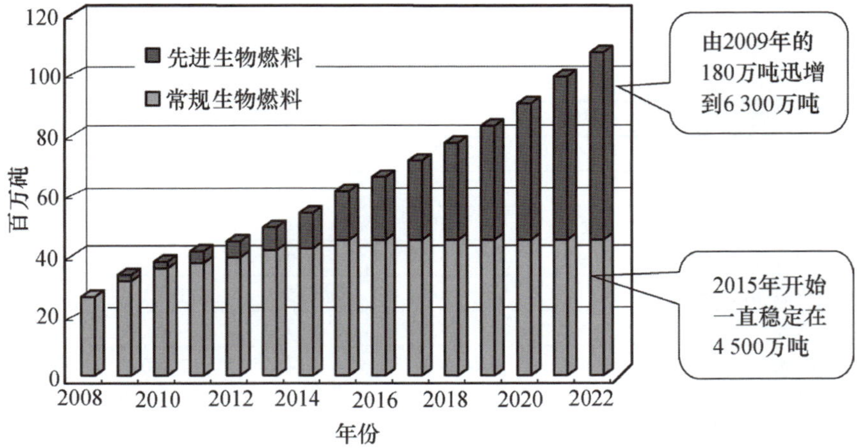

图 6　美国商务燃料发展计划（《能源自主与安全法案》，2007）[9]

“从天然草地的低投入高多样性（LIHD）混合物中得到的生物燃料，较之玉米乙醇或大豆柴油能获得更多有用的能源和减排温室气体，以及更少的农业污染。10 年后的高多样性草地的生物能源产量较单一栽培土地产量增加 238%。LIHD 生物燃料是负碳排放的，因为纯生态系统的二氧化碳封存量[4.4 兆克 /（公顷・年）] 超过了生物燃料生产中化石燃料的二氧化碳排放量［0.32 兆克 /（公顷・年）]。此外，LIHD 生物燃料生产可以利用退化了的土地，既不影响食物生产，还可以保护生物多样性。”

D. Tilman 分别以玉米乙醇、大豆柴油、高多样性草地，以及柳枝稷为对象进行的比较研究中，分别得出和对比了不同研究对象的能量效率和减排效果。玉米乙醇、大豆柴油、LIHD 生物质发电、LIHD 生物质乙醇、LIHD 生物质综合利用的能效分别是 1.25、1.93、5.51、5.44 和 8.09，其减排效果均高于化石燃料（图 7）。高多样性草地则达到了负碳排放效果，在碳平衡中发生了由放碳到吸碳，由“碳源”向“碳汇”的质的转变。该文还提出了一个重要方向，即将人们的注意力从农田引向低质的边际性土地，从单一作物引向高多样性多年生草地植物。

“生物能源对环境的净影响主要取决于它的生产方式。假如能正确设计，生物能源作物系统可以带来重大的环境和社会效益。选对生物质作物和生产方法能获得喜人的碳与能源平衡，以及温室气体排放的净减。”[11]

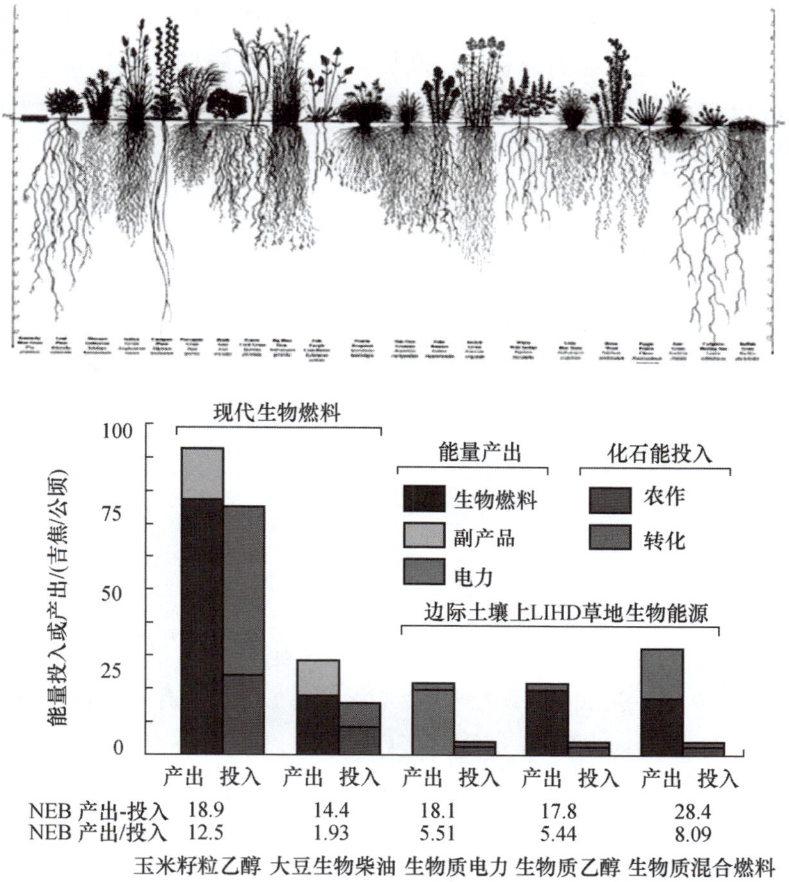

图 7　草地型 21 种植物的地上和地下部分的比较，地下部分占生物总量的 2/3（上图）；第一代和第二代生物燃料的能量产出投入比（下图）[10]

11.5 生物质产业与中国“三农”

根据部分适合生产液体生物燃料的原料资源量，可替代石油 5 600 万吨，相当于一个大庆油田，还可减排二氧化碳 1.6 亿吨。同时，根据部分适合生产固体生物燃料的原料资源量，可替代石油 5 540 万吨，相当于一个神东煤田，还可减排二氧化碳 1.4 亿吨。由此可为农民创造 98 万个工业就业岗位和 1 045 万个农业就业岗位，每年增收 446 亿元。

生物质能源产业可以规模化地使农林废弃物无害化和资源化；可以将尚无经济价值的边际性土地利用起来；可以为农民广开增收门路，提供大量就业岗位；可以基本解除农村的作物秸秆露地焚烧、畜禽粪便、石油基塑料地膜的三大污染问题；可以通过成型燃料、沼气等先进生物燃料替代薪柴，提高农村能源消费质量和效率；可以通过生物质原料生产及加工生产促进农村工业化和中小城镇化，使农村富余劳动力就近转移就业；可以缩小城乡差别和工农差别。（有删改）

11.6 两个科学问题

最后，提出相关的两个科学问题及其相应技术。

1. 边际性土地人工生态系统与物质能量循环，相应技术是优化人工生态设计与管理。

2. 土壤呼吸机理与全球碳循环，相应技术是土壤碳管理。

参考文献

［1］L.R. 布朗 . B 模式 . 林自新等译 . 北京：东方出版社，2003.

［2］美国能源信息署 . 国际能源展望 2005（IEO2005）. 北京：科学出版社，2006.

［3］The White House, Office of the Press Secretary, Executive Order of Developing and Promoting Biobased Products and Bioenergy, August /12/1999.

［4］USA TODAY. 2001−2−01.

［5］USDE & USDA, Biomass as Feedstock for a Bioenergy and Bioproducts Industry:The Technical Feasibility of a Billion−Ton Annual Supply, April.2005.

［6］Edward Smeets, Andre Faaij, Iris Lewandowski, A quick scan of global bio−energy potentials to 2050, Report NWS−E−2004−109, isbn 90−393−3909−0.

［7］中国工程院重大咨询项目：中国可再生能源发展战略研究丛书生物质能卷 . 北京：中国电力出版社，2008.

［8］Michael Wang, Updated Energy and Greenhouse Gas Emissions Results of Fuel Ethanol, The 15th International Symposium on Alcohol Fuels, San Diego,CA Sep.26−28.2005(PPT).

［9］CRS Report for Congress. The Energy Independence and Security Act of 2007. Summary of Major Provision. December 21. 2007.

［10］David Tilman，Jason Hill，Clarence Lehman, Carbon−Negative Biofuels from Low−Input High−Diversity Grassland Biomass, Science 314,1598(2006).

［11］Sivan Kartha, Promises and Challenges Environmental Effects of Bioenergy, International Food Policy Research Institute, Focus 14，Brief of 12. December, 2006.

中篇

盐渍土及改良篇

《文集》作者自 1973 年至 1993 年的 20 年间，一直投身于黄淮海平原旱涝盐碱综合治理的研究与实践工作。先后合著了《黄淮海平原的水盐运动和旱涝盐碱综合治理》(1983)、《盐渍土的水盐运动》(1986)、《黄淮海平原农业图集》(1989) 和《区域水盐运动监测预报》四部著作；自著了《盐碱土改良——诊断，管理，改良》(1986) 及《黄淮海平原的水盐运动》(2013)。本《文集》仅收入了此段时间内《文集》作者正式发表的 7 篇文章和 2 篇《黄淮海平原的水盐运动》书中的有关章节。另有早期发表的塔里木盆地北部盐分的积聚规律等 2 篇文章和 1977 年的《旱涝碱咸综合治理的研究》报告中 2 章节及后期发表的 6 篇综合性论述文章，全篇共 19 文。

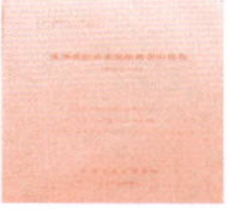

中篇目录

12 塔里木盆地北部盐分的积聚规律和盐渍土的利用改良问题

【写作背景】

《文集》作者在 1958 年参加南疆土壤考察工作的基础上，就塔里木盆地北部盐分的积聚规律和盐渍土的利用改良问题撰写了此文，以署名文章发表于 Э.М. 穆尔扎也夫和周立三主编，1959 年出版的《新疆维吾尔自治区的自然条件论文集》。这是《文集》作者发表的第一篇土壤盐渍化方面文章。作者一进入到盐渍土领域就抓住了盐分积聚与地貌的突变相关性，这与以后黄淮海平原的易溶盐积聚规律研究和形成"地学综合体"的观念是分不开的。

塔里木盆地的北部也可以叫作天山南麓的山前平原，是新疆维吾尔自治区当前垦殖工作的重要基地。这里盐渍土分布极广，含盐很重。因此，进一步认识该区盐渍土的形成及其改良利用问题对当前的盐渍土的垦殖具有重要意义。

12.1 盐渍土生成的自然条件和盐渍土的一般特征

塔里木盆地位于亚洲的腹地，四面又为高山所阻，海洋气流的影响已十分微弱。因此，表现出极端干旱的荒漠性气候特征。这里的降水量极少，最多也不超过 70 毫米（表 1）。相反地，蒸发量极大，相当于降水量的 30 ～ 62 倍。此外，气温高，无霜期长和空气的相对湿度低也是这种荒漠性气候的重要特征。

极端干旱的荒漠性气候，使得盆地中的水分强烈地被蒸发，是盐分大量在土壤和地下水中积聚的重要因素。

其次，盆地中盐分的补给来源十分丰富。原生的火成岩或岩浆岩是盐分的最终来源。盆地风化过程中解放出的各种化学元素，按照地球化学的规律而转移和积聚。难溶的盐类都在山区和近山的洪积冲积扇上部停积下来，易溶的盐类，则随地表和地下水流被带到盆地中来，如以东部的孔雀河为例，每年由河水携入盆地的易溶盐量就可达 30 万吨。

表 1　天山南麓山前平原的主要气候特征

地区	平均温度（℃）		年降水量（毫米）	年总蒸发量（毫米）	年总蒸发量/年降水量	7 月份前平均相对湿度（%）	无霜期（天）	观察年限
	全年	7 月份						
焉耆	5.8	18.5	63.6	1 919.2	30.1	52	165	1952—1956
库尔勒	10.3	27.6	49.5	2 783.1	56.2	31	219	1955—1956
库车	11.3	26.9	68.2	2 833.4	41.5	34	256	1951—1956
阿克苏	9.7	25.3	37.5	2 323.0	61.9	44	184	1954—1956
巴楚	11.4	26.8	46.9	2 205.7	47.0	34	229	1954—1956

天山南麓前山一带的白垩纪和第三纪含盐地层也是盆地中盐分的重要补给来源。自阳霞以西，这种含盐地层断续相接，连绵千余公里。在这些地层中，有的含盐量很高。吐司阿瓦提河出口处的盐山，大部为含盐 90% 以上的岩盐组成。每当暴雨和山洪暴发之际，盐分即随水流大量注入盆地。巴楚地区山地一带，盐山罗列，大大影响了突来买提河（叶尔羌河一支流）河水的含盐量。枯水期，河水含盐量已达 4 克 / 升，当第一次洪水到来时，河水含盐量可骤增增到 8 克 / 升。

地形条件也是促使盆地中强烈积盐的重要因素之一。

塔里木盆地为一团塞的内陆洼地，河水无法外流入海，因此，区域的水量平衡主要依靠地面的蒸发作用来调剂。从原生岩和次生岩中所带入的全部盐分都被保留在盆地中。

来自天山的水流，在出口以后，大量渗入砾质的洪积冲积扇，成为地下水流，自北向南移动。随着地形坡度减缓，组成物质变细，地下水位也逐渐抬高和流动不畅。此外，由于受到横贯东西的塔里木河的阻截，北来的地下水流即不能顺畅入盆地中心而发生涌高现象。这都使得山前平原上，保持着较高的地下水位。因此，地貌条件也保证了地下水接近地面，从而，大大加速了地下水的蒸发和盐分的积聚。

地形、气候和丰富的盐分来源是造成盆地北部广泛地进行强烈积盐过程的最主要因素。

在盐渍土形成的这些因素的影响下，这里的盐渍及土的积盐过程具有它独到的特征。

第一，是盐渍土的普遍性。盐渍土分布的普遍，以至于使我们除了在砾质洪积冲积扇和少数古老的绿洲以外，很难找到非盐渍化的土壤。

第二，是盐渍化的程度极重。除了在少数几条较大的河流的冲积平原和三角洲上有部分盐渍化程度较轻的土壤以外，广大的山前平原上都是含盐极重的盐土。盐土表层含盐量一般都有 20% ～ 50%，多者达 80% 以上。我们在阿克苏河三角洲下部见到有近 1 米厚的盐聚积层，含盐量达 70%。那么每公顷的盐分贮藏量就有 5 000 吨以上。含盐量这样高的盐土，在世界上其他地区也是十分罕见的。

第三，是盐渍土的表聚性和结壳性。在地下水位普遍较高和蒸发量极为强烈的情况下，盐分大量集中于表层，表层以下盐分即迅速减少。地表 30 厘米以内的盐分贮藏量往往可占 1 米内盐分贮藏量的 60% ～ 90%。

积聚于土壤上层的盐分在地表形成厚约 5 ～ 20 厘米的坚硬的盐壳。这种盐壳的形成是和大量的 NaCl 以及在气候极端干燥的情况下，一部分含结晶水的石膏脱水为无水石膏有关的。

第四，是盐渍土的活跃性。地貌及水文网的特点。使得广大山前平原上，地下水位普遍较高。地下水中的盐分仍不断地向土壤中转移，进行着现代的积盐过程。

最后，从盐分的组成来看，以 Cl 和 SO_4–Cl 类型的盐渍土为主，阳离子中除有大量的 Na^+ 以外，Mg^{2+} 的含量较 Ca^{2+} 为多。盐渍土中 NaCl 和 $MgCl_2$ 的大量积聚也充分反映了极端荒漠性气候条件下，内陆盆地的积盐特征。

12.2 盐分在土壤和地下水中积聚的规律

在极端干旱和蒸发量强烈的气候条件下，盐分的积聚主要是通过地面及地下水的蒸发而进行。因此，在不同的水文和水文地质条件下，盐分积聚的量和质上也极不相同。水文和水文地质状况往往又是随着地貌部位的不同而相应地发生变化的。所以，在各个不同地貌部位上，我们可以见到相应不同的积盐特征。

此外，盐分来源和沉积物性质的不同，以及一年内罕有的一两次暴雨也在不同程度上影响着盐分的积聚。但是，所有这些影响因素都服从于各个地貌部位上盐分积聚的一般规律性。

以下分别叙述各个地貌部位上盐分积聚的特征。

12.2.1 前山带含盐地层的坡积盐化过程

前山带含盐地层附近，坡积盐化现象十分普遍。每当暴雨之际，暂时的地表径流将含盐地层的风化物搬运到山坡的凹处和山前一带形成倾斜平原，随着这些细小水流的下渗和重新被蒸发，盐分也就在这些坡积物中聚积起来。由于降水量很小，所以坡积盐化所波及的范围也很有限。一般都只是在含盐地层附近呈一片一片地，或是沿着含盐地层呈条带状分布。从拜城至阿克苏之间的前山一带触目皆是。

坡积盐化是荒漠地区所特有的一种积盐类型。它发生在有含盐地层而气候又十分干旱的条件之下。它的积盐过程主要由细小的和暂时性的地表径流所引起，和地下径流无关。

由于坡积物质较粗（一般以细砾粗砂为主），稠密的细小水流所引起的下渗作用和土内的蒸发，使得盐分在表层以下大量积聚，整个剖面中盐分的含量比较一致。这就和借助于地下水的蒸发而发生的盐渍化的特征（盐分大量集中于表层）有着显著不同（表 2）。

表 2　坡积盐化的盐分组成

深度（厘米）	干残余物（%）	CO_2	HCO_3	Cl	SO_4	Ca	Mg	Na+K	pH
山坡上的坡积物									
0 ～ 20	1.6 100	0	0.010 8 / 0.177 0	0.175 7 / 4.949 3	0.660 0 / 13.749 9	0.208 2 / 10.411 8	0.047 5 / 3.904 4	0.104 9 / 4.560 0	7.3
山坡下的强盐化荒漠土									
0 ～ 2.5	1.847 5	0	0.018 7 / 0.306 5	0.286 6 / 8.074 0	0.633 4 / 13.195 8	0.161 9 / 8.095 0	0.016 0 / 1.315 8	——	7.5
2.5 ～ 13	2.222 5	0	0.013 6 / 0.223 0	0.482 9 / 13.600 0	0.849 2 / 17.691 6	0.169 9 / 8.495 0	0.018 0 / 1.480 0	——	7.6
13 ～ 19	2.532 5	0	0.013 1 / 0.214 8	0.597 5 / 16.830 0	0.725 4 / 15.112 7	0.162 3 / 8.115 0	0.011 0 / 0.904 6	——	7.5
19 ～ 37	3.367 5	0	0.013 6 / 0.223 0	1.066 5 / 30.060 0	0.922 7 / 19.222 9	0.171 4 / 8.570 0	0.006 1 / 0.501 6	——	7.5
37 ～ 62	1.362 5	0	0.012 6 / 0.206 6	0.029 5 / 0.831 0	0.619 6 / 12.908 3	0.149 5 / 7.475 0	0.012 0 / 0.986 8	——	7.6
62 ～ 75	1.450 0	0	0.014 0 / 0.229 5	0.090 3 / 2.544 0	0.663 3 / 13.818 7	0.158 6 / 7.930 0	0.006 4 / 0.526 3	——	7.4

注：表中横线上下的数字各表示为百克干土中该离子的重量和毫克当量数。下同。

坡积盐化的盐分组成直接受到含盐地层的盐分组成的影响。但是，土壤上层往往以 SO_4 为主，这和质地粗，下渗作用和土内蒸发较强有关。

12.2.2　山麓洪积冲积扇的积盐过程

河流在出山口以后，将所携带的大量物质堆积于山麓平原，形成锥形的洪积冲积扇。扇形地的上部全为砾石组成，坡度很大。河水在流过这里时，大量渗漏，转为地下径流。地下水深度一般都超过 10 米。由于沉积物质粗，透水性好，河水矿化度低，地下水位深，所以这里没有进行盐渍化过程。在年轻的沉积物质中有时可以发现少量的石膏。

洪积冲积扇下部的坡度减缓，沉积物质愈来愈细，砂质和壤土逐渐取代了砾石。随着组成物质的变细，地下水的流速减慢了，坡降也变缓了。但是，上面的水流仍然不断地流来和水层的静水压力的加大，使得这里的地下水发生涌高现象和逐渐接近地面。盐分也就开始在地下水和土壤中积聚。

在这里盐分积聚的特征，首先是自上而下（即自北而南）的，积盐量逐渐增加，积盐类型也有规律地相互演替。这里的地下水一方面开始通过毛管作用上升到地面被蒸发，一方面由于流速的减缓，有较多的时间去溶解蓄水层中的盐分。因此，愈往下地下水矿化度愈增加，矿化类型也随之而改变。从洪积冲积扇的下部开始一直到扇缘一带，地下水矿化度由 1 克 / 升左右逐渐增长到 20 克 / 升以上。矿化类型的更替是 SO_4–HCO_3 型→ HCO_3–SO_4 型→ SO_4–Cl 型。

在洪积冲积扇下部由砾质开始转为土质的地区，由于质地轻，地下水质较好，且时常还可以受到地面洪水和侧流的影响。所以这里土壤的盐渍化程度较轻，为 Cl–SO_4 的盐化扇缘草甸土。往下地势稍低的地方，地下水在 3 米左右，矿化度增加到 1 ～ 3 克 / 升，土壤表面进行了比较强烈的积盐，发育成为 Cl–SO_4 的结皮盐土[①]再下，地下水位在 2 米左右出现，矿化度增长到 10 克 / 升以上，其上发育成含盐很重的结壳盐土。积盐类型已不同于上面的 Cl–SO_4 结皮盐土，而是 SO_4–Cl 类型。这里除了耐盐力很强的盐梭梭以外，其他植物多已不能生长。至扇缘一带，地势低洼，地下水更加接近地表，有的已成泉水露头。矿化度普遍升高到 20 克 / 升以上。这里发育了大片的 SO_4–Cl 潮湿盐土，表层 Ca+Mg 和 Na+K 的比值接近于 1，其中尤以 Mg 的含量高。由于较多的 $MgCl_2$ 和 $CaCl_2$，整个剖面都显得十分湿润。

洪水对洪积冲积扇下部的影响也增加了这里积盐过程的复杂性（表 3）。季节性洪水往往使扇形地下部的低地上发生暂时的脱盐过程。由此也引起暂时的地下水位升高，矿化度增加，以及矿化类型的改变。

根据以上所述，洪积冲积扇下部的积盐特征可以概括为以下四点：

第一，随着组成物质的逐渐变细和地下水位逐渐接近地面，扇形地下部的积盐过程自上而下有规律地变化和更替着。

第二，扇形地的下部正处于 Cl–SO_4 积盐类型和 SO_4–Cl 积盐类型的过渡地带。靠近上部为 Cl–SO_4 积盐类型，靠近下部为 SO_4–Cl 积盐类型。

---

① 薄者称结皮（＜ 3 厘米），厚者称结壳（≥ 3 厘米），以后均同此意。

第三，土壤和地下水中积盐量和积盐类型上是相符合的。

第四，扇缘一带有大面积的潮湿盐土分布，$MgCl_2$ 和 $CaCl_2$ 在这里的结聚量显著增加。

12.2.3 山麓洪积冲积平原上的积盐过程

天山南麓的洪积冲积平原实际上是由无数个干三角洲的下部所组成的，其土壤中盐分的组成见表 3。这里地势已经十分平缓，微向南倾斜。来至天山的河水，到此即逐渐减小，而后完全散失。河槽已经变得很浅很小，洪水到来时，即在广阔的洪积冲积平原上四处漫溢，最后被完全晒干和蒸发，这里的地形十分平坦，地表积有一层雪白色或灰色的盐壳，远看上去，整个地面好像一片银海一般，颇为壮观。稀疏零星的红柳包点缀其间，如海中孤岛。

表 3　山麓洪积冲积扇下部的土壤中盐分的组成（札木台区）

深度（厘米）	干残余物 (%)	CO_3	HCO_3	Cl	SO_4	Cl/SO_4
强盐土化草甸土						
0～33	2.478	0	$\frac{0.025}{0.410\ 0}$	$\frac{1.033}{29.098\ 6}$	$\frac{0.452\ 5}{9.425\ 6}$	3.09
33～73	0.763	0		$\frac{0.202\ 5}{5.704\ 2}$	$\frac{0.260}{5.412\ 8}$	1.67
73～93	2.081	0	$\frac{0.029}{0.475\ 6}$	$\frac{0.507}{14.281\ 7}$	$\frac{0.735}{15.310\ 1}$	0.93
120～142	2.394	0	$\frac{0.190}{3.116\ 0}$	$\frac{0.343}{9.662\ 0}$	$\frac{1.095}{22.808\ 9}$	0.42
142～188	1.086	0	$\frac{0.018}{0.295\ 2}$	$\frac{0.206}{5.802\ 8}$	$\frac{0.440}{9.165\ 2}$	0.63
$Cl-SO_4$ 结皮草甸盐土（2-062）						
0～23	7.050	0	$\frac{0.112\ 5}{1.845\ 0}$	$\frac{1.562\ 5}{44.014\ 1}$	$\frac{2.635}{54.887\ 1}$	0.80
23～53		0	$\frac{0.058}{0.951\ 2}$	$\frac{0.150}{4.225\ 4}$	$\frac{0.400}{8.332\ 0}$	0.51
53～96		0	$\frac{0.536}{8.790\ 4}$	$\frac{0.130\ 5}{3.676\ 1}$	$\frac{0.027\ 5}{0.572\ 8}$	6.42
96～100		0	$\frac{0.040}{0.656\ 0}$	$\frac{0.047\ 5}{1.338\ 0}$	$\frac{0.045\ 0}{0.937\ 4}$	1.43
SO_4-Cl 结壳盐土（3-078）						
0～27	16.188	0	$\frac{0.004\ 8}{0.078\ 7}$	$\frac{8.422\ 5}{237.253\ 4}$	$\frac{1.385}{28.849\ 6}$	8.2

续表 3

深度（厘米）	干残余物 (%)	CO_3	HCO_3	Cl	SO_4	Cl/SO_4
27 ～ 65	0.289	0	0.021 5 / 0.252 6	0.131 / 3.690 1	0.030 / 0.624 9	5.91
SO_4–Cl 潮湿盐土（3–02）						
0 ～ 20	18.804	0	0.024 5 / 0.401 8	7.765 / 218.732 3	3.615 / 75.300 5	2.91
20 ～ 40	5.844	0	0.018 0 / 0.295 2	2.350 / 66.197 2	1.180 / 24.579 4	2.69
40 ～ 112	2.254 2	0	0.013 0 / 0.213 2	1.002 5 / 28.239 4	0.355 / 7.394 7	3.82
112 ～ 130	1.148 7	0	0.016 5 / 0.270 6	0.567 5 / 15.985 9	0.120 / 2.499 6	6.64
130 ～ 160	—	0	0.013 5 / 0.221 4	0.337 5 / 9.507 0	0.070 / 1.458 1	6.52

这里的另一特点是沉积物质愈来愈细，上部以黏土和壤土交互成层，下部往往有厚达 1 米余的红色黏土。地下水在这里几乎近于停滞，大量溶解蓄水层中的盐分和被蒸发而矿化度很高。矿化度一般都在 20 ～ 40 克 / 升，多者达 80% 克 / 升以上。从图 1 中可以清楚地看出 NaCl 在地下水中始终占着绝对优势，随着矿化度的增加，Cl 和 Na 并驾齐驱地呈直线上升。相反地，其他离子的含量一直很低，上升得也很缓慢（图 1）。盐分在地下水中积聚的这种特征，其他地区是没有的。

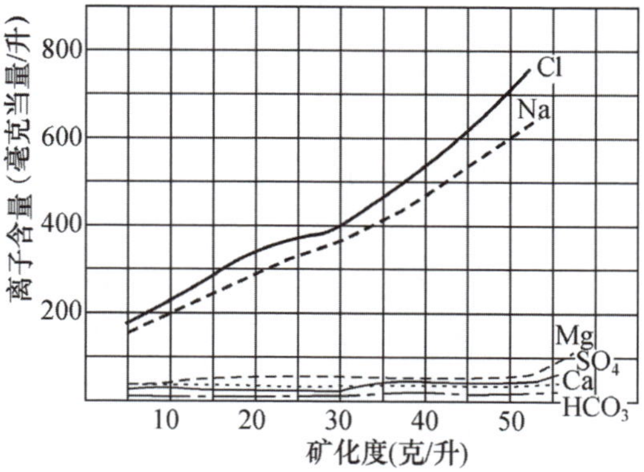

图 1　洪积冲积平原的地下水中盐分组成和矿化度之间的关系

高矿化度地下水接近地面，使得洪积冲积平原上的土壤中进行强烈的积盐过程。除了大片的沙丘以外，几乎全部都是含盐极重的结壳盐土，表层的含盐量多在 40% 以上。盐分组成中以 NaCl 占绝对优势，Na+K 的当量数值远远超过

Ca+Mg。此外，苏打在表层的含量也较多，一般都在 0.005% ～ 0.02%，因此，这里的土壤上层不仅有大量的 NaCl 积聚，且总碱度也很高。在易溶盐聚积层以下还有较多的石膏呈晶簇状的新生体出现。

土壤中的积盐量和氯化物在盐分组成中的比重也是由北向南逐渐变化的。洪积冲积平原上部的结壳盐土的表层 30 厘米的含盐量一般在 15% 左右，结壳厚度为 5 ～ 10 厘米，Cl/SO_4 的当量比值为 10 ～ 15。平原下部的结壳盐土的表层 30 厘米的含盐量达 30% ～ 60%，结壳厚度一般为 15 ～ 25 厘米，Cl/SO_4 的当量比值为 20 ～ 25，高者达 30 以上。

以上只是叙述了山麓洪积冲积平原上盐分积聚的一般特征。在阿克苏河以东和以西的洪种冲积平原上水文和水文地质条件不尽相同，故盐分的聚积亦有所差异。阿克苏河以东的洪积冲积平原上一方面受到前山一带含盐地层的影响，使得平原上盐分含量普遍较重；另一方面来自天山的河流较多，地面和地下水都较为充足。相反地，横亘于南部的塔里木河对北来的水流又起着阻截作用。所以在整个洪积冲积平原上地下水位很高，流洩不畅。这也就更加强了盐分在地下水和土壤中的积聚。

阿克苏河以西的洪积冲积平原，天山河水的补给远较东部为少，另外，叶尔羌河下游割切较深。所以在整个洪积冲积平原上地下水位很深，一般都在 6 米以下。因此，这里盐分的主要来源不是依靠地下水的蒸发，而主要是古代积盐的残余和季节性洪水（地面水）所带来的盐分。从积盐类型来看，它和东部的洪积冲积平原相同，以 NaCl 为主，但积盐量一般较低。

12.2.4 河流三角洲的积盐过程

源出于天山的大的河流，自北而南地穿过洪积冲积平原，到塔克拉玛干大沙漠的北缘汇注入塔里木河。因此，在天山南麓山前平原上大致南北向排列着各个大河所形成的三角洲。主要的有阿克苏河三角洲、库车河三角洲、孔雀河三角洲和焉耆盆地的开都河三角洲。

三角洲兼有着山麓洪积冲积扇、洪积冲积平原和河流冲积平原的特征。首先，河流在出山以后，一直到三角洲的末端，在沉积物质、地貌、水文地质以及土壤等方面都是自上而下逐渐变化和洪积冲积扇相近。但是，它也具有河流积平原的特征，如阿克苏河三角洲深陷入两旁的洪积冲积平原。河岸具有明显的河漫滩和阶地，而开都河三角洲具有地上河的特点，故两岸自然堤和河间凹地十分发育。但是，三角洲下部与湖泊或河流成交叉方向相接，也使得三角洲具有其本身的特征。

在三角洲地区，由于沉积物质较粗，坡度较大，河水又沿途不断地补给，所以地下水的特点是水源丰富，排洩通畅，水质好，水位高。但是，到三角洲的下部，由于受到湖泊或干流的影响而地下水条件变坏。地下水埋藏深度一般在1～3米，上游地区距地面更近。在三角洲上部和近河中地区，地下水矿化度多在1克/升以下，距河较远的地方也少有5克/升的。只有在三角洲边缘部分，水文地质条件变坏的情况下，矿化度可增长到10克/升以上。

需要特别提出的是，在切入洪积冲积平原之中的三角洲下部的边缘部分，往往会受到来自古老洪积冲积平原的矿化地下水的影响。在阿克苏河三角洲下部的东北角上，我们常常可以见到被河流割切成为阶地形式的古老洪积冲积平原的底部流出矿化度很高的盐流，从这里可以取出结晶很好的食盐。因此，洪积冲积平原来的这种盐流及其对三角洲地区地下水所产生的静水压力，大大加速了三角洲下部的积盐过程。

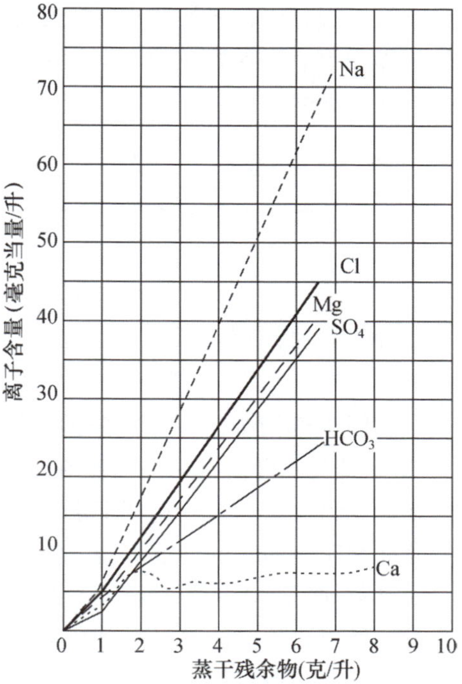

图2　孔雀河三角洲地下水盐类组成与矿化度之间的关系

盐分在地下水中积聚的一般特征可从图2中得知梗概。比起其他地区来，三角洲地区地下水中HCO_3的含量显著为多，且随着矿化度的增加上升得很快。

尤其在矿化度低于1.5克/升时，$Ca(HCO_3)_2$的含量很高，为$Cl-HCO_3-Ca-Na$的积盐类型。当矿化度继续增高时，则转变成为$SO_4-Cl-Mg-Na$的积盐类型。此外，Mg的含量高，并随着矿化度增加而迅速增加也是重要特征之一。

三角洲地区土壤中的积盐状况是较为复杂的。一般说来，在三角洲的上部和近河的河漫滩上主要进行苏打盐化过程，其他地段部位上为$Cl-SO_4$的积盐类型。盐渍化程度一般都不算高。这就不同于洪积冲积平原里其他的积盐类型。

由于各个河流三角洲在地貌特征上的不同而积盐过程亦有所差异。

阿克苏河三角洲代表着切入洪积冲积平原，并具有明显河漫滩和阶地的一种类型。在宽阔的河漫滩上，小区地形的起伏，使得土壤中的盐分状况变异很大。

近河的低河漫滩虽然水位高，但为淡水，且经常受到洪水的淹没和淋洗，故为非盐渍化的草甸土。在河漫滩的小地形稍微高起的地方，开始了盐分的积聚，为盐化冲积性草甸土和苏打盐土。盐分组成中苏打含量很高，其次以SO_4为多，为SO_4-CO_3的积盐类型。由于经常受到洪水的淋洗，盐分往往聚集在剖面的中部。

在距河岸较远的河漫滩的洼地上，地下水位很高，但受到洪水淋洗的机会少，所以盐分比较强烈的积聚，发育成为强盐土化的沼泽土或草甸土，为 Cl–SO_4 的积盐类型。在距离河漫滩较远地势较高的地方，已发育成为 SO_4–Cl 的草甸盐土（图 3 和表 4）。

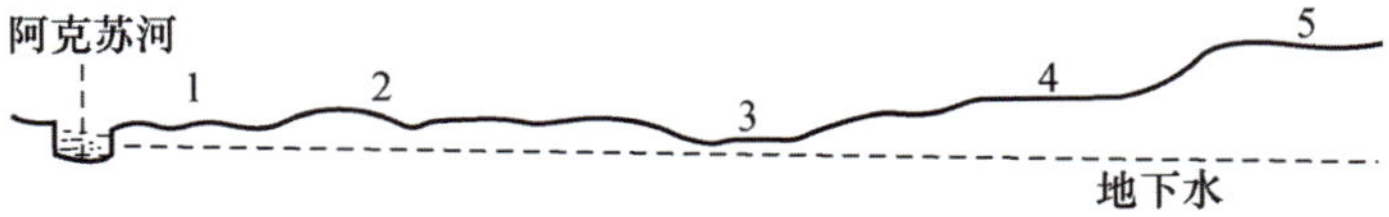

图 3　阿克苏河中下游河漫滩地的土壤分布示意图

1. 河漫滩冲积性草甸土　2. 硫酸盐－苏打盐化冲积性草甸土　3. 盐土化冲积性沼泽土（草甸土）　4.SO_4–Cl 冲积性草甸盐土　5. 一级阶地

在阿克苏河下游左岸的阶地上发育了含盐极重的 Cl 结壳盐土。表层含盐量在 50% 以上。含盐极重的盐土在这里分布，一方面是受到洪积冲积平原的盐流的影响；另一方面是三角洲下部阿克苏转向塔里木河时，像一个口袋一样兜住了从北面和东北面来的地下水流，使之涌高和强烈地被蒸发。

开都河三角洲的积盐特征与此不同。由于自然堤和堤间凹地周期性地被洪水淹没，所以自然的脱盐过程和积盐过程交互进行。这里的河水和地下水的水质较淡，地下水位也较深，所以积盐过程不强，主要分布有中度盐渍化的草甸土（图 4）。只是在一些局部的高地上才进行着强烈的积盐，发育成为盐土。但是在三角洲的两侧却有呈大片分布和含盐很重的盐土。这里一方面是由于距河远，受洪水以及河水对地下水的淡化作用的影响较小。另一方面两侧与洪积冲积平原相接，

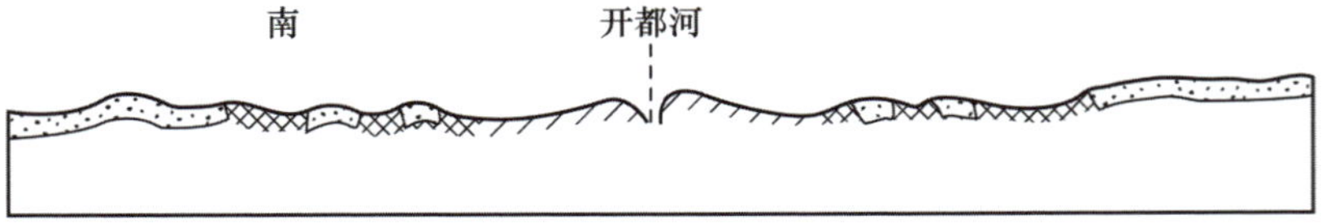

地貌		三角洲边缘	三角洲	开都河自然堤	三角洲	三角洲边缘
地下水	深度（米）	2～4	2～3	2～3	2～3	2～4
	矿化度（%）	3～12	1～3	<1	1～3	3～12
土壤		典型盐土	高地：盐土 坡地：盐土化草甸土 低地：弱盐土化草甸土	草甸土、弱盐土草甸土	同左三角洲区	同左三角洲边缘区

典型盐土　地下水位　强盐土化草甸土　草甸土及弱盐土化草甸土

图 4　开都河三角洲中段土壤分布示意图（横断面）

表 4 阿克苏河三角洲下部河漫滩的土壤及其盐分状况 *

剖面号	土壤名称	地貌部位	植被	地下水深度（米）	采样深度（厘米）	总盐（%）	Cl（%）	SO_4（%）	CO_3（%）	HCO_3（%）	pH	C（%）
2002	冲积性草甸土	近河的低河漫滩	芦苇、滨草、苦豆子，盖度 80%	0.6 ±	0 ～ 30	0.165 0	0.027 4	0.110 3	未测	0.036 0	7.8	未测
3035	硫酸盐－苏打盐化冲积性草甸土	同上，地势稍高	铃铛刺、芦苇，盖度 40% ～ 60%	0.6 ±	0 ～ 15 0 ～ 100	0.405 6 1.009 4	0.078 9 —	0.135 7 0.085 5	0.148 5 —	0.034 4 0.072 8	8.3 7.6	未测 未测
2012	盐土化冲积性草甸沼泽土	河漫滩的低洼积水地	高芦苇，盖度 60% ～ 90%	0 ～ 0.4	0 ～ 10 10 ～ 39 ＞ 39	1.480 1 0.808 0 1.040 9	0.129 9 0.082 5 0.267 4	0.815 3 0.220 4 0.355 1	无 无 无	0.042 9 0.036 0 0.053 8	7.5 7.4 7.2	未测 未测 未测
2003	SO_4–Cl 冲积性草甸盐土	距河较远的河漫滩高地	铃铛刺、白花、苦豆子、红柳、滨草	1.35 ～ 2.30	0 ～ 18 18 ～ 46	3.750 0 0.235 0	1.138 1 0.025 3	0.980 2 0.220 3	无 无	0.036 9 0.028 8	8.1 7.8	1.54 0.59

* 根据农一师勘察队的资料整理而成。

受到高矿化地下水及其所造成的静水压力的影响，使地下水水质变坏，并强烈地被蒸发，故而强烈积盐。相反地，三角洲下部与博斯腾湖相接的地方却积盐不重，这是与这一带有丰富的矿化度不高的地表和地下水的补给，而博斯腾湖又为可以外泄的淡水湖有关。

开都河三角洲和其他三角洲一样，积盐的特点是以 SO_4 为主，苏打含量很多。从表 5 中所列举的两个盐土的盐分组成中可以清楚地看出这点。

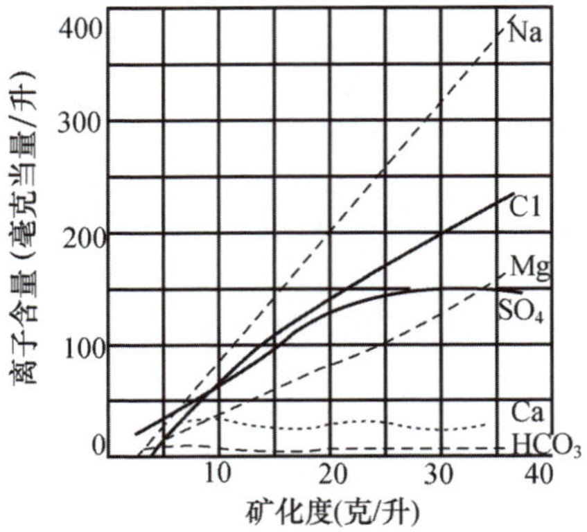

图 5　开都河三角洲和土壤表层盐分组成与总盐量之间的关系

最后，还需要提出三角洲积盐的另一特征。由于积盐和脱盐过程的交互进行，在土层中往往有埋藏盐化层的出现。

开都河三角洲和土壤表层盐分组成与总盐量之间的关系如图 5 所示。

12.2.5　河流冲积平原上的积盐过程

这里所指，主要是横贯塔里木盆地北部的叶尔羌河下游和塔里木河上中游的冲积平原。

表 5　开都河三角洲中下部分的盐土化草甸土和盐土的盐分分析结果

深度（厘米）	干残余物（%）	CO_3	HCO_3	Cl	SO_4	Ca	Mg	Na+K	pH
苏打－硫酸盐疏松结皮的盐土（剖面 Ka8）									
0 ～ 1.5	18.040 0	0	0.540 3 8.855	5.109 7 144.097	5.258 7 109.486	0.285 5 14.248	1.447 2 119.015	2.971 0 129.175	1.9
1.5 ～ 18	27.620 0	0.057 8 1.915	0.753 2 12.345	5.334 4 150.435	10.485 6 218.299	0.401 5 20.036	1.637 8 134.688	5.250 2 228.270	8.2
18 ～ 36	12.442 5	0.071 8 2.239	0.310 3 5.085	2.527 2 71.269	4.678 2 97.395	0.263 2 13.135	0.839 2 69.014	2.1618 93.993	8.45
36 ～ 50	4.473 8	0	0.025 9 0.424	1.013 1 28.570	1.608 0 33.477	0.285 5 14.248	0.200 3 16.474	0.730 2 31.749	7.6
50 ～ 80	2.485 0	0.003 0 0.100	0.025 9 0.424	0.953 2 16.787	0.793 7 16.542	0.058 0 2.894	0.102 9 8.460	0.515 7 22.421	8.45
80 ～ 110	1.222 5	0.003 9 0.130	0.042 6 0.404	0.410 8 11.584	0.313 6 6.529	0.024 1 1.202	0.053 1 4.363	0.300 9 13.082	8.65
110 ～ 154	0.912 5	0.003 3 0.110	0.020 1 0.329	0.276 3 7.792	0.105 8 2.203	0.019 6 0.980	0.029 2 2.404	0.162 2 7.050	8.65

续表 5

深度（厘米）	干残余物（%）	CO_3	HCO_3	Cl	SO_4	Ca	Mg	Na+K	pH
154 ～ 172	0.265 0	0.003 6 / 0.120	0.018 9 / 0.309	0.103 2 / 2.909	0.073 6 / 1.532	0.010 7 / 0.543	0.017 9 / 1.469	0.065 9 / 2.867	8.65
172 ～ 196	0.533 8	0.002 4 / 0.080	0.025 6 / 0.419	0.162 1 / 4.571	0.086 5 / 1.880	0.012 5 / 0.623	0.018 4 / 1.514	0.110 7 / 4.813	8.45
196 ～ 242	0.677 5	0.005 7 / 0.189	0.020 4 / 0.334	0.202 6 / 5.714	0.163 9 / 3.412	0.022 3 / 1.113	0.017 9 / 1.469	0.162 5 / 7.067	8.65
苏打 – 硫酸盐的结皮盐土									
0 ～ 9	56.457 5	0.011 4 / 0.379	0.214 2 / 3.510	8.716 3 / 245.807	26.847 0 / 558.929	0.419 4 / 22.927	2.905 8 / 238.965	12.620 9 / 548.733	8.3
9 ～ 23	5.491 5	0	0.028 3 / 0.464	1.400 4 / 36.674	2.405 0 / 50.070	0.847 7 / 42.299	0.197 6 / 16.252	0.659 1 / 28.657	7.2
23 ～ 46	2.323 8	0.013 1 / 0.430	0.067 8 / 1.111	0.879 3 / 24.796	0.542 4 / 11.299	0.015 0 / 0.747	0.062 0 / 5.099	0.731 3 / 31.796	8.65
46 ～ 66	1.011 3	0.011 4 / 0.379	0.054 8 / 0.897	0.326 0 / 9.194	0.240 1 / 4.999	0.008 9 / 0.445	0.016 2 / 1.336	0.314 4 / 13.688	8.65
66 ～ 95	0.622 5	0.009 3 / 0.309	0.052 9 / 0.868	0.158 4 / 4.467	0.138 6 / 2.885	0.025 0 / 1.247	0.006 5 / 0.534	0.155 2 / 6.748	8.65
95 ～ 115	0.440 0	0.012 6 / 0.419	0.035 6 / 0.583	0.058 9 / 1.662	0.095 1 / 1.960	0.010 7 / 0.534	0.010 8 / 0.890	0.257 6 / 11.220	8.65
115 ～ 140	0.270 0	0.006 6 / 0.219	0.039 2 / 0.642	0.042 4 / 1.195	0.056 4 / 1.774	0.008 9 / 0.445	0.014 6 / 1.202	0.036 4 / 1.583	8.65
140 ～ 150	0.365 0	0.005 1 / 0.170	0.039 5 / 0.648	0.033 2 / 0.935	0.082 2 / 1.711	0.017 8 / 0.890	0.008 1 / 0.668	0.043 8 / 1.906	8.65

从空间上看来，河流冲积平原的各个分段上均具有互不相同的自然特征，从时间上看，各个分段的不同自然特征又是处在彼此相互联系的各个发育阶段。在这整个长达数百公里的狭窄的冲积平原上，大致可分为三个分段，即塔里木河中游的大量堆积阶段、叶尔羌河下游的开始下切阶段和塔里木河上游的下切阶段（图 6）。这些具有不同的自然特征和处在不同发育阶段的各个分段上，盐分积聚的特征也是不同的。以下分述之。

塔里木河中游的大量堆积阶段 这里地势十分平缓，河流至此地已分散成无数支流，纵横交错，蜿蜒曲折。由于河流将大量物质的迅速堆积，河槽往往悬于地面之上，自然堤及河间低地十分发育。所逢洪汛期间，河水四溢，形成大片沼泽和草甸。

这里地下水位普遍较高，多在 3 米以上。水质较好，矿化度一般在 1 ～ 5

克 / 升之间。但是，在局部的一些高台地上，地下水矿化度很高，多在 10 克 / 升以上，高者达 65 克 / 升。这里的地下水强烈积盐是因为在它周围的低地上经常为洪水淹没，地下水得到不断补充和淡化，相反的，高地下面的地下水流却变得闭塞和流泄不畅，同时受到周围地下水的静水压力，而使得在地面强烈蒸发。正是由于流泄不畅和强烈被蒸发而盐分在地下水中大量积聚。

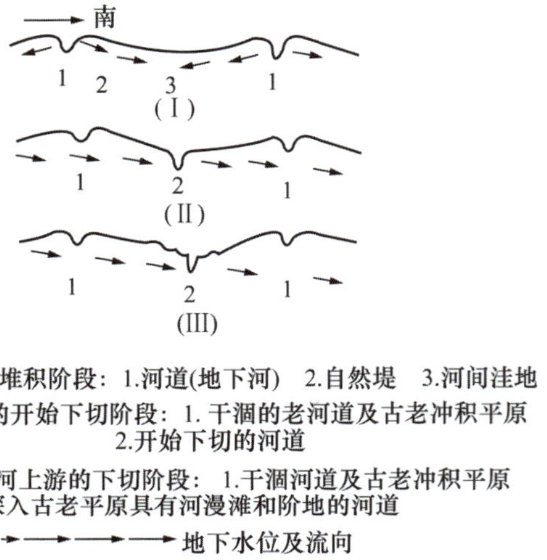

图 6　冲积平原各分段的一般特征及其发育的阶段

从图 7 中可以看出这里的地下水主要为 SO_4–Cl–Mg–Na 型。NaCl 始终占据优势。当矿化度超过 25 克 / 升以后，Cl 的含量急剧增加，SO_4 的曲线反而变得平缓起来，增长很慢。此外，Mg 的含量高和 Ca 增长极微亦为其特点之一。

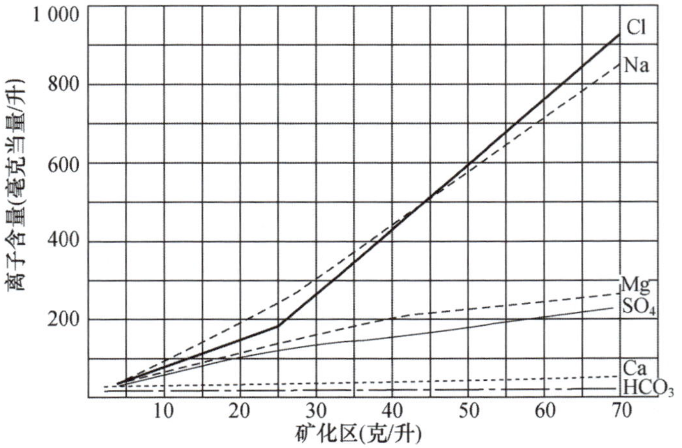

图 7　塔里木河中游地下水盐分组成与矿化度间的关系

盐分在土壤中的积聚是和地貌条件密不可分的。河间低地由于季节性地受到洪水的淹没，所以脱盐和积盐过程是交互进行的，含盐低，为 Cl–SO_4 的积盐类型。有时也有少量苏打的积聚。低地之间的局部高台地和老河道的自然堤的上部进行着强烈的积盐过程。这里对低地而言，实际上起着干排水沟的作用。因此，积盐量很高，表层可达 60% 以上，为氯化物盐土。表层的含盐层中有时含有较多的苏打，为苏打 – 氯化物盐土。

河间低地和高台地之间的缓坡地上却具有过渡性的积盐特征。这里地势较河间低地稍高，洪水量较小时，这里起着低洼地的干排水沟作用。洪水量大时，这里也进行着自然脱盐过程。所以这里含盐量相差悬殊，一般在 1% ～ 5% 之间，多者达 20%。但由于地下水条件较好和受到自然脱盐的影响，所以即使在含盐量很高的情况下，仍为 Cl–SO_4 的积盐类型为主。

叶尔羌河下游的开始下切阶段　由于叶尔羌河的下游侵蚀基准面的下降，河流开始下切，地下水也随之而降低，因此原来地下水位很高的泛滥平原上开始脱离了地下水的影响，现代的积盐过程也就渐趋于停止，土壤和植被也开始向荒漠方向发展。只有在沿河两岸的低地上还继续进行着草甸过程和现代的积盐过程。

由于河流还处于下切的初期，河床下切深度一般在 4 ～ 7 米之间，河漫滩和阶地都不明显。古老冲积平原的地下水深度多在 5 米左右，原来草甸化过程的痕迹和古老积盐的特征仍然保持较为完整。

由于处于叶尔羌河下游，古代积盐过程比较强烈，因此给古老冲积平原上留下大面积的残余盐土和胡杨林下残余盐土。古代积盐的特征仍然是和地貌部位有着规律性联系的，在地势较高的古河道的自然堤上部为胡杨林下盐土，老的河间低地为荒漠化草甸土，自然堤中下部和河间地间的高台上为含盐极重的结壳盐土。

盐土表层 30 厘米的含盐量在 3% ～ 15% 之间，一般为 10%。积盐类型是和总盐量相关的，总盐量在 20% 以下，为 Cl–SO_4–Ca–Na 的积盐类型，总盐量超过 20% 以后，则为 SO_4–Cl–Mg–Na 的积盐类型。所以当盐量不断增大时，主要是 NaCl 和 $MgCl_2$ 的含量增加。此外，Cl 的含量增高时，Mg 的含量也迅速增加，盐分组成中以 SO_4 为主时，Ca 的含量则较 Mg 为高，Ca 和 SO_4，Cl 和 Mg，以及它们和总盐量之间的这种相关性同样也表现在盐分在土壤剖面中的垂直分异上。土壤上面的盐分积聚层为 SO_4–Cl–Mg–Na 型，下面则为 Cl–SO_4–Ca–Na 型（图 8）。这种盐分垂直分异的特征，说明了当盐分不断增高时，随着土壤溶液的上升，SO_4 开始成 $CaSO_4$ 和 $NaSO_4$ 的形式离析出来，最后上升到最表层的主要是 NaCl $MgCl_2$ 和一部分的 Na_2SO_4。

由于长时期在相对稳定的条件下通过地下水的蒸发，剖面中也表现出各个盐类明显的分异。图 9 中可以清楚地看出 $CaCO_3$ 累积带的位置最低，一般都在

50 厘米以下。其上为石膏的累积带，一般都在 40 厘米以上。再上则为易溶盐累积带。

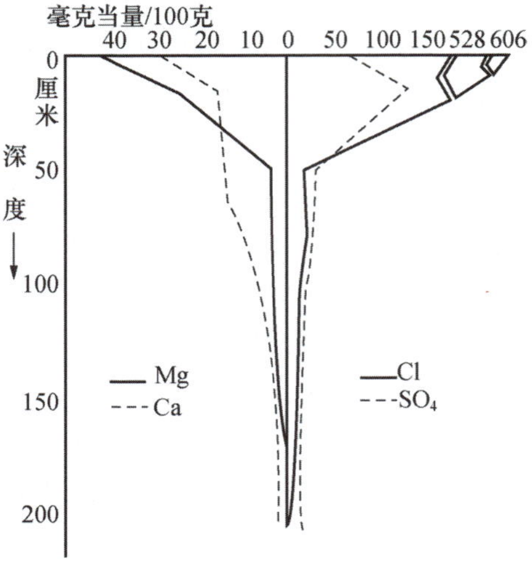

图 8　盐土剖面中 Cl 和 SO_4，Mg 和 Ca 之间的相互消长的关系（剖面 1075）

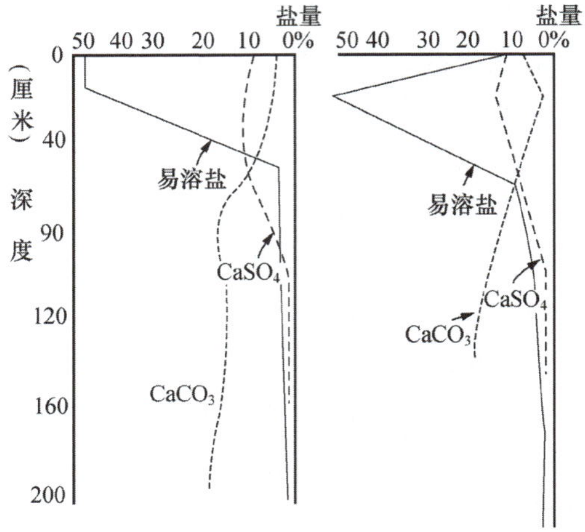

图 9 地下水蒸发时盐分在盐土中的分异（剖面 1075、1001）

这里盐土的上层一般都含有较多的石膏（约 10%），这是土壤改良中的一个很有利的条件。

现代积盐过程主要是在沿河两岸的低地上进行的。当河流穿切在原来冲积平原较高的部位时，虽然目前处于河岸，但由于下切较深，而仍然不受到地下水的影响，不进行现代积盐。只有当河流穿切在原来冲积平原上的洼地时，才进行现代的积盐过程。在原来的洼地上河流下切以后，地下水位也随着下降，原来低地上的草甸过程或沼泽过程逐渐减弱，现代积盐过程却加强起来。因此，在这里我们常常可以看到原来发育得很好的草甸土或沼泽土在逐渐荒漠化的同时，表层积聚了大量盐分，一般达到 5% ～ 15%。这种不相称的现象是古代的草甸过程或沼泽过程和现代积盐过程相互混合的产物。

这里地下水的矿化度一般在 1 ～ 5 克 / 升，从图 10 中可以看出盐分组成与矿化度之间的关系和塔里木河中游部分十分相近。不同的是当矿化低于 7 克 / 升时，为 Cl–SO_4 类型。

塔里木河上游的下切阶段　塔里木河上游的地貌特征是坡度较大，河床下切较深，河漫滩和阶地发育。

由于河床下切的时间较久，古老冲积平原上长期脱离了地下水的影响，所以无论在植被或土壤上的荒漠化特征较之叶尔羌河下游一带更加明显。只有在河漫滩和阶地上才进行着现代的积盐过程和草甸过程。

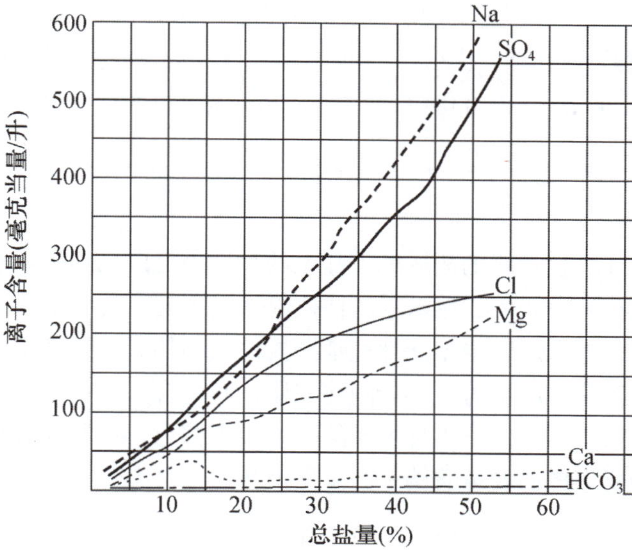

图 10　叶尔羌河下游地下水中盐分组成矿化度间的关系密切

和叶尔羌河下游冲积平原比较起来，这里的古老冲积平原上的盐渍化程度要轻得多。一般都很少盐土。这和这里坡度，水量多，质地粗和随着河流下切，地下水位迅速下降有关。

在古老的冲积平原上，干沟和古河道很多，中区和小区地形比较明显。河流故道的两侧有稍微高起的自然堤，生长着老年的胡杨林，其下发育了荒漠化的胡杨林土。干沟故道之间的平地上，有的长着荒漠性的灌木丛，有的由于风蚀而成为光秃的地面，主要是荒漠化草甸土和龟裂土型的土壤。残余盐土只是在古老冲积平原的边缘，靠近阶地的地方呈狭窄的带状分布。

虽然由于气候的极端干旱，长期荒漠化过程并未能使古代积聚在土壤表层的易溶性盐分消除或显著下移。但是，对土壤上层的盐分毕竟还是起了一定的改造作用。这种改造作用主要表现在两个方面，一个是生物过程，一个是龟裂化过程。

塔里木河转移和下切以后，在古老冲积平原上留下了大片的胡杨林。此外，随着荒漠化过程的发展而盐生的植物和泌盐丛（如红柳，盐穗木）得到了很大的发展。通过生物的选择吸收作用，使得根体系层中的盐分进行着再分配的过程。从表 6 中可以看出盐穗木鲜叶的灰分中约有 70% 的易溶性盐分，其中含有大量 Cl 和 SO_4，总碱度也很高。胡杨的落叶中含有大量苏打，CO_3 的含量可达 10% ～ 15%。这些植物残体不仅增加了土壤表层的含盐量，更重要的是引起了土壤上层的苏打化和碱化过程。

表 6　盐穗木和胡杨的鲜叶中含盐量及盐分组成*

盐分	干残余物（%）	CO_3	HCO_3	Cl	SO_4	资料来源
盐穗木鲜叶	69.03	0.189 5	4.656 7	19.458	9.992	新疆荒地勘测设计局
胡杨鲜叶	—	10 ~ 15	—	—	—	—

* 均以灰分之百分数计算。

在胡杨林土或含盐较轻的胡杨林下盐土的表层中可以见到生物过程所引起的巨大改造作用。地面被 3 ~ 15 厘米厚的枯枝落叶层覆盖，其下就有很薄的（1 ~ 3 厘米）一层淋溶的碱化层，根据新疆荒地勘测设计局的分析，其中代换性钠可占代换量的 29%。碱化层以下为易溶盐的淀积层，其中含有很多苏打，重碳酸盐的含量也较多。易溶盐积层以下出现色泽鲜艳的浅褐棕色，这和强碱化的水分对有机质的溶解，和所形成的腐殖酸钠有关（见表 7）。

表 7　塔里木河中游各种土壤盐分组成

深度（厘米）	干残余物（%）	CO_3	HCO_3	Cl	SO_4	Ca	Mg	Na+K	pH
胡杨林下盐土（Ka_{12}）									
0 ~ 8	10.550	0	0.255 5 / 4.188	2.925 1 / 82.490	2.277 8 / 47.422	0.207 0 / 10.330	0.323 8 / 26.686	2.234 3 / 97.144	6.75
8 ~ 12	26.835	0.023 9 / 0.708	0.203 2 / 3.330	11.074 1 / 312.297	7.028 6 / 146.257	0.399 7 / 19.947	0.783 4 / 64.427	8.701 3 / 378.318	8.1
12 ~ 20	7.480	0.006 1 / 0.170	0.052 0 / 0.853	2.335 6 / 65.867	1.735 8 / 36.137	0.267 7 / 13.357	0.224 7 / 18.478	1.637 4 / 71.192	8.1
20 ~ 38	3.161	0	0.025 6 / 0.419	0.707 3 / 19.947	0.935 6 / 19.479	0.288 1 / 12.378	0.087 7 / 7.213	0.465 8 / 20.254	7.6
38 ~ 55	1.669	0.007 2 / 0.239	0.027 1 / 0.444	0.711 0 / 20.051	0.179 5 / 3.735	0.017 8 / 0.189 0	0.024 4 / 2.004	0.496 2 / 21.515	8.65
55 ~ 69	0.750	0.009 3 / 0.309	0.019 2 / 0.314	0.280 0 / 7.896	0.047 7 / 0.994	0.016 1 / 0.861	0.010 8 / 0.890	0.179 9 / 7.822	8.65
69 ~ 106	0.225	0	0.125 6 / 2.059	0.058 9 / 1.662	0.001 3 / 0.027	0.046 2 / 2.004	0	0.040 1 / 1.744	7.9
106 ~ 150	0.285	0.009 0 / 0.299	0.023 7 / 0.389	0.073 7 / 2.078	0.079 1 / 1.647	0.008 9 / 0.445	0.005 4 / 0.445	0.081 0 / 3.523	8.65
150 ~ 208	0.404	0.009 0 / 0.299	0.015 5 / 0.254	0.117 9 / 3.325	0.666 2 / 1.378	0.008 9 / 0.445	0.010 8 / 0.890	0.090 2 / 3.921	8.45

这样完整的盐分剖面只是在比较茂密的老胡杨林下，同时地形也较平坦的情况下才可以见到。在林带稀疏，风力猛劲和地形起伏不平的情况下的胡杨林土，

则很难发育得这样完全。

龟裂土化是整个冲积平原上具有地带性特征的成土过程，是土壤向荒漠化发展的一种主要形式。夏季的暴雨是促使向龟裂土化方向发展的主要气候因素之一。一年少有的一两次暴雨所形成的细小的地表径流对原来起伏不平的小区地形起着夷平作用，高地的物质被带到低的地方停积下来（即使是在高差极小的情况下也这样进行着）。随之而来的是极强烈的蒸发，使得在地面上淤的极细小的土状物质迅速干燥和发生龟裂。

随着龟裂化过程的发展，盐分在水平方向上和垂直方向上都进行着再分配的过程。除了高地的土壤表层的盐分随着地表径流转移至低地以外，在龟裂土化的土壤表层还进行着脱盐碱化过程。表层 HCO_3 可达 0.1%，易溶盐在不深的地方（10 ～ 30 厘米）发和否定，尤其是以氯盐的下移表现得更加明显（见表 8）。

此外，风蚀作用也改变了遗留下来的草甸特征和表层的盐分状况。

河流两岸的河漫滩和阶地上进行着现代的积盐过程，它和古老冲积平原上的积盐特征有着很大差异。

在河流的凸岸部分，河漫滩极为发育，多成为宽约 1 公里的锥形体插入河曲部分。凹岸部分的河漫滩的下部多被割切，和现代河槽有一明显的岸壁，洪水较大时才能被淹没。

和三角洲地区一样，苏打盐渍化是河漫滩上积盐的最主要的特征。即使是在刚退出洪水不久的、河漫滩下部生长植物很少的沙滩上也有很多的苏打在地表上聚积，一小堆一小堆地像烟灰一样的散布在地面上。在河漫滩上部一段洪水不易淹没和植物生长比较茂密的地方，苏打的积聚量更高，表层 CO_3 含量达 0.03% 以上。盐分组成以 SO_4 的含量最高，所以河漫滩上的土壤多为苏打—硫酸盐的积盐类型。阳离子中 Mg 的含量特别高，以至于超过其他阳离子之总和。

河漫滩以上的阶地有 1 ～ 2 级，都很狭窄。河岸阶地也就是过去河漫滩在河流下切后相对抬高所形成。因此在地形和积盐特征上都较相近。只是草甸过程和积盐过程表现得更加明显。含盐量一般较河漫滩上的土壤为高，有些已达盐土标准。为 Cl–SO_4 的积盐类型。

河漫滩和阶地的地下水位较高，一般在 1 ～ 3 米，矿化度为 1 ～ 3 克 / 升。广大古老冲积平原上地下水埋藏很深，一般都在 6 米以下，深者达 10 米也不见地下水。由于质地粗，排泄条件较好（指南岸而言），故一般矿化度不高，多在 10 克 / 升以下，多者也有达 30 克 / 升以上的。

从图 11 中可以看出，在矿化度不高时为 HCO_3–Cl 的积盐类型。随着矿化度的增加，SO_4 的含量迅速增加，为 Cl–SO_4 的积盐类型。当矿化度超过 6 克 / 升时，SO_4 反而减少，NaCl 占绝对优势。当矿化度继续增高时，除了 Na 和 Cl 急剧上升以外，其他离子很少增高。此外和塔里木河中流、叶尔羌河下游的不同点是 Ca

的含量始终较 Mg 为高。

以上叙述了河流冲积平原上各个分段的积盐特征，说明了处于不同发育阶段的各个分段的积盐特征也是不相同的。河流冲积平原除了这种自上而下的纵向变化以外，河流的南北两岸的积盐特征也有明显的差异。这主要是由水文地质条件不同所引起的。北岸由于承受了来自北面的洪积冲积平原的高矿化地下水，所以北岸地下水位普遍较高，矿化度较强，其中尤以 Cl 的含盐量显著增加。地下水的这种特征同样也反映在土壤的积盐程度和盐分的组成上。

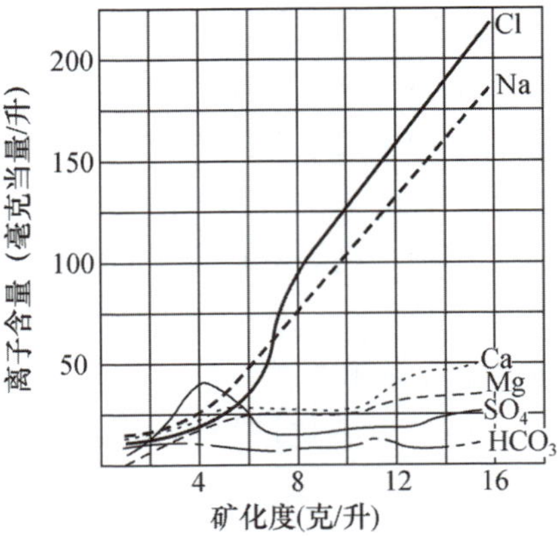

图 11　塔里木河上游地下水中盐分组成与矿化度之间的关系

此外，冲积平原上的盐分在土壤剖面中垂直分异上的一个普遍性的特征是具有埋藏盐化的现象。这种现象主要由积盐过程和脱盐过程交互进行所引起。所以，在埋藏盐化层中含 Cl 量很低，含 SO_4 量很高。这种变化也可以从图 12 中清楚地看出。埋藏盐化层有一至数层，它的出现往往是和埋藏的草甸土层和沼泽土层一致的。

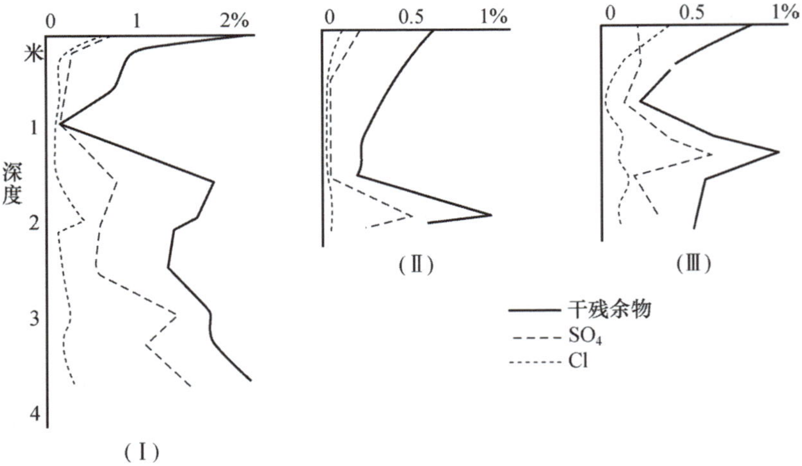

图 12　荒漠化草甸土和幼年的淡色草甸土中含盐和 SO_4、Cl 在剖面中分布状况

（Ⅰ）荒漠化草甸土，马 3（Ⅱ）荒漠化草甸土，800（Ⅲ）幼年的淡色草甸土，2-035

12.2.6　次生的盐渍化过程

盐渍土开垦以后，土壤和地下水中的盐分在人为的影响下将发生着根本性的变化。

在古老的绿洲上，次生盐渍化的危害较轻，原因主要有二：古老绿洲一般都在大的河流三角洲的中上部分，如阿克苏、库车、库尔勒等皆是。这里原来盐分就轻，地下水的水质好，排泄状况也好。其次土地利用系数低，耕地间的荒地可以起到干排水沟的作用。但是，目前大量发展起来的军垦农场多不具备这两个条件，所以次生盐渍化现象十分普遍。

次生盐渍化现象的危害主要表现在洗盐效果维持时间不长和洗盐过程中盐分的此起彼伏现象两个方面。这就使得洗盐工作不得不隔两三年就要进行一次。严重的地方不得不大量荒弃。

根据调查的结果，造成这种次生盐渍化的根本原因是目前的洗盐工作只是使得原来的盐分在土壤和地下水中重新分配了一下，而没有将它排出垦区之外。在强烈的蒸发情况下，被暂时压到土壤下层和地下水中去的盐分又很快地通过毛管上升到土壤上层，重新发生盐渍化。

以下首先叙述洗盐后在土层中盐分分布的情况。

图 13 是塔里木河上游胜利农场的一块洗盐地在洗盐前后土壤和地下水中盐分变化的状况，虽然表层中盐分已经显著减少，但是原来土层中的 Cl 大部分都洗到地下水中，使地下水的含 Cl 量剧增至 823 毫克当量 / 升（矿化度达 63 克 / 升）。一部分 Cl 却被洗至 1 米以下的土层中聚积了起来。

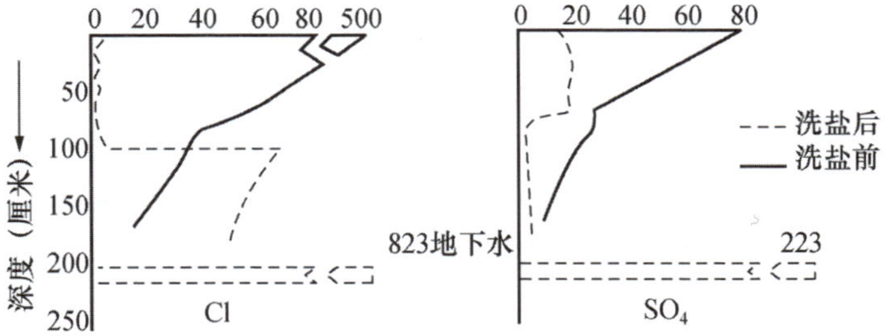

图 13　洗盐前后土壤中 Cl 和 SO_4 的变化

横坐标单位：毫克当量 1 100 克

图 14 中列举了四个洗盐的盐分剖面，п$_{д}$17 是代表洗盐较好的一种类型，洗盐后的第一年里（即今年）棉花生长尚好，土壤上层 50 厘米内总盐在 0.6% ～ 0.8% 之间，含 Cl 量＜ 0.1%。50 厘米以下总盐量增至 1% ～ 1.6%，含 Cl 量为 0.25% ～ 0.5%，在这种盐分状况下，虽然洗盐后第一年棉花生长尚好，但次生盐渍化的威胁却仍然严重地存在着。

剖面 k$_{я}$22 是经过洗盐以后，Cl 在 1 ～ 2 米之间停积下来，上层总盐量也较高，故洗后第一年的玉米就生长得很不好，同时，次生盐渍将会很快地变得更加严重起来。

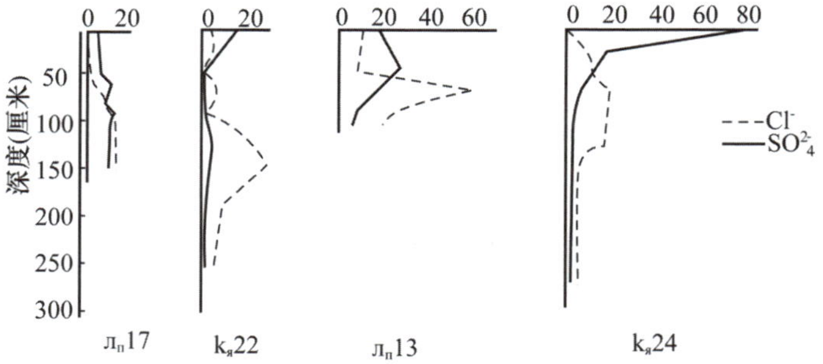

图 14 各类洗盐地的盐分剖面图

横坐标单位：豪克当重 1 100 克

п д 17，k я 22 是没有洗好盐的剖面。不仅在 50 厘米以下就停积了大量的盐分，表层含盐量也很高。尤其是 k я 22 的 SO_4 的脱盐率很低，将原来的 SO_4–Cl 盐土洗成为 SO_4 盐土。

在没有排水沟和排水系统不健全的情况下，洗盐不仅抬高了地下水位，同时也使地下水质大大恶化。上述剖面 k я 22 的地下水矿化度就在 60 克 / 升以上。这里高矿化度的地下水不仅保存在洗盐地的下面，并且向周围地区扩散。在焉耆盆地的地下水矿化度图上就可以看到耕地和绿洲，尤其是四团农场附近的地下水矿化度较周围的荒地区显著增高。

目前大面积的洗盐地上只是做到暂时将土壤表层的盐分在土壤下层和地下水中重新分配了一下，这就不可避免地受到次生盐渍化的威胁。

盐斑是次生盐渍化表现的最主要形式之一。表 8 是对库尔勒地区的孔雀二场的盐斑地的逐年统计。发生得最严重的一年里，盐斑地占耕地面积的 50%。7 年来平均每年都有 20% 的盐斑，共损失近 8 万亩耕地。

表 8 孔雀二场各年盐斑地的统计

年份	耕田面积（亩）	盐斑面积（亩）	盐斑占耕面积（%）
1952	41 786	21 060	50.4
1953	34 789	6 618	17.3
1954	33 497	1 813	8.4
1955	48 862	2 156	12.4
1956	72 553	11 257	13.9
1957	78 873	14 450	15.4
1958	92 000	23 000	25.0
总计	416 764	79 706	19.12

盐斑大致可分为两种，一种是没有洗好而遗留下来的，一种是在洗盐和灌溉

中重新生成的。前者盐分组成中以 SO_4^{2-} 为主，后者以 Cl^- 为多。当然，在有些情况下同时具有这两种形成的因素。

在研究盐斑时，很容易发现这样两个带有普遍性的现象：一个现象是盐斑大都分布在微域地形较周围稍微高起的地方，另一个现象是盐斑地下面的地下水的矿化度较周围非盐斑地要高得多。图 15 是我们实测的一个断面，从中可以清楚地看出土壤中盐分高，地下水中矿化度也就高，作物生长得就很不好，这种相应关系表现得十分敏感。同时，低地的土壤中 SO_4 占绝对优势，附近的盐斑中却以 Cl 为最多。

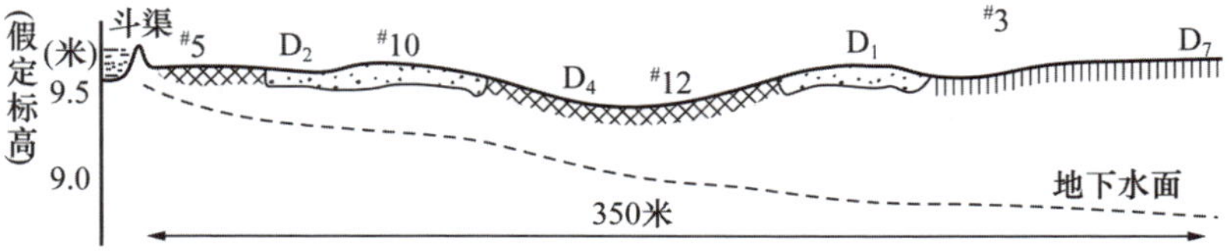

编号		#5	D_2	#10	D_4	#12	D_1	#3	D_7
地面高程(公尺)		9.66	9.65	9.69	9.50	9.60	9.86	9.89	9.95
地下水深度(米)		0.38	0.30	0.30	0.56	0.45	1.05	0.88	0.92
地下水矿化度(%)		7.506 7	11.053 3	13.282 9	3.270 2	4.409 0	10.740 3	4.802 3	2.387 5
土壤盐分	干残物(%)	—	25.717 5 (0~12 cm)	—	1.5075 (0~25 cm)	—	21.930 0 (0~2 cm)	—	0.165 0 (0~22 cm)
	Cl^-(%)		10.523 0		0.086 79		7.594 7		0.030 4
	SO_4^{2-}(%)		3.520 1		0.787 4		5.542 7		0.042 5
糜子生长情况		生长不良	盐斑	盐斑	生长不良		盐斑	生长中等	生长良好

xxxx 生长不良 ////生长中等 ||||生长良好 盐斑

图 15 地形、土壤、地下水和作物生长势之间的关系

（巴楚土木休克农场第六轮作区，第二条田糜子地）

这些现象已经清楚地说明了盐斑形成的原因主要是和微域地形有关的。在灌溉或洗盐时，低地上水层厚，土壤中脱盐较好，地下水也被淡化。稍微高起的地方水层薄，或不能为水所淹没。这样不仅脱盐效果差（或不能脱盐），相反地，周围低地的水分和渗入土中的水分都通过这块高地被蒸发。所以它起着干排水沟的作用，像烛芯一样蒸发掉周围的水分。

盐斑地下面的地下水不仅随着盐斑地上水分的大量蒸发而浓缩，同时，由于周围低地的地下水补给充足和淡化而使之受到静水的压力和流动不畅。所以矿化度远较周围低地下的地下水的矿化度为高。

土壤的机械组成以及不同机械组成的土层（尤其是重壤和黏土）在剖面中排列的状况也会使得洗盐和灌溉过程中盐分发生横向运动和移动速度的不同，这些也是形成盐斑的因素之一。但是，它们具有一定的局限性，比起地形因素来，只是居于次要位。

各个农场在改良盐斑地方面创造了许多行之有效办法。但是，产生盐斑的主要原因是整地不平，地形起伏所致，所以提高整地质量，尤其是洗盐地的平整，对防止和减少盐斑地的发生具有重要意义。同时，改良盐斑地时，不仅要洗除土壤中盐分，也要使盐斑地下面的地下水淡化。

盐斑地是次生盐渍化的表现形式之一，要从根本上消除盐斑和次生盐渍化的威胁，只有彻底把盐分从土壤和地下水中赶出垦区。

12.3 关于盐渍土利用和改良方面的某些问题

这里是根据塔里木盆地北部盐分积聚的特征提出盐渍土利用、改良方面的一些问题。

（1）从以上对各个地区的积盐特征的分析中可以看出，三角洲和河流冲积平原具有较为良好的土壤改良条件。三角洲地区，尤其是三角洲上部，正是南疆具有悠久农业历史的绿洲所在地。冲积平原由于引水比较困难，过去很少被垦为农田。因此，它应当成为目前大规模垦殖的最主要的基地。但是，过去，以至于现在，在选择垦区的时候，对各地区的积盐特征和土壤发育发条件考虑得不够。大部分农场都设置在扇缘和洪积平原上，有些农场甚至设在条件最坏的阿克苏河三角洲下部的河东岸，这就给生产和土壤改良工作带来了很大困难。因此，目前应当在对本区土壤改良条件的全面了解的基础上，对垦荒工作做出全面的规划。

（2）根据冲积平原各分段的不同特征，应采取不同的利用方式。如塔里木河上游，盐分轻，地下水位深，排水条件好，次生盐渍化的威胁不大，故宜于农垦。中游植物生长茂密，土壤比较肥活，但盐分较重，排水困难，次生盐渍化的威胁也较大，故可考虑以发展牧业为主。

（3）统一组织排水系统，对安排盐分出路具有重要意义。目前孔雀一场、二场和胜利五、六、十九等农场多处于含盐很重的洪积冲积平原区。排水沟不仅排出洗盐的高矿质水，同时还有源源不断的来自洪积冲积平原上的高矿化度地下水流入排水沟。目前将这些高矿化水排入附近河流后，使河流中水质变坏，影响下游地区的引水。故必须按流域组织统一的排水系统。但是，也不尽如此，例如塔里木河上游和叶尔羌河下游的地貌特征和水文地质条件使得现在下切较深的河道可以作为天然的排水基干。同时，由于洗盐地中含盐量较原来轻，地下水质也较好，所以排入河道以后的水流仍有可能为下游所引用。

（4）本区的盐分组成是多种多样的，因此应当采取不同的改良方式。如以

SO_4 为主的盐渍土宜于在气温较高时冲洗（7、8 月）。以 Cl 为主的盐渍土，则宜于晚秋和初冬冲洗。在含有苏打和具有碱化的情况下，需要有化学改良的配合。但是，在目前土壤改良工作中，对如何根据盐分的质的特征进行不同改良措施方面注意得不够，往往影响了改良效果（脱盐率低或发生次生碱化）。

（5）由于在有些地区的土壤中含有较多苏打或有碱化，洗盐灌溉后往往引起碱害或苏打的危害。但是这个现象目前尚未引起土壤改良工作者应有的重视。与此有关的是土壤中石膏的贮藏量和分布的特征也研究得不够，根据巴楚土木休克的资料，该区盐渍土中石膏含量相当丰富，完全可以防止洗盐可能引起的碱害。

根据已有资料看来，石膏在剖面中主要集中于表层或 20 ～ 40 厘米处，所以只要通过深耕就等于施入了大量石膏以防止碱害。可惜这方面的资料还十分缺乏，今后土壤改良工作中应弥补这一缺陷。

（6）残余盐土和荒漠化的盐渍土是荒漠地区所特有的一种土壤类型，塔里木河上游和叶尔羌河下游分布极广。这种土壤在开垦初期可不必开挖排水沟，这就大大减少了开垦的投资。同时，也给土壤改良工作提出了这样的一个课题，如何在这些地区进行无排水洗盐？如何尽量防止和减缓地下水的上升？

13 大兴县土壤改良试验站西芦各庄盐碱地改良样板田1964年试验工作报告

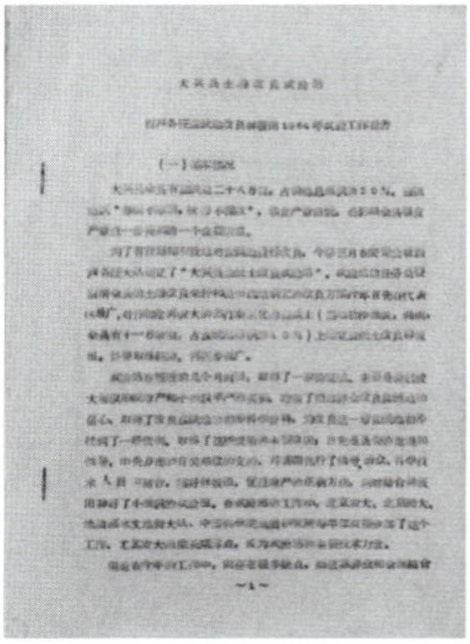

【写作背景】

本文为《文集》作者对在安定公社西芦各庄大队建立的“大兴县土壤改良试验站”1964年的试验工作总结。

13.1 基本情况

大兴县全县有盐碱地二十八万亩，占耕也总面积的30%。盐碱地区“春碱不拿苗，秋涝不保收”。粮食产量很低，是影响全县粮食产量进一步提高的一个重要因素。

为了有计划和有效地对盐碱地进行改良，今春三月在安定公社西芦各庄大队建立了“大兴县盐碱土改良试验站”。试验站的任务是要摸清全县的土壤改良条件和提出因地制宜的改良方案，今年首先在代表最广，对作物危害较大的苏打型碱化的盐碱土（当地称沙面碱，商碱，全县有十一万余亩，占盐碱地面积的40%）建立盐碱土改良样板田，以便取得经验，再逐步推广。

试验站在短短的几个月时间，取得了一定的成绩。主要是通过较大面积治碱增产和小面积丰产的实例，增强了当地群众改良盐碱地的信心，取得了改良盐碱地的初步科学资料，为改良这一带盐碱地初步找到了一些依据。取得了这些成绩的主要原因：首先是县委的重观和领导，中央及市的有关单位的支持，并贯彻执行了领导、群众、科学技术人员三结合。搞好样板田，促进增产的正确方法。同时结合样板田种好了小面积的试验田。在试验站的工作中，北京农大、北京师大、地质部水文地质大队、中国科学院地质研究所等单位直接参加了这个工作，尤其农大师生长期蹲点，成为试验站的主要技术力量。

但是在今年的工作中，尚存在很多缺点，如依靠群众和全面结合生产做得不够。试验、示范和推广缺乏密切的结合等。今后需要更加努力。力争一九六五年取得更好的成果。

现将样板田的基本情况及试验工作分述如下。

13.2 样板田的基本情况

样板田面积 340 亩，设置在西芦各庄村西北约三百多米的地方。处于永定河洪积冲积平原的中部。潜水位在春季一般为 2 ～ 2.3 米。矿化度 1.0 ～ 1.5 克 / 升。

从样板田的土壤分布图中（图 1）可以看出，这里的土壤类型是比较复杂的。但是，苏打型碱化的浅色草甸土（沙面碱）占 70% 以上。这种碱地是当地，也是大兴县最重的盐碱地之一。 社员们形容这种碱地是：发白，发板，碱性大，不渗水也不拿苗。早春返盐时，地表因有白色盐霜和土质较沙而显得较疏松，故而称之“沙面碱”。雨后即变得十分板结坚硬和渗水性很差。

根据社员的介绍和初步取得的理化性状分析资料（表 1）。可将此土的特性归纳如下：

（1）耕层含盐量一般在 0.2% ～ 0.3%，盐分在剖面中的分布呈“丁”字形，即表层最高而往下逐渐降低。

（2）盐分组成中苏打和小苏打的含量相当高。总碱度一般在 2 me* /100 g 土以上，多者近 3 me/100 g 土。碳酸根和重碳酸根占阴离子总量的 60% 以上。

（3）代换性钠的相对含量很高。表层的代换性钠可占代换量的 30% 以上。多者达 50%。

（4）由于代换性钠的相对含量高和含有较多量的碳酸钠和重碳酸钠，呈强碱性。酸碱度达 9 以上，高者近 10。

（5）由于代换性钠的相对含量高和含有较多量的碳酸钠和重碳酸钠，土壤的物理性状很差。即具有高度的分散性，湿涨干缩，板结坚实，透水不良。社员对此有深刻了解。

根据对这种土的水盐动态的观测，秋春季返盐返碱均快但雨季因土壤透水性不良而脱盐率不高，仅 30% ～ 50%。特别需要提出的是在这种土壤的耕层以下即有 10 ～ 20 厘米厚的一层薄片状层理的粉沙质淤积层（群众称为“王八泥”）。它的持水性极强，一年四季里这层的水分含量均在 30% 以上。它向上层的毛管疏导力强，而又阻截下行水，特别是雨季脱盐时。盐分到此层即不易下移。CO_3^{2-} 和 HCO_3^- 更不易透过此层。初步认为这个不良的土层是这个地区土壤盐碱化，尤

* me 为毫克当量（编注）。

其是苏打盐碱化的一个重要因素。“王八泥”的有无和厚薄与土壤盐和碱的含量有着密切关系。

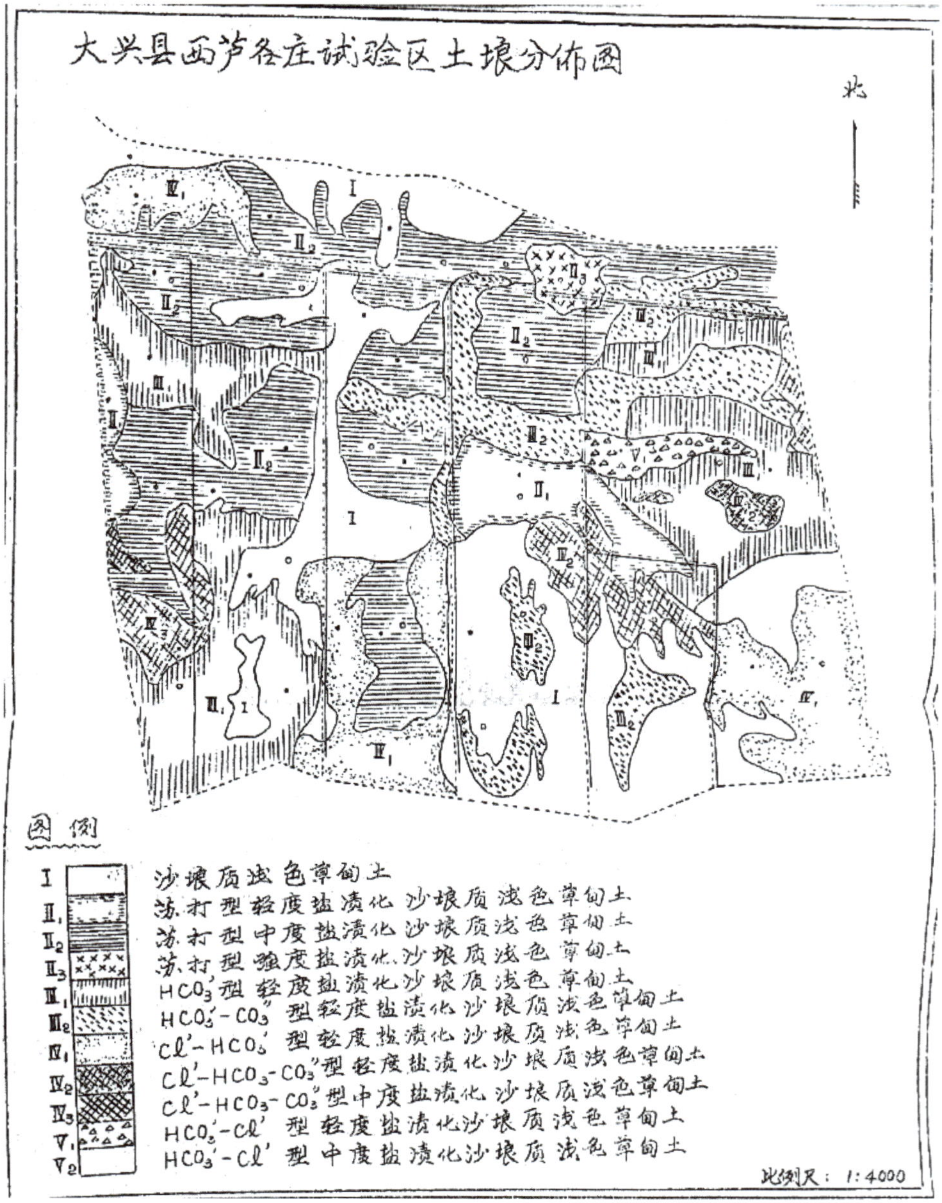

图 1　大兴县西芦各庄试验区土壤分布图（农大土化系四年级制 1964.5）

表 1　苏打型碱化中度盐渍化土壤理化性状

深度 /cm	质地剖面	质地名称	紧密度结构	孔隙度 90		总盐量 /%	总碱度（$HCO_3^-+CO_3^{2-}$）（me/100 g 土）	pH	钠占交换量 /%	交换量 /（me/100 g 土）	腐殖质
				总孔隙度	毛管孔隙						
0						0.20	2.23	9.60	37.4	13.0	0.44
10		粗粉质轻壤偏沙	不明显片状结构稍紧密	48.9	29.5	0.24	2.32	9.81	44.6	11.1	0.39
20		粗黏质轻壤偏中	片状紧密	46.9	42.7	0.22	2.33	9.90	51.2	11.2	0.44
30		黏—粗粉质轻壤偏黏	粒状稍紧	45.9	27.9	0.18	1.62	9.38	18.8	17.7	0.64
40		中壤	粒状稍紧	46.7	—	0.10	0.92	9.35	5.05	11.9	0.38
50		黏壤 Δ				0.10	1.02	9.15	5.09	17.5	0.51
100		轻黏土 Δ				0.08	0.62	9.10	—	12.3	0
150						0.09	0.72	8.68	2.12	23.1	0
200						1.13g/L	地下水				

0　5　10　20　30　50　100　150　200

Δ 手摸提了一级。

分析人张小英　钱兆淦

对这种土壤的利用和改良问题：一方面是在碱地尚未改好的情况下如何抓当前的保苗增产，另一方面是在保苗增产的前提下逐年把这种土壤彻底改成好土（非盐碱化土壤）。

盐城地上种庄稼的首要问题是保住苗。它包括提高出苗率（多拿苗）和保护庄稼的幼苗不致因盐碱危害而受到抑制或死亡（保苗）两个方面。根据以上对本地土壤的介绍，可知这种土壤上作物保苗的主要限制因子是十厘米以上的表土中盐多、碱大和物理性质不良。因此，为了多拿苗和保住苗，必须充分运用农民长期斗争所积累的丰富经验和细致掌握春季土壤的水盐动态，用深耕浅盖等耕作方法和适时灌溉来巧躲盐和人为地调节土壤的水盐变化。此外，施肥、除涝和整个生育期的田间管理都应十分重视，它不仅可以降低土壤碱性，有利于保苗，而且可以在保住了苗的基础上获得较大幅度的增产。

根据以上对本地沙面碱的介绍，要把这种土壤改良成非盐碱土，必须达到这样三项指标：

（1）多年累积在土壤中而雨季里不能完全脱除的盐分应当消除，使雨季后和春季里土壤的含盐量降低到不致危害作物正常生长的程度（一般是$<0.15\%$）。

（2）耕层和土体中的碱性（酸碱度和代换性钠的含量）应降低和不良物理性质应改善到一般非盐碱土的程度。

（3）潜水位至少是稳定和保持现状，不能上升。在此基础上争取降低潜水位。

从以上认识出发，在改良利用这种盐碱地方面我们进行了以下试验：①井灌井排，明沟除涝；②深翻和破除“王八泥”；③耠沟以加速自然脱盐；④有机肥和绿肥改良。

样板田是根据以上设想布置进行的。

340 亩的样板田上打了一眼机井，修筑了灌排渠系，对土地进行了粗平。根据群众经验和土壤情况，种植作物以棉花、玉米为主，高粱次之。340 亩中有棉花 190 亩，玉米 102 亩，高粱及其他作物 48 亩。

在 340 亩的样板田中选出了盐碱较重的 20 亩作为试验田，以便安排有关试验。试验田中种棉花 12 亩，玉米 5.5 亩。

半年多来，由于各级领导的重视和社员的干劲以及当地群众在长期与盐碱做斗争中所取得的丰富经验，及各协作单位的努力，这块样板田取得了一定成果。320 亩的大面积样板田上，粮食平均亩产 285 斤，是去年（亩产 74 斤）产量的 3.8 倍。棉花估产皮棉 60 斤 / 亩，是去年产量的 1.5 倍。20 亩试验地上的棉花估产皮棉 80 斤 / 亩左右。5.5 亩的玉米获得了亩产 606 斤的高产。

样板田附近几个村的社员看到过去几乎什么都不爱长的重碱地上不仅种上了棉花和玉米，而且拿住了苗，长势好，产量高。因此打消了的部分社员的“臭碱地，没法改”的思想，增强了改良盐碱地的信心。

13.3 样板田的试验工作

今年样板田和试验田虽然取得了较好的收成。但是，盐碱地的不良特性并未得到明显改善。为了今后能稳产，高产和减少因盐碱危害而使一般土地上多花费的劳力和投资，还必须彻底改良这种土壤。根据本地沙面碱的特性及改良的指标和途径的分析，我们在试验田和附近地区进行了一些单项试验。

1. 井灌、井排和明沟除涝

稳定潜水位，进而降低潜水位是改良盐碱的一项重要措施和基本保证。对此，国内外研究甚多，方法和途径不一。根据大兴县处在永定河洪积平原的中上部，水文地质条件较好和地面及地下二米左右普遍具有沙丘和流沙而明沟排水困难的特点，我们在这里进行了井灌并排、明沟除涝的控制潜水位的试验。进行了井灌、井排和明沟除涝三个部分的试验工作。

（1）井灌。灌溉在盐碱土地区对保苗增产的巨大作用已如上叙，而井灌则较自流灌溉具有更多的优越性。

首先是井灌可以减少以至防止地上水对潜水的补给和潜水位的提高。这是因为田间工程小而简单，易于进行配套和平整土地并能控制小量灌溉，所以渠道和田间渗漏损失少。从观测资料可以看到今年春季的两次灌溉对潜水位的影响都不明显。其次，是井灌采用深层水，水质一般都较好，有利于改良盐碱地。再次是因为重碱地多为云朵状分布，井灌控制的面积小，故调度灌溉用水方便。

本灌区有干渠一条，长 300 米。干渠下直接开农渠。(为最末一级固定渠道)。农渠四条，共长 1 800 米。每条农渠间距 100 米。井的出水量小，为 12.2 公升 / 秒，采用农渠输灌，因此，干农渠过水断面均为底宽 0.3 米，水深 0.2 米，渠底至堤顶高度 0.4 ～ 0.5 米。毛渠渠底采取 0.2 米宽，深度 0.15 米，毛渠间距根据地形纵坡（西北—东南向 1/2 000 ～ 1/1 000）确定。畦的规格为 3.5 米 ×20 米。

为了节约用水。对粗平和未进行平整的畦块做灌溉比较：

①粗平的试验田一队棉花在今年 6 月 26 日灌水中，仅用 3 小时零 25 分钟灌完了 6.4 亩地，平均灌水量 32 方 / 亩，则每亩合电费 0.156 元。

②未进行粗平的试验田二队麦茬地由于播种晚玉米，平整土地有困难。为了防止灌溉时跑水，仅打了畦埂及开挖了毛渠，结果用了 3 小时零 45 分钟才灌了 2 亩，平均每亩灌水量 82.3 方（1 方 =1 米 ^{3}），每亩合电费 0.54 元。

上述例子说明平整土地和田间工程配套能省水、省电、省时间。

另外还对畦长、纵坡不同进行了以下的灌溉试验：

①畦长相同，纵坡不同：畦长均为 20 米，采用水流入畦八成改口，纵坡 1/886 者每亩灌水量 32.7 方，纵坡 1/606 者灌水量 25.7 方。

②纵坡相近，畦长不同：纵坡 1/631 者畦长 40 米，纵坡 1/606 者畦长 20 米，仍然采用水流入畦八成改口。前者每亩灌水量 34.7 方，后者每亩灌水量 25.7 方。

由此说明，井灌条件下，畦过长是不好的。另外，关于畦内坡度，坡度大，灌水量小。但选择何种坡度及畦田的尺寸为适宜有待今后进一步试验研究。

（2）井排。竖井排水目前在巴基斯坦、美国和苏联都已采用，效果较好。我国近年来也开始研究。今年对样板田上的机井也进行了有关方面的初步探索。

本区属永定河的洪积冲积平原，地质岩性变化复杂。据四眼观测用浅孔的资料，8 米以上除个别孔在 4 ～ 6 米有厚约 2 米的粉细沙层外，大多数为细颗粒的沉积物，厚度多＜ 1 米。此外，尚有较多不连续分布的黏质土层。据深井所揭露的地层：8 ～ 25 米为沙黏，25 ～ 28 米为黏沙，28 ～ 30 米又为沙黏，30 米以下揭露较厚的中沙及细沙层，至 47 米总厚度达 11 米，而 47 ～ 70 米均为黏质土，70 ～ 91 米有 9 米厚度不大的多层细沙。根据分层抽水资料 30 ～ 47 米的含水层静止水位埋深 1.63 米。当下降为 4.4 米时，出水量 508 吨 / 昼夜，碱化度 0.49 克 / 升，类型为 $HC0_3$-Mg、Na、Ca，pH=8。而 70 ～ 91 米的含水层静止水位埋深为 1.12 米，当下降 7.9 米时，出水量仅 162 吨 / 昼夜，碱化度 0.47 克 / 升，类型为 HCO_3-Na、Ca、Mg，pH 亦为 8。混合抽水时静止水位 1.62 米，下降 4.7 米时出水量 757 吨 / 昼夜，碱化度 0.48 克 / 升，类型为 HCO_3-Mg、Na、Ca，pH=7.9。

潜水与承压水水位动态及其水力联系的初步分析如下。

在 5—9 月的整个观测期间 5 月份雨量稀少，蒸发强烈；6 月开始有雨，蒸发与 5 月相同；7 月与 8 月（特别是 8 月）雨量集中，为主要的潜水补给期。不论是潜水或承压水在 6 月底以前均呈现水位下降，下降幅度以机井最为剧烈，在 5—6 月的 60 天中水位下降值达 0.89 米。其水位标高由 24.26 米降至 23.37 米，平均水位标高为 23.85 米。而潜水位同期下降了 0.42 ～ 0.66 米（平均 0.53 米 *），水位标高由 24.05 米降至 23.52 米，平均水位标高 23.6 米。这显然与承压水的出流较强有关。在该时间承压水位平均高于潜水 0.25 米。7 月以后随大气降水补给的加剧潜水与承压水位均呈现上升趋势，以 8 月上旬水位抬高最猛。在 7 月与 8 月的二个月中，潜水位分别抬高 0.24 米与 1.12 米（平均标高 23.67 米与 24.80 米），同时承压水位抬高 0.59 米与 1.03 米（平均标高 23.87 米与 24.85 米）。即 7 月与 8 月时承压水位高于潜水位分别为 0.20 米与 0.05 米。

* 按 4 个观测孔平均值计算，下同。

从上述水位动态资料中可看出：对每一次较大的降水补给来说，承压水位稍落后于潜水位的抬高，如7月30日承压水位高于潜水位29厘米。经8月1日与3日二场大雨后（共计142毫米）。在8月5日所测水位则差值降为17厘米（即潜水位多抬高了12厘米）。在8月11日带差值又增至42厘米，这说明承压水位由于出流条件好而回落快。在8月13日再一次下了111.2毫米的大雨后，便在15日所测到的水位差值变为13厘米，在后五天无雨的情况下差值又增大。（20日增至23厘米）。

上述动态情况表明潜水与承压水层的水位动态特点有较明显的差别，这是与其不同的补给排泄条件相适应的。潜水水位动态主要是受大气入渗垂直补给与蒸发排泄影响。而承压水水位动态主要是受水平径流的补给与排泄影响。但从其水位动态落后于潜水较小的情况看，说明其补给来源估计可能不太远。（这个问题仍需进一步研究和论证）

另外也看出当地潜水受灌溉的影响不大，如离机井50米的大22孔在5月下旬灌水后的25日水位较之20日的灌前水位抬高，4厘米，至30日又继续抬高了4厘米。在该期间并未降雨，其他观测孔水位普遍下降（5厘米与2厘米）。

在6月30日6：00开始连续抽水61小时，当时机井水位下降6.92米，出水最达1 054吨/昼夜。同时对距离50米的潜水观测孔进行了水位变化观测，但始终未发现水位下降，这说明承压水与潜水间之水力连系较差，即井排条件较差，证明了在开采含水层（30米以下）的上面所覆盖的总厚度达20余米的沙黏层阻碍了潜水的入渗。

井灌井排小结如下。

①该地井灌井排水文地质条件属复杂类型，单井出水量不大，开采含水层以上有较厚的黏性土层，起到一定的隔离潜水的作用。经61小时连续抽水无观测到潜水位的下降亦证实了上述情况。但由于仅是单孔抽水，连续时间尚短，降深尚不大，故不能作出最后定论。还有待进一步研究。

②根据机井水质分析资料，矿化度0.48克/升，类型为HCO_3-Mg、Na、Ca，pH=7.9，较之潜水水质优良甚多。因此用机井浇地能起到对土体特别是耕层的淡化和冲洗作用，也可能淡化潜水，减少返盐期潜水允许深度。

③根据机井分层抽水资料，主要出水层为30～47米的中细沙及细砂层，而70～91米的细沙层出水量甚小，若以同样降深计算，上层出水量占混合出水量的85%，而下层仅占15%，二者相比结果是：孔深增加一倍，而水量仅增加15%，因此合理的开采深度以揭露47米以上的含水量为宜。这个地区由于一个井的资料尚难作出结论，应进一步加以研究。

此外从要求降低潜水位的观点出发，主要亦应大量开发利用上部含水层，必须采取增加单井出水量，加速潜水入渗的措施。多方面70米以下含水层水头较高（较上层高 0.52 米）。据上述观测结果当上下层水位混合后月平均的承压水位高于潜水量 0.25 ～ 0.05 米，若不用下层，就不致产生上述现象。在今后打井过程中进行潜水不予止水的经验，加速潜水可能通过井壁的入渗补给。

（3）明沟除涝。竖井虽然可能降低潜水位，但对地表水的积涝和由此而造成的对潜水的大量渗漏补给却无法解决。

为了使客水及本区的淹水顺利排除，减少对潜水的补给，并又可在雨季时排除一部分本区的地下水，在 340 亩地四周挖了 1.0 ～ 15 米深的明沟。另外三条农排水沟，其深度是 0.8 ～ 1.2 米。所有排水沟侧坡均为 1∶1.5，但由于时间紧迫，劳力不足，临时完成为 1:1 左右，毛排深度 0.2 ～ 0.4 米。

这些排水渠道在今年雨季时起了良好的除涝作用。

西芦各庄有 2 000 多亩耕地。在 1964 年 8 月 1 日降雨 102.5 毫米，13 日又降雨 111.2 毫米。因此受涝地区达 500 亩左右。这 500 亩左右涝地，平均亩产约 40 斤，与有排水系统的 340 亩试验田相比较，试验田亩产 285 斤。除在产量上有显著的差别外，估计对抬高地下水位的影响也不同。但由于涝地中今年未打观测孔未能取得数据。

2. 耕翻粉砂质淤积层（“王八泥”层）对改良苏打型碱化盐渍化土壤效果

为了进一步详细地全面地观察深翻的效果。1964 年在棉花试验地块中进行了三分地小面积的人工耕翻（50 厘米）以便比较深翻效果。

（1）深翻改良了土壤的物理性状。苗期土温比不翻的提高摄氏一度左右，促进棉苗早出土两天，减少了病害，缺苗少，打破了托水盐层的作用。因而增加了土壤雨季的脱盐效果。

（2）从小面积试验可以明显看出。深翻与不深翻相邻的两块地，翻的棉花亩产 270 斤，不翻的亩产 148 斤。另外估计来年由于已翻的土壤盐分已压至底层，在秋季返盐季节中，盐分不但没有上升，反而由于土地腐殖质增多，土壤变得疏松，也能促使进一步脱盐。

从以上说明深翻“王八泥”层无论是对土壤当年改良或进一步改良，以及作物前期、后期生长和提高产量，都具有重要意义。但深翻投资较高，影响推广，故还应在深翻深度、深翻方法以及后效方面继续进行研究。

3. 耠沟对加强自然脱盐之效果

本地区土壤由于透水性差，雨季的降水多以地表径流的方式流失。而只有极少量的通过土体以下行水形式下移，达不到应有脱盐效果。故采用在中耕作物的行间于雨季前用犁冲击约 5 厘米深的沟，以减少地表径流，并达到伏雨淋洗盐分的保苗目的。这是当地老乡历年采用的一种与盐斗争的方法。这种措施既不费工，又为当地老乡所熟悉。因此这是值得重视的一项措施。

13.4 样板田的管理措施

今年样板田主要是为了摸索在盐碱地如何能保苗增产的经验和措施。根据前面对本地盐碱土和保苗增产问题的分析，采取了三项措施：

1. 建立健全的灌排系统和平整土地

灌溉不仅是为了抗旱、补墒和增产，更重要的它是调节土壤盐动态和保苗的一项有力武器。排水系统主要是解决盐碱地“秋涝不保收”的矛盾和少补给地下水可起到降低地下水位的作用。

2. 掌握土壤的水盐动态，运用耕作和灌溉等综合性措施，力争多拿苗，多保苗

华北地区春季干旱风多，气温上升快，蒸发强烈，表层土壤水分丢失迅速，土壤盐分大量表聚。因此，历年来春季保苗都是盐、碱地的中心问题。今年春季分析材料（表 2），看出 10 厘米以上的土层，为明显的积盐中心，10 厘米以下盐碱含量相对降低。因此，多年来京郊农民的保苗经验是采用深耠浅盖的方法，其实质是根据盐分表聚的特点，躲避含盐量高的表层土壤，把种子播在含盐量少的层头，并覆上薄土，以便早出苗，减少种子受盐碱危害的机会。

表 2 1964 年春季耕层土壤盐碱含量变化

土层 / 厘米	春雨前（4 月 8 日）		春雨后播种前（4 月 28 日）	
	总盐量 /%	含碱度 /（me/100 g 土）	总盐量 /%	含碱度 /（me/100 g 土）
0 ～ 5	0.24	2.67	0.20	1.92
5 ～ 10	0.32	2.98	0.23	2.32
10 ～ 20	0.13	1.20	0.20	2.37

盐碱地的播种深度较一般地深些，显然会增加出苗率。但是，在较重的盐碱地上，即使按一般深耠，约四指（约 7 ～ 8 厘米）的深度也因这个深度的土壤含盐过多而不能出苗。根据播前（4 月 8 日）查盐的结果，如果仍按四指深耠，将在相当大面积上难以出苗。如加深到 5 ～ 6 指，即 10 ～ 12 厘米，将会显著提高出苗率。因此，深耠的深度就成为提高出苗率的一个关键。

确定加深深度以后，情况发生了变化，未待播种，从 4 月初而陆续阴雨半月余，降水总量为 107 厘米，使土壤盐分发生了变化。

随着春雨之降落，土壤盐碱逐渐向下移动。表 2 材料看出，0.5 cm 土层含盐量达到棉花耐盐（耐碱）极限以下的 0.25 % 或更低，而总碱度均从 2.5 me/100 g 土以上下降到 2 me/100 g 土左右，而 10 厘米的盐碱反而增加。如果仍按雨前规定的深度播种，不仅不会提高出苗率，反而会大大影响出苗率。因此，马上改用了浅耠、浅盖的措施，沟的深度为 3 ～ 4 厘米，覆土 1 厘米。与此同时结合当地农民经验和土壤盐度过高到达 9.5 ～ 10，土壤板结，物理性状极坏等特性，强调沟施土粪，有机肥作底肥，达到中和土壤。

为了能提出切实可行的措施，以解决保苗问题，我们组织了老农和专家的田间会诊，进行了多次的讨论研究，专家们从棉花苗期生长之要求，以免后期脱桃过多而减产，坚决不主张灌。同样对于玉米的苗期正需要蹲苗，更不宜灌水。但根据当地老农经验，认为此期灌水只要不淹没植株顶部，是可以进行灌溉的。反复研究，我们认为根据旱季水盐活动的变化，土壤渗液的浓度，高达 16 ～ 20 克 / 升，而其中 90% 以上是苏打（重碳酸钠和碳酸钠），棉苗是无法继续生长的，认为盐碱地之丰产关键首先在于保住苗，至于其他减少脱桃的问题，是在保住苗的基础上进一步解决的问题。经与市县水利主管部门请示同意后，并决定用小水 30 米 ^{3}/ 亩灌溉。灌后 0 ～ 10 厘米的表层土壤的总盐量略有所增加（表 3）。但由于表层土壤水分从 15% 升高到 29%，土壤渗液浓度从 16.20 克 / 升下降到 9 克 / 升，这样大大稀释了表层土壤浓度，缓和了并减轻了对幼苗之危害，尤其是 5 厘米以下根层的土壤的总盐分降到 0.22% 以下，总碱度降到 2.5 me/100 g 土以下，因此不但对保苗起了绝对的保证作用，而黑根的幼苗又重新喷出新根。

表 3　旱季耕层土壤的水盐变化

处理	灌前			灌后		
日期	5 月 15 日			5 月 30 日		
项目 土层 /cm	总盐量 /%	总碱量 /（me/100 g 土）	水分 /%	总盐量 /%	总碱量 /（me/100 g 土）	水分 /%
0 ～ 5	0.29	3.29	14.5	0.26	2.99	28.7
5 ～ 10	0.21	2.27	19.6	0.21	2.42	28.0
10 ～ 20	0.30	2.95	24.4	0.22	2.49	28.6
20 ～ 30	0.17	1.42	34.6	0.17	1.91	37.5

3. 运用综合性农业技术措施，在保苗的基础上力争多增产

盐碱地上在保住了苗以后，还需要运用一套综合性农业技术措施才能获得更高的产量。

（1）施肥：施肥在盐碱土上不仅是供应作物以养分，而且还可起到改良土壤，加强作物抗盐能力的作用。但是，由于盐碱地不好拿苗，作物产量很低，所以老乡有肥也不往碱地里施。以致越不施肥地越坏越碱。340 亩样板田中仅有 100 亩左右曾施过粗肥约 1 500 斤，200 多亩均未施肥。

鉴于施肥的重要性，在样板田上每亩沟施底肥 1 500 斤，虽然施肥量不高，但增产效果却十分明显。在同样的碱地上，施肥 1 500 斤 / 亩的棉花估产皮棉 60 斤 / 亩左右，而近村的杜庄屯大队没施肥，仅估产皮棉 20 ～ 30 斤 / 亩。

在施肥量的对比试验中可以看出，施 1 500 斤 / 亩的不如 2 500 斤 / 亩，施 3 500 斤 / 亩的地上的棉花较 2 500 斤和 1 500 斤的有着显著效果，到 3 500 斤 / 亩以上的增产也就逐渐不明显了（表 4）。

表 4　棉花有机肥不同施用量对出苗率及产量的影响

处理	每亩应留苗数	实有苗数	缺苗 /%	实际亩产量 /（籽棉斤）	增产量 / 斤	增产 /%
1 500/（斤 / 亩）	37 500	3 738.3	3.12	201.9		
（对照）2 500/（斤 / 亩）	3 750	3 739	2.9	202.6	0.7	0.35
3 500/（斤 / 亩）	3 750	37 46.3	0.99	236.3	34.4	17
4 500/（斤 / 亩）	3 750	37 37.3	3.9	226.7	24.8	12.3

（2）各项措施必须按作物要求及时进行。如试验地玉米在喇叭口前穗分化时期及时进行了抓青、追肥，这是秆壮、棒大、粒饱和秃尖少的原因之一。而一般大田的追肥一直拖到七月底因雨涝脱肥，茎叶发黄时才用，此时作物已受到伤害。另外，试验地的玉米在雨季到前除灌溉外并做到了适时培土的工作，而一般大田稍晚。在一场大的风雨以后，试验地邻近的比较矮小的玉米 50% 发生倒伏而试验地中又高又大的玉米却没有倒伏。此外，试验地和样板田均能按作物生育期的要求进行耕耙锄耠，这是和一般大田基本相同的管理措施。

（3）采用一些新的具有较好效果的农业措施。如采用了高效能的农药 1059 和 1605 代替 666 控断了蝼蛄为害。棉田缺苗时用移植办法移苗，使每亩增加棉株 10%。玉米浸种提前出苗 1 ～ 2 天等各项农业措施都对后期增产起了一定的作用。

从以上的介绍看来，在盐碱地保住了苗的基础上加强田间管理，使各项技术措施做得及时与恰当，质量产量即可获得较大幅度的提高。

13.5 工作体会、存在问题和对明年工作的初步想法

（1）在今年盐碱土改良样板田的工作中体会到，即使在比较重的盐碱地上，如果采取合理的办法和综合性的措施同样也能获得较高的产量。那种认为盐碱地产量高不了，而不愿花力量的想法显然是不合适的。

（2）在本市盐碱土地区，旱涝碱三害是同时并存，相互促进的。因此，一套的农田基本建设是绝对必要的。在今年的样板田里，井灌（包括土地平整）对保苗、排水，对除涝都起了决定性的作用。所以盐碱地区的一套农田基本建设是保苗增产的一项基本保证，是向旱、涝、碱三害做斗争中最有力的一项武器。

（3）"保苗"是盐碱地获得高产的一项先决条件。保不住苗，一切都会落空。在今年样板田的保苗工作中体会到，结合当地群众的保苗经验，采取增施巧施有机肥，深耠浅盖，扒根掠按，彻底除治地下害虫等农业技术，因时、因地、制宜地决定播种深度和一套适应当地盐碱地的措施，是保苗增产的关键。

（4）在保住了苗的基础上，采用一套先进的、精耕细作的农业栽培措施。如合理密植，及时除治棉花蚜虫、玉米螟和根据作物的生育规律及时进行中耕、追肥、灌溉等各项管理措施对今年增产中都起了很大作用。由于过去一向认为盐碱地产量低而忽视了它的增产潜力，所以一般的农业栽培措施也很粗放，这就更加影响了盐碱地产量的提高。

（5）虽然今年样板田获得了较好收成，但是完全不能认为这里的盐碱地改良好了。大秋以后，仍然可以清楚地看出这块地里的盐碱还很重。因此，在保证获得每年较好收成的同时，还必须有计划，有步骤地彻底改好盐碱地。这样不仅可以使产量得到更大幅度的稳定的增长，而且也可减少因与盐碱做斗争时所花费的劳力和投资。

（6）从今年的一些试验项目中可以看出：深翻是改良当地盐碱土的一项很好的措施。它可以打破隔水隔盐的粉沙质淤积层，改善土壤物理性质，增加土壤的透水性，加速雨季土壤脱盐脱碱。所以，它是一项见效快、效果好、简单易行的改良办法，但是目前还存在投资较大以及翻耕的合理深度和方法的确定难等问题。

有机肥和绿肥对当地盐碱土的改良具有综合的和重要的作用，它可以增加地力，改良土壤碱性和不良物理性质，巩固各项改良措施的效果。在逐步增加有机肥施用量的同时，进一步试验和适当发展绿肥对盐碱土改良是有利的。棉花套种毛苴莒子不仅可以改良土壤，同时还不影响棉花产量，其他绿肥当年对改良土壤的效果虽已有一些资料，但其后效和较大面积采用后对复种指数的影响及农作制等问题都需进一步研究。

稳定地下水位，以至进一步降低地下水位始终是彻底改良这个地区盐碱土的一个重要的前提条件，目前采取的竖井排水，明沟除涝的办法今年仅取得部分资料，这项课题仍然是今后的一项重要研究内容。

（7）在样板田的工作中还存在着许许多多的缺点和没有解决的问题。在整个工作过程中，我们真正地放下架子，甘当群众的小学生做得不够，这就使得在样板田中对群众经验的充分运用和总结做得较差，这在我们今后工作中必须首先得到改进。其次，对主要作物在整个生长期里进行精心的栽培管理和由此总结经验的工作还未得到所有同志的重视，这使得在保住了苗的基础上争取获得更高产量方面受到一定影响。此外，在一些技术问题上还存在许多问题，如在保苗上，今年春雨多，是一个特殊的年景，如果遇到春旱多风、返盐厉害的情况，如何掌握土壤中水盐动态和进行保苗对我们仍然是一项新的和缺乏经验的任务。又如适应盐碱土地区的一套井灌的制度和技术，盐碱地地力十分不匀的情况下如何做试验对比等还需要进一步摸索。

（8）明年我们将样板田的面积扩大到 1 000 亩左右。原来的 340 亩样板田发展为试验田。明年大面积样板区田仍以保苗增产为中心，措施主要是以今年在样板田和试验田中所取得的比较有把握的经验为依据来制定。主要措施包括农田基本建设（灌排渠系、平整土地等）、掌握土壤水盐动态，力争全苗或多保苗，增施有机肥及采用密植，清虫等一套先进的农业栽培技术。

在试验项目中，继续并扩大对竖井排水、明沟除涝、深翻、灌溉、绿肥和其他农业措施改良盐碱土的观测和研究。

14 运用浅井－深沟体系，综合治理旱涝碱咸

【写作背景】

《文集》作者及团队于1973年建黄淮海平原旱涝碱咸综合治理曲周试验区。1974年即按照当时提出的综合治理理念与设计全面开展综合治理试验研究，取得了初步，但却很重要的试验结果与资料。总结报告署名为“土化系曲周基点”，执笔人是《文集》作者与辛德惠，登载于1975年的《华北农业大学教育革命通讯》（“文革”中北京农业大学临时改名华北农业大学）。这是作者与团队进入黄淮海平原综合治理研究发表的第一篇试验报告。

【本章按语】如果说1973年秋进驻张庄试验区后的冬季农田基本建设工程的设计与施工是一次“前哨战”的话，那么，1974年的旱涝碱咸综合治理试验就是我们打响的第一个大战役。现在重读38年前的这份技术总结报告，“运用浅井－深沟体系，综合治理旱涝碱咸”，虽显粗浅，但却是非常实在，非常壮阔的。它是一份最早的、按照我们的总体试验设计思想进行的、真正意义上的、书写在4 000亩。①大地上的一次大规模旱涝碱咸综合治理试验的技术报告，是一份具有保存价值的历史科技档案。此次试验全面体现了“突破咸水禁区，以浅井－深沟为主体，农林水并举”的旱涝碱咸综合治理的指导思想。第一年就将主要措施全部投入试验，不想当年就显出了如此骄人的成效。为了保留它的“原汁原味”和原貌，本章全文采用了当年的那份技术总结报告。这是曲周县领导、试验区农民和北京农大曲周试验区全体老师共同努力的成果。本书作者是此次试验的主要设计者、组织实施者和技术总结报告的主要执笔人（文中第4节执笔人是辛德惠）。以下是该报告全文，仅在少数几处做了些文字润色。

---

① 4 000亩是指一代试验区中的南部（见图6），是科研工作的重点研究区域，其中设置了地下水观测井等，面积为4 390亩，简称4 000亩。

1973 年秋，我们承担了“黑龙港地区地下水资源合理开发利用”科研项目中“改造利用咸水”的研究课题，同时参加了邯郸地区东北部涝洼盐碱地的治理工作。根据地、县领导的指示精神，在这一带的涝碱地的中心，曲周县北部建立了一块近 3 万亩的“旱涝碱咸综合治理区”，在其中盐碱最重的 4 000 亩土地上设置了“改造利用咸水，综合治理旱涝碱咸试验区”。一年来，试验区和治理区在旱涝碱盐的综合治理上取得了较为明显的成效，推动了当前的生产。试验区的张庄大队粮食总产由历史最高水平 15.5 万 kg（1971 年）增至 30 万 kg，单产达到 231.5 kg。1970 年以前，张庄大队平均每年需国家供应商品粮食约 2 万 kg，1974 年向国家交售商品粮食 5.5 万 kg。皮棉也由单产 10 多千克提高到 28.5 kg。试验区的大街大队粮食总产也由历史最高水平的 6.5 万 kg 增至 12 万 kg，单产 225 kg。这两个大队的粮食产量当年就翻了一番的变化对这一带产生了良好的影响。广大贫下中农说“草少苗不长的老碱窝，现在是能抗旱、能防涝，土变、水变、产量变”。

14.1 自然概况和治理措施

黑龙港地区降水十分集中，春季干旱少雨，夏季雨涝成灾。在地貌上，这里处于太行山东麓冲积平原的中下部，东临渤海，地势低洼。这个特点不仅造成雨季里地表水汇集，加重涝害，且地下水位高抬，径流减缓，水质变咸，引起大片土壤的盐碱化。此外，咸水层的存在也限制了浅井的建设而影响了抗旱能力。所以，春旱夏涝、土碱水咸在地理上的这种“共存性”说明了旱涝碱咸四害不是孤立存在的而是有着密切的内在联系和相互制约的。

农业生产中，春季水太少，夏季水太多。潜水位高和水质咸，又引起土地盐碱涝害加剧和影响抗旱，所以旱涝碱咸的中心集中在一个“水”字上。也就是大气降水、地上水和地下水在时间和空间上的自然平衡状态与农业生产的需要之间存在矛盾。因此，必须抓住“水”这个中心环节，人为地打破这种不利的水的自然平衡状况，建立起根治旱涝碱咸，为农业发展服务的新的水平衡关系。在地上水源不足的地区，建立新的水平衡关系，关键在于对浅层地下水的开采和调控。浅层地下水不仅开采易，投资少，补给快，且在开采过程中造成的潜水位下降，大大有利于治碱，加速脱盐，减少返盐和防涝。在咸水区（黑龙港地区约 50% 的面积无浅层淡水或水层薄而不能成井），则必须从咸水的利用和改造入手。

此项研究工作是在河北省“黑龙港地下水合理开发利用”领导小组的领导下，与曲周县水电局协作进行的。黑龙港地区是河北平原的东半部，包括沧州、衡水全区、邯郸、邢台、廊坊地区的大部，共 43 个县，37 000 km^2，是旱涝碱咸危害严重的一个地区。

曲周县位于黑龙港地区西南部，“治理区”在滏阳河东侧的一分干和支漳河之间，为旧漳河故道间的微倾低地，海拔 27 ～ 34 m。这里地上水源缺乏，潜水矿化度 5 ～ 9 g/L，咸水层厚达百米以上。300 m 左右的淡水深井灌溉面积仅 7%，水利化程度很低，旱涝灾害频繁（据近 30 年统计，平均 2 ～ 3 年有一次较大旱涝灾害）。旱季潜水位 2 m 左右，盐碱地面积约 90%，且含盐量高（耕层 1% 左右），积盐深度大（每亩的 2 m 土体含盐 20 t 左右），盐分组成中以 Cl^- 和 SO_4^{2-} 为主。由于旱涝碱咸的危害，这里的产量低而不稳，一般年景亩产仅 50 kg 左右。

根据这里的自然特点和以上认识，我们对综合治理这里的旱涝碱咸所采取的做法是：从利用改造咸水入手，在咸水层上部建立起人能主动调节控制的一个水量可采可补、水位可降可升、排灌蓄相结合的地下水库，再配合以综合性农业措施，达到抗旱防涝，治碱改咸的综合治理目的。为此，试验区的主要工程与措施是：

（1）井　为了分层取水，加强抗旱能力和配合咸水灌溉，试验区布置深机井 5 眼和 40 m 深的浅机井 33 眼。这些机井可以起到抗旱（目前为咸水灌溉）、防涝、治碱（降低水位以减少返盐，加速脱盐）和改咸（抽咸换淡）的综合利用。

（2）深沟　间距 1 000 m 左右设置 3 ～ 4 m 的深沟，与浅井有机配合。浅井抽水和需要降低潜水位时，深沟可以封闭截渗试验区以外咸水的补给。根据需要，可用深沟蓄水引渗和补淡。此外，尚有灌溉和排水的作用。

（3）灌溉排咸渠　系经加强防渗后，灌溉和排除咸水可合用这一套渠系。

（4）浅排沟　降水强度大，地表水入渗不及时，浅排沟可起排除地面积水和防止沥托的作用。

（5）平地、压盐等　平地、压盐、施有机肥、造林、良种良法和精耕细作等一套农业技术措施是综合治理中的重要组成部分，使农业生产能迅速和持续地得到发展。

（6）监测　为了科学地指挥和调动水分和盐分的运动，需要对水土变化进行监测。

以上 6 部分作用不同，有机配合，而浅井和深沟又起着主导作用，故简称浅井 – 深沟体系，它是综合治理旱涝碱咸的一套设施和一种方法。试验区已挖深沟 7 000 m，动土 15 万 m^3；打深井一眼（原有 2 眼），浅机井 27 眼；修灌渠（部分用作排咸）8 000 m，浅排沟 18 000 m；平地和压盐 156 hm^2，以及平均每亩地施肥 2 ～ 3 车。雨季前（6 月 29 日到 7 月 15 日）和雨季中（8 月 1 日到 9 月 4 日）进行了两期群井抽水，共 52 天。事实证明，科学地运用浅井 – 深沟体系，可以有效地建立起排灌蓄相结合的地下水库和新的水盐平衡。既可利用咸水，抗旱增产，又能调控水位，除涝治碱；同时通过抽咸换淡，使咸水逐步淡化。以下分述之。

14.2 利用咸水，抗旱增产

浅井－深沟体系中，咸水的利用不仅可以抗旱增产，且有利于调控潜水位和使抽咸换淡中抽出的部分咸水及时发挥效益，使抽咸换淡的方法更易于为群众所接受和推广。

过去，矿化度大于 2 g/L 的水叫咸水，不宜灌溉，大于 3 g/L 则不能成井，咸水层成了水利上的“禁区”。近年来，国内外对咸水灌溉日益重视，取得不少成效。我们和试验区所在大队社员一起进行的咸水利用生产性试验也说明，只要具备一定条件，讲究利用方法，低矿化度咸水是可用的。本试验用咸水的矿化度为 4 ～ 7 g/L，属 Cl^-–SO_4^{2-}–Na^+–Mg^{2+} 类型。Cl^- 含量多在 30 ～ 65 me/L，Cl^-/SO_4^{2-} 值为 2 ～ 3，钠吸附比（SAR）为 8 ～ 12，pH 在 8 左右。矿化度、Cl^- 含量和 SAR 均偏高。

1. 棉花的咸水灌溉

春天，棉田盐斑上成片缺苗，缺苗处根系活动层（2 ～ 10 cm）含盐量一般都在 0.4% ～ 0.7%，有的达 1%左右。用咸水（矿化度 7 g/L 左右）移栽补苗时，用常规补苗方法苗的成活率很低，分析原因是坑小，水少，土壤溶液浓度高，加以从附近好土上移来壮苗时没带土或土团散落，使棉苗移栽后，根系就立即与高浓度土壤溶液接触，所以苗的成活率很低。后来，采取了“坑大水足，带土移栽，栽后覆盖干土”的方法，移栽棉苗全部成活。

在耕层（0 ～ 20 cm）土壤含盐量 0.3%左右的土壤上，苗期和蕾期两次灌 7 ～ 4 g/L 的咸水 140 m^3/ 亩。与对照区相比，咸水灌溉的棉株紧凑，结铃多，开铃早。灌咸水的平均单株结铃数为 17.5 个，未灌的只有 10.2 个。到 9 月底，灌咸水的平均单株开铃数为 2.7 个，不浇的只有 1.6 个。咸水灌溉棉花对防止小雨死苗也有良好效果。7 月 4 日下雨 20 多毫米，盐碱地上尺余高的棉株（花蕾期）成片死苗，可是张庄村南的 15 亩棉田，由于 6 月下旬灌了一次咸水，已将盐分压到根系层以下，这次小雨不仅没有死苗，而且长势更旺，亩产皮棉 30 kg。

2. 小麦、玉米的咸水灌溉

小麦、春小麦拔节后，在多点上用 4 ～ 6 g/L 的咸水灌溉 1 ～ 2 次，均未有死苗或受抑制现象。表 1 是春小麦地上咸、淡水灌溉的对比资料。

表 1 中表明，耕层土壤含盐量低于 0.4%，两次咸水灌后并未超过春小麦生育后期的耐盐极限，无明显盐害现象。而与淡水灌溉相比，植株稍矮和千粒重偏低。

玉米的耐盐力较差，但是，在夏播无雨的情况下，大街大队在 120 亩轻盐碱地上，7 月上旬用 4.5 g/L 的咸水穴浇点播玉米，出苗九成，平均亩产 150 kg 左右。

表 1　春小麦地上咸、淡水灌溉对比资料

灌溉状况	灌前土壤含盐量 / %		灌水量* /（m^3/ 亩）	灌溉水矿化度 /（g/L）	植株高 /cm	单株穗数 / 个	每穗小穗数 / 个	每穗粒数 / 粒	千粒重 /g
	0 ～ 20 cm	0 ～ 100 cm							
咸水灌溉	0.377	0.297	75	4.75	42.9	1.8	13.7	25.0	22.1
咸水灌溉	0.391	0.349	75	4.75	36.7	2.0	15.1	16.8	22.9
淡水灌溉	0.376	0.372	75	0.67	45.6	1.2	14.1	19.9	27.7

* 扬花期灌水 30 m^3 / 亩，灌浆期 45 m^3 / 亩。

3. 高粱和田菁的咸水灌溉

高粱和田菁对盐水具有较强的适应力。张庄大队在新开的 25 亩红荆丛生的碱荒地（耕层含盐 0.8% 左右）上用 5 g/L 左右的咸水压盐后播种夏高粱，取得了全苗和每亩 150 kg 的收成。在重碱地上用 7 g/L 左右咸水 100 m^3/ 亩压盐后播种田菁，播种层含盐量达 0.55% 左右，仍拿住苗，后期植株高 2 m 以上，这说明在较重的盐碱地上进行咸水压盐灌溉（每亩 100 m^3 左右），只要使表层土壤含盐量低于高粱和田菁的发芽和苗期耐盐极限（分别在 0.4%，0.6% 以下），就可以取得较好效果。

4. 轻盐碱地咸水种稻试验

我们的处理是水稻缓秧期灌淡水，分蘖前期咸、淡水混灌，以后全用咸水灌溉，共灌淡水 643 m^3/ 亩，咸水 1 913 m^3/ 亩。为了观察水稻各生育期的耐盐力，用盆栽方法分别采用＜ 1、2、2.5、3、4、6 g/L 的 6 种不同矿化度的水进行灌溉。水稻在缓秧和分蘖初期耐盐性差，2 g/L 的灌溉水就有抑制作用，4 g/L 开始有明显盐害，6 g/L 有严重危害，连续灌溉 20 d，死苗率达 95% 以上。分蘖后期的耐盐性明显提高，全部使用 6 g/L 的咸水灌溉，无死苗及苗害现象。为了了解咸水种稻中不同水稻品种的耐盐力，对 8 个品种进行了田间对比试验，初步看出“红旗五号”“红旗二号”“反修一号”和“红金”较好，产量分别为 347.8、335.8、297.05、256 kg/ 亩。

通过咸水种稻的初步试验可以看到，缓苗至分蘖初期用淡水或微咸水（2 ～ 4 g/L），以后用 6 g/L 左右的咸水种稻是可以的。在有排水条件下种麦茬稻，使咸水与雨水相配合，改良重要碱地或碱荒地，可加速盐碱地的改良又可于当年获得较高产量。

5. 咸水压盐

一般盐碱地的土壤溶液浓度都在 20 g/L 以上，有的要大于 50 ～ 100 g/L，而咸水浓度要低得多。所以在淡水水源不足的情况下，咸水洗盐是有效的。

张庄村南一块 15 亩重盐地上，经平地起埂，围起 1 亩左右大小的格田后，用 5 g/L 左右的咸水压盐，每亩 200 m^3，分 3 次灌入，连续压盐 8 天，由于土质情况复杂（有原来的盐场、洼地、道路等），在 8 个格田（共 16 个格田）中取样观测，结果列入表 2。从表中可见重盐地表层 0 ～ 20 cm 的土壤脱盐率多在 70%以上，含盐率由 1.0%～ 2.4%降到 0.3% 左右。2/3 格田一米土体的脱盐率在 40%以上，高者达 60%，差的也在 20%左右。经咸水压盐后，0 ～ 40 cm 土层的含盐率均下降到 0.4%以下。咸水压盐解决了淡水水源不足的问题，加快了重盐碱地的改良，也给咸水的利用打开了一个广阔的途径。

6. 咸水灌溉和压盐中的土壤盐分状况

咸水灌溉是否会造成土壤进一步积盐？这是咸水利用中的一个重要问题。以下是在良好排水条件下观测到的初步结果：

第一，表 1 至表 4 记载了轻盐碱地上，采取一般灌溉定额（40 m^3/ 亩左右）进行咸水灌溉后，土壤中盐量有明显的增加。耕层增长率达 50%～ 100%，含盐量纯增 0.1%～ 0.15%。下面土层含盐量虽有增加，但增长率小得多。表中还可看到，咸水灌溉中累积的这些盐分（包括潜水向土壤中运积的盐分），经雨季自然脱盐后，土壤含盐量可恢复到灌咸水前的水平或稍显脱盐，也就是所增盐量在雨季中基本上被全部淋走。但是与淡水灌溉相比，后者脱盐率达 40%～ 50%，说明在咸水灌溉情况下，土壤中盐分仍有少量积累。

表 2 张庄大队重盐碱地水压盐的土壤脱盐情况

地块名称	土层 /cm	灌水压盐前土壤含盐量		灌水压盐后土壤含盐量		灌水压盐后土壤脱盐量		土壤脱盐率 /%	灌水压盐后土壤含盐量小于 0.4% 的土层厚度 /cm
		/%	kg/ 亩	/%	kg/ 亩	/%	kg/ 亩		
东二格田	0 ～ 20	0.241	361.5	0.269	403.5	稍增	稍增	稍增	0 ～ 80
	0 ～ 100	0.445	3 561.5	0.350	2 923.5	0.095	638	21.4	
西三格田	0 ～ 20	1.740	2 610	0.392	588.5	1.348	2 021.5	77.2	0 ～ 20
	0 ～ 100	1.105	10 560	0.792	6 288.5	0.313	4 271.5	28.4	
东四格田	0 ～ 20	2.050	3 070	0.312	468	1.738	2 602	85.0	0 ～ 100
	0 ～ 100	1.062	10 720	0.349	2 983	0.713	7 737	67.2	
西五格田	0 ～ 20	2.460	3 690	0.292	438	2.168	3 252	88.2	0 ～ 40
	0 ～ 100	1.178	12 160	0.712	5 563	0.466	6 597	39.6	
东六格田	0 ～ 20	1.020	1 530	0.230	345	0.790	1 185	77.5	0 ～ 100
	0 ～ 100	1.024	8 905	0.401	3 235	0.623	5 670	60.9	
西九格田	0 ～ 20	0.331	497	0.195	292.5	0.136	204.5	41.1	0 ～ 100
	0 ～ 100	0.509	4 157	0.261	2 172.5	0.248	1 984.5	48.8	

续表 2

地块名称	土层 /cm	灌水压盐前土壤含盐量 /%	灌水压盐前土壤含盐量 kg/ 亩	灌水压盐后土壤含盐量 /%	灌水压盐后土壤含盐量 kg/ 亩	灌水压盐后土壤脱盐量 /%	灌水压盐后土壤脱盐量 kg/ 亩	土壤脱盐率 /%	灌水压盐后土壤含盐量小于 0.4% 的土层厚度 /cm
西九格田	0 ~ 20	1.790	2 685	0.585	877.5	1.205	1 807.5	67.3	0
	0 ~ 100	0.981	9 735	0.789	6 567.5	0.192	3 167.5	19.6	
平均	0 ~ 20	1.376	2 065	0.325	487.5	1.051	1 577.5	76.5	
	0 ~ 100	0.901	8 565	0.522	4 247.5	0.379	4 317.5	42.1	

表 3　咸水灌溉棉花的土壤盐分变化

%

处理	土壤含盐情况	土层深度 /cm					
		灌前（6 月 2 日）		灌后（7 月 2 日）		雨季（7 月 31 日）	
		0 ~ 20	0 ~ 80	0 ~ 20	0 ~ 80	0 ~ 20	0 ~ 80
咸水灌溉	土壤含盐量	0.254	0.241	0.518	0.293	0.244	0.217
	增减率			+103	+21.7	−3.9	−9.9
咸水灌溉	土壤含盐量	0.316	0.243	0.491	0.327	0.278	0.249
	增减率			+55.5	+34.6	−12.0	+2.4
未灌溉	土壤含盐量	0.311	0.186	—	—	0.161	0.196
	增减率			—	—	−48.3	+5.3

注：苗期灌水 73 m^3/ 亩，矿化度 7.05 g/L，现蕾期灌水 66 m^3/ 亩，矿化度 4.11 g/L。

第二，棉花和春小麦咸水灌溉后土壤盐分变化的资料说明，前者雨季后 0 ~ 80 cm 土层均有脱盐，脱盐率 4% ~ 12%，而后者仅 0 ~ 20 cm 土层脱盐（脱盐率 4% ~ 11.5%），0 ~ 60 cm 土层中盐量反稍有增加（增长率 2.0% ~ 7.8%）。二者脱盐率上的差异和它们灌溉量大小有关。脱盐较好的棉花地的灌溉量比春麦地大了近 1 倍。

表 4　咸水灌溉春小麦的土壤盐分变化

%

处理	土壤含盐情况	土层深度 /cm					
		灌前（6 月 2 日）		收后（7 月 2 日）		雨季（7 月 31 日）	
		0 ~ 20	0 ~ 60	0 ~ 20	0 ~ 60	0 ~ 20	0 ~ 60
咸水灌溉	土壤含盐量	0.377	0.267	0.583	0.606	0.333	0.302
	增减率	—	—	+54.6	+126.9	−11.7	+13.1
咸水灌溉	土壤含盐量	0.361	0.349	0.691	0.516	0.373	0.376
	增减率			+91.4	+47.8	+3.3	+7.7

续表 4

处理	土壤含盐情况	土层深度 /cm					
		灌前（6 月 2 日）		收后（7 月 2 日）		雨季（7 月 31 日）	
		0 ～ 20	0 ～ 60	0 ～ 20	0 ～ 60	0 ～ 20	0 ～ 60
淡水灌溉	土壤含盐量	0.376	0.372	0.425	0.332	0.184	0.221
	增减率			+13.0	−10.8	−51.1	−40.6

注：①扬花期灌水 30 m^3/ 亩，灌浆期灌水 45 m^3/ 亩，共 75 m^3/ 亩，矿化度 4.75 g/L；②淡水的灌水时间和灌溉量与咸水同。

干旱时，小定额灌溉（如 30 ～ 40 m^3/ 亩）只能使表土 0 ～ 20 cm 的含水量增加 15%左右。使之达到田间持水量水平，从而使咸水加入土中的盐分全部留在表层，起不到暂时压盐的作用，且小定额灌溉的土壤含水量也低，皆加重了雨季自然脱盐的负担。所以，在有良好排水条件下，加大咸水灌溉定额，可使之起到压盐和增大土壤含水量的作用，既有利于当季作物生长，又可增加土壤上层的脱盐率和减少盐分的相对累积量。

第三，加大咸水灌溉定额，是否会引起土壤盐分的累积？对此，我们分别对小定额灌溉（30 ～ 40 m^3/ 亩）、大定额灌溉（70 ～ 80 m^3/ 亩）、冲洗压盐（200 m^3/ 亩左右）及种稻（本田整个生育期用咸水 1 913 m^3/ 亩）4 种情况粗略地进行了地块的盐分平衡计算（表 5）。

表 5　咸水灌溉的盐分平衡计算

t/ 亩

处理		灌前土壤原始盐储量 *	咸水灌溉携入的盐量	灌后和雨季后土体盐分		盐分排出量	盐分排出率 /%
				余量 **	增减率 /%		
咸水种稻		1.56	10.44	2.63	+68.7	9.37	78.0
咸水压盐		128.6	15.00	64.8	−49.6	78.8	54.8
咸水灌溉棉花	1***	1.66	0.79	1.50	−9.2	0.95	38.7
	2	1.68	0.79	1.72	+2.4	0.75	30.4
咸水灌溉春小麦	1	1.51	0.36	1.54	+2.0	0.33	17.6
	2	1.78	0.36	1.92	+7.8	0.22	10.3

* 计算盐分的土层厚度除棉花、春小麦分别为 0.8 m 和 0.6 m 外，余为 1 m。

** 种稻和压盐是收稻后和压盐后的土体盐分余量，棉花和春小麦是雨季中的余量。

***1、2 指不同地块。

春麦地比棉花地的灌溉量少 50%，其土壤脱盐率，特别是地块的盐分排出率显著不如棉田。而每亩用水 200 m^3 的冲洗压盐，土壤脱盐率为 49.6%，盐分排出率达 54.8%。

咸水种稻使原来的轻盐碱地的盐分稍有增加（每亩 1 m 土体的盐储量增加 1.07 t）。但从全面的盐分平衡计算来看，每亩地灌溉咸水携入盐分 10.44 t，除 1.07 t 留在 1 m 土体外，9.37 t 的盐分均排出土体，排出率达 78%。

以上资料表明，在有排水条件下，并不是灌咸水越多，土壤里盐分就越多。相反，在进入土体的咸水能够排出的情况下，大灌溉定额对土壤脱盐是有利的。土壤灌溉量越高，这个作用就越明显。而关键的条件是要有良好的排水设施。精耕细作对咸水灌溉后减少地面蒸发也是十分重要的。

7. 咸水利用中需要注意的有关技术问题

- 实践说明，7 g/L 以下的微碱性的咸水是可用的。但要注意有少数咸水的矿化度不高，但有游离碱或较多的 CO_3^{2-}、HCO_3^- 存在，pH 在 10 以上的碱性微咸水，这种水未经改造，不能利用。此外，钠吸附比高的咸水在利用时要十分慎重，注意预防土壤碱化。
- 进行咸水灌溉，要注意“看土、看水、看庄稼”。把咸水的矿化度、土壤的灌溉量和作物的耐盐能力三者联系起来考虑。土壤本身的状况很重要，非盐碱土和轻盐碱土上灌溉咸水比较安全；耕作层含盐量在 0.4% 左右，则要慎重，需加大定额和其他措施的保证。较重的盐碱地上需结合压盐才能保证作物的安全。
- 不同作物耐盐力不同，如田菁、红麻、棉花、高粱的耐盐力较强，小麦次之，玉米、豆类、花生等更差。同一作物不同生育期的耐盐力也不一样，一般是苗期耐盐力差而中后期增强。咸水灌溉的问题主要在灌后土壤中盐分状况与作物耐盐力之间的矛盾上。因此，要求做到灌后土中盐量不超过该作物诸生育期的耐盐极限。所以要根据水、土、庄稼三方面具体情况决定灌不灌、何时灌和如何灌。
- 在作物需水的关键时期，采取次数少、定额大、结合压盐的灌溉方法为好。如有淡水，还可采取“混浇”或“轮浇”的办法。
- 咸水灌溉时，要求土地平整，上水均匀，否则易引起高处返盐，造成死苗。此外，多施有机肥和灌后及时锄地保墒，减少返盐等农业措施也要密切配合。
- 鉴于咸水灌溉中，土壤盐分有不同程度的相对积累，需要根据情况，隔一两年或两三年进行一次淡水冲洗压盐。
- 创造良好的排水条件，保证咸水带入土中的盐分得以排出是咸水利用的前提，否则咸水灌溉将加重土壤盐化。

14.3 调控水位，除涝治碱

以上介绍了通过利用咸水以提高抗旱压盐能力，另一方面的作用则是在咸水利用和排咸过程中，通过调控地下水位，以抑制土壤积盐，加速土壤脱盐，提高防涝能力和促进地下咸水淡化，这正是利用浅井－深沟体系，综合治理旱涝碱咸的真谛所在。1974 年里，我们做了哪些调控地下水位的试验？试验结果如何呢？

1974 年进行了两期抽水。第一期为雨季前的抽水（6 月 29 日至 7 月 15 日），结合抗旱抢播，用于灌溉。第二期为雨季抽水（8 月 1 日至 9 月 4 日）。对照区未进行抽水，其他条件与试验区相同。7 月、8 月、9 月三个月间，试验区和对照区的潜水位过程线迥然不同（图 1）。

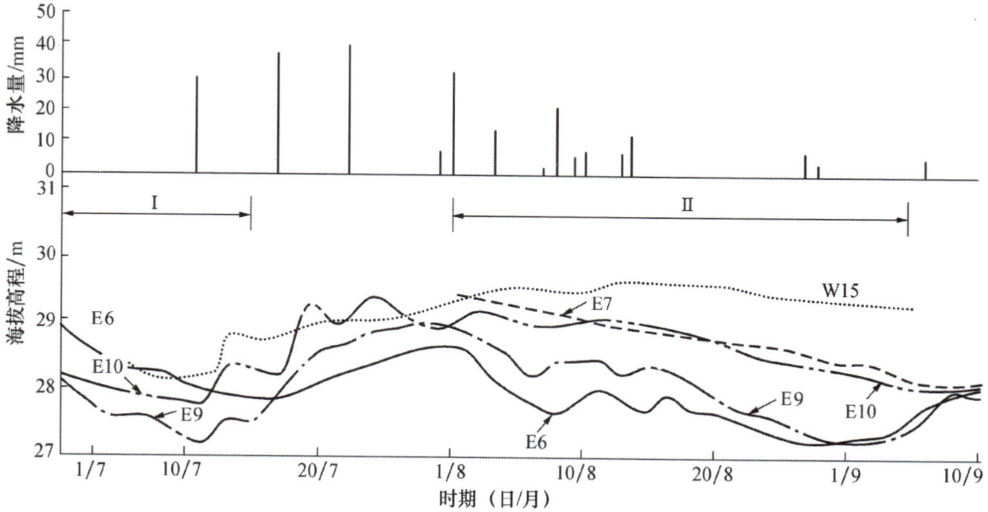

图 1　抽水（E_6、E_7、E_9、E_{10}）与不抽水（W_{15}）的潜水位过程线时期（日 / 月）

Ⅰ为一期抽水；Ⅱ为二期抽水；E_6、E_7、E_{10}、E_9、W_{15} 分别代表潜水观测井号。

对照区的潜水位完全受雨季降水的控制。一进入雨季，7 月 10—30 日的 20 天里，降水 160 mm，W_{15} 观测孔的潜水埋深由 3.02 m 急剧上升到 1.71 m。以后直至 9 月上旬，始终维持在 1.4 ～ 1.6 m。试验区在第一期 15 天的抽水中，潜水位下降了 0.6 ～ 1.06 m，埋深达 3.2 ～ 4.1 m。7 月中旬降水 160 mm 后，距抽水井 50 m 的 E_6 和 E_9 观测孔的潜水埋深由 3.2 ～ 3.5 m 上升到 2.6 m 左右。8 月 1 日第二期抽水开始后 8 天，潜水埋深又迅速降至 3.5 m 以下，整个雨季都稳定在 3.5 ～ 4.0 m。距抽水井 170 m 远有的 E_7 和 E_{10} 的潜水埋深虽较 E_6 和 E_9 为高，但雨季中潜水埋深始终保持下降趋势，潜水埋深维持在 2.5 m 以下，相当安全。

据曲周县 23 年（1950—1972 年）气象资料，7 月和 8 月平均月总降水量分别为 148.3 mm 和 156.5 mm，1974 年分别为 162 mm 和 121 mm，与多年平均值相近。在此中常年景，试验区雨季潜水埋深仍可维持在 2.5 m 和 3.5 m 以下。如此估算，月总降水 400 mm 左右亦不致发生农田渍涝，即正常的咸水利用和必要时的抽排，可以保障农田不受渍涝。

试验区和对照区的潜水位一降一升，相差 1.6 ～ 2.5 m。这个差值以及雨季中潜水埋深能稳定在 2.5 m 以至 3.5 m 以下，对加速雨季的自然脱盐过程也有重要作用。因为，在高潜水位情况下，淋盐水很快就补充到潜水而抬高潜水位，越来越顶托着洗盐水，使它不能向下移动，将盐分带走。同时，由于地面淡水入渗困难而加大了流失和蒸发。这说明了为什么在潜水位高而又无排水条件的地方，尽管大雨滂沱，但土壤中盐分变化不大。在潜水埋藏较深的情况下，潜水位以上的土体里有一个较大的空间，潜水位不至于很快上升而造成顶托，使洗盐水能带着上部土壤的盐分顺利地向下移动。因此，在雨季到来前和雨季期间，把潜水位调控到较深的位置，就可大大提高雨季时土壤脱盐率。试验区的浅井调控潜水位的试验对比做了很好的说明。

图 2 中的 E_6 和 W_6 是试验区的两个潜水 - 土壤盐分动态观测点。前者代表抽水好、降深大的类型，后者代表抽水和降深较差的类型。图 3 中的 W_{14} 和 W_{15} 是设在未进行抽水的对照区中的两个动态观测点。抽水试验区和不抽水的对照区的两组观测点的观测数据绘制成的图 2 和图 3 两幅潜水 - 土壤盐分动态图表现显著不同。

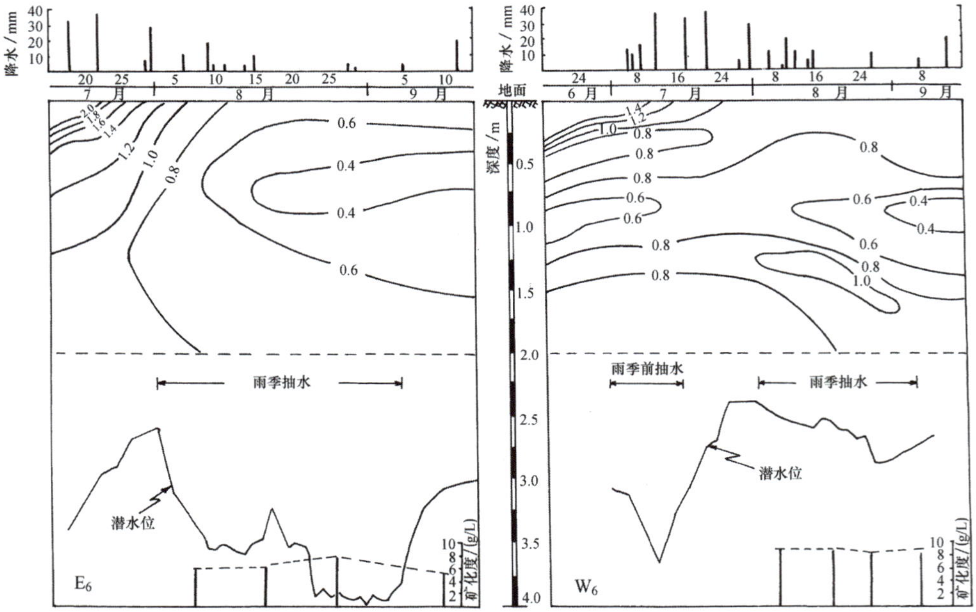

图 2　试验区雨季土壤盐分、潜水位及矿化度动态（1974 年）

注：土壤盐分含量等值线，单位为 %；E_6，W_6 表示试验区观测点。

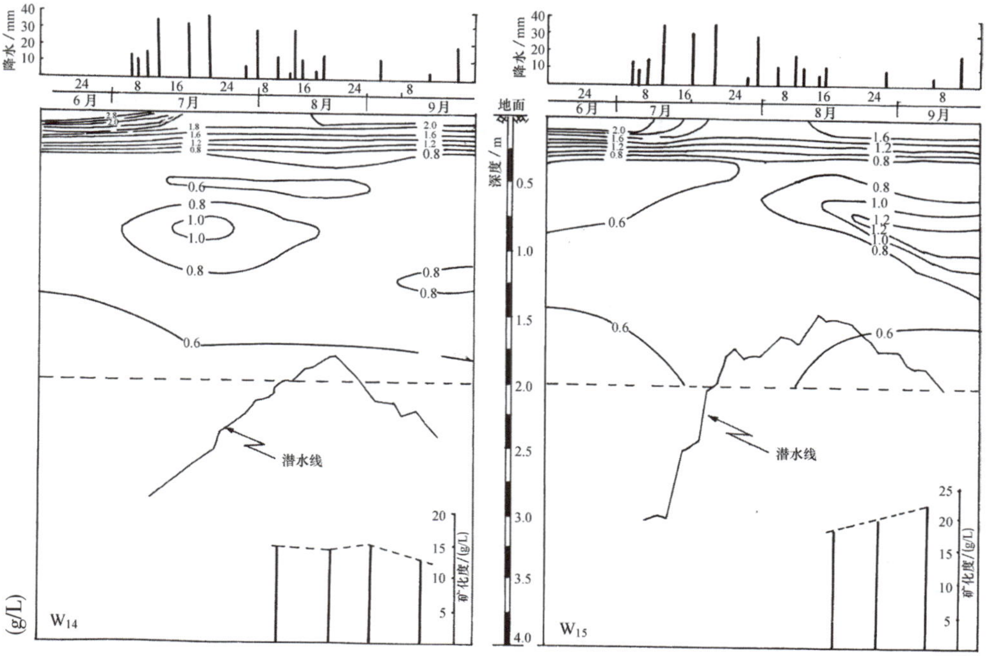

图 3 对照区雨季土壤盐分、潜水位及矿化度动态图（1974 年）

注：土壤盐分含量等值线，单位为 %；W_{14}，W_{15} 表示对照区观测点。

图 3 显示雨季一到，对照区的 W_{15} 和 W_{14} 观测点的潜水位迅速上升，造成顶托现象。经过雨季，只在 0 ～ 40 cm 的土壤上层脱盐，40 cm 以下，特别是 1 m 以下，土壤盐分变化不大，W_{15} 却有明显增加。而抽水试验区里的 E_6 和 W_6 的土壤盐分等值线则显示了随着潜水的下落，2 m 土体的盐分均相应下移。

抽水条件下的土体脱盐有以下两个特点：

首先，土体脱盐深度大。从图 4 和表 6 中可具体看到试验区和对照区在脱盐率上的差异。4 个点的资料说明，表层差异不很明显，而 1 m 土体，特别是 1.5 m 和 2 m 土体的脱盐率的差异就很大了。就 0 ～ 1.5 m 土体脱盐率论，E_6 和 W_6 分别为 57.8% 和 25.5%，而对照区的 W_{14} 为 9.8%，W_{15} 反有积盐（–12.2%）。0 ～ 2 m 土体脱盐率的差异更大。

其次，脱盐的持续期长。从图 4 和表 6 中还可以看到，对照区仅在雨季初期，潜水顶托作用尚不明显时的脱盐率较高。7 月下旬以后，随着潜水位的上升和顶托，土体就不再继续脱盐了，以至有不同程度积盐。而试验区的 E_6 和 W_6，整个雨季都保持持续脱盐状态，脱盐深度自上而下逐渐加大。

以上资料说明，雨季前和雨季中抽水，不仅是抗旱防涝、抽咸换淡的需要，同时，由于降低了潜水位而加速了雨季期间土体的自然脱盐过程，也是改良盐碱地的一个有效措施。

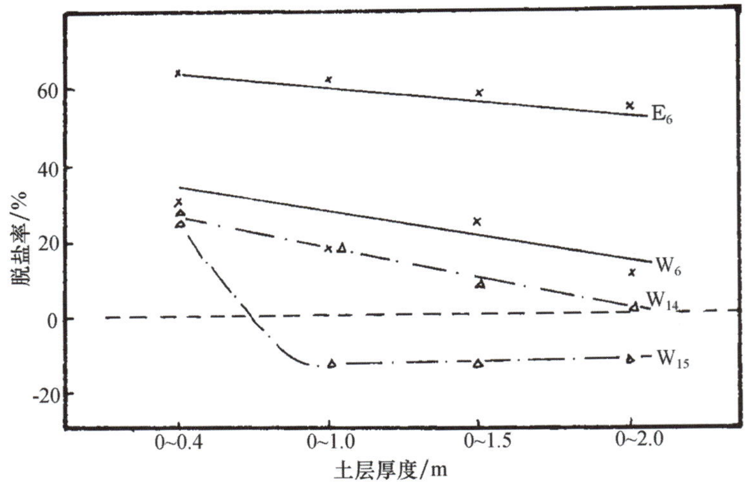

图 4　试验区（E_6，W_6）和对照区（W_{14}，W_{15}）土壤脱盐状况

表 6　试验区和对照区 1974 年雨季土壤脱盐状况

区域及剖面号		土层厚度/m	雨季前（6月27日）盐贮量/(t/亩)	雨季前（6月27日）脱盐率/%	雨季初期（7月20日）盐贮量/(t/亩)	雨季初期（7月20日）脱盐率/%	雨季中期（8月15日）盐贮量(t/亩)	雨季中期（8月15日）脱盐率/%	雨季后（9月9日）盐贮量/(t/亩)	雨季后（9月9日）脱盐率/%
试验区	E_6	0～0.4			6.14	0	2.07	66.0	2.15	65.0
		0～1.0			12.2	0	4.19	65.6	4.45	63.5
		0～1.5			16.8	0	7.68	54.3	7.08	57.8
		0～2.0			22.4	0	11.0	50.9	10.1	54.9
	W_6	0～0.4	3.95	0	3.09	21.8	3.06	22.5	2.76	30.1
		0～1.0	7.62	0	7.40	2.9	6.82	10.5	6.36	16.5
		0～1.5	11.9	0	11.4	4.2	11.9	0	8.86	25.5
		0～2.0	14.9	0	14.2	4.7	15.5	–4.0	13.4	10.1
对照区	W_{14}	0～0.4	7.10	0	4.60	35.2	5.29	25.5	4.96	30.1
		0～1.0	11.0	0	9.30	15.5	8.85	19.5	9.05	17.7
		0～1.5	14.2	0	13.0	8.5	12.3	13.4	12.8	9.8
		0～2.0	16.0	0	15.7	1.9	15.1	5.6	15.7	1.9
	W_{15}	0～0.4	6.20	0	3.48	43.8	4.71	24.0	4.57	26.3
		0～1.0	9.40	0	6.81	27.6	9.51	–1.2	10.6	–12.8
		0～1.5	12.3	0	10.3	16.2	12.8	–4.0	13.8	–12.2
		0～2.0	14.5	0	13.6	6.2	15.5	–6.9	16.4	–13.1

14.4 抽咸换淡，改造咸水

曲周县境内无浅层淡水或淡水层薄、开采价值不大的地方占 80% 左右。咸水层厚 100 ～ 200 m，静储量 24.3 亿 m^3。改造咸水，不是指改造整个咸水层，而是指为满足农业生产需要，将咸水层上部淡化，形成一个淡化水层。改造的主要方法是“抽咸换淡”，即利用浅井抽出咸水和人为地大量引渗淡水。浅井 – 深沟体系为抽咸换淡提供了有利条件和设施。

根据试验区 25 ～ 40 m 间有十余米细砂层和 40 m 以下有深厚隔水层的岩性特点（图 5），同时考虑到改咸与采用相结合，井深定为 40 m 左右，为完全井。影响半径一般在 125 ～ 200 m。井距设计为 200 m × 250（330）m，即每 80 ～ 100 亩一眼井，投入试验的浅井 40 眼（图 6），进行了旱季和雨季两期抽水共 52 天。抽咸换淡试验中地下水矿化度和离子组成的变化及其原因分析如后。

1. *浅层咸水矿化度动态与淡化*

从 40 眼抽水井矿化度动态的一般趋势看。整个雨季抽水期间，随降水量和频率不同而出现矿化度的高峰群，它们是与降雨量、降水频率以及土体脱盐相适应和由之而引起的，本身就说明了雨季抽水对排除土壤盐分能起到良好的作用。

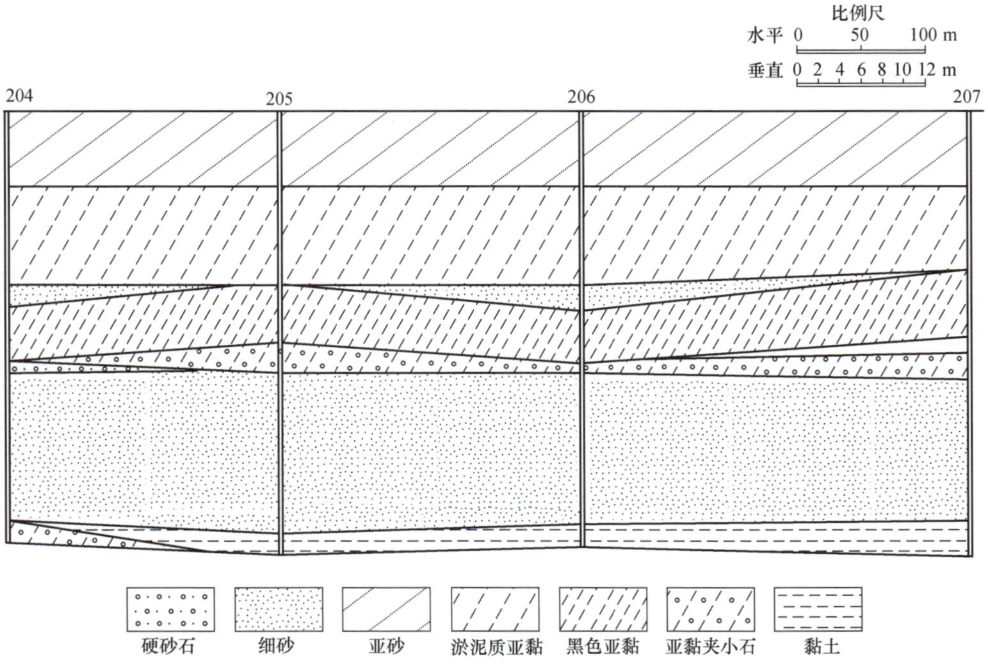

图 5 # 204—207 地质断面图（西—东）

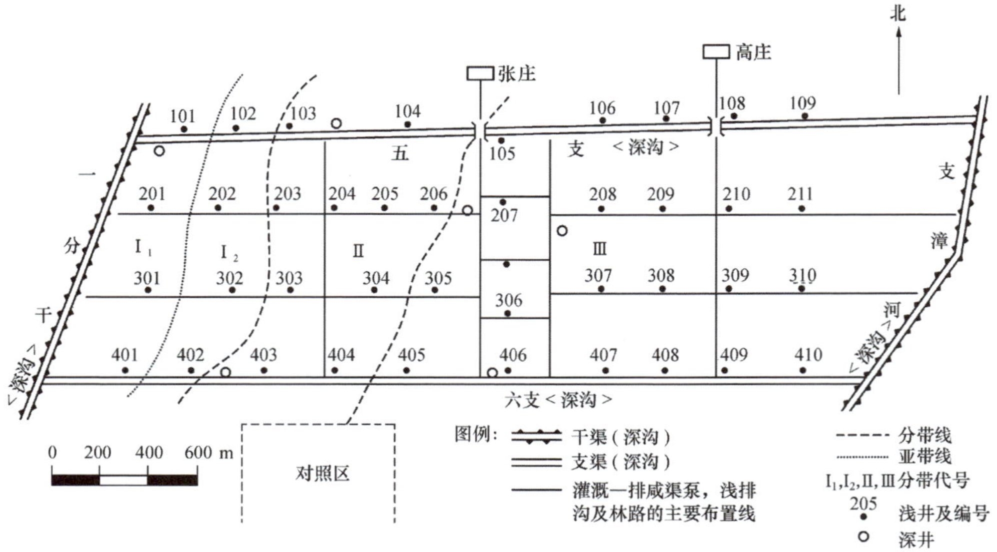

图 6　抽水试验区浅井和深沟的布局和咸水矿化度变动分带

7 g/L 以上的高矿化度是暂时因素引起的，随着这个因素的消除而矿化度将会稳定在 7 g/L 以下。根据第一期抽水初期到 7 月 5 日的水化学分析结果及以后的动态资料统计，试验区咸水层上部的基本矿化度（指排除暂时及局部因素的干扰）在 5 g/L 左右。

试验区内，依矿化度变动的特点，可自西（一分干）向东（支漳河）大体分为三带，各带呈西南—东北向，图 6 表示了各带内的矿化度动态（1974 年 7—11 月）。第二带（Ⅱ）矿化度较低，停抽后稳定在 4 g/L 左右。第三带（Ⅲ）矿化度偏高，在 4 ～ 6 g/L 之间。第一带中 I_1 与 I_2 相似，但靠近一分干的井列，停抽后表现明显淡化，4 个井中有 3 个井的矿化度在 3 g/L 左右。故可分两个亚带：即靠一分干的 I_1 和与Ⅲ相似的 I_2（图 6）。

衡量地下水的淡化，我们不以暂时因素引起的高矿化度作为基数，而是以上述的基本矿化度（或平均矿化度）5 g/L 作为基数。因此，可将矿化度分为三段：① 2 ～ 4 g/L 表示淡化明显；② 4 ～ 5 g/L 为过渡带或开始淡化带；③ 5 ～ 9 g/L，水质咸化。鉴于地下水中 Cl^- 含量与矿化度间的正相关关系，3 个矿化度分段在图 7 中出现的频率 γ（定期取样作化学分析，矿化度在一定范围内出现次数所占总数的％）中看到淡化的趋势。Ⅲ带为 $\gamma_{③}>\gamma_{②}>\gamma_{①}$。$\gamma_{①}$的比例很小，$\gamma_{②}$相对较高，$\gamma_{③}$最高，说明此带内淡化趋势尚不明显。Ⅱ带虽也是 $\gamma_{③}>\gamma_{②}>\gamma_{①}$，但 $\gamma_{②}$降低，$\gamma_{①}$升高，淡化趋势较为明显。I_1 亚带则为 $\gamma_{①}>\gamma_{③}>\gamma_{②}$。$\gamma_{②}$值很低，形成两极分化，淡化趋势明显（图 7）。

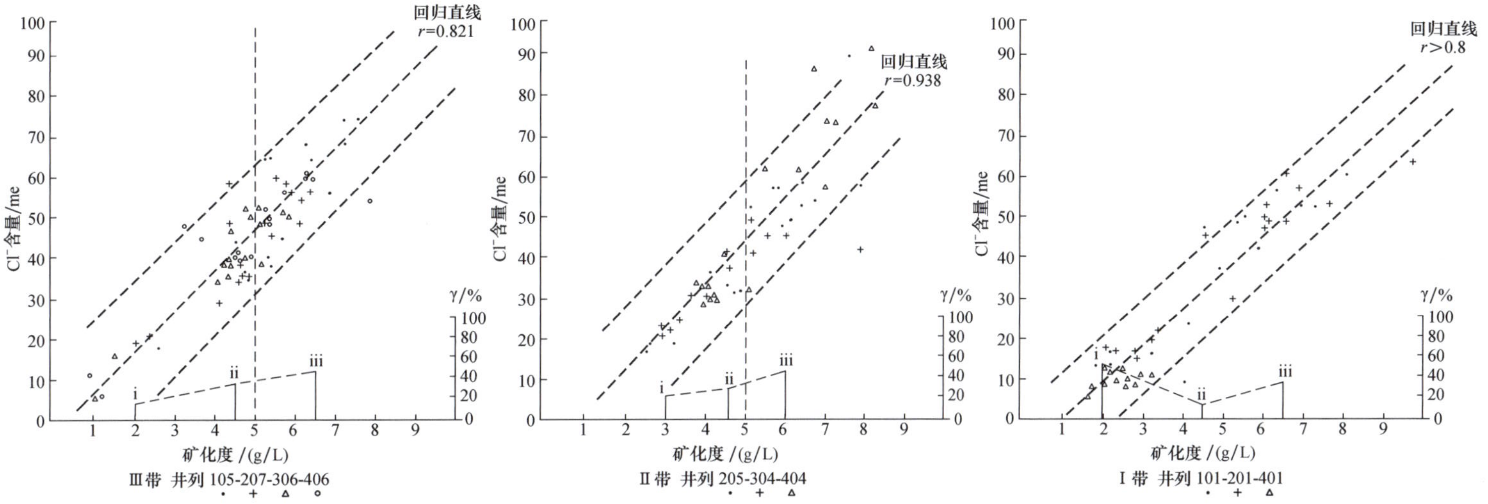

图 7 试验区地下水矿化度与 Cl^- 含量的关系

ⅰ矿化度为 1（2）～ 4 g/L 的频率；ⅱ矿化度为 4 ～ 5 g/L 的频率；ⅲ矿化度为 5 ～ 8 g/L 的频率。

2. 离子组成动态及水质变化

地下水矿化度的变化也将引起离子组成和水质的相应变化。一般情况下，采用碱含量、Cl^-/SO_4^{2-}、Cl^- 含量和钠吸附（SAR）来衡量水质的好坏。以下分别从这几个方面来说明抽咸换淡过程中地下水的离子组成和水质的变化情况。

• 碱含量。对地下水中 CO_3^{2-} 和 HCO_3^- 的钠盐状况的表示方法很多，按试验区咸水化学的特点，我们采用“碱含量”（P）来表示，计算公式为：

$$P=CO_3^{2-}+[HCO_3^- -(Ca^{2+}+Mg^{2+})]$$ 单位为：me/L

碱含量为地下水中重碳酸盐中除去 $Ca(HCO_3)_2$ 和 $Mg(HCO_3)_2$ 以后，P 则为钠的碳酸盐和重碳酸盐的酸根总量。如第二项之差为负值，则 $P=CO_3^{2-}$。因此，此公式是有条件的，即其中第二项为负值时均作 0 计。

试验区咸水井中仅少数井的水中有微量 CO_3^{2-}。HCO_3^- 虽普遍存在，但含量不高（10 me/L 左右），且十分稳定（图 8），抽水过程中不受矿化度变化的影响。由于普遍是 $HCO_3^- -(Ca^{2+}+Mg^{2+})<1$，所以公式中第二项为负值。因此，碱含量的变动对咸水水质影响不大。

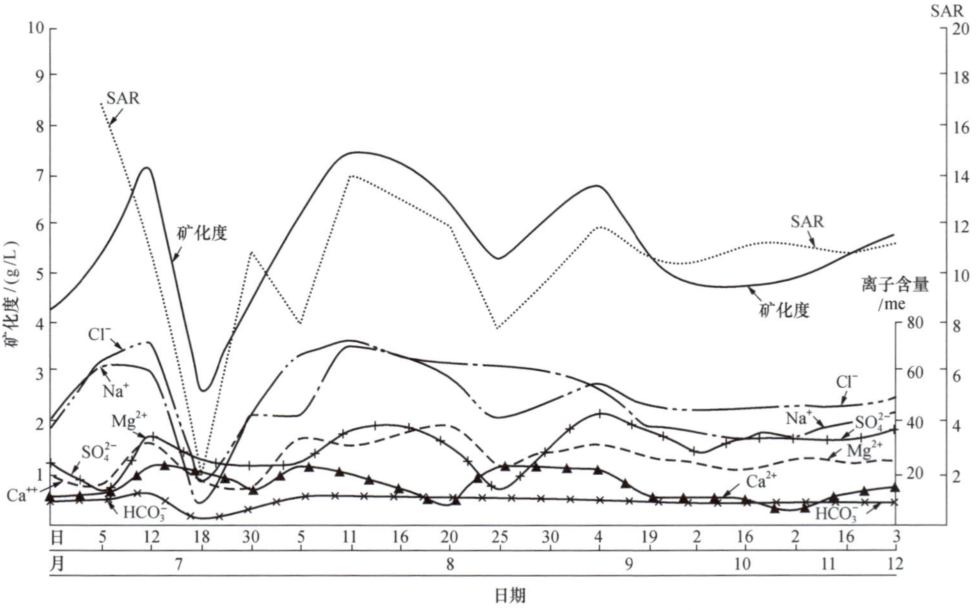

图 8　# 105 抽水井水化学动态（1974 年）

• Cl^-/SO_4^{2-} 和 Cl^- 含量。Cl^-/SO_4^{2-} 随不同水文地质条件而发生变化。一般趋势是：矿化度 < 4 g/L，则 $Cl^-/SO_4^{2-}<1$；矿化度 > 4 g/L，则 $Cl^-/SO_4^{2-}>1$。Cl^- 含量与矿化度呈现正相关（图 8）。从三个并列的水化学资料的统计看，Cl^- 平均含量值与矿化度的相关关系列入表 7。从表 7 中看出，矿化度 > 4 g/L，Cl^- 含量则超过

25 me/L。该含量的 Cl^- 对作物和土壤均开始表现出明显的不良影响。从 Cl^-/SO_4^{2-} 和 Cl^- 含量看，矿化度 4 g/L 以上 $Cl^-/SO_4^{2-}>1$，$Cl^->25$ me/L，标志着水质开始显著变坏。

表 7　Cl^- 含量与矿化度的相关关系

分带和井列	Cl^- 含量变动幅度 /（me/L）		
	M^*=1 ～ 4	M=4 ～ 5	M=5 ～ 8
Ⅲ带（井列：105，207，306，406）	5 ～ 20	30 ～ 50	35 ～ 75
Ⅱ带（井列：205，304，404）	15 ～ 30**	28 ～ 40	30 ～ 70
Ⅰ带（井列：101，201，401）	5 ～ 25		35 ～ 60

* M 为矿化度，g/L；** M=2.5 ～ 4 g/L。

• 钠吸附比。钠吸附比是评价咸水利用过程中是否引起土壤碱化的一个重要指标。据抽水井水化学资料统计，$M>4$ g/L，则 SAR > 10，可达 16 ～ 18；$M<4$ g/L，SAR 一般低于 10。据某些资料报道，$M>4$，SAR > 10 的数值是有一定碱化威胁的。但试验区盐碱土中均有多量 $CaCO_3$ 和一定量 $CaSO_4$，有抑制碱化发展的作用。在这种条件下 SAR 值的危害指标问题尚待研究。

地下水的离子组成动态和水质变化是和抽咸换淡中矿化度的变化密切相关的。除碱含量没有影响外，Cl^-/SO_4^{2-}、Cl^- 含量和 SAR 均与矿化度呈正相关。特别是矿化度超过 4 g/L 时，这三个指标（$Cl^-/SO_4^{2-}>1$；$Cl^->25$ me/L；SAR > 10）均显示了水质的明显变坏。因此，在抽咸换淡中，要求尽快将矿化度降至 4 g/L 以下，更有利于广泛开展对咸水的利用。

3. 淡化原因分析

24 眼井经两期抽水后，19 眼井水矿化度已降至 5 g/L 以下，表现了淡化趋势。另 5 眼井的矿化度仍维持在 5 ～ 7 g/L。

鉴于试验区土壤盐分含量很高，故未进行专门蓄水补淡。淡水水源仅有雨水和秋季压盐水，水量不大且多经过土体而提高了矿化度，因而补淡作用不大。究其淡化原因，主要为如下的水文地质条件。

第一，这一带咸水面（同于潜水）的坡降约 1/6 000，近乎停滞状态。每年雨季，雨水将盐碱土中的部分盐分淋至咸水层的表部，使之矿化度增加。旱季，咸水又通过土体蒸发浓缩。这种频繁的交换作用，使咸水层上部形成了一个矿化度较高的水层。据许多点上的观察，咸水层表部的矿化度多在 10 g/L 左右，而以下的咸水矿化度多为 5 ～ 7 g/L。群井抽水时，每个井都形成了一个降落漏斗，井管中动水水位和周围潜水位之间的落差，使得咸水层上部的高矿化水层在抽水时，首先向井中移动，故而抽水初期矿化度较高，随着这个高矿化度水层的逐渐消失而井水开始变淡。淡化的第二个原因是在咸水层的 23 ～ 40 m 之间有一层承压的微咸水层。这层水的开采对上层咸水起了稀释作用，特别是停机后，井水矿化度明显下降。第三，一分干淡水的经常补给，使邻近一分干的 I_1 带井列的淡化最为明显。I_2 带面积虽小，但显示了引渗补淡对咸水淡化的明显作用，代表了今后改造咸水的方向。

以上分析说明，这个长期沉睡地下，近于停滞的咸水，一经浅井抽取，加速其运动，打破了原来的平衡状态，它就迈出了淡化的第一步。在今后进一步的抽咸和大量补淡过程中，定能更加快其淡化步伐。

14.5 浅井－深沟体系的运用

一年来，试验区的旱涝碱咸得到了初步治理：井灌面积由 7% 提高到 40% 以上（包括咸水灌溉），抗旱能力增强了；防涝能力由连续降水 100 mm 发生涝害提高到连续降水 300 mm 不发生涝害；土壤上层（0 ～ 40 cm）含盐量普遍由 1% 左右下降至 0.4% 以下；24 眼咸水井中有 19 眼有了不同程度的淡化。实践使我们认识到，旱涝碱咸之间的内在联系和相互制约，决定了对它们必须综合治理，而不能头痛医头，脚痛医脚。在治理方法上，也必须克服那种沟是沟，井是井，农业措施是农业措施的孤立看法，而要把三者有机地结合起来。浅井－深沟体系就是一种较好的结合方式，这套设施我们能够在咸水层的上部建立起一个咸水可用可改，潜水可采可补，水位可降可升，排、灌、蓄相结合的地下水库。通过对潜水位的调控，可建立起一个新的，综合治理旱涝碱咸的，为农业发展服务的水盐平衡关系，把水和盐的调动权掌握在自己手中。

如何运用浅井－深沟体系，有效地和经济地调控水盐的运动，以综合治理旱涝碱咸，我们有以下几点初步认识。

第一，在盐碱土地区，对水盐的调节可分两个阶段进行。第一阶段宜以土壤脱盐为中心，补淡应结合压盐，避免大规模的蓄水引渗。原因是：土体脱盐对当前农业生产具有更为现实和重要的意义，在土体含盐多的情况下，大量蓄水引渗容易引起盐分向上层转移，影响当年生产。盐分基本移出土体后，第二阶段则应以补淡和抗旱为中心，一方面，可在抽咸造成潜水加大降深的基础上大规模进行蓄水引渗和大定额灌溉，以加速咸水淡化过程；另一方面，旱季可适当抬高潜水位使潜水能不断补充底墒，在土壤不致盐化的前提下，增强土壤的抗旱能力。当然，两个阶段不是截然分开的。试验区于 1975 年秋季将逐渐过渡到第二阶段。

第二，在以土体脱盐为中心的第一阶段中，对水盐的调控大体有以下内容：①早春抽水。春季为返盐盛期，应结合灌溉以降低水位至返盐临界深度以下，减少土壤返盐。冬春进行过土壤压盐和潜水位较高时，此次抽水尤为必要。②雨季前结合灌溉抽水，将潜水位降至一年中的最大降深，以腾清库容，为雨季加速土壤的自然脱盐、防涝和蓄水做好准备。③雨季里进行围埝蓄淡和抽水，可加速脱盐改咸进程。如脱盐改咸任务不大，可不必抽水；沥水对作物产生威胁时，可进行防沥（托）性抽水。④秋冬季可进行大规模压盐和抽咸换淡、抽灌（排）咸水、引淡压盐（灌溉）和蓄水引渗等调控措施，每一措施对旱涝碱咸都会发生综合作用，应统筹考虑，因时因地制宜。

第三，“平、压、肥、林、种（植）”的一套农业技术措施不仅为提高当年产量所必需，且为治理旱涝碱咸的综合措施中不可缺少的重要组成部分。治理初期以平、压为先，盐碱不成为作物的主要威胁时，以有机肥（包括绿肥）为中心的培肥土壤就成为突出的问题了。

浅井－深沟体系有以下特点：它不是单打一地引水抗旱或挖沟除涝治碱，而是对旱涝碱咸统筹考虑，综合治理，夺得稳产高产。对潜水位的调控幅度大，可使其降至 3 m、4 m 以至更大深度，因而较一般方法具有更好的治碱防涝效果。必要时尚可蓄水和抬高潜水位以抗旱。在调控潜水位的时间上掌握了更大的主动性。节省土方、占地及清淤工作量。据调查，以斗、农、毛三级排沟计，一般五级深沟配套平均每亩挖土 50 ～ 70 m^3，占地 8%，而浅井－深沟体系挖土 5 m^3 左右，占地 2%。

利用浅井－深沟体系，综合治理旱涝碱咸是一种新的尝试。通过一年来的试验，取得了一些成效，在生产上已经开始发挥作用，也看到了一些好的苗头。但是，工作中还存在许多问题，有更多的问题尚需进一步研究。

15 掌握水盐运动规律 综合治理旱涝碱咸

【写作背景】

上文是《文集》作者及团队建旱涝碱盐综合治理曲周试验区后第一年，即1974年的试验研究报告。经1975年工作后的两年试验研究总结报告（部分）发表在《中国农业科学》杂志1976年第3期上。署名是“华北农业大学曲周基点”，本《文集》作者为执笔人。这是在国内学术刊物发表的第一篇论文。

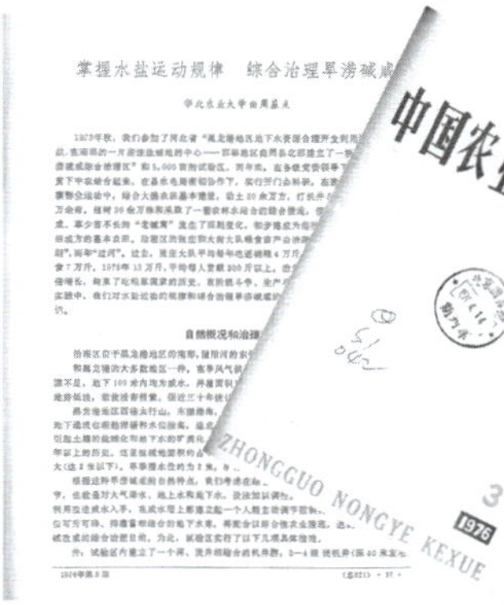

1973年秋，我们参加了河北省“黑龙港地区地下水资源合理开发利用”的科研大会战，在南部的一片涝洼盐碱地的中心——邯郸地区曲周县北部建立了一块近3万亩的“旱涝碱咸综合治理区”和5 000亩的试验区。两年来，在各级党委领导下，与曲周县广大贫下中农结合起来，在县水利局密切协作下，实行开门办科研，在轰轰烈烈的“农业学大寨”群众运动中，结合大搞农田基本建设，动土50余万方，打机井56眼，平地和压盐2万余亩，植树30余万株和采取了一套农林水结合的综合措施，使这块春旱夏涝、地碱水咸、草少苗不长的“老碱窝”发生了深刻变化，初步建成为能抗旱，能防涝，地改水变田成方的基本农田。治理区的张庄和大街大队粮食亩产由治理前的200斤左右，一年“上纲”，两年“过河”。过去，张庄大队平均每年吃返销粮4万斤，1974年开始向国家贡献粮食7万斤，1975年13万斤，平均每人贡献200斤以上。治理区所在各大队的产量均有成倍增长，结束了吃粮靠国家的历史。在革命运动的实践中，我们对水盐运动的规律和综合治理旱涝碱咸的方法与途径，也有了进一步的认识。

15.1 自然概况和治理方法

治理区位于黑龙港地区的南部，滏阳河的东侧，是漳河故道间的一个半封闭的洼地。

和黑龙港的大多数地区一样，在季风气候影响下，这里春季干旱少雨，加以地上水源不足，地下 100 米内均为咸水，井灌面积只有 7%，抗旱能力很差。夏季降水集中和地势低洼，致使涝害频繁。据近三十年统计，平均 3 ～ 4 年即有一次较大的旱涝灾害。

黑龙港地区西临太行山，东濒渤海，地势由西向东变得低缓，沉积物质逐渐变细，地下径流也渐趋滞缓和水位抬高，造成地下水通过土壤的毛管作用上升到地面被蒸发，引起土壤的盐碱化和地下水的矿质化。据《曲周县志》记载，这一带地碱和水咸已有 300 年以上的历史。这里盐碱地面积约占 90%，含盐量高，积盐深度大。旱季潜水位约为 2 米，矿化度在 7 克 / 升左右。

根据这种旱涝碱咸的自然特点，我们考虑在综合治理上必须抓住“水”这个中心环节，也就是对大气降水、地上水和地下水，设法加以调控。我们采取的治理方案是：从利用改造咸水入手，在咸水层上部建立起一个人能主动调节控制的、水量可采可补、水位可升可降、排灌蓄相结合的地下水库，再配合以综合性农业措施，达到抗旱防涝、治碱改咸的综合治理目的。为此，试验区实行了以下几项具体措施。

井：试验区内建立了一个深、浅井相结合的机井群，3 ～ 4 眼浅机井（深 40 米左右）和 1 眼深井为一组，约 100 亩 1 眼井，利用这个井群起到抗旱（咸、淡水灌溉）、防涝、防托（地下水顶托）、治碱（降低水位以减少返盐，加速脱盐）和改咸（抽咸换淡）的作用。

沟：深、浅排沟相结合。在间距 1 000 米左右设置 3 ～ 4 米深的深沟，纵横成网，与浅井有机配合，起着灌溉、排涝、降低地下水位以及引渗补淡的多种作用。

每一大方（1 000 ～ 2 000 亩）深沟区内，除布井外，尚有浅排沟（起排沥防托作用）及灌溉 – 排咸系统（改良期间利用灌溉系统排走抽出的部分咸水）。

此外，密切配合以平地压盐、造林、培肥和精耕细作等一套农业技术措施。

从调控水量与水位的角度看，以上多种综合手段中，浅井与深沟起着主要作用，是主体工程。所以可简称为浅井 – 深沟体系。

15.2 利用咸水灌溉抗旱防涝

这里全年降水 500 ～ 600 毫米，70%降在夏季，形成春旱夏涝。据估计，河北平原春季缺水 100 亿方* 左右，而雨季又有 170 亿方淡水白流入海。所以，改变自然状态下水分分配的不均性，就需要做到春季有水灌溉，夏季蓄而不涝。

这一带地上水源不足，保证率低，必须开采地下水。但上部有 100 余米厚的咸水层（黑龙港地区 1/2 面积上是这种情况）长期未被利用；开采深层淡水的成井深度需达 300 米左右，且只能满足 1/3 ～ 1/2 的农田供水。在地上水和深层淡水不敷需要的情况下，研究解决开采容易、储量丰富（黑龙港地区净储量达到了 1 620 亿吨）但水质不良的咸水能否用于灌溉，并在用中逐步得到淡化的问题，就有着十分重要而现实的意义。

一般情况下，矿化度大于 2 克 / 升的属于不宜灌溉或禁灌的咸水。这里则多为 6 ～ 7 克 / 升微碱性的 $Cl–SO_4–Ca–Na$ 型咸水。通过和张庄等大队社员一起进行的咸水灌溉试验说明，只要创造条件，讲究方法，这种咸水是可以灌溉的。

在盐碱土地区，根据土壤溶液浓度往往大大超过咸水矿化度的特点，我们采取加大灌溉定额（50 ～ 80 方 / 亩）进行压盐和稀释土壤溶液的灌溉，取得了良好效果。在一块寸草不生的重碱地上，每亩用 100 方 6.7 克 / 升的咸水作播前压盐灌溉后，播种层土壤含盐量由 1.5%下降到 0.55%，田菁获得全苗，后期株高达 2 米。采取“坑大水足苗带土”的方法，用 7 克 / 升咸水在盐斑地上移栽棉苗的成活率达 90%以上。此外，高粱播前的咸水压盐灌溉，小麦拔节后的咸水灌溉，玉米的咸水穴浇点种等，均取得较好效果。进而又用 200 方 / 亩咸水作重碱地的冲洗试验，1 米土体脱盐率达 50%，土壤表层含盐量由 1.0%～ 2.4%降到 0.3%左右。在与深井或地上水配合下，采取咸淡混浇（混合后矿化度在 2 ～ 4 克 / 升）和轮浇等方法，在各种作物上咸水灌溉面积达 6 000 余亩，在抗旱增产和改碱中发挥了良好作用。

咸水灌溉会将大量盐分带入土中，但是，据两年来灌溉 2 ～ 6 次水、累计灌水量为 100 ～ 1 900 方 / 亩的各个地块的观察结果看，只要具有良好排水条件，春季咸水灌溉携入土中的盐分，经雨季可基本排出土体，没有积盐现象。

我们分别对小定额咸水灌溉（30 ～ 40 方 / 亩）、大定额咸水灌溉（70 ～ 80 方 / 亩，咸水压盐（200 方 / 亩左右）及咸水种稻（本田整个生育期用咸水 1 913 方 / 亩）四种情况粗略地进行了地块的盐分平衡计算（见表 1）。

---

* 方为米 ^{3}（编注）。

表 1 咸水灌溉的盐分平衡计算

吨 / 亩

项目		灌前土壤原始盐储量	咸水灌溉携入的盐量	灌后和雨季后土体盐分		盐分排出量	盐分排出率（%）
				余量*	增减率（%）		
咸水种稻		1.56	10.44	2.63	+68.7	9.37	78.0
咸水压盐		128.60	15.00	64.80	−42.3	78.80	54.8
大定额咸水灌溉（棉花）	1	1.66	0.79	1.50	−9.2	0.95	38.7
	2	1.68	0.79	1.72	−2.4	0.75	30.4
小定额咸水灌溉《春小麦》	1	1.51	0.36	1.54	+2.0	0.33	17.6
	2	1.78	0.36	1.92	+7.8	0.22	10.3

* 种稻和压盐是收稻后和压盐后的土体盐分余量。棉花和春小麦是雨季中的余量。

注：计算盐分的土层厚度除棉花、春小麦分别为 0.8 米和 0.6 米外，余为 1 米。

春麦地比棉花地的灌溉量小 1/2，其土壤脱盐率，特别是地块的盐分排出率不如棉田显著。而每亩用水 200 方的冲洗压盐，土壤脱盐率为 42.3%，盐分排出率达 54.8%。

咸水种稻使原来的轻盐碱地的盐分稍有增加（每亩 1 米土体的盐储量增加 1.07 吨）。但从全面的盐分平衡计算来看，每亩地灌溉咸水携入盐分 10.44 吨，除 1.07 吨留在 1 米土体外，9.37 吨的盐分均排出土体，排出率达 78%。

以上资料表明，在有排水条件下，并不是灌咸水越多，土壤里盐分就越多。相反，在进入土体的咸水能够排出的情况下，加大灌溉定额对于土壤脱盐是有利的。

矿化度小于 7 克 / 升的微碱性咸水可用于灌溉，大大扩大了灌溉水源，弥补了地上水和深层淡水的不足。据实际观测和抽水试验，仅咸水一项，旱季可为每亩地提供 300 ～ 350 吨灌溉用水。由于地上水与地下水结合，深井与浅井结合，咸水与淡水结合，这里基本解除了干旱的威胁，且足以满足作物高产的需水。

启用咸水，另一方面的重要意义在于抽水过程中降低了地下水位，提高了防涝和蓄存雨季降水的能力。据测验浅井抽水时，潜水位以每昼夜 5 厘米左右的速度下降。因此，试区在雨季到来前，潜水位多降至 3 米以下。为了加速土壤自然脱盐和抽咸换淡，1974、1975 年雨季中，试区都抽水一个月左右，使得整个雨季里的潜水位始终维持在 3.5 米左右。依此计算，即使深沟排水能力不计，井排能力可达一次连续降雨 300 毫米不致发生沥涝。

抽用浅层地下水时，抗旱为防涝做了准备，防涝中又蓄存了雨水，为来年灌溉之用。如雨季降水不足以补足春季开采量，尚可利用秋冬季河流弃水引渗回灌。这样就将降水、地上水和地下水联通起来，将排、灌、蓄结合起来，达到抗旱和防涝的效果。

15.3 加速脱盐过程　抑制积盐过程

土壤的盐碱化决定于土壤的积盐过程和脱盐过程这一对矛盾的运动。影响这对矛盾运动的主要外因有二：一是季风气候条件，即春季干旱和夏季集中降水，这是土壤积盐和脱盐的动力因素。二是地下水位和矿化度的高低，它影响着土壤能否积盐或脱盐，以及它们按怎样的速度进行，它是最活跃的因素。人对气候条件的影响能力较小，而对水位因素的影响和控制能力就要大得多了。二年来，试区通过浅井～深沟体系调控地下水位，大大削弱了土壤的积盐过程和加速了土壤雨季的自然脱盐过程。例如 1974 年冬季压盐后，来春潜水位抬高到 1.5 米左右，为了抑制土壤的春季返盐，巩固压盐效果，3 月中开始井排，潜水位以平均日降深 3.0 ～ 4.6 厘米速度下降，约半月时间潜水位均控制在 2.5 米左右（积盐临界深度为 2.0 ～ 2.2 米），大大抑制了土壤的积盐过程。且井排时，井水矿化度的普遍增高，说明压盐所形成的高矿化潜水及时得到了排除。

华北地区降水集中，是土壤脱盐的一个有利条件。但是在同样的降水条件下，雨季中潜水位的动态对盐碱土的自然脱盐过程有着很大的影响。据观测对比，试区以外仅有沟排条件下，雨季一到，潜水位迅速上升到 1.5 米左右。由于地下水的顶托，影响了雨水的入渗及盐分的淋洗，所以尽管大雨滂沱，2 米土体脱盐率仅 5%左右，1 米土体约 15%，脱盐深度为 70 厘米。而在试验区有井排的条件下，出于旱季灌溉和雨季抽水，雨季期间的潜水位可保持在 3 米以下，这就给地下水位以上提供了一个较大的空间，使雨水可以充分入渗土中，并携带走易溶盐分。因此 2 米土体雨季脱盐率达 25%左右，1 米土体脱盐率达 35%左右，脱盐深度大于 1.5 ～ 2.0 米（见表 2）。

通过对潜水位的调节及灌溉压盐等措施，土壤的脱盐过程加强了，积盐过程受到了抑制，从而使试区的盐碱土迅速得到改良，盐碱地面积由 87%下降到 38%，其中重碱地和碱荒地下降幅度最大，在 60%以上。试验区内以 2 米土体计算，排除盐量约 1 万吨，平均每亩排盐 2.6 吨。

15.4 抽咸换淡　促进咸水淡化

由于试区内土壤盐化严重，是当前农业生产中首先需要解决的问题，所以 1974—1975 年间试区内以土体脱盐为主攻方向，没有进行大规模补淡，以免抬高潜水位，于改碱不利。但是，根据抗旱防涝和改碱的需要，两年共抽咸水 120 余天，水量约 100 万吨，它也引起了咸水层中一系列的变化。首先是咸井后的初

表 2 雨季土壤脱盐状况比较

		观测点	东 8						东 7			新 14		
		年度	1974			1975			1975			1975		
		脱盐状况	盐储量（吨 / 亩）		脱盐率（%）	盐储量（吨 / 亩）		脱盐率（%）	盐储量（吨 / 亩）		脱盐率（%）	盐储量（吨 / 亩）		脱盐率（%）
			6 月 30 日	8 月 15 日		5 月 28 日	8 月 23 日		6 月 28 日	8 月 23 日		5 月 28 日	8 月 23 日	
有井排	土层深度 (cm)	0 ~ 40	7.68	5.87	23.6	5.28	2.97	43.8	6.55	2.65	59.6	0.60	0.30	50.0
		0 ~ 100	13.70	10.00	27.0	8.82	5.42	38.5	10.72	4.86	54.6	1.52	1.02	32.9
		0 ~ 150	19.60	13.20	32.7	11.62	7.87	32.2	13.87	6.68	51.8	2.60	2.05	21.2
		0 ~ 200	22.00	16.40	25.4	14.19	10.17	28.3	16.38	8.56	47.7	3.93	3.23	17.8
	脱盐深度（cm）		150			200			200			209		
无井排		观测点	西 14						西 15			西 6		
		年度	1974			1975			1974			1974		
		脱盐状况	盐储量（吨 / 亩）		脱盐率（%）	盐储量（吨 / 亩）		脱盐率（%）	盐储量（吨 / 亩）		脱盐率（%）	盐储量（吨 / 亩）		脱盐率（%）
			6 月 30 日	8 月 15 日		5 月 28 日	8 月 23 日		6 月 30 日	8 月 15 日		6 月 30 日	8 月 15 日	
	土层深度 (cm)	0 ~ 40	7.10	5.29	25.5	4.58	3.84	16.2	6.20	4.71	24.1	3.95	3.06	22.5
		0 ~ 100	11.00	8.85	19.6	8.07	6.95	13.9	9.40	9.51	–1.2	7.62	6.82	10.5
		0 ~ 150	14.20	12.30	13.4	10.43	9.73	6.7	12.30	12.80	–4.1	11.90	11.90	0
		0 ~ 200	16.00	15.10	5.6	12.41	11.82	4.8	14.50	15.50	–6.9	14.90	15.50	–4.0
	脱盐深度（cm）		70			70			20			70		

期抽水，井水矿化度较高，多在 7 克 / 升以上，而随着表部高矿化水被排除，矿化度开始下降。其次，矿化度的变化与土壤的盐分动态很有关系，冬季土壤的人工压盐，使得春季抽水的前期矿化度形成一个高峰，达 6 克 / 升以上；随着土壤压盐在咸水层表部形成的高矿化水被排除，矿化度开始回降；雨季里土体的自然脱盐过程，使井水矿化度再次出现高峰，随着雨季的结束，矿化度又渐趋回落。

1975 年试验区南侧进行了春秋两季的沟渠引渗补淡，使得附近井水都有明显淡化。由于试区内土壤盐化问题已初步解决，1976 年将可以较大规模地进行人工引渗补淡，加速淡化进程。

随着矿化度的降低，地下水中各离子组成也发生了相应的变化。据两年来对大量水化学资料的统计和相关分析，衡量灌溉水质的各主要标准——Cl^- 含量、镁系数（$K \cdot Mg$）、钠吸附比（SAR）、可溶性钠百分数（SSP）均与矿化度有着密切的相关性。当矿化度＜ 4 克 / 升时，水质可得到显著改善——Cl^- 含量＜ 30 me/L；$K \cdot Mg < 0.5$；SAR ＜ 10；SSP ＜ 60%，对作物和土壤的不良影响显著降低。所以，我们把矿化度 4 克 / 升作为咸水淡化的第一期指标。

咸水是在一定的气候、地形、水文和水文地质等条件综合影响下形成的。径流滞缓，潜水位高和蒸发浓缩是地下水矿质化的直接原因。咸水一旦加速其运动，就打破了原来形成咸水的条件。特别是抽咸中又补进了淡水，这个运动就增加了新的质上不同的内容，使咸水向着淡化方向发展。“抽咸换淡”正是为了满足农业生产的需要，在利用咸水中，人为地和有意识地将咸水层上部改造成为淡化水层；使调节水量和水位的枢纽——地下水库由咸水库逐步改造成为淡水库。

16 曲周试验区及其周围地区自然条件概述

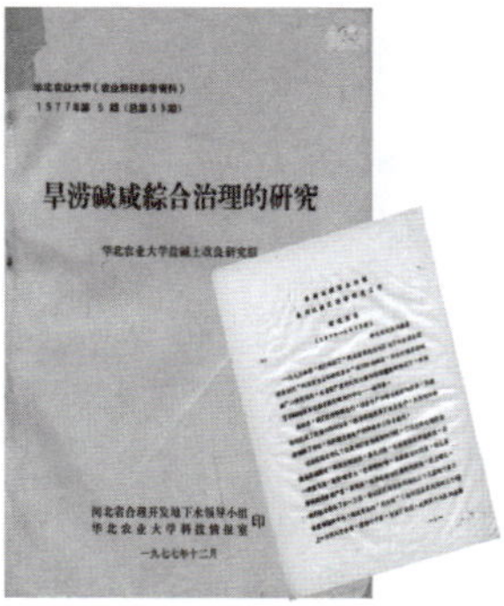

【写作背景】

1973 年秋进驻曲周旱涝碱咸综合治理试验区，提出 4 年工程治理计划，1977 年全面总结，编写了《旱涝碱咸综合治理的研究》的技术报告和工作总结。“自然条件概述”为本《文集》作者执笔撰写。

旱涝碱咸综合治理曲周试验区位于河北省邯郸地区曲周县北部。面积八千亩，其中耕地六千四百亩。试验区西以里町干渠，东以支漳河为界，北临三八渠和四支渠，南抵六支渠，包括张庄和大街两个大队的全部土地和其他四个大队的部分土地，分属于三个公社。

试验区处在曲周县，也是邯郸地区的涝洼盐碱地的中心。在旱涝碱咸的严重危害下，这里长期以来，产量低而不稳，是远近有名的老碱窝。

16.1 气侯

这里属温带的半干旱气候区，受季风气候的强烈影响。由于蒙古高压和太平洋高压季节性的相互消长，冬春季寒冷干燥，夏季温暖多雨，明显地表现出干湿季节的更替。

1963—1977 年曲周县部分气象资料列入表 1。15 年平均的年总降水量为 603.8 mm。（由于其中包括了 1963 年和 1973 年两次特大降雨过程，故平均值偏高）。降水的季节分配情况是：秋季（9—11 月）19.5%；冬季（12 至翌年 2 月）3.2%；春季（3—5 月）11.8%；夏季（6—8 月）65.5%。即三分之二的降水量降于夏季，其中 7、8 两月的降水量达 336 mm，占全年降水量的 56.7%。所以，在全年内，降水分配十分不匀，大部分降水集中于夏季的两三个月里，这是夏涝的主要原因。

表 1　曲周县气象资料（1963—1977 年）

月份	降水（毫米）	蒸发*（毫米）	温度（℃）	≥ 0℃积温	≥ 10℃积温
1	4.7	37.6	–2.95	4.8	0
2	8.4	53.3	–0.7	35.5	0
3	8.9	144.6	6.6	209.2	17.2
4	35.0	206.0	14.0	420.0	130.1
5	28.0	296.0	20.7	644.4	334.3
6	59.2	332.9	26.0	776.8	476.7
7	202.1	208.3	25.0	831.6	521.5
8	133.9	172.8	23.6	790.3	480.3
9	55.0	148.7	18.9	610.0	309.9
10	38.0	123.8	14.0	452.0	131.6
11	29.2	69.4	6.1	185.1	8.5
12	5.2	44.2	–1.9	30.2	0
年平均	603.8	1 840.6	12.0	4 989.9	2 410.2

* 蒸发为 1971—1977 年的 6 年平均值。

从降水强度看，据 1959—1976 年十八年的资料分析，一年中除 7、8 两个月以外的十个月里，日降水量达 20 ～ 40 mm 的降水过程，共出现二十次，平均每年一次左右。其余均为＜ 20 mm 的降水。所以，在一年的大部分时间里，降水对作物生长的需水和土壤盐分的淋溶，所起作用不大。

降水集中反映了问题的另一个方面，即一年中的大部分时间为降水稀少的干旱季节，特别是春季。曲周的年蒸发量超过过去降水量的 3 倍，雨季里二者大体相当，而春季的蒸发量大于降水量的 8.8 倍（图 1）。

干燥度是衡量一个地区干湿程度的一个重要指标。曲周的年干燥度（$\frac{\text{日平均温度} \geqslant 0℃\text{持续期的积温的总和}}{\text{同时期的降水量}} \times 0.16$）约为 1.3，但季节性干燥度则差异很大。

雨季为 0.8；秋季为 1.62；春季可高达 3.15。一年的大部分时间是旱季，降水少，蒸发强，特别是春旱对农业生产威胁很大。同时，旱季里，草甸类型土壤的积盐过程强烈进行，加重了土壤盐化程度。

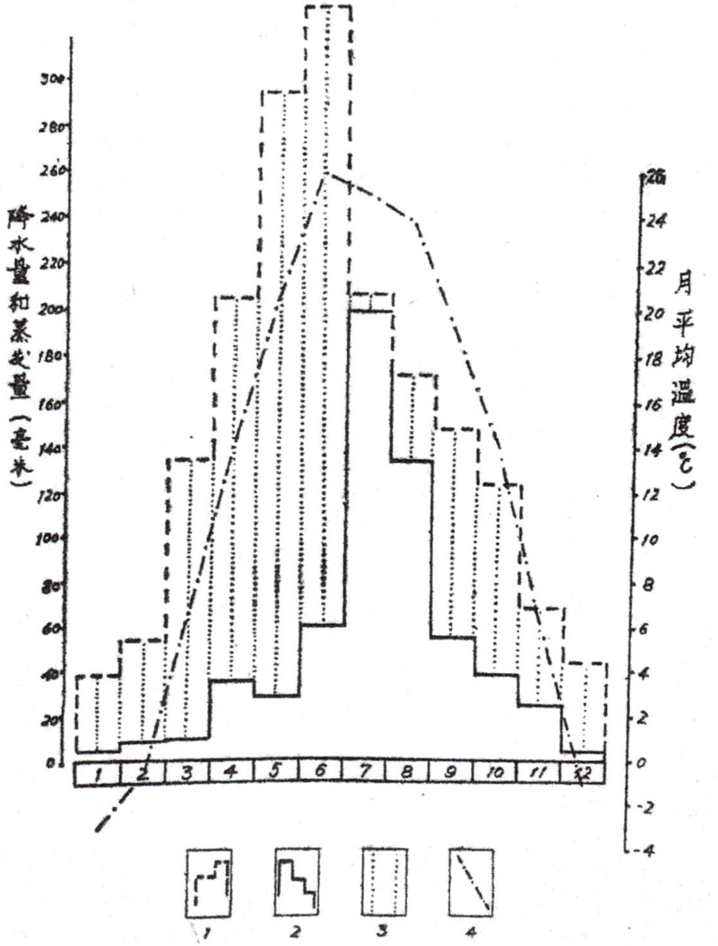

图 1　曲周县（1963—1977 年）月平均降水量，月平均蒸发量和月平均温度过程线

1. 月平均蒸发量；2. 月平均降水量；3. 降水量和蒸发量之间的差值；4. 月平均温度

在季风气候强烈影响下的黄淮海平原，由于降水集中，春旱夏涝，对农业生产危害极大。图 2 记载了 1949—1974 年间曲周县旱涝灾害情况。在此 26 年中，平均三年半就有一次较大的旱涝灾害。特别是涝灾更为频繁。毛主席提出“一定要根治海河”和“农业学大寨”的伟大号召以后，抗旱除涝能力有了较大提高。但是抗旱和除涝的任务还很重，要建立旱涝保丰收的高产稳产农田，还需要下很大的气力。

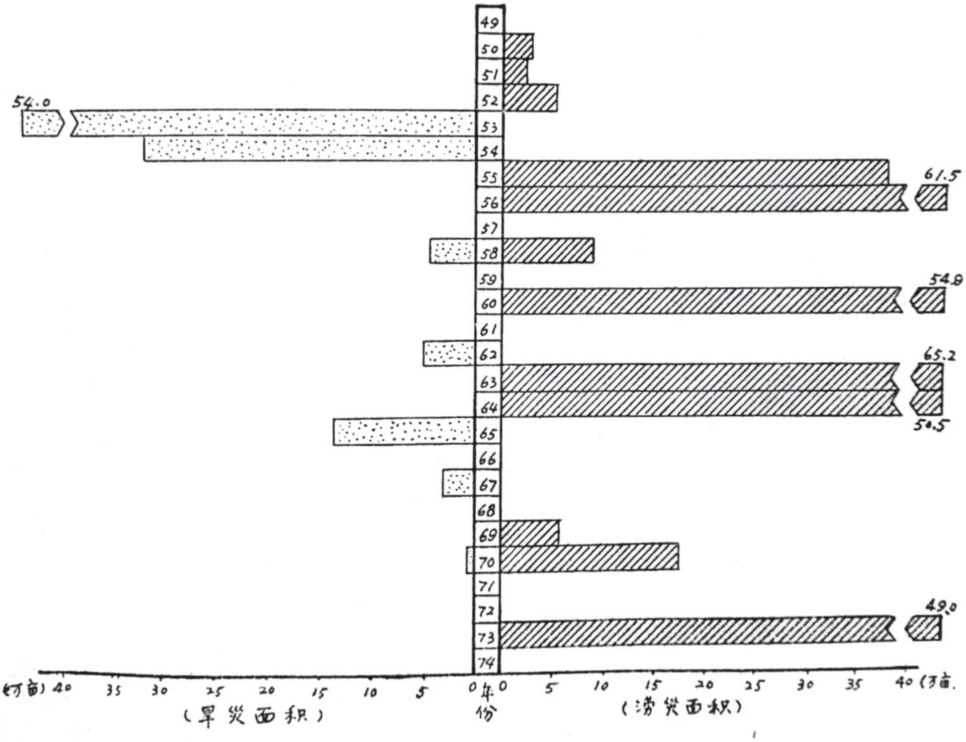

图 2　曲周县旱涝灾害情况 (1949—1974 年)

16.2 地貌

试验区位于太行山的山前冲积平原，海拔 37 ～ 35 m，以四千分之一左右的地面坡降自南西向北东方向倾斜。从曲周县北部地势图（图 3）中可以看到，境内有 3 条南北向分布的狭长带状的微起高地（稍高于两侧地面 1 ～ 2 米），将曲周北部分为东西两个部分。东半部为一个向东北方向开口的槽形洼地。西半部则向北微倾，地面普遍稍高于东半部。地面坡降，愈往下游愈亦平缓。

这一带属滏阳河以东的古漳河遗留的一片泛滥平原。古漳河为通上河，自南而北地呈树枝状水系的高起的漳河故道和其间的河间洼地构成了泛滥平原的基本轮廓。地势图上所显示的三条南北向的微起高地，西侧为现代的滏阳河（地上间）河堤，中部是一条主要的漳河故道，东侧为漳河故道的一条支流。

旧曲周县志“河渠”部分有这样的记载：“旧志云漳水自肥乡县界由赵固、安儿寨，公城堡、马兰、相公庄、胡近口、韩家生、流上寨入滏河同流”。在地势图和地貌概图上也可见到这条较早的，到流上寨村汇入滏阳河的原漳河河道的

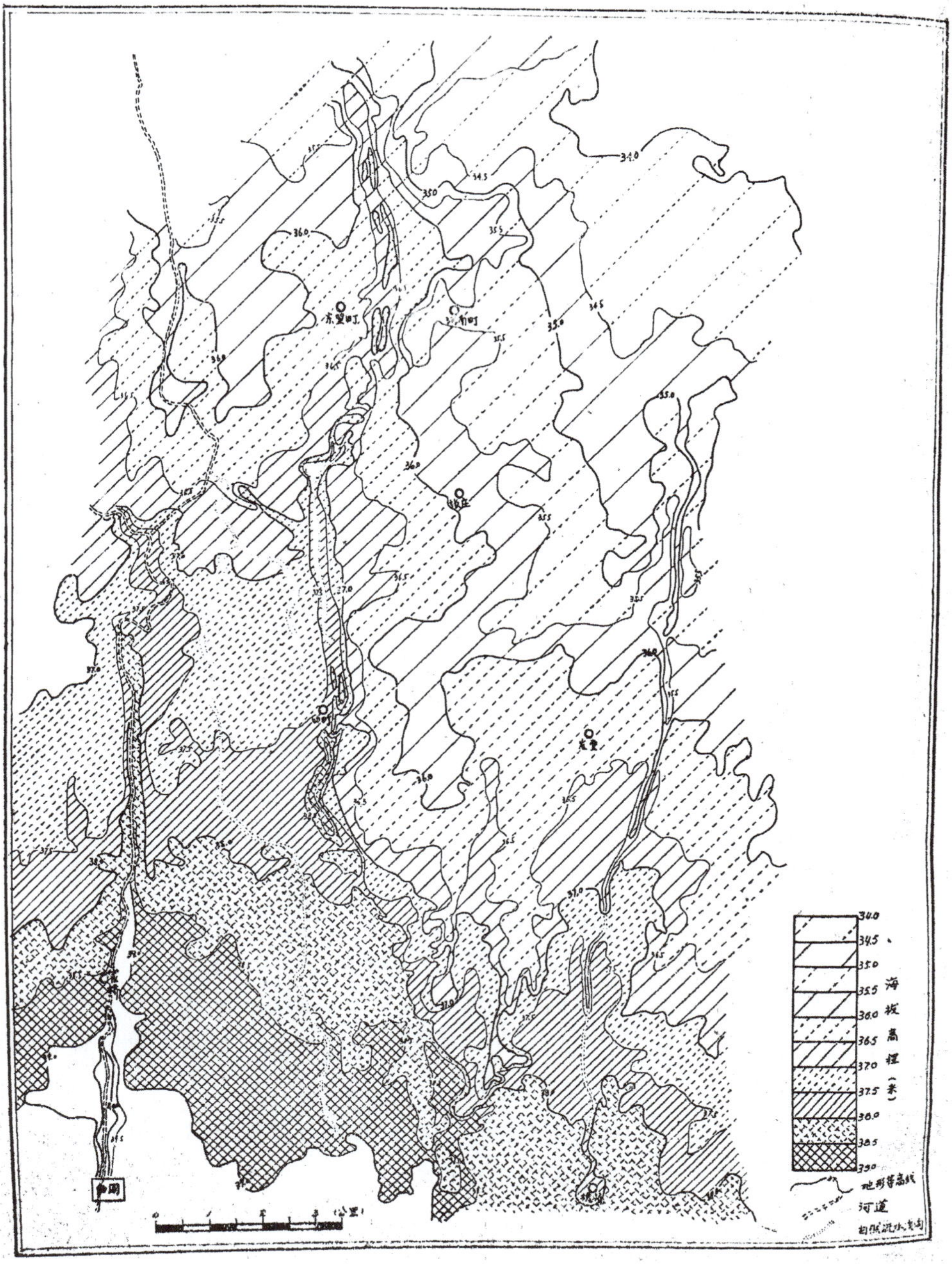

图 3　曲周县北部地势图

痕迹。位于中部的漳河故道是经东（西）漳村、第四町、第二町和石韩村入平乡县境内。旧曲周县志中尚记载了："康熙十年后渐徙而南二十九年由广平之平固店入本县三塔村下流邱县等村与滏河分而城东之河遂涸……昔年涨泛之处尽为沃壤旧堤亦渐陵夷"。所以，漳河由此南迁，历史不长。

曲周县北部地貌概图（图 4）标示了如下的主要的地貌类型：

Ⅰ、自然堤(包括人工堤)

$Ⅰ_1$ 现代的滏阳河河堤

$Ⅰ_2$ 漳河故道自然堤

$Ⅰ_3$ 漳河故道（支流）自然堤

Ⅱ、决口冲积扇

$Ⅱ_1$ 旧漳河决口冲积扇群

$Ⅱ_2$ 旧漳河三町决口冲积扇

$Ⅱ_3$ 旧漳河河南町决口冲积扇

$Ⅱ_4$ 滏阳河决口冲积扇群

$Ⅱ_5$ 滏阳河流上寨决口冲积扇

Ⅲ、河间低缓平原

$Ⅲ_1$ 漳河故道间的河间低缓平原（上部）

$Ⅲ_2$ 漳河故道间的河间低缓平原（下部）

$Ⅲ_3$ 滏阳河与漳河故道间的河间低缓平原（上部）

$Ⅲ_4$ 滏阳河与漳河故道间的河闻低缓平原（下部）

Ⅳ、河间洼地

$Ⅳ_1$ 漳河故道间的河间洼地

$Ⅳ_2$ 漳河故道间的河间槽形洼地

$Ⅳ_2$ 滏阳河与漳河故道间的河间洼地

$Ⅳ_4$ 滏阳河与漳河故道间的河间槽形洼地

曲周试验区内包括了各主要地貌类型，其中有：漳河故道及自然堤；古障河三町决口冲积扇；河间低缓平原和河间（槽形）洼地。以下对各主要地貌类型的特点分别加以说明。

漳河故道及自然堤上部较两侧地面高出 1～2 米，呈宽约两三百米狭长而曲折的带状分布，沉积物以沙壤土为主，夹有细砂层和薄层的轻—中壤土。潜土埋藏较深，约 3～5 米，矿化度＜4 克/升。土壤无盐化现象，为褐土化浅色草甸土。

故道东侧的河间低缓平原地势开阔，宽约四五公里，沉积物以轻壤土为主，与砂土层及黏土透镜体交互出现。旱季潜水埋深一般在 2.0 米左右，矿化度多在 7～10 克/升之间，土壤普遍盐化。河间低缓平原的上部地势稍高，潜水埋藏较深，盐渍土多为次生，而中下部以原生的重盐渍化土壤为主。这里人工淋盐堆积的盐

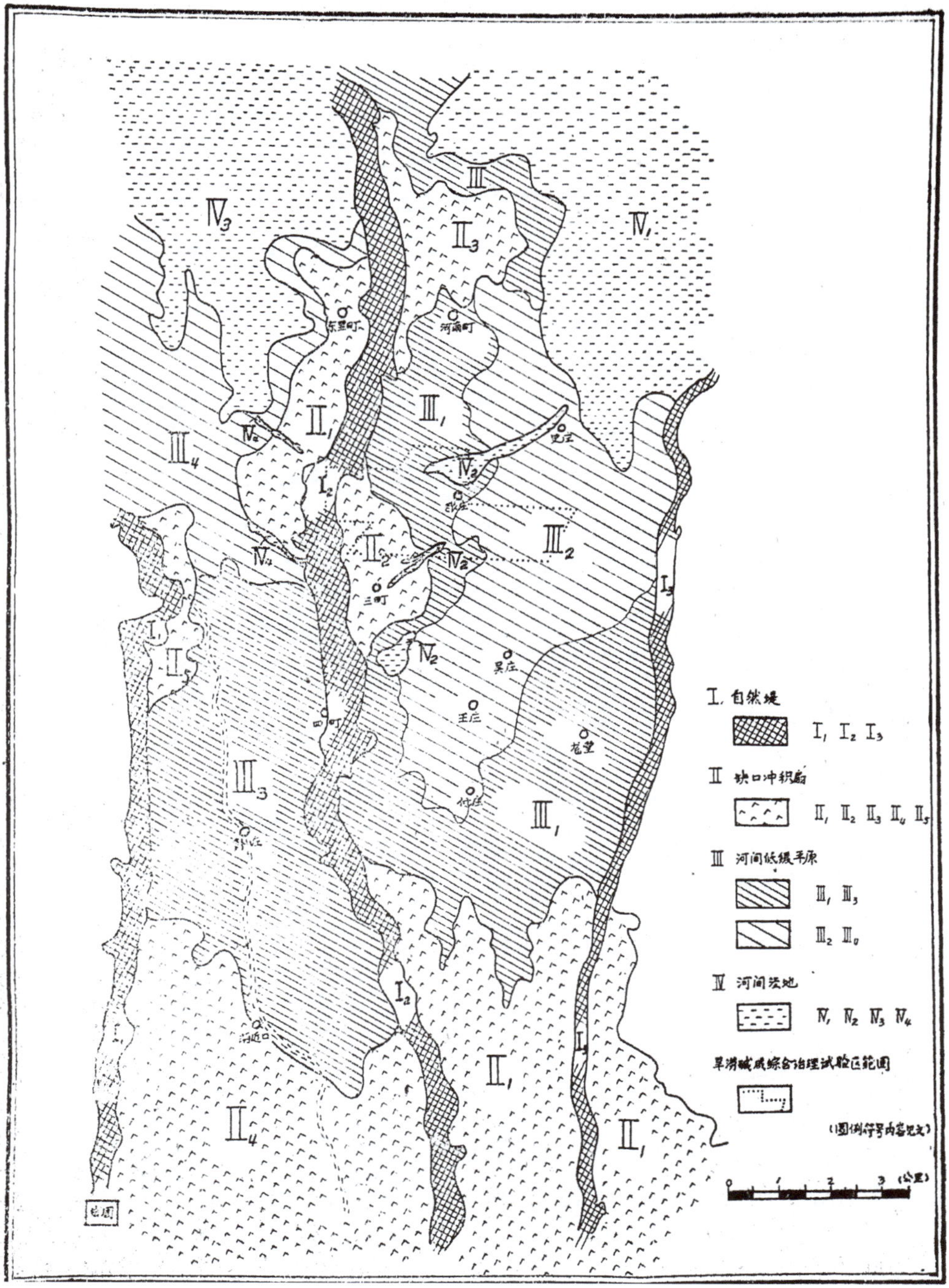

图 4 曲周县北部地貌概图

土堆星罗棋布，红荆碱落丛生，大面积的盐碱荒地触目皆是，景象颇为荒凉。试区就设置在这片河间低缓平原中下部的重盐渍化土壤上。

河间洼地地形低洼、平坦，沉积物的上部即以黏土和重壤土为主，夹有不厚的壤质和砂质土层。旱季潜水埋深在 1.5 米左右。由于地形低洼易涝，经常有淡水补充潜水，故而潜水矿化度较二坡地为低，一般在 2 ～ 4 克 / 升，土壤多无盐化，为黏土质的浅色草甸土，是当地主要的农田。

不同的地貌部位，往往有其相应的沉积物、潜水状况和土壤类型，它们之间相互联系，构成一个地理的综合体。根据以上所述，可用附有说明文字的图 5 加以表示。

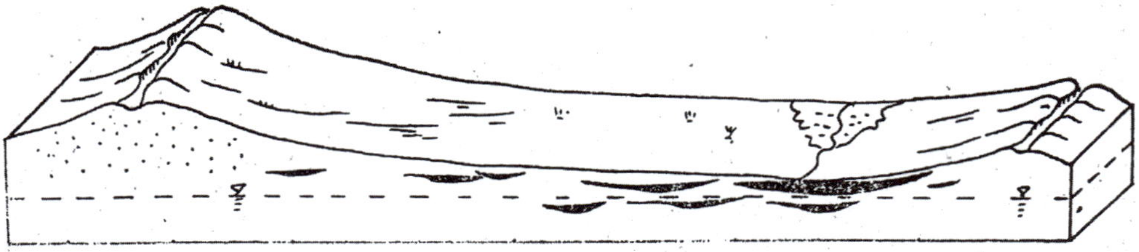

地 貌	故道及堤顶	自然堤及决口冲积扇	河间低缓平原上部	河间低缓平原下部	河间洼地	漳河故道（支流）
沉积物	沙质—沙壤质	沙壤质	沙壤—轻壤	轻壤，有黏土透镜体	重壤—黏土，黏土透镜体加厚	略
旱季潜水埋深（米）	＞3	2.5 ～ 3.0	2.5 左右	2.0 左右	1.5 ～ 1.0	略
潜水水质（g/L）	＜4	5 ～ 7	7 ～ 10	7 ～ 10	＜3	略
土壤类型	褐土化浅色草甸土	浅色草甸土	盐化浅色草甸土	盐土	黏土质浅色草甸土	略

图 5　试区及周围地区自然条件综合断面图 --▽-- 潜水位

16.3 水文地质条件

河北省水文地质大队邯郸中队曾在曲周县进行了大量的水文地质工作。1975 年又在旱涝碱咸综合治理曲周试验区对上部咸水层（50 米以上）做了详细勘探，已另有专门报告和图件。这里仅对试区及其附近地区的水文地质条件作一简单介绍。

整个黑龙港地区几乎均有咸水层分布。其水文地质结构大致可分为浅层淡水、咸水和深层淡水。浅层淡水底界面深度大于 10 米者约有 1.86 万平方公里。相当于黑龙港地区总面积的二分之一。在其余二分之一的范围内，浅层淡水层很薄或无浅层淡水，地面以下即为咸水层。水文地质结构是：咸水和深层淡水。曲周县北部浅层淡水发育很差，浅层淡水区面积约占全县面积的十分之一，其余均为浅层咸水区。试验区一带即属没有浅层淡水，呈咸水—深层淡水的水文地质结构类型。

试区及其周边咸水层底板自西向东，由 60 米下伸到 110 米，咸水层厚度逐渐加大。咸水层发育于近代河流冲积物。18（30）米以上的地层岩性以沙黏和黏沙为主，其中有数层厚度为一米左右的粉细砂和细砂层。18（30）米以下为厚约 10 ～ 17 米的细砂层，它是试区咸水层上部的主要含水层。此层具承压性，承压水头在地面以下 3 米左右。此含水层的顶板为厚约 10 米的亚黏土层，下伏地层为厚七八米的黏土层。

咸水层受着古地理环境（特别是古河道）、古气候以及以后的各种地质作用，人为活动的影响，在空间上和垂直方向上的变化很大。咸水层的上部和后期的古河道的分布有着密切关系。试验区西部有漳河故道穿过，咸水矿化度较低（3 ～ 4 g/L），含水层较厚。东部则矿化度较高（5 ～ 7 g/L），含水层薄。

咸水层的表部，即潜水部分，受现代的地形、河流、土壤、大气降水和蒸发以及人为活动等因素的影响极大。在滏阳河两岸，由于受河水侧渗补给，咸水体以上漂浮不厚的浅层淡水，咸水层上部亦受其影响而矿化度较低。在河间的碟形或槽形洼地上，由于雨水存积，补给量大，咸水层上部矿化度一般较低。潜水位高，水平排泄条件差，土壤盐渍化重的河间低缓平原上，由于潜水垂直排泄很盛，和土壤盐分交换频繁，所以潜水矿化度很高，一般都在 7 ～ 11 g/L，犹如在咸水层的上部漂浮着一层矿化度更高的咸水漂浮体。它和土壤盐渍化是互为因果，而又极大地加速了土地盐渍化的过程。

上部咸水层和现代的各种地理环境和人为活动密切关联，所以，它对农业生产影响很大，而我们对它施加影响，进行改造和利用的可能性也很大，是值得重视的一项自然资源。

18（30）米以下的具承压性的咸水层在水平方向上的变异也是很大的。南北纵贯试区中部的承压性咸水矿化度为 3 ～ 4 g/L，呈宽约 500 米的带状分布。由此向东西两侧展开，咸水矿化度逐渐增加到 7 g/L。

试区咸水的化学类型多为 SO_4^{2-}–Cl^-–Na^+–Mg^{2+} 型或 Cl^-–SO_4^{2-}–Na^+–Mg^{2+} 型，pH 在 8 左右。

试区东部以内径 33 厘米的水泥管井开采 40 米以上的浅层咸水，单位涌水量 2 ～ 4 升 /（秒米）。西部用 75 厘米内径的水泥管，井深 20 ～ 25 米，出水量较东部稍多。

埋藏浅，径流滞缓，矿化度较高的咸水，大大加速了土壤盐化过程，是土壤盐分的主要补给来源。但是，咸水的碱度不高，矿化度一般在 7 g/L 以下和出水量尚能满足机抽（3 英寸泵）等条件说明，开采咸水，用于灌溉和调节水量水位，并逐步对其上部进行改造是有可能的。

深层淡水的顶板（咸水层底板）自西向东为 60 ～ 110 米。第一开采段的底界埋深在 260 ～ 300 米之间。包括上更新统（Q3）—中更新统（Q2）上部砂层富集的地层。砂层岩性和厚度的分布均为南西—北东向，呈条带状。这和古河道的沉积规律是相一致的。主含水层厚度 27 ～ 35 米，为细砂—中砂。矿化度 0.4 ～ 1.0 克 / 升，化学类型多为 HCO_3^-–SO_4^{2-}–Na^+ 型或 SO_4^{2-}–HCO_3^-– Na^+ 型。单位涌水量 4 ～ 6 升 / 秒。成井深度一般在 250 ～ 300 米。

深层淡水是这一带主要的地下淡水资源，对工农业生产意义很大。农业上可用于抗旱灌溉，也可与咸水混灌，改善咸水水质，扩大地下水资源。

16.4 土壤

试区盐碱土具有历史久，分布广，含盐多和积盐深度大的特点。明朝崇祯年间就有“曲邑北乡一带，盐碱浮卤，几成废壤，民间赋税无出”的记载。《汉书》上也记有“其国斥卤，故曰斥章”（所指斥章县包括今曲周县），所以这一带的盐碱地已有两千年以上的历史了。这里旱天白茫茫，雨天水汪汪，下种不见苗，十年九灾荒。群众中也素有“吃碗盐不用还，喝碗水还得给”的俗语，足见小盐之多，淡水之缺了。试区里，有近两千亩是红荆碱蓬丛生，地面起伏不平，盐土疙瘩林立的碱荒地和枸杞地。还有大片是“雨水对付撒点籽，碱气上来就撂荒”的半荒地。

试验区内非盐化的浅色草甸土只占总面积的 13%，其余均为不同程度的盐渍化土壤。盐渍化土壤中，轻盐化土壤占总面积的 15.7%，中盐化土壤占 15.1%，重盐化土壤占 13.6%，盐碱荒地（少量种有枸杞）占 38.6%。盐渍土分布广，盐碱荒地和强盐化土壤的分布面积占总面积的二分之一强，是试区土壤的第一个特点。

盐渍土中，以盐化为主，基本上没有碱化和苏打盐化是试区土壤的又一特点。盐渍土的主要类型是：以 NaCl 为主的氯化物盐（化）土；以 NaCl 和 Na_2SO_4 为主的氯化物 - 硫酸盐盐（化）土和以 $CaCl_2$、$MgCl_2$ 和 NaCl 为主的潮湿盐土，群众分别称之为“盐碱”，“白碱”和“卤碱”。其盐分组成上的特点叙述如下。

白碱，因地面盐晶色白、松散而得名。由于含 Na_2SO_4 多，可以扫硝，故群众亦称之“硝碱”，属氯化物 - 硫酸盐盐土或盐化土壤。它分布在故道的自然堤下部，决口冲积扇下部和河间低缓平原（二坡地）的上部等地势稍高的部位上。

沉积物的砂性较强，土壤以沙壤和细砂土层为主，其中夹有不厚的（10～20厘米）中重壤质或黏质的土层。和大面积的二坡地的盐渍化土壤相比，潜水位相对较深（旱季多在2米和2米以下）矿化度较高（6～19克/升）。正是在季风气候下的这种地貌部位，地势、土质和潜水状况，使得这里的积盐过程在一年中以雨季后潜水位较高的秋季为主，春季的积盐过程相对较弱，故而在盐类组成上表现出 Na_2SO_4 较多的特点。

图6中记载了白碱剖面“L_3”的一般特征及其盐分组成。白碱表层含盐量较其他类盐渍土都低，表层盐类离子的 Cl^-/SO_4^{2-} 比值＜1，$Na^+/(Ca^{2+}+Mg^{2+})$ 值为3.06。从盐分组成上看，主要是 NaCl 和 Na_2S0_4，二者占总盐的75%以上。所以，群众所谓的“硝碱”指可以淋硝（主要是在秋末冬初扫硝），实际上主要盐类是 Na_2SO_4 和 NaCl 两种。

盐碱是因能淋小盐（食盐）而得名。春季地面有很薄的盐结皮，脆而色暗，踏上破碎成声，故群众中也叫“卡巴碱”或“黑碱”，属氯化物盐土或盐化土壤。它分布在开阔的二坡地上，是这一带主要的盐渍土类型。沉积物变化甚大，土壤中以沙壤和轻壤土为主，夹有20～40厘米厚的砂层和黏质土层，特别是1.5米以下有较厚的黏土层。潜水埋藏较白碱为浅，但矿化度亦高。土壤含盐量一般都显著高于白碱土。剖面“L_{11}”的土壤表层的 Cl^-/SO_4^{2-} 为3.26，$Na^+/(Ca^{++}+Mg^{2+})$ 为2.9，盐类组成中 NaCl 占绝对优势，为总盐的74%。土壤表层以至三四十厘米左右，均有沿根孔积聚的 NaCl 细粒状的结晶。剖面的中部有黏土层的地方，往往出现大量的石膏结晶，为犹如黄豆和绿豆大小、呈中空的晶簇状结晶。壤质和砂质土中较少。剖面下部，潜水位涨落的范围内有弱度潜育过程的锈斑零星分布。

卤碱，因含卤而得名，属氯化钙（镁）型的盐土或盐化土壤。这种盐类吸湿性强，地面经常保持潮湿，呈黑色，故群众又称“黑油碗”，是对作物危害极大的一种盐渍土。它和盐碱呈复域分布，处在盐碱分布部位中的局部高地上，以大小和形状不一的盐斑形式出现。土壤质地和潜水位情况和盐碱相似。在低缓易涝的二坡地中下部的局部高地上，雨季雨水的实际入渗量很低，而雨季雨水和旱季灌溉水又往往把周围低处土壤上层的部分盐分转积到这块局部高地上，这就使得这里不仅含盐量高，且积聚了大量迁移力很强的易溶盐，$CaCl_2$, $MgCl_2$ 和 NaCl。“K5”是卤碱的代表剖面，剖面及盐分离子组成特点见图6，土壤表层 Cl^-/SO_4^{2-} 为16，即 Cl 离子含量占绝对优势，而 $Na^+/(Ca^{2+}+Mg^{2+})$ 为0.31，即 Ca 和 Mg 的两价离子较一价离子的碱金属离子高三倍以上。盐类组成中 $CaCl_2$ 占11.6%，$MgC1_2$ 占28.8%，NaCl 占16.2%。

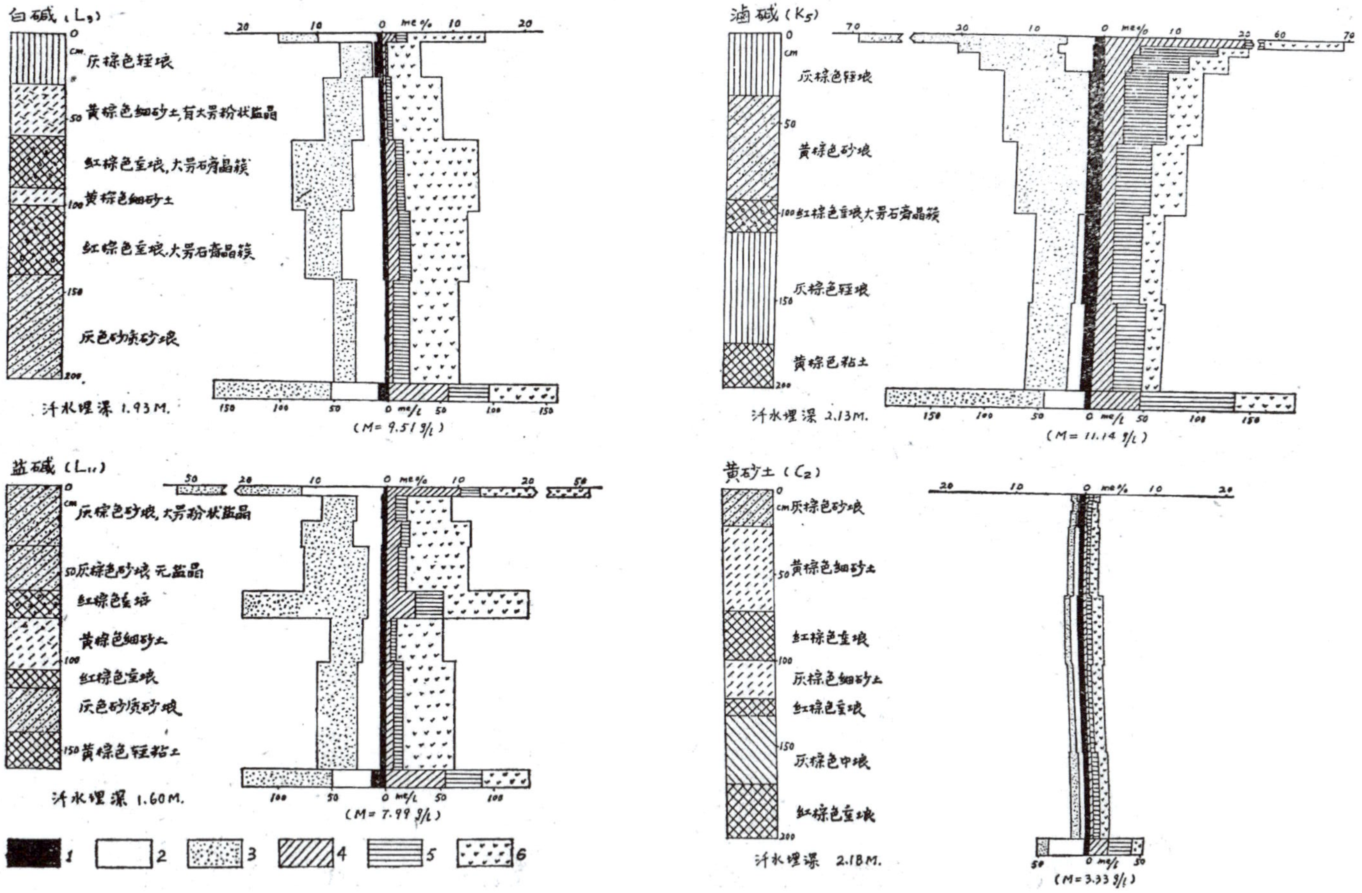

图 6　试区内主要土壤类型的性状、盐类组成和潜水状况

1.HCO_3^-；2.SO_4^{2-}；3.Cl^-；4.Mg^{2+}；5.Ca^{2+}；6.K^++Na^+

浅色草甸土主要分布在易涝和存积雨水的洼地里，大者如河间槽形或碟形洼地里呈数千上万亩的分布，小者在二坡地内与盐碱、卤碱或白碱呈复域分布，亦处在局部的洼地里，小者数亩，大者亦可达百亩以上。二坡地上沉积物的特点近于盐酸，土层变化较大，以砂—轻壤质土层为主，夹砂层和黏土层。群众的土壤命名一般以表土的颜色和质地为主要内容，其中有黄沙土、黄土、红土（色稍红的中—重壤质土壤）和黑土（色稍暗的中—重壤质土壤）。表层土壤盐分在 0.1 ～ 0.15% 之间，下部含盐量稍高。

非盐化土壤的潜水位虽然较浅，但因土质较黏，低洼地形易积存雨水，脱盐过程较强，故一般不表现盐化。土体盐量少和潜水矿化度稍低，也使得春季的季节性积盐过程不致达到盐化和影响作物正常生长的程度。此外，施肥和精细管理等农业活动和改良措施，也起重要作用。

在季风气候影响下，潜水和土壤中易溶性盐分有着频繁而密切地交换。因此，潜水积盐和土壤积盐有着许多一致之处，但也有其各自的积盐规律。非盐化土和卤碱，在地形上各处于局部的低地和高地，地形因素影响下的水盐运动也向着两个相反方向发展。潜水表现为局部的淡化和矿质化，矿化度分别在 2 ～ 4 克 / 升和 10 克 / 升以上。白碱和盐碱所处地形和水盐运动具有一般的特性，潜水矿化度亦表现本地区的一般特点，多在 6 ～ 10 克 / 升。所以，潜水积盐和土壤积盐在量上具有明显的一致性。

表 2 中反映了卤碱的潜水矿化度达 11.14 克 / 升，而化学组成中阳离子仍表现为 Ca–Na–Mg 型。Ca 的富集和土壤中盐分组成是一致的。盐碱中以 NaCl 为主，Mg 的富集；白碱及其下潜水的阳离子组成中含 Na 量高等都表现了土壤和潜水在盐分积聚中的一致性。

表 2　各种土壤表层（0 ～ 5 cm）及潜水的盐类组成的特点

项目	土和潜水	白碱（L_2）	盐碱（L）	卤碱（K_5）	黄沙土（C_2）
总盐量	土壤 / %	0.96	3.04	3.78	0.14
	潜水 /（g/L）	9.51	7.99	11.14	3.33
Cl^-/SO_4^{2-}	土 壤	0.68	3.26	16.0	2.0
	潜 水	2.41	3.27	3.58	0.28
Na+/ $Ca^{++}+Mg^{2+}$	土 壤	3.06	2.91	0.31	1.0
	潜 水	0.69	0.53	0.44	0.24

续表 2

项目 \ 土和潜水		白碱（L_2）	盐碱（L）	卤碱（K_5）	黄沙土（C_2）
盐类组成	土壤	$NaCl$（38.3%） Na_2SO_4（37.0%）	$NaCl$（74.0%） $MgSO_4$（18.2%）	$CaCl_2$（41.6%） $MgCl_2$（28.9%）	$NaCl$（40%） $Ca(HCO_3)_2$（30%）
	潜水	$NaCl$（40.8%） $MgCl_2$（26.4%）	$NaCl$（34.7%） $MgCl_2$（28.2%）	$NaCl$（30.5%） $MgCl_2$（23.7%） $CaCl_2$（21.9%）	$CaSO_4$（38%） $MgSO_4$（33.3%）

* 括弧中为代表性剖面号。

17 半湿润季风气候区旱涝碱咸的发生规律及其综合治理

【写作背景】

在 1977 年的《旱涝碱咸综合治理的研究》报告中，本《文集》作者第一次提出了“温带半干旱半湿润季风气候区的旱涝碱咸地理景观”概念，这是对土壤盐渍化发生在干旱半干旱地区理论的一种发展。此节由本《文集》作者撰写。

黄淮海平原是我国最大的一个平原。这里热量资源丰富，雨量充沛，土地平坦，便于实现水利化、机械化和建立现代化的大农业。但是，在这个富饶的大平原上，不少地方由于受到旱涝碱*咸的危害，产量低而不稳，至今仍停留在亩产一两百斤的水平，稍有灾害，就靠国家救济，使得一个好端端的大原拖了我国农业发展和实现四个现代化的后腿。

长期以来，我国劳动人民与这些自然灾害进行了顽强的斗争。特别是新中国成立以后，在优越的社会主义制度下，夺取了一个又一个的胜利。但是，由于这场向大自然作斗争的艰巨性，大多数地区，旱涝碱咸四害至今未除。在当前加快农业发展的速度，实现农业现代化的大好形势下，运用科学的方法和新的技术，尽快地根治旱涝碱咸已是刻不容缓的任务了。

17.1 季风气候区的旱涝碱咸地理景观

黄淮海平原处在温带半干旱半湿润气候区，受到季风气候的强烈影响。冬季干燥寒冷，夏季高温多雨，全年降水量的三分之二集中降落在夏季的两三个月里，常常积涝成灾。一年的其他月份，特别是春季，雨量稀少，蒸发强烈，严重干旱。所以，春旱和夏涝，是在季风气候影响下，降水过于集中的一个问题的两

* 整个研究报告所用的旱涝碱咸中的“碱”字是按群众习惯用法，泛指盐碱地，不是指碱化土壤或化学上的碱的概念。

个方面。在西临山，东濒海，地势西高东低的地形条件下，使得在时间上本已分配不均的降水，又由高处向低地汇集。地形因素造成水分在空间上的再分配，更加重了旱涝程度。

我国西北干旱半干旱区，虽受季风气候影响，但作用已经微弱，全年降水量及夏季降水量远较黄淮海平原为低，表现为持续干旱而无明显的雨涝季节。淮河以南，虽受季风气候强烈影响，但年降水量大，降雨期长，无明显的春旱季节。所以，春旱夏涝是季风气候强烈影响下的半干旱半湿润气候区——黄淮海平原所特有的一种自然现象。

黄淮海平原上，地势向东和东北方向逐渐低平，河流沉积物质逐渐变细，地下径流也渐趋滞缓和潜水位升高。当潜水位达到潜水蒸发和土壤积盐的临界深度时，地下水以垂直排泄的形式，不断通过土壤的毛管作用上升到地面被蒸发，引起了土壤的盐渍化和地下水的矿质化。而夏涝抬高潜水位，春旱加剧土壤蒸发，更加速了土壤的盐渍化和地下水的矿质化过程。矿质化的潜水是土壤中盐分主要的和直接的来源，旱季土壤蒸发积盐和雨季自然脱盐又是潜水矿化的重要致因。所以，地碱和水咸是在季风气候和一定地学条件下易溶盐在土壤和潜水里频繁交换所表现出的一个问题的两个方面。

旱与涝（在一定地学条件下）是引起地碱和水咸的重要的气候因素，反之，地碱影响作物对土壤水分的吸收，加剧旱情，水咸未被开发利用，削弱了抗旱防涝能力。旱涝和碱咸之间也是相互影响的。

所以，旱涝碱咸之间有着密切的内在联系而又相互制约，是共生于季风气候和黄淮海平原的一定的地学条件之下的一种自然现象。它不同于我国西北地区的干旱—盐化地理景观，而是半干旱半温润季风气候区的旱涝碱咸地理景观类型。

恩格斯在《自然辩证法》一书中指出："我们所面对着的整个自然界形成一个体系，即各种物体相互联系的总体"。这是我们认识这种地理景观类型和旱涝碱咸之间关系的唯一正确的指导思想，也是治理旱涝碱咸的指导思想。旱涝碱咸是这种地理景观类型的有机整体中的一个组成部分，四者间有着密切的内在联系和相互制约，这就决定了在治理中不能单打一，不能头痛医头，脚痛医脚，而要统筹考虑，进行综合治理。综合治理首先是在治理对象上（旱涝碱咸）应当是综合的，同时，在治理方法和措施上也必然要求是综合的。

但是，在这个复杂的自然现象面前，人们对它的认识总是经历着一个由浅入深，由片面到更多方面的过程。在治理旱涝碱咸的实践中，经常出现的问题是将这种有机联系的自然现象，人为地、机械地分割开来，分而治之。其结果往往是顾此失彼，事与愿违。

在一个时期里，单纯考虑了抗旱需要，大量引水灌溉和平原蓄水。在取得抗旱效果的同时，忽略了排水和灌溉蓄水不当而迅速抬高了潜水位，引起大面积土壤的次生盐化和扩大了涝害范围，使旱向着涝和碱的方向转化。许多地方不得不废渠（库）兴沟，重视了排水工程。特别是海河等主要河系的骨干河道的疏导和治理后，行洪除涝能力大大提高，排水状况得到改善，土壤的次生盐化被控制，盐碱地面积显著减少。但是，出现了问题的另一方面，当一些地区的潜水位大幅度下降后，土壤撤墒快了，在水源不足的情况下，旱的问题又突出了出来。近年来，有的地方又因解决抗旱需水，出现不合理的蓄水现象，土壤次生盐化又在扩展。实有此伏彼起，应接不暇的被动局势。

有的地方，也常有这种情形，天旱抓打井，遇涝挖大沟；顾排不顾蓄；蓄（引）水忘防碱……说明在实际工作中还没有真正把旱涝碱咸看成是一个相互联系的有机体，进行综合治理，而是“兵来将挡，水来土掩”。

二十多年来，在与旱涝碱咸的斗争中，人们经历了一条战斗的，不断取得胜利而又不断出现新的问题的曲折的道路，现在，要求我们认真总结长期实践斗争的经验教训和科学试验成果，不仅在理论上和认识上，而且在实际工作中牢固地建立相互联系的观点，正确认识半干旱半湿润季风气候区的旱涝碱咸地理景观类型的特点和规律性，走综合治理的道路，有效地驾驭自然，改造自然。

17.2 水分运动和水盐平衡

旱是水少，涝是水多，地碱和水咸与高潜水位直接相关，问题的焦点在水上。旱涝碱咸，实则是季风气候、地形、水文地质诸条件综合影响下水分运动的一种表现。这种水分运动具有两个特点，一是表现为水分在时间和空间上的不均性而产生旱与涝；一是表现为水分运动中的积盐性，即被抬高了的地下水通过土体向大气蒸发，引起盐分在土壤和地下水中的积聚而使得地碱和水咸。

从曲周县降水资料看出全年降水量的分配情况是：秋季 19.50%，冬季 3.2%，春季 11. 8%，而夏季的降水量占全年降水量的 65.5%。其中 7、8 两个月的降水量占全年降水量的 56.7%。

水分运动的不均性，对于我们充分利用降水这项重要的水资源很不利。春季需水时水量不够，夏季降水又大大超过了实际需要，以至雨涝成灾和雨水白白地流入大海。河北省平均每年可用水量为 131 亿吨，但实际用水量只是 72 亿吨，其余 59 亿吨（可用水量的 45%）流入渤海。如果河北省的地上水资源和地下水资源（每年可采 118.7 亿吨）得以充分利用，是可以满足农业需水的（年需水 200 亿吨——按每亩需水 350 吨计）。但是，由于降水不均和调节水量的水利工程不足而使得这个地区的抗旱能力仍然很差。

水分运动的积盐性，是在降水集中，干湿季分明的季风气候和一定的地学条件的影响下，水分在潜水、土壤和大气间进行垂直方向的蒸发—淋滤过程而表现出来的。具体的表现形式是旱季潜水—土壤的蒸发积盐过程和雨季的土壤自然脱盐——潜水接纳土壤盐分过程的季节性的更替。据曲周试验区的观测，在积盐的旱季里，土壤积盐率一般在 6% ～ 15%，两米土体增加盐分 1 ～ 3 吨，到了雨季，土壤进行自然脱盐过程，两米土体脱盐率在 5% 左右。雨季土壤中部分盐分淋入潜水，增加了潜水矿化度。

盐分在土壤和潜水之间进行着季节性的，频繁的交换，使咸水层（矿化度一般约 7 克 / 升）的上部漂浮着一层矿化度在 10 克 / 升左右的高矿化咸水层。盐分通过水分在土壤、潜水和大气间周而复始地运动，特别是在垂直方向上，盐分频繁地活动在土壤和潜水之间，这是水分运动积盐性的主要表现形式。

在季风气候和一定地学条件下，水分和溶于其中的易溶性盐类就是这样年复一年地、不断地运动和达到平衡的。在此时期内，尽管不同年代里的这种水盐平衡类型会表现出量的和程度上的千差万别，但是，水分运动的不均性和积盐性的质的特征却顽强地表现出来，旱涝碱咸正是这种水分运动和水盐平衡类型的一些具体体现。所以，研究和治理旱涝碱咸必须从这种旱涝碱咸的水盐平衡类型的研究入手，它是认识和解决旱涝碱咸问题的一把钥匙和关键所在。

平衡是运动的一种表现形式，是矛盾暂时的，相对的统一。它依一定的条件而存在，而又“依一定的条件向它们的反面转化着”。表现为不均性和积盐性的水盐平衡类型是存在于一定条件之下，而又可以依条件的改变而向着它的相反方向转化。不均可以向均，积盐可以向脱盐方向转化：旱涝碱咸的水盐平衡类型可以向抗旱防涝治碱改咸的水盐平衡类型转化。那么，转化的根据和条件是什么呢？旱涝碱咸的水盐平衡的不均性和积盐性是通过水量的多与少以及反映在潜水位的高与低的这对矛盾运动而表现出来的。所以，创造条件，调节水量和水位就有可能促使矛盾的转化，以打破水盐平衡中的不均性和积盐性，建立新的水盐平衡类型。曲周试验区采取以浅（机）井和深沟为主的井沟结合的一整套工程措施，建立了能够调节水量水位，能够排灌蓄相结合的地下水库。三年来（1974—1976 年）按照水盐运动的客观规律和综合治理旱涝碱咸的要求，共引河水约 180 万方，开采深层淡水 32 万方，浅井抽水 205 天，抽出咸水 235 万方，排盐 1.2 万吨，有效地调节了水量水位，控制了水盐运动，使整个试验区出现了旱季有水浇，雨季多余雨水能蓄能排，盐碱土的盐分迅速排除，咸水逐步淡化。一个新的，抗旱防涝治碱改咸的水盐平衡类型已经取代了旧的，旱涝碱咸的水盐平衡类型。再经过一段时间的运行，试验区的旱涝碱咸将会得到彻底的根治。

“旧过程完结了，新过程发生了。新过程又包含着新矛盾，开始它自己的矛盾发展史”。当前治理阶段所采取的调节水量水位的方法和在人为调控下的水盐运动的特点将不能适应即将到来的新的情况。可以预言，一个新的，更高阶段的水盐平衡类型将取代现在正在进行着的抗旱防涝治碱改咸的水盐平衡类型。

半干旱半湿润季风气候区的旱涝碱咸水盐平衡类型，治理阶段的抗旱防涝治碱改咸的水盐平衡类型以及旱涝碱咸得到治理后的新的更高阶段的水盐平衡类型是有着质上不相同的水盐运动类型。我们的任务则是认识各种平衡类型的水盐运动规律，创造条件，促其转化。

17.3 水分运动的不均性和积盐性的转化

水盐平衡类型都是在一定条件下存在，又依一定条件而发生转化的。使旱涝碱咸的水盐平衡类型转化为抗盐防涝治碱改咸的水盐平衡类型，根本在于创造条件，打破自然状态下水分运动的不均性和积盐性。

水分运动的不均性是个水量问题，打破这种不均性，使不均向均的方向转化，是个水量的调节问题。

曲周试验区秋冬和早春地上水较多，辅以地下水可满足灌溉需水。小麦拔节至雨季到来前，春旱严重，又无地上水，必须以地下水弥补水量之不足。按合理开采深层淡水提出的要求，约千亩地一眼深井，一眼井约能保浇 300 亩地，其余三分之二的土地则需另辟水源。试验区采取以利用开发浅层咸水为主，辅以沟坑蓄水的办法解决抗旱需水。

经过 21 次的咸水灌溉试验证明，只要有良好的排水条件和讲究方法，矿化度低于 7 克 / 升，特别是 5 克 / 升以下的微碱性的咸水，可以用于灌溉小麦等各种作物。特别是咸淡水混灌轮灌，可以更加扩大咸水的应用范围。据计算和三年的实践，浅层咸水一旦被开采，可为每亩地供水 200 方，加上深层淡水和沟坑蓄水，就地解决了作物丰产的需水。

随着浅层咸水的开采，潜水位下降，腾出了库容，提高了防涝能力。据计算，仅土体中即可容纳降水 300 ～ 360 mm（允许潜水埋深 0.5 米）。1976 年 7、8 月降雨 456 mm，七月中旬一次连续降雨 284 mm，试区外严重受涝，而试区潜水埋深仍在一米左右，秋粮丰收。在防涝的同时，可以接纳雨水，补充到浅层地下水，为来年抗旱灌溉之用。所以，建立浅井群，开采浅层水，可以做到灌中有排，排中有蓄，蓄而为灌，在地下建立了一座灌排蓄相结合的地下储水库（或简称“地下水库”）。以潜水埋深变动在 1 ～ 4 米计，旱季可以供水 200 方 / 亩，雨季可接纳 300 mm 的降水（曲周 23 年气象资料统计，7、8 两月降雨 305 mm，如有需要，枯水年尚可引渗秋冬季河流弃水），相当于在 8 000 亩试验区的下面建了一座吞吐量约 160 万方的“地下水库”，将大气降水、地面水、地下水联通起来，余缺相补，统一调度，就地调节了水量。打破了自然状态下水分运动的不均性。

在自然状态下，水分运动的积盐性表现于土壤的盐渍化和地下水的矿质化。季风气候区所表现的蒸发强烈的旱季和降水集中的雨季是影响水盐运动的动力因素。同时，积盐性得以表现，还必须具备一定的地学条件——集中地反映在潜水位上，只有当它超过了潜水蒸发和土壤积盐的临界深度时，才能进行积盐和矿质化过程。临界深度以上的潜水位，愈接近地面，积盐和矿质化速度愈高。潜水位对雨季的土壤自然脱盐过程也影响极大。雨季潜水位高，土壤水分近于饱和，雨水难以入渗而多成地面径流流失，起不到自然脱盐的作用。潜水埋藏较深，潜水位以上土体有一个较大的空间，利于雨水入渗和脱盐。所以，在季风气候下，水分运动的积盐性主要是潜水位的问题，打破这种积盐性，使积盐向脱盐和淡化方向转化，主要是潜水位的调节问题。

试验区在利用咸水灌溉，使旱季的潜水位稳定维持在临界深度以下，使旱季土壤上层（0 ～ 40 厘米）的积盐率由＞ 70%，下降到 20% 以下。雨季两米土体脱盐率由 5 % 提高到 25% ～ 40%。再配合以其他改良措施，使试验区盐渍土的面积由 87% 下降到 20% 左右（1974—1976 年），自两米土体排走盐分 11 000 多吨。

降低旱季潜水位，抑制土壤的积盐的同时，也制止了潜水的矿质化。更重要的是，抽出咸水，补入雨水或引渗地面淡水，使浅层咸水在不断地抽咸换淡过程中得以改造，渐趋淡化。目前，试验区 60% 的咸水井的水质由原来的矿化度 7 克 / 升，下降到 5 克 / 升。在部分排咸，土壤脱盐和补淡条件较好的地段，矿化度已下降到 4 克 / 升左右。

曲周试验区四年来的试验说明，开采利用浅层咸水和建立“地下水库”，不仅把灌排蓄有机地结合起来，调节了水量，打破了水分运动的不均性，同时也调节了潜水位，抑制了土壤的积盐过程，加速了自然脱盐过程和促进了咸水的淡化，打破了水分运动的积盐性。已经由旱涝碱咸的水盐平均类型转化为抗旱防涝治碱改咸的水盐平衡类型。

需要强调说明的是，开采浅层地下水有着特殊重要的意义。因为它所占据的地层空间为我们提供了一个充裕的回旋余地，可以把大气降水、地面水、土壤水和地下水连通起来，统一调度；把排灌蓄结合起来，全面安排；能调节水量，又能调节水位，是综合治理旱涝碱咸，建立新的水盐平衡的关键所在。此外浅层水还有开采易，好补给，投资少，可以大搞群众运动的许多优点。

问题是在咸水上。整个黑龙港地区几乎都有咸水分布，咸水顶界而埋深小于 10 米的浅层咸水区的面积有 1.78 万平方公里，相当于黑龙港地区总面积的一半。 正是这类地区水资源最缺，水利化程度最低。所以，要面对现实，积极开展利用和改造咸水的研究。曲周试验区的试验证明，咸水在一定条件下是可以用、可以改的。特别是那些矿化度低于 4 ～ 5 克 / 升的咸水，更应当利用起来。以沧州地区为例，矿化度＞5 克 / 升的咸水只占浅层咸水区总面积（7 205 平方公里）的 18%；3～5 克 / 升的咸水区占 21%，而 2～3 克 / 升的咸水区占 61%。所以，咸水利用，大有可为，不仅扩大了抗旱水源，同时，将浅层水的地下库区开辟出来了，综合治理旱涝碱咸就有活动的“舞台”了。所以，浅层咸水不应当划为禁区，这个阵地一定要占领。

17.4 运用浅井－深沟体系，综合治理旱涝碱咸

在综合治理旱涝碱咸过程中，要有一套能够调节水量和水位的高效能的田间工程设备；要有一套有力的农林措施；也要有一套为科学地指挥和调动水盐运动服务的监测系统。

工程方面要求作到井沟渠结合。井是以浅机井为主的深浅井相结合的机井群。一个深井（淡水）与 3～4 个浅井为一井组，控制七八百亩到一千亩土地（相当于一个斗的控制范围）。做到分层开采，咸淡混合，联通使用。浅机井群是建立“地下水库”，调节水量水位，综合治理旱涝碱的主要设施。沟是以深沟为骨干的深浅沟系统。干支级为 3～4 米的深沟，联通成网，将土地分割为四五千亩左右的地块，构成一个独立的治理单元。深沟与浅井密切配合，起灌、排、蓄、补（引渗灌水）的多种作用。每一治理单元内，只设排除地面径流的浅沟系统。支及以下各级排灌分开，灌渠结合排咸，组成灌溉－排咸系统。实践证明，有了这套以浅井和深沟为主体的工程设施，是可以有效地调控水量水位，综合治理旱涝碱咸的。

在综合治理中必须有一套有力的农林措施。首先是要抓好土地平整，这是综合治理的基本功。肥料，特别是增施有机肥是改良和培肥土壤的重要措施。在这些人少地多的低产区，要特别注意发展绿肥，把绿肥纳入种植制度中去。大抓植树造林。推广科学种田。所有这些农林措施，对于发挥和巩固工程效益，综合治理旱涝碱咸，建立稳产高产农田，都是十分重要的，不可缺少的。

监测系统中包括潜水位观测孔、水量水质观测孔、土壤水盐动态定位观测点，以及土壤养分状况观测点等。

以上三个部分作用不同，有机配合，综合地起作用。但是，在调控水量和水位及综合治理旱涝碱咸中，浅井和深沟起着主导作用，是主体工程。所以我们把这套综合治理旱涝碱咸的综合措施简称为浅井－深沟体系。

这套综合性的治理措施，要和县社队的整个农田基本建设规划，建设方田、园田和林网的规划结合起来。这套工程设施是在根治海河工程系统的基础上，在旱涝碱咸严重危害地区，进行田间工程配套的一种方案。

黄淮海平原，幅员辽阔，条件复杂。即使在曲周县，以至面积不到万亩的曲周试验区内，条件也不尽相同。因此，在治理的方法和措施上，要根据旱涝碱咸的产生条件，发生规律，危害程度等方面的分析，结合本地经验，因地制宜地具体设计。

在认识和治理旱涝碱咸的实际斗争中，相互联系的观点，水分运动和水盐平衡的理论，以及综合治理的道路却具有重要的和普遍的意义。

黄淮海平原上旱涝碱咸的综合治理是对大自然的一场大规模的作战，是为建设这一地区的现代化农业的大厦打下坚实的基础，是历史赋予我们这一代人的光荣而艰巨的任务。毛主席指出："社会主义不仅从旧社会解放了劳动者和生产资料，也解放了旧社会所无法利用的广大的自然界"。恩格斯指出："随着自然规律的知识的增加，人对自然界施加反作用的手段也增加了"。只要我们认真学习和运用毛主席的光辉的哲学思想，按照自然界本身的规律去认识它，改造它，就能在这场伟大的斗争中取得胜利。

18 旱涝盐咸综合治理的研究
——曲周试验区四年工作总结
（1974—1977 年）

【写作背景】

旱涝盐咸综合治理曲周试验区经 4 年的治理，取得了突出成效和大量有价值的科学资料，编写了 20 余万字的《旱涝盐咸综合治理的研究》。后应《土壤》杂志的约稿，提供了以下短文，登载于该杂志的 1978 年第 1 期。署名是“华北农业大学曲周基点”，本《文集》作者为执笔人。

河北省黑龙港地区的曲周城北 35 里，有十多万亩盐碱地，其中心地区是远近有名的“四大碱”。面积八千余亩，耕地六千亩，包括张庄、大街两个大队的全部和其他四个队的部分土地，分属三个公社。我们选择这个地区为旱涝盐咸综合治理试验区，该区和黑龙港地区其他盐碱地一样，这里春旱秋涝，地盐水咸。旧曲周县志上，明朝崇祯年间就有“曲邑北乡一带，盐碱浮卤，几成废壤，民间赋税无出”的记载。1974 年春，治理试验还没有开始之前，六千亩试区里，两千多亩红荆碱蓬丛生，地面起伏不平，盐土疙瘩林立，耕地分散，田块零乱，不少地块拿苗只有五、六成。

这个地区旱季地上水很缺，地下百米内全为矿化度在 7 克 / 升左右的咸水，未被利用。开采深层淡水的成井深度在 250 ～ 300 米，井灌面积仅达 7%。从地上地下水源和开采利用情况看，这里的抗旱能力很低。另外，由于地势低洼，排水系统零乱不全，降雨量 100 毫米左右就成涝灾。试验区内盐碱地的特点是分布广（占土地面积的 87% 以上）；含盐多（耕层含盐量多在 1% 或 2% 以上）；积盐深（一米以下土体含盐量仍在 0.7% 左右）、历史长（据史书记载约两千年）。在这样的情况下，应当怎样进行治理。

我们研究了历史经验和教训，认为旱涝盐咸之间存在着密切的内在联系并相互制约。旱是水少，涝是水多，地盐和水咸与地下水位抬高直接相关。所以，问题的中心在“水”字上，也就是说，“四害”是通过水分的多与少，排与蓄，以及地下水位的高与低诸矛盾的运动而表现出来的。因此，综合治理旱涝盐咸的实质在于按照水盐运动的客观规律，人为地创造条件，科学地调节控制水量和水位，合理地调度排水、灌溉和蓄水，使矛盾转化，达到旱能灌，涝能排，碱地变好，咸水变淡。

为此，我们在试验区所采取的治理方案是：以海河工程系统为基础，从利用咸水，扩大抗旱水源入手，在地下建立一个能够沟通和统一调度大气降水、地面水、地下水（深层淡水和浅层咸水）和土壤水，排灌蓄相结合的浅层地下水库。通过它来调节和控制水量和水位，并贯彻农业“八字宪法”，达到综合治理旱涝盐咸的目的。

综合措施分工程部分和农林部分。工程措施是调控水量和水位的主要手段，包括①井群：一个深机井（淡水）和 4 ～ 6 个浅机井（咸水）为一井组，联通使用，控制七八百亩土地，做到分层开采。淡咸混用，特别是浅井，它是建立浅层地下水库，调节水量，控制水位，排除地下水和土壤中盐分的主要设施。②沟网：是以深沟为骨干的深浅沟系统。干支沟联通成网，以封闭的截渗网形式将土地分割为 4 000 ～ 5 000 亩的地块，为一相对独立的治理单元。深沟起灌、排（排涝、排咸、排盐）、蓄、补（引渗补淡）的多种作用。每一治理单元内，在浅井和深沟已能控制潜水位的情况下，再设排除地面径流的浅沟系统。③灌溉 – 排咸系统：支以下是灌排分开，灌溉渠系中还结合排除浅井抽出的咸水。为进行排灌而配之以机电动力系统。④坑塘：沟坑结合，以蓄水、引渗为主。这套工程措施是改变农业生产基本条件的农田基本建设。

农林措施主要包括平（地）、压（人工压盐）、肥（特别是有机肥和绿肥）、林（带）、种（科学种田）五个方面。它们是发挥和巩固工程效益，综合治理旱涝盐咸，培肥土壤，建立高产稳产农田的重要的和不可缺少的部分。

井沟渠工程措施是平、压、肥、林、种等农林措施，作用不同，又是有机配合，综合地发挥作用，在盐碱土地区形成全面落实农业“八字宪法”的保证。但是，水是中心环节，在调控水量和水位上，浅井和深沟起着主导作用。为科学地运用浅井—深沟体系，我们还配合科技网建立起水盐动态监测系统。

四年来，在各级党委的领导下，在普及大寨县的伟大运动中，各项农田基本建设工程和农林措施进展较好。目前试验区有深井 12 眼，浅井 48 眼，挖沟 8.85 万米，动土 78.52 万方；各级建筑物 110 多座，扬水站一座，植树 28 万余株；6 300 亩耕地全部进行了粗平，其中 1 500 亩进行了细平；种二年和多年生绿肥 300 多亩，井、沟、渠、林、路、田、电已初具规模，过去的老碱窝初步展现出社会主义大农业的景象。

试验期间，为了抗旱防涝除盐和改咸，通过浅井抽水调控潜水位，共抽水

205天，抽出咸水235万方，排除盐量约1.18万吨。另外，为了灌溉和压盐，冬春季引河水180万方，开采深层淡水32万方。

配合浅井、深沟工程的兴建，还进行了大规模的农田基本建设，从而有效地调控了区域性的水量和水位，综合治理了旱涝盐咸。现在整个试验区内，河水灌溉7～10天，井灌15天，全试区能够普浇一遍；防涝能力由过去不到100毫米就发生涝害提高到一次连续降雨350毫米以上可以不受涝；盐碱地面积由87%下降到28%，试区两米土体储盐量由4.03万吨降到2.90万吨；60%的浅井水矿化度由7克/升左右降到5克/升左右。

以上是综合治理旱涝盐咸及生产情况，科研成果初步总结有以下几个方面：

（1）从理论和实践上初步研究了旱涝盐咸的相互关系并提出了综合治理的途径。旱涝盐咸是在一定条件下，自然界水分运动的一种具体反映，研究这种水分运动和水盐平衡的规律性是认识和治理旱涝盐咸的关键。在地上水源不足；地下浅层水咸（矿化度低于7克/升）的涝洼盐碱地区（仅河北平原就有2 000万亩左右），综合治理旱涝盐咸的途径是：从利用咸水、扩大抗旱水源入手，在地下建立一个能够调控水量和水位，排灌蓄相结合的地下水库，使水分运动和水盐平衡服从抗旱防涝和除盐改咸的需要，从而建立高产稳产农田，主要的措施是以浅井和深沟为主的“井沟结合，农林水并举”的综合治理方法。

（2）咸水利用：试验区四年来十五项咸水利用试验的结果表明，只要具备良好排水条件和采用科学方法，矿化度低于7克/升的微碱性咸水是可以用于灌溉小麦、高粱、玉米、棉花等作物的。增产幅度一般在2～6成，多则1倍以上。此外，还可用于冲洗改良盐碱地。

根据咸水灌溉过程中土壤水盐动态变化和运动规律，初步总结和提出了计算和预测咸水灌溉时土壤水盐状况的经验公式。此外，探讨了小麦、棉花不同生育期的耐盐指标。根据以上的试验和研究，提出了咸水灌溉的“三看”诊断法（即通过看水、看土、看苗的方法来判断能否灌？何时灌？灌多少和灌几次？）和其他六项技术和方法。

（3）调节水盐运动，搞好防涝除盐：通过浅井—深沟体系对潜水位及土壤中水盐运动的方向和强度的调控，能够取得更好的防涝除盐的效果。浅井群抽水时，潜水位日降值平均为2.4～5厘米。因此，根据防涝除盐的要求，结合灌溉，从浅井中抽出的咸水，可使潜水位按一定速度和幅度下降。三年试验表明，这样做不仅可以使旱季积盐过程基本停止，还可提高防涝能力约2倍以上。如能配合灌溉压盐，积盐过程可变为脱盐过程，脱盐率可达12%～24%（指两米土体，下同）而一般条件下对照区盐碱土的积盐率为15%～30%。

雨季是盐碱土的自然脱盐季节。除降雨量、降雨强度、地面平整程度和土壤渗透性影响土壤脱盐外，潜水位是十分重要的因素。试验证明，旱季和雨季浅井抽水，可使雨季潜水位控制在 2.5 米以下，大大加速土壤的自然脱盐过程，使两米土体脱盐率由无抽排措施的 4%～5%剧增至 20%～48%。由于抑制了积盐过程和加速了脱盐过程，四年来，盐碱地面积由 87%下降到 28%，排除两米土体盐量约 1.1 万吨。

（4）咸水改造：浅层地下咸水限制了水利化的发展，又是土壤盐碱化的祸根，并加剧工农业用水的矛盾。为了根治旱涝盐必须改造咸水。在综合治理过程中，地下咸水化学的动态变化的研究，初步揭示出咸水化学在综合措施的作用下动态变化的规律性和咸水淡化的阶段性，明确了咸水的可分割性和改造的可能性，从而拟定了咸水分级，咸水改造（利用）水质指标和曲周试验区咸水淡化的界限指标。目前试区地下咸水已普遍出现淡化趋势，60%的浅井区地下水的矿化度已由 7 克 / 升下降为 5 克 / 升，局部排咸，脱盐和补淡条件好的地段，咸水矿化度已降为 4 克 / 升左右，接近淡化第一界限指标（≤ 4 克 / 升）。

另外，在农林水综合治理措施下，也进行了土壤改良、作物营养诊断和土壤培肥的科学试验，对指导大田生产起了积极的作用。

19 季风气候下盐渍土水盐动态及其调控

【写作背景】

黄淮海平原水盐运动及其调控是《文集》作者的研究重点。应山东科学技术出版社出版《盐渍土改良论文选》的约稿，《文集》作者与李韵珠老师根据在曲周试验区参与试验研究的资料，撰写了此文。这是作者首次在书刊上正式提出“季风气候”概念，该书于1979年出版。

土壤的盐渍化过程是和干旱半干旱气候条件分不开的。干旱性气候条件下，土壤的淋溶过程微弱，使成土过程中产生的易溶性盐类不断累积。尤其在潜水位较高的草甸化条件下，潜水的垂直排泄就更加剧了土壤的盐渍化过程。所以，干旱半干旱地带土壤的盐渍化过程，往往是和草甸化过程相伴生的。在土壤盐渍化的成土因素中，气候因素，特别是降水、蒸发和温度，作为一个主要的动力因素，影响着土壤盐渍化过程中水盐运动和易溶盐类的淋溶积聚过程。

处于太平洋西岸的欧亚大陆的东部地区，在太平洋高压和蒙古高压季节性相互消长的影响下，盛行季风气候，冬季干燥寒冷，夏季温暖多雨。我国东部的秦岭淮河一线以北的广大的黄淮海平原，在这种季风气候的强烈影响下，冬春季干旱少雨，蒸发甚盛，而70%左右的降水集中于温暖的夏季。降水、蒸发和温度在季节上的这种变化特点，对土壤的水盐运动和盐渍化过程影响极大。和内陆地区干旱半干旱气候下的盐渍土相比，季风气候强烈影响下的盐渍土的水盐运动具有活动频繁、变幅大、易溶性盐类呈季节性的积聚过程和淋溶过程交互更替的特点。研究和认识在季风气候影响下盐渍土的水盐运动的规律性，对于我们认识这个地区盐渍土的发生演变，以及采取相应的改良措施，有着十分重要的意义。

盐渍土水盐动态观测和调控试验，是在“旱涝碱咸综合治理曲周试验区”内的一块四周为深3～4米的深沟所分割的约5 000亩的独立治理单元上进行的。

试区位于旧漳河河间低缓平原，包括部分自然堤及决口冲积扇。试区的潜水埋深一般在 2.0 米左右，矿化度为 7 ～ 10 克 / 升，多为 SO_4^{2-}–Cl^-–Na^+–Mg^{2+} 型或 Cl^-–SO_4^{2-}–Na^+–Mg^{2+} 型，pH 8 左右。土壤盐渍化程度强，盐碱荒地和强盐化土壤分布面积占总面积的 1/2，非盐化土壤只占 13%。盐渍化类型主要有三种，即以 NaCl 为主的氯化物盐（化）土，以 NaCl、Na_2SO_4 为主的氯化物 - 硫酸盐盐（化）土和以 $CaCl_2$、$MgCl_2$ 和 NaCl 为主的潮湿盐土。群众分别称之为“盐碱”“白碱”和“卤碱”。

19.1 水盐动态的特点

在自然状态下，盐渍土的土壤水分及溶于其中的易溶性盐类的运动主要是以毛管水和重力水的形式进行的。影响土壤毛管水和重力水运动的因素中，除土壤自身的质地、剖面构造和透水性能外，主要的是受潜水位、水质和气候因素中的降水、蒸发和温度的影响。土壤中以毛管水的形式进行着蒸发—积盐过程，一方面要以干燥气候下的强烈蒸发为条件，同时还必须具备潜水位达到一定高度，毛管水强烈上升的前峰达到或接近地面的这个前提。同样，重力水下行所造成的脱盐过程，一方面决定于降水量及其实际入渗量，同时，还要求潜水位保持在一定深度，使重力水能够顺利下行。所以，气候因素和潜水因素是共同影响着盐渍土的水盐运动过程的。

在低洼易涝的盐渍土地区，潜水位的动态基本上又是受气候因素，尤其是降水和蒸发所制约的。所以，总起来说，盐渍土的水盐动态一般是在一定的气候背景下进行的，它决定了水盐动态的基本轮廓和特点。在季风气候强烈影响下，降水集中，干湿季分明的黄淮海平原上，气候因素对盐渍土水盐运动的影响和作用就显得更加突出和重要。

季风气候下，潮湿与干燥，降水与蒸发，在季节上的变化特点，对盐渍土的水盐运动的影响极大。从曲周县 14 年（1963—1976 年）降水资料看，季节分配的百分率是：秋季（9—11 月）19.5%，冬季（12.2 月）3.2%，春季（3—5 月）11.8%，夏季（6—8 月）65.5%，其中雨季 7—8 月的降水量达 336 毫米，占全年降水量的 56.7%。从降水强度看（据 1959—1976 年的气象资料统计），一年中除 7—8 两个月外的 10 个月里，日降水量为 20 ～ 40 毫米的降水共出现 20 次，平均每年约 1 次，其他均 < 20 毫米。从降水的季节分配和强度分析看，全年的降水量中可以有 50% 以上（约 300 毫米）的降水对土壤中水盐的向下运行发生明显影响。而这些降水又高度集中于一年中的 7—8 两个月里，这就更加大了它的影响能力。所以，一年中有一个明显的自然脱盐过程，是季风气候强烈影响下

盐渍土的一个重要特点。

但是，降水集中还反映了问题的另一个方面，即一年中的大部分时间为降水稀少的干旱季节，特别是春季。曲周县的年蒸发量超过年降水量的3倍，可是，雨季中二者大体相当，而春季的蒸发量则相当于降水量的8.8倍。干燥度是衡量一个地区干湿程度的一个重要参考指标，它反映了该地区水分的收入部分—降水，也反映了实际的蒸发量。曲周县的年干燥度（我们采用的计算公式是：干燥度 $= \dfrac{\text{日平均温度} \geqslant 0℃\text{持续期的积温的总和}}{\text{同时期的降水量}} \times 0.16$）为1.3，标志着全年内水分的支出稍高于收入。但是，季节干燥度相差就很远了，雨季为0.8，秋季1.62，春季可高达3.15。一年的大部分时间是旱季，降水稀少，蒸发强烈，使得这里的盐渍土尽管在年干燥度不大的情况下，旱季里，特别在春旱季节，土壤中仍进行着强烈的积盐过程。

综合以上所述，季风气候强烈影响下，盐渍土周年水盐动态的基本特征是季节性的强烈积盐过程和自然脱盐过程的交互更替。但是在大规模的灌溉、冲洗和有效地排水等强有力的人为措施的调控和干预下，这种水盐运动的基本特征将在不同程度，甚至很大程度上，在量和质的方面都会发生变化。而这种人为的有力的调控措施，只能是在认识季风气候影响下，水盐运动的客观规律的基础上，仍然在季风气候的强烈影响的这个背景下，因势利导地加以利用。

根据对排水条件不良（“L_1”）及一般排水条件（“W_{14}”）下盐渍土水盐动态定位观测资料（具体的观测资料及其分析本文从略），使我们有可能将季风气候影响下盐渍土水盐动态的某些特点归纳如下：

第一，季风气候下盐渍土水盐运动主要表现为蒸发—积盐、淋溶—脱盐和相对稳定三种形式。各种运动形式呈季节性地交替出现。周年的水盐动态一般可分为五个时期：春季强烈蒸发—积盐期、初夏稳定期、雨季脱盐期、秋季蒸发—积盐期和冬季稳定期，即一年中经历着强烈积盐—稳定—脱盐—积盐—稳定的动态过程。时间分配上，积盐期占6个月，脱盐期2个月，稳定期4个月。

第二，季风气候下盐渍土水盐运动的蒸发—积盐过程，主要决定于土壤中毛管水的运动状况。毛管水运动一方面受干旱少雨和蒸发强烈的气候条件的影响，使土壤上层水分因蒸发蒸腾所造成的势差，引起毛管水不断地向上运动和补充。此外，这种上行的毛管水运动，还在很大程度取决于受潜水位所制约的毛管水强烈上升的前峰在土壤剖面中所处的位置。所以，毛管水上升运动的速度，决定于蒸发蒸腾强度和潜水位两个方面。春季的蒸发强度显著高于秋季，在潜水位相差不大的情况下，春季土壤的积盐速度显然较秋季为高。但是，如春季潜水位深而秋季浅（如“W_{14}”的1976年的水盐动态资料），秋季土壤的积盐速度也可接近甚至超过春季。

季风气候下盐渍土水盐运动的淋溶—脱盐过程，主要决定于土壤中重力水的运动状况。雨季降水量和降水强度是重要的影响因素，但是更重要的是降水的实际入渗量。增大入渗量除与地面平整和覆盖状况、土壤的透水性等有关以外，它要求土壤大孔隙中重力水能够顺利下行，这就要求有良好的排水设施，以保证潜水位不致因雨季初期降水而迅速上升所造成的顶托现象。

水盐运动的相对稳定状态，一是出现在蒸发—蒸腾强烈，潜水位降到安全深度以下的一年里最深的位置，致使土壤上层的毛管水运动极为微弱的情况之下；一是出现在土壤上层冻结，土壤水呈气态向上运动，蒸发—蒸腾和盐分积聚过程几近停止的情况之下。前者的主导因素是潜水位，后者是温度。

第三，季风气候决定了这个地区盐渍土水盐运动的基本过程和特点，而潜水位是整个水盐运动过程中，对蒸发—积盐、淋溶—脱盐以及相对稳定三种运动形式都具有直接的和重大影响的因素。“L_1”和“W_{14}”的水盐动态资料已经有力地说明了，在其他条件相似的情况下，潜水位的状况对土壤的积盐过程和脱盐过程影响极大，即使在秋季干燥度远低于春季的情况下，潜水位的不同也可引起土壤的秋季积盐盛于春季。

潜水位又是一个在气候、地形，特别是灌溉排水活动影响下反应非常灵敏的因素。所以，它必将是人为调控土壤水盐运动中大可借助的一个重要的“杠杆”。

第四，“L_1”和“W_{14}”的土壤水盐动态和周年的盐平衡的计算说明，曲周县北部的涝洼盐碱地区，虽有骨干排水系统和部分支排，但是，在工程标准不高和不配套的情况下，土壤周年和多年的水盐动态，仍然在很大程度上受着自然降水和地上水管理情况的支配。如降水适中，地上水管理得当，周年的土壤盐动态可表现为不同程度的脱盐，否则，即可表现为积盐过程。为使盐渍土向着稳定的脱盐方向发展，就必须人为地改善排水排盐条件，采取有力的调控和改良措施。

季风气候下盐渍土水盐动态的观测和研究，为我们指出了调控水盐运动的方向和目标是：抑制春秋两季土壤的蒸发—积盐过程，促进雨季自然脱盐过程和采取灌溉冲洗等措施，以加速土壤脱盐过程，使区域性土壤的水盐运动，迅速地、稳定地向着脱盐和得到改良的方向发展。

在调控盐渍土水盐运动的途径和措施中，首要的是科学地、有效地掌握和运用这支对整个水盐运动具有重要影响和反应灵敏的“杠杆”——潜水位。与此同时，密切配合土地平整、合理灌溉、加强覆盖、精耕细作、围埝蓄淡等农业措施，以减少蒸发，增加入渗，提高产量。在改良的初期和中期，还必须采取冲洗措施，以加速土体脱盐过程。根据周年中土壤水盐动态的各个阶段的特点，可采取如下的一些相应措施。

春季强烈蒸发积盐时期里，要求把潜水位调控在安全深度以下。如冲洗等原因而使早春潜水位较高，需采取措施，迅速迫降水位，以保证土壤毛管水强烈上升的前缘稳定维持在耕层以下。同时加强耕作保墒和地面覆盖，把土壤的积盐速率降到尽可能的最低限度。如加强春灌和压盐灌溉，尚可逆转自然水盐运动方向，促其下行运动。秋季蒸发积盐期的大气蒸发强度不及春季，主要是改善排水条件，将雨季后的潜水位尽快降至安全深度以下。

利用和促进雨季的自然脱盐过程的中心，是要最大限度地加大雨水的入渗量，加大入渗量的关键又在于防止潜水位上升的顶托现象。因此，要求在整个雨季里的潜水能稳定地维持在 1.5 米或 2 米以下，并能及时排除不断淋滤和补充到潜水的水分和盐分。此外，还需有平地围埝工作相配合，以减少地表径流，加大雨水入渗。在雨水偏少和有必要时，可在雨季后期补以地上水，进行压盐灌溉或夏季冲洗，以加强雨季土壤脱盐过程。

改良初期，盐渍土含盐量高时，只靠抑制返盐和促进自然脱盐不能满足迅速改良的要求，秋末冬初的人工冲洗也是十分重要的。

19.2 旱季土壤水盐动态的调控

影响旱季土壤水盐运动的因素，除降水稀少、蒸发强烈的气候因素以外，和土体的毛管性能、潜水水质、潜水水位及农事活动（灌溉、耕作、作物覆盖状况等）有着密切关系。前二者及潜水水质具有相对稳定性，人们目前对其影响能力尚小，而潜水位及农事活动则是较为活跃、人为影响幅度较大的因素。

试区土壤质地以轻壤和沙壤质为主，粉砂含量较高。剖面上常夹有 2 ～ 3 层单层厚度在 10 厘米左右的重壤或轻黏土层。据“曝晒法”测定，毛管强烈上升高度多在 1.7 ～ 1.8 米之间。

旱季潜水位强烈地影响土壤水分状况及潜水蒸发强度，也必将反映在土壤的积盐过程上。从三年来各观测点潜水位与土壤盐分动态资料的归纳和分析中，可以看到潜水埋深对土壤积盐程度的重要影响和得到某些量的概念。我们把潜水埋深过程线分成深（旱季大部分时间＞ 2.5 米）、中（旱季大部分时间在 2.0 ～ 2.2 米）、浅（旱季大部分时间＜ 2.0 米）三类，它们与旱季的土壤积盐率呈反相关曲线。

图 1 表明了旱季潜水埋深小于 2 米时，0 ～ 40 厘米土层积盐率大于 65%，2 米土体积盐率大于 25%。而潜水埋深大于 2.5 米者，0 ～ 40 厘米土体积盐率小于 30%，2 米土体积盐率小于 10%。潜水埋藏浅的土壤的日平均积盐量达 16 ～ 35 公斤 / 亩，潜水埋藏深的则不足 3 公斤 / 亩。

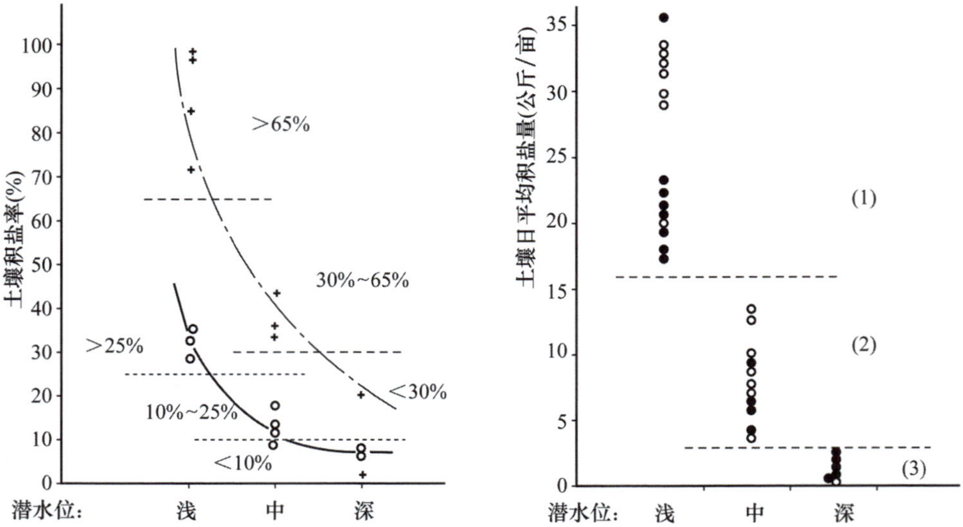

图 1 旱季（3 ～ 5 月）潜水埋深与土壤积盐率

±-± 0 ～ 40 厘米土层 oo 0 ～ 200 厘米土层 • 0 ～ 40 厘米土层 ∘ 0 ～ 200 厘米土层
（1）16 ～ 35 公斤 / 亩 （2）3 ～ 16 公斤 / 亩 （3）< 3 公斤 / 亩

为了对比，我们在模拟试验中进行了潜水埋深对土壤积盐影响的观测。试验结果说明，潜水埋深在 2 米者，土壤积盐率很低，1.5 米时开始增长，1 米时土壤积盐达到较高程度（图 2）。从图 2 中还可看出，随着潜水埋深变浅，土壤积盐的表聚性愈强。显然，这是和毛管水强烈上升区距潜水面愈近，其毛管水流速愈大相一致的。0 ～ 5 厘米土层的积盐率在潜水埋深为 1.0 米时，较潜水埋深 1.5 米时提高了 3 ～ 5 倍，较潜水埋深 2.0 米时提高 30 倍。在潜水位逐渐升高的情况下，随着土层加深而积盐程度逐渐下降的情况愈益明显，潜水埋深 2 米者上下土层积盐率相差较少。图 2 中所列的 3 条曲线可以说明这种关系。

潜水埋深对旱季土壤积盐过程的影响，还表现在土壤盐分的垂直分布上。图 3 说明潜水埋深 1.0 米者，整个土壤剖面都处于毛管水强烈上升范围内，潜水补给迅速，因此旱季积盐强烈，盐分表聚明显，0 ～ 5 厘米积盐率达 389%，5 厘米以下积盐率则依次递减。潜水埋深 1.5 米者也是通体积盐，表聚较明显，与上不同者，积盐率不是依次递减，而是呈两头大，中间（5 ～ 20 厘米）小的倒葫芦形。这种现象说明，潜水埋深 1.5 米时，潜水基本上能补给表层蒸发的损耗，土体处于积盐状态，1.5 米土体积盐率为 14% ～ 22%。但由于土表以下 20 厘米左右与潜水面相距较远，土壤含水量较低，毛管水运动减弱，下部水分不能迅速补给，表层土壤水分的强烈蒸发，只能首先由紧接表层的下部土壤水分供应。因此，盐分的表聚除了直接由深层潜水补给外，部分是由其相邻下层的盐分随水向上转移来的，因而造成表层以下的土层积盐率较低（或稍有减少）的现象。

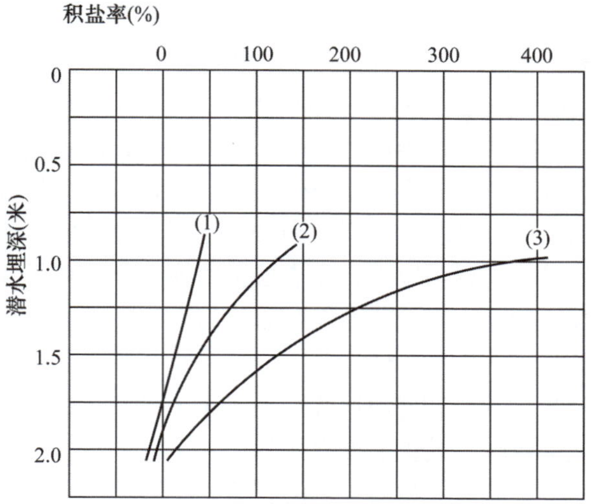

图 2 潜水埋深与土壤积盐率

（1977 年 6 月初至 7 月下旬潜水矿化度 3.2 克 / 升）

（1）0 ~ 80 厘米 （2）0 ~ 20 厘米 （3）0 ~ 5 厘米

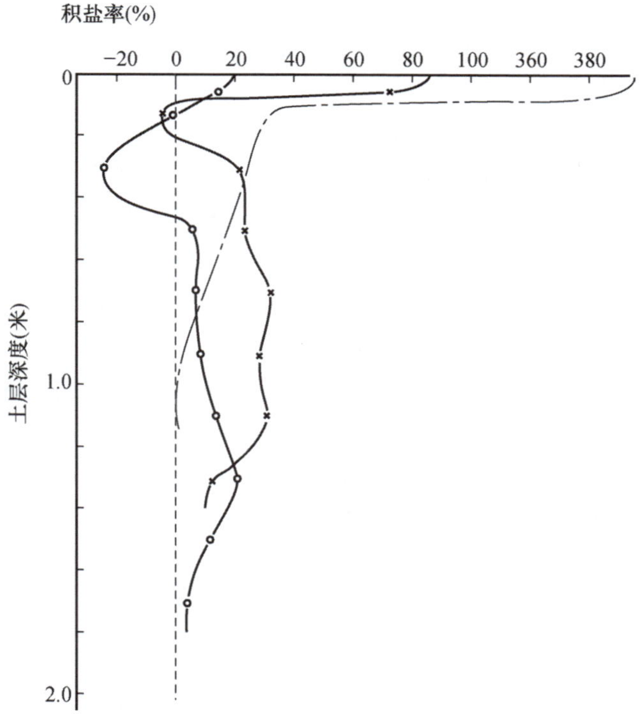

图 3 潜水埋深与土壤盐分的累积（6 月初至 7 月底）

—·—潜水埋深 1.0 米 ×—×潜水埋深 1.5 米 ο—ο潜水埋深 2.0 米，潜水矿化度 5.4 克 / 升

潜水埋深 2.0 米者，土壤盐分剖面则明显地分化为三层：即轻微积盐的表层（0 ～ 5 厘米）；盐量降低的亚表层（5 ～ 20 厘米或 5 ～ 40 厘米）以及轻微积盐的下层（40 厘米以下）。盐分剖面的这种分化是和低潜水位所造成的土壤水分状况分不开的。随着潜水位的降落，土壤水分剖面能分化为毛管上升水流速度较快，潜水供应比较充足的毛管上升水强烈活动层，和毛管上升水流速度较缓，潜水供应不足的毛管上升水微弱活动层。当表层土壤水分在旱季干旱气候下急剧丢失蒸发而潜水又不及供应的情况下，亚表层土壤的水分及其所含的易溶盐类即向表层转移和再分配，这是土壤盐分剖面明显分化为三层的内在原因。从全剖面看，2 米土体的积盐率不高，表聚也不强。

以上，我们从现场观测和室内试验两个方面，研究了潜水对土壤的积盐率和盐分剖面的分化上的影响，其主要方面如下：

（1）旱季积盐期间，潜水位对土壤的积盐速度影响极大。潜水位愈高，土壤的积盐速度愈大。在潜水位的变化中，2 米是一个重要界值，即旱季潜水位过程线的大部均＜ 2 米时，则土壤的积盐速度迅速增长，反之，积盐速度很快下降。这和以上对土壤的毛管水强烈上升高度的观察是一致的。这个参数对于试区调控潜水位以抑制旱季土壤积盐过程的工作，有着重要参考意义。

室内试验的界值偏低（1.5 米），这可能和装填不久的非原状土的毛管系统受到破坏，引水性能较差有关。

（2）当潜水位＜ 2 米，毛管水强烈上升的前峰接近地面时，潜水位稍有增高，土壤的积盐率就会迅速地成倍地增长。所以，将潜水位降至 2 米以下，使毛管水强烈上升的前峰与地面或土壤表层保持一定距离，是抑制旱季土壤积盐过程的重要任务。

（3）潜水位＜ 2 米，毛管水强烈上升的前峰接近地面的情况下，潜水位愈高，土壤积盐的表聚性愈强，对作物的威胁愈大。

（4）随着潜水位的下降和毛管水强烈上升的前峰与地面或土壤表层、亚表层逐步脱离，土壤水分剖面发生分化的同时，土壤盐分剖面亦发生分化，主要表现在亚表层土壤的水分和溶于其中的盐分向表层转移的过程。

以上对季风气候影响下盐渍土的水盐动态及主要影响因素——土壤质地剖面和潜水位的分析，为我们调控旱季的土壤水盐运动提供了重要依据和某些指标。

自然状态下，旱季里盐渍土进行着自然的积盐过程，我们的任务则是认识和利用旱季水盐运动的规律，自觉地加以调控，抑制积盐过程，甚而使之逆转为脱盐过程。在水盐动态调控试验区内，我们采取了以浅井抽排为主要措施的以下的调控方式。

第一，将潜水位调到安全深度以下和进行常量灌溉。这是旱季调节土壤水盐运动的基本措施。旱季里，利用浅井抽水进行常量灌溉的同时（必要时进行抽排），潜水位可及时降到安全深度以下。1975 年，张庄大队东四百亩地井灌区（观测孔 N_1），早春的潜水位由安全深度附近迅速降到 2.5 ～ 3.0 米，土壤毛管强烈上升的前峰距地面约 0.7 ～ 1.2 米，主要根系活动层含水量变动在 16%～ 20%之间，墒情稳定良好。当作物生长进入旺季，蒸发蒸腾增强，土壤表层积盐加速和开始缺墒时，进行 1 ～ 2 次灌溉，既补充了土壤水分，又暂时地改变了土壤水盐的运行方向，有利于逆转旱季积盐过程。因而除表层积盐外，2 米土体有轻微脱盐（表 1 中的 N_1）。而无井排措施的"W_{14}"，和"W_6"，2 米土体旱季积盐率分别为 5.08％和 31.6%。

表 1 旱季采取不同调控措施和对照点的土壤脱盐情况

观测点和观测年份	土层深度（厘米）	起始盐量（吨 / 亩）	季末盐量（吨 / 亩）	增减率（%）
（1）将潜水位调控到安全深度以下和进行常量灌溉。				
N_1（1975 年）	0 ～ 40	0.68	0.90	32.4
	40 ～ 100	1.25	0.87	-30.4
	100 ～ 200	3.91	3.36	-14.1
	0 ～ 200	5.82	5.13	-11.9
（2）将潜水位调控到安全深度以下和进行常量灌溉的同时，进行大定额灌溉压盐。				
X_{14}（1975 年）	0 ～ 40	1.14	0.60	-47.4
	40 ～ 100	1.30	0.92	-29.2
	100 ～ 200	2.74	2.41	-12.0
	0 ～ 200	5.18	3.93	-24.2
E_8（1975 年）	0 ～ 40	5.48	5.28	-3.65
	40 ～ 100	5.69	3.54	-37.9
	100 ～ 200	7.55	5.38	-28.8
	0 ～ 200	18.7	14.2	-24.1
（3）早春人工冲洗后，迅速将潜水位降到安全深度以下。				
H_5（1976 年）	0 ～ 40	1.97	3.06	55.4
	40 ～ 100	4.56	2.43	-46.7
	100 ～ 200	6.23	3.65	-41.4
	0 ～ 200	12.8	9.14	-28.6
E_8（1976 年）	0 ～ 40	3.95	2.81	-28.9
	40 ～ 100	4.48	3.59	-19.8
	100 ～ 200	6.33	5.57	-12.0
	0 ～ 200	14.8	12.0	-18.9

续表 1

观测点和观测年份	土层深度（厘米）	起始盐量（吨 / 亩）	季末盐量（吨 / 亩）	增减率（%）
E_6（1976 年）	0 ～ 40	1.56	0.81	–48.1
	40 ～ 100	1.74	1.25	–28.1
	100 ～ 200	2.66	2.86	7.5
	0 ～ 200	5.96	4.92	–17.4
（4）无调控措施。				
W_{14}（1975 年）	0 ～ 40	3.20	4.58	43.2
	40 ～ 100	2.84	3.49	22.9
	100 ～ 200	5.77	4.34	–24.8
	0 ～ 200	11.8	12.4	5.08
W_6（1975 年）	0 ～ 40	2.32	3.90	68.2
	40 ～ 100	2.68	3.47	29.5
	100 ～ 200	6.14	7.22	17.6
	0 ～ 200	11.1	14.6	31.6
W_{14}（1976 年）	0 ～ 40	3.13	4.22	34.84
	40 ～ 100	3.39	4.59	35.4
	100 ～ 200	3.67	3.10	–15.5
	0 ～ 200	10.2	11.9	16.7

第二，将潜水位调控到安全深度以下和进行常量灌溉的同时，进行大定额压盐灌溉。控制潜水位是抑制水盐上行的有效措施，但不能起到脱盐的作用。只有在高水位情况下在排除高矿化度重力水的同时，下部土体有所脱盐。但对上部土体只能抑盐，不能脱盐。因此，在利用井排控制潜水位的基础上，进行大定额（约 100 方 / 亩）压盐灌溉，可以加强下行水流的作用，变积盐为脱盐。表 1 中 1975 年 X_{14}、E_8 两点的材料说明了这种措施的效果，2 米土体脱盐率均达 24% 左右，且通体脱盐。这种调控方式脱盐率高，脱盐深度大，效果好。

第三，初冬或早春人工冲洗重盐化土后，迅速将潜水位降到安全深度以下。冲洗压盐结合井排，也是旱季控制水盐运动的有效措施。1976 年早春冲洗后（Q=250 ～ 300 方 / 亩），潜水位迅速增高，离地面不到 0.5 米，先用沟排约降至 1 米。3 月下旬再用井排降至 2 米左右。随着潜水位的下降，土壤水分剖面也发生变化。它表现在毛管水强烈上升前缘的降落和重力水的排除两个方面。前者控制和减弱了水盐的上行运动，后者随重力水的下移，使土壤由饱和持水量降至毛管持水量，土壤溶液内的盐分随重力水下移，部分盐分得以排出。

早春冲洗压盐和井排迅速降低潜水位，使春季 2 米土体脱盐率达 17%～19%，高者达 28%（表 1），大多通体脱盐。

这种方式，对改变土壤水盐运动方向和加大其强度，具有良好作用。但在旱季里约有 1 个月左右时间潜水位在安全深度以上，积盐危险性较大，且井排任务重，投资大。这种方法适用于需要进行人工冲洗的较重的盐碱地。

第四，中耕松土，抑制旱季土壤积盐过程。在以上调控措施基础上，采用中耕松土等农业措施配合，对抑制春季积盐也很重要。中耕松土的抑盐试验也是在室内均质土中进行的。

中耕松土切断了松土层与下层的毛管联系，使松土层水分减少。但紧接松土层的下部土层水分稍增，潜水埋深 1 米者，增加幅度较小，5～20 厘米土层增加含水量约 1%，埋深 1.5 米者增加幅度较大，5～40 厘米土层含水量增加 1.5%～3.0%。

相应地，土壤盐分也出现了松土层积盐率降低，紧接松土层的下部土层盐分略有增加。但从整个土体来说，由于松土抑制了潜水蒸发而积盐率也相应降低。其积盐率降低的幅度以表层（0～5 厘米）最大，约 30%～60%，从 0～80 厘米或 0～100 厘米厚度来说，略有降低（0.5%～2.0%）。

旱季水盐运动的调控中，将潜水位降至安全深度以下和进行常量灌溉，是非盐化和轻盐化土壤上的一般性的常用的调控方式。在盐化较重的土壤上，根据实际情况，在控制潜水位的条件下，采取压盐灌溉。在需要进行冲洗的盐渍土上，可取冲洗后井排迫降潜水位的方法。潜水位的调控是各项调控方式和措施的基础和主要的调控内容。

19.3 雨季土壤水盐动态的调控

在季风气候的强烈影响下，黄淮海平原全年降水量的 60%～70%降落在夏季。在盐渍土地区，夏季是一年中唯一的自然脱盐季节，“七月八月地如筛”的谚语，生动地表达了这种自然现象。降水集中，为盐渍土地区的季节性脱盐提供了脱盐所必需的水分这个基本条件。但是，土壤的自然脱盐过程进展如何，以至于这个过程是否能够进行，都深受各影响因素的制约。也就是说，将雨季里土壤可以进行自然脱盐过程的可能性变为现实性，是有条件的。要人为地影响和促进自然脱盐过程，就需对雨季中土壤水盐运动的规律性和各种影响因素有一个正确的认识和分析。

雨季到来前，如潜水位较高，雨水很快补充到潜水而抬高了潜水位，越来越顶托着雨水的入渗和对土壤上层盐分的淋洗，使之成地表径流流失。所以，尽管大雨滂沱，土壤盐分变化不大。在潜水埋藏较深的情况下，潜水位以上的土体里有一个较大的空间，雨季中潜水位不至很快上升造成顶托，使雨水能带着土壤上层的盐分顺利下移。所以，雨季里潜水位的状况对盐渍土的自然脱盐过程影响很大。我们统计了试验区以外的潜水位变动在 1 米左右，试验区内抽水较差、潜水位变动在 2 米左右，以及抽水较好、潜水位始终大于 2.5 米的三种情况下的雨季自然脱盐率，有关数值如下：

	0 ～ 40 厘米 土层脱盐率（%）	0 ～ 200 厘米 土层脱盐率（%）
潜水位变动在 1 米左右：	5 ～ 25	＜ 5
潜水位变动在 2 米左右：	25 ～ 45	14 ～ 24
潜水位维持在 2.5 米左右：	35 ～ 65	20 ～ 40

雨季里，潜水位是影响雨水实际入渗量和土壤的自然脱盐过程的一个重要因素，也是易于人为调控的一个因素。春季利用浅井抽水抗旱，潜水位普遍下降，到雨季到来时，潜水埋深一般都在 3 米，甚至 4 米以下，较无浅井区深 1.5 米左右，这就为促进雨季的土壤自然脱盐打下了良好基础。在盐碱土改良初期，土壤脱盐任务重，尚可采取雨季井排，控制潜水位，加速土壤脱盐的措施。试区内 1974、1975 和 1977 年的雨季抽水，在这方面都取得了良好效果。雨季中抽水 1 月左右，可使整个雨季期间潜水位控制在 2 ～ 3 米以下。而试区外，雨季初期的一两场雨，即可使潜水位抬高到 1 米以上。潜水位一升一降，二者差值约在 1.6 ～ 2.5 米。

促进雨季中土壤自然脱盐过程的另一个重要条件，是及时排除自土中淋入潜水的盐分。试验证实，浅井抽水时，潜水表层的盐分可随水向井管汇流。雨季中抽出水的矿化度动态曲线和降雨状况相符合的观测，也说明了雨季浅井抽水在加速土壤脱盐过程中的重要作用。

井排区的潜水位，实际上是一个大小不等的漏斗群所组成，随着距井的远近而潜水位的降幅不同。同时，在一定的空间范围内，土壤的质地剖面结构及其相应的透水性能也不一样。所以，井排区的土壤脱盐，是在以潜水位为主的多种影响因素综合作用的结果。为了了解井排中土壤脱盐的特点，我们进行了单井抽水的土壤脱盐情况的观察。

在 302 井的两侧（自西南向东北）以井为中心，按一定距离设潜水土壤水盐动态观测点。为消除各观测点在降雨中地表径流上的差异，各观测点都进行围埝和土地平整，使实际入渗量上保持一致和均匀。潜水位每天观测 1 次，用浅井的出水量调整和保证各观测点的潜水位之间的差异。土壤水盐动态分别在雨季到来前、雨季中和雨季结束后进行 3 次观测。

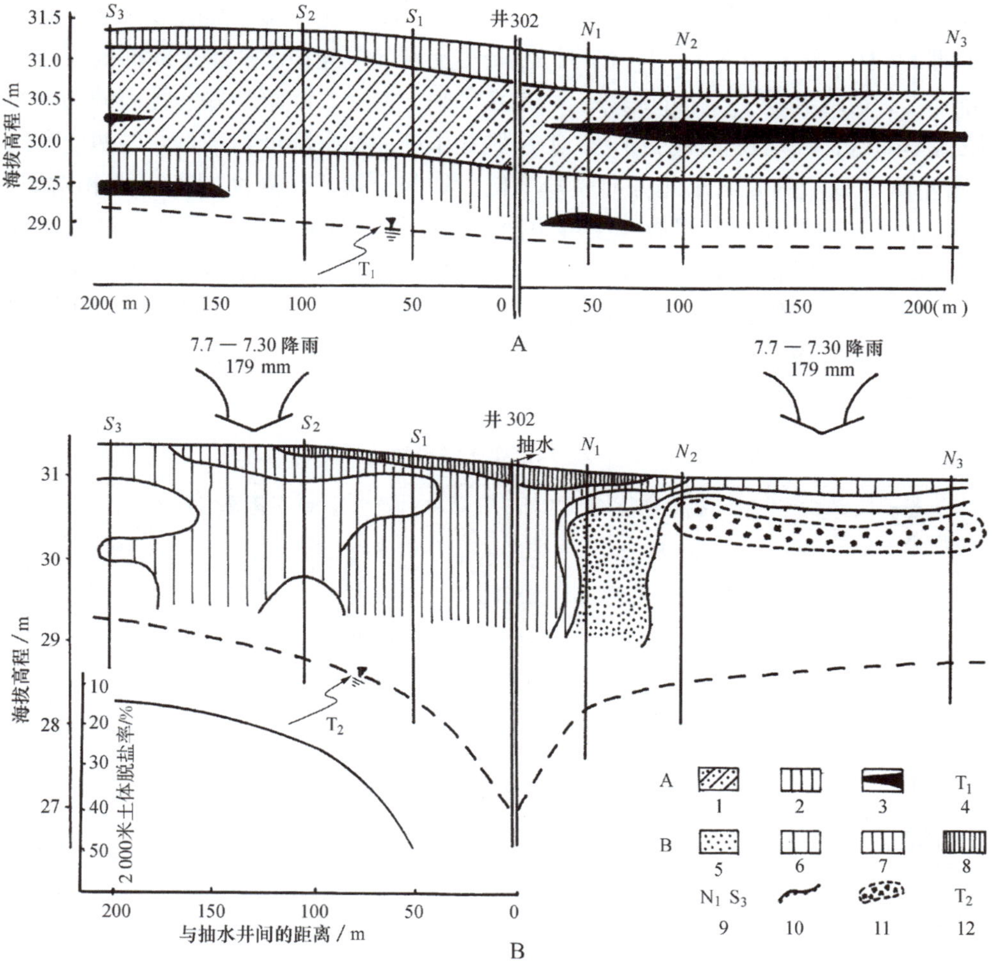

图 4　单井抽水对土壤脱盐的影响

1. 沙壤土；2. 轻壤土；3. 重壤土或黏土；4. 原始地下水位；5. 脱盐率＜ 20%；6. 脱盐率 20%～40%；7. 脱盐率 40%～60%；8. 脱盐率＞ 60%；9. 观测孔编号；10. 稳定区；11. 积盐区；12. 抽水期地下水位（雨季前期）

各观测点位置距井远近见图 4。N_1，N_2，N_3 在井东北，与井距离各为 37，82，215 米。S_1、S_2、S_3 在井西南，与井距离各为 52，105，200 米，S_3 已接近 6 支排。各点的土壤质地剖面如图 4（A）所示。质地以轻壤、沙壤为主，北部夹有黏土层，以 N_2 较厚。各观测点抽水前原始潜水位为 28.5 ～ 29.4 米，埋深约 2 米多。

302 井自 1977 年 7 月上旬开始抽水至 9 月初（有时因修机器而短期停抽），出水量约 20 方 / 时。

雨季初，各观测点水位由于 302 井抽水，形成漏斗［图 4（B）］，7 月下旬虽经大雨，各点都抬高了潜水位，但因 302 井继续抽水，各点水位仍呈一定差别。

潜水埋深以 S_1 为最深，依次为 N_1、S_2、S_3、N_2、N_3。图 4（B）和表 2 表现了雨季初期（7 月 7 日）和雨季后期（7 月 30 日）土壤的脱盐情况。整个断面的脱盐率等值线清楚地显示了以下的趋势：一是在水平方向上，随着与井的距离的加大而脱盐率降低；二是在垂直方向上，上层脱盐率高而往下降低；三是井的西南方向（图左侧）脱盐率高而东北方向脱盐率低，如与土壤质地断面图 4（A）相对照，乃与东北方向的黏土夹层影响土壤脱盐过程有关。图 4（B）左下角的随着与井距的减小而土壤脱盐率变大的相关曲线，清楚地说明了在土壤质地剖面和降雨实际入渗量基本相似的情况下，抽水造成的降落漏斗的潜水埋深上的变化和土壤脱盐率之间的密切的相关性。当与井的距离为 200、105 和 52 米时。其土壤脱盐率分别为 14.1%、23.6% 和 49.1%。

表 2　302 井各观测点雨季土壤脱盐状况（1977 年）

土层深度（厘米）	脱盐率（%）（7 月 7 日雨季初至 7 月 30 日雨季后期）					
	S_1	S_2	*N_1	S_3	N_3	N_2
0 ～ 40	57.7	37.3	55.8	43.3	15.3	–1.99
0 ～ 100	44.5	35.3	26.9	14.4	–19.1	–41.5
0 ～ 200	49.1	23.6	20.7	14.1	–26.0	–33.6
脱盐深度（厘米）	200	150	200（40 ～ 70 除外）	同左	40	20
潜水埋深变幅（米）	2.3-2.8-0.68	2.16-2.67-0.86	2.3-2.8-0.71	2.15-2.45-0.77	2.05-2.57-0.72	2.16-2.70-0.76
降雨量（毫米）	179					

*N_1 土壤原始含盐量较高，0 ～ 20 厘米为 1.10%，其他点 0 ～ 20 厘米为 0.30%～ 0.58%。

从各个观测点的脱盐情况看，以 S_1 脱盐效果最好，0 ～ 20 厘米脱盐率 > 60%，下部（70 ～ 200 厘米）脱盐也在 40%～ 60%，2 米土体脱盐 49.1%，其他依次为 S_2、N_1、S_3、N_3、N_2。分析其脱盐效果有差别的原因，凡离抽水井近者，潜水位较低，脱盐效果好。如 S_1，N_1 的脱盐效果大于 N_3，N_2。凡离支排近者，排水情况较好，脱盐率也较高。如 S_3，在抽水期间，其潜水位始终低于 N_3，有时也低于 N_2，因此脱盐效果也高于 N_2、N_3。另外，凡土层中黏土层较厚者，脱盐就差。如 N_2 点 70 ～ 100 厘米为重壤土，其脱盐效果反低于 N_3。

雨季群井排水有效地调控了潜水位，并排除了抽出的咸水，使试区土壤的雨季自然脱盐比只有沟排条件的非试区高得多。下面是试区内 4 个观测点的雨季观测资料：

观测点（年份）	E_8（1975）	E_8（1975）	E_7（1975）	X_{14}（1975）
脱盐率（%）（2米土体）	28.3	26.9	47.7	17.8
脱盐深度（米）	2.0	1.75	2.0	2.0

以下再以试区外的4个观测点的资料作为对比：

观测点（年份）	W_{14}（1975）	W_{14}（1976）	L_1（1976）	W_{14}（1974）
脱盐率（%）（2米土体）	4.8	4.6	4.4	6.8
脱盐深度（米）	0.7	0.2	0.4	0.2

试区土壤2米土体雨季脱盐率为18%～48%，且通体脱盐，它们的特点是脱盐率高，脱盐深度大（1976年因雨季抽水差，E_8 脱盐深度为1.75米）。试区外，在一般沟排条件下，W_{14} 水土动态观测点3年的资料和 L_1 1976年的观测结果，雨季2米土体脱盐率为4%～7%，脱盐不好的年份尚有积盐现象，所谓雨季脱盐也只是“上脱下积”而已，脱盐深度只有20～40厘米。试区与非试区雨季土壤脱盐率可差4～6倍。

19.4 试区土壤盐分的变化

通过对季风气候强烈影响下的盐渍土水盐动态的观察和分析，并因势利导地加以调控，使试区土壤盐分状况发生了很大变化。

通过三年的改良，试区盐碱土的面积迅速缩小，由3 644亩减少到1 239亩（表3），盐碱土的面积由1974年的83%下降到28%。在被改良的盐碱土中，原耕地中的1 953亩盐碱土减少了1 174亩。降幅最大的是原来的1 190亩盐荒地，1976年春只有202亩了，减少了87%。各种轻重不同的盐碱土都有了不同程度的改良，非盐化土壤由原来的17%，提高到72%，由746亩增加到3 151亩，即增加了2 400亩。

土壤盐分在水平方向上的变化中，由于浅井—深沟体系对整个平衡区水盐运动的调节，使土壤普遍地向脱盐方向发展，盐化程度减轻。但是，各个具体地块的脱盐和改良程度是与抽水井和深沟的距离、土地平整的情况、灌溉压盐的质量、施肥多少以及耕作管理水平等有着密切关系。经过改良，原来是大片相连的盐荒地和重盐化土壤，其盐化程度逐渐由重变轻，由大片分化为小片。

表3　1974—1976 年试区各类土壤发展变化情况

项目	1974 年		1975 年		1976 年	
	面积（亩）	%	面积（亩）	%	面积（亩）	%
非盐化土壤	746	17.0	2 039	46.5	3 151	72.0
轻盐化土壤	690	15.7	505	11.5	220	5.0
中盐化土壤	664	15.1	585	13.3	331	7.4
重盐化土壤	599	13.6	346	7.9	229	5.2
枸杞地	422	9.6	321	7.3	203	4.6
盐荒地	1 190	27.2	524	11.9	202	4.6
盐土堆	79	1.8	70	1.6	54	1.2
合计	4 390	100	4 390	100	4 390	100

注：毛面积 5 040 亩，净面积 4 390 亩。

图 5 中列举了试区内迅速脱盐型的 4 个观测点和试区外缓慢脱盐型的 1974—1976 年的土壤盐储量动态过程线。前者累计脱盐率分别为 41.7%、50.1%、58.7% 和 41.5%，而后者为 28.7%。整个试区 2 米土体在治理前的盐储量为 40 322，吨，1975 年为 31 817 吨，1976 年为 28 963 吨，两年中排除盐分 11 359 吨。

试区内不同盐化程度土壤，在水平方向上发生变化的同时。在垂直方向上，即盐分剖面上也发生着显著的变化。

原来的盐荒地或重盐化土壤可以变为中度、轻度以至非盐化土壤，原是中度和轻度盐化的也有了不同程度的减轻。自 1974 年到 1976 年，非盐化土壤由 746 亩增加到 3 151 亩。所增加的这些非盐化土，都是由原来轻重不同的盐渍土演变而来。试区土壤的这种迅速地全面地分化和演变（这种分化和演变仍在进行中），必然带来改良过程中的许多特点，特别是反映在盐分在当前各类土壤中的垂直分布上。

根据 32 个剖面盐分的资料，非盐化和轻盐化土壤原始的盐分垂直分布，大体是上下层含盐量相近。在改良的过程中，大量的各种盐化程度的土壤转化为非盐化和轻盐化土壤。这些土壤则强烈地表现为盐分上少下多的脱盐型的特点，即表层强烈脱盐，含盐量达到了非盐化指标，而下层的含盐量却较高，成为上小下大的盐分垂直分布曲线。0 ～ 60 厘米土层含盐量较原来稍有增加，60 ～ 100 厘米增加较多，100 ～ 200 厘米盐量则有大量增加。从大量剖面的平均值看，非盐化和轻盐化土壤的亩储量较改良前有所增加。

改良前，中度盐化土壤的盐分垂直分布呈上大下小的表聚型。在改良的进程中，不少原来的重盐化和盐荒地改造成为中盐化土壤，盐分的垂直剖面就发生了

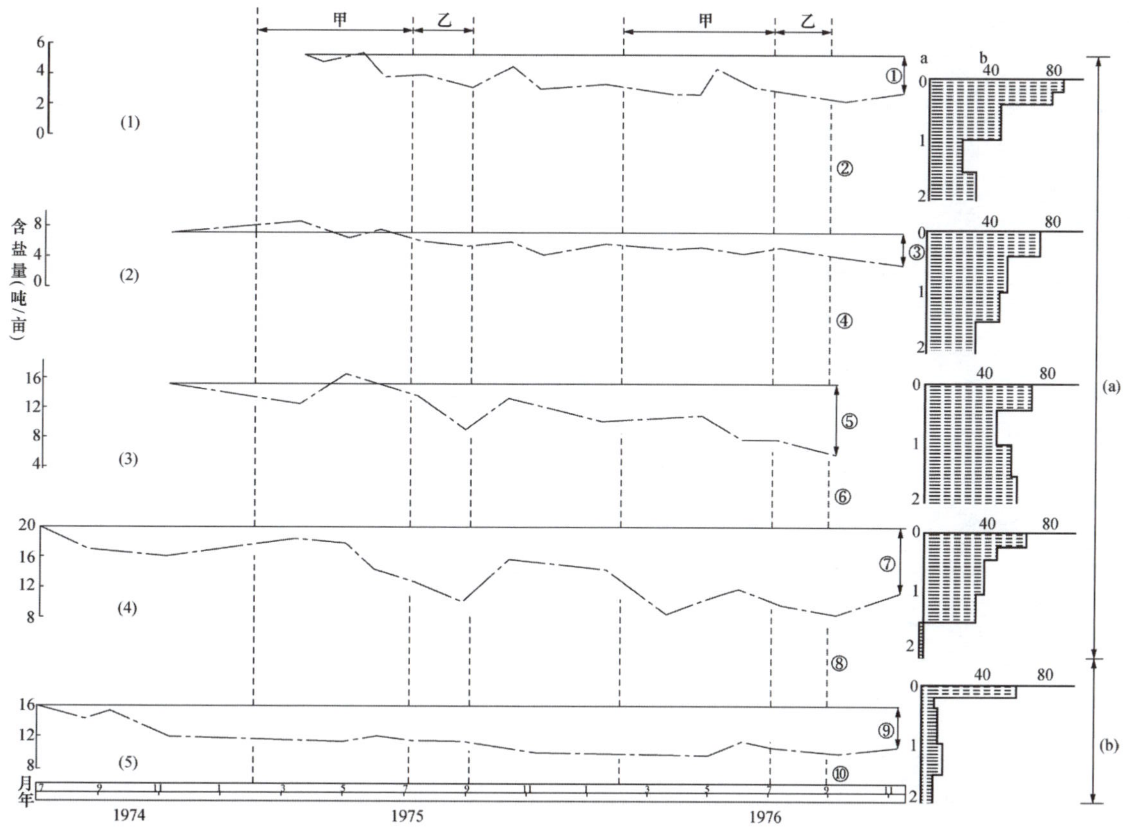

图 5　试区脱盐型水盐动态的土壤盐量变化（1974—1976 年）

（1）新 14　（2）东 6　（3）东 7　（4）东 8　（5）西 14　（a）速脱型　（b）缓脱型　甲．旱季　乙．雨季　a. 土层深度（米）　b. 脱盐率（%）
①脱盐量 2.2 吨 / 亩　②脱盐率 41.7%　③脱盐量 3.9% 吨 / 亩　④脱盐率 50.1%　⑤脱盐量 8.5 吨 / 亩　⑥脱盐率 58.7%　⑦脱盐量 8.2%
⑧脱盐率 41.5%　⑨脱盐量 4.3 吨 / 亩　⑩脱盐率 28.7%

变化。上层脱盐率高，中层脱盐率低，下层处于积盐状态。所以，在改良进程中的中度盐化土壤的盐分垂直分布特点是上脱下积，上下大，中间小的初期脱盐类型。

改良前，重盐化土壤和盐荒地的盐分剖面表现为强烈的表聚型，0 ～ 20 厘米土层的含盐量达 2%，下层只有 0.4% 左右。通过对 28 个剖面盐分统计分析，在改良进程中，除原来的大量盐荒地和重盐化土壤已改造成为中度、轻度和非盐化土壤外，尚存的盐分剖面上也发生了很大变化。表层含盐量由 2% 下降到 1.1%，20 ～ 100 厘米土壤盐量也由 0.6% 下降到 0.5% 左右。而 1 米以下土层的盐量保持了相对的稳定。从而使盐分的表聚程度大大降低，2 米土体的盐量显著减少。亩储量由 12.60 吨降为 10.26 吨。

从试区盐渍土在面积上、盐储量上和盐分剖面上的变化来看，改良速度是快的，效果是好的，但是还只是改良的初期阶段，今后的改良任务仍然很重。

20 The Characteristics of Water and Salt Movement and the Regulation of Salt-affected Soils in Semi-humid Monsoon Climate Regions

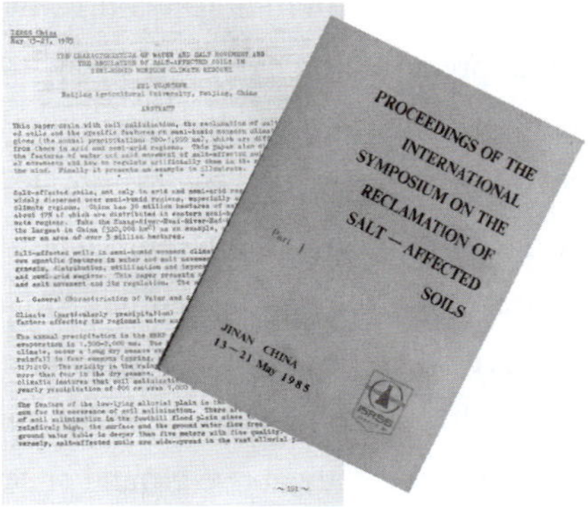

【写作背景】

在《文集》作者积极策划和主持下，于1985年5月在山东济南召开了“国际盐渍土改良学术讨论会”。作者递交大会和在会议讲演的题目是“半湿润季风气候区盐渍土水盐运动特征及其调节”。此文已收入会议论文集。这是作者在曲周试验区对水盐运动及其调节多年研究的总结并首次在国际会议上宣读。

Abstract This paper deals with soil salinization, the reclamation of salt-affected soils and the specific features on semi-humid monsoon climate regions (the annual precipitation, 500 ～ 1000 mm), which are different from those in arid and semi-arid regions. This paper also discusses the features of seasonal water and salt movement of salt-affected soils, seasonal movements and how to regulate artificially them in the regions of the kind. Finally it presents an example to illustrate.

Salt-affected soils not only in arid and semi-arid regions, are also widely dispersed over semi-humid regions, especially semi-humid monsoon climate regions. China has 30 million hectares of salt-affected soils, about 17% of which are distributed in eastern semi-humid monsoon climate regions. Take the Huang-River-Huai-River-Hai-River Plain (HHHP), the largest in China (320 000 km^2), as an example, salt-affected soils cover an area of over 3 million hectares.

Salt-affected soils in semi-humid monsoon climate regions possess their own specific features in water and salt movements, which is different in genesis, distribution, utilization and improvement from those in arid and semi-arid regions. This paper presents only the features of water and salt movement and its regulation. The area mentioned is the HHHP.

20.1 General Characteristics of Water and Salt Movement

Climate (particularly precipitation) and landform are the main factors affecting the regional water and salt movement.

The annual precipitation in the HHHP is 550 ～ 1 000 mm and the annual evaporation is 1 500 ～ 2 000 mm. Due to the effect of the monsoonal climate, occur a long dry season and a short rainy one, the ratio of rainfall in four seasons (spring, summer, autumn and winter) is about 1 : 7 : 2 : 0. The times of aridity in the rainy season is less than one, whereas more than four in the dry season. It gives the reason from the above climatic features that soil salinization still takes place under the years with precipitation of 800 or even 1 000 mm.

The feature of the low-lying alluvial plain is the topographical reason for the occurrence of soil salinization. There are no occurrences of soil salinization in the foothill flood plain since the landform is relatively high, the surface and the ground water flow free and the ground water table is deeper than five meters with fine quality. Conversely, salt-affected soils are wide-spread in the vast alluvial plain, especially in the low lying plain between the current river courses and the abandoned ancient courses (most of them are above ground or semi-above-ground) where the landform is flat and low lying, the flow blocked and the ground water table is higher with poor water quality.

Affected by the above climate and topographical factors, the water and salt movement of salt-affected soils has the following features.

20.1.1 The seasonal exchange of the upward and downward movements of water and salt.

The clear distinction between the dry and rainy seasons makes water vertically move up and down with the change of seasons. Shi Yuangchun (1982) [1] mentioned that 18.8% (55.9 billion cubic meters) of the total incoming water in the HHHP is recharged through soils to ground water. It is proposed also by the Bureau of Hydrogeological Engineering of the Ministry of Geology (1979) [2] that the recharge modulus of shallow ground water is generally 150 000 ～ 250 000 cubic meters per km^2 · year.

In the salt-affected-soil area of 50 000 km^2 of the HHHP, take 3 kg/m^3 as an average desalinization coefficient, 30 million tons are the amount of salt carried by rainfall to ground water through soil mass, 6 tons per hectare.

Additionally, the calculation of water balance yielded that 74.3% of the total incoming water (i. e. 7 000 cubic meters of water) is evaporated through ground water and soils. This process results in the existence of salt on the top layer of soils.

The basic features of water and salt movement in the semi-humid monsoon climate regions are: the upward and downward movements of water and salt, the seasonal exchange of the processes of salt accumulation (mineralization) and soil desalinization (desalting) and finally the frequent transferring and exchanging of water-soluble salts between soils and ground water.

20.1.2 Uniformity of the accumulation of water-soluble salts in soils and ground water.

Many researchers, such as V. A. Kovda (1 ~ 46, 1960) [4, 5], Xion Yi (1961) [6], Wang Zuenqin (1963) [7] and Shi Yuanchun (1977) [8] etc, have paid attention to the clearly uniform phenomenon of water-soluble-salt accumulation in soils and ground water of this region. The author of this paper attaches more importance to the uniformity in the chemical composition, which is closely correlated with the fact that water-soluble salts are frequently transformed and exchanged between soils and ground water. The uniformity is shown as the followings:

Mineralization of ground water (g/l)	Type of chemical composition of ground water	Type of salt accumulation of soils
Less than 0.5	HCO_3–Ca	Non–salinization
0.5–1	HCO_3 (CO_3) –SO_4–Na–Ca	Soda–salinization
2–4	HCO_3–Cl–SO_4–Na–Mg	Gypsum–neutral salt salinization
4–15	SO_4–Cl–Na–Mg Cl–SO_4–Na–Mg	Neutral salt salinization
More than 15 (littoral plain)	Cl–Na	NaCl salinization

The above is one aspect of the uniformity on the one hand. The soils and ground water, on the other, belong to two different materials after all. Therefore easily soluble salts must be of difference in accumulation. For instance:

1.In the presence of low mineralized (0.5—1 g/L) ground water through which carbonate and bicarbonate move into soil. Hence the soil alkalinity is higher than that of ground water.

2.Under the condition of mineralized ground water and when the soil temperature is high in the upper part and low in the lower (spring, summer and autumn), sulphate moves up and down generally and much is accumulated in the soils while less is leached to the ground water. If the mineralized ground water is more than 4 g/L, a great deal of gypsum accumulates in soils. This phenomenon often appears in the saline-ground-water region of the north part of the HHHP.

3.With the characteristics of high solubility and high movability, chloride is the most active, migrating frequently between soils and ground water and cannot be adsorbed by soil. Therefore the amount of chloride is exchanged greatly between soil and ground water in different seasons and accumulation less than the other salts except in the condition of intensive accumulation.

20.1.3 Drought, waterlogging, salinization of soil and mineralization of ground water (DWSM) are a unity or a system.

The annual precipitation is comparatively abundant and concentrative in semi-humid monsoon climate regions, which causes drought, shortage of water and salt accumulation in soil in the dry season. But in the rainy season, excessive rain water leads to waterlogging, loss of water resources (25% of the total incoming water in the HHHP goes to sea), raising of the ground water table and strengthening salt accumulation process in soil and ground water. So DWSM is a symbiosis and a unified system, interrelated and interacting on each other. It is also a group of natural phenomena appearing with the regional water and salt movement.

If to concentrate one-side on the water diversion and storage for irrigation and to neglect drainage, this will bring about waterlogging and salinization. When only drainage without water storage is emphasized, it will cause the waste of water resources, make drought even worse and soil salinization cannot be controlled effectively in the situation of water deficiency. Hence in the systematic view of points, practiced should be the coordinated control of DWSM with the combination of drainage, irrigation and storage (according to various conditions and seasons). In the past 30 years, the above mentioned problems have been taking place whereas some successful methods of controlling them have also been gained.

Being a unified system, DWSM must be managed by the coordinate control which is quite different from that in arid and semi-arid regions. Meanwhile the management of water and salt and improvement of salt-affected soils turned out to be particularly complex.

20.2 Water and Salt Regime of Salt-affected Soils

Under the influence of the semi-humid monsoon climate, the annual regime of water and salt of salt-affected soils can be divided into five stages:

Intensive-evaporation-salt-accumulation stage in spring. (march to May)

Relatively stable stage in early summer. (June)

Leaching-desalinization stage in the rainy season. (July to Aug.)

Evaporation-salt-accumulation stage in autumn. (Sept. to Nov.)

Relatively stable stage in winter. (Dec. to next Feb.)

An example is indicated in the following. W_{14} is a typical observation point of water and salt regime, located in Quzhou county, south of Hebei province (Cl-SO_4 saline soils) . For detailed information see Fig. 1 and Table 1.

Table 1 The characteristics of Water and Salt Movement in Different Stages W_{14}, Quzhou 1976

			31 (Mar. –May)	32 (June)	33 (July–Aug.)	34 (Sept. –Now.)	35 (Dec. next Feb.)
Climatic Factors*	Temperature ℃		13.1 (14.1)	25.1 (26.0)	24.8 (24.3)	12.8 (13.0)	–1.6 (–2.5)
	Stage rainfall (mm)		45.6 (72.1)	53.5 (59.2)	455.9 (336.0)	136.4 (118.2)	35.9 (18.3)
	Stage evaporation (mm)		594.1 (646.4)	343.7 (332.9)	364.8 (381.1)	380.1 (341.9)	160.9 (135.1)
	Aridity		4.3 (3.2)	2.3 (2.1)	0.54 (0.8)	1.4 (1.6)	—
The depth of ground water table (m)			1.5–2.8	2.8–3.5	1.0 around	1.8–1.0	1.8–2.0
Salt Regime of soil**	0–20 cm layer	D. (t/ha.)	+22.80	+2.55	–26.4	+18.45	+1.35
		Dr. (%)	+79.2	+6.6	–64.0	+124.2	+4.9
		Dd. (t/ha)	+0.30	+0.07	–0.41	+0.31	+0.01
	0420 cm layer	D. (t/ha.)	+16.35	+8.10	–23.85	+19.80	–4.05
		Dr. (%)	+34.8	+14.8	–42.5	+61.2	–8.0
		Dd. (t/ha)	+0.22	+0.22	–0.37	+0.34	–0.03
	0–200 cm layer	D. (t/ha.)	+27.30	+3.45	–7.80	+11.85	–3.59
		Dr. (%)	+17.9	+2.1	–4.7	+7.4	–2.2
		Dd. (t/ha)	+0.37	+0.03	–0.12	+0.20	–0.03

* The figures in bracket are the average value between 1963–1976.

** "+" means increase, "–" means decrease.

D. means "increase and decrease in value (t/ha) ."

Dr. means "rate of increase and decrease."

Dd. Means "daily increase and decrease in value."

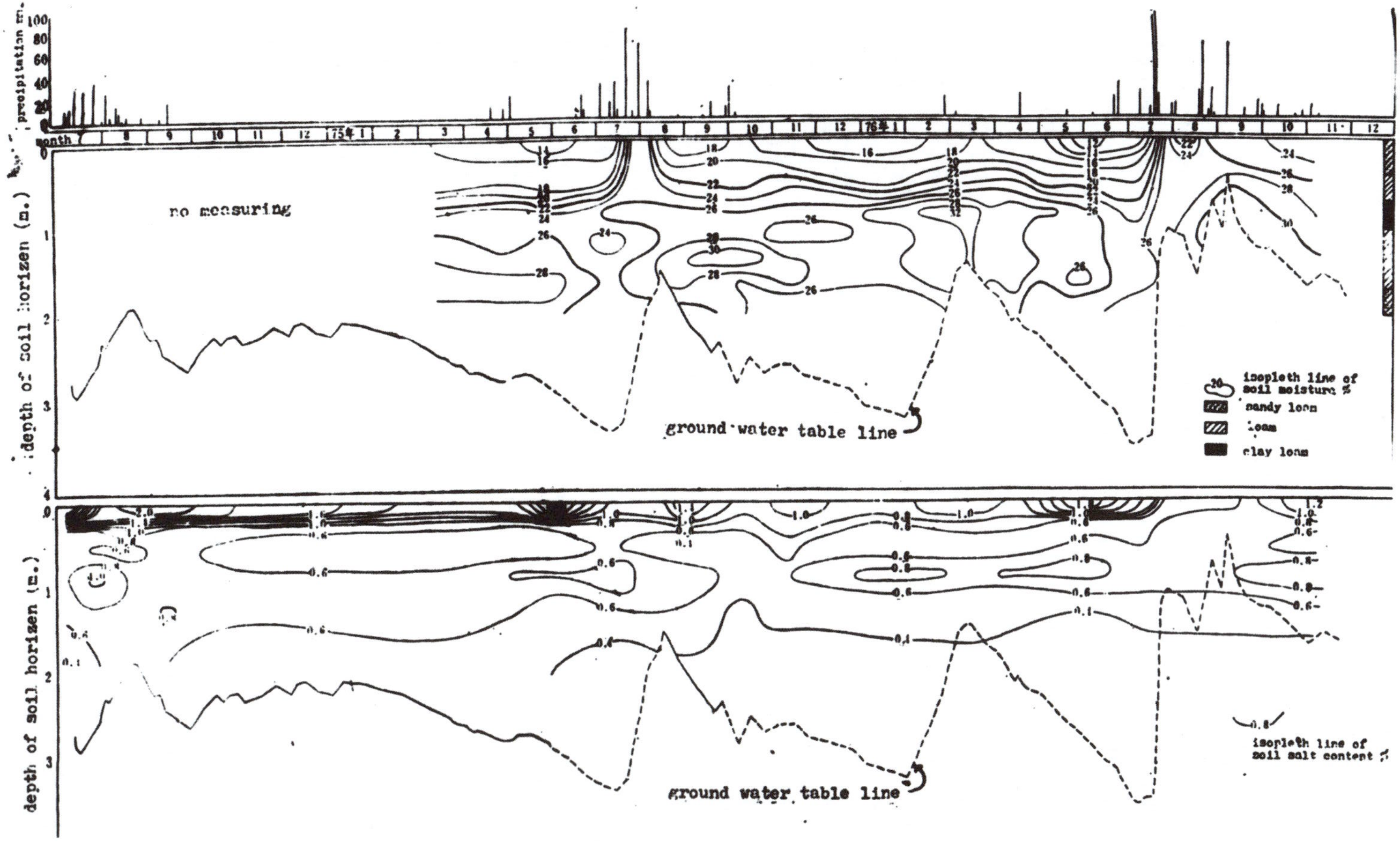

Fig.1 An example of water-salt regime of salt-affected soils under the influence of the semi-humid monsoon climate region (Quzhou). The figure of the isopleth of soil moisture (above) and salt content (below).

20.2.1 In intensive-evaporation-salt-accumulation stage in spring. (March to May)

It is the dry season in a year when less rain falls and evaporation is the most intensive. The amount of evaporation is ten times higher than that of precipitation while the aridity reaches over four. The daily amount of salt accumulation in 0–2 m soil mass is 0.37 t/ha., the highest in the whole year. Salt mainly accumulates in surface soil (0–20 cm), covering 81% of the amount of salt accumulation in 0–2 m soil mass.

March is the time when salt accumulates most in the top horizon of soil because the ground water table is rather high (the depth lowers down from 1.5 m to 2 m deep). It goes down continuously to 2.8 m deep in April and May. The profile of soil salt starts to differentiate and the phenomenon of double horizons appears (Li Yunzhu)[8]. That is when the ground water table moves down and its capillary fringe separates itself from the upper horizon of soil, salt whereon is transferred to the surface horizon on one side, while salt accumulation occurs in the lower horizon of soil on the other side.

20.2.2 In relative stable stage in early summer. (June)

The precipitation and evaporation (the daily average value) in June are slightly higher than those in spring. It appears, however, a short and stable period in water and salt movement of soil which is caused by the ground water table deeper than 2.5 m or even 3.5 m (the deepest in year). 0.7 t/ha. is the mean increasing value of salt content in 0–20 cm soil layer covering a quarter of that in the intensive-evaporation-even fewer (0.3 t/ha), a twelfth in the former stage.

20.2.3 In the leaching-desalinization stage in the rainy season. (July and August)

It is the season when the precipitation is concentrating and soil is desalinized. The mean precipitation in multiple years is 336 mm and it was a little bit more abundant in 1976. Before the coming of the rainy season, the ground water table is 3.4 m deep which is helpful to soil desalinization. Besides the influences of precipitation and soil permeability, the rate of desalinization is related largely with the depth of ground water in the rainy season. The following is derived from perennial multipoint statistics.

The variation scope of the depth of ground water table in the rainy season (m)	The desalinization rate in 0–40 cm soil horizon (%)	The desalinization rate in 0–200 cm soil horizon (%)
0.5–1.5	5–25	Less than 5
1.5–2.5	25–45	14–24
Larger than 2.5	35–65	20–40

20.2.4 In the evaporation–salt–accumulation stage in autumn. (Sept. to Nov.)

The temperature in Sept. falls down quickly to the degrees near to the mean temperature in spring. But the evaporation amount is only half of that in spring while the precipitation doubles. The aridity is also low (1.4) . As far as climatic factors are concerned, the evaporation in autumn is far more less than in spring. But the ground water table dropped back to 1.0-1.8 m from high level when the rainy season passed. Therefore the quantity, ratio, and velocity of it is close to or over those in spring. It is seen that the ground water table plays an important role.

20.2.5 In the relatively stable stage in winter. (Dec. to next Feb.)

It is dry and frigid in winter. The monthly mean temperature is zero degree centigrade below with rare precipitation and less evaporation. In the soil frozen period, the gaseous state is the main form of water upward movement in soil, and the salt movement nearly ceases. Table 1 indicates that the amount of salt increases or decreases slightly.

The water and salt regime of salt-affected soils influenced by the semi-humid monsoon climate can be summed up as the following features:

—The main expressions of water and salt movement belong to three forms: the evaporation-salt-accumulation form, the leaching-desalinization form and the relatively stable form which occur respectively in the five periods of a year. The evaporation-salt-accumulation period amounts to six months, the leaching-desalinization period is two months and the relatively stable period is four months.

—The phenomenon of feedback is common and exerts a significant action on the direction and intensity of water and salt movement. The same time as the evaporation enhances, the water and salt move up acutely in spring, the lower down of the ground water table and the formation and thickness of the dry surface horizon strengthen gradually the inhibition on the upward movement of water and salt, so as to get the movement slow down or to a stop. The rainfall in the rainy season causes the downward movement of water and salt meanwhile the ground water table rises and restrains the infiltrating flow of soil and the leaching process of salt.

—The ground water table exerts a direct and significant influence on the above three forms of water and salt movement. And it represents a drainage activities particularly. Therefore it might be treated as an important "lever" aid in the artificial regulation of the movements of water and salt.

20.3 The Regulation of Water and Salt Movement

Under the influence of the semi-humid monsoon climate and the low lying plain, the movements of water and salt lead to DWSM in the HHHP. Is it possible to regulate artificially the water and salt movement, to control the DWSM, to restrain salt accumulation of soil in the dry season and to promote soil desalinization and ground water immineralization in the rainy season? Regarding this we have conducted successfully the experiments. (see the next section)

We take the followings into consideration in the regulation of the regional water and salt movement:

1. The DWSM should be considered as a unity or a system and the coordinated control be adopted.

2. To take various measures in accordance with the features of the water and salt regime in different periods.

3. The ground water table is the lever in the regulation of the regional water and salt movement.

4. To adopt different regulation models according to different regions and conditions.

The following indicates the regulation models of water and salt movement under different conditions with the emphasis on the first one.

(1) The regulation model of heavy DWSM

The heavy DWSM is frequent in the north part of the HHHP where the landform is lowlying and the mineralization rate of ground water is between 3 and 10 g/L with heavy soil salinity. It is the kind that is rampant in the HHHP and the most complex to control. Fig.2 shows its regulation model.

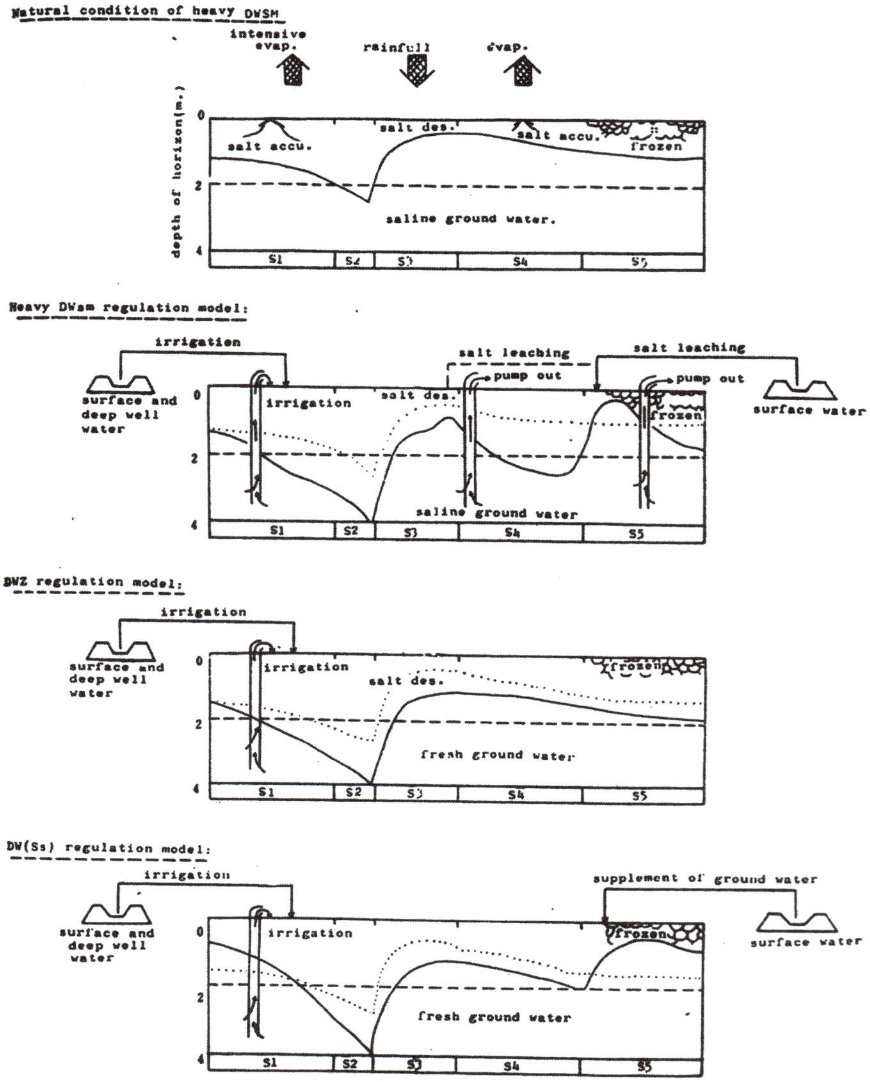

Fig.2 The natural condition and the three types of regulation model

– – critical line; ········ the processing of ground water table in natural condition ;
—— the processing line of ground water table in regulated condition

The climate is dry and the water resources are not enough in the period of intensive evaporation and salt accumulation in spring and also in the relatively stable period in early summer. Shallow ground saline water has not been explored and its water table is fixed above the critical depth of salt accumulation in soil for a long time. The main problems in these two periods are drought and salt accumulation. The regulation measures adopted are: extract ground saline water mineralization rate: 2 –7 g/L) and to practice irrigation with fresh water (surface water and deep well water) . All this should play a double role not only to increase the water resources and the drought resistance, but also to make the ground water table lower down, restrain salt accumulation and enhance waterlogging resistance and desalinization of soil in the rainy season to large extent. Therefore the measure of extracting ground saline water can be one aspect of the coordinated control of drought, waterlogging and salinity.

The waterlogging resistance and desalinization will be available if the above measures are adopted in the rainy season. In the years with less precipitation in the rainy season, it is necessary to irrigate with surface or deep well water for leaching soil salt.

In the period of evaporation and salt accumulation in autumn, in order to reduce the autumn salt accumulation, the forced lower down of the ground water table is utilized with the well drainage in case that the depth of the ground water table is less than 1.5 m below.

At the beginning of the reclamation of heavy saline soils, winter is a good season to conduct the artificial leaching and well drainage. The well drainage starts when the ground water table rises again to about one meter below. This process can drain away in time the leached salt from soils and make leaching and desalinization processes go on smoothly. This method turns out fine leaching results.

The above regulation concerns drought, waterlogging and soil salinization, but does not deal with the problem of immineralization of saline water. In 1970s the peasants in Zangzhou District, hebei Province found that the ground water is immineralized when they pumped out brackish water and filled it with much fresh water. The Geological Bureau of hebei Province summed it up through investigations and proposed the immineralization of saline water. In 1974, the experimental study of "pump-saline water-out and fill-fresh water-in" started in several areas, such as Quzhou County (Beijing Agricultural University) [3], Shulu (the Hebei College of Water conservation and Power) [9], Zangzhou (the hebei Institute of Water Conservation) [11] etc. The study shows that shallow ground saline water is formed gradually when the ground runoff becomes stagnant, evaporates vertically and exchanges frequently with water soluble salt of soil. Now that saline water is pumped out, fresh water can be recharged to speed up its circulation process in immineralization. The formation of a fresh-water layer over shallow ground saline water takes time and it goes on only under the condition of less salt in soil mass. Therefore the immineralization of saline water should be taken into account in the regulation of heavy DWSM. The immineralization of saline water will move away a main salt origin of soil salinization and be of significance to the exploration of shallow ground water and the improvement of waterlogging resistance as well.

When the ground water table is deep enough, the artificial percolation of fresh water is certainly a good way for immineralization saline ground water.

(2) The regulation model of the coordinated control of light DWS.

Light DWS is mainly dispersed over certain lowlying plains between old and present courses of a river in the upper part of alluvial plains where the surface and ground run-off is smooth. The ground water is fresh or brackish with the mineralization rate of 2 –4g/L. Salt-affected soils are scattered in spot form. Most of them are moderately or lightly salinized. But they can evolve to heavily salinized or saline soils in case of the poor management of water resources.

The task of this regulation model is to promote the natural desalinization process and to prevent secondary salinization on the basis of improving the drought resistance and the waterlogging prevention.

In the past the regions of this kind were irrigated with surface water whereas there was lack of fine drainage systems. So secondary salinization of soil developed rapidly. When the exploration of shallow ground water is adopted as a main one, with surface water as an aid, it will play multiple roles in the combination of irrigation, drainage and storage and in the comprehensive solution to DWSM. The measures of the regulation are presented in Fig. 3

(3) The regulation model of drought resistance, waterlogging prevention and the prevention of secondary salinization of soil.

There occurs non-saline soil in the regions characterized by good natural conditions and fresh ground water. The main aim in the regulation of water and salt movement is to enhance the drought resistance and waterlogging prevention and to prevent secondary salinization of soil.

It involves the control index of the ground water depth in the semihumid monsoon climate regions with fresh ground water and non-saline soil. Due to the upward and downward movements of water and salt and the alternation of salt accumulation and desalinization, the common concept of critical depth of salt accumulation in soil cannot be quoted simply. Jia Dalin (1963) [12] and Yun Changji (1964) [13] approached the problem of the critical depth of ground water.

We hold, through extensive observations, that it is allowable to keep the ground water table above the critical depth of soil salt accumulation in some time of the dry season and maintain the occurrence of salt accumulation process for a period of time

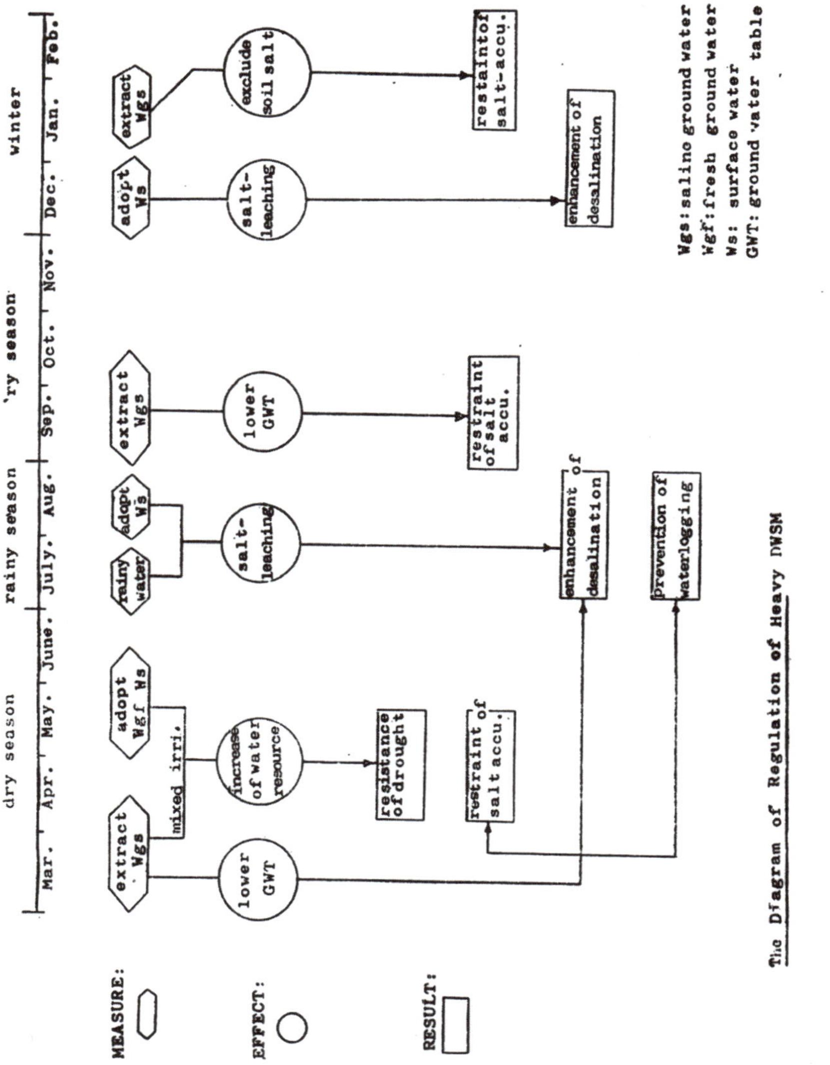

Fig.3 The program of Regulation of Heavy DWSM

in circumstances that the shallow ground water quality is fine, soil is not salinized or lightly salt spots appear in soil and there exists an obviously natural desalinization process every year. This is because that ground water can provide crops with moisture through capillary action at that time to lighten the influence of drought and to reduce irrigation water. It is essential, however, to maintain the annual or multi yearly balance of salt movement in order not to cause secondary salinization of soil.

As the shallow ground water resources are not sufficient for irrigation in this region, the surface water and deep well are necessary for irrigation and so is the artificial supplement of shallow ground water in early winter (rich in water in this period) . All this will raise and maintain the ground water table in the better condition.

20.4 An Example of the Model of Heavy DWSM

20.4.1 Background and conditions

During 1974 and 1976 we made an experiment on the reclamation model of heavy DWSM in the area of 400 hectares in the north part of Quzhou County, Hebei Province. The experimental region is located in the lowlying plain between the ancient courses of the Chang river. The landform here is gentle and low and waterlogging takes place easily. The area of salt-affected soils covers 83% of the total land with SO_4-Cl saline soil and heavily salinized soil as the main composition of soil. The depth of the ground water table is between 1.5 –2.2 meters in the dry season. The mineralization rate is 4 –8 g/L. The saline water layer is about 100 meters thick. The deep pressure water 100 meters below has been explored with the well depth of 300 –350 meters. But the amount of water preservation is only sufficient to irrigate one third of the fields. There is shortage of surface water resources here which can be used for irrigation only once or twice in the early winter and early spring. There is no surface water in one third of years. Therefore it is said that drought occurs in nine years out of ten and waterlogging in six years out of ten. The agricultural production was low and unstable. The crop yield was about one ton per hectare in normal years.

20.4.2 Facilities and measures

(1) The field engineering system with the task of regulating water and salt movement.

—Sets of deep and shallow wells: Each set is made up of one deep well and three to five shallow wells. There are 11 sets altogether which play roles in the mixed irrigation with fresh and saline water, vertical drainage and regulation of the ground water table.

—The drainage system is divided into five components: the main drainage canal, the lateral canal, the sub-lateral drainage canal, the field drainage ditch and the sub-field drainage ditch. As the well drainage governs the field ground water table, the sub-lateral drainage canal, field and sub-field ditches are build in the form of shallow trench. The main task is to drain away surface run-off in the rainy season.

—The irrigation system: the same as the drainage system, the irrigation system also includes five components and it should meet the two requirements of surface water irrigation and well irrigation. Cement tiles are generally laid in the sub-lateral canal and field ditch. Except for irrigation, it is also used for disposal of salts to reduce the saline water percolation into field.

—The power and machinery systems: Depending mainly on electric power. The machinery includes construction and farming machines.

—Land leveling.

(2) The biological engineering system: the establishment of fine farm ecological construction which include:

—The agroforestry network 400 m×250 m.

—The rational farming system and the application of improved varieties.

—The manure application system: the combination of organic manure, chemical fertilizer and green manure and the soil management system.

—Advanced agrotechnique.

(3) The monitoring and consulting system: the task is to guide the various agricultural management.

—Monitoring and predicting of water and salt movement.

—Monitoring of soil nutrients and consulting of manure application.

—Forecast and service of farm climate.

—Estimation and service of crop pests and diseases.

(4) The intelligence development system

—Scientific researches and introduction of up-to-date techniques.

—Training of local technical personnel and peasants.

20.4.3 The regulation management of water and salt movement and regime of it

During the period between July 1974 and Dec. 1976, we pumped out water in a regular and control way six times, adding up to 205 days. The shallow saline water pumped out is about 23.5 billion cubic meters. In the early spring of 1975 and that of 1976, the artificial leaching of saline soil was conducted with fresh water of 1.8 million cubic meters. In addition, other agrotechnics were adopted such as leveling the land, building banks between fields for freshwater storage in the rainy season.

It is illustrated in Fig 4 that the ground water table in the springs of 1974 and 1975

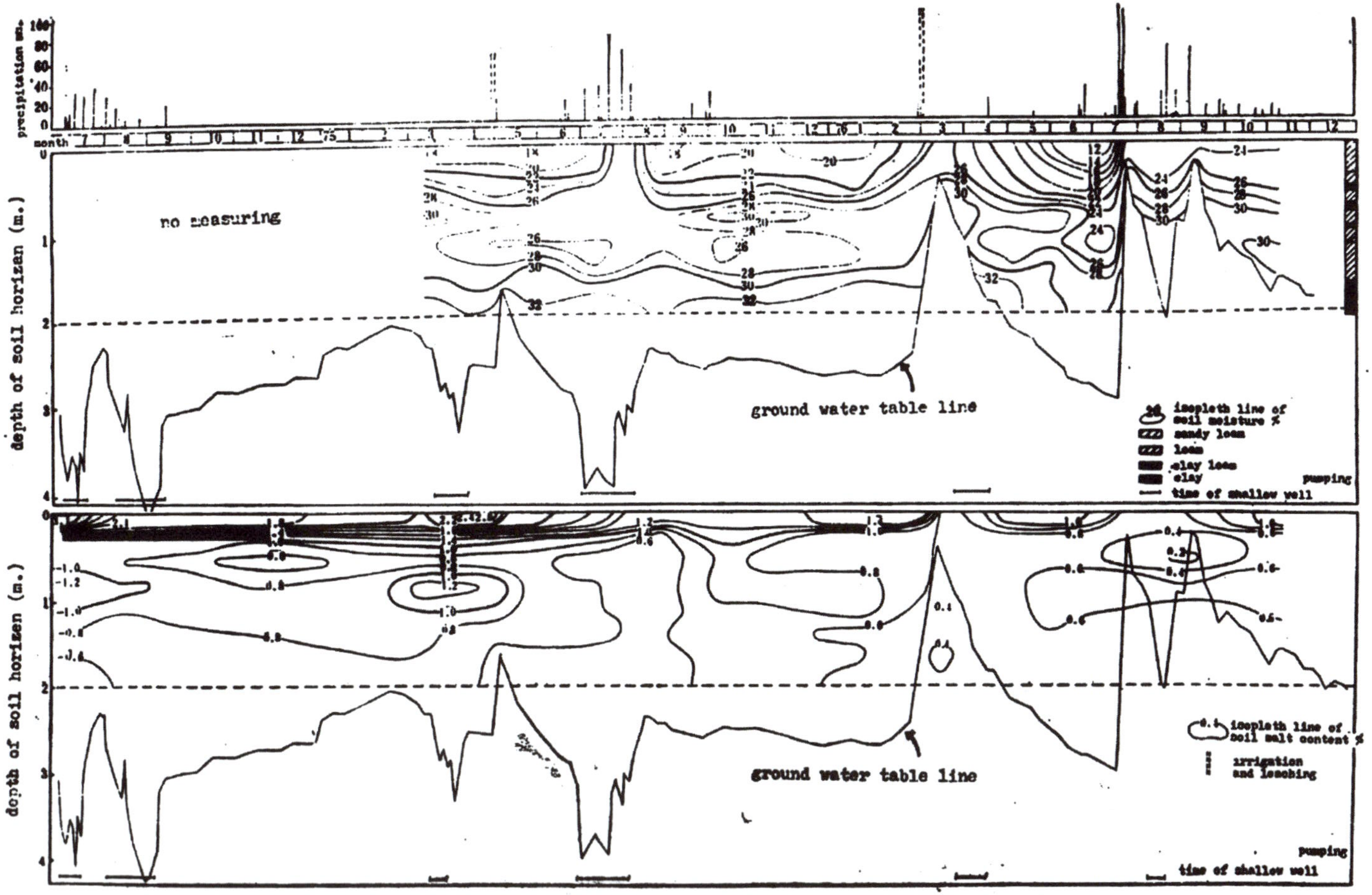

Fig. 4 The regulation model of heavy DWSM type (Quzhou).

The isopleth in the figure represents soil moisture content (above) and salt content (below).

is kept deeper than the critical depth regulation, or even three meters below during the pumping periods. It is also controlled steadily under 2.5 meters below in the rainy season. In these two years, the ground water table is controlled under the critical depth for almost of all time. It provides a basic condition for the artificial restraint of the salt-accumulation process and acceleration of the desalinization process.

Under the artificial regulation and control, the annual dynamics of the ground water table influences and regulates greatly the regime of soil moisture. It is seen also in Fig. 3 that the soil moisture profile is stable in the dry season and the front of intensive capillary rise is always 30 -50 cm below the surface. With the ground water table and soil moisture regime of this kind, the normal irrigation, the leaching irrigating in spring and the rainfall in the rainy season play nice roles in desalinization. The salt isopleth shows clearly that under the condition of the above ground water table, the obvious desalinization spears in two-meter soil mass, particularly in the upper horizon of soil during these two years. In three year's time, the leached salt in two-meter soil mass of the observation point amounts to 122 t/ha., and the desalinization rate is 41.5%.

Fig.5 shows the change of soil salt in 1974—1976 at the observation region: N_{14}, E_6 and E_7, which belong to the type of fast desalinization. The accumulation total desalinization rates in three years are 41.7%, 50.1% and 58.7% respectively while that at W_{14} (the type of slow desalinization) is only 28.7%. There is a distinction between the types of fast and slow desalinization in the individual-horizon desalinization of soil profile (see the right of Fig. 5) .

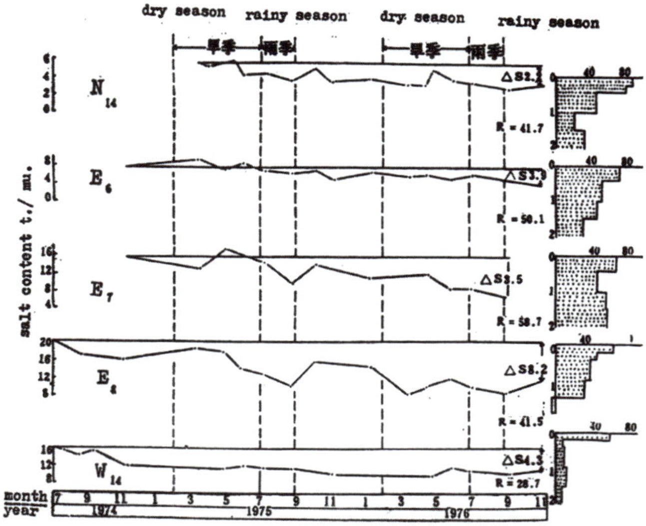

Fig.5 The change of content in salt at the observation region (Quzhou) in 1974 to 1976.

S: desalinization content (t/mu) ; R: desalinization ratio (%)

20.4.4 The enhancement of disaster resistivity and improvement of production conditions

The time for irrigation with surface water reduced from 30 days to five days in the experimental region. The area by well irrigation increased about 90% from 16%. The drought resistivity increased largely due to the full use of surface water, the rational exploration of deep fresh water and the active application and amelioration of saline water. The increased production still remained although from 1978 to 1981 with successive drought in the experimental region where the annual precipitation was only 75% of multi yearly mean value and of the rainfall in 1981, wheat growth time was 56% less than in the same time over the years.

The waterlogging resistivity is increased by the irrigation with shallow well water. The depth of the ground water table is about four meters deep before the coming of the rainy season. As drainage can be done through wells and trenches in the rainy season, the capability of waterlogging drainage also increases largely.

Desalinization of salt-affected soils:

We chose a salt-balance observation area (300 ha.) in the south of the experimental region where the amount of salt storage in two-meter soil mass reduced to 28, 963 tons from 40, 322 tons between 1974 and 1976. There are 11, 359 tons of salt removed from the experimental region. The salt leaching rate is 28.3%.

The change in the area covered by various saline soils from 1974 to 1976 is as following (the area percentage of the total observation region)

	1974	1975	1976
Non–saline soils:	17.0	46.5	71.9
Lightly salinized soils:	15.7	11.5	5.0
Moderately salinized soils:	15.1	13.3	7.5
Saline soils and heavy salinized soils:	23.2	15.2	9.8
Abandoned–land of saline soil:	29.0	13.5	5.8

Shallow ground saline water has turned to be immineralized as follows:

	1974	1975	1976
The area % of saline water (less than 4 g/L) in the total:	0	7	More than 6
The area % of–saline water (4–5 g/l0) in the total:	4	30	57
The area % of saline water (more than 5 g/L) in the total:	96	63	17

It has given a rise of soil fertility in the region. Take Changzhuang Brigade (the cultivated land: 167 ha., the population: 732) as an example:

The change in manure application level (t.) :

	Organic manure	N	P_2O_5
Before reclamation:	1 500	4.5	0
After reclamation:	6 500	55	24

20.4.5 The economical benefits

The following data show the development of agricultural production and the economical benefits of Changzhuang Brigade:

year	Total yield of crops (t)	Yield of crop per unit (t/ha.)	Total output of cotton (t)	Total output of oil crop (t)	Grand in-com of agric. (, 000 yuan)
1972*	197.3	2.63	2.1	0	112
1974**	271.5	3.27	5.8	0	113
1975	298.0	3.16	8.1	0	153
1976	287.0	3.03	8.4	0	141
1977***	460.5	4.67	6.6	0	200
1978	549.0	5.65	5.9	0	275
1979	556.5	6.23	7.0	0.9	259
1980	527.0	5.90	13.9	11.5	255
1981	647.5	7.25	19.0	22.4	332
1982	765.0	8.75	29.8	10.0	397

*The recorded peak year before reclamation.

**During the period of reclamation.

***During the period of consolidation and management.

The investment amount for the reclamation project of Changzhuang Brigade is 2.776 million yuan (the investment of main drainage canal not included), about 1 395 yuan per hectare. Based on the amount through the subtraction of gross income in the three-year reclamation period from the total investment , the time of the investment recovery of this project is about 4.03 years with the coefficient of investment effect being 0.248. According to the estimation, the expense increases 15.20% as this is an experimental project and lacks of experience.

The second generation coordinated control project was conducted in 1979 and 1981 (the area is 400 hectares) . It has yielded great success and is better than the first generation experimental project.

Reference

[1] Shi Yuanchun: The Water Balance Analysis in the HHHP April, 1982, No. 2, Vol. 8. Journal of Beijing Agricultural University.

[2] The Hydrogeological Engineering Bureau of the Ministry of Geology: A Guide to the Division of Shallow Ground Water Recharge in the HHHP Dec. 1979.

[3] Shi Yuanchun, Li Yunzhu: Water and Salt Regime of Saline Soils and Their Regulation and Control under the Monsoonal Climate "Selected Papers on Reclamation of Salt–affected Soils" by Shandong Science and Technology Press. 1979.

[4] V. A. Kovda: Genesis and Evolution of Saline Soils Academy of USSR, 1946.

[5] V. A. Kovda: An Introduction to Soils and Natural Conditions in China. China Science Press, 1960.

[6] The Institute of Soil and Water Conservation of Academia Sinica: Soils in the North–China Plain China Science Press, 1961.

[7] Wang Zhungqin, Liu Youchang, Li Liqun and Tong Zhaopeng: The Formation conditions and Distribution Laws of Saline soils in liaocheng. Shandong Province No. 4, Vol. 11, Journal of soils, 1963.

[8] The Research Group of Salt–affected–Soil Reclamation, Beijing Agricultural University: The Research on the coordinated Control of DWSM No. 5, 1977. "Reference Information of Agricultural science and Technology" Beijing agricultural University.

[9] The Dept. of Farming Water Conservation of the Hebei college of Water Conservation and Power: A Summary on the Experiment of Pumping Out Saline Water and Filling in Fresh Water, 1977.

[10] The Hebei Institute of Water Conservation: A Research on the coordinated control of DWSM in the Nanpi Experimental Region, 1981.

[11] The Tianjing Institute of Water Conservation: A Summary Report of the Coordinated Control of saline Soils and Immineralization of Ground Water by Pumping Out Saline Water and Recharge of Fresh Water, 1978.

[12] Jia Dalin: An Approach to the Critical Depth of Ground Water, 1963.

[13] Yuan Changji: Trial Discussion of the suitable Depth of Lightly Mineralized Ground Water in the Alluvial Plain of North China No. 3, 1963 Soil bulletin.

[14] Shi Yuan–chun, Xin Dehui etc. "Water–Salt Movement and Coordinated Control of Drought, Waterlogging, Salinization and Mineralization on Huang–Huai–Hai River Plain" Hebei Province, 1983.

21 黄淮海平原的水均衡分析

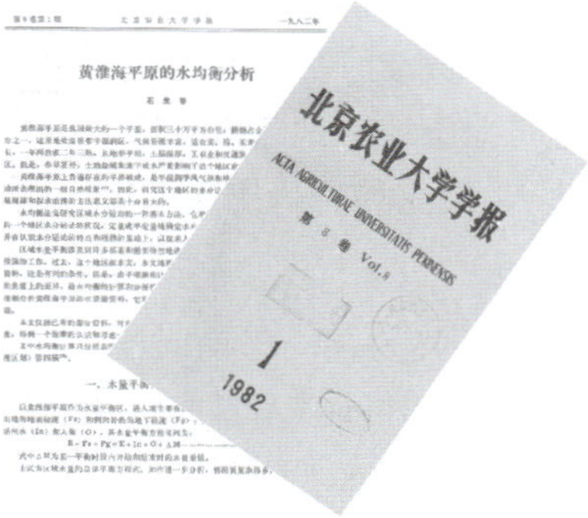

【写作背景】

《文集》作者在完成《黄淮海平原旱涝盐碱综合治理区划》中感到对黄淮海平原整体的水资源及水运行状况资料不足和概念不清。于是继续搜集资料，用均衡法作了整理和分析，并撰写成文，发表在《北京农业大学学报》1982 年第 1 期上。

黄淮海平原是我国最大的一个平原，面积三十万平方公里，耕地占全国总耕地面积的六分之一。这里地处温暖带半湿润区，气候资源丰富，适合麦、棉、玉米、大豆等多种作物生长，一年两熟或二年三熟，且地形平坦，土层深厚，工农业和交通发达，是我国重要的农业区。但是，春旱夏涝，土地盐碱和地下咸水严重影响了这个地区农业生产的发展。

黄淮海平原上普遍存在的旱涝碱咸，是半湿润季风气候和堆积平原的地学条件下水分运动所表现出的一组自然现象[1]。因此，研究这个地区的水分运动，对认识旱涝碱咸的发生发展规律和探求治理的方法意义都是十分重大的。

水均衡法是研究区域水分运动的一种基本方法。它根据物质和能量守恒定律，观察和分析一个地区水分运动的状况，定量或半定量地确定水分的进入和排出，分配和转化的关系。并在认识水分运动的特点和规律的基础上，以探求人为调控的有效途径。

区域水量平衡涉及许多要素和需要恰当地选择计算中所用的各种参数，是一项综合性很强的工作。过去，这个地区在水文，水文地质和水利方面曾进行了大量工作，积累了丰富资料，这是有利的条件。但是，由于观测和计算方法不同，资料的出处和选用以及观察问题的角度上的差异，给水均衡的计算和分析带来了困难。水利部和地质部正在汇集，核实，整理和分析黄淮海平原的水资源资料，它将为这个地区的水科学和水管理工作打下一个良好基础。

本文仅据已有的部分资料，对黄淮海平原的水循环和水均衡分析做些尝试，从宏观的角度，得到一个轮廓的认识和考虑一些水调节和水管理方面的问题。

文中水均衡计算只包括黄淮海平原部分，其确切范围同于《黄淮海平原旱涝盐碱综合治理区划》第四稿[5]。

21.1 水量平衡方程式和模型的建立

以黄淮海平原作为水量平衡区，进入项主要有区内降水（R）、来自区外主要是周围山地的地表径流（Fs）和侧向补给的地下径流（Fg）；排出项主要有蒸散（E）、工业和生活用水（In）和入海（O）。其水量平衡方程可列为：

$$R+\mathrm{Fs}+\mathrm{Fg}=E+\mathrm{In}+O+\Delta M \qquad (1)$$

式中 ΔM 为某一平衡时段内开始和结束时的水量差值。

上式为区域水量的总体平衡方程式。如做进一步分析，情况要复杂得多，主要是因为进入平衡区的水分，绝大部分都要经过一系列的复杂转化过程，才被排出平衡区之外。进入平衡区的水量中，大部分将以各种形式渗入土壤和地下水，然后以地面蒸发和植物蒸腾的形式排除，一部分排泄入海，少部分从水面、被覆物（如叶面，建筑物等）表面直接蒸发。所以，水分的转化和循环主要在土壤—植物—大气系统中进行。

进入平衡区内的降水主要转化项目有：入渗补给地下水（Gr）、渗入土壤（Sr）和为水面及地面覆盖物接纳（Lr），另有一部分径流则流入大海（Or）。来自区外的地表径流包括有控（主要是山区水库）为 Fs_1 和无控为 Fs_2 两部分，它们主要转化为：灌溉和河渠侧渗进入土壤（Sif）和补给地下水（Gif），部分以地面径流形式存在最终将流入大海（Of）。至于区外来的地下径流（Fg）主要转化为区内地下径流（Gf）。以上诸项可列为：

$$R=\mathrm{Gr}+\mathrm{Sr}+\mathrm{Lr}+\mathrm{Or} \qquad (2)$$

$$\mathrm{Fs}=\mathrm{Gif}+\mathrm{Sif}+\mathrm{Of} \qquad (3)$$

$$\mathrm{Fg}=\mathrm{Gf} \qquad (4)$$

转化为地下水的水分，或因势差而上升进入土壤（Sg），或因人为开采灌溉而进入土壤（Sig），二者均汇同原土壤中水分为 Sr+ Sif，最后以蒸发和蒸腾的形式排除。此外，地下水也可以地下径流形式排到区外。依此转化过程，地下水和土壤水亦可作为一个相对独立的水量平衡的分系统，其方程式可分别列为：

$$\mathrm{Gr}+\mathrm{Gif}+\mathrm{Gf}=\mathrm{Sg}+\mathrm{Sig}+\mathrm{Gof}+\Delta \mathrm{Mg} \qquad (5)$$

和

$$(\mathrm{Sr}+\mathrm{Sif})+(\mathrm{Sg}+\mathrm{Sig})=E+\Delta \mathrm{Ms} \qquad (6)$$

式（5）中 Gof 为排出区外的地下径流。

水量转化平衡的综合方程式可由式（2）、（3）、（4）代入式（1）求得：

$$(\mathrm{Gr}+\mathrm{Sr}+\mathrm{Lr}+\mathrm{Or})+(\mathrm{Gif}+\mathrm{Sif}+\mathrm{Of})+\mathrm{Gf}=E+\mathrm{Lor}+\mathrm{Gof}+\mathrm{Of}+\Delta M \tag{7}$$

或

$$(\mathrm{Gr}+\mathrm{Gif}+\mathrm{Gf})+(\mathrm{Sr}+\mathrm{Sif})+(\mathrm{Or}+\mathrm{Of})+\mathrm{Lr}=E+\mathrm{Lor}+\mathrm{Gof}+\Delta M \tag{8}$$

式中 Lor 指水面及地面被覆物体上的水分蒸发量。

结合黄淮海平原的特点，对以上平衡式作如下考虑和处理：①径流排出的唯一场所是渤海和黄海，排出形式主要是地表径流，而地下径流可以忽略（$\mathrm{Gof}\approx 0$）；② Lr 和 Lor 数量不大，估测较难，暂不计算；③参加计算的数值均为多年平均值，故可设 ΔM=0。依此考虑，式（8）可简化为：

$$(\mathrm{Gr}+\mathrm{Gif}+\mathrm{Gf})+(\mathrm{Sr}+\mathrm{Sif})+(\mathrm{Or}+\mathrm{Of})=E+O \tag{9}$$

根据水循环中，上述各要素在进入，转化和排出过程的特点所建立的水量总体平衡式及转化综合平衡式，黄淮海平原的水分循环及水量平衡模型可列为（图1）（图中实线箭头表示一次转化及其方向，虚线箭头表示二次转化及其方向）：

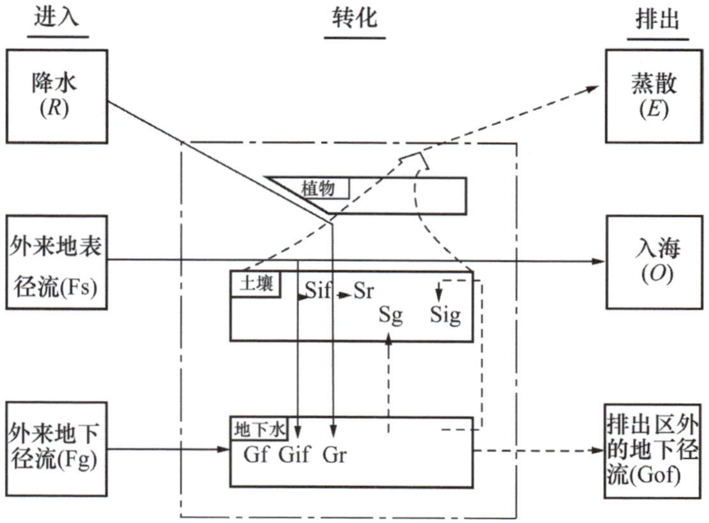

图 1　黄淮海平原的水分循环及水量平衡模型

21.2 黄淮海平原的水量平衡

黄淮海平原主要由三个流域组成，北部的海滦河流域，南部的淮河流域和中部面积不大的黄河流域。北部和南部的降水，地面和地下径流等方面都很不相同。北部降水少，水源缺，水量调节任务重。下面分别提出北部海滦河流域平原部分及整个黄淮海平原的水量平衡。

海滦河流域平原部分的北面和西面以燕山和太行山为屏障。这些山地为平原输送了大量的地面和地下径流，是平原水量平衡中的重要元素。南面以高抬的黄河和金堤河为界，东临渤海，是平衡区径流排出的主要场所。海滦河流域平原部分包括河北平原（北京及天津平原部分在内）鲁北平原（不包括黄河以南部分）及豫北平原北部（南部为黄河流域）面积 128 389 平方千米。

整个海滦河流域的多年平均降水量为 1 692 亿立方米[2]，平原部分胡学华曾提出为 735 亿立方米，（1 979.4）[3]。按我们 1980 年提出的《黄淮海平原年降水量分布图》[5]（根据 1957—1977 年降水资料统计），采用等雨量线法量测的数据为 731 亿立方米。两数值十分接近。

进入平衡区的地表径流量（Fs）：

海河流域山区地表天然年径流量为 158 亿立方米（按 1962—1972 年平均资料其中可控水量为 59%），山区用水量为 24%（按 1972—1973 年平均资料）[4]，故进入平原地面径流量可按 120 亿立方米计。滦河流域山区地表天然年径流量为 51.5 亿立方米（其中可控水量约 15%），山区用水量参考海河流域，则进入平原的地面径流量可按 39 亿立方米计。黄河在郑州市花园口站实测多年平均年径流量为 47.0 亿立方米，鲁豫二省年平均引水量约 87 亿立方米（按 1972—1978 年统计）[8]。其中河南省人民胜利渠等引黄灌区平水年引用水约 40 亿立方米[6]，因多不属海河流域，故引黄入本平衡区的水量按 47 亿立方米计。此数字包括南岸引水，故稍偏高。总和以上三项，区外进入的地面径流量为 206 亿立方米，其中有控部分为 125.5 亿立方米。

来自区外山地的地下径流为 7.96 亿立方米[7]（没有包括河南部分）。黄河向两岸侧渗补给地下水水量约为 3 000 立方米 /（年 · 公里），则海滦河流域段黄河侧渗（左岸）量为 3 亿立方米。

入海水量（O）：

按 1950—1972 年水文系列的海滦河平均每年入海水量为 176 亿立方米，按 1960—1972 年水文系列统计数为 138 亿立方米。随着近十年来控制利用程度的迅速提高，70 年代平水年海河流域入海水量为 45 亿立方米[4]，加上 1960—1972 年滦河多年平均入海水量则为 94 亿立方米。考虑到接近近期实际情况，此平衡采用了后一数值。

作水分转化分析时，有必要在 *O* 值中区分为 Or 和 Of。降水和地表径流是个难以截然分割的转化系统，但考虑到黄淮海平原降水集中的特点，我们粗略地设汛期入海水量为 Or，非汛期入海水量为 Of。依此，Or=77 亿立方米，

Of=17 亿立方米。

In 约为 70 亿立方米（按七十年代后期估算）。

将以上有关数值代入式（1），则 E=784 亿立方米。

水量转化综合平衡中的 Gr 和 Gif 值的部分资料（河北，北京，天津）来自地质部水文地质工程地质局[7]，其余地区的 Gr 值是分别按降水量的量算和乘以 0.17 的水入渗系数。Gif 是按《黄淮海平原浅层地下水补给资源分区图》分别量算并减去相应的 Gr 值而后求得的。具体如下：（亿立方米）

	Gr	Gif
河北，北京，天津	133.14	36.42
鲁北及豫东黄河以北部分	56.95	15.83
合计	190.09	52.25

地下水的年总补给量（Gr+Gif+Gf）为 253 亿立方米。潜水蒸发量按 60 亿立方米计[3]，设采补平衡，则农业开采量（即 Sig）为 190 亿立方米。据水利部门统计资料，在偏旱的 1978 年，黄河以北地区浅层地下水开采量为 185 亿立方米[8]。

将 R，Fs，Gr，Gif，Or 和 Of 值代入式（2）、式（3），

则　Sr= 464 亿立方米

　　Sif=137 亿立方米

我们认为，对于占总进入水量 82.7% 的蒸散量为 784 亿立方米，应尽可能地区分出生产性（主要是农业）蒸散和一般性蒸散。我们根据不同作物的播种面积，总产（1976—1978 年的三年平均数）及其耗水系数。计算了各自的总耗水量。结果如下（表 1）：

表 1　不同作物的总耗水量

平衡区	作物	播种面积（万亩）	总产（亿斤）	耗水量（亿立方米）	说　明
海栾平原	粮食	14 118.85	344.64	242.02 ～ 355.12	所用耗水系数（包括蒸腾和棵间蒸发）为： 麦类：0.7 ～ 1.1 玉米：0.6 ～ 0.8 高粱：0.5 ～ 0.7 谷子：0.8 ～ 1.0 水稻：1.0 ～ 2.1 薯类：1.0 ～ 1.3 （表中粮食包括以上六类） 棉花：0.9 ～ 1.3 油料：1.0 ～ 1.5
	棉花	1 327.59	3.29	2.96 ～ 4.28	
	油料	921.80	10.44	10.44 ～ 15.67	
	合计	16 368.24	—	255.42 ～ 375.07	
黄淮海平原	粮食	25 602.59	785.23	601.36 ～ 915.56	
	棉花	2 804.47	13.21	118.88 ～ 171.72	
	油料	3 557.08	57.00	57.00 ～ 85.50	
	合计	31 964.14	—	777.24 ～ 1 172.78	

根据表 1，两平衡区按生产量计算的总耗水量分别为 255.42 亿～375.07 亿立方米和 777.24 亿～172.78 亿立方米，我们称之为生产性蒸散（E_1）。其他部分称非生产性蒸散或无效蒸散（E_2），意指未直接生产农产品。当然，其中也会包括一些像林木、芦苇、饲草等有一定经济价值的生物性产品。

总结以上资料，海滦平原水量平衡模型可见于图 2。

按海滦河流域平衡区的计算方法，整个黄淮海平原的水量平衡的诸要素值为（亿立方米）：

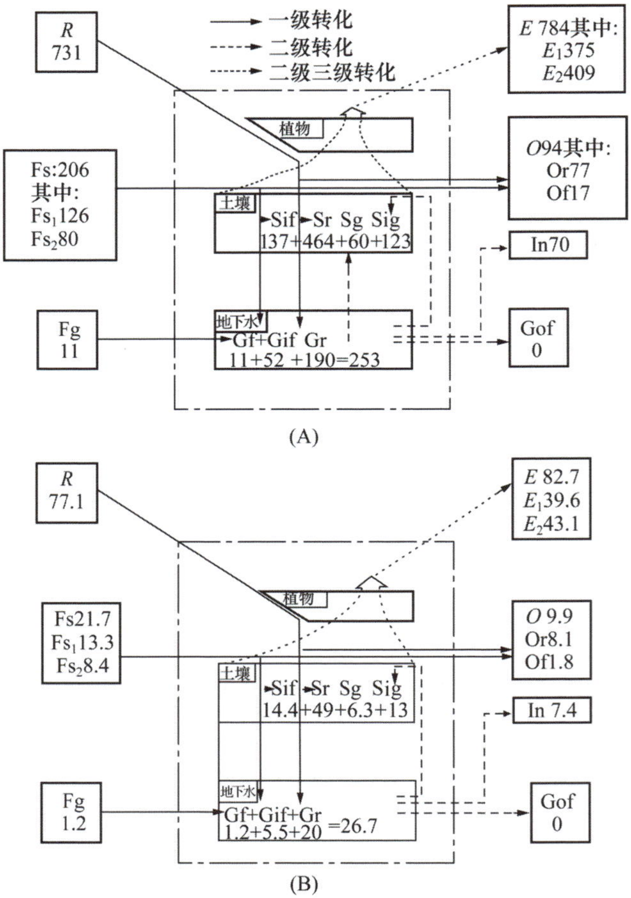

图 2　海滦平原水量平衡模型

（A）水量：亿立方米

（B）各要素占总水量之百分比，总水量为 100

R=2 082

Fs=881	其中：海滦河流域	206
	黄河	560①
	淮河	115②

Fg=8.59[7]

O=763	其中：海滦河流域	94
	黄河流域	484③
	淮河流域	185④

E=2 209（差减法求得）

进入平衡区水量转化平衡的要素值（亿立方米为）：

Gr=471.48(7)

Gif=86.93(7)

Sr+Sif=1 641

Sig=271(8)

Sg=297　　（Gr+Gif+Gf–Sig）

黄淮海平原水量平衡的模型如图 3 所示。

21.3 问题讨论

在上节水均衡分析中看出，黄淮海平原和其中的海滦河平原的水分来源主要是降水，分别占总量的 70% 和 77.1%，排出的主要形式是蒸散，分别占总量的 74.3% 和 82.7%。黄淮海平原属暖温带半湿润季风区的降水 – 蒸散水均衡类型。降水 – 蒸散型的水均衡特征，决定了这个地区水运动和均衡的基本性质，是我们观察分析问题的主要依据和出发点。

---

① 花园口站 1919—1974 年的 1956 年系列。

② 包括伏羊山丘区及淮南山丘区的河南部分，1956—1979 年的平均值。

③ 利津站 21 年资料。

④ 包括废黄河滨海间，苏北灌溉总渠六朵南闸全部及三河闸的一部分此数值偏大。

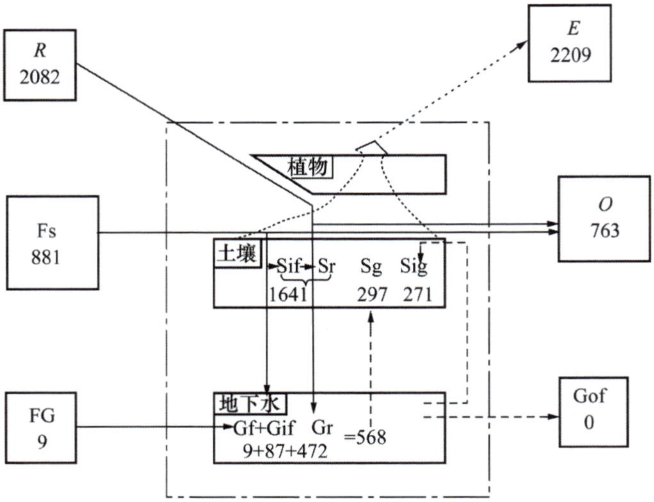

(A)

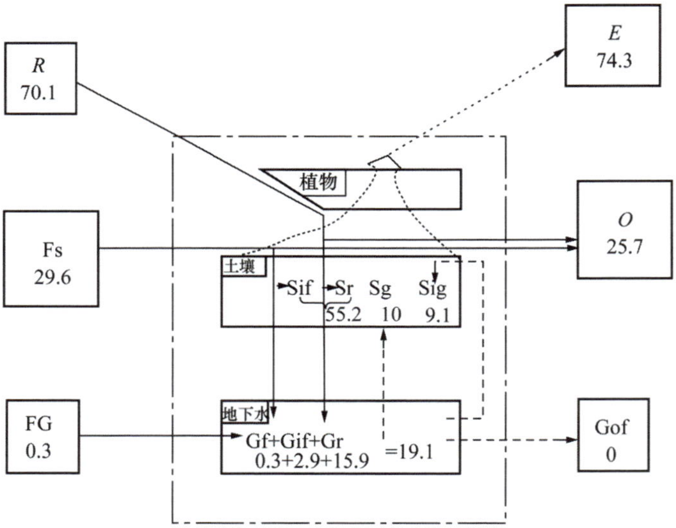

(B)

图 3　黄淮海平原水量平衡模型
（A）为水量（亿立方米）
（B）各要素水量之百分比率（%）

下面讨论三个问题。

1. **关于水蒸散量及其潜力问题**

一个地区的水资源，通常是可用于工农业生产和人民生活的那些水量，主要指地表水和可开采回补的地下水。从区域水均衡的角度分析，进入均衡区的各种水分均可看作水资源，其总和构成了天然水资源的总量，这是广义的水资源的概念。

黄淮海平原水的排出途径主要是蒸散、入海和工业生活用水三方面。入海和工业生活用水所占比例不大，有一定扩大利用的潜力。蒸散是排出的主要方式，需要做深入一步的分析。

以海滦河流域均衡区为例，天然水资源总量是亩均 492 立方米 / 年，如不计入海及工业生活用水，即参与转化和蒸散过程的水量为 407 立方米 /（亩・年）。区内耕地 11 732 万亩，土地利用系数为 0.61，实际每亩可用水量为 452 立方米 / 年（可采地下水按总面积计算）。上节提出，E_1=255 ～ 375 亿立方米 / 年，即亩均 217 ～ 320 立方米 / 年。所以，蒸散水量的有效系数为 0.48 ～ 0.71。这是生产水平低，耗水系数高，无效蒸发量大所致。另外，地下水没有充分开发也是一个原因。提高蒸散水量的有效利用率的途径包括改善田间管理（如耕作和保墒等），提高生产水平，调整作物布局和提高土地利用系数等生物性的和农业的措施以及充分开发利用浅层地下水资源等。这些措施具有耗资少，见效快的长处。

以上谈到的是对耕地蒸散水量的分析及其潜力，往往是易于为人们所忽略和不受重视的。至于非耕地上水量的有效利用问题和通过调节以减少入海水量问题后面还将谈到。

地面径流的亩均和人均占有量方面，黄河，淮河和海河流域在全国平均水平的 25% 以下，是我国水资源相当贫乏的一个地区[14]，这就更应当对水状况作全面和仔细的分析，挖掘和利用一切可能利用的水源。

当然，以上是按平均值估算的，没有考虑到自然条件和降水的地区差别和在年内年际分配上的不均性。要克服这一点，正需要在空间范围和时间上对水分进行人工调节。

2. 水循环中的地下水调节和地下水库问题

浅层地下水是黄淮海平原水资源中的重要组成部分，地下含水层是一座巨大的天然贮水库，在水循环中起着极其重要的作用。自然水资源总量的 18.8%（558 亿立方米 / 年）是以地下水的形式转化于水循环过程中的。新中国成立后国家投巨资建水库近 4 000 座，总库容约 250 亿立方米。若按设计全部蓄满水，也不及地下调蓄水量的一半。冀豫和北京市年灌溉用水 322 亿立方米，其中 62%（199 亿立方米）取自地下水。如果黄淮海平原没有，或只有一半这样的地下调蓄能力，几乎难以设想将会出现多么艰难的局面和荒凉的景观。

问题还不仅在于地下水的水量大，更重要的是它所起的调蓄作用。半湿润季风区降水集中，年变率大，因而，水量的调蓄就是个大问题。与地上水库相比，地下水不仅调蓄能力大，而且耗资小或不耗资，不占地，危险小，特别是它能适应季风区降水年变率高的特点，可以起多年调蓄的作用。1975 年以来我们多次提出了浅层地下水的开采不仅扩大了水源，而且能起防涝治碱和改造咸水的作用，它是调节黄淮海平原水分循环的中心枢纽和综合治理旱涝碱咸的关键的观点[11, 12]。

地下调蓄的潜力如何？这是人们所关心的问题。

显然，加大潜水埋深，可以多腾出地下水空间，增加降水的入渗和减少潜水蒸发，以扩大地下调蓄能力。胡学华曾对海滦河流域平原浅层地下水不同埋深的降雨入渗量和潜水蒸发量作了估算[13]，将现埋深增到二米，可增加62亿立方米的蓄量。当埋深继续加大时，可蓄水量可相应加大，但是在降水量不增加的情况下，则入渗补给地下水的水量相应减少。

吴忱提出[10]，河北平原的黑龙港地区具有良好蓄水条件的地下水库有26座，面积3 500平方公里，若将这些地区的潜水埋深增加3米，每年可多蓄水8亿立方米。据地质勘探资料[9]黄淮海平原中具有良好地下蓄水水文地质条件的有74处，面积2.76万平方公里，可蓄水98.4亿立方米。这些蓄水地段主要集中于黄河以北，可蓄水67.7亿立方米，这对解决北部地区严重缺水问题提供了有利条件。

浅层地下咸水是一项尚待开发的水源和地下调蓄区，面积为9.9万平方公里，其中地面以下即为咸水层或浅层淡水厚度＜10米的浅埋地区面积为4.7万平方公里[5]。浅埋咸水区中，低矿化（2～5克/升）浅层咸水面积为24 166平方公里，多年平均综合补给量为54.5亿立方米。低矿化咸水的利用和改造的研究工作已取得多方面的成果，它将成为黄淮海平原的一项新的水源和水循环中的一处重要调蓄场所。

浅层地下水不仅提供了大量水源，而且作为水循环的调节枢纽，对旱涝碱咸的综合治理有着极其重要的作用。当前如此，即使今后引用外来水源（如“引江”或“引黄”），更需要有这座巨大的地下水库来调蓄水量，否则，引入的大量水源在扩大灌溉的同时，因缺乏调节能力而大量补给地下水，恶化了区划水均衡状况，涝盐灾害将会日益加深和扩大。

R. P. Ambroggi根据美国、巴基斯坦、以色列、突尼斯等国的大量资料，认为人类日益认识到地下水库已成为调节区域水循环的十分重要的手段。并认为，人类面临着一个全球性问题不是淡水不足，而是没有重视地下水的使用问题[13]。

3. 水循环中的土壤调节和土壤水库问题

从水均衡模型中可以看到一个重要事实，即总水量的74%（2 209亿立方米）是以入渗—储存—蒸散的方式在土壤中完成其全部转化过程的。另有19%的水分也是通过土壤补给潜水，然后又进入土壤经蒸散（二次转化）而完成其转化过程的。也就是说，总水量的四分之三，约两千余亿立方米的水分是在土壤中进行转化的。土壤无疑是水循环中的一个最主要的场所。

前面谈到，在一定降水条件下，随着潜水埋深增加而入渗补给量相应减少，这是指补充潜水而言的，但是随着埋深加大而增加了降水入渗，使土壤贮水量增加。按水均衡观点，这只是改变量值在不同均衡要素间分配的比例，对整个水循环和调节同样是有利的。所以，在建立地下水调节和地下水库的观念的同时，也需要建立土壤调节和土壤水库的概念。

水分在土壤中的有效储量主要在萎蔫含水量和田间最大持水量之间，以 4 米土体计，最大亩蓄水能力一般为 450 ～ 550 立方米。此值近于天然进入水量的亩均数，也就是说，以四米土体大致具有存储整个进入水量的能力。当然，这只是一个理论计算值，只是说明土体对水分具有如此的存贮和调蓄能力，至于能否得到充分利用和发挥，还要决定于降水和其他水源的补给情况等多种条件。但是，足够的潜水埋深和采取减少地面径流流失，灌溉引渗等多种措施，以最大限度地增加入渗，减少入海水量，更多地把水分存储于土壤是可以大大改善水循环状况的。

土壤调节的另一方面是减少无效蒸散。海滦河平原水均衡模型中农田蒸散的有效系数仅 0.6 左右，若能提高到 0.75，就可以使约 80 亿立方米的水得到利用。这是一个相当可观的数字。目前荒废地尚多，土地利用系数仅 0.61，随着土地利用率的提高，土壤水分的利用和有效蒸散系数还可以增加。所以，减少无效蒸散和提高有效蒸散系数以增加农业生产量的潜力是很大的。调整作物种植结构，提高单位面积生产量，改进保墒技术，精耕细作以及提高土地利用系数等措施都将进一步挖掘这方面的潜力。

综上所述，在区域水循环和水均衡分析中，建立广义水资源，土壤水资源以及土壤水调节和土壤水库的概念和进行土壤水循环中入渗、转化、贮存、蒸散以及利用状况和调节管理技术方面的研究，不仅具有理论上的意义，对农业实践也会有重要的指导作用。

土壤水资源不同于地上水或地下水资源，它只能就地调节利用，变非生产性为生产性，而不能异地利用。但是，它也有其所长，它的进入和贮存不需专门投资，就是对作物的供应也是依靠土水势差，使下部的水分向上转运，也不需做专门的投能和投资。

参考文献

[1] 石元春 . 季风现象和黄淮海平原的水盐运动 .1981.12.

[2] 河北省地理研究所 . 海滦河流域降水分析 .1979.11.

[3] 胡学华 . 降低地下水位能不能减少径流增加有效降雨入渗量 .1979.4.

[4] 天津勘测设计院二总队规划室 . 海滦河流域水资源及其利用 .1979.10.

[5] 黄淮海平原旱涝盐碱综合治理区划组 . 黄淮海平原旱涝盐碱综合治理区划说明 .1981.

[6] 水利部农田灌溉研究所，河南省水利厅 . 河南省黄淮海平原旱涝碱综合治理区划（讨论稿）.1980.6.

[7] 地质部水文地质工程地质局．黄淮海平原浅层地下水补给资源分区说明书．1979.12.

[8] 地质部水文地质工程地质局．黄淮海平原的地下水资源及平原旱涝碱的科学治理．1979.

[9] 地质部水文地质工程地质局．黄淮海平原地下蓄水水文地质图说明书，1979.12.

[10] 吴忱，吴金祥．古河道与地下水库．1978.11.

[11] 华北农业大学土化系曲周基点组．运用浅井—深沟体系，综合治理旱涝碱咸．华北农业大学教育革命通讯，1975.7.

[12] 华北农大曲周基点组．旱涝盐咸综合治理的研究．土壤，1978（1）.

[13] R. P. Ambroggi. 地下水库调节水循环．Ground Water，1978，vol 3.

[14] 水利部水文局．我国的水资源问题．1980.6.

A STUDY ON THE WATER BALANCE IN

HUANG-HUAI-HAI PLAIN

Abstract　Huang-Huai-Hai Plain is one of the biggest plain and the most important agricultural regions in our country. Because of the influence of monsoonal climate, the movement of water is provided with peculiar characters-drought, water-logging, salinization of soil and mineralization of ground water. All these factors limit the develoment of agriculture seriously. The study on the water movement and balance is an important problem if we want to control them.

The first part of this paper presents the functional model for water balance and shows various factors of input, output and transformation. In terms of this functional model, water content of rainfall is about 208 billion per year, 70% of the input and the water content of evapotranspiration is 74% of the output. Water balance in Huang-Huai-Hai Plain, therefore, is rainfall- evapotranspiration type.

Some problems are discussed as follow:

1. Owing to the fact that the irrigation and cultivation are forthri-ght and the level of agricultural production is rather low, the efficiency of evapotranspiration is only 0.48－0.71. If the conditions of agricultural production can be improved, the efficiency would be raised.

2. According to the character of water circulation and balance, ground water will play an important role in water adjustment and control.

3. In the process of water transformation, 74% of the amount of water (220.9 billion) is percolated, reserved and evapotranspirated in soil. Therefore, we must pay more attention to the management of soil water.

22 黄淮海平原的水盐平衡

【写作背景】

除黄淮海平原水盐运动及其调控外，水盐平衡是《文集》作者的另一研究重点。旱涝盐碱综合治理曲周试验区积累了丰富水盐平衡研究资料，历次的研究报告及1983、1985年和1991年出版的专著中均有刊载。2013年出版的《黄淮海平原的水盐运动》书中并设专章，集其大成，以下为该章的内容。

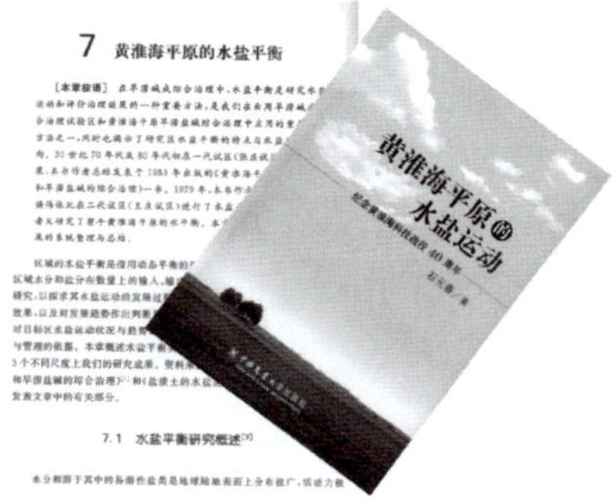

【本章按语】 在旱涝碱咸综合治理中，水盐平衡是研究水盐运动和评价治理效果的一种重要方法，是我们在曲周旱涝碱咸综合治理试验区和黄淮海平原旱涝盐碱综合治理中应用的重要研究方法之一，同时也揭示了研究区水盐平衡的特点与水盐的调节方向。20世纪70年代及80年代初在一代试区（张庄试区）的研究成果，本书作者总结发表于1983年出版的《黄淮海平原的水盐运动和旱涝盐碱的综合治理》一书。1979年，本书作者指导的研究生陈焕伟依此在二代试区（王庄试区）进行了水盐平衡研究；1982年作者又研究了整个黄淮海平原的水平衡。本章是对水盐平衡研究成果的系统整理与总结。

区域的水盐平衡是指用动态平衡的概念和方法对设定的时空范围内的区域水分和盐分在数量上的输入、输出和增减盈亏及其影响要素的分析与研究，以探求其水盐运动的发展过程及诸影响因素的作用，评价人为改良的效果，以及对发展趋势作出判断和预测。水盐平衡既是一种研究方法，又是对目标区水盐运动状况与趋势的阐述与分析，作为对目标区水盐运动调节与管理的依据。本章概述水盐平衡类型后，重点介绍了样方点、小区和大区3个不同尺度上我们的研究成果。资料来源主要是《黄淮海平原的水盐运动和旱涝盐碱的综合治理》[1]和《盐渍土的水盐运动》（1986）[2]两部专著及已发表文章中的有关部分。

22.1 水盐平衡研究概述[3]

水分和溶于其中的易溶性盐类是地球陆地表面上分布极广，活动力极强的、运动着的物质。和自然界的其他物质一样，在一定的时间和空间条件下，它的运动总是阶段性地处于一个相对稳定和平衡的状态。水盐运动是在诸自然条件和人为活动综合影响下进行的，随着影响条件的不同，水分和盐分也表现出不同的运动形式，存在着各种水盐平衡类型。

在干旱和半干旱地区，水分在其运动过程中所发生的对易溶性盐类的溶解、迁移和积聚的表生地球化学过程，强烈地影响着这一地区的成土过程和整个生态系统。农田灌溉排水工程和改良土壤等人为活动，使这个地区的水盐运动及其平衡表现得更加复杂和多样化。长期以来，土壤学、土壤改良学、地理学、地球化学等学科都十分重视对干旱半干旱地理景观及区域水盐运动与平衡方面的研究。

区域水分和盐分在平衡中的盈亏变化可以用这样一个简单的平衡式表示：

$$\Delta S = S_i - S_e \qquad (1)$$

即该地区在某一时期内水分和盐分在数量上的变化（ΔS）等于进入量（S_i）减去排出量（S_e）。若 ΔS 为正值，则为正向平衡，反映了水分和盐分的增加。若 ΔS 为负值，则为负向平衡，反映了水分和盐分的减少。

盈亏分析的上述平衡式及其概念是十分明了和简单的，但是，构成某一地区水盐平衡的各种要素却十分复杂。它要求对水分和盐分的补给来源，累积方式和排除途径等做量上的确定和质上的分析。进入项中的主要构成要素为如大气降水、地上水、灌溉水、土壤水分以及水分中所携带盐分；排出项中的主要构成要素如蒸发蒸腾、地表径流、地下径流等水分及其中所携带的盐分。从上列的水盐平衡的主要构成要素中不难看出，在某一时限（一年、数年或更长）内，该地区的进入项和排出项若大体相当，则水分和盐分处于相对稳定的状态；进入量大于排出量则意味着该地区向着渍水和土壤盐渍化的方向发展；反之，则向着脱盐方向（指盐渍地区）或干旱方向发展。分析和确定水盐运动的发展方向和趋势是在盐渍化和易盐渍化地区工作时必须首先考虑和研究解决的一个基本和重要任务。

对导致区域正向平衡和负向平衡的影响要素分析很重要。如导致正向平衡是因为进入项增加还是排出项减少？进入项和排除项中哪些要素增加和哪些要素减少？以及增减的致因。这就可以使我们对水盐运动的方向以及各个细节有一个清晰的概念，以及有针对性地提出有效和经济的解决方案。

当然，要做到这一点不容易，因为在平衡的诸构成要素中，除大气降水容易直接测定外，其他则需要搜集整理分析大量的有关资料和进行必要的专门性工作。确定这些构成要素的数值与气候条件（降水、蒸发、温度、湿度等），水文地质条件（地下水位、地下水矿化度、地下径流条件等）、土壤状况（质地、剖面构造、水分物理性质、含盐状况等），自然植被或作物生长状况以及耕作管理水平和改良措施等都有着密切的关系。

以上谈到的是水盐平衡的概念，其中包括水分平衡和盐分平衡两个方面，二者既要分别加以研究和处理，但又是相互依赖和联系的。从总的方面看，盐分运动的主要载体是水分，所以盐分平衡状况主要取决于该地区的水分平衡状况，但是，在某些情况下，水分平衡是在盐分平衡的影响下形成的（A.T. 莫洛佐夫，1954）[4]，如土壤盐渍化程度的增强往往导致蒸发和蒸腾的降低，在农田中则必须供水冲洗和改良，这都使得水平衡中的进入项增加。

水盐平衡研究已有半个多世纪。在 20 世纪 30 年代，E.P. 格拉西莫夫根据苏联的自然地带的特点，从地理学的角度提出了水盐平衡类型的概念。在此期间，美国的 K. 史柯菲尔德在美国的亚利桑那、得克萨斯地区对盐分平衡进行了长期的专门性的研究。40 年代后期，B.A. 科夫达系统搜集和分析了苏联中亚一带的土壤盐分平衡方面的某些典型资料，提出了土壤盐分平衡类型划分的意见和研究方法[5]。60 年代以来，盐渍土改良和水利工作者日益重视水盐平衡的研究，如用水盐平衡的方法研究土壤的盐动态，预防灌区土壤次生盐渍化中需水量的计算以及水盐运动的预测预报等。

水盐平衡的研究在我国开展得比较晚，20 世纪 50 年代以后，水文地质工作者在北京和石家庄等地设置了水均衡试验场，进行了水量平衡的观察。水利工作者结合灌区设计，进行了一些区域性水量平衡的研究。如黑龙江省水利勘测设计院为“引嫩”工程设计而进行的水量平衡的研究在这方面提供了很好的经验[6]。

我们是 1973 年开始在河北曲周旱涝盐碱综合治理试验区，结合季风气候影响下盐渍土水盐运动研究进行区域水盐平衡研究的。着重于观察半湿润季风区水盐运动及其平衡特点，同时，观察和分析在综合治理过程中的水盐平衡状况，评价综合治理的效果[7]。

在季风气候影响下的黄淮海平原，水分和盐分的运动十分频繁，变幅很大，季节性强。在春秋少雨季节里，水盐运动的主要方向和形式是水分强烈蒸散和土壤下部盐分向上层转移积聚以及地下水矿质化过程。在多雨的夏季，水盐运动的主要方向和形式是雨水入渗并携带土壤上层盐分，向土壤下层和地下水转移和补充的过程。由于地形高低起伏导致雨水在水平方向上的再分配，使区域水盐下行运动的同时也发生了水平方向的分异，特别是低地的雨涝渍水。在冬季里，水盐运动主要以潜水径流的方式进行，土壤中的水盐运动比较微弱。水分和盐分正是这样周而复始、年复一年地运动着。在影响条件相对稳定的情况下，这种水盐运动形势也处于相对平衡的状态。这就是季风气候等自然条件综合影响下的黄淮海平原的水盐运动及其平衡的一个基本轮廓。

气候和地质等自然条件及其对区域水盐运动的影响，一般保持着相对的稳定或表现为周期性变化。但对于一个具体地区，人为活动，特别是现代的灌溉排水或土壤改良工程，往往深刻地影响着这个地区的水盐运动，以致打破原来的平衡类型，产生一个新的平衡类型。这个新的平衡类型可以变得更加有利于农业生产和人类生活，也可能向着恶化的方向发展。近 30 年来黄淮海平原上的大量事实不是已经说明了这个客观的规律性吗？我们的任务正是去认识这个水盐运动的规律性和水盐平衡的特点，并通过改变和创造某些条件，使水盐运动向着有利于人类的方向发展，使原来不利的水盐平衡类型转化为新的有利于人类的平衡类型。

22.2 水盐平衡类型[8]

水盐平衡是客观存在的一种十分复杂的自然现象，它受各种自然因素和人为因素（主要是灌溉和排水）的影响，并随着空间和时间条件的不同而不同。所以，将它们区分成不同的类型，也是个相当复杂的问题。我们应当承认，在这方面所累积的资料和研究的程度都不能认为是丰富和充分的。当前，水盐平衡类型的研究大多还是概念性和定性的。

E.P. 格拉西莫夫，B.A. 科夫达，A.T. 莫罗佐夫，C.V. 范登伯格，W.C. 威舍等都曾对此提出过有关著作、文章和见解。与任何事物和现象一样，水盐平衡也是在人们对它认识的基础上，从不同的角度和不同的目的要求来对它进行区分的。石元春（1983）提出了一般可按自然地理条件、平衡状况以及研究目标的三种视角划分水盐平衡类型[8]。

22.2.1 根据自然地理条件划分水盐平衡类型

从大的自然地理区和景观类型上来研究和划分水盐平衡类型是十分重要的，它可以帮助我们认识某一地区水盐运动的基本特性与一般规律。尽管人为的灌溉排水，特别是大型的排灌工程会对某一地区的水盐平衡发生重大影响，但是从整体上看，这种影响必然也只能是在一定的自然地理条件的背景下发挥作用的。气候、地貌、水文和水文地质等自然因素仍然深刻地影响着这个地区的水盐运动。自然的和人为的因素总是综合地影响着区域的水盐运动和平衡。

E.P. 格拉西莫夫和 E.H. 伊凡诺娃曾根据苏联的地理特点，区分为 3 种地理上的水盐平衡类型：干旱的盐分平衡、特别干旱的盐分平衡和湿润的盐分平衡，并根据积水与否区分亚类。

我国除南方地区因受湿润气候影响，易溶性盐分在土壤及地下水中呈稳定的排除状况外，自秦岭淮河以北的北方地区和青藏高原均为干旱半干旱或半湿润季风气候，易溶性盐类在土壤和地下水中均有显著的转移—积聚过程。在这辽阔的地域里，自然条件变化很大，既有自北而南的不同的自然地理带，也有自东而西的明显的相性分异。从受季风气候强烈影响的渤海之滨向西延伸到表现为强烈大陆性气候的欧亚大陆腹地；从现今仍受海水直接影响的滨海盐土，直到海拔4 000 m以上的青藏高原，这种自然地带和景观类型上的巨大差异和演化，也必将强烈地反映在水盐平衡的特征上。

中国北方地区和青藏高原水盐平衡的自然地理带类型主要为：

- 半湿润季风区水盐平衡类型

此种平衡类型的气候特征是降水量较高（500 ～ 1 000 mm），但是在季风气候的强烈影响下，降水十分集中，干湿季分明，水盐运动表现为蒸发—积盐过程与入渗—排盐过程在一年中的交替进行。水盐运动的变幅大，频率高和季节性强是这种水盐平衡类型的基本特点。同时，易溶性盐分在土壤和潜水中频繁交换和转移，使土壤的盐化和地下水的矿化成为密不可分的一个现象的两个方面。春季干旱、夏季雨涝、土壤积盐以及地下水矿化四者间在发生和治理上也密切相关，构成一个有机的整体。

这种水盐平衡类型可以继续区分为以下 4 个亚型：①温带半干旱半湿润季风区水盐平衡亚型（主要为东北平原和呼伦贝尔地区）；②温带半湿润季风区水盐平衡亚型（黄河两岸和海滦河平原）；③暖温带半湿润季风区水盐平衡亚型（淮北平原）；④滨海平原亚型（渤海及黄海的滨海平原）。这 4 种亚型的水盐平衡各具特色，但基本特征是共同的。

- 干旱半干旱内陆地区水盐平衡类型

这种平衡类型主要存在于阴山南麓，祁连山北麓以及天山南北的塔里木盆地和准格尔盆地。随着向内陆伸展，季风气候的影响减弱，降水量逐渐减少（年降水量多低于 300 mm），干燥度增大。水分和盐分的垂直方向上的蒸发—积盐成为这种平衡类型的主要运动形式。易溶性盐类不仅在土壤上层强烈积聚，而且积盐深度也大；不仅有氯化物和硫酸盐的积聚，而且存在着标志极端干旱的硝酸盐的积聚；不仅土壤积盐，地下水的矿化度也很高。由于地质上的原因，这些地区的广大的山前冲积平原上存在着大面积的残积盐化的土壤，地下水埋深多在 10 m 或 20 m 以下。若垦殖不当，特别是过量水的冲洗和灌溉常使地下水位逐年上升，一旦达临界水位以上，即会爆发强烈的土壤次生盐化。

此类型可分两个亚型：半干旱内陆区水盐平衡亚型（主要在阴山山脉南麓）和干旱内陆区水盐平衡亚型（主要在祁连山北麓和天山南北的塔里木盆地和准噶尔盆地）。

- 干旱半干旱高寒区水盐平衡类型

这种平衡类型主要出现在青藏高原。降水量极少（大多少于 200 mm），干燥度很大，年平均气温在 0 ～ 4℃，气候严寒。水盐运动的主要形式是蒸发—积盐过程，而入渗淋盐过程极其微弱。由于一年中大部分时间土壤处于冻结状态，蒸发—积盐过程主要在夏季进行。水盐运动无明显季节变化。水盐平衡的形式多与内陆集水盆地和盐湖的发展有着密切联系。此类型含干旱高寒区水盐平衡亚型（柴达木盆地、羌塘高原大部）和半干旱高寒区水盐平衡亚型（藏南雅鲁藏布江流域及羌塘高原东南部）。

22.2.2 根据平衡状况和产生原因划分水盐平衡类型

根据自然地理条件来研究和区分水盐平衡类型，使我们能够了解和认识到不同自然条件下水盐运动及其平衡的特点和一般规律性，乃整个水盐平衡研究工作的基础。同时对不同水盐平衡状况的产生原因作出判断，这是水盐平衡研究的重要内容。B.A. 科夫达等 1973 年从总的概念方面提出了划分水盐平衡类型的意见[9]。对于认识和分析不同条件下的水盐平衡的特点是很有帮助的。他分别对地下水平衡类型以及土壤（和区域）的盐量平衡类型进行了划分。地下水的平衡划分为如下 3 种主要形式：

- 稳定补偿型：入流相和出流相等；
- 不稳定的正向非补偿型：入流超过出流；
- 不稳定的负向非补偿型：入流少于出流。

表 1 是 B.A. 科夫达对苏联灌溉地带的地下水平衡类型的划分。

表 1　苏联灌溉地带地下水状况的主要类型（B.A. 科夫达）[5]

水盐平衡类型	水盐平衡亚型	盐分积累过程和方向
（a）稳定补偿型（原生的和次生的）	（1）地下水出流补偿亚型	脱盐过程，次生盐化的危险性不大
	（2）地下水出流和蒸腾补偿亚型	脱盐过程；$CaCO_3$ 和 $CaSO_4$ 在底土累积；偶尔会发生次生盐渍化
	（3）地下水出流蒸腾蒸发补偿亚型	Na_2CO_3 和 Na_2SO_4 稍有积聚；如耕作粗放，也能强烈积聚
	（4）蒸腾蒸发补偿亚型	
	（5）蒸发补偿亚型	强烈盐化，大量积累 NaCl、$MgCl_2$、$MgSO_4$、Na_2SO_4
（b）不稳定非补偿（+）型	（1）地下水补给增加的非补偿亚型	当地下水达到临界深度、盐渍化过程强烈进行，有时还有渍水
	（2）地下水出流减少的非补偿亚型	

续表 1

水盐平衡类型	水盐平衡亚型	盐分积累过程和方向
（c）不稳定非补偿（–）型	（1）补给减少的非补偿亚型	随着地下水接近和超过临界深度，盐渍化增强，地下水低于临界深度，则进行脱盐作用
	（2）出流增加的非补偿亚型	随着地下水位的逐渐下降而脱盐

在盐化和易盐化地区，地下水状况（特别是地下水位）是观察和分析该地区水盐运动方向及其平衡的重要标志。以上三种平衡类型基本上说明了原生和次生盐化（或沼泽化）的主要过程。入流和出流大体相当的稳定补偿型的主要特征，是地下水贮量和水位在多年内保持相对稳定。但是，出流项中各均衡要素之间的比例以及他们之间的消长关系，对该地区的水盐状况的影响极大。因此，按出流项目中地下径流、蒸腾、蒸发三者之间的消长和比例关系，可将此稳定补偿型继续区分为五个不同的亚型。

不稳定的正向的非补偿类型，标志着地下水贮量和水位的持续增长的过程。反之，不稳定的负向的非补偿类型，反映了地下水贮量和水位的持续下降的过程。无论是正向的或是负向的非补偿型水分平衡，都可以从平衡式的左端进入部分和右端排出部分的增减，找到不稳定的产生原因，并据此区分亚型。这对我们分析和确定一个地区水盐运动的发展方向及其产生原因大有帮助。如果进一步从入流部分和出流部分中找出各要素的变化及其相关关系，这就使我们在这个复杂的自然现象中，能够清楚地判断出问题的性质，产生的具体原因和寻求满意的解决办法。

22.2.3 根据研究目的和地区范围划分水盐平衡类型

在实际工作中，水盐平衡的研究往往是用来了解某一地区水盐运动和水盐平衡的特点、状况和存在问题；或是为某项灌溉或排水工程的设计或改建提供理论根据和有关参数；或是审察某项已实施工程的实际效果等，所以，水盐平衡的研究总是离不开它的具体目标和工作范围的。一般情况下，有如下一些方面的水盐平衡研究：

- 样方点的水盐平衡；
- 地块的或小区的水盐平衡；
- 大区的或流域的水盐平衡。

样方点的水盐平衡是对小范围内的某种土壤的水盐平衡状况进行观察和分析，了解其水盐运动的特点和对改良措施作出评价。地块或区域的水盐平衡研究，多用于对某一灌溉排水或治理工程的设计，提供理论根据和有关参数，同时也可以分析工程实施后的效果。大区的或流域的水盐平衡的研究，主要是针对大范围内水盐平衡的特点和现状，进行考察和分析，为大区或流域内水盐平衡状况的改善提供战略性的建议和措施。

工作范围的大小常常是和实际工作目的联系在一起的。从样方点的水盐平衡到地块或区域的水盐平衡，进而到大区或流域的水盐平衡，随着工作范围的扩大，研究的目的和要求也有着相应的变化，研究中所采取的工作方法和手段也有所不同。

我们的研究区域是黄淮海平原，目的是综合治理旱涝碱咸，因此我们的水盐平衡类型的研究正是按照这个目标，沿着样方点、地块（小区）和流域的水盐平衡类型的路径进行的。以下各节将分别阐述这 3 种水盐平衡类型研究的成果，并列举一些实例加以说明。

22.3 样方点的水盐平衡[10]

样方点是最小尺度的水盐平衡观察研究，一般是针对某种具体需要而设置的，面积在数平方米到数十平方米，观察某一时段内土壤或地下水的水盐动态和平衡分析。宁夏灵武农场（1957）和洛惠渠灌区（1958）等都曾有过土壤盐量平衡研究的报道[11]。苏联的戈洛德草原和北高加索等地也报道了这方面的资料（1939、1946）[5]。我们在曲周试验区所进行旱涝碱咸综合治理试验中广泛地应用了样方点的水盐平衡观测对比研究。研究的目的是观察和分析在调节水盐运动，综合治理旱涝碱咸的过程中，试验区内，不同改良条件下的土壤盐分平衡状况。

在土壤盐分平衡的研究中，我们着重观察分析的土层是 0 ～ 40 cm 和 0 ～ 200 cm。前者是作物主要根系活动层，对作物的生长有着直接的影响，是盐渍土改良中首先要解决的对象。后者的盐分状况将反映改良工作的程度。因为尽管 0 ～ 40 cm 土层的脱盐较好，达到作物能够正常生长的要求，但是，盐分仍存积在 0 ～ 40 cm 以下的不深的土体内，盐化威胁仍在。如两米土体盐分达到了改良要求，则有了比较巩固的改良基础。

土壤盐分以绝对含量 t/ 亩来表示。考虑到一般作物生长前期的耐盐能力，我们将改良的一般指标（指春季土壤含盐）定在：

0 ～ 40 cm 土层≤ 0.7 t/ 亩 （≤土壤含盐量 0.2%）

0 ～ 200 cm 土层≤ 3.0 t/ 亩

土壤盐分平衡的时限以周年为主，但是鉴于季风气候下盐渍土水盐动态具有鲜明的积盐，脱盐和相对稳定的分阶段现象，因此在周年和多年盐分平衡中，将每年的积盐阶段和脱盐阶段分别处理。某年的旱季积盐阶段，包括头年雨季结束后到本年雨季到来前的整个时段，即包括了春季和秋季积盐时期以及冬季和初夏的相对稳定时期。雨季脱盐阶段则是按当年雨季到来前和结束时土壤盐分进行平衡计算的。

土壤水盐平衡要素的入量中主要包括大气降水（R）、灌溉水（I）、施肥（F）和地下水（C）4 个方面；出量中主要包括蒸发 – 蒸腾（E）、淋滤（P）和作物收获所携出的盐分（T）。土壤盐分的平衡式一般可列为：

$$R \cdot S_R+I \cdot S_I+C \cdot S_C+F \cdot S_F=E \cdot S_E+P \cdot S_P+T \cdot S_T+\Delta S \tag{2}$$

式中：S 代表该进入或排出要素的含盐浓度。如 $P \cdot S_P$ 即表示淋滤的水量乘以该淋滤水的含盐浓度。

假设式中降水及蒸发水分的含盐量接近于零（$R \cdot S_R \approx 0$ 和 $E \cdot S_E \approx 0$）。另外，施用肥料携入的盐分和作物体携出的盐分量甚少，可假定二者相等（$F \cdot S_F \approx T \cdot S_R$）。因此式（7.2）可简化为：

$$I \cdot S_I+C \cdot S_C=PS_P+\Delta S \tag{3}$$

在地下水参与成土过程和水盐平衡的条件下，式中 $P \cdot S_P$ 和 $C \cdot S_C$ 是分析盐平衡的重要因素。在人为调控水盐运动过程中，主要也是通过影响 $P \cdot S_P$ 值和 $C \cdot S_C$ 值以改变土壤盐平衡状况的。二者的消长情况代表了土壤的盐分平衡状况。因此，式（3）可改写为：

$$\Delta S-I \cdot S_I=C \cdot S_C-P \cdot S_P$$

如以

$$C \cdot S_C-P \cdot S_P=\Delta G$$

则

$$\Delta G=\Delta S-I \cdot S_I \tag{4}$$

或

$$\Delta S=\Delta G+I \cdot S_I \tag{5}$$

式中：ΔG 为正值时，即 $C \cdot S_C > P \cdot S_P$，显示积盐过程；$\Delta G$ 为负值时，即 $C \cdot S_C < P \cdot S_P$，显示脱盐过程。以上各式中的单位为 t/ 亩，即指某一平衡期中某一厚度土层之盐量。

根据改良条件（如距浅井的远近、灌溉和冲洗的次数及水量等）和管理水平（土地平整、施肥、耕作管理等），试验区内有如下 4 种代表性的样方盐分平衡类型：

——样方盐分平衡Ⅰ：改良条件好，管理水平高；

——样方盐分平衡Ⅱ：改良条件好，管理水平一般；

——样方盐分平衡Ⅲ：改良条件和管理水平都一般；

——样方盐分平衡Ⅳ：改良条件好，改良的盐荒地。

以下分别对这 4 种样方盐平衡类型加以说明。a 表示平衡期初始的土壤盐量，b 代表平衡期末的土壤盐量，ΔS 代表平衡期始末的土壤盐平衡差（a–b）。旱季期末盐量即当年雨季的期始盐量。

样方点盐平衡Ⅰ：

定位观测点设在距 205 号抽水井约 40 m 的一块由中度盐化土壤经初步改良后种菜的地块，代号为“E_6”。该地块土地平整标准高，施肥量大，耕作管理精细。1975 年冬和 1977 年早春进行过压盐灌溉，其他时间为一般菜地上进行的常量灌溉。年总灌水量为 350 ～ 400 m^3/ 亩。样方盐分平衡Ⅰ的观测与计算资料列入表 2。

表 2　土壤盐分平衡Ⅰ（1974.9—1977.9）　　t/ 亩

平衡期	土层 / cm	旱季				雨季			全平衡期		说明
		a	*b*	Δ*S*	Δ*S*/%	*b*	Δ*S*	Δ*S*/%	Δ*S*	Δ*S*/%	
1974.9—1975.9	0 ～ 40	2.06	1.96	0.10	4.9	1.37	0.59	30.1	0.69	33.5	冬季压盐灌溉，春菜地，*Q*=340
	0 ～ 200	9.99	7.85	2.14	21.4	5.78	2.07	26.4	4.21	42.1	
1975.9—1976.9	0 ～ 40	1.37	1.18	0.19	13.9	0.99	0.19	16.1	0.38	27.7	菜地，*Q*=400
	0 ～ 200	5.78	5.57	0.21	3.6	4.67	0.90	16.2	1.11	19.2	
1976.9—1977.9	0 ～ 40	0.99	0.67	0.32	32.3	0.40	0.27	40.3	0.59	59.6	早春压盐灌溉，*Q*=340
	0 ～ 200	4.67	4.08	0.59	12.6	3.70	0.38	9.3	0.97	20.8	
1974.9—1977.9	0 ～ 40			0.61	29.6		1.05	51	1.66	80.6	
	0 ～ 200			2.94	29.4		3.35	33.5	6.29	63.0	

注：*a*. 初始值，*b*. 期末值，ΔS=a–b，ΔS（%），脱盐率（%）[每年旱季以 *a* 为基数计算，雨季以旱季期末 *b* 为基数计算；三年各季的 ΔS,（%）均以第一年的 *a* 值为基数计算]；*Q*. 灌溉量（m^3/ 亩）；表 3 至表 5 同此。

表2中可以看到盐分平衡Ⅰ的明显脱盐趋势。1974—1977年的3年中，0～40 cm 土层的盐量由 2.06 t/ 亩下降到 0.4 t/ 亩，盐分排除率达 80.6%，由中度盐化土壤改良为非盐化土壤。两米土体盐量也由 9.99 t/ 亩降为 3.70 t/ 亩，盐分排除率 63%。在 1974—1977 年的分年的周年平衡中，以 1974—1975 年的排盐量最大，以后两年的两米土体的排盐率都在 20%左右。盐分平衡中的另一个重要特点是 3 年的旱季均进行脱盐过程，除 1975—1976 年外，旱季两米土体的排盐率也较高。

样方点盐平衡Ⅰ的资料给我们一个重要启示，只要将地下水位控制起来，并加以一般的灌溉压盐（年总灌水量 350 ～ 400 m^3/ 亩）和精细的农业管理措施，中度盐化土壤是可以在一两年内得到相当好改良效果的。

样方点盐平衡Ⅱ：

改良条件好，但管理水平一般的土壤盐平衡点设在一块距抽水井约 50 m 的大田里，为小麦—玉米（高粱）一年两作。土地平整，施肥耕作等管理措施属一般水平，但灌溉条件较好，每年冬季有一次压盐灌溉（Q > 80 m^3/ 亩），麦田灌水 3 ～ 4 次，年总灌水量在 250 m^3/ 亩左右。样方盐分平衡Ⅱ的观测和计算资料列入表 3。

样方盐平衡Ⅱ同样显示了迅速脱盐的趋势，3年的全平衡期中，上层和两米土体的排盐率都在50%以上。它与土壤盐平衡Ⅰ的主要差别在于3个周年的年平衡期里的旱季均有轻微积盐，积盐率为6%～13%。因为大田里灌溉次数和灌溉总量均不如菜地。在3个年平衡期里，仍以1974年9月至1975年9月的排盐率最高，两米土体排盐1.71 t/亩。1976年9月至1977年9月的排盐情况最差，这和整个水盐运动调控试验区中水盐状况有关。试验初期的轻盐化土壤经一年的水盐调控和其他改良措施，上部土层开始变为非盐化土。到1977年，上层及两米土体均达到了非盐化土壤的盐储量指标。

样方点盐平衡Ⅲ：

改良条件和管理水平均为一般的定位点（"X_7"）设在一块小麦—夏玉米（高粱）一年两作的大田里，距抽水井约150 m。因距深井近，灌溉条件较好，年总灌溉量约250 m^3/亩。施肥和耕作水平一般。从3年的全平衡期看，上层及两米土体的排盐率分别为35.2%和27.2%，虽明显脱盐，但在程度上显然不如前两种类型。特别是旱季积盐率在10%以上，且3个年平衡期中，有两年是上层积盐。在3年全平衡期中上层土壤的盐量由0.71 t/亩下降到0.46 t/亩，由轻盐化发展为非盐化土壤，两米土体盐量稍高于非盐化土壤的指标。样方盐分平衡Ⅲ的观测和计算资料列入表4。

定位点"X_1"的其他条件和"X_7"相似，但灌溉条件差，1974年和1975年种棉花，仅有一次灌溉和冬白地的压盐灌溉。在这种改良和管理条件较差的情况下，3年的全平衡期内，两米土体排盐率仅4.5%左右，上层尚有积盐。雨季的脱盐率和"X_7"相近，但旱季的积盐率较"X_7"为高。3年的全平衡期中，1974年9月至1975年9月的排盐状况最好，1976年9月至1977年9月最差。

样方点盐分平衡Ⅳ：

这种类型是指改良条件好，以压盐灌溉方式改良的盐荒地或枸杞地的土壤盐分平衡。在5 040亩的土壤水盐运动调控试验区内，有盐土荒地1 200多亩，枸杞地400余亩，二者约占总面积的1/3，是综合治理的重要对象。下面以张庄大队西南约300亩连片的枸杞地中的定位点"E_7"的资料说明这种改良类型的盐分平衡状况。E_7距305号抽水井的距离是50 m。改良方式除以浅井调控潜水位，以调动水盐运动外，主要是进行了多次压盐灌溉，其中包括淡水和浅井抽出的咸水，3年累计灌溉压盐水量约700 m^3/亩。

3年的全平衡期中，"E_7"的两米土体排盐率为51.7%，上层达78.7%。这种类型的总排盐量很大，分别为8.57 t/亩和4.58 t/亩。旱季里，除1976年9月至1977年9月的年平衡期表现积盐外，其他两年均为脱盐。雨季的脱盐率一般较高，与距抽水井近，潜水位较深有关。这种土壤盐平衡类型的排盐量和脱盐深度较大，土体盐分的排除状况是好的。但是，由于原始含盐量高，虽经初步改良，上层及两米土体尚未达到非盐化土壤的指标。样方盐分平衡Ⅳ的观测和计算资料见表5。

表 3　样方点盐分平衡 Ⅱ（1974.9—1977.9）

t/ 亩

平衡期	土层 /cm	旱季				雨季			全平衡期		说明
		a	*b*	Δ*S*	Δ*S*/%	*b*	Δ*S*	Δ*S*/%	Δ*S*	Δ*S*/%	
1974.9—1975.9	0～40	1.26	0.87	0.39	31.0	0.30	0.57	65.5	0.96	76.2	小麦—高粱，灌溉 3 次，压盐 1 次，*Q*=250
	0～200	4.94	5.41	−0.47	−9.5	3.23	2.18	40.3	1.71	34.6	
1975.9—1976.9	0～40	0.30	0.34	−0.04	−13.3	0.36	−0.02	−5.9	−0.06	−20.0	小麦—夏玉米灌溉 4 次
	0～200	3.23	3.53	−0.30	−9.3	2.41	1.12	31.7	0.82	25.4	
1976.9—1977.9	0～40	0.36	0.38	−0.02	−5.6	0.32	0.06	15.8	0.04	11.1	小麦—玉米，灌溉 4 次，*Q*=200
	0～200	2.41	2.64	−0.23	−9.5	2.36	0.28	10.6	0.05	2.07	
1974.9—1977.9	0～40			0.33	26.2		0.61	48.4	0.94	74.6	
	0～200			−1.00	−20.2		3.58	72.4	2.58	52.2	

表 4 样方点盐平衡Ⅲ (1974.9—1977.9)

t/ 亩

平衡期	土层 /cm	旱季				雨季			全平衡期		说明
		a	*b*	Δ*S*	Δ*S*/%	*b*	Δ*S*	Δ*S*/%	Δ*S*	Δ*S*/%	
定位点"X_7"											
1974.9—1975.9	0 ~ 40	0.71	0.48	0.23	32.4	0.32	0.16	33.3	0.39	55.0	小麦—高粱，*Q*=250
	0 ~ 200	5.23	5.88	−0.65	−12.4	4.79	1.09	18.5	0.44	8.4	
1975.9—1976.9	0 ~ 40	0.32	0.62	−0.30	−93.8	0.38	0.24	38.7	−0.06	−18.8	小麦—夏玉米，*Q*=250
	0 ~ 200	4.97	5.55	−0.76	−15.9	4.24	1.31	23.6	0.55	11.5	
1976.9—1977.9	0 ~ 40	0.38	0.66	−0.28	−73.7	0.46	0.20	30.3	−0.08	−21.1	小麦—夏玉米，*Q*=200
	0 ~ 200	4.24	4.48	−0.24	−5.7	3.78	0.70	15.6	0.46	10.8	
1974.9—1977.9	0 ~ 40			−0.35	−49.3		0.6	84.5	0.25	35.2	
	0 ~ 200			−1.65	−31.5		3.1	59.3	1.45	27.7	
定位点"X_1"											
1974.9—1975.9	0 ~ 40	0.68	0.69	−0.01	−1.5	0.42	0.27	39.1	0.26	38.2	棉花冬白地压盐灌溉，*Q*=140
	0 ~ 200	5.82	6.16	−0.34	5.8	4.04	2.12	34.4	1.78	30.6	
1975.9—1976.9	0 ~ 40	0.42	0.66	−0.24	57.2	0.48	0.18	27.3	−0.06	−14.3	棉花，*Q*=40
	0 ~ 200	4.04	6.03	−1.99	−49.3	4.65	1.38	22.9	−0.61	−15.1	
1976.9—1977.9	0 ~ 40	0.48	0.89	−0.41	−85.4	0.91	−0.02	−2.3	−0.43	−89.6	小麦—夏玉米，*Q*=150
	0 ~ 200	4.65	5.81	−1.16	−24.9	5.56	0.25	4.3	−0.91	−19.6	
1974.9—1977.9	0 ~ 40			−0.66	−97.0		0.43	63.2	−0.23	−33.8	
	0 ~ 200			−3.49	−59.9		3.75	64.4	0.26	4.5	

表 5　样方点盐平衡Ⅳ (1974.9—1977.9)

t/ 亩

平衡期	土层 /cm	旱季				雨季			全平衡期		说明
		a	b	ΔS	ΔS/%	b	ΔS	ΔS/%	ΔS	ΔS/%	
1974.9—1975.9	0 ~ 40	5.82	5.39	0.43	7.4	2.65	2.74	50.8	3.17	54.5	枸杞地，压盐灌溉 3 次 Q=280
	0 ~ 200	16.57	13.83	2.74	16.5	8.57	5.26	38.0	8.00	48.3	
1975.9—1976.9	0 ~ 40	2.65	2.59	0.06	2.3	1.57	1.02	39.4	1.08	40.8	枸杞地，压盐灌溉 3 次 Q=280
	0 ~ 200	8.57	8.10	0.47	5.5	6.27	1.83	22.6	2.30	26.8	
1976.9—1977.9	0 ~ 40	1.57	3.20	−1.63	−103.8	1.24	1.96	61.3	0.33	21.0	枸杞地，春灌压盐 1 次 Q=100
	0 ~ 200	6.27	8.84	−2.57	−41.0	8.00	0.84	9.5	−1.73	−27.6	
1974.9—1977.9	0 ~ 40			−1.14	−19.6		5.72	98.3	4.58	78.7	
	0 ~ 200			0.64	3.9		7.93	47.8	8.57	51.7	

根据对改良条件和管理水平不同的四种土壤进行的样方点盐平衡分析，我们可以得到如下一些看法：

①曲周试验区 1974—1977 年间的盐渍土改良试验中，在不同的改良条件和管理水平下，表现出盐分运动明显地向着脱盐改良的方向发展。这种趋势既表现在土壤上层，也表现在两米土体；既表现在雨季脱盐，也表现在某些类型的旱季脱盐或不积盐。改良的总体效果显著。

②改良条件和管理水平不同，使盐平衡状况产生很大差异。两米土体排盐率高者可达 70%（样方盐平衡Ⅰ、Ⅱ），低者仅 7%～30%（样方盐平衡Ⅲ）。这种差异说明了改良和管理措施的重要性和在改良效果和速度上存在的很大潜力。

③改良条件中，井距是一个重要因素，也就是改良初期加大地下水降深很重要。从另一方面也说明了该试验区在改良初期利用浅机井调控地下水位具有普遍意义。不同地块距井的远近不同，但是，根据改良需要，及时加大地下水降深是可以做得到的。至于灌溉压盐和提高管理水平更是事在人为。

④从样方点盐分平衡Ⅳ的资料中可以看出，对于那些原始含盐量高的盐渍化土壤，如盐荒地、枸杞地和耕地中的重盐化土壤，除上述一般改良措施和提高管理水平外，进行人工冲洗可以加快其改良进度。

22.4 地块和小区的水盐平衡[12]

地块水盐平衡是指面积在数十亩到数千亩，周边有灌排沟渠等水利工程设施分隔，水盐运动相对独立的地块进行水盐平衡的观测研究。小区水盐平衡则是在更大的范围，如某种地貌部位或景观类型；准备进行设计施工或改建的某项灌溉排水或改土工程地区进行水盐平衡研究。通过对地块或小区水盐平衡研究，以了解其水盐运动与平衡状况及存在问题；也可以为工程设计提出改善这个区域水盐运动状况的方向与途径；还可以对已实施工程的效果作出评价。地块及小区的水盐平衡研究具有重要理论与实践意义。

在一个地块和小区内，水分和盐分的运动及其平衡主要是在土体及地下水中进行的。反之，土体和地下水的水盐状况及其发展演变过程总是真实地反映和“记载”了这个地区的水盐运动及其平衡状况。在地下水参与土壤蒸发蒸腾和积盐过程的情况下，土体和地下水中的水盐运动是一个统一的整体。但是，在水盐平衡的研究中通常是把土区和地下水区（主要是潜水）分别进行处理和计算的。然后再联系起来对整个地块或区域的水盐平衡进行评价。

22.4.1 土区的水盐平衡

土区水量平衡的进入项中包括降水量（R）、灌溉水量（I）和地下水上升到土层的毛管上升水量（C）。地下水埋藏较深的高亢地的 C 值很小或可忽略不计。排出项中包括蒸发蒸腾水量（E）和渗漏水量（P）。

土区水量平衡的一般式可列为：

$$I+R+C=E+P+\Delta M \tag{6}$$

式中：ΔM 为平衡期始末土壤水量的差值。

式中 I 值和 R 值是比较容易直接测得的。E 值可以间接地采用勃兰里－克里德尔法或彭门法对气象资料进行计算而得。M 值的取得在方法上不难，但工作量大，如果将平衡期的始末选在土壤含水量相近的时候，即可设 $\Delta M \backsimeq 0$。

一般情况下，取得满意的 C 值不容易。威斯林（Wesseling，1957）、加德勒（Gardner，1950）和柯夫达（Kovda，1961）等的研究，提供了不同质地土壤中最大毛管上升水量与地下水埋深的关系的资料（表 6）[9]。尽管这些数值比较粗略，实际情况又很复杂，但是取得一个近似值也是很有用处的。

表 6　土壤毛管上升水量与地下水埋深的关系[9]　　mm/d

地下水埋深 /cm	黏壤土和黏土	壤土	沙壤土	中粗沙
25	10	高	很高	10
40	4	10	很高	2.5
50	2.5	3	高	1.0
75	1	1	高	0.5
100	0.5	—	10	0.2
150	0.2	—	1 ～ 4	—
200	—	—	0.5 ～ 1	—

具有重要实际意义的是 P 值的确定。在地下水埋藏较深的情况下，确定 P 值既要考虑土壤上层的淋洗需要量，又要尽量避免和减少渗漏水所造成的地下水位的上升。在地下水埋藏较浅的情况下，P 值的确定更加重要，它不仅与淋洗需要量及地下水位的抬高有关，而且直接涉及排水工程的设计。

以上分别讨论了水量平衡的进入项和出流项中各个要素。需要强调的是诸要素间是相互联系和制约的，不能孤立地去考虑和确定某个要素的具体指标，例如 P 值就直接和 I 值有关，一定要联系起来考虑。另外，在盐渍土地区 P 值的确定和盐分的淋洗需要量是分不开的，所以必须与盐量平衡结合起来。

盐分主要是随着水分的运动而运动的，一般情况下，盐量的平衡式可以用水量平衡式中各要素乘上各自的含盐浓度，即：

$$R \cdot S_{R+I} \cdot S_I + C \cdot S_C = E \cdot S_E + P \cdot S_P + \Delta S \quad (7)$$

式中：S_I，S_P，…，代表灌溉水及渗漏水等要素的含盐浓度；ΔS 是平衡期始末的土壤盐储量的变化。

雨水几乎不含盐分，可是对灌溉水能起稀释作用，所以 $R \cdot S_{R+I} \cdot S_I$，应改写为（$R$+I）· S_{R+I}，即 S_{R+I} 的含盐量为 S_I 和 S_R 的加权平均值。另外，蒸发蒸腾的水分一般认为是不含盐的，所以 $E \cdot S_E=0$ 因此，可以将盐量平衡式简化为：

$$(R+I) \cdot S_{R+I} + C \cdot S_C = P \cdot S_P + \Delta S \quad (7.1)$$

或

$$\Delta S = (R+I) \cdot C_{R+I} + C \cdot S_C - P \cdot S_P \quad (7.2)$$

式中没有列入施肥所携入的盐量和被收割作物所携出的盐量。在一般施肥及生产水平情况下，可以假设二者大体相抵。

在盐渍地区，易溶性盐类不仅在垂直方向上有很大的活动性、在水平方向上的活动性也很大。特别是在灌溉条件下，渠道的渗漏，灌溉地块与非灌溉地块，稻地与周围的大田，以及灌溉地内微域地形上的差异等都会引起易溶性盐类在水平方向上的运动。一个地块土壤盐分的减少也可能同时引起另一些地块土壤盐分的增加。所以，我们在研究某些典型的土壤盐量平衡的同时，还必须考虑到整个地块的或小区的水盐平衡状况。

A.E. 查依奇科夫曾在苏联中亚的戈洛德草原上的一块面积为 160 亩试验地里进行了时限为一年的土区盐量平衡的研究[5]。主要方法是通过春秋两季作大比例尺（1∶1 000）专门性土壤调查进行的。表 7 中列举的资料表明，从春季到秋季，整个来说，试验地的盐储量是增加的，属盐化的平衡类型，特别是苜蓿地增加量较大。但是曾经进行大定额灌溉的棉田的盐储量基本上没有增加，表现为稳定的平衡类型。另外，两米土体的盐量有明显增长，而 1 米土体却稍有降低，这和生长期间进行灌溉和耕作活动是分不开的。所以，一个地块或区域的总的水盐平衡类型，往往是由其中各个不同，以至方向相反的分区的平衡类型所组成的。

表 7　土区盐量平衡资料[5]　　t（2 米土体）

地块	1941 年春季盐贮量	1941 年秋季盐贮量	盐量平衡
棉田	2 166.96	2 176.07	+9.11
苜蓿地	1 076.22	1 459.05	+382.83
休闲地	708.55	841.68	+133.132
2 米土体的总贮量	3 951.75	4 476.80	+525.051
1 米土体的总贮量	1 879.02	1 799.29	−79.82

22.4.2 地下水区的水盐平衡

降水、灌溉和河道渗漏是地下水的主要补给来源。它们对地下水的补给，使地下水位抬高和影响了这个地区地下水运动的方向和速度。在高亢地区，如渗漏补给水量不大，时间也不长，虽一时地抬高了地下水位，但也因增加了与周边地区的水头差而加大了地下水的排出量（排向河流、湖泊和低地），不致引起地下水位的明显上升，并使之达到一个新的相对稳定的平衡点。如渗漏补给量大，时间也长，靠增加水头差而加大地下水排出量不足以抵消不断补给的渗漏水量，因而呈现为不稳定的正向的非补偿型的地下水平衡类型。在这种情况下，人们所关心的是如何制止减缓这个过程以及预测地下水位将以什么样的速度，需要多长的时间上升到积盐的临界深度，以便事先做好相应的排水设施和其他准备工作。

在地下水埋藏较浅的低下地区，不大的渗漏水量也会较快地补充到地下水而引起水位上升，而且还要接纳来自高地的地下径流，若加以自身排水条件不善，则地下水位迅速上升，招致土壤的盐渍化和渍水。渗漏水可以很快地补充到地下水和抬高水位，但是排除这些水量，将水位降落下来却要求较长的时间。暂时性的土壤渍水和强烈积盐将给农业带来很大危害。土壤改良设计中关心的问题是排水工程能否及时排除这些过量的水分和消除盐涝灾害。

地下水区的水量平衡式一般可列为：

$$P_{I+R}+F_G=C+D_{N+A}+\Delta H \quad (1)$$

或

$$\Delta H=(P_{I+R}-C)+(F_G-D_{N+A}) \quad (2)$$

式中：P_{I+R} 为灌溉和降水的渗漏水量；F_G 为来自区外的地下水径流；D_{N+A} 为排出区外的地下水径流及人工排出的地下水；C 为毛管上升引起的地下水消耗；ΔH 为地下水层水位变动所造成的水储量上的变化。

当 ΔH 为正值，即表现为不稳定的正向非补偿地下水平衡类型；ΔH 为负值，则为不稳定的负向非补偿地下水平衡类型；如果 $\Delta H\approx 0$，则地下水位相对稳定，为稳定的补偿地下水平衡类型。平衡式的诸平衡要素中的 P 值和 C 值已于土区水盐平衡一节中有了说明。而 F_G 值和 D_{N+A} 值则必须通过专门性的水文地质工作才能得到。

上述水量平衡式不仅可用于了解和分析该地块或区域的水量平衡的状况和类型，而且对排水工程的设计有着重要指导意义。按正常程序，工程设计之前应当对工程区的水量平衡的现状和有关资料有一个正确的分析，并在此基础上提出改善工程区水盐平衡现状的方向和措施。

在土区的水盐平衡部分中已确定了 P 值和 I 值，所以在此水量平衡式中主要的任务是按照改善水平衡状况的方向和要求来确定 D 值。在半湿润季风区，有着它自己的各种最优的地下水位周年动态过程线，这是确定 D 值的重要依据。需要提到的是，改良阶段的 P 值和 D 值是不同于改良后的管理阶段的。当 D 值确定以后，各级排水沟渠的配套，井沟如何结合等即为工程设计的任务了。

下面列举几个地下水区水量平衡方面的实例。

20 世纪 70 年代以来，河北省石家庄地区东部由于超量开采地下水而产生地下水降落漏斗。张原秀等应用水量平衡的方法对藁城县南约 484 km^2 的面积上进行了地下水的多年（1964—1977 年）动态分析[13]得出多年平均年采补均衡差为 –0.214 亿 m^3，潜水位年均降速为 0.46 m。只有采取人工回灌和利用节水灌溉技术以减少开采量才能保持采补平衡，制止地下水降落漏斗的进一步发展。

在设计地区内，对不同地段分别作地下水的平衡分析，可以为工程设计提供很有价值的资料。M.M. 克涅诺夫在苏联阿姆河三角洲的琴拜地区对一个洼地的不同地形部位的地下水平衡分别做了处理，得到的资料[5]如表 8 所示。

表 8　琴拜地区某洼地资料　　%

项目	整个洼地	微倾平地	洼地中心
进入项			
（1）地下径流	0	0	—
（2）灌溉水的渗漏	80	67	—
（3）渠道渗漏	17	30	—
（4）降水	3	3	—
排出项			
（1）蒸发	100	60	100
（2）排出的地下水量	0	40	0

从水量平衡中看出，进入该洼地的水分全部靠蒸发排除，属蒸发型水分平衡，易溶盐在土壤和地下水中强烈积聚。但是，渠道沿微倾平地的上部布置，微倾平地的区域的排出项中，地下径流占 40%。土壤和地下水未出现积盐过程，作物产量稳定。水平衡分析提出了该洼地的灌排设计中需要解决的主要问题，是改善整个洼地的地下水出流条件和减少微倾平地的渠道渗漏。

近年来，国内外都很重视地下水库的建设。在设计中，地下水水量平衡分析是一项重要方法和设计资料。河北地理研究所对河北省南宫地下水库及其设计，进行了全面计算和分析[14]，取得了良好成果。水均衡计算表明，只靠降水，河道渗漏及灌溉回归补给，23 万亩库区灌溉保证率为 54%，每年需人工回灌补充 700 万 m^3。并计算了扩大库区面积的不同方案的人工回灌的补给量。此项水均衡分析为地下水库的建设提供了有意义的资料。

以上谈到的是地下水区的水量平衡，关于地下水区的盐量平衡研究难度较大。首先是地下水层的含盐量不均一，往往随深度而发生变化。地下水层的岩性在水平和垂直方向上的变化也很大。这些都影响到估算的准确性。

在盐渍化地区往往是利用排水设施中的排出水的含盐状况及其变化来评价地下水以及土壤的盐平衡特点。我们知道，如果渗漏水的含盐量显然高于或低于潜水的含盐量，都会在潜水的表部形成一个高矿化的或低矿化（或淡水）的“飘浮体”。一般沟排，首先排出的正是这层表部的地下水。所以它能相当灵敏地反映出渗漏水的含盐状况及其与地下水的关系。如果渗漏水水质变淡和在咸水层上面开始出现淡水飘浮体即标志着土壤改良阶段的完成。当然，在改良阶段，我们希望能够从排水沟中排出高矿化的地下水，它反映了良好的土壤脱盐效果和区域盐量平衡中的良好排盐状况。尽管排除的水量并不很多，但是区域的总排盐量却很高。

22.5 地块水盐平衡实例之一[12]

建立旱涝碱咸综合治理曲周试验区之初，我们就以张庄为中心的第一代试区为现场进行了地块的水盐平衡观测研究，以了解半湿润季风区水盐平衡方面的某些特点和在综合治理过程中所采用的调控水盐运动措施的实际成效。为了与以王庄为中心的二代试区的水盐平衡研究地块相区别，一代试区称“水盐平衡观测研究地块Ⅰ”。

水盐平衡观测研究地块Ⅰ毛面积 5 040 亩，四周为 3 ～ 4 m 深的深沟所割切的一块相对独立的综合治理单元，深沟隔离了区内和区外地面径流以及河水灌溉和高地下水位时地下径流之间的联系（指深沟对地下水的截渗作用）。从深沟和井中提取的河水和井水灌溉，又通过深沟和浅井进行排水，控制地下水位，这些都自成系统，有利于水盐平衡方面的计算。所以，综合治理单元像一块相对独立的巨大地块，其上布置着井沟等各项调节水盐运动的设施。

根据综合治理单元地下水位动态特点，实际观测面积为 4 390 亩，确定计算土壤盐平衡的土层厚度为 2 米，即将这块体积为 4 390 亩 ×667 m^2 / 亩 × 2 m=585 万 m^3 的巨大土体作为我们观察和研究盐平衡的对象。这块土体一方面接受大气降水、地面水、地下水以及各种改良和耕作管理措施的影响，同时又和下面的地下水联通，构成一个大气降水、地面水、地下水（深层淡水和浅层咸水）和土壤水的水盐循环系统。随着季节和人为的改良和耕作管理活动，这个水盐循环系统以不同方式，向着不同方向运动着。盐分是随水分运动而运动的，同时，盐分在土体中的存在和运动的状况又是水分运动的一个可靠的“记录”。因此，我们在研究治理单元的土壤盐平衡时，首要的是观测和分析这个巨大土体中盐量的变化情况。

水盐平衡观测期为1974—1976年。工作方法主要是在每年雨季前（6月下旬）绘制土壤盐储量图，比例尺为1∶5 000。制图单位是按土壤盐化程度划分5级：非盐化、轻盐化、中盐化、重盐化和盐荒地（包括枸杞地）。平均150～200亩一个取样点，观察取样深度为0～0.2，0.2～0.4，0.4～0.6，0.6～1.0，1.0～1.5，1.5～2.0 m，共6层。盐化程度是在野外按作物长势、自然植被和地面特征等指标确定的，它是土壤盐化程度的综合反应。通过取样分析和资料统计，确定不同程度盐化土壤的含盐量范围。图1至图3分别是土壤盐量平衡观测区1974年春季、1975年春季和1976年春季的土壤盐储量图。

22.5.1 两米土体的盐量平衡

综合治理单元的土区盐平衡是和整个试区水平衡状况密不可分的。平衡区1974年投入试验以来，水平衡状况发生了巨大和实质性变化。在浅井–深沟体系运转过程中，1974—1976年浅井群抽水205天，抽出咸水约235万m^3。由于浅井抽水使地下水位降低，抑制了土壤水盐的上行运动，促进了下行运动。此外，冬春季引河水约180万m^3，开采深层淡水32万m^3进行灌溉和压盐。整个平衡区内，地下水的垂直蒸发削弱了，大气降水，地面水和吸取的深浅层地下水的入渗（土壤）量，补入地下水量及地下水排出量大大增加了。这种水循环形式代替了盐渍土地区以地下水垂直蒸发为主的水循环形式，这是平衡区土壤向着脱盐方向发展的基本前提和原因。

根据1974年、1975年和1976年春季的土壤盐储量图（图1至图3）的计算，各年度的盐量平衡资料列入表9，表中分子为差值（t），分母为增减率（%）。

表9 各年度的盐量平衡资料

年份	盐总储量 / t	ΔS_{74-75}	ΔS_{75-76}	ΔS_{74-76}
1974	40 190	—	—	—
1975	31 991	8 199 / 20.4	—	—
1976	28 959	—	3 032 / 9.5	11 231 / 27.9

1974年试验区两米土体盐储量（S）为40 190 t，代表治理前的状况。经治理后，1975年排除了8 199 t，1976年又排除3 032 t，两年共排盐11 231 t，排盐率为27.9 %。该地块盐平衡是明显向着脱盐方向发展，速度较快，特别是1974—1975年的排盐率达20.4 %。按两米土体经改良后含盐指标为小于或等于3 t/亩，则整个平衡区的允许盐储量为小于或等于13 170 t，故尚需排盐15 789 t。

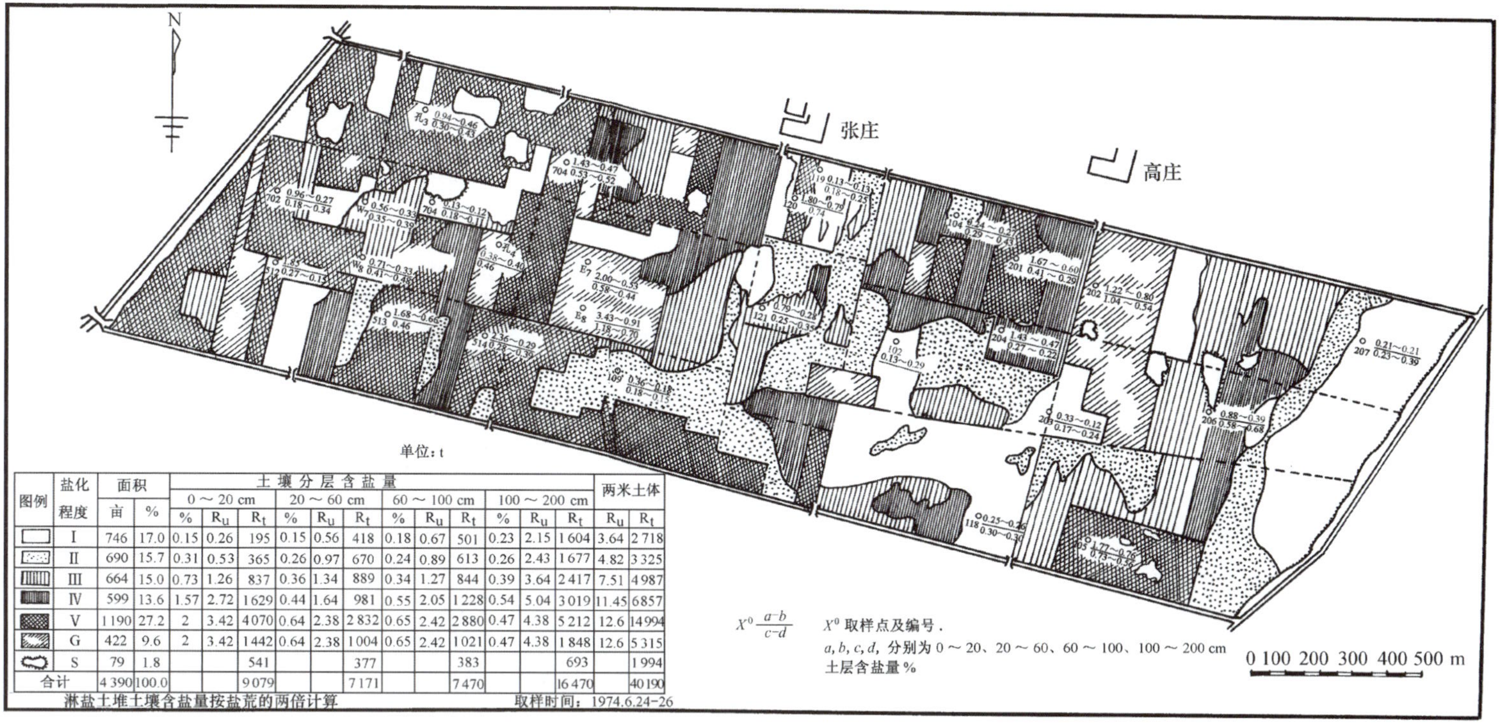

图例	盐化程度	面积		土壤分层含盐量												两米土体	
				0 ～ 20 cm			20 ～ 60 cm			60 ～ 100 cm			100 ～ 200 cm				
		亩	%	%	R_u	R_t	%	R_u	R_t	%	R_u	R_t	%	R_u	R_t	R_u	R_t
	Ⅰ	746	17.0	0.15	0.26	195	0.15	0.56	418	0.18	0.67	501	0.23	2.15	1 604	3.64	2 718
	Ⅱ	690	15.7	0.31	0.53	365	0.26	0.97	670	0.24	0.89	613	0.26	2.43	1 677	4.82	3 325
	Ⅲ	664	15.0	0.73	1.26	837	0.36	1.34	889	0.34	1.27	844	0.39	3.64	2 417	7.51	4 987
	Ⅳ	599	13.6	1.57	2.72	1 629	0.44	1.64	981	0.55	2.05	1 228	0.54	5.04	3 019	11.45	6 857
	Ⅴ	1 190	27.2	2	3.42	4 070	0.64	2.38	2 832	0.65	2.42	2 880	0.47	4.38	5 212	12.6	14 994
	G	422	9.6	2	3.42	1 442	0.64	2.38	1 004	0.65	2.42	1 021	0.47	4.38	1 848	12.6	5 315
	S	79	1.8			541			377			383			693		1 994
合计		4 390	100.0			9 079			7 171			7 470			16 470		40 190

淋盐土堆土壤含盐量按盐荒的两倍计算　　取样时间：1974.6.24-26

图 1　曲周土壤盐量平衡观测区土壤盐储量图（1974 年春季）

图例符号：Ⅰ为非盐化土壤；Ⅱ为轻盐化土壤；Ⅲ为中盐化土壤；Ⅳ为重盐化土壤；Ⅴ为盐荒地；G 为枸杞地；S 为淋盐土堆；R_u 为亩储盐量；R_t 为总储量。

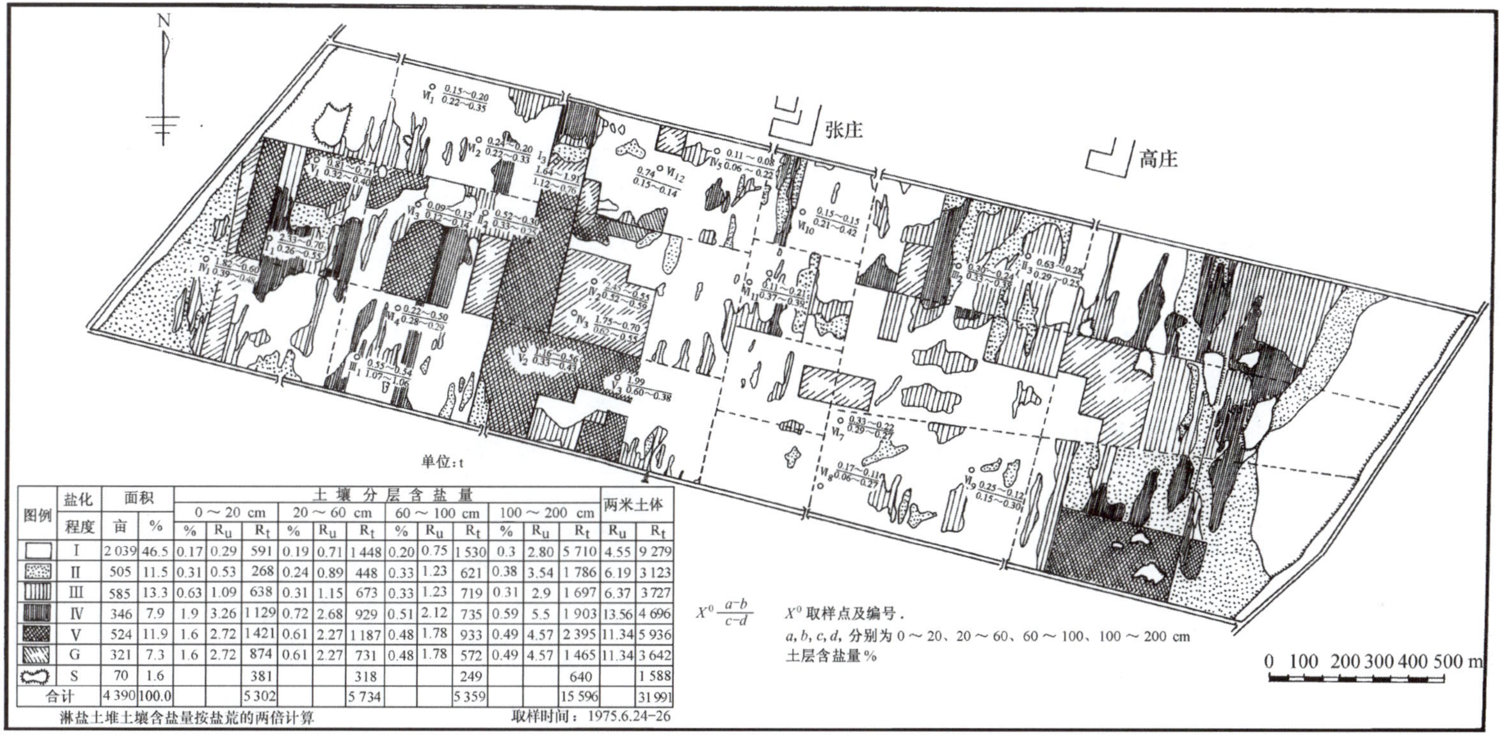

图例	盐化程度	面积 亩	面积 %	0～20 cm %	0～20 cm R_u	0～20 cm R_t	20～60 cm %	20～60 cm R_u	20～60 cm R_t	60～100 cm %	60～100 cm R_u	60～100 cm R_t	100～200 cm %	100～200 cm R_u	100～200 cm R_t	两米土体 R_u	两米土体 R_t
	Ⅰ	2 039	46.5	0.17	0.29	591	0.19	0.71	1 448	0.20	0.75	1 530	0.3	2.80	5 710	4.55	9 279
	Ⅱ	505	11.5	0.31	0.53	268	0.24	0.89	448	0.33	1.23	621	0.38	3.54	1 786	6.19	3 123
	Ⅲ	585	13.3	0.63	1.09	638	0.31	1.15	673	0.33	1.23	719	0.31	2.9	1 697	6.37	3 727
	Ⅳ	346	7.9	1.9	3.26	1 129	0.72	2.68	929	0.51	2.12	735	0.59	5.5	1 903	13.56	4 696
	Ⅴ	524	11.9	1.6	2.72	1 421	0.61	2.27	1 187	0.48	1.78	933	0.49	4.57	2 395	11.34	5 936
	G	321	7.3	1.6	2.72	874	0.61	2.27	731	0.48	1.78	572	0.49	4.57	1 465	11.34	3 642
	S	70	1.6			381			318			249			640		1 588
合计		4 390	100.0			5 302			5 734			5 359			15 596		31 991

淋盐土堆土壤含盐量按盐荒的两倍计算　　取样时间：1975.6.24-26

图 2　曲周土壤盐量平均观测区土壤盐储量图（1975 年春季）

图例符号：Ⅰ为非盐化土壤；Ⅱ为轻盐化土壤；Ⅲ为中盐化土壤；Ⅳ为重盐化土壤；Ⅴ为盐荒地；G 为枸杞地；S 为淋盐土堆；R_u 为亩储盐量；R_t 为总储量。

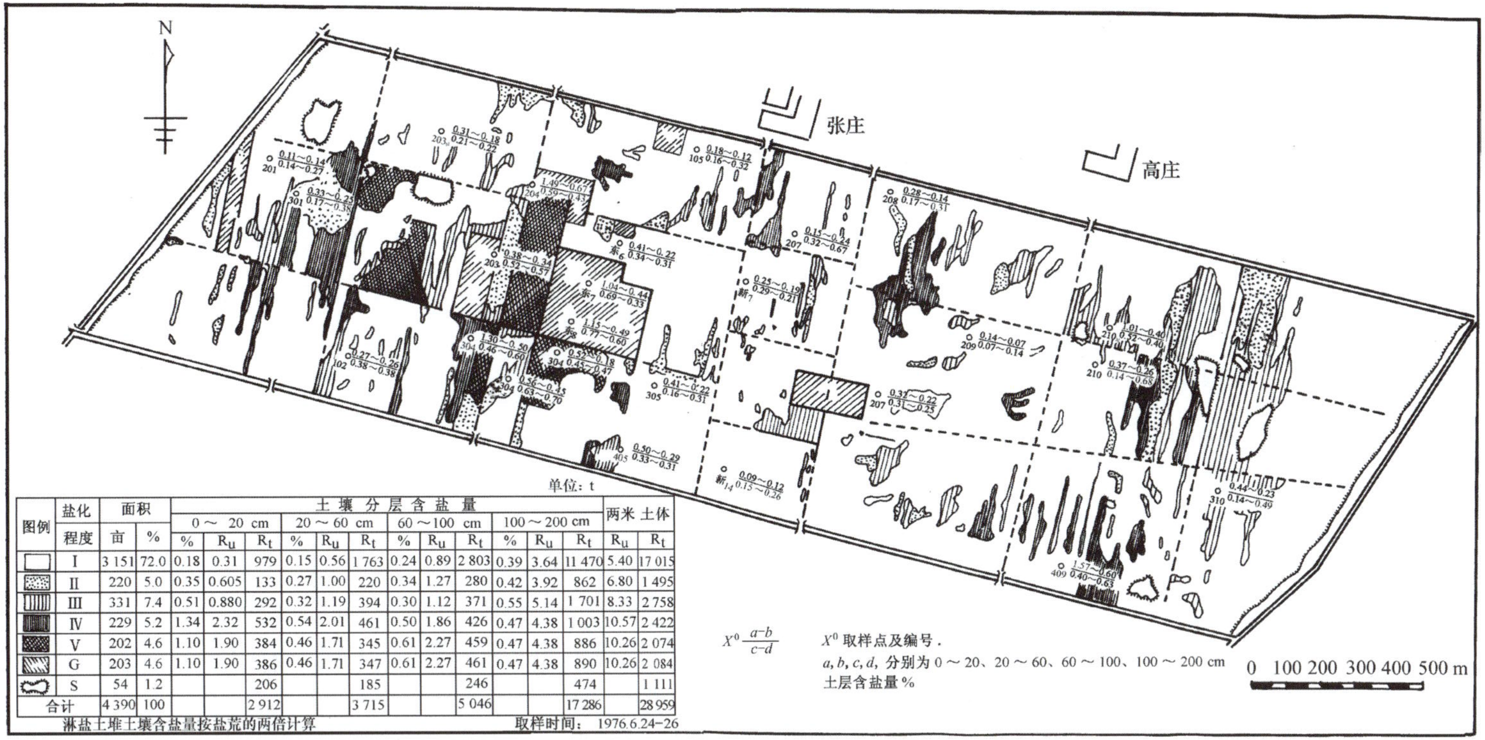

图例	盐化程度	面积 亩	面积 %	0 ~ 20 cm %	0 ~ 20 cm R_u	0 ~ 20 cm R_t	20 ~ 60 cm %	20 ~ 60 cm R_u	20 ~ 60 cm R_t	60 ~ 100 cm %	60 ~ 100 cm R_u	60 ~ 100 cm R_t	100 ~ 200 cm %	100 ~ 200 cm R_u	100 ~ 200 cm R_t	两米土体 R_u	两米土体 R_t
	Ⅰ	3 151	72.0	0.18	0.31	979	0.15	0.56	1 763	0.24	0.89	2 803	0.39	3.64	11 470	5.40	17 015
	Ⅱ	220	5.0	0.35	0.605	133	0.27	1.00	220	0.34	1.27	280	0.42	3.92	862	6.80	1 495
	Ⅲ	331	7.4	0.51	0.880	292	0.32	1.19	394	0.30	1.12	371	0.55	5.14	1 701	8.33	2 758
	Ⅳ	229	5.2	1.34	2.32	532	0.54	2.01	461	0.50	1.86	426	0.47	4.38	1 003	10.57	2 422
	Ⅴ	202	4.6	1.10	1.90	384	0.46	1.71	345	0.61	2.27	459	0.47	4.38	886	10.26	2 074
	G	203	4.6	1.10	1.90	386	0.46	1.71	347	0.61	2.27	461	0.47	4.38	890	10.26	2 084
	S	54	1.2			206			185			246			474		1 111
合计		4 390	100			2 912			3 715			5 046			17 286		28 959

淋盐土堆土壤含盐量按盐荒的两倍计算

图 3　曲周土壤盐量平衡观测区土壤盐储量图（1976 年春季）

图例符号：Ⅰ为非盐化土壤；Ⅱ为轻盐化土壤；Ⅲ为中盐化土壤；Ⅳ为重盐化土壤；Ⅴ为盐荒地；G 为枸杞地；S 为淋盐土堆；R_u 为亩储盐量；R_t 为总储量

22.5.2 分层的土壤盐量平衡

从两米土体看，1974—1976 年是脱盐的，但是，两米土体的上下各土层的脱盐情况就不尽相同了，甚至有时向相反方向发展。所以，进一步分层剖析盐量平衡状况是必要的。平衡区分层的土壤盐量平衡资料列入表 10。

从表 10 中可以看到，0 ～ 20 cm 土层的脱盐率最高，1974—1976 年累计脱盐量为 6 167 t，脱盐率 67.9%，达到了改良所要求的指标（3 073 t）。从 1976 年的土壤盐化程度和盐量图上可以看到，非盐化土壤已占 72%，其实际土壤含盐量大多低于 0.2%，而另外 28% 仍为不同程度盐化的土壤，表层含盐量超过 0.2%。

表 10 分层的土壤盐量平衡资料

土层 /cm	1974 年盐量	1975 年			1976 年				
		S_{75}	ΔS_{74-75}	ΔS_{74-75}/%	S_{76}	ΔS_{75-76}	ΔS_{75-76}/%	ΔS_{74-76}	ΔS_{74-76}/%
0 ～ 20	9 079	5 302	3 777	41.6	2 912	2 390	45.1	6 167	67.9
20 ～ 60	7 171	5 734	1 437	20.0	3 715	2 019	35.2	3 456	48.2
60 ～ 100	7 470	5 359	2 111	28.3	5 046	313	5.8	2 424	32.4
100 ～ 200	16 470	15 596	874	5.3	17 286	−1 690	−10.8	−816	−5.0

注：S 为盐量，ΔS 为盐量差值（脱盐量），ΔS / % 为脱盐率，右下角数字均为年份。

20 ～ 60 cm 土层也明显向着脱盐方向发展，但 1974—1976 年脱盐率为 48.2%，低于表层。不同年份的脱盐状况在各土层中表现得也不一样，如 20 ～ 60 cm 土层中，1975—1976 年脱盐率大于 1974—1975 年。但是 60 ～ 100 cm 土层的情况恰恰相反，1974—1975 年脱盐率仍保持了上层的水平（28%），而 1975—1976 年的脱盐率只有 5.8%。所以，1974—1975 年的脱盐深度大，20 ～ 100 cm 土层的脱盐率均＞ 20%，而 1975—1976 年的脱盐层主要在 60 cm 以上，60 ～ 100 cm 脱盐率很低。

在 1 ～ 2 m 的土层里，1974—1975 年保持了微弱的脱盐趋势，1975—1976 年则向着积盐方向发展，两年累计表现为弱积盐现象，积盐率为 4.2%。这与上层土壤盐分向下淋洗有关。

1974—1976 年分层的盐平衡资料揭示了经脱盐改良的主要是 1 m 以上的土层脱盐显著，尤以表层最好，往下脱盐率逐渐降低。这种脱盐改良的特点，无疑对作物的生长和当前的农业生产是有利的。但是，1 ～ 2 m 的土层表现为轻微积盐，虽对作物生长影响不大，但亦说明目前土壤改良的土层深度还不大。如有不慎，下层的盐分仍将随地下水的蒸发而向上层转移。按前述改良指标，试验区的

1～2 m 土层尚有 1.07 万 t 的排盐任务，占全区两米土体排盐任务的 2/3 左右。

22.5.3 土壤盐分在水平方向上的分异

平衡区内的土壤是由不同盐化程度的土壤所组成，它们在多种自然和人为因素综合影响下，有规律地交互镶嵌分布，呈土壤复区形式存在。在调控水盐运动，改良盐渍土的过程中，正如土壤盐平衡中所指出的，因为改良条件和管理水平的不同，土壤盐平衡状况差异很大，使原来的土壤复区重新改组，原来的不同盐化程度的土壤，均在不同程度上向着脱盐化方向发展。

通过两年的改良，试验区盐碱土的面积迅速缩小，由 3 644 亩减少到 1 239 亩，改良了 2 400 亩（表 11）。盐碱土的面积由 1974 年的 83％下降到 28％。在被改良的盐碱土中，原耕地中的 1 953 亩盐碱土减少了 1 174 亩。降幅最大的是原来的 1 190 亩盐荒地，1976 年春只有 202 亩，减少了 87％。各种轻重不同的盐碱土都有了不同程度的改良，非盐化土壤由原来的 17％提高到 72%，由 746 亩增加到 3 151 亩，即增加了 2 400 亩。

表 11 1974— 1976 年试区各类土壤发展变化情况

土壤类型	1974 年		1975 年		1976 年	
	面积／亩	%	面积／亩	%	面积／亩	%
非盐化土壤	746	17.0	2 039	46.5	3 151	71.9
轻盐化土壤	690	15.7	505	11.5	220	5.0
中盐化土壤	664	15.1	585	13.3	331	7.5
重盐化土壤	599	13.6	346	7.9	229	5.2
枸杞地	422	9.6	321	7.3	203	4.6
盐荒地	1 190	27.2	524	11.9	202	4.6
盐土堆	79	1.8	70	1.6	54	1.2
合计	4 390	100	4 390	100	4 390	100

注：毛面积 5 040 亩，净面积 4 390 亩。

土壤盐分在水平方向上的变化说明，整个试区普遍地向脱盐和盐化程度减轻的方向发展。但是，各个具体地块的脱盐和改良程度是与抽水井和深沟的距离、土地平整情况、灌溉压盐质量、施肥多少以及耕作管理水平等有着密切的关系。经过改良，原来是大片相连的盐荒地和重盐化土壤，其盐化程度逐渐由重变轻，由大片分化为小片。到 1976 年，整个水盐调控试验区内，除少数面积不大的盐荒地和重盐化土壤及枸杞地外，各级盐化土壤主要是以大小不等的盐斑形式零星分布。所以，当前在重视和改良大片盐化土壤的同时，还必须重视农田中盐斑的改良。这是改良过程中，土壤盐分在水平方向上变化的特点所决定的。

22.5.4 不同盐化程度土壤的盐分垂直方向上的变化

水盐运动调控试验区内不同盐化程度的土壤在水平方向上发生变化的同时，在垂直方向上，即盐分剖面上也发生着显著的变化。

原来的盐荒地或重盐化土壤可以变为中度、轻度以至非盐化土壤，原是中度和轻度盐化的也有了不同程度的减轻。自 1974 年到 1976 年，非盐化土壤由 746 亩增加到 3 151 亩。所增加的这些非盐化土都是由原来轻重不同的盐渍土演变而来。试区土壤的这种迅速地全面地分化和演变，必然带来改良过程中的许多特点，特别是反映在盐分在当前各类土壤中的垂直分布上，这是与上述的分层土壤盐量平衡相适应的。

图 4 是对观测区内 65 个土壤盐分剖面的盐分资料统计的结果，显示了改良进程中各类土壤盐分在垂直分布上有如下一些特点。

- 根据 32 个剖面盐分的资料，非盐化和轻盐化土壤原始的盐分垂直分布大体是上下层含盐量相近。在改良的过程中，大量的各种盐化程度的土壤转化为非盐化和轻盐化土壤。这些土壤则强烈地表现为盐分上少下多的脱盐型的特点，即表层强烈脱盐，含盐量达到了非盐化指标，而下层的含盐量却较高，成为上小下大的盐分垂直分布曲线。0 ～ 60 cm 土层含盐量较原来稍有增加，60 ～ 100 cm 增加较多，100 ～ 200 cm 盐量则有明显增加。
- 中度盐化土壤改良前的盐分垂直分布呈明显上大下小的表聚型。改良进程中，不少原来的重盐化和盐荒地改造成为中盐化土壤，盐分垂直剖面就发生了变化。上层脱盐率高，中层脱盐率低，下层处于积盐状态。所以，在改良进程中的中度盐化土壤的盐分垂直分布特点是上脱下积，上下大，中间小的初期脱盐类型（图 4）。
- 重盐化土壤和盐荒地改良前的盐分剖面表现为强烈的表聚型，0 ～ 20 cm 土层的含盐量达 2%，下层只有 0.4%左右。通过对 28 个剖面盐分统计分析，在改良进程中，除原来的大量盐荒地和重盐化土壤已改造成为中度、轻度和非盐化土壤外，尚存的盐分剖面上也发生了很大变化。表层含盐量由 2%下降到 1.1%，20 ～ 100 cm 土壤盐量也由 0.6%下降到 0.5%左右，而 1 m 以下土层的盐量保持了相对的稳定。从而使盐分的表聚程度大大降低，两米土体的盐量显著减少，亩储量由 12.60 t 降为 10.26 t。

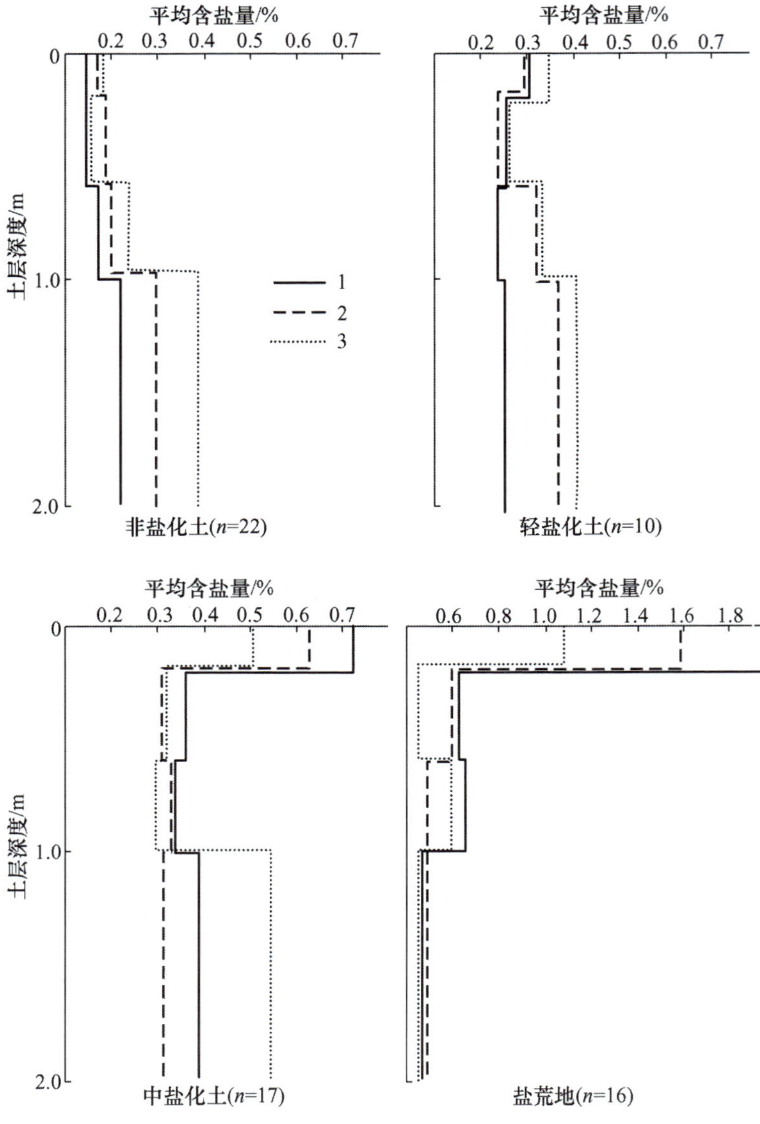

图 4　不同盐化程度土壤的盐分垂直剖面的变化

n 用于统计的剖面数目；1.1974 年 *n* 剖面的统计均值；
2.1975 年 *n* 剖面的统计均值；3.1976 年 *n* 剖面的统计均值

22.6 地块水盐平衡实例之二[15]

水盐平衡观察研究地块Ⅱ是在曲周旱涝碱咸综合治理试验区第二代试区上进行的，面积 3 167 亩，其中耕地 2 750 亩，观察时段是 1979 年 9 月到 1981 年 6 月。

水盐平衡观察研究地块Ⅱ是继上述水盐平衡观察研究地块Ⅰ（上节之实例一），在相同研究目标和方法，条件相近的地块，以不同时段的气候条件下研究其水盐平衡状况，可以起到类比和检验的作用。

水盐平衡观察研究地块Ⅱ的东、西两侧有 3 ～ 5 m 深的辛集排干和支漳河，南、北各有一条 3 m 左右深的排水支渠，是一个相对独立的治理单元。治理前，这里盐土堆比比皆是，红荆碱蓬丛生，景象荒凉。1978 年开始以调控水为中心的旱涝碱咸综合治理工程建设，统一规划和建设了灌渠、排沟、路、林、电、建筑物等田间工程。已消除了盐土堆，平整了田面，并以各级灌排渠沟将土地分化成面积约 50 亩大小的方田。

观察研究地块Ⅱ的土壤主要是不同程度的氯化物硫酸盐和硫酸盐氯化物盐化浅色草甸土。土壤质地剖面呈明显的多层性，上层多为轻壤土质，80 ～ 120 cm 以下多出现重壤 - 黏土层，厚度 20 ～ 60 cm 不等，再下层为细砂土和中壤土。图 5（a）是观测研究地块Ⅱ的 0 ～ 2 m 土体的质地立体剖面图；图 5（b）是水利工程和潜水观测井布置图；图 5（c）是潜水埋深等值线图；图 5（d）是潜水矿化度等值线图。潜水矿化度的分布呈条带状，由东向西，矿化度从 2 g/L 过渡到 4 g/L，最高达 8 g/L 以上，地下水化学类型属于 Cl^{-}–SO_4^{2-}–Ca^{2+}–Mg^{2+}–Na^{+} 型和 Cl^{-}–SO_4^{2-}–Ca^{2+}–Mg^{2+} 型。

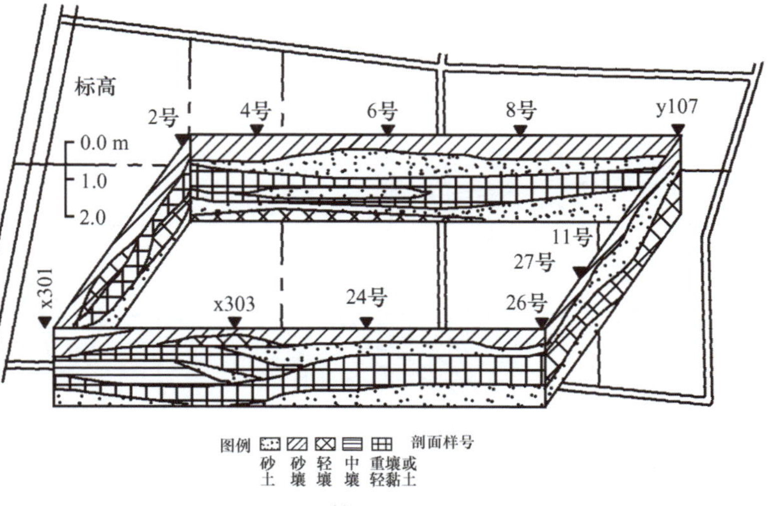

图 5 水盐平衡观察研究地块Ⅱ的概况图（一）（下页续）

（a）土壤质地剖面立方图

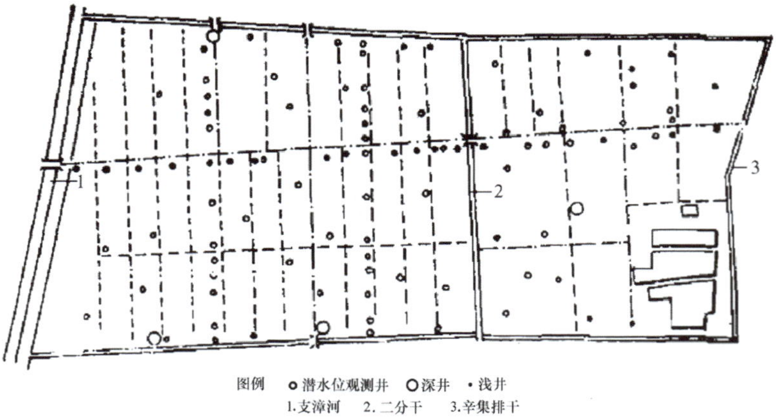

(b)

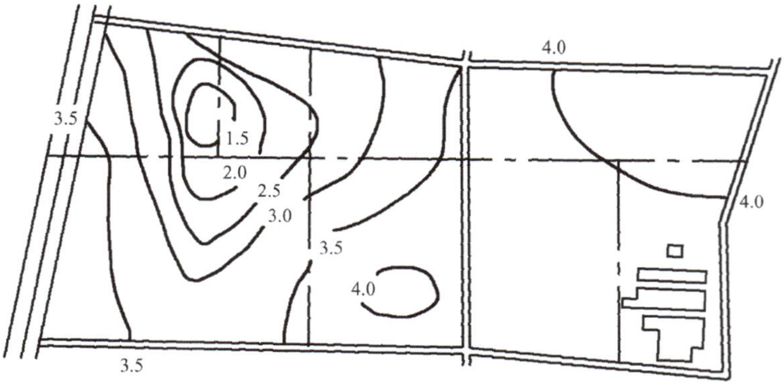

(c)

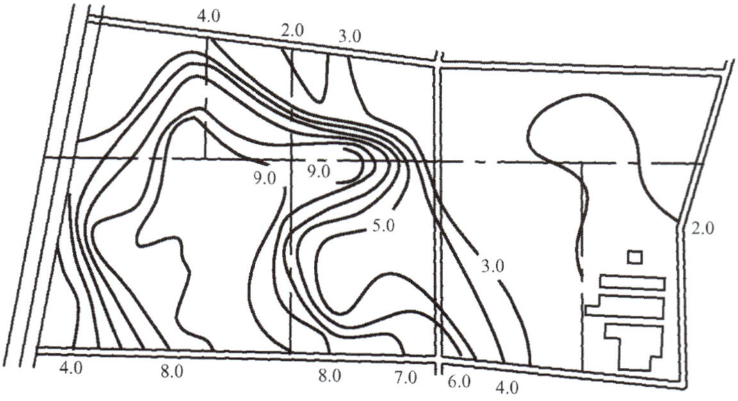

(d)

图 5 水盐平衡观察研究地块 Ⅱ 的概况图（二）（续上页）

（b）水利工程及观测井布置图；（c）潜水埋深等值线图（单位为 m）；（d）潜水矿化度等值线图（单位为 g/L，以 1979 年 11 月 20 日至 1980 年 3 月 20 日的平均值为本底值）

水盐平衡观测研究地块Ⅱ有干、支、斗、农、毛五级排水工程，各排水口设置测流站。区内有长 5 000 多米的防渗灌溉渠道，四眼深约 300 m 的深井作为灌溉水源，还有 19 眼浅机井（咸水井）。观测区内埋设了 70 多眼潜水观测孔，定期量测潜水埋深，采集水样、土样进行化验，初步形成了一套水盐监测系统。

地块Ⅱ的水盐平衡观察分 4 个时段进行：头一年的 11 月下旬至第二年的 3 月中旬，为冬季相对稳定期；3 月下旬至 6 月中旬，为春季及初夏的积盐期；6 月下旬至 9 月中旬，为雨季自然淋盐期；以及 9 月下旬至 11 月中旬，为秋季积盐期。

22.6.1 地块Ⅱ的水盐平衡观测及计算结果

进行水盐平衡观察研究地块Ⅱ的地学条件、土壤以及农业生产水平基本同于上述观测研究地块Ⅰ，且均处于综合治理旱涝碱咸初期和措施相近，其主要不同点在于观测研究地块Ⅱ的观察期时逢降水量连续偏少的干旱年份，既无地上水灌溉水源、又无客水流入和地表水排出，以及地下水埋深常年处在 3 m 以下。这是两种不同水文年的不同水盐运动与平衡类型。

水盐平衡观察研究地块Ⅱ的观测期间，1980 年平衡期共降水 521.1 mm，雨季降水量仅 282.2 mm，比多年平均值（378.0 mm）减少近 1/4，属偏旱年。1981 年平衡期降水 373.1 mm，雨季降水量 273.5 mm，比 1980 年雨季还少，属枯水年。这两年天旱少雨，河渠无水，深井水是主要灌溉水源。1980 年平衡期井灌用水量为 384 085 m^3（相当于降水深 209.2 mm）；1981 年 167 274 m^3（相当于降水深 91.2 mm）。

据中国科学院地理所资料，北京和衡水地区夏季雨水含盐量为 20～30 mg/L，以平衡期年降水量 500 mm 计算，则水盐平衡研究区每年雨水的盐输入量约为 20 t。通过对各个时段各井出水量和井水矿化度的测量计算出的灌溉水盐输入量 1980 年为 348.3 t，1981 年为 113.6 t。此外，通过有机肥和化肥施肥量计算了盐分输入量为 84.2 t，通过对观察区作物种植种类、收获面积、生物量及其含盐量可计算出盐分的携出量 36.6 t。

水盐平衡观测研究期间，分别于 1979 年 11 月下旬，1980 年 6 月、11 月下旬和 1981 年 6 月下旬进行了四次土壤盐储量调查和绘制了四幅土壤盐渍化状况图（图 6 至图 9）。经对水盐平衡区在水盐平衡观测研究期间水分和盐分的各主要输入项、输出项以及储量变化的计算，成果汇集于表 12 和表 13，储量变化项中的 + 号表示储量增加，– 号表示储量减少。

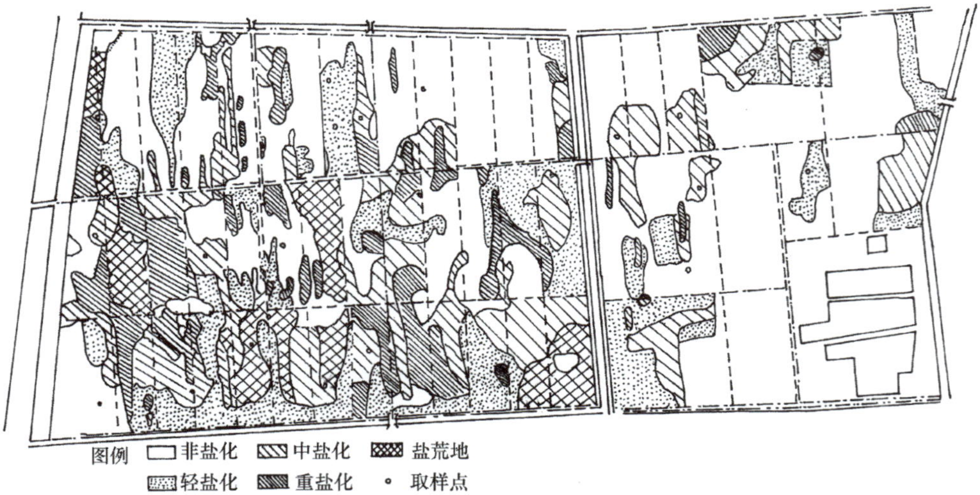

图 6　1979 年 11 月土壤盐渍化状况图

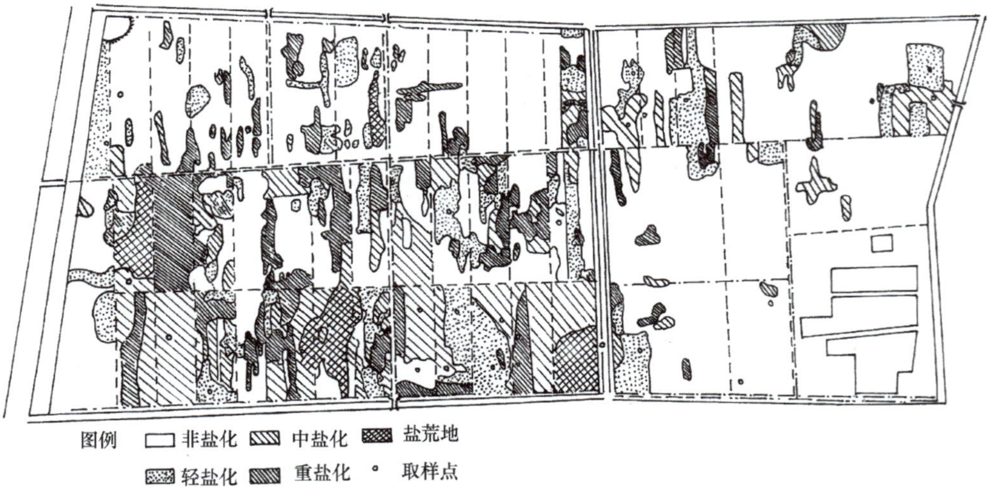

图 7　1980 年 6 月土壤盐渍化状况图

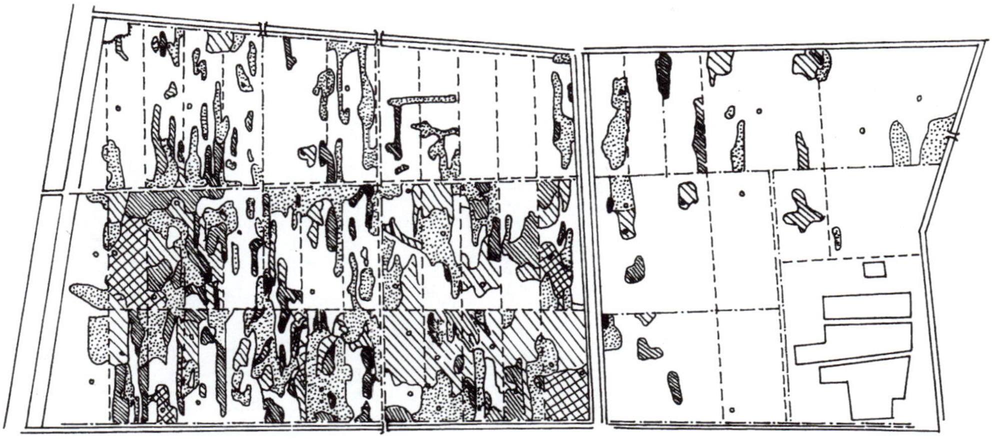

图 8　1980 年 11 月土壤盐渍化状况图

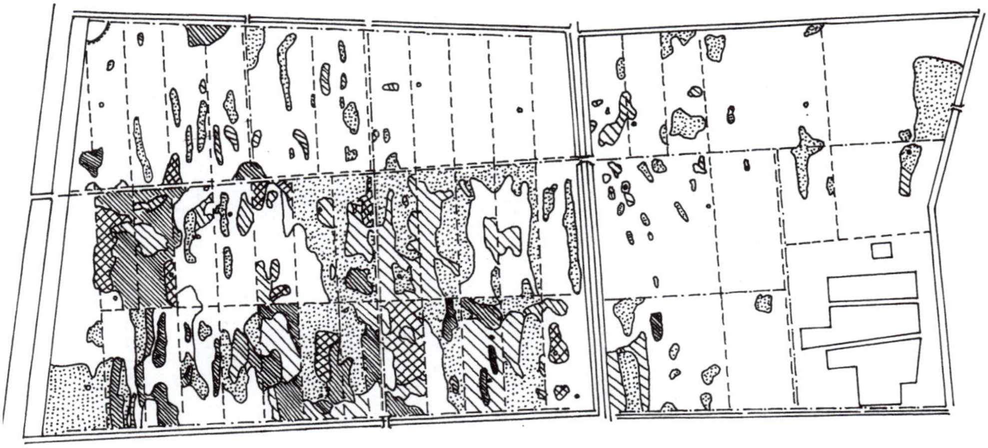

图 9　1981 年 6 月土壤盐渍化状况图

表 12　水平衡计算成果表

均衡项目		1980 年平衡期									
		冬季水深 /mm(%)		春及初夏水深 /mm(%)		雨季水深 /mm(%)		秋季水深 /mm(%)		1980 年小计水深 /mm(%) 输入项	
输入项	大气降水量	31.7	(25.5)	187.0	(75.6)	282.0	(94.9)	20.2	(32.9)	520.9	(71.3)
	灌溉水量	92.6	(74.5)	60.3	(24.4)	15.1	(5.1)	41.2	(67.1)	209.2	(28.7)
	总补给量	124.3	(100)	247.3	(100)	297.1	(100)	61.4	(100)	730.1	(100)
输出项	蒸散量	91.7		304.1		243.5		95.6		734.8	
	日平均蒸散量	0.76		3.31		2.65		1.57		2.02	
储量变化	0 ～ 2 m 土体土壤水储量	+11.2	(34.3)	−19.6	(34.5)	+37.9	(70.6)	−29.8	(87.1)	−0.3	(6.4)
	地下水储量	+21.4	(65.7)	−37.2	(65.5)	+15.8	(29.4)	−4.4	(12.9)	−4.4	(93.6)
	总水储量	+32.6	(100)	−56.8	(100)	+53.7	(100)	−34.2	(100)	−4.7	(100)

均衡项目		1981 年平衡期							
		冬季水深 /mm(%)		春及初夏水深 /mm(%)		雨季水深 /mm(%)		1981 年小计水深 /mm(%)	
输入项	大气降水量	22.7	(47.7)	51.8	(61.4)	273.5	(89.0)	348.0	(79.2)
	灌溉水量	24.9	(52.3)	32.5	(38.6)	33.8	(11.0)	91.2	(20.8)
	总补给量	47.6	(100)	84.3	(100)	307.3	(100)	439.2	(100)
输出项	蒸散量	88.4		147.4		163.3		399.1	
	日平均蒸散量	0.73		1.60		2.27		1.38	
储量变化	0 ～ 2 m 土体土壤水储量	−33.9	(83.0)	−25.3	(40.1)	+70.3	(48.8)	+11.1	(27.7)
	地下水储量	−6.9	(17.0)	−37.8	(59.9)	+73.7	(51.2)	+29.0	(72.3)
	总水储量	−40.8	(100)	−63.1	(100)	+144.0	(100)	+40.1	(100)

表 13　盐平衡计算成果表

t

项目			1979 年 11 月下旬盐储量	1980 年平衡期					
				冬季	春及初夏	雨季	秋季	合计	增减量 /%
输入项	大气降水输盐量							20.0	
	灌溉水携入盐量			150.9	114.7	20.8	61.9	348.3	
	施肥携入盐量							84.2	
	从下层土壤和地下水输入盐量	0 ～ 20 cm			53.7		181.1	234.8	
		0 ～ 40 cm			168.5		190.0	358.5	
		0 ～ 100 cm					509.8	509.8	
		0 ～ 200 cm					1 071.0	1 071.0	
输出项	收获物携出盐量							36.6	
	向下层土壤和地下水输出盐量	0 ～ 20 cm		645.6		570.9		1 284.0	
		0 ～ 40 cm		861.3		829.3		1 760.0	
		0 ～ 100 cm		970.2	43.9	1 482.0		2 563.7	
		0 ～ 200 cm		741.3	1 397.7	2 627.6		4 834.2	
盐储量变化 ΔS	0 ～ 20 cm		1 929.3	–494.7	+168.5	–550.1	+243.0	–633.3	–32.8
	0 ～ 40 cm		3 340.3	–712.2	+283.2	–808.5	+251.9	–985.6	–29.5
	0 ～ 100 cm		7 752.9	–819.3	–1 638.0	–1 461.2	+571.7	–1 638.0	–21.1
	0 ～ 200 cm		15 890.5	–590.4	–1 283.0	–2 606.8	+1 132.9	–3 347.3	–21.1

续表 13

项目			1980 年 11 月下旬盐储量	1981 年平衡期				1980—1981 年平衡期	
				旱季	雨季	合计	增减 /%	总计	增减 /%
输入项	大气降水输盐量					20.0		40.0	
	灌溉水携入盐量			74.1	39.5	113.6		461.9	
	施肥携入盐量					84.2		168.4	
	从下层土壤和地下水输入盐量	0 ～ 20 cm						234.8	
		0 ～ 40 cm						358.5	
		0 ～ 100 cm						509.8	
		0 ～ 200 cm						1 071.0	
	收获物携出盐量					36.6		73.2	
输出项	向下层土壤和地下水输出盐量	0 ～ 20 cm		106.5	640.8	814.9		2 098.9	
		0 ～ 40 cm		191.0	624.2	882.8		2 642.8	
		0 ～ 100 cm		916.7	590.6	1 574.9		4 138.6	
		0 ～ 200 cm		1 801.8	609.5	2 478.9		7 313.1	
盐储量变化 ΔS	0 ～ 20 cm		1 296.0	−32.4	−601.3	−633.7	−48.9	−1 267.0	−65.7
	0 ～ 40 cm		2 354.4	−116.9	−584.7	−701.6	−29.8	−1 687.2	−50.5
	0 ～ 100 cm		6 114.9	−842.6	−551.1	−1 393.7	−22.8	−3 031.7	−39.1
	0 ～ 200 cm		12 543.2	−1 727.7	−570.0	−2 297.7	−18.3	−5 645.0	−35.5

注：1.1980 年平衡期的增减量 (%)，是指与 1979.11 的盐储量相比，1981 年则指与 1980 年 11 月的盐储量相比，1980—1981 年则指与 1979 年 11 月的盐储量相比；

2. 盐储量的变化 ΔS 是指每一时段末的盐储量与每一时段初始盐储量的差值，+ 表示增加，– 表示减少。

22.6.2 地块Ⅱ的水盐平衡要素分析

1. **降水在旱年仍对水盐下行有显著影响**

1980 年和 1981 年属偏旱和干旱水文年，雨季降水量比常年减少 1/4 以上。以上观察资料显示，1980 年平衡期的雨季降水（含灌溉水）为 297.1 mm，其中 243.5 mm 用于蒸散，53.7 mm 补充到土壤和地下水；1981 年雨季降水（含灌溉水）为 307.3 mm，其中 163.3 mm 用于蒸散，144.0 mm 补充到土壤和地下水，即两年雨季均有一定量的下行水量，特别是 1981 年达到 144 mm。

根据对 1980 年平衡期的 40 个样点和 1981 年平衡期 32 个样点的资料，分析比较了雨季前后各层土壤盐储量的变化值，并进行了统计分析（表 14）。1980 年平衡期，0 ～ 2 m 土体，各层土壤脱盐效果均很显著。1981 年均衡期 0 ～ 20 cm 土层脱盐效果也很显著，20 ～ 60 cm 土层脱盐效果也达显著水准，60 ～ 100 cm 土层有脱盐趋势，100 ～ 200 cm 为积盐状态，但未达显著水准。两个雨季里向下层土壤和地下水输出的盐量占原盐储量的 25% 以上，最高可达 50.7%，整体脱盐效果显著。

雨季降水量偏低而取得显著脱盐效果的一个重要前提是期间的地下水埋深一直处在 3 m 以下，对下行水盐不产生顶托作用而使雨水和盐分在土体得以充分下移。所以，在综合治理中要十分重视雨季前的土地平整和修埂松地截流，以提高雨季降雨的入渗率。

表 14 雨季各层土壤脱盐效果的统计分析

层次	1980 年平衡期（6 月下旬至 9 月下旬）				1981 年平衡期（6 月下旬至 8 月底）			
	ΔS	S_d	n	t	ΔS	S_d	n	t
0 ～ 20 cm	−368	74.4	40	4.949^{***}	−452.5	63.4	32	7.139^{***}
20 ～ 60 cm	−352	71.7	40	4.909^{***}	−259.0	93.6	32	2.769^{***}
60 ～ 100 cm	−223	66.1	40	3.374^{***}	−224.0	168.1	32	1.339
100 ～ 200 cm	−607	121.8	40	4.983^{***}	+19.0	232.1	32	0.083

注：ΔS 代表所有样点盐储量的平均变化值，单位为 kg/ 亩；S_d 为差异标准误差；n 为样本数；t 为 t 值；$^{***}P < 0.001$。

2. **灌溉水对土壤水盐运动可以起重要调节作用**

水盐平衡观察期内，地块Ⅱ无河水水源灌溉，仅以水量不多的井水作冬季和早春的麦田灌溉和冲洗压盐，平整土地和铺设防渗渠道对提高井水灌溉效益发挥了重要作用。1979 年冬和 1980 年春季的冲洗压盐和大定额灌溉面积占耕地面积的 60%，引入灌溉水 92.6 mm，是同期降雨量的 3 倍。其间 124.3 mm 的输入水量中，91.7 mm 用于蒸散、11.2 mm 补充土壤水分和 21.4 mm 补充到地下水，三者分别占水输入总量的73.8%、9.0%和17.2%。所以，通过灌溉，可以打破自然态冬春季水盐上行运动而促进了水盐的下行运动。

根据对34个采样点的统计，冬春季灌溉可形成0～60 cm土体的显著脱盐，将盐分下移到60 cm以下土层，为作物播种保苗和前期生长提供了良好环境。1980年3月下旬至6月下旬的蒸发—积盐期间，日蒸散量高达3.31 mm，但因进行了大定额灌溉（亩浇水量达100 m^3），抑制了积盐过程，0～20 cm表层显示出脱盐效果，其他各层也具有脱盐趋势。与之形成对比的非井水灌溉地块的各层均表现为明显积盐过程（表15）。当地下水埋深较大时，灌溉水不仅满足作物需要和产生促进土体水盐下行的效果，也因土壤含水量较高而有利于雨季脱盐。

表15　1980年春季及初夏大定额灌溉效果统计

土层 /cm	灌溉				未灌溉			
	ΔS	S_d	n	t	ΔS	S_d	n	t
0～20	−190	60.7	12	3.128**	+211	95.7	16	2.208*
20～60	−31	125.0	12	0.245	+119	74.2	16	1.604
60～100	+71	129.2	12	0.548	+205	106.5	16	1.922
100～200	−368	324.0	12	1.134	+203	109.3	16	1.854

注：$^{*}P < 00.5$，$^{**}P < 0.01$。ΔS，S_d含义和单位同表7-14。

所以，水量平衡的输入项中灌溉水虽占份额不大（1980年约30%，1981年仅20%），但对提高作物产量和对地块水盐运动的调节可以发挥重要作用，特别是综合治理初期阶段的冲洗压盐和大定额灌溉。

3. 较深的地下水位对旱季水盐上行运动有显著抑制作用

1980年春季及初夏，蒸散量为304.1 mm，大于此阶段的输入水量（247.3 mm），但因地下水埋藏深度大于3 m，地下水的蒸发量仅为37.2 mm（指地下水储量的减少值），占到总蒸散量的12%。此外，由于春季部分农田的大定额灌溉，因此无论是下层土壤和地下水输入的盐量均未超过其盐储量的10%，可视为变动不大。

1980年秋季输入水量和蒸散水量均显著减少，在蒸散（95.6 mm）大于输入水量（61.4 mm）的情况下导致了土壤水和地下水储量的减少。也因地下水埋藏较深而地下水蒸发量仅为4.41 mm，远小于春季地下水蒸散量和仅占当季总蒸散量的4.6%。因而虽然盐储量有增加的趋势，但是从下层土壤和地下水输入的盐量，还不到原盐储量的10%，可视为轻度返盐。

1980年11月到1981年6月的干旱季节里，降水量（74.5 mm）和灌溉水量（57.4 mm）合计131.9 mm，而蒸散量为235.8 mm，是输入量的179%，势将造成土壤水盐上行和地下水位下降。但资料显示 0 ～ 200 cm 土体的脱盐率为 14.4%，此无疑与地下水位趋深有关。因此，无论是在雨季和旱季，地下水埋深都是影响水盐上行和下行运动的重要条件，科学调节地下水位是调节水盐运动的杠杆，应引起足够的重视。

22.6.3 地块 II 的土壤盐渍化类型变动

根据 4 幅土壤盐渍化程度图，表 16 显示了统计结果。观察研究地块Ⅱ原有的大片盐荒地不断缩小或消失，原来大面积分布的中等盐化和轻度盐化地，已经演化成非盐化土壤和零星散布的盐斑。非盐化土壤面积由 1 293.5 亩增加到 1 746.6 亩，增加了 35%；中等盐化和盐荒地的面积减少了一半；重盐化土壤因将含盐量很高的盐土堆在平整土地时散布于附近田块而由 1979 年 11 月的 252 亩增加到 1980 年 6 月的 306.9 亩，以后随脱盐过程而缩小。

表 16 不同盐渍化程度土壤在面积上的变化　　亩

项目	1979 年 11 月		1980 年 6 月		1980 年 11 月		1981 年 6 月		1979.11—1981.6	
	A	%	*A*	%	*A*	%	*A*	%	**Δ*A***	**Δ*A*，%**
非盐化	1 293.5	46.9	1 600.4	58.1	1 844.7	67.1	1 746.6	63.7	453.1	35.0
轻盐化	498.7	18.2	332.7	12.1	360.6	13.2	425.9	15.5	−72.8	−14.6
中盐化	521.7	18.9	416.6	15.2	272.3	9.9	294.6	10.8	−227.1	−43.5
重盐化	252.0	9.1	306.9	11.1	182.1	6.6	204.3	7.5	−47.7	−18.9
盐荒地	177.0	6.4	95.6	3.4	85.2	3.1	65.4	2.4	−111.6	−63.1
盐土堆	12.9	0.5	4.0	0.1	3.0	0.1	3.0	0.1	−9.9	−76.7
总计	2 755.9		2 756.2		2 747.9		2 739.8			

注：因道路、房屋等的更动，面积稍有变化；*A* 为不同盐化土壤面积；Δ*A* 为面积差值；Δ*A*，% 为增减率。

土壤盐分状况在垂直方向上也发生很大变化，图 10 是不同盐渍化程度土壤 3 个不同时期的土壤盐分剖面状况。非盐化土壤原始盐分状况为上小下大的脱盐型，两年后上下层盐分都降低，但差距减小。轻度盐化土壤的原始盐分剖面为上下大中间小的初期脱盐类型，经过两年来的治理，随着大量重度和中度盐化土壤向轻度盐化土壤转变而各层盐含量均在逐渐减少，土壤上下层之间盐分含量的差距缩小。中度盐化土壤的初始盐分剖面为典型的上大下小的积盐类型，两年后虽仍为积盐型，但强度减弱，有上部盐分下移至中部积累的现象。

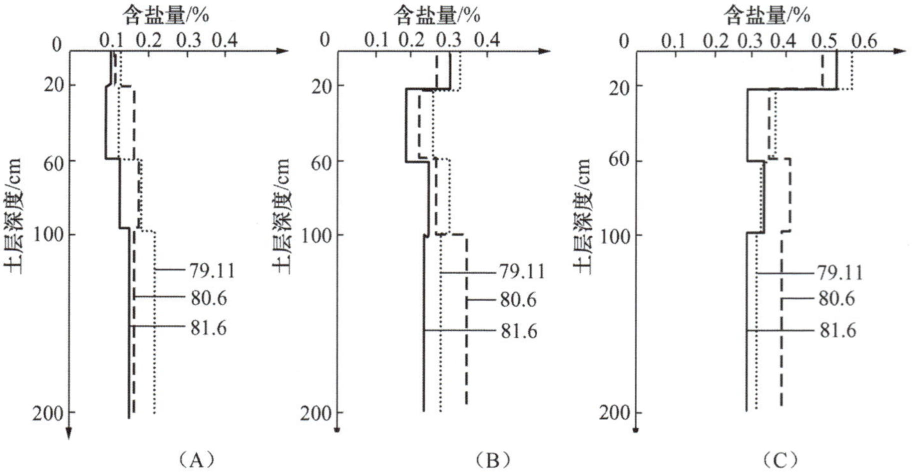

样点数：79.11 $n=8$；80.6 $n=10$；81.6 $n=11$（A）

样点数：79.11 $n=7$；80.6 $n=13$；81.6 $n=17$（B）

样点数：79.11 $n=12$；80.6 $n=9$；81.6 $n=8$（C）

图 10 水盐平衡观察研究地块Ⅱ不同盐化土壤的盐分剖面变化

观测期内的非盐化土壤（A）、轻度盐化土壤（B）和中度盐化土壤（C）的盐分剖面状况

22.7 大区和流域的水盐平衡[16]

大区和流域的水盐平衡一直为众多研究者所关注，试图从理论上探索某个区域的水盐运动特征与规律。如对里海低地盐量平衡研究以探讨呈穹隆构造的二叠纪含盐地层及里海海浸的影响下的盐量平衡特点[17]，如对戈洛德草原盐量平衡研究[5]等。而更多的水盐平衡工作是出于实践需要，对某些大型水利工程可能对该流域或地区水盐平衡影响的评价。大区和流域水盐平衡研究的不同目的和要求，自然条件往往复杂多样，所以研究方法也各具特色。

B.A. 柯夫达在他出版的《盐渍土的发生与演变》[5]一书中引述了 K. 史柯菲尔德 1929—1938 年在美国新墨西哥州的里奥格兰德河和亚利桑那州的科罗拉多河灌溉工程进行的水平衡研究，从灌溉系统引入和排水系统排出的两个方面观察水量及盐量（包括盐分组成）的平衡关系。

位于密西拉谷地的里奥格兰德河灌区年降水量约 200 mm，集中降于夏季。灌区面积 10 万英亩，设有长达 211 英里的明沟排水系统，由灌溉系统进入灌区的水量年均 744 380 英亩·英尺，由排水系统排出的水量为 496 113 英亩·英尺，占进入量的 66.6%。其相应的盐量和盐类组成的资料列入表 17。从中可以看出，易溶性盐类的排量最大，而 $CaCO_3$ 和 $CaSO_4$ 的排出量则小得多。说明了这个灌区不仅是一种脱盐的盐量平衡类型，而且盐类组成上也得到了改善。

尤马谷地的科罗拉多河灌区情况恰好相反。灌溉面积 49 278 英亩，由灌溉系统进入灌区的年均水量为 259 917 英亩・英尺。但从排水系统中排出的水量只占进入量的 22%。表 17 显示，盐类的排出量只及进入量的 45.8%，灌区盐化程度加重，必须改善这种不良的盐分平衡状况。另外，两个平衡区在盐分组成上，氯离子的排除量均较多。

黑龙江省水利勘测设计院为审议和设计“引嫩”工程（北引嫩江水）而进行的水量平衡分析是很有意义的，也是半湿润季风区研究水量平衡的一个很好的实例[6]。平衡区选在安达闭流区，以了解地下水径流和天然排水条件不良的闭流区在“引嫩”后可能发生的问题。平衡区面积为 23 700 km^3，根据不同的集水特点划分成 3 个小区进行计算。采用的水量平衡式是：

$$Z+D_1+q_1=R+D_2+q_2 \pm \Delta W \tag{9}$$

分区计算的结果列入表 18。

表 17 密西拉谷地和尤马谷地的盐分平衡[5]

成分	密西拉谷地（1931—1937 年）			尤马谷地（1937—1938 年）		
	进入	排出	排出*%	进入	排出	排出*%
水 /（英亩・英尺）	744 380	495 113	66.6	259 917	57 095	22.0
盐分 / t	599 369	608 076	101.5	248 428	113 791	45.8
其中：						
Ca^{2+}	80 553	69 686	86.5	35 552	11 517	32.4
Mg^{2+}	17 557	15 468	88.1	9 113	4 111	45.1
Na^{+}	101 985	122 639	120.3	34 895	23 579	67.6
$HCO^-_3+CO_3^{2-}$**	93 936	80 540	85.7	26 303	11 698	44.5
SO_4^{2-}	233 419	207 950	89.1	113 771	30 256	26.6
Cl^-	71 306	111 122	155.8	28 024	32 542	116.1
NO^-_3	1 418	1 461	103.0	770	88	11.4
盐量 /（t/ 英亩）	0.805	1.226	152.3	0.956	1.993	208.5

* 占进入总量的百分数；** 以 CO_3^{2-} 计算。

表 18 “引嫩”工程的水均衡现状分析[6]

分区	降水	地表水流入	潜水流入	蒸发	地表水流出	地下水流出	地下水调节储量	面积 / km^2
	Z	D_1	q_1	R	D_2	q_2	ΔW	
Ⅰ	24.20	0	0	22.37	1.82	0.01	0	5 430
Ⅱ	55.90	0.75	0	56.17	0.47	0.01	0	12 570

续表 18

分区	降水 Z	地表水流入 D_1	潜水流入 q_1	蒸发 R	地表水流出 D_2	地下水流出 q_2	地下水调节储量 ΔW	面积 / km^2
Ⅲ	25.35	0	0	24.78	0.57	0	0	5 700
合计	105.45	0.75	0	103.22	2.86	0.02	0	23 700

从水量平衡现状的要素分析中不难看出，平衡区水分的来源几乎全靠大气降水，而水量消耗的主要途径是蒸发和蒸腾，地表及地下出流只占总流出项的1.7%。这种降水—蒸发的水量平衡类型反映了闭流区的特点。

“引嫩”后江水进入平衡区的年总量约为11.92亿m^3，用于灌溉的水量约为7.41亿m^3。引嫩后平衡区各平衡要素的数值引入表19。

表 19 引嫩后的区域水均衡预测 m^3

分区	降水	北引流入	蒸发	地表水流出	地下水流出	工业用水	地下水调节增量
Ⅰ	24.20	1.38	23.17	1.82	0.01	0	0.58
Ⅱ	55.90	6.03	59.25	0.47	0.01	1.00	1.20
Ⅲ	25.35	4.51	28.01	0.57	0	0	1.28
合计	105.45	11.92	110.43	2.86	0.02	1.00	3.06

从表19中可以看出，引嫩后水量平衡中某些要素发生了重大变化。进入项中因引嫩而增加了11.92亿m^3，打破了原来的平衡状态。所增加的这些水量在消耗或流出项中的反映是蒸腾蒸发量增加了7.21亿m^3，相当于引嫩水量的60%。另外，引嫩水量中的26%约3.06亿m^3补充到地下水，每年可提高地下水位0.324 m，将导致本地区土壤次生盐渍化的迅速发展。这就要增大平衡区的排水能力，除排出原来的2.86亿m^3地表径流以外，还必须排出所增加的3.06亿m^3水量。为此，他们提出了采取浅沟密网的方法，及时排除雨季所产生的地表径流，减少雨水入渗和补充地下水的方案，以改善由于引嫩给这一地区造成的不良水量平衡状况。

22.8 黄淮海平原的水量平衡（略）

参考文献

[1] 石元春，辛德惠，等.黄淮海平原的水盐运动和旱涝盐碱的综合治理.石家庄：河北人民出版社，1983.

[2] 石元春，李韵珠，陆锦文．盐渍土的水盐运动．北京：北京农业大学出版社，1986.

[3] 石元春，半湿润季风区的水盐平衡，见参考文献 1，72–74.

[4] Морозоб А.Т.Водно-содебоц бадаис орощаемых территорий Абгореферат Бокторский писеертачии АН СССР.1954.

[5] B.A. 柯夫达．盐渍土的发生与演变（上册）．北京：科学出版社，1957.

[6] 黑龙江省水利勘测设计院．黑龙江省北部引嫩地区水盐平衡分析（内部资料），1978.

[7] 华北农业大学（现中国农业大学）盐碱土改良研究组．旱涝碱咸综合治理的研究．华北农业大学．农业科技参考资料，1977，39.

[8] 石元春．水盐平衡类型//黄淮海平原的水盐运动和旱涝盐碱的综合治理，1983：74–77.

[9] C.V.D.Berg，W.C.Visser，V.A.Kovda.Water and salt balances // Irrigation，Drainage and Salinity.An International Source Book FAO/UNESCO，1973.

[10] 石元春．土壤的盐量平衡．见参考文献 1，77–83.

[11] 西安交通大学水利系．土壤盐渍化的防止与改良，1959.

[12] 石元春．地块及区域的水盐平衡//黄淮海平原的水盐运动和旱涝盐碱的综合治理，1983：83–96.

[13] 张原秀，等．藁城县南部地下水均衡计算（内部资料），1978.

[14] 河北省地理研究所水文研究室．南宫地下水库的调节计算，1978（内部资料）.

[15] 陈焕伟，石元春．旱涝盐碱综合治理单元的水盐平衡分析//盐渍土的水盐运动．北京：北京农业大学出版社，1986，41–67.

[16] 石元春．大区和流域的水盐平衡以及黄淮海平原的水均衡分析，见参考文献 1，96–98.

[17] Л.К.Булинов. 里海的盐分平衡及由于海平面下降而引起的变化//地表盐分的迁移积累和平衡，1963.

[18] 石元春．黄淮海平原的水均衡分析．北京农业大学学报，1982，8（1）：13–21.

[19] 河北省地理研究所．海滦河流域降水分析（内部资料），1979.11.

[20] 胡学华．降低地下水位能不能减少径流增加有效降雨量（内部资料），1979.

[21] 黄淮海平原旱涝盐碱综合治理区划组．黄淮海平原综合治理区划说明书，1981（内部资料）.

[22] 天津勘测设计院二总队规划室．海滦河流域水资源及其利用（内部资料），1979.10.

[23] 地质部水文地质工程地质局．黄淮海平原地下蓄水水文地质图说明书，1979.12.（内部资料）.

[24] 地质部水文地质工程地质局．黄淮海平原浅层地下水补给资源分区图说明书（内部资料），1979.

[25] 水利部水文局．我国的水资源问题（内部资料），1980.6.

[26] 华北农业大学土化系曲周基点．运用浅井 – 深沟体系，综合治理旱涝碱咸．华北农业大学教育革命通讯，1975（1）:44–64.

[27] 华北农大曲周基点组．旱涝碱咸综合治理的研究．土壤，1978，1.27–29.

[28] 吴忱，吴金祥．古河道与地下水库（内部资料），1978.11.

[29] R.P.Ambroggi. 地下水库调节水循环 .Ground Water，1978，3.

23《区域水盐运动监测预报》绪论章

【写作背景】

水盐运动与调控研究、水盐平衡研究及水盐监测预报研究是黄淮海平原水盐运动研究的三个重要组成部分。在《文集》作者主持下，监测预报研究团队在整个80年代进行了长达10年之久的研究。1991年出版了《区域水盐运动监测预报》一书，以下是《文集》作者执笔的该书“绪论”章。

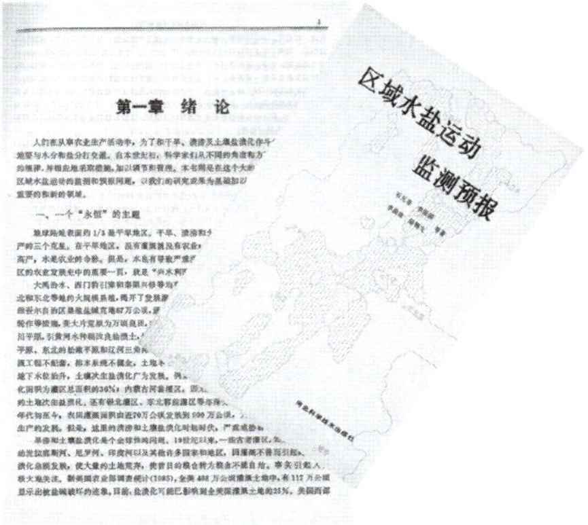

人们在从事农业生产活动中，为了和干旱、渍涝及土壤盐渍化做斗争，就不可避免地要与水分和盐分打交道。自20世纪初，科学家们从不同的角度和方面去认识水盐运动的规律，并相应地采取措施，加以调节和管理。本书则是在这个大的背景下，专就其中的区域水盐运动的监测和预报问题，以我们的研究成果为基础加以阐述和探讨。这是一个重要的和新的领域。

23.1 一个“永恒”的主题

地球陆地表面约1/3是干旱地区。干旱、渍涝和土壤盐渍化是这个地区发展农业生产的三个克星。在干旱地区，没有灌溉就没有农业；半干旱地区，没有灌溉就没有稳产高产，水是农业的命脉。但是，水也有导致严重涝灾和土壤盐渍化危害的一面。这个地区的农业发展史中的重要一页，就是“兴水利而除水害”。

大禹治水、西门豹引漳和秦渠兴修等均有两千年以上的历史。20世纪50年代开始的我国西北和东北等地的大规模垦殖，揭开了发展灌溉和与土壤盐渍化做斗争的新的一页。在新疆垦殖盐碱荒地87万公顷，通过建立排灌系统，采取人工冲洗、种稻改良、牧草轮作等措施，变大片荒原为万顷良田，使其成为我国北方的一个重要粮棉生产基地；宁夏的银川平原，引黄河水种稻改良盐渍土，使5万公顷盐碱荒地成为“塞外江南”；内蒙古的河套平原、东北的松嫩平原和辽河三角洲等地盐渍土的开发也是成果累累。但是，在一些灌溉工程不配套，排水系统不健全，土地不平整，灌水和农业管理技术粗放的地区，地下水位抬升，土壤次生盐渍化严重。例如，黄河中下游17个灌区的土壤次生盐渍化面积为灌区总面积的36%；内蒙古河套灌区，因无渠首建筑和缺少必要条件，1/3的土地次生盐渍化。还有银北灌区、东北郭前灌区等亦深受水盐之害。黄淮海平原自50年代初至今，农田灌溉面积由近70万公顷发展到900万公顷，大大推动了这个地区农业生产的发展。但是，这里的渍涝和土壤盐渍化时起时伏，严重威胁着农业生产。

旱涝和土壤盐渍化是个全球性的问题。19世纪以来，一些古老灌区，如底格里斯－幼发拉底斯河、尼罗河、印度河以及其他许多国家和地区，灌溉不善而引起的次生盐渍化急剧发展，使大量的土地荒弃，使昔日的粮仓转为粮食不能自给。事实引起人们极大的关注。据美国农业部调查统计（1985），全美408万公顷灌溉土地中，有117万公顷显示出被盐碱破坏的迹象。目前，盐渍化可能已影响到全美国灌溉土地的25%。美国西部河流水质恶化，矿化度高和土壤含盐量高已构成了严重威胁。马兰托（1985）报道，“到2000年，加利福尼亚州1/3的农田将被破坏”。据估计，科罗拉多河流域年增900万～1 000万吨易溶盐量的负荷，使所有用户一年需支付113亿美元以上，如不进行控制，到2010年预计损失费用将翻一番还多。中、远东国家或地区的土地多受水盐因素的困扰，伊朗约50%，巴基斯坦也有30%以上的土地盐渍化（FAO，1983）。据澳大利亚的资料（1982），估计盐渍化造成澳大利亚的经济损失为1.5亿美元，年损失额为2 114万美元（其中次生盐渍化损失为1 514万美元），到2000年年损失额将超过2 600万美元，总损失额将超过2.8亿美元，需要投入2.6亿美元进行治理。

灌溉无疑是获得高产稳产的重要条件和措施，全世界17%的灌溉土地提供了56%以上的农产品（Zoh等，1981）。但是，在干旱、半干旱和半湿润地区，哪里有不良灌溉和缺乏必要的排水条件，哪里就会发生次生盐渍化。自1800—1980年的180年间，由于不良灌溉和次生盐渍化而废弃的土地每年达100～150万公顷（Kovda,1985）。根据Zoh（1981）预测，灌溉面积将由现在的2.65亿公顷增加到2000年的4.2亿公顷，比现在的灌溉面积增加60%左右。令人不安的是，现在和可以预测到的将来，多数的灌溉区仍将存在不同程度的灌溉不善和缺乏排水设施。这就是我们要提出的，在地球陆地表面1/3以上的地区，人类在几千年的农业生产过程中，深受水盐的困扰。即使在人类社会和科学技术相当发达的现代以至相当久远的未来，人们仍将无法摆脱和不得不继续与水盐打交道。当然，我们应当相信，未来的科学技术和社会经济的高度发展，人类最终定能摆脱农业生产中的水盐之害。

23.2 问题的症结

人们兴水利而除其弊，与旱涝和土壤盐渍化斗争的历史过程，就是对水盐运动规律的认识和从事水盐管理不断深化、发展的过程。我国农民积千百年的经验，如抗旱保墒、沟畦台田、围埝平种、冲沟垄作、“锄头底下有水有火”“盐碱地种花，晒垡养坷垃”“盐随水来，盐随水去”等，乃至近代的灌排系统、盐碱地冲洗和改良工程，都是在生产斗争实践中，通过对水盐运动规律认识的不断深化，而采取的加强对水盐管理的措施，以改善农田水盐状况。

随着农业生产规模的扩大和科学技术的进步，人们在合理利用水资源和对付水盐干扰上，日益向着大型综合和流域性整体治理方向发展。巴基斯坦在世界银行的援助下，在印度河平原灌区执行了一项规模宏大的，以管井工程为主的盐渍土改良计划（SCAP 计划，1960—1996），治理面积 700 万公顷；埃及在 FAO 资助下，在尼罗河三角洲 200 万公顷土地上，实施了以暗管排水为主要内容的盐碱土改良工程。这两项具有世界影响的巨大工程，以及美国西部盐河河谷、加州中央河谷等大型灌区和匈牙利的蒂萨河灌区等，均取得了良好的效果。印度政府也通过以分期付款的方式与农民建立盐渍土改良的合作项目，使 30 万公顷的碱化土壤得到了不同程度的改良。

自 20 世纪 50 年代以来，对于我国的黄淮海平原，一方面治理了黄河、淮河和海河三大河系，开挖了行洪排涝工程，在周围山区修建了 4 000 多座、总库容量为 250 亿立方米的水库，打了数十万眼机井，使灌溉面积由 70 万公顷发展到 900 万公顷，从整体上改善了这个地区的水盐状况。另一方面，在不同自然条件的各种类型区，设置了旱涝盐碱综合治理和农业发展试验区，提出了不同条件下进行综合治理的模式。

新疆乌鲁木齐河的全流域性的统一治理也取得了良好的效果，如山区修水库，对水量做多年性调节；建平原水库以调蓄冬季的泉水和井水；加强渠道防渗灌溉管理，使渠系有效利用系数由 0.3 提高到 0.6，在潜水溢出带及下游冲积平原渠灌的同时，配合竖井（1 817 眼）灌排，年提水量达 2.5 亿立方米等措施，使灌溉面积由 1.93 万公顷增至 7.93 万公顷，灌区盐渍土由 2 万公顷减至 0.1 万公顷。无论是在一个小的田块，还是在一个大的流域，无论是采取农业技术措施，还是搞大型水利工程，人们在与旱涝和土壤盐渍化做斗争中，自觉或不自觉地在逐步加深对水盐运动规律的认识，并不断增强对水盐运动的控制能力，以改善水盐状况和生产条件，促进农业生产。

长期以来，人们的生产实践和科学研究活动表明，与旱涝盐碱的斗争并取得进展，其实质在于对本地区水盐运动规律的认识不断深化，并加以科学地调节和管理。这是整个问题的症结所在。

23.3 水盐运动的研究

近代的水盐运动研究是在三个层次上展开的，即土体中水盐运动过程及其机理的微观性研究，田间的及区域性的水盐运动过程及其机理的研究。

土壤中水的运动主要是基于达西定律，对多孔介质中饱和－非饱和流的水动力学的研究，建立了水流运动的基本方程。而含有易溶盐和其他溶质的溶液在多孔介质中的运动要复杂得多。早在 1905 年 Slichter 就曾报道过，在土壤中溶质并不是以相同速率移动的。20 世纪 40 年代，色层分离理论进一步说明了不同溶质通过多孔介质时运动速率的差别（Martin 和 Synge,1941）。Lapidus、Amundson（1952）和 Nielsen、Biggar（1961,1962）以及 Biggar、Nielsen（1962,1963）根据一系列实验，提出了易混合置换的理论，认为溶质的能量是由对流、扩散和弥散的综合作用引起的。

60—70 年代对于溶质运动方程的运用和完善，说明了对溶质运移机理理解的逐步深化。Bresler（1982）所著《盐化与苏打化土壤》一书中，总结了有关盐分运动的原理和模型，可以代表当前国际上在盐分运移方面的主要观点和动向。

我国在这方面的研究是从 80 年代开始的。张蔚榛（1982）提出了土壤水盐运移模拟的初步研究结果。李韵珠（1985）运用水动力学模型，研究了非稳态蒸发条件下夹黏土层的土壤水盐运动，Chen（1990）在盐分运移方面的多离子耦合传输和综合传输模型的研究，取得了较好成果。刘亚平（1985）在稳定蒸发条件下，应用土壤水盐运动模型进行了多方案计算，提出了潜水蒸发与埋深关系公式和用潜水蒸发量近似估算土壤盐分状况的方法。杨金忠（1987）、陈研（1991）在饱和－非饱和土壤水盐运动的计算方法上取得了进展。陆锦文等（1986）对非饱和土壤水运动的水分特征曲线、导水率和扩散率等方面的研究，杨金忠（1987）、贾大林（1987）、张效先（1990）、黄康乐（1998）对土壤盐分扩散－弥散系数等方面的研究，提供了有价值的参考意见。

和实验室有控条件下的研究相比，田间水盐运动的研究难度更大，一是土壤的空间变异性极大，二是气候和人为活动的非稳态条件十分复杂。主要的研究工作有：

——土壤空间变异性研究。这方面研究的目的是定量说明土壤组成、性质和水盐运动参数在空间上的分布规律，以便使在一定情形下所建立的模型能推广应用到田间。在这方面，Nielsen 等（1973），Biggar 等（1976）、Bresler（1981）、Jury（1984）、Russo（1984）、Rhoades 等（1988）和我国的雷志栋与杨诗秀（1988）、胡毓琪（1985）等做了有意义的工作。目前空间变异的研究应用，仅限于取样点的选择与土壤某些性质在空间上的插值运算方面。

——田间某一特定条件下的水盐运动的研究。如不同的作物发育阶段、灌溉制度、土体构型条件下的土壤水分运动（Hillel 等，1979，Feddes 等，1985，1986，1988；雷志栋，1985；陆锦文等，1985，1988）。在盐分运移方面（Bresler，1975，1982；杨金忠，1986；贾大林等，1985；李韵珠等，1986；黄康乐，1988，Jury，1984；Nour el-Din、King、K.K.Tanji，1988）取得的成果已应用于盐碱地改良等方面。近年来盐分运移中的物理化学过程变化研究是一大研究热点。Grove 与 Stollenwer（1987）对地下水盐分运移化学过程变化，做了系统总结。

——水盐平衡方法是研究田间水盐运动的重要和常用方法（Kovda，1946，1959；Woods，1967；Szabolcs，1976；Kaddah 与 Rhoades，1976；石元春，1983）。田间水盐均衡方程的建立，可以从整体上定量地确定田间各种情况下水盐的来龙去脉及田间的水盐动态变化（陈焕伟、石元春，1988）。石元春等（1977，1983，1986）还研究了不同自然和人为活动条件下的水盐平衡类型和分区。

——随着电子计算机技术的发展，对复杂田间条件下水盐运动的定量化的研究和建立模型的研究有了发展。Jury（1984）将田间水盐运动模型分为确定性模型和随机模型。Feddes（1988）对土壤水分运动模型及其应用做了系统阐述。从总体上看，这项工作还处在初期阶段，尚难应用于复杂的田间条件。

大规模的区域性旱涝和土壤盐渍化综合治理，促进了区域水盐运动的研究。即在一个流域的大范围内，对水盐运动的过程及其规律进行宏观性的研究，以作为区域综合治理和水盐调节管理的科学依据。研究工作主要是用系统分析方法，对影响区域水盐运动诸要素进行分解、综合，建立模型和探讨系统中各状态变量的动态。Tanji（1981）阐述的 10 个代表性区域盐渍水文模型，是美国西部 60 年代和 70 年代工作的总结。在欧洲，70 年代末和 80 年代初，英、丹、法合作开发欧洲水文系统，包括对径流、土壤水、蒸散、积雪融化模型的研究与耦合，应用于欧洲水资源的合理开发与利用。索柯洛夫等（1980）系统总结了苏联水资源区域再分配的研究成果。

我国区域水盐运动的研究，从 70 年代末至今取得了一系列研究成果。黑龙江省水利勘测设计院（1978）为审议“引嫩”工程（北引嫩江水），进行的面积为 2.4 万平方千米的水盐均衡分析，提出了工程实施后将有 26%的灌溉水进入地下，并会使地下水位抬升 0.32 米，以及应采取的预防措施。石元春（1983）提出了黄淮海平原的水均衡方程和模型，从宏观和战略上探讨了这个地区旱涝盐碱综合治理中的水盐调节问题，并提出了小流域或县级为单位划分区域水盐运动类型的原则、方法和不同条件下的水盐调节管理模式。魏由庆（1985）对鲁西马颊河流域的西背河洼地、刘世春对商丘黄河背河洼地的研究也都取得了成果。

从世界范围来看，对区域水盐动态研究多采取分区方法进行（索柯洛夫等，1980；Tanji，1982；石元春，1985），研究方法多是水盐均衡法。石元春（1977，1983，1988）在提出地学综合体概念的基础上，划分区域水盐运动类型，李韵珠等（1988）进行了分区（不同地学条件）水盐均衡计算。另外一种方法是Huggins（1968）利用分布参数模型作区域水均衡与产流的模拟；Gupta 等（1977）按此法建立了区域水均衡方程，Williamson 与 Turner（1980）把这种方法用于对区域土壤水分含量的计算上。区域地下水水盐动态的研究，近年来多应用分布参数模型（Bear，1979；张蔚榛，1983；朱学愚，1986；孙讷正，1989），研究方法以水动力学法为主。区域水盐运动系统的研究涉及面广，系统中土壤水、地表水、地下水各子系统相互作用。因此在研究区域水盐运动规律时，不可能采取单一的方法，而是众多研究方法的综合（Tanji，1982；石元春，1988）。这也决定了对区域水盐运动研究要从系统论的观点出发，采取系统分析的方法进行，即先给出研究区水盐运动系统概念模型（如 Walker，1978；DHI，1985；石元春，1988），最终利用已有的研究成果与方法，如水均衡法、水动力学法或两者的结合，有时还辅加数理统计方法与运筹学方法一同完成既定的目标。近年来，运用系统工程的方法对区域水盐运动系统进行研究，黄运祥等（1985）在新疆进行了有益尝试。

以上所述，可说明对区域水盐运动规律的研究，已进入以系统理论作指导，多种研究方法相结合的时期，进而研究对区域水盐运动的科学管理与调控。这就必然导致一个新的重要课题的提出，即区域水盐运动监测预报的研究（石元春等，1983）。

23.4 区域水盐运动监测预报

区域水盐运动是一种客观存在的自然现象，和气象、洋流、地震等一样，均有其自身的发生、发展和演化的规律。人们为了趋其利而避其害，需要在认识其发生、发展规律的基础上，做到预测和防患于未然。预报是人类适应自然和利用自然的必须。人们对气象预报和地震预报早已熟知，而对事关农业发展和近在足下的区域水盐运动的预报却不甚了了。

长期以来，农业生产主要依靠扩大外延的粗放经营和资源投入来发展，旱涝盐碱的威胁也只是用一般技术和经验来对付。第二次世界大战以来，世界人口急剧增长，人们越来越意识到，必须充分应用科学技术，合理利用、治理和保护地球上越来越珍贵的水土资源，这已是大的趋势。当农业活动社会化程度日益增加，特别是大型水利工程的建设，人们深刻地认识到对付旱涝和土壤盐渍化，绝不只是某几个田块或乡村土地孤立性的问题，而是和整个流域和区域联系在一起，是和整个区域的水盐运动状况及演变密切相关的。石元春（1983）提出，黄淮海平原的旱涝盐碱综合治理的实质，是对区域水盐运动的调节和管理。要做到对区域水盐运动科学的调节管理，重要的条件是能及时掌握区域水盐运动的状况以及对发展趋势的预测。社会和科学技术的发展，提出了对区域水盐运动监测预报的需要。

科学的预报只能建立在对预报对象运动规律的认识，科学资料的积累以及及时有效地监测的基础上。预报的准确程度，决定于这个领域科学工作的研究程度和监测手段的有效性和先进性。近年来，气象预报技术的大幅度提高，不仅得益于气象科学的进步，而地球资源卫星、气象卫星的监测和计算机的数据处理等现代监测手段及技术，发挥了极大的作用。当然，对运动规律的认识和有效的监测不能代替预报，预报还有着自身的理论和技术，正如气象预报乃是整个气象科学中的一个重要和独立的分支。

和气象预报相比，区域水盐运动的预报尚处在酝酿和起步阶段，其中地下水水位和水质预报工作做得较早，基础较好。张蔚榛（1983）和陈葆仁（1983）对地下水位预报，做了系统和总结性地阐述。区域地下水水质的预报方面，Konikow 与 Bredehoeft（1987），Rashid Al-Layla（1988），王秉忱（1985），孙讷正（1989）等做了初步报道。而区域性土壤水盐运动预报的研究报道则很少。偶有实验室有控条件下的预报模型的研究报道，也和实际的预报工作有很大距离。50 年代末，匈牙利土壤学家 Darab 和 Varallyay（1969）等，就蒂萨河流域的大型水利灌溉工程，提出了为土壤盐渍化测报服务的专门性土壤调查，建立了以地下水临界深度为中心的制图系统（比例尺为 1 ： 100 000），来预报不同条件下灌溉后盐渍化的发展。联合国粮农组织（FAO）发行的《盐化与碱化的预报》（1976）一书中，Szabolcs 提出了盐化和碱化监测预报的土壤和水文调查方法。黑龙江省水利勘测设计院（1978）为审议和设计“引嫩”工程而进行的水量均衡计算，预测了引嫩后区域水盐变化趋势和应采取的预防措施。1981 年 Tanji 总结的在美国西部所建立的 10 个水文盐渍化模型，虽在应用上存在着很大局限性，但都可对区域水盐动态某些因子进行预报。石元春（1977）曾就微咸水灌溉条件下的水盐状况预报，及相应的灌溉管理做了系统的报道，随着黄淮海平原旱涝盐碱综合治理研究的深入，又提出了为实行区域水盐运动的科学调节和管理，而需要做监测预报技术的研究，并于 1983 年，本研究列入国家“六五”科技攻关课题。从此便开始了对区域水盐运动监测预报系统性的研究工作。经过数年研究，取得的主要成果是：

——应用地理分析法，在对测报区复杂的地理和人为因素进行综合分析的基础上，提出了区域水盐运动类型的划分原则、方法和制图技术；

——应用区域水均衡法和数理统计法进行了地下水水位预报的探讨，并取得初步成果；

——土壤水盐运动预报的有关参数研究，如不同质地土壤的持水性和导水率的特点，盐分扩散－弥散系数，并编制了一维非饱和流的 h 方程的计算机程序；

——春季蒸发条件下，层状土柱及田间土壤的基质势和含水量预测研究，以及不同区域水盐运动类型的土体季节性水盐运动的监测和预测；

——监测方法和手段的研究，如压力传感张力计、遥感技术在水盐监测上的应用等。

在此研究的基础上，提出了测报体系采取的技术线路是：在认识黄淮海平原水盐运动的特点和进行水盐运动类型划分的基础上，采用地下水—土壤两段式测报方法（石元春，1985）。以上研究成果编写出版了《盐渍土的水盐运动》一书（1986）。

1986—1990 年国家“七五”科技攻关中，使这个课题第二阶段的研究进入了一个新的阶段，提出了比较完整的区域水盐运动监测预报体系（PWS）。本书正是为了系统报道此项成果而作。

23.5 本书内容简介

本书是一部报道北京农业大学“七五”科技攻关研究成果的专著，但也简要介绍了国内外近期有关研究的进展情况。全书结构是按预报体系（PWS）本身的系统性编写的。在简单介绍了黄淮海平原的水盐运动特征后，对区域水盐运动进行了系统分析，并建立了区域地下水水位、水质和土壤水分、盐分的基本方程和概念模型。在此基础上，提出了 PWS 的技术目标和内容、结构及工作流程。

PWS 的主要内容包括资料与监测系统、地下水位和水质的动态预报、土壤水分动态预报、土壤盐分动态预报，以及在各子系统预报的基础上，提出了系统预报的模型及其实施和检验。最后是 PWS 的信息系统。

在区域水盐运动监测预报这个领域中，本书所介绍的 PWS 具有以下特点和重要进展。

一是运用系统分析、数学式，表达和建立概念模型，使对区域水盐运动这个复杂系统的认识，由传统的和经验性阐述发展为概念清晰、科学和规范化的表达，并为系统预报打下了基础。

二是在不同类型与条件的水盐监测预报区内，应用多种方法，如水盐均衡、专家识别、数理统计、水动力学等方法，发展建立了针对不同目的的 4 个子系统预报模型。各子模型的应用灵活，可根据预报要求，有针对性地选用建立的子模型，做出某一子系统在一定时段内的趋势性或定量化预报。

三是按 4 个子系统的自然关系，以其物质的流向和流量构成有序的系统预报模型。从实验室模拟到建立田间预报模型，又从单点到多点，特别是建立分布式动态模型和栅格化数据图幅叠加等方法，使多点预报扩展为完整的面的预报，并以直观和实用的图幅形式表达，以菜单选择的方法提供服务。既可做中长期预报，也可做季节的最小时段预报。

四是比较充分地应用了地理信息系统和计算机技术，初步建立了从信息（数据）输入、计算、管理到图幅和数据文件输出的计算机自动化运行系统。

24 黄淮海平原水盐运动的地学研究与理论体系的形成

【写作背景】

《文集》作者发挥其地学功底优势，对黄淮海平原易溶盐的第四纪及近代的地球化学过程及空间分异进行了研究；对季风气候在黄淮海平原、中国以及全球的表现及其对区域水盐运动的影响进行了研究，并提出“半湿润季风气候区水盐运动理论”。2013 年出版的《黄淮海平原的水盐运动》为此设置了专章，以下是该章内容，稍作删节。

【本章按语】 自 1973 年秋，我们一直在曲周实验区埋头于旱涝碱咸综合治理实践和水盐运动研究，是 1979 年国家农委下达的“黄淮海平原旱涝盐碱综合治理区划”任务和国家科委下达的“六五”“七五”国家科技攻关项目将我们的研究和视野扩展到了整个黄淮海平原，使我们开始了全球与中国季风现象、黄淮海平原易溶盐的古代和近代地球化学过程、旱涝盐碱综合治理区划、水分平衡等宏观性的和地学的研究。使我们有可能将点上研究与面上研究、微观性研究与宏观性研究、治理实践与理论总结结合了起来。本章是黄淮海平原地学研究的汇集，也是对水盐运动研究的一次理论升华。如果说本书以上诸章是在“画龙”，那么本章第 1 节的“地学综合体思想”和第 5 节的“半湿润季风气候区水盐运动理论及其形成”可视为“点睛”之笔。

24.1 地学综合体思想

地球表层的岩石圈层、土壤圈层、水圈层、生物圈层以及大气圈层是一个相互联系和统一的有机整体，一个复杂和庞大的系统。人们对此有一个由综合到分析，由分析到再综合的认识过程。中国的天人合一论和西方的神造论等古代朴素的自然观是从整体和综合上认识自然体以及与人的关系的代表思想。15 世纪开始，以哥白尼日心说为标志的现代科学革命和技术革命以后，人们开始用分析方法，也就是将一个复杂的研究对象分解成若干相对简单和独立的部分，分别寻求其本质属性和演化规律，如气候学、地质学、地貌学、水文学、土壤学、生物学等的主干学科以及它们的众多分支学科，这是 15 世纪以来科学认识自然界的重大发展和深化。19 世纪后期，人们又在分析方法的基础上进行再综合，也就是在新的基础上从整体上去认识自然界，如自然地理学、景观学、生态学等。

19 世纪初叶，德国著名地理学家洪堡德（von Humboldt，1806）把自然地理环境看成为一个整体，认为地球表面的各种自然现象之间存在着因果上和区域上的相互联系，提出景观是这种地理区域集合体的外观表现。帕萨格（S.Passage,1919）在他的《景观学基础》书中提出景观是由景观要素——气候、水、土壤、植物和文化现象组成的地区复合体。而生态学则是研究生物体与生存环境之间的关系，“生态系统不仅包括有机综合体，也包括我们称之为生物群落环境的诸自然要素的统一体。”（A.G.Tansley，1935）

20 世纪 30 年代 L. von. Bertalanffy 提出了系统论思想，成为 20 世纪中叶的一种重要横断科学和方法论，受到科技界的广泛重视与推崇。对“系统”有各种理解，如“系统是有组织的和被组织化的全体”“系统是有联系的物质和过程的集合”“系统是许多要素保持有机的秩序，向同一目的行动的东西”“由若干要素以一定结构形式联结构成的，具有某种功能的有机整体”等等。系统的共同特征是它的整体性、关联性、等级性、时序性，以及物质流、能量流及其动态平衡性等。对系统论的研究在于认识系统的结构与功能，以及系统、要素、环境三者的相互关系、动态规律以及系统的优化等。Bertalanffy 强调，任何系统都是一个有机的整体，它不是各个部分的机械组合或简单相加，系统的整体功能是各要素在孤立状态下所没有的性质。

石元春继承了上述理论与思想，根据多年的地学工作实践与研究，于 20 世纪 80 年代初提出了“地学综合体”概念。他认为在一定气候条件影响下的第四纪沉积物、地貌、水文和水文地质、土壤、植被等地学要素不是孤立存在和随机叠置，而是一个有规律和相互协调的，运动着的统一地学系统。地学综合体在结构上有气候、地表和人为活动三个层次。

气候是相对独立于地表层次之上的大气运行系统，是影响地表和人为活动的重要因素和营力。地表层次的基岩与第四纪松散沉积物（成因、岩性与年代）是构成此地学综合体的物质基础与骨架，地貌是第四纪沉积物受内外地质营力作用下的外在表观，二者是互为内容与形式的原生性地表层次要素。流水是搬运和塑造第四纪沉积物和地貌的主要营力，而水文与水文地质状况则是依附于第四纪沉积物和地貌的地上水与地下水要素；土壤和植被只是在第四纪沉积物、地貌、水文和水文地质条件下发育生成的，为次生性地学要素。所以，在一定气候条件影响下的某种第四纪沉积物和地貌类型必有其相应的水文、水文地质，以及土壤与植被的特征。由于地貌的外观性强，往往成为识别和区分地学综合体的标志，即某地貌类型可以反映该地学综合体及相应的气候、第四纪沉积物（成因、岩性和地质年代）、水文、水文地质、土壤和植被等地学要素的总和。

人为活动深受气候和地表层次诸要素的影响和制约，也在一定程度上影响着地表诸地学要素。

地学综合体在时间和空间上有着完全的整合性与一致性，具有良好的空间性（地上部与地下部在空间和区域上的规律性分布）、时序性（第四纪及近代沉积物的不同年代与时序）、等级性（指大区、中区、小区及微域）以及运动性（物质流和能量流）。

如上所述，将地球表面各圈层视为一个统一体和系统，是人们对它的认识由综合到分析，再到新的综合的过程和结果。在新的综合过程中往往是以某一个侧面为中心地去认识和诠释这个统一体，如果说生态学是以生物体为中心，土地学（研究土地及其立地条件的自然及经济特性）是以土地为中心，那么地学综合体则是以地学要素为中心地去认识和诠释这个统一体。

在黄淮海平原旱涝碱咸综合治理和水盐运动研究中，石元春不断运用和丰富着地学综合体思想。气候层次的研究中提出了黄淮海平原的“半湿润季风气候”的“气候区”定位（本章第 2 节）。地表层次的研究中提出了黄淮海平原由山前洪积冲积平原、（黄河、海河、淮河）冲积平原和（环渤海、黄海）滨海平原三类中区地貌及其相应的小区地貌（本书第 2 章第 2 节），以及“高地形—深地下水位—地下淡水—褐土或褐土化潮土—旱作农业组合”等 12 类地学综合体组合（本书第 5 章第 3 节）；提出了河北曲周县 7 类小区级的地学综合体组合（本书第 5 章第 6 节）。从而以黄淮海平原和其中曲周县为例，在大区、中区、小区及微域的不同尺度上提出了不同等级和类型的地学综合体特征及其间的相关性。

不同地学综合体类型有不同的物质流，尤其是其中最活跃的水分和易溶性盐类，这是提出以水盐运动为重要研究对象的理论上原因。水盐运动受半湿润季风气候条件的影响，更在不同地学综合体组合中表现得多种多样。水盐运动与以地貌为代表的地学综合体有着很好的相关性和一致性，如上述的黄淮海平原的 12 类地学综合体组合均有其相应的水盐运动类型，即 1 类地学综合体为水盐稳定下行类型；2 类地学综合体为水盐下行为主类；3 类和 7 类地学综合体为水盐上下行相对平衡类型；4、5、6、8、9 类地学综合体为水盐弱上行类型；10、11 和 12 类地学综合体为水盐强上行类型。

地学综合体思想是我们对黄淮海平原进行地学研究和水盐运动及其调节管理研究的主要理论指导和方法。本章以下诸节将分别介绍对黄淮海平原的季风现象、对新生代易溶盐古地球化学过程、对近代地球化学过程、对旱涝碱咸综合治理区划等地学研究成果，最后以“半湿润季风气候水盐运动理论”的形成结束本章和本书。

24.2 季风现象和我国季风区域[1]

中国气候区划中，黄淮海平原属暖温带半湿润气候。当深感黄淮海平原突出的春旱夏涝并导致土盐（潜）水咸的时候，使我们追思到季风现象。是季风这种全球性气候现象才使得黄淮海平原降水集中和干湿季分明，才会有春旱夏涝和土盐（潜）水咸的。所以对黄淮海平原的气候认识中不能只有暖温带和半湿润而没有季风现象。

人们很早就在生产活动中感知到季风现象，如航海和水运中人们常常利用风向的季节变化特点来安排航行活动。但是，将季风现象作为一个气候科学问题进行专门研究，主要是在 20 世纪 20 年代以后才开始的。

“季风”一般是指盛行风随季节而明显变化的一种气候现象。换言之，在季风盛行的地区，风向必有明显季节变换。许多气象学家（J.Hann, 1940；V.Conrad, 1937；С.П. Хромов,1950；高由禧，1962）从不同的方法和角度提出了各种“季风指数”。根据 С.П. Хромов 提出的定义和指标，1957 年制订了季风区分布图（图 1，注：图略）。图中可以看到“季风”是一种全球性现象，但主要表现在亚洲及非洲中部。季风现象形成的原因，历来各家之说甚多，主要有海陆热力差异季节变化说（Halley，1686[2]；А.И. Воейков, 1879[3]；C.S.Ramage，1971[4]）和行星风带季节位移说（С.П. Хромов，1950[5]；H. Flohn, 1950[6]）。高由禧则强调“季风现象是海陆分布、大气环流和具体地形等 3 种因素错综影响下的综合现象，具体地区要作具体分析[7]”（1962）。

我国处于欧亚大陆东南部，东和东南濒临太平洋，西北则延伸到欧亚大陆腹地。因而海陆热力的季节差异很大，使我国，尤其是东部地区具有明显的季风现象，是世界上主要的季风区之一。冬季东亚海陆热力差异大，蒙古高压和阿留申低压十分发达，冷高压成为天气的主要控制系统，使我国东部地区盛行北风和西北风（冬季风），气候寒冷干燥。夏季里，海陆热力差异也很大，但作用方向与冬季相反，大陆上的印度热低压和海洋上的太平洋高压非常发达，成为控制天气的主要系统，故盛行东南风和南风（夏季风），温暖潮湿和多雨。在春秋季节，则是冬季风和夏季风相互消长，因而冷暖干湿，变化无常。

我国地域辽阔，地形复杂，距海远近不同，各地区不同季节的行星环流差异很大，故各地季风现象表现各异。高由禧等[7]根据季风流场、气压场、湿度场和云雨等现象的季节变化，将我国划分为5个不同的季风气候区（图2，注：图略）。

冬季风影响的南界线位于南中国海面。此线以南，不受冬季风影响，而受东北信风或赤道东风带控制，为温度和雨量年分布比较均匀的“赤道季风气候区”。夏季风极峰到达的最北位置正是夏季风影响的北限，也是西风带季风区和副热带季风区，干燥气候和湿润气候的分界线。在此线以北和西北的地区，常年受偏北风控制，盛夏也很难受到来自海洋的夏季风的影响，为冬夏均干燥少雨的常年西风带区。西藏高原季风区的季风现象则是由于行星西风带和东风带的季节位移所造成。

综上所述，因海陆热力差异而产生的冬季风与夏季风季节更替的季风现象，在我国主要表现在东部的热带季风区和副热带季风区。热带季风区大抵在北纬25°线以南的华南沿海和南海海域，这里一年经受四次不同季节风的更替，雨量的年变化上出现两个高峰（5、6月和8、9月）。副热带季风区在北纬25°以北，到我国北部疆界（北纬53°左右），包括我国黄淮海平原在内的东部大陆的主要部分。这里一年中仅受两次季节风（冬季风和夏季风）的更替，雨水集中降于夏季。黄淮海平原属东部的副热带季风区中的华北亚区。

关于季风现象和中国东部地区的降雨特征以及与旱涝的关系，自20世纪30年代以来，我国的气象学家（竺可桢，1934；涂长望，1937、1944；陶诗言，1948、1957；叶笃正，1950、1958；高由禧，1948、1952、1962；徐淑英，1962等）从不同角度进行了大量和卓有成效的研究。它对于我们认识黄淮海平原的降水特征以及水盐运动和旱涝盐碱的发生规律十分重要。

首先，我国东部之所以有如此丰富的雨水，主要是由东南季风从海洋上带来的。正如高由禧所指出的，在副热带高压控制下，出现了地球上的主要沙漠区，如撒哈拉沙漠、阿拉伯沙漠、伊朗和阿富汗等地的沙漠，而同处于副热带高压控制下的同纬度的我国华中、华南地区，不仅未沦为不毛漠境，且为我国富饶的鱼米之乡，这主要归功于东南季风。

其次，我国东部地区的降雨主要是受季风，特别是夏季风所控制，年降水量随着夏季风行进的方向，自南而北逐渐减少，由2 000 mm减到500 mm左右。此外，各地区雨季的起讫、长短和降雨特点，也主要决定于夏季风影响下的候雨带有规律地由南而北地位移、停滞和南退过程的特点（高由禧、徐淑英，1962）[8,9]。在夏季风进退活动的控制下，大雨带5月上旬出现于华南沿海，6月中旬进抵长江沿岸停滞20余天后，7月中旬向北急进，推及整个黄淮海平原，8月中旬达东北及河套一带的最北位置。8月下旬迅速南撤，不及半月，即退回华南沿海。因而黄淮海平原只有一个雨量高峰，即从 7 月中至 8 月中下旬，仅 40 天左右，而华中的雨季约 90 天，华南可达 130 天左右。且有两个降水高峰（5、6 月和 8、9 月）。

黄淮海平原以南的地区的降雨量均大于 1 000 mm，雨季长，分配比较均匀，旱涝灾害较少。黄淮海平原以北的东北地区，虽纬度更高，但 4—9 月间，气旋活动频繁，春秋两季雨水多于黄淮海平原，夏雨也不如黄淮海平原集中，故旱涝灾害较少。而根据夏季风在我国东部活动的特点和规律，使黄淮海平原成为我国东部地区雨季最短，降水最集中，年雨量分配最不均匀的一个地区。此外，在年降水量变率上也反映了如上特点。东北地区低于 20%，而黄淮海平原则大于 25%，北京为 29%，石家庄为 28%（图 3，注：图略）。旱季 4—6 月降水量变率也反映了同样趋势，石家庄 4 月和 5 月变率分别为 84% 和 78%。

以上诸多研究，说明了季风气候及其对我国东部地区的影响；说明了黄淮海平原的降水特征和旱涝频繁的特定性；说明了千百年来为什么这个地区的旱涝盐碱表现得如此突出和顽强；说明了国家对这个重要农区的旱涝盐碱综合治理以及相关农田工程应给以特殊关注和投入的必要性和重要性。

24.3 黄淮海平原易溶盐的古地球化学过程[11]

黄淮海平原是中生代晚期，在燕山运动影响下形成的一个独立的地质构造单元。这里隆起与凹陷起伏重叠，至第三纪末才开始为大量陆相沉积所充填，成为一个统一的凹陷区和堆积平原。晚第三纪以后，直到第四纪期间，这里的地壳运动一直以下降为主，大规模地沉积了深厚的第四纪松散沉积物[12]。

第三纪里，黄淮海平原是比较湿润和炎热的亚热带和热带气候，形成的强氧化环境使这里的沉积物表现为以富铁铝化和碳酸钙的淋溶淀积以及易溶盐遭到淋失为特征的地球化学过程。重矿物以石榴石、磁铁矿、钛铁矿等稳定性矿物为主。进入第四纪，黄淮海平原的古气候发生剧烈变化，多次冰期及其间冰期交互更替，气候转寒和出现多次波动。岩石特征、沉积环境、孢粉和重矿物等方面的分析结果均说明，第四纪期间，这里主要是弱氧化和弱还原的沉积环境，特别是中更新世晚期以来，角闪石等非稳定性矿物显著增加和碳酸钙开始富集。自上更新世以来，才开始出现了易溶盐积聚的古气候和地质环境。这可以从以下的环境标志特征中得到说明（图 1）：

①庐山 – 大姑间冰期和全新世的古植被以稀树草原为主。木本植物中以栎和榆为代表的阔叶树种增加，有逐渐取代针叶树种之势[12]。草本植物数量大增，特别是半旱生型的蒿属和藜科植物所占比重明显大于下更新世和中更新世。

②土层颜色由棕红色调转化为以灰色和黄色为主。

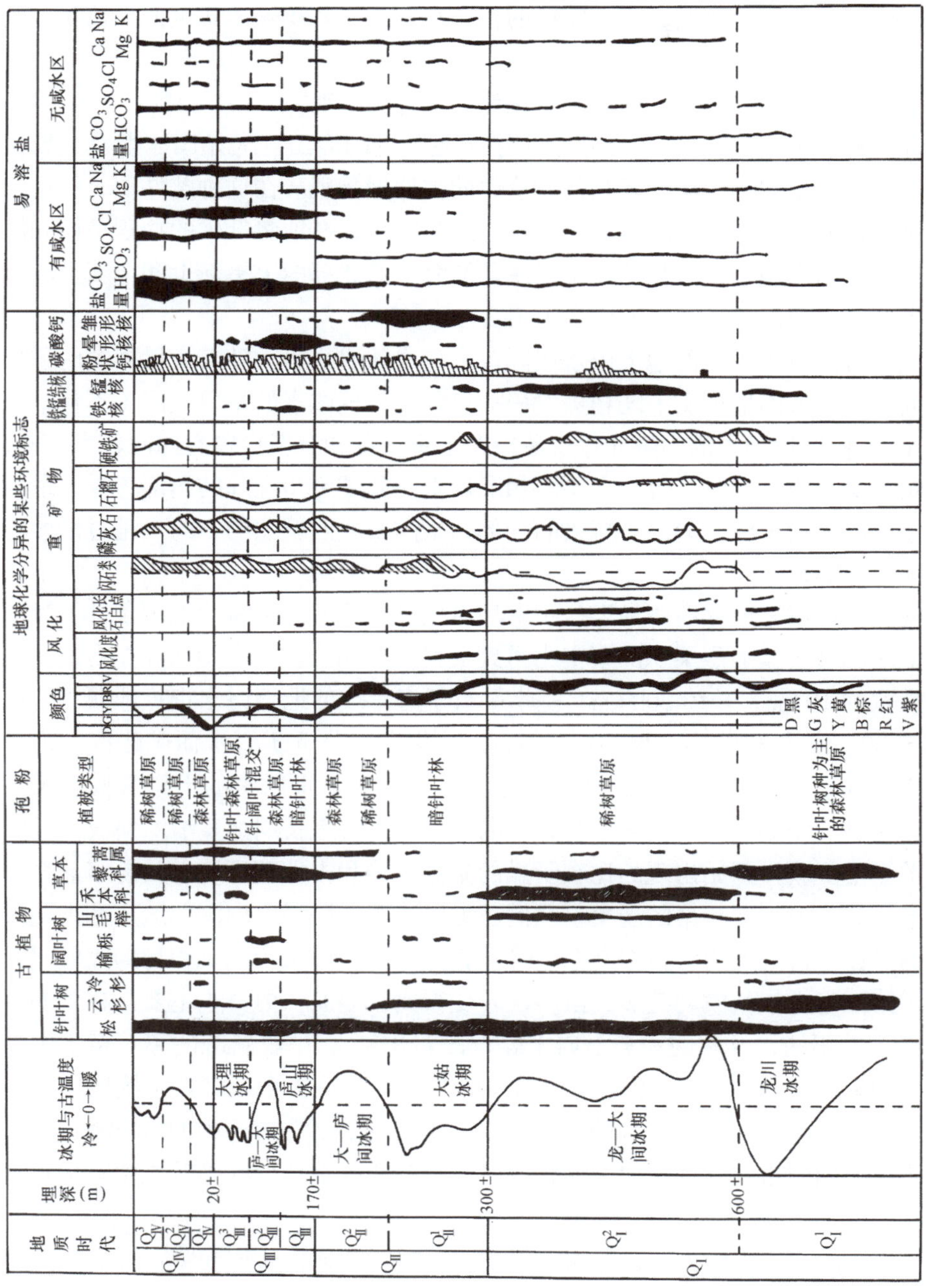

图1 黄淮海平原第四纪古地理环境及易溶盐地球化学特征示意图

（古植物和孢粉部分据河北省地质局资料，环境标志部分据李凤林资料）

③砂层风化很弱，土层中极少见到风化长石的白色斑点。

④重砂矿物组合中，角闪石和磷灰石含量很高，而稳定性矿物所占比重较小。

⑤碳酸钙的积聚逐渐取代了铁锰的移动和富集，其积聚形式也由结核状过渡到以粉状为主，溶淀过程明显减弱。

⑥冲积平原的北部和中部，矿质化地下水普遍出现。

环境标志的上述特征[12,13]描绘出了上更新世的庐山–大姑间冰期及全新世时期温凉、半湿润半干旱气候和稀树草原的古地理景观。在这种条件下，氧化和还原过程很弱，碳酸钙的淋溶淀积过程也逐渐减弱，在地势低平的冲积平原和滨海平原上开始出现了易溶盐的积聚，使黄淮海平原北部的上更新世和全新世的沉积物中普遍出现富含易溶盐的咸水（图 2）。

关于黄淮海平原北部地下咸水成因曾有海成陆成之争。随着大量资料的积累和研究，更多方面地证实了陆相蒸发积盐过程是出现咸水的主要成因（不包括滨海平原）。构造运动中的南翘北塌现象以及上更新世和全新世曾有四次较大海浸，但影响范围主要在滨海一带，主要海相层均未能超越沧州隆起的西部边界。最大的海浸方向是沿黄骅、盐山、海兴的一部分指向西或西偏北的方向，越过沧州隆起抵冀中凹陷地区[12]。

晚更新世以来所存在的易溶盐积聚环境也可从滨海地区海湾地貌条件下海水蒸发浓缩和易溶盐强烈聚积的事实中得到证实。莱州湾在离海 10 km 左右，存在着一带宽约 10 km，长约 200 km，基本平行于海岸线的地下卤水带。埋藏于地面以下至 80 m 的沉积物内，厚 30 ～ 60 m，其化学成分近于海水而矿化度却高于海水 3 ～ 5 倍，达 100 ～ 180 g/L。这主要是在晚更新世以来的干旱气候以及潮间浅滩–砂坝潟湖的封闭性的地貌条件的作用下，海水长期蒸发浓缩而成[14,15]。

关于上更新世开始出现的比较干燥的温凉气候和古地理环境以及易溶盐在古冲积平原和滨海平原积聚的现象，我们还可以从黄淮海平原周围的地层和古地理环境的对比中得到说明。根据刘东生等对我国黄土高原第四纪沉积物的大量研究证实，第四纪古气候波动甚多，虽多次转变得比较湿润，但黄土主要是在干燥沉积条件下堆积的，且总的趋势是向干燥方面转化[16]。中更新统的离石黄土中的褐土型埋藏古土壤[17,18]和上更新统的马兰黄土中黑垆土型埋藏古土壤层以及南京一带下更新统沉积物中发育的古红壤和上更新统的下蜀黄土中的古黄褐土[19]，都说明了第四纪古气候逐渐向干燥转化的总趋势和上更新世气候较之中下更新世显然变得更加干燥。

一些学者[20, 21]认为，自第四纪以来，我国北方地区长期受蒙古高压反气旋的影响，有着强大的季风区。马溶之在论及我国第四纪古地理环境时提出，上更新世的自然地带已经基本上类同于现代[19]。上更新统沉积物中，南京一带的古黄褐土、黄土高原北部的埋藏黑垆土以及黄淮海平原山麓一带上更新统黄土状母

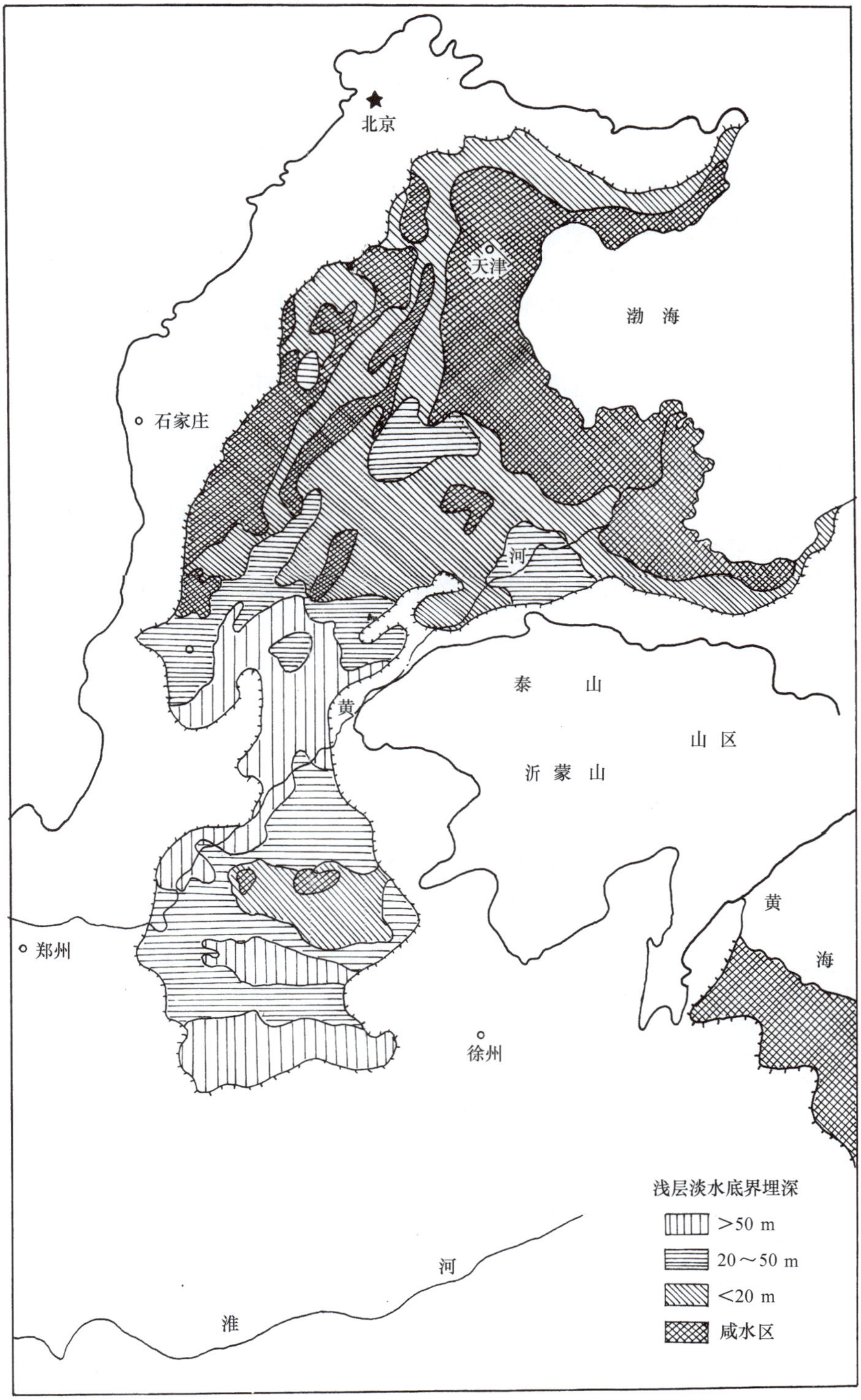

图 2 黄淮海平原地下咸水埋藏状况图（引自地质部《中华人民共和国水文地质图集》）

质上发育的褐土等事实，也证明了上更新世自然地带的形成类同于现代的观点。因此，在当时的黄淮海平原低洼的冲积平原和滨海平原上出现易溶盐的累积现象也是不言而喻的了。

古代的易溶盐积聚过程也受着古地貌、沉积物和水文条件的制约而发生空间上的地球化学分异。但是，在第四纪中持续下降的构造盆地中形成的黄淮海平原，老地层为新地层所覆盖和处于水下环境，易溶盐的空间分异在水文地质作用下进行着再分化过程，原始积盐所表现的细小差异已经减小或消失，而代之以水文地质的分异过程[22]。但是古代积盐无疑会深刻地影响和表现在近代的水文地质现象上。

上更新世以来的易溶盐的地球化学过程，在大区范围内可明显分化为以下4个积聚带：

①山前平原及南部平原的 $HCO_3^- - Ca2^+ - Mg^{2+}$ 积聚带。

②冲积扇扇缘洼地的以硫酸盐为主的 $SO_4^{2-} - Ca^{2+} - Mg^{2+}$ 和 $SO_4^{2-} - HCO_3^- - Ca^{2+} - Mg^{2+}$ 的积聚带（有石膏和芒硝的化学沉积）。

③冲积平原的 $SO_4^{2-} - Cl^- - Na^+ - Mg^{2+}$ 及 $Cl^- - SO_4^{2-} - Na^+ - Mg^{2+}$ 积聚带。

④滨海平原的 $Cl^- - Na^+$ 积聚带。

在冲积平原上，古河道带和现河道及其两侧（主要为全新世 Q Ⅳ沉积物），沉积物颗粒较粗和有淡水补给，因而在咸水体以上形成宽窄厚薄不等的淡水水体，多属 $HCO_3^- - Ca^{2+} - Mg^{2+}$ 或 $HCO_3^- - SO_4^{2-} - Ca^{2+} - Mg^{2+}$ 化学类型。

24.4 黄淮海平原易溶盐的近代地球化学过程[23]

近代易溶盐的地球化学空间分异是在多种地学因素综合影响下进行的一种复杂的地球化学过程。黄淮海平原是一个三面环山、一面临海的大型构造盆地，易溶盐的地球化学分异不同于我国内陆的封闭或半封闭盆地而有自身鲜明特点和规律性。空间上的大区分异和总体格局受着半湿润季风气候、大中区地貌以及古代积盐状况的深刻影响。

易溶盐及其运移的主要载体是水，特别是大气降水与蒸发。黄淮海平原南北跨 8 个纬度（北纬 32° ～ 40°），长 800 余 km，年降水量由 1 000 mm 渐减到 500 mm，干燥度由 0.9 增高到 1.6。降水与蒸发的如此巨大变化，必将导致易溶盐淋溶、迁移和积聚上的明显差异。南部盐分下行运动强而往北渐弱；反之，上行运动北盛而南弱。同为滨海平原，黄海滨海平原土壤有明显脱盐过程，为苏北重要粮棉产区，而北部的渤海滨海平原则水源缺乏，盐土广布，荒地成片。

携带易溶盐的水体在空间上的运移是深受地形和地貌制约的。地上水和地下水自高处到低处，自山麓到海洋，运移于大气、土壤和第四纪沉积物等介质，发生着一系列物理的和化学的交换与变异过程，尤其是表现于溶液浓度与化学组分上。在迁移过程中，由于不同盐类的不同溶解度，以及盐类间的相互作用而溶液浓度与化学组分不断发生变化，并分化出 HCO^-_3 积聚带—SO_4^{2-}-Cl^- 积聚带—Cl^--SO_4^{2-} 积聚带—Cl^- 积聚带的一般性地球化学分异模式[24,25,13]。熊毅等曾提出华北平原（黄淮海平原北部平原）地下水化学组成水平分布方面的示意图（图 3）；石元春提出了黄淮海平原地下水矿化度与化学组成，以及与土壤盐渍化程度和盐分组成之间的相关性（本书第 5 章第 1 节）。在此易溶盐地球化学分异的一般规律的背景下，由于复杂多样的地学要素而使地球化学的分异表现得丰富多彩和鲜明的区域性。

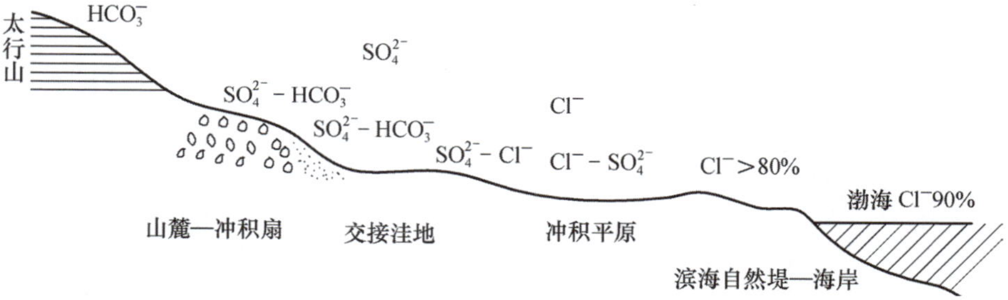

图 3 华北平原地下水质水平分布示意图（引自《华北平原土壤》，1961）[24]

大中区地貌及相应的地学要素的空间变化是影响易溶盐空间分异的重要因素。在黄淮海平原广袤的河流泛滥平原上，横贯中部和高悬于地上的黄河河床成为一道分水岭，将平原分为南北两部。黄河以南的黄泛平原乃黄河大型冲积扇的南翼，扇形地下部的一片广阔的古沼泽洼地又使它在易溶盐分异上明显地区别于扇形地中上部的豫东平原。同样，北部海河平原的徒骇河—马颊河等河流的中上游与下游之间在易溶盐展布上表现出显著差异。黄淮海平原北部自上更新世以来的古代积盐过程所形成的地下咸水，无疑加重了现代积盐过程和土壤盐渍化程度，而黄河等诸河故道一线则是较为深厚的地下淡水区，当然会减弱积盐过程和提供了丰富的地下水资源。所以古代积盐过程对易溶盐的近代地球化学的空间分异也产生着深刻影响。

在气候、地貌和古代积盐过程等要素的综合影响下，黄淮海平原的易溶盐化学流在空间上有规律地进行着迁移、积聚和分异过程。按其空间分异特征和易溶盐在土壤－潜水中淋溶和积聚的特点，可以划分为如下五个大区和若干亚区（图 4），各大区和亚区的基本资料可见于表 1。

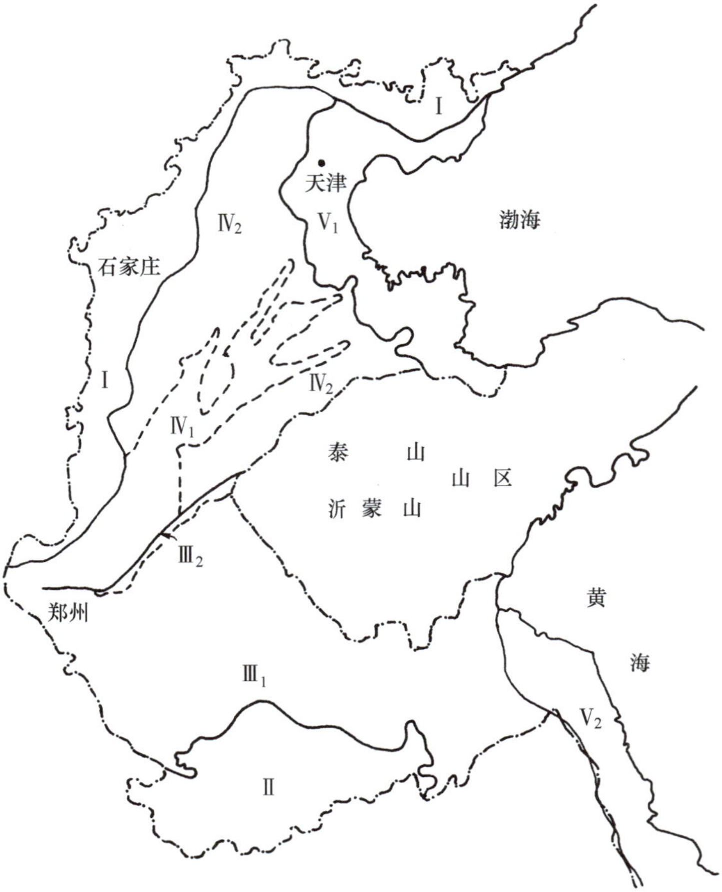

图 4　黄淮海平原近代易溶盐地球化学分区

Ⅰ. 淋失转运带的重碳酸钙盐积聚区

Ⅱ. 淋失带的重碳酸钙镁盐积聚区

Ⅲ. 苏打积聚区：

$Ⅲ_1$ 重碳酸钠积聚亚区

$Ⅲ_2$ 苏打－硫酸盐－氯化物积聚亚区

Ⅳ. 碱金属中性盐积聚区：

$Ⅳ_1$ 低矿化淋失亚区

$Ⅳ_2$ 矿化强积盐亚区

Ⅴ. 氯化钠积聚区：

$Ⅴ_1$ 高矿化强积盐亚区

$Ⅴ_2$ 高矿化自然脱盐亚区

表 1 黄淮海平原易溶盐地球化学分区说明

分区		地貌	年降水量 / mm	地下水			土壤		易溶性盐积聚程度
				旱季埋深 /m	矿化度 /vt（g/L）	化学组成	主要类别	易溶盐积聚类型	
淋失运转区		山麓洪积冲积平原	600 ～ 700	> 5	< 0.5	$HCO_3^- - Ca^{2+}$	褐土	碳酸钙溶积、易溶盐淋失	淋失
重碳酸钙镁盐积聚区		淮北低洼平原	750 ～ 850	1 ～ 2	< 1	$HCO_3^-–Ca^{2+}–Mg^{2+}$	脱沼泽化浅色草甸土（砂姜黑土）	非盐化	不积盐
苏打积聚区	重碳酸钠积聚亚区	黄河南冲积低平原	650 ～ 800	2 左右	1 左右	$HCO_3^-–SO_4^{2-}–Na^+–Mg^{2+}$	浅色草甸土，碱化土壤（瓦碱），盐化土壤	碱化盐化	轻—中
	苏打硫酸盐—氯化物积聚亚区	黄河浸润洼地和积水地	600 ～ 700	1 ～ 1.5	1 左右	$HCO_3^-–Cl^-(SO_4^{2-})–Na^+$	苏打盐化土壤，浅色草甸土	苏打盐化	中—重
氯化物—硫酸盐积聚区	低矿化淋失亚区	海河冲积平原古河道带及浅层淡水区	500 ～ 600	3 左右	1 ～ 2	$HCO_3^-–Cl^-(SO_4^{2-})–Na^+$	浅色草甸土，轻盐化土壤	易溶盐淋失或硫酸盐—氯化钠盐化	不积盐或轻度积盐
	矿化强积盐亚区	海河冲积平原浅层咸水区	500 ～ 600	2 左右	2 ～ 5 ～ 10	$Cl^-–SO_4^{2+}Na^+–Mg^{2+}$	盐化土壤，盐土，浅色草甸土	氯化物—硫酸盐盐化	中—重
氯化钠积聚区	高矿化强积盐亚区	渤海滨海平原	550 ～ 650	1 ～ 2	> 10	$Cl^-–Na^+$	滨海盐土及盐化土壤	氯化钠	重
	高氯化自然脱盐亚区	黄海滨海平原	850 ～ 1 000	1 ～ 2	> 10	$Cl^-–Na^+$	脱盐的滨海土壤（非盐化和轻盐化）滨海盐土	氯化钠盐化或易溶盐淋失	轻—中

注：盐类组成的离子排列上，前面的是主要离子。

从表 1 可见，上述 5 个易溶盐积聚大区中，山前洪积冲积平原为易溶盐淋失转运带的重碳酸钙盐积聚区（大区Ⅰ），而环渤海－黄海的滨海平原为近海易溶盐强烈积聚带的氯化钠积聚区（大区Ⅴ），皆具典型性易溶盐地球化学分带的特点，地学要素与积盐类型比较单纯。而处于此二大区之间的广大泛滥平原的其他 3 个大区的情况则要复杂得多。

24.4.1 重碳酸钙镁盐积聚区（大区Ⅱ）的积盐类型

大区Ⅱ在黄淮海平原的最南部，黄河大型冲积扇南翼的尾段。这里是现淮河水系主要支流洪河、谷河、颍河、西肥河等主要支流由西北向东南流入淮河及洪泽湖的淮北低洼平原，也曾是黄河大型冲积扇的扇缘沼泽洼地，遗留下大面积脱沼泽化的土质黏重的砂姜黑土。本区降水量高、潜水矿化度低而埋藏浅的地下水状况以及低洼易涝的地形和砂姜黑土不利于易溶盐积聚的这些特殊条件，使这里表现为重碳酸钙镁积聚区而土壤中少有盐分积聚。

24.4.2 苏打积聚区（大区Ⅲ）的积盐类型及其组合

苏打积聚区主要分布在大区Ⅱ以北，黄河冲积扇南翼的中部和上部，苏北和皖北的花碱土地区（见图 7）。本区的基本特征是在降水量高和潜水矿化低的条件下，以重碳酸钠和碳酸钠为主的易溶盐类在土壤和潜水中积聚。

苏打积聚区的潜水矿化度多低于 1 g/L，属 $HCO_3^- - Ca^{2+} - Mg^{2+}$ 或 $HCO_3^- - Cl^- - Na^+ - Mg^{2+}$ 型水。大量研究证实[25-32]，在弱矿化潜水条件下往往引起碱金属重碳酸盐和碳酸盐在土壤中积聚和使土壤碱化。宋荣华等（1978）[32] 通过模拟试验，认为黄淮海平原的低矿化水中 $NaHCO_3$ 含量高，在蒸发积盐过程中土壤的 $CaCO_3$ 和 $MgCO_3$ 难于溶解，溶液中钙镁离子含量相对较低，故而使得 Na_2CO_3 和 $NaHCO_3$ 在土壤表层积聚。本区普遍分布的瓦碱土及其低矿化碱性潜水是苏打积聚区代表性的易溶盐积聚类型。

随着易溶盐在潜水和土壤中的积累和增加，其化学组成也发生着相应的变化。潜水矿化度低于 0.7 g/L，土壤一般不发生盐化，土壤和潜水均表现为 $HCO^-_3 - Ca^{2+}$（Mg^{2+}）积聚类型。在微域地形、土壤质地剖面或潜水埋深等有利于易溶盐类积累时，潜水矿化度提高到 2 ～ 4 g/L，化学组成为 $Cl^- – HCO_3^- - Na^+ - Mg^{2+}$ 类型，土壤表层盐量增加到 0.2% ～ 0.4%，为中度盐化的碱金属中性盐类土壤。如易溶盐进一步积累，潜水矿化度可达 4 ～ 5 g/L，土壤含盐量增加到 0.4% 以上，潜水和土壤均属 $Cl^- - SO_4^{2-} - Na^+ - Mg^{2+}$ 类型。

以上 4 种易溶盐积聚类型所构成的组合特征是，重碳酸钠积聚型（弱矿化潜水和轻盐化土壤），碱金属中性盐积聚型（低矿化潜水和中度盐化土壤）以大小和形状各异的斑块，零散分布于重碳酸钙积聚型（极弱矿化潜水和非盐化土壤）之中。

在强蒸发条件下，苏打积聚区也可出现高盐化的苏打－硫酸盐－氯化物积聚类型，主要分布在黄河两岸的浸润洼地，冲积扇扇缘以及积水洼地的外缘。它是在具有稳定的弱或极弱矿化水不断补充并通过土体强烈蒸发的特定条件下发生的一种地球化学现象。黄河滩地比两岸洼地高出 4 ～ 8 m，河水的不断侧渗补给和地表地下径流不畅而使洼地潜水高和雨季地面积水。地下水的矿化度在 1 g/L 左右，化学组成为 HCO_3^-－Cl^-－Na^+ 或 HCO_3^-－SO_4^{2-}－Na^+ 类型。Na_2CO_3 和 $NaHCO_3$ 等盐类在土壤中大量积累，从而构成了低矿化，高盐量和含大量苏打的苏打－硫酸盐－氯化物的易溶盐的积聚类型。

这种高盐量苏打－硫酸盐－氯化物积聚类型一般出现在洼地中的微域高地和洼地的周边部分，而最低洼的地方，因积水时间长，脱盐条件好而易溶盐积聚过程微弱，以重碳酸钙－镁型盐类为主。此外，由于黄河历史上决口泛滥甚多，两岸多有决口扇形地，使浸润洼地中常有地势稍微高起的砂性很强的扇形地的中下部。这里地势较高，潜水较深和砂性强，易溶盐积聚过程也弱。以上多种易溶盐积聚类型，构成了黄淮海平原中的一种特殊的，以苏打强烈积聚为特征的易溶盐积聚类型组合。

24.4.3 硫酸盐－氯化物积聚区（大区Ⅳ）的积盐类型及其组合

本区主要分布在黄河以北的冲积平原上，古代及近代积盐过程强度均显著高于平原南部的苏打积聚区。地下水矿化度普遍较高和有大面积咸水，使得这里的盐渍土和潜水的含盐量较高和表现为硫酸盐－氯化物型。只是在较大型的古河道带和现河道两侧有浅层淡水发育，表现为低矿化的易溶盐淋失的重碳酸钙（镁）积聚类型。

这里的易溶盐空间分异和所表现的多种积盐类型主要是受复杂的中小区地貌及其相应的地形、沉积物质、土壤、水文和水文地质等条件的影响。作为一个典型的游漫型堆积平原，地上或半地上河及其遗弃的大量故道，犹如凸出的经络、交织成网，将平原分割为无数大小不一、形状相异的地貌单元。其主要的地貌类型有居于高处的古河道及自然堤、河间微倾平地以及河间低地三种，群众俗称之“岗地”“坡地”和“洼地”。

古河道自然堤部分地势较高（较两侧地面高 1 ～ 3 m 不等），土质偏轻，地表地下径流条件较好，潜水埋深较大，易溶盐在土体中淋失大于积聚，潜水中则补给大于蒸发的状况。河间低地的地势低洼，雨季积水，其静水压力使本区水分和盐分向四周转移扩散，并形成一个不厚的淡水透镜体。这里沉积物细，有数十厘米到 1 m 多厚的黏质土壤，土体下部也常有多层黏土夹层，限制了水盐的上行运动，因而使河间低地也表现为易溶盐的淋失转运类型。而处于上述古河道自然堤高地与河间低地之间的微斜平地的处境就不妙了，地面径流流失多，入渗少，土壤多为壤质，成为易溶盐的主要积聚区。易溶盐积聚的类型及其组合为：$SO_4^{2-}-Cl^-$ 型（土壤属“白碱”类型）、$Cl^--SO_4^{2-}$ 型（土壤属“盐碱”类型）和 $Cl^--Ca^{2+}-Mg^{2+}$ 型（土壤属“卤碱”类型）。在易溶盐积聚区，白碱型多处于相对高处，盐碱型处于稍低处，盐碱型的局部高地发展为卤碱，而局部低处和土壤质地偏砂或偏黏者多为非盐化或轻盐化土壤。

本区以 $Cl^--SO_4^{2-}$ 积聚型分布最广，乃代表性的易溶盐地球化学类型。在以氯化物为主的咸水的影响下，土壤中普遍表现为氯的积聚。随着盐分积聚过程的发展，硫酸盐也在土壤中累积，形成了碱金属的 $SO_4^{2-}-Cl^-$ 的积聚类型。易溶盐在土壤和地下水间的频繁交换，使土壤和潜水中都出现了氯离子的富集，氯硫比值在 3 以上。而 $SO_4^{2-}-Cl^-$ 积聚型则多出现在决口扇形地中下部等稍高的地形部位上。因土壤质地偏轻，地下水埋深偏大，故土壤脱盐条件稍好于 $Cl^--SO_4^{2-}$ 积聚型。硫酸盐的相对富集，也与在这种条件下的水盐季节性运动有关。硫酸盐溶解度低，受温度的影响大，雨季里这里脱盐条件较好，氯离子大量淋出土体，硫酸盐则因下部土层温度较低而淋积于中下部土层。秋季地下水位和中下部土层的土温较高，易于硫酸盐的向上层积聚。到了春季，地下水位较深，土温下高上低，故不利于硫酸盐的上行。群众中也有“秋返硝、春返盐”的说法。

$Cl^--Ca^{2+}-Mg^{2+}$ 积聚型多出现在 $C1^--SO_4^{2-}$ 积聚区的微域高地，呈小块盐斑形式出现。这主要是由于这种特点的微域地形条件下，雨水和灌溉水将微域高地周围的水分和盐分转积于此，而这里水盐下行运动条件又差，故形成强烈聚盐现象。迁移力极高的氯化钙、氯化镁也在土壤和潜水中得以在此富集。

盐渍地区的微域高地所产生的这种“烛心”作用，是各类盐斑形成的重要因素之一。熊毅等曾对此多有阐述[24,32–34]，山东农学院盐土改良试验组也从多方面证实了这个过程[35,36]。毋庸置疑，半湿润季风气候条件下，降水量较多而集中以及干旱季节的灌溉，大大强化了这个过程。黄淮海平原的土壤－潜水积盐普遍以斑块或岛状形式出现也是与此有关的。

以上 4 种易溶盐积聚类型以各式各样的配合图形展示。在自然条件较好，盐分积聚强度不大的地区，非积盐类型成为基本背景，而硫酸盐－氯化物积聚型和氯化物－硫酸盐积聚型以盐斑形式零星分布其间。随着积盐强度加大，而盐斑面积增加和出现氯化钙－镁积聚型盐斑。在积盐强度很大的地区，非积盐的类型也以斑块状零星分布，4 种类型以不同比例，各自有规律地出现在一定的地学条件之下。

在黄淮海平原北部冲积平原上的硫酸盐－氯化物积聚区内的另一个亚区是分布在古河道带及浅层淡水区的低矿化－淋失转运亚区。

海河平原上古河道密布，凡多条古河道交互重叠，构成规模较大，具有一定地貌地形，水文、水文地质和土壤特征的，可称之为古河道带。海河平原上的较大型的古河道带有两条，一条是黄河与卫河、漳河的故道共同构成的一条西南东北向的古河道带，另一条是大致沿马颊河左岸的一条黄河的古河道。古河道带和黄河故道地势均高出两侧地面 2 ～ 5 m，宽度 3 ～ 5 km 到十几千米不等。沉积物较粗，地形起伏较大，地表地下径流条件较好，地下水埋深一般多大于 3 m，下面有 10 ～ 30 ～ 40 m 厚的浅层淡水。此亚区内，属易溶盐淋失强而上行运动较弱的淋失转运类型，根据年代的早晚、地形部位的高低和其他条件，可区分为以下的积聚类型及其组合：早期古河道高滩地上的易溶盐淋失和碳酸钙溶积类型、广大的河滩高地及一般平地上的碳酸钙和重碳酸钙积聚类型，以及局部洼地上的硫酸盐 – 氯化物积聚类型。

苏打积聚区和 $Cl^{-}-SO_4^{2-}$ 积聚区的综合资料归纳于图 5。

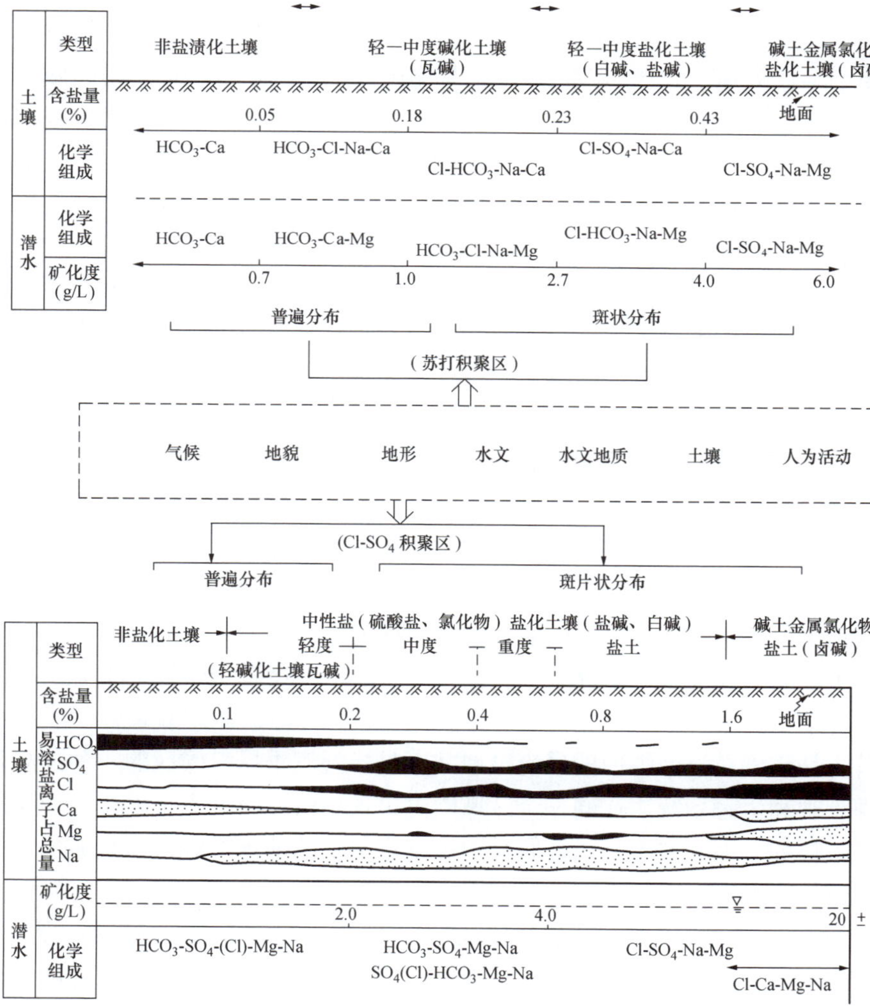

图 5　苏打积聚区和 $Cl^{-}-SO_4^{2-}$ 积聚区综合资料图

（苏打积聚区根据孙怀文资料整理，$Cl^{-}-SO_4^{2-}$ 积聚区根据熊毅等资料整理）

24.5 半湿润季风气候区水盐运动理论及其形成

黑龙港地区降水十分集中，春季干旱少雨，夏季雨涝成灾。在地貌上，这里处于太行山东麓冲积平原的中下部，东临渤海，地势低洼。这个特点不仅造成雨季里地表水汇集，加重涝害，且地下水位高抬，径流减缓，水质变咸，引起大片土壤的盐碱化。此外，咸水层的存在也限制了浅井的建设而影响了抗旱能力。所以，春旱夏涝，土碱水咸在地理上的这种“共存性”说明了旱涝碱咸四害不是孤立存在而是有着密切内在联系和相互制约的。

这是1974年，即曲周试验区进行旱涝碱咸综合治理试验第一年的技术总结报告里的一段叙述，它代表我们早期对旱涝碱咸四害的认识，即旱涝碱咸在地理上的“共存性”和四害间有着密切内在联系。在继续进行了4年旱涝碱咸综合治理试验后，于1977年编写的《旱涝碱咸综合治理的研究》一书提出了“季风气候区旱涝碱咸地理景观”概念，对季风气候区旱涝碱咸的发生规律及水盐动态与调节做了比较系统的阐述。

1979年，通过承担编制《黄淮海平原旱涝盐碱综合治理区划》[37]的任务，将水盐运动研究扩展到了整个黄淮海平原，开始对全球与中国的季风现象、黄淮海平原易溶盐的古代和近代地球化学过程以及水量平衡等（见本章第2、3、4节及本书第7章第8节）进行了宏观性和地理学的研究。在1983年出版的《黄淮海平原的水盐运动和旱涝盐碱的综合治理》一书中，设专章系统阐述了“季风现象与黄淮海平原的水盐运动”（该书第2章）和“半湿润季风区的水盐平衡”（该书第4章）。此后的“六五”和“七五”期间，我们的水盐运动研究重点放在了监测预报上（见该书第8章），在1991年出版的《区域水盐运动监测预报》一书中正式提出了“半湿润季风气候区水盐运动理论”。

以下是我们在大量旱涝碱咸综合治理实践和水盐运动观察研究中总结出的一些理论性认识。

首先认识到黄淮海平原的旱涝碱咸共存是半湿润季风气候区的一种独立存在的地理景观和生态系统。在同一个区域同时出现旱涝碱咸现象是以往地理学研究中鲜有报道的，因为它不是以往研究中传统意义上的地理景观，而是需要具备一定地学条件才可能出现。

正如V.A.科夫达（1985）所指出的：“一般说来，原生的和次生的（人为的）盐渍土作为典型的和必然的景观组成存在于干旱和半干旱区域。”[37]的确，在传统的地理学和景观学，盐渍化景观总是和干旱和半干旱气候联系在一起的，中东的两河流域、埃及的尼罗河三角洲、美国的西部、中国的西北等全球典型的盐渍化景观皆然。在这些地区，干旱与盐碱共存，在农区没有灌溉就没有农业，有灌溉水源即无旱灾，降水量少一般不至渍涝，所以盐碱与旱涝是不会“共存”的。反之，在年降水量超过 600 mm 或 1 000 mm 的半湿润气候区和湿润气候区，虽能致涝和偶有季节性干旱，但这里的降水量却足以将易溶盐淋洗出土体而无盐碱之虞，所以旱涝也不会与盐碱“共存”，更难以在第四纪时期形成地下咸水。

旱涝碱咸在同一个地区“共存”需要同时具备降水量较高、干湿季分明和潜水埋藏较浅 3 个条件，缺一不可。黄淮海平原有较为丰富的 500 ～ 1 000 mm 年降水量，季风现象又将 80% 的降水量集中于夏季而一年中干湿季分明，加以平原地势低平，径流不畅，这才铸成了旱涝碱咸并存的地理景观。全球典型季风气候区内具有半湿润气候条件的地区，主要在中国的黄淮海平原、中部非洲和南亚次大陆（图 9，注：图略）。

从理论上提出和确立半湿润季风气候区旱涝碱咸共存是一种独立存在的地理景观和生态系统是重要的，这是一种新的地理景观类型的发现与提出，也只有从一个统一的地理景观的视角才可能科学地揭示和认识其本质特征。过去将半湿润气候、季风现象和低平原地形三者分而论之，将旱涝碱咸隔离开来，是不可能认识这种复杂自然现象本质的，更谈不上科学和有效的治理。

在半湿润季风气候区旱涝碱咸地理景观中，气候、第四纪沉积物、地形和地貌、水文和水文地质、土壤和植被等地学要素在时间和空间上是相对稳定的，而物质流中的水分和其中的易溶性盐分则是时空间最为活跃和不断运动着的要素。降水量集中导致春旱夏涝，旱季水盐自土壤和潜水上行蒸发积聚，雨季下移，在总体上上行大于下移的条件下而产生土壤盐化和潜水矿化，地形等地学要素的空间差异更增加了水盐的水平和区域分化。所以，水盐运动是发生旱涝碱咸的内在原因，旱涝碱咸是水盐运动的一组外在表现，这是我们提出的半湿润季风气候旱涝碱咸地理景观的水盐运动观。

在长期的黄淮海平原水盐运动研究中，揭示了水盐在土壤和潜水中季节性上行与下行，积盐与脱盐的更迭（见该书第 5 章第 2 节）；揭示了不同尺度和等级的气候、地貌、水文地质、土壤等对水盐运动的影响以及黄淮海平原不同的水盐运动类型（见本书第 5 章第 3、4、6 节）；揭示了黄淮海平原的水盐平衡特征与类型（见本书第 7 章）；研究了新生代地质时期和近代的易溶盐地球化学空间分异规律（见本章第 3 和第 4 节）等。

旱涝碱咸的密切内在联系特性决定了必须实行综合治理；旱涝碱咸是水盐运动的外在表现的特性决定了综合治理的实质是对区域水盐运动的调节与管理；水盐运动调节管理的目标应当是将表现为春旱夏涝，土碱水咸的自然态水盐运动状况调节为有利于农业生产的能抗旱能防涝、土壤脱盐和浅层地下咸水淡化的人为管理的水盐运动状况。

通过大量和成功的治理实践以及试验资料的总结说明，区域水量是调节管理的中心，浅层地下水是调节管理的枢纽，地下水位是调节的杠杆，以及监测预报是调节管理的重要依据。以上是我们提出的旱涝碱咸综合治理观，“综合治理”首先是治理对象上的综合，并根据不同的地学条件提出了不同的水盐调节管理模式（参见该书第 6 章），即治理方法上的综合。

从独立地理景观的确立、水盐运动观以及旱涝碱咸综合治理观的提出和于 1991 年正式提出了“半湿润季风气候区水盐运动理论”是我们经过近 20 年实践和理论研究的结果，对黄淮海平原具有普遍意义。此理论可概括为如下 4 点。

- 黄淮海平原的半湿润季风气候和低洼平缓地形及其表现的旱涝碱咸共生与交相为害现象是一种独立存在的地理景观和生态系统。
- 半湿润季风气候地理景观的本质特征在于水盐运动，旱涝碱咸是水盐运动的一组外在表现，地学条件的空间差异使水盐运动与旱涝碱咸表现出它的复杂性和多样性。
- 旱涝碱咸的密切内在联系特性决定了治理对象必须综合，方法上也必须综合；水盐运动是旱涝碱咸发生的内在原因，故综合治理的实质是对区域水盐运动的调节与管理。水盐运动调节管理的目标应当是将表现为春旱夏涝，土盐和地下水咸的自然态水盐运动状况调节为有利于农业生产的能抗旱能防涝、土壤脱盐和浅层地下咸水淡化的人为管理下的水盐运动状况。
- 在技术战略层面上，区域水量是调节管理的中心，浅层地下水是调节管理的枢纽，地下水位是调节的杠杆，水盐运动的监测预报是调节管理的依据。科学的水盐调节与管理以及农业技术措施并举是取得综合治理成功的基本途径和保障。

参考文献

[1] 石元春．季风现象和黄淮海平原的水盐运动//黄淮海平原的水盐运动和旱涝盐碱的综合治理．石家庄：河北人民出版社，1983：12-16.

[2] Hally E. Account of the trade winds and monsoons. philps. Trans. R.S. 16, London. 1686.

[3] Воейков, А.И. Климат области муссонов восточной Аэнн. нзв. Рго, т.15. Ио5. 1879.

[4] Ramage C.S.Monsoon Meteorology. 1971.

[5] Хромов С.П. Муссон как георафйческая реалъность нзв. всес. Геогр. Обш, т.82. 1950.

[6] Flohn H. Studien Zur allgemeinen Zirkulation der Atmosphare. Be richte des D. wd. ind. U.S Zone, Nr.18, 1950.

[7] 高由禧．东亚季风的若干问题．北京：科学出版社，1962.

[8] 高由禧，徐淑英，郭其蕴，章名立．中国的季风区域和区域气候．东亚季风的若干问

题，1962.

[9] 高由禧，徐淑英．东亚季风进退与雨季的起讫．东亚季风的若干问题，1962.

[10] 程纯枢，王炳忠．我国的降水量变率．1980.

[11] 石元春．易溶盐的古地球化学过程//黄淮海平原的水盐运动和旱涝盐碱的综合治理．石家庄：河北人民出版社，1983，20–25.

[12] 李风林．黄淮海平原第四系（内部资料）.1978.

[13] 河北省地质局．河北平原（重点黑龙港地区）地下水资源评价及合理开发利用勘察报告．1977.

[14] 韩有松．莱州湾海岸地貌及晚第四纪地质基本特征和关于地下卤水成因的初步讨论．鲁盐科技，1979.

[15] 陈国平．关于莱州湾沿岸地下卤水的几点看法．鲁盐科技，1979.

[16] 刘东生．中国的黄土堆积．北京：科学出版社，1965.

[17] 石元春．晋西地区的黄土及其形成过程．中国第四纪研究，1958，1（1）：252–253.

[18] 朱显樸．关于黄土层中红层问题的讨论．中国第四纪研究，1958，1（1）：74–82.

[19] 马溶之．对第四纪地层的成因类型和中国第四纪古地理环境的几点意见．中国第四纪研究，1958，1（1）.

[20] B.M. 西尼村．在中央亚细亚最新的调查对奥勃鲁契夫院士理论的发展．中国第四纪研究，1959，2（1）.

[21] B.A. 费道罗维奇．结合黄土在欧亚大陆的分布条件来探讨黄土成因问题．干燥区和黄土层的地理问题．北京：科学出版社，1958.

[22]熊毅，席承藩．华北平原第四纪沉积物的性质及其演变．中国第四纪研究，1卷Ⅰ期，1958.

[23] 石元春．近代易溶盐的古地球化学空间分异//黄淮海平原的水盐运动和旱涝盐碱的综合治理．石家庄：河北人民出版社，1983：25–31.

[24] 中国科学院土壤及水土保持研究所，水利电力部北京勘测设计院土壤调查总队．《华北平原土壤》．北京：科学出版社，1961.

[25] 科夫达・V.A. 中国之土壤与自然条件概论．北京：科学出版社，1960.

[26] 科夫达・V.A. 盐渍土的发生与演变．北京：科学出版社，1964.

[27] 田兆顺，董汉章．华北平原瓦碱的特性和形成．土壤学报，1965，13（1）.

[28] 孙怀文，高立峰．安徽淮北“花碱土”的类型和积盐规律及其水盐运动的特点．土壤通报，1964.

[29] 倪尔玺，徐世保．皖北花碱土的积盐特性及小麦井灌初步研究．土壤通报，1964.

[30] 苏北农学院土壤农化教研组．苏北花碱土的盐渍特性及其与农作物生长的关系．土壤通报，1965.

[31] 中国科学院南京土壤研究所盐土室．瓦碱的形成和改良．1978 年全国盐渍土学术交

流会议资料.

[32] 宋荣华，单光宗，陈德华，等. 低矿化地下水条件下土壤盐碱化研究中几个问题的探讨. 1978 年全国盐渍土学术交流会议资料.

[33] 张景略. 河南黄泛区苏打盐碱土的形成、类型及改良利用途径（内部资料）.

[34] 单光宗，宋荣华，陈德华，等. 河南省封丘县沿黄背河洼地盐渍土的形成及其改良利用途径. 1978 年全国盐渍土学术交流会议资料.

[35] 山东农学院盐土改良试验组. 耕地盐斑的调查与改良试验初报. 1978.

[36] 山东农学院盐土改良试验组. 鲁西北四区耕地盐斑的盐分状况及其变化规律的初步认识. 1978.

[37] 科夫达·V.A. 水盐平衡和盐渍化引起的耕地损失. 国际盐渍土改良学术讨论会论文集，中国济南，1985：113-118.

25 盐碱地的综合治理

【写作背景】

改革开放之初的国家农业委员会组织了全国性的农业区划工作，并组织编写了《中国综合农业区划》一书。《文集》作者应约为该书撰写了“盐碱地的综合治理”一文。该书由农业出版社 1981 年出版。

我国全部耕地中，有盐碱地近 1 亿亩，生产水平低下，如经治理，产量能显著提高。此外，还有 1 亿多亩的盐碱荒地，这是今后开垦扩大耕地面积的重要对象之一。新中国成立以来，治理盐碱地取得了一定成效。但大面积治理，不仅涉及面广，而且反复性大，治好了的会重新盐渍化，原非盐碱地也会形成次生盐渍化。因此，大面积的彻底治理，仍然是个相当复杂和艰巨的任务。

25.1 盐碱地的分布和区域类型

我国的盐碱地主要分布在北方，新疆、甘肃的河西、青海的柴达木、内蒙古的河套、宁夏的一些低洼地区、黄淮海平原、东北平原的西部，以及滨海地区。包括盐土和碱土两大类，其中以盐土分布最广。

按盐碱地分布地区的自然条件，以及形成和改良的特点，主要可分为三种区域类型：即内陆干旱与半干旱区的盐碱地，东部半干旱与半湿润季风区的盐碱地，以及滨海盐碱地。内陆盐碱地，所处地区的气候干旱，盐碱荒地面积大，土壤含盐量高，盐分组成以硫酸盐—氯化物及氯化物—硫酸盐为主。东部季风区盐碱地，所处地区常遭春旱、秋涝，土壤中盐分积聚表现明显的季节性，土壤盐分表聚性强，普遍含有苏打。黄淮海地区的盐分组成以硫酸盐—氯化物及氯化物—硫酸盐为主，东北地区则主要为苏打盐渍化。滨海盐碱地，主要分布在辽宁、河北、山东、江苏等省沿海 30 ～ 40 公里范围内，因受海水浸渍倒灌，土壤与地下水含盐量普遍较高，以氯化物类型为主；华南滨海地区还分布有酸性盐土，即咸酸田。盐碱耕地，在东部季风区与滨海地区共有约 5 000 万亩，在西北内陆地区大体也有约 5 000 万亩。盐碱荒地，大多分布在西北地区。

25.2 治理盐碱地的中心环节是区域性水盐运动的调节和控制

土壤盐渍化的发生和演化总是和一定的气候、地质、地貌条件，以及人为的灌溉、排水分不开的。特别是农区，灌溉和排水极大地影响着区域的水盐状况，土壤盐渍化的消长无不与此有关。20 世纪 50 年代初期，在河北省北部建立了金门渠灌区和水月寺灌区，因忽视排水，导致土壤次生盐渍化而停灌。50 年代后期，又因引黄灌溉不当和大规模平原蓄水，使冀鲁豫三省盐碱地面积由 2 799 万亩剧增至 4 860 万亩。经过十多年治理，到 70 年代中期盐碱地面积才减少到 2 721 万亩。但近几年因排水河道建闸和引黄不慎等原因又回升到 2 877 万亩。内蒙古河套地区 1963 年开始引黄灌溉，每年进入水量超过 40 亿立方米，但年排水量仅 1.3 亿立方米，由于大量灌溉水入渗补给地下水，又得不到畅排，致使地下水位升高，耕地中盐碱地的面积由 1962 年的 30 万亩逐年增加到 350 万亩。西北的一些垦区，有的农场因灌溉无度，排水不良，盐渍化发展，产量很低，甚至被迫弃场迁走。

合理排灌可以改善区域水盐状况，逐渐减少盐碱地的面积；但如灌溉不当，灌、排、蓄的关系处理不好，就会使区域水盐状况恶化，导致土壤盐渍化的发展。广义地说，盐碱地的治理和土壤防止次生盐渍化，中心环节是对区域性水盐运动的调控和状况的改善。南水北调是否会引起华北平原广大地区土壤的次生盐渍化，关键也在于引江后，黄淮海平原的水盐状况将是改善或是恶化。当然，改善区域水盐状况，必须对不同条件下各种类型盐碱地采取不同的措施。

25.2.1 东部季风区盐碱地的治理

东部季风区盐碱地，其水盐运动十分复杂，并具有独特性。由于季风气候的影响，年降水量的 60% ～ 70% 集中在夏季，经常造成春旱、夏涝，有时还有秋旱，土壤表现为明显的季节性的积盐过程和脱盐过程的更替，以及盐分在土体和潜水中的频繁交换，从而导致土壤的盐化和地下水的矿质化。所以，春旱、秋涝和地碱、水咸是在季风气候和一定地质、地貌条件下相伴而生的。干旱加剧土壤蒸发，雨涝抬高地下水位，是引起和促进地碱和水咸的重要条件。反之，地碱影响作物生长和吸收土壤水分，加剧了旱情；水咸则不仅加速土壤积盐，也因不能利用而削弱了抗旱能力。总之，旱、涝、咸之间是有着密切内在联系和相互制约的。因此，盐碱地治理就应当统筹考虑，综合治理，否则往往会顾此失彼。

实践证明，东部季风区盐碱地的治理，关键在于开采浅层地下水（包括矿化度低于 7 克 / 升的微咸水和咸水）。据河北省曲周旱涝碱咸综合治理试验区的科研结果，合理运用浅层地，既可增加灌溉水源，又可因降低地下水位而提高防涝和蓄存雨水和河水的能力，发挥调蓄水量的作用，同时还有利于抑制旱季的土壤积盐过程，加速雨季的土壤脱盐过程。在有咸水的地区，随时抽出咸水和补入淡水，能使地下咸水逐步淡化。所以，抓住运用浅层地下水这个枢纽，就可以调节水量和水位，改善区域的水盐状况。豫东、豫北在 50 年代后期，由于引黄灌溉不当，水盐状况严重恶化，盐碱地面积由 570 万亩增至 1 200 万亩，多数地区经停止引黄，特别是逐步发展井灌后，潜水位逐年下降，盐碱地面积逐年减少至 400 万亩以下。鲁西北地区也有许多以发展井灌为主进行综合治理的成功典型。

根据水量平衡分析，按照目前的灌溉技术和水平，浅层地下水还不能满足作物高产的需水要求，而纯井灌区超量开采深层地下水则往往出现漏斗。所以，要在充分接纳降水的基础上，注意引渗河流弃水，配合引用河水和适当开采深层淡水，以补水源不足。总之，在治理骨干河道和搞好田间配套工程的基础上，以排为基础，正确处理排、灌、蓄、补的关系，以开采浅层地下水为中心，采取以河补源的井灌为主，并与渠灌相结合，这是适应黄淮海平原自然条件特点的，对东部季风区盐碱地进行综合治理的一项具有普遍意义的战略措施。

东北平原盐碱地与黄淮平原盐碱地的差别，在于前者地下水矿化度普遍较低，适于灌溉，但苏打盐渍化更加普遍，并常常伴随着土壤碱化。土壤改良除水利措施外，应大量增施有机肥和种植绿肥，采取挖碱换土和辅沙改土；还要考虑采取化学改良措施，如施用石膏、磷石膏、亚硫酸钙、硫酸亚铁等，以降低土壤碱度。

25.2.2 内陆盐碱地的治理

西北内陆干旱与半干旱地区盐碱地的形成，主要是由于大多深处封闭性和半封闭性的内陆盆地，地下径流和盐分缺少排泄外流出路，加以降水少、蒸发强的干旱气候，加剧了土壤表层的积盐过程。本地区与东部季风区不同，因为降水稀少，土壤盐分除了人为灌溉及局部地方通过径流冲洗外，土壤的自然脱盐过程十分微弱。同时，这里种植农作物必须依靠灌溉，由于不合理的灌溉方法，用水过量，渠系渗漏，又致使地下水位上升，耕地次生盐渍化相当普遍。

本地区盐碱地的盐碱化程度和盐碱成分，因各地降水量、地形、土质和河流水源等条件不同而有差别，具体治理措施也要因地制宜。总的来说，关键在于降低地下水位和防止地下水位升高，要求将地下水位严格控制在不致土壤盐化和作物遭受盐害的临界深度以下。

建立排水系统，降低地下水位，以便控制土壤盐化过程，并排出洗盐后的高矿化水，保证土壤稳定脱盐，这是本地区治理盐碱地的基本措施。建立排水系统，必须规划好排水出路及各级排水沟的合理间距与深度，并要统筹解决上游与下游的关系，保持出路畅通。在自流排水困难、出路不畅的地方，需建立扬排站，实行自排与扬排相结合。

目前本地区的排水措施，绝大多数仍采用明沟方式。明沟排水，比较容易实行，但占地很多，且易塌坡淤塞，维护较困难。因此，有必要试验采用其他方式，如竖井排水及暗沟排水等。竖井排水，在地下水矿化度较小的地区，可实行排、灌结合；在地形封闭、排水不畅或水无出路的地方，采用竖井排水，具有更大意义。但竖井排水的改土效果，因土壤、水文地质等具体条件不同而有差别，应因地制宜采用，并按当地实际情况合理布置井群。铺设有孔陶管或渗水水泥管道，进行暗沟排水，其效益优于明沟，但一次投资较大，可在有条件的地方逐步推行。

实行科学用水、合理灌溉，也是改善本地区水盐状况的重要方面。目前不少地方仍沿用大水漫灌的方法，既浪费了极为宝贵的水资源，又易在放水后迅速抬高地下水位，加重排水的负担。因此，应加强灌溉管理，改进灌水方法，坚持节水灌溉，精细灌溉。同时，还要做好渠道防渗工作，避免因渠道渗漏，抬高两侧地下水位而造成盐化土壤带。

25.2.3 滨海盐碱地的治理

滨海地区的盐碱地，成陆时间不长，地面高程一般都在 10 米之下，地形平坦，坡降在 1/7 000 ～ 1/10 000，因受海潮浸渍，且因海水倒灌顶托的影响而排水困难。地下水位一般在 0.5 ～ 2 米，矿化度在 10 ～ 50 克 / 升，高的达 120 ～ 150 克 / 升，高矿化度水的厚度数十米，甚至达 200 米。土体盐分分布较均一，含盐量一般在 2%～ 3%之间，高的达 5%～ 8%。华南地区的咸酸土，含盐量略低，通常在 2%以下。滨海盐碱地的治理，首先必须筑堤建闸，防止海潮浸渍，完善排水河道和田间排灌工程，做到洪涝分排，排灌分开。采取深沟排盐，对不能自流排水入海的河沟，需设置提排设施；土质黏重的地区可采取浅密排沟。据江苏省新洋农业试验站多年改土经验，如能保持和浅密沟排水（沟深 1.2 ～ 1.5 米）和常年种植绿肥，可以抑制返盐。同时，要利用一切可能条件，引水蓄水，扩大灌溉面积，进行人工洗盐或种植水稻。由于沿海地区降水量较多，可利用夏季自然降雨，蓄淡淋盐，加速土壤脱盐。

25.3 综合治理盐碱地必须建立一个良好的生态系统

盐碱地治理不能孤立地搞改土，而要与整个农田基本建设结合起来，注意建设林网、平整土地、培肥土壤和合理种植，因地制宜建立一个良好的农田生态系统。

建设林网，能起生物排水、改善农田小气候、减弱土壤蒸发和积盐过程的作用，而且还可解决燃料不足以促进秸秆还田。盐碱地造林，要注意选择适合当地的耐盐碱树种。适宜于东部季风区和滨海盐碱地的树种，乔木有刺槐、苦楝、乌柏、桑树、白榆、旱柳、加拿大杨、小叶杨、毛白杨、大官杨、泡桐、侧柏等；灌木有柽柳、紫穗槐、杞柳、白蜡条等。适于西北内陆盐碱地的有柽柳、沙枣、旱柳、小叶杨、白榆、刺槐等。在重盐碱地上造林，要先洗盐后造林，因地制宜地采用开沟排盐、垫高洼地、沟垄整地、台地整地、小畦整地、挖穴换土等造林法，要注意沟、渠、林、路的合理配置。

在干旱与半干旱地区，小地形和微域地形的起伏，影响着土体盐分在水平方向上的分异，盐分向微域地形相对高起的部位积聚而形成大大小小的月状和斑状盐碱土。在季风气候区，并因人为灌溉的影响，这种现象更为突出，如果土地不平，灌溉不匀，盐斑就不能消除。所以，平整土地是盐碱地治理的一项重要措施，必须切实地一块一块地搞好。

地碱肥力必低，地瘦易生盐碱，盐碱和瘦瘠是相互影响，密不可分的。增施有机肥料对改善土壤肥力状况，提高作物耐盐能力和增加产量可起显著的效果。从长远看，培肥土壤，改善理化性质，也可使土体内、特别是耕层的水盐运动状况得到改善。所以，把培肥和改土结合起来，是治理盐碱地，进而建设高产稳产农田的一个重要方面。要在增加农家肥料和秸秆还田的同时，大力发展绿肥，并提倡以绿肥喂饲牲畜，促进畜牧业的发展。种植绿肥不仅可以肥田，而且能起到直接改良盐碱土的作用。如河南封丘县种植紫花苜蓿改良"瓦碱"试验结果，pH 下降 0.5 ～ 1.4 单位，碱化度下降 7%～ 23%，苏打消失。因此，要因地制宜地建立一套包括绿肥（饲草）在内的种植制度。绿肥的种类要根据各地区的气候和土壤情况，特别是盐碱轻重程度而定。以黄淮海平原地区为例，田菁、紫穗槐、苦草等耐盐碱性强，可种在重盐碱地上；草木樨、紫花苜蓿、苕子、黑麦草、法斯克草等耐盐碱性中等，可种在轻一中度的盐碱地上；蚕豆、豌豆、金花菜、紫云英等耐盐碱性差，只能种在已基本脱盐的地上。盐碱土一般缺磷，种植绿肥必须施用磷肥，"以磷增氮"是发展绿肥的关键措施。

盐碱地综合治理，还要注意合理安排土地利用和作物布局。根据不同的自然条件，因地制宜安排旱作、栽稻、种草、造林、植苇等布局，因土种植，更加合理地利用水土资源。应该指出，种稻有利于改良盐碱地，但需要从全局出发，考虑一个地区的水源条件、排水能力、土壤、地形、劳力、肥料等情况，合理规划种稻的面积和分布位置。发展水稻一般应选择低洼盐碱区，如滨海地区、交接洼地、河流两岸的低洼地带、平原内部的封闭洼地等，一定要具备良好的灌排条件和建立截水沟的条件。

总之，治理盐碱地要在改善水盐状况的基础上，运用林、平、肥、种等生物措施和农业措施，实行综合治理，农林牧综合发展，使之建成一个有利于改良盐碱土、防止次生盐渍化、培肥高产的农田生态系统。

26 China's Salt-Affected Soils and Their Reclamation

【写作背景】

国际土壤学会第 13 次代表大会于 1986 年在德国汉堡召开。《文集》作者的此文在盐渍土分会宣读并收入该会议论文集。文中介绍了中国盐渍土的地理分布、类型，以及自西向东的 7 个分区。文中根据中国的实践和经验，提出了改良和治理原则：如治理和利用的结合、区域水盐运动的调节和管理是治理的基础、重视农业措施的应用、防重于治等。

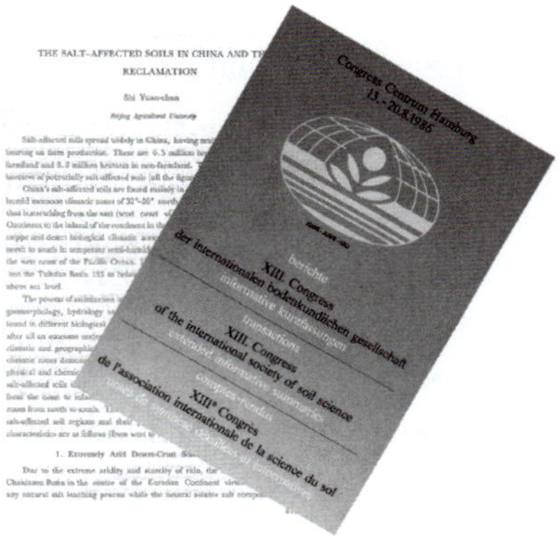

Salt-affected soils with multiple types and spread widely in China, are of great importance in agricultural production. There are 6.5 million ha of such soils scattered in farmland 8.8 million ha in non-farmland. There are also 10 million ha of potential salt-affected soils (all the figures do not include that of Tibet).

China's salt-affected soils are found mainly in temperate arid, semi-arid and semi-humid monsoon climatic zones of 32°—50° north latitude and 75°—135° east longitude, that is, stretching from the east (west coast of the Pacific Ocean) of the Asian-European continent to the inland of the continent in the west, crossing forest steppe, steppe, desert steppe and desert biological climatic zones. The coastal saline soils can be found from north to south in temperate semi-humid, sub-tropical and tropical humid zones along the west coast of the Pacific Ocean. On the vertical distribution, they can be found in the Tulufan Basin 153 meters below sea level to the Tibetan Plateau over 4 000 meters above sea level.

The process of salinization is mainly influenced by local factors such as topography, geomorphology, hydrology and hydrological geology and thus the salt-affected soils can be found in different bio-climatic zones. Nevertheless, it is after all an outcome under given climatic conditions and is characterized by specific climatic and geographical features. Consequently, salinization in different bio–climatic zones is characterized by different features in the salt geochemical differentiation, soil physical and chemical properties, as well as the status of reclamation and utilization of soil, China's salt–affected soils thus show clearly the geographical pattern of phase distribution from the coast to inland and that of latitude distribution from north to south[(1)(2)]. The attached map and table show the principal salt–affected soils region and their physical conditions. Each region and its basic characteristics are as follows (from west to east and from north to south):

1.Extremely Arid Desert–Crust Solonchak Region

2.Arid Desert and Desert Steppe–Alkalized Soil Region

3.Semi–Arid and Arid Steppe–Solonetz Region

4.Semi–Arid, Semi–Humid Steppe–Soda Alkalized Soil Region

5.Semi–Humid Monsoon Climate Salinized and Soda Alkalized Soil Region

6.Semi–Humid and Humid Monsoon Climate–Coastal Saline Soil Region

7.Alpine Frozen Desert–Lakeside Saline Soil Region

China's practice and experience of universal significance in reclaiming salt–Affected soils can be summarized as follows:

1.Reclamation must be combined with utilization and the former should be subordinated to the latter.

2.Regulation and management of regional water and salt movement forms the basis for the reclamation of salt–affected soils.

3.Summing up and adopt traditional techniques–application of organic manure, farming management, which are developed by Chinese farmer.

Salt–affected soils region	Geomorphology	Ann. Temp.	Precipitation (mm)	Aridity	Area (10000 hac.)
1	Inland basin	8—12 (2—4)**	100	16.0	190
2	Inland basin, plateau	4—8	100—200	8.0—4.0	420
3	Plateau	-2—6	200—400	4.0—2.0	60
4	Alluvial plain	2—8	400—600	2.0—1.0	230
5	Alluvial plain	10—14	500—900	1.5—1.0	270
6	Coastal plain	-10—22	500—2 000	1.5—0.5	360
7	Plateau & basin	2	200	4.0—2.0	

* Aridity $=\frac{T}{P}\times 0.16$ T: accumulated temp. of daily average temp. > 0℃

P: precipitation of corresponding period.

** The fig in brackets refers to the Qaidam Basin.

4.Greater attention should be given to prevention than to reclamation of soil secondary salinization.

References

[1] Shi Yuanchun, 1985. Proc. Intern. Symp. On the Reclamation of Salt–Affected Soils. 191–210, Beijing Agricultural University, China.

[2] Wang Zunqin, 1985. Proc. Intern. Symp. On the Reclamation of Salt–Affected Soils, 48–59, Beijing Agricultural University, China.

27 Remote Sensing for Surveying and Mapping of Salt-Affected Soils

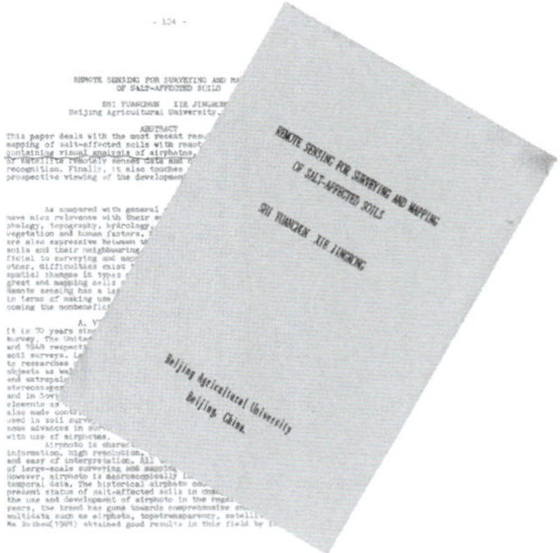

【写作背景】

1988年夏，在南斯拉夫召开了“国际盐碱土学术讨论会”。《文集》作者与谢经荣联合给会议提交了题为“遥感技术用于盐渍土的调查与制图”的论文。《文集》作者在会议上宣读了该论文，并收入该会议《论文集》

ABSTRACT This paper deals with the most recent results in surveying and mapping of salt–affected soils with remote sensing technologies, containing visual analysis of airphoto, visual interpretation of satellite remotely sensed data and computer–aided automatic recognition. Finally, it also touches upon the understanding and prospective viewing of the development in the field.

As compared with general soil types, salt-affected soils have nice relevance with their soil forming factors, geomorphology, topography, hydrology, geohydrology, parent materials, vegetation and human factors. Moreover, the spectral properties are also expressive between the surface features of salt-affected soils and their neighbouring soils, which are on one hand beneficial to surveying and mapping of salt-affected soils. On the other, difficulties exist in surveying and mapping since the spatial changes in types and extent of salt-affected soils are great and mapping cells are small with temporal variations. Remote sensing has a large advantage and tremendous potentials in terms of making use of the beneficial aspects while overcoming the not beneficial ones.

27.1 Visual Analysis of Airphotos

It is 70 years since Cobb, W. B. (1918) utilized airphotos in soil survey. The united States and Soviet Union stipulated in 1938 and 1948 respectively that airphotos be necessary base map for soil surveys. Later on, the scientists focused their attentions to researches on correlations between airphotos and ground objects as well as direct interpretation, such as interpolation and extrapolation proposed by the US scholars; with the aid of stereoscopes and densitometers, scientists both at ITC, Holland and in Soviet geocomparison with the analysis of landscape elements as the core. Scientists in Mexico and other countries also made contributions in the aspect. In 1960s, airphotos were used in soil surveys of China. The following is to demonstrate some advances in surveying and mapping of salt-affected soils with use of airphotos.

Airphoto is characterized by its abundance of geometric information, high resolution, direct viewing of ground objects and easy of interpretation. All these could enhance the quality of large-scale surveying and mapping of salt-affected soils. However, airphoto is macroscopically inadequate with less temporal data. The historical airphoto could not reflect the present status of salt-affected soils in change, only to limit the use and development of airphoto in the regard. In recent years, the trend has gone towards comprehensive analysis of multidata such as airphoto, topotransparency, satellite imagery. Ma Buzhou (1981) obtained good results in this field by increasing the number of cells and detail by 75%, reducing the average dimension of cells from 10 ha. to 5.7 ha. and the minimum area of cells from 1.4 ha. to 0.64 ha. at the 1 : 10 000 mapping of salt-affected soils as compared with the conventional methods.

It is quite meaningful to dynamically monitor salt-affected soils with multi-dated historical airphotos. The authors of this paper systematically elaborated the changing tendency and causes of soil salinity at the east China's Laizhou Bay region (170 sq, km.) by making a dynamic map (1 : 5 000) of soil salinity from 6 dated airphotos (from 1954 to 1982) and other available data.

The recent spectacular advance lies in application of infrared aerial photography in surveying and mapping of salt-affected soils. Since 1981, large-dimensional salt-affected soils mappings have been carried out in China's Shandong, Henna and Tianjin. Infrared aerial photography contains information of black/white airphotos and also includes recordings of infrared and color infrared spectral parts, and is endowed with features of richer information, higher resolution and clearer sharpness than black /

white or natural color photography. As vegetation is strongly sensitive to infrared reflectance, the infrared bands are helpful in detection of vegetation and soil moisture, and soil salinity is best indicated by the coverage, vitality and types of vegetation as well as soil moisture. So infrared photography has great superiority in surveying and mapping of salt-affected soils. At present, 89% accuracy was obtained in the quantitative interpretation for types of salt-affected soils; the mapping accuracies are 88.9% and 80.0% for heavy, medium and light salt-affected soils respectively.

Interpretation keys of infrared photography have been derived from a great deal of practices, i. e. relatively stable color, tone, pattern and texture for kinds of salt-affected soils such as: sulphate-chloride, chloride-sulphate , soda and light, medium, highly affected etc.

When studying the brightness of salt-affected soils with 0.5–1.1 μm part of spectral band, Dai Changda (1986) pointed out spectral reflectance of salt-affected soils is stable, the reflectance intensity is positively proportional to the salinity degree. It was discovered that the correlative coefficient reached a noticeable value ($Y=19.7x-17.5$, $N=10$, $r=0.84$) between salt contents of the surface and the optical density of red light, the correlation is poor for green and blue lights when undertaking linear regression for the salt content of the surface (0–20 cm) with transmissive optical densities of red, green and blue lights. Therefore the linear equation could possible be used for differentiation of salt contents of the salt-affected soils surface.

27.2 Visual Interpetation of Satellite Imagery

Multispectral scanners mounted on satellites for land resources provide two formats of remotely sensed data, namely satellite multispectral imagery and computer compatible tapes by recording electromagnetic radiation from the ground objects of the earth's surface. This section deals with the former format of data in surveying and mapping of salt-affected soils. The next section will be left for the latter one.

Colwell (1974) and Anderson (1975) were among the first to conduct interpretation of salt-affected soils with MSS data from Landsat I and Skylab. Richardson (1976) concluded that the visible band is helpful in detection of soil salinity after studying the correlation of multiband with soil salinity. Either theoretically or practically, study on and acquirement of ground spectral data is a fundamental of interpretation in satellite remote sensing. Fig1-a indicates spectral reflectance curves of ground objects in the spectral regions corresponding to Landsat Bands 4, 5, 6, 7. Different ground objects have different spectral properties which become basis for imagery differentiation and also for imagery enhancement. Spectral reflectance curves of salt-affected soils under both vegetative and nonvegetative conditions are shown in Figs 1-b and c respectively. Very high reflectance are expressed in each band for nonvegetative and scarcely vegetative saline and alkaline soils, making it easy to differentiate them from other ground objects as salt-affected soils have bright tones on false-color composites. It is also indicated in the figures that the maximum reflectance occurs in sulphate-dominant solonchak, followed by soda solonchak. The minimum reflectance is in chloride-dominant solonchak due to its high water table high soil moisture content and relatively strong hygroscopic properties.

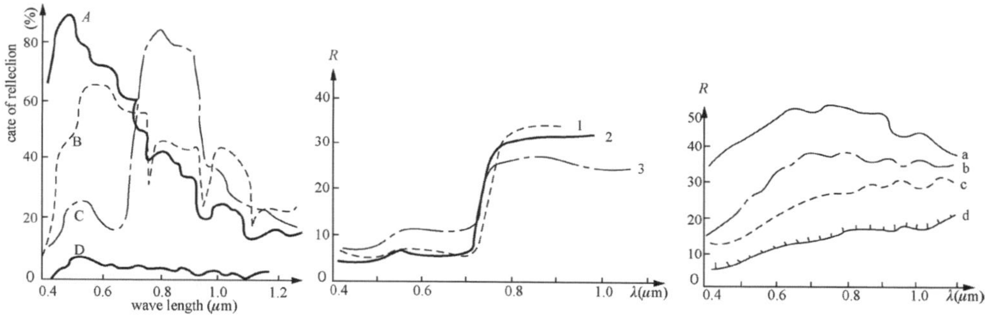

Different saline soils with 50% ~ 90% green vegetation coverage have different spectral properties from those under nonvegetative and scarcely vegetative conditions here reflectance is low in visible band with a small peak near green band (0.54 m). In near infrared region, the reflectance steeply rises up to 30% from 8% and the shape becomes flat similar to that of green vegetation. With the increment in vegetation coverage, the numbers of mapping cells and red tone are increasing on the saline background of false-color composites. Many researches have shown that vegetation is significant for interpretation of soil salinity as an indirect key.

Zhao Keqiu et al (1985) undertook interpretation of 1 : 200 000 satellite false-color composites in the salt-affected areas with the field check up to 500 km, resulting in 88.9% of qualitative accuracy and 80% for quantitative accuracy. Their results also illustrate that interpretation is good for salt-affected and nonsalt-affected soils as well as salinity degrees, but it is so much difficult for salt type interpretation in salt-affected soils.

With MSS imagery for interpretation of soil salinity, the most favorable is to engage in indirect interpretation of landscape elements such as geomorphology, hydrology, the depth of water table, vegetation, land use etc together with the above direct interpretation so as to obtain nice results. Among those, the important part is play by the interpreters with complex knowledge and with experience. For instance, Gao Guangmin found in his researches on remote sensing for coastal saline soils in Cangzhou, Hebei province that soil water features as expressed on MSS imagery concern with the underground hidden structures, hence it is advantageous for division of improvement. Take another example, spectral propertied of sandy soils are similar to those of salt-affected soils, easily causing misinterpretation. Experienced interpreters however, could differentiate one from the other in accordance with their geomorphological sites and their expressive forms on imagery. Furthermore, multi temporariness of MSS data can be used not only for monitoring and studied on dynamics of soil salinity, but also for recognizing different types of salt-affected soils through analysis of their ground features and spectral properties at different seasons. Chen Dong (1986), in line with the concept differentiated soda soils from neutral salt-affected soils in the region with chestnut soil.

Although MSS imagery has many advantages in surveying and mapping of salt-affected soils, it cannot be used for large-scale mapping due to its low resolution (about 80 m) and poor geometric accuracy, thus limiting its application. TM imagery from Landsat Ⅳ and Ⅴ provides 30 m resolution data and more can be enlarged to 1 : 100 000 or further to 1 : 50 000 by photo. While processing the TM imagery, some clear ground control points in the same scale topo maps can be used to correct the geometric error of the imagery. Zhang Wei (1986) found that the geometric accuracy of this kind of TM imagery is very high. It's ground point's error if less than 25 meters or 0.5 mm on the 1 : 50 000 imagery. More important TM data has seven channels, among which TM5 (1.55 ~ 1.75 μm) is the thermal infrared band, very helpful for interpretation of salt-affected soils with high water table in the discharge areas. Gao Guangmin and Ge Su did soil interpretation of TM imagery at China's Yellow River Delta.

SPOT was launched in 1986, enhancing ground resolution further to 20 m (panchromatic mode: 10 m) with better geometric accuracy. We acquired self-processed 1 : 50 000 Spot image for China's Loess Plateau. The site location is with the same-scaled topo-transparency. What can be delineated in the interpretation is salt-affected soils with one ha. of dimension and salinity degrees can also be differentiated. The relations can be clearly expressed on the SPOT imagery between salt-affected soils, either lamellar or spotty distribution and their topography as well as ground water conditions. Preliminary results show that visual interpretation. SPOT imagery can satisfy the requirement of 1 : 50 000 and 1 : 25 000 mapping of salt-affected soils. It will be much better if to combine synoptical features of salt-affected soils with landscape elements and their distribution. At present the research is under progress.

27.3 Computer–aided Automatic Recognition of Salt–affected Soils From Satellite Remotely Sensed Data

A huge quantity of spectral in formation acquired by multispectral scanners mounted on satellites are put into computer compatible tapes (CCT) for storage. Various spectral classification maps can be derived from computer classification. Based on the spectral properties of various soils, maps of spectral classes of soils, or rather spectral soil maps could be produced through digital image pre-processing and supervised and unsupervised classification. This is a new approach in soil mapping of the past few years, which has been applied to mapping of salt-affected soils. Better results could be gained through computer aided recognition in the regard because the spectral property is stable in salt-affected soils.

Liu Guohua (1985) classified spectral reflectance for salt-affected soils and their neighboring nonsalt-affected ones with better accuracy for solonchak and boggy soils (refer to table).

From the table, it is seen that 89.6% of soil in spectral classes 15 belong to solonchak. 74.8% of solonchak cells are in spectral class 15 while 63.9% of meadow solonchak goes to spectral classes 9 and 10. It is suggested in the comparison of spectral soil maps with traditional soil maps that information of vegetation could enhance greatly the recognizing capabilities of salt-affected and nonsalt-affected soil Yao Li (1984) also achieved the similar results on this aspect.

Zhao Keqi et al (1986) did unsupervised spectral classification and processed out 1 : 200 000 false-color composite with fine optical and geometrical properties. In comparison with interpretation on conventional false-color composite of the same sites, the result from the above interpretation is better in terms of interpretability, number of cells, details as well as qualitative accuracy. But the cost is relatively high with more processing procedures.

This method is quick for classification and standardized. Therefore it has potentials in the long run. It is no doubt that the use of SPOT and TM data will in a big way better the quality of computer-aided recognition and widen application fields.

Tab. Percentage of soil types in spectral classes after Liu Guohua

(Ⅰ) / (Ⅱ)	1	2	4	5	6	8	9	10	15	17	21	22	i	ii
A			84.9					15.1						
B	61.4		0.3	0.9			12.0	0.2		7.0	9.2	0.4	6.6	2.0
C	7.3	12.4	0.5				32.5	21.9			12.8	7.2	2.4	3.0
D	3.5		8.4	0.1	0.1		51.5	28.7			1.5	3.7	0.6	1.9
E	8.7		8.8	0.9	3.9		53.3	3.9		9.6	2.9		6.1	2.5
F	0.9		61.6				16.2	17.1			0.2	1.2		3.3
G						63.9	15.0		8.1				7.6	5.4
H	3.3					2.3	17.2		74.8					2.4
I	1.4	87.2			0.5	3.0	0.5					1.7	1.5	4.2

(Ⅰ): spectral classes.
(Ⅱ): soil types.
A: sandy light-colored meadow soils.
B: clayey light-colored meadow soils.
C: light loamy slightly saline light-colored meadow soils.
D: light loamy medium saline light-colored meadow soils.
E: medium loamy medium saline light-colored meadow soils.
F: medium loamy highly saline light-colored meadow soils.
G: tidal solonchak.
H: solonchak.
I: boggy soil.
i: others.
ii: no classified.

27.4 Understanding and Perspective Viewing of Future Development

It is the fact that remote sensing for surveying and mapping of salt-affected soils is in no way to replace completely the conventional surveys, especially the study of field soil profile and determination of the physical-chemical properties. In stead, remote sensing has brought in a new phase for surveying and mapping of salt-affected soils by increasing quality, speed, efficiency and economical benefits and also make it possible to carry out multidate studies, change monitoring (including past changes) as well as digital analysis and mapping. Many reports say that the cost of visual analysis of satellite data is only 25% ~ 30% of that in convention methods. It can be said that place of the traditional ways in surveying and mapping of salt-affected soils. But it does not mean the field work is unnecessary.

As it is various in technology, methodology and data forms for remote sensing application, it is essential to select and design operations based on the objectives, requirements, supply and quality of remote sensing data, the conditions of technical forces and facilities and also on the principle of time-labor-saving and cost effectiveness. One thing in common however is to make comprehensive interpretation with as-much-as-possible multidata in order to complement each other.

SPOT data has opened a new horizon for us. Satellite data will become the main data source in surveying and mapping of salt-affected soils due to improvement of ground resolution, geometric accuracy, optical properties and spectral band designing. Visual interpretation of satellite data is a mature, easy-of-use and cost effective method while computer-aided recognition has potentials and is full of vitality with the development of enhancement techniques and computer sciences.

In general, remote sensing for surveying and mapping of salt-affected soils is still at its elementary stage, and has not progresses to extent of maturity and standardization. Many problems have to be further studied as remote sensing has been being improved day by day.

References

[1] Anderson, R. L. et al (1975) : Comparative Unility of Landsat–I and Skylab data for coastal wetland mapping and ecological studies. NASA Earth Resources Survey Symp. Houston, Taxas, June, 1975.

[2] Chen Dong: Remote sensing and numerical simulation in researches of salt–affected soils in tianyin Basin of Shanxi province.

[3] Cobb, W. B. (1923): Amer. Assoc. Soil Workers Bull, No1, 1923.

[4] Colwell, R. N. (1974): An introduction study of earth resources in the State of Caliornia using remote sensing technique, Annual Progress Report, Space Science Lab. Uni. Of Calif. Berkeley, May 1, 1974.

[5] Cumakaba, M. C. (1963): Aerial Photography used for soil mapping at the lowland of the Black Sea coastal zone, Chinese version by publishing house of Polytechniques.

[6] Dai Changda (1962): Brief account and future viewing of aerial photography applied to soil

sciences, Soil Bull, 1962(6).

[7] Dai Changda (1964): Researches on soil mapping with airphotos Ⅰ, Ⅱ, Journ. of soil sci. 12(2), (4).

[8] Dai Changda et al (1986): Remote sensing inventory for low-productive soils on the Huanghuihai River Basin, Rem. Sen. Of Environ. (2).

[9] Zhang Wei (1986): Evolution of Landsat TM Imagery Quality and large-Scale colour Composition Technology, Remote Sensing Information, 1986, (4), Beijing, China.

[10] Gao Guangmin and Ge Su (1986): TM imagery used for soil survey at the yellow River Delta, unpublishes.

[11] Jiang Guangyun (1985): Interpretation of infrared photography for salt-affected soils on the plain of the north Shandong. Proc. of remote sensing for soil sci.

[12] Kricoleyev, C. N. (1975): Large-scale mapping, translation, Publishing House of Sciences.

[13] Liu Guohua (1985): A study on application of digital image processing of Landsat data to soil mapping at large scale on the coastal plain, Master paper.

[14] Liu Xingwei (1986): Interpretation of salt-affected soils, aeolian sandy soil and waterlogged soil on color infrared photography, Rem. Sen. of Environ. (3).

[15] Ma Buzhou (1981): Remote sensing technique of large scale soil mapping in the cultivated area of the flooded plain, Master paper.

[16] Richardson, A. J. (1976): photo. Engine. And Rem. Sen. Vol. 42, No. 5. properties in salt-affectedregion of northwest Shandong.

[17] Inst. of Rem. Sens. Academia Sinica. (1986) Application of color infrared photography to land resources survey in Tianjin. Publishing House of surveying and mapping.

[18] Yao Li (1984): A correlative study on computer-aided interpretation of soils maps and conventional large scale ones.

[19] Zhao Keqi et al (1986): An experimental study on low-productive soil mapping in the Yellow River Flood Plain through remote sensing data.

28 盐渍土改良和利用

【写作背景】

为庆祝新中国成立40周年，农业部科技委员会编纂出版了《中国农业科技工作四十年（1949—1989）》，约请《文集》作者就我国盐渍土改良与利用的40年成就提供稿件。此文由《文集》作者与李韵珠联合撰写。

盐渍土是我国分布广、类型多、对农业生产影响较大的一种低产土壤。分布于农田的盐渍土约1亿亩，非农田盐渍土约1.5亿亩，还有约1.5亿亩的潜在盐渍土（以上数字均不含西藏地区）。盐渍土是我国北方的一种重要土地资源。农田中的盐渍土具有很大的增产力，经过改良和合理利用，农作物产量可以成倍增长。过去的垦殖和今后扩大耕地面积，要也在盐渍地区。此外，随着灌溉事业的发展，土壤次生盐渍化的防治任务将日益繁重。十年来，政府和广大科技工作者十分重视开展盐渍土的研究和利用改良工作，在实践和科研究工作上已取得了重要进展和成就。

28.1 中华人民共和国成立以来，盐渍土及其改良工作大体经历了三个时期

1. 勘测垦殖和水利土壤改良时期（新中国成立初至50年代末）

新中国成立初期，国家先后组织学家对东北、青海、西藏、新疆、宁夏、内蒙古、华北平原等地的土地资源进行考察，并组织全国性的土壤普查。20世纪50年代土地资源的调查，为摸清我国盐渍土资源，组织垦殖开展科学研究打下了很好的基础。新疆生产建设兵团和国营农场垦区垦殖盐碱荒地1 300亩。通过

建立排灌系统、人工冲洗、种稻改良、牧草轮作等措施，变大片荒原为万顷良日成为我国北方的一个重要粮棉生产基地。宁夏的银川平原，引黄河水种稻改良盐渍土，75 万亩的盐碱荒地成为“塞外江南”。内蒙古河套地区、松嫩平原、辽河三角洲等地的盐渍的开发工作均取得丰硕成果。盐渍土垦殖对我国农业生产发展做出了重要贡献。

20 世纪 50 年代，盐渍土及其改良的科技工作，深受苏联土壤科学和水利土壤改良学的影响在盐渍土资源考察勘测中，以发生学观点研究了我国盐渍土的地理分布和发生分类。在大规模垦殖中，广泛应用了苏联水利土壤改良的原理、方法和经验。先后在华北、西北和东北地区建立了 20 多个盐渍土改良试验站，对推动我国盐渍土及其改良的研究发挥了重要作用。

50 年代的大规模考察、勘测以及垦殖改良的实践，大大促进了我国盐渍土及其改良学的发展，为我国现代的盐渍土及其改良的科学奠定了基础。同时，在实践中锻炼和成长一大批科学工作者和实际工作者，许多人已经成为我国盐渍土及其改良学科的重要骨干和名科学家。

2. 农水结合，防治次生盐渍化时期（60 年代初至 70 年代初）

大规模垦殖和大型灌区的建成，大大推动了这个地区农业生产的发展。但是，在一些灌溉工程不配套，排水系统健全，土地不平整，灌水技术粗放的地区，导致地下水位抬升，土壤次生盐渍化广为发展。黄河中下游 17 个灌区的土壤次生盐渍次生盐渍化面积为灌溉总面积的 36%，黄淮海平原冀鲁豫三省的盐渍土 50 年代中期为 2 800 万亩，到 60 年代初期剧增至 4 800 万亩。内蒙古河套灌区无渠道建筑和缺少基本排水条件，灌区的三分之一土地次生盐渍化。新疆垦区中有的农场因灌排不当，盐渍化卷土重来而被迫弃场撂荒外迁。银北灌区，东北郭前旗灌区等亦深受次生盐渍化之苦。

为次生盐渍化所困扰和为消除其危害而斗争是 60 年代盐渍土及其改良工作的一个基本特点。实践使人们认识到，盐渍土的垦殖和改良是一项十分艰巨和复杂的工作。在水利改良中，加强了地下水临界深度及其控制、灌溉渠系的布置和防渗、明暗沟和竖井排水技术等方面的研究。对围埝平种、沟畦台田、引洪灌淤、冲沟播种、深耠浅盖、绿肥有机肥培肥改土、选种耐盐品种和生物排水等农林措施受到人们的普遍重视。盐渍土改良和与次生盐渍化的斗争，进入了“防治并重，农水结合，综合治理，因地制宜”的时期。

到 70 年代初，治理取得了显著成效，各主要灌区，盐渍土面积明显减少。黄淮海平原冀鲁豫三省盐渍土面积由 4 800 万亩减少到 2 100 万亩。河南新乡地区采取农水结合，特别是大力发展井灌，地下水位普遍下降，次生盐渍化面积基本消失，粮棉产量大幅度增长。

3. 综合治理，巩固提高时期（70 年代中期至今）

70 年代初期，我国耕地中仍有上亿亩盐渍土，严重制约着农业生产的发展。70 年代初连续干旱，周总理主持召开了北方 19 省抗旱工作会议。会议提出以河北省黑龙港地区 37 个县做好合理开发地下水，综合治理旱涝盐碱的科技攻关试点。以后，“六五”和“七五”，黄淮海平原中低产地区的旱涝盐碱综合治理一直被列为国家科技攻关项目，数十个单位和千余名科技人员参加。此项综合治理实践和科学研究工作的深度和广度都远远超过以往，从而对我国北方各盐渍土和中低产地区也产生了多方面的影响，揭开了我国盐渍土及其改良工作的新的一页。人们从长期以来的治理实践和科学研究中认识到，黄淮海平原的春旱夏涝，土地盐碱瘠薄和地下的咸水是一组有机联系的自然现象，应当作为一个整体的治理目标，治理方法上，不仅是各种农水措施的简单结合而是在现代科学理论和技术指导下，根据不同条件，建立相应的综合治理模式。同时，综合治理与治理区的综合发展相结合，取得经济、社会和生态的综合效益。所以，综合治理包含治理目标的综合（多目标），措施的综合和效益的综合。综合治理在概念、内涵和理论基础上都较过去前进了一大步。此项科技攻关，根据不同类型区，建立起曲周、商丘、封丘、阳光、睢宁等 12 个综合治理试验（站）。在此期间，新疆、宁夏等地的排水种稻，吉林的综合改良苏打盐土、江浙鲁冀诸省的海涂开发、内蒙古一些地区的井排等均在综合治理和综合发展上各具特色地取得可喜进展。

开放政策和国际交往开阔了视野，活跃了学术思想，促进了科学发展。盐渍土的地理分布、发生分类、盐渍土的水盐运动和区域水盐运动、各种改良技术以及研究方法和手段等方面在此时期在不同程度上取得了新的突破性的进展，盐渍土及其改良的学科水平提出一个新的高度。

28.2 盐渍土改良在科技领域的进展和成就

1. 盐渍土地理和发生分类

我国盐渍土主要分布在温带干旱、半干旱和半湿润季风气地区。从亚欧大陆的东缘（太平洋西岸）一直向西延伸到大陆腹地，横跨了旱生森林草原、平原、荒漠草原和荒漠等生物气候带。沿太平洋西海岸的滨海盐土自北而南地分布于温带半润区、亚热带及热带湿润区。在垂直高度上，由海平面以下 153 米的吐鲁番盆地到海拔 4 000 米以上的青藏高原。

我国盐渍土分布辽阔、类型众多。50 年代的大规模考察和开发，为我国盐渍土地理和发生分类的研究提供了良好条件。到 60 年代初，对我国盐渍土的分布、类型和特点已经通过考察有了比较全面了解。熊毅（1957）首先将我国盐渍土划分为滨海盐渍区、泛滥平原盐渍区、荒漠及荒漠草原盐渍区和草原盐渍区4个大区。以后，新疆、华北平原、宁夏、内蒙古和东平原等区域性盐渍土的研究结果相继问世。中科院南京土壤研究所盐土组（1978）、王遵亲（1985）在综合分析有关资料的基础上，提出了全国可分为8个盐渍区和27个盐渍土片。石元春（1987）在第13届国际土壤学会上提出，土壤盐渍化过程虽受地形水文等地区性因素的影响而出现在不同生物气候带和土壤带，但它毕竟是一定生物气候下的产物，深深打上了生物气候的烙印。并据此将我国生物气候带，特别是我国北部自东而西的相性分布的水热条件与土壤盐渍化的发生和类型相结合，将我国划分为7个盐渍土区。并提出了（1977）半湿润季风气候应作为一个独立的地理景观类型和盐渍土区。阐述了该区及其盐渍土类型在全球的地理分布以及盐渍土形成、性质、分布、水盐运动和改良上的特点。

50年代和60年代，我国一直应用苏联的盐渍土分类系统。1978年，中科院南京土壤研究所提出了我国盐渍土分类系统。盐渍土中包括盐渍土和碱土2个土类。盐土下分6个亚类，碱土下分4个亚类。亚类划分的主要依据是形成条件和过程上的差异。分类原则、方法和命名比较清晰和逻辑性较强，是已有分类工作的一个较好的概括和总结。但是，土属及以下的低级分类仍然缺乏比较一致的分类标准和系统。

与盐土相比，碱土方面的研究相对较弱。50年代和60年代多着重栗钙土带和黑土带的具有B层的草原和草甸的构造碱土的研究。在新疆和宁夏和考察中对龟裂碱土的研究逐渐引起人们的重视。70年代，特别是80年代以来，俞仁培等不断提出瓦碱的研究成果。他们通过调查和室内模拟试验，认为在低矿化地下水情况下，只要有游离的重碳酸钠和碳酸钠存在，即使在钙质土和其他中性盐类的条件下也不能阻止碱化过程的发展。碱性不高的矿化土下水灌溉也会导致土壤次生碱化。并提出了黄淮海平原碱化土壤的分级指标以及残余碳酸钠和ESP是碱化土壤分级的主要依据。

2. 盐渍土的水盐运动

盐渍土的发生演变和利用改良都与水分和易溶性盐类在土体中积聚溶移密切相关，因此，盐渍土及其改良的研究无不以水盐运动为重点。

在某种意义上讲，改良盐渍土是以人为措施影响和改善盐渍土的水盐运动状况。所以，盐渍土水盐动态的观测常作为改良措施的效果检验和对措施提供指导。50年代大规模水利土壤改良中，娄溥礼、袁长极等提出的以毛管强烈上升高度和毛管水连系破裂含水量为依据的确定临界地下水位的方法，对当时排水工程的设计和防治土壤次生盐渍化提供了有价值的科学资料。黄荣翰、魏永纯等编著的《盐碱地改良》（1962）一书，全面总结了当时水利土壤改良中临界深度的确定，灌溉冲洗标准和排灌系统设计的技术指标。王守纯研究了利用沟播、垄作和造坷垃等耕作技术调动和改善盐渍土表层的水盐状况，以提高作物的出苗保苗率。稻田麦地、季节性冻土和咸水灌溉等条件下盐渍土水盐动态的研究均各具特色地为盐渍土的利用和改良提供了科学依据。

盐渍土发生和特性方面的水盐运动研究也取得了可喜进展。石元春（1977，1983，1985）在提出半湿润季风气候盐渍土区的同时，系统阐述了此区盐渍土水盐季节性动态规律，易溶盐在土壤和地下水中频繁转移和分配的特点。熊毅曾提出（1964）瓦碱的形成与碱性低矿化水的蒸发和中性盐类季节性上下运移有关，俞仁培等（1980）通过野外观测和室内模拟论证了此一论点。贾大林（1988）利用同位素示踪和数值模拟的方法研究了松砂土柱在蒸发条件下水盐运动的过程和特点，建立了数值计算模型。

80 年代初，我国开始应用能量观点，土壤水动力学和溶质运移的原理，计算机数学模拟和近代的测试手段进行盐渍土的水盐运动的研究，使这项研究进入一个新的阶段和水平。张维臻（1982）提出了土壤水盐运移的模拟的初步研究结果。李韵珠（1985）运用水动力学模型研究了非稳态蒸发条件下夹黏土层的土壤水盐运动，认为不同质地土层的导水率特点和黏土层的层位厚度对水盐运动起关键性作用。并可利用数学模型和数值计算预测夹有黏土层的土壤盐渍化的可能性和程度。朱耀鑫（1986）则研究了夹黏土层土壤雨季的水盐运动特点。陈文林（1988）在盐分运移方面的多离子耦合传输和综合传输模型的研究取得了较好成果。刘亚平（1985）在稳定蒸发条件下应用土壤水盐运动模型进行了多方案计算，提高了土壤积盐的潜水临界深度公式和用潜水蒸发量近似估算土壤盐分状况的方法。杨金忠（1986）在饱和—非饱和土壤水盐运动的研究上取得了进展。应用水动力学和溶质运移原理研究土壤水盐运动，特别是建立数学模型和计算机程序，各种参数的研究是十分重要的。陆锦文等（1986）对非饱和土壤水运动的水分特征曲线、导水率和扩散率，黄康乐（1988）对土壤盐分扩散—弥散系数等的研究提供了有价值的参考。

70 年代国际上开始研究的土壤性质的空间变异性也受到我国科学家的重视。雷志栋、杨诗秀等对土壤粒径分布、饱和导水率等田间测定资料作了统计学分析并探讨其空间结构，胡毓琪对田间土壤易溶盐变异问题也进行了探讨。

3. 盐渍土的区域水盐运动及其调节管理

人们对盐渍土的认识，利用和改良总是从单个土体（Pedon）和具体田块开始的。随着科学技术和生产规模的发展和视野的扩大，人们认识到必须把一个较大范围的盐渍区及其区域的水盐运动视为一个整体和统一的系统进行观察研究和调节管理。

黑龙江省水利勘测设计院（1978）为审议和设计“引嫩”工程（北引嫩江水）而进行了面积为 2.4 万平方公里的水盐均衡分析。提出工程实施后 26% 的灌溉水将进入地下水并使地下水位抬升0.32米以及应采取的相应预防措施。新疆乌鲁木齐河流域将平原周围的山地调蓄性水库的设置、洪积扇扇缘溢出带的地下水开发、冲积平原的排灌系统和地上水地下水的联合运用等构成一个统一的区域和系统，统筹考虑和设计，对区域的水盐运动统一调节和管理。黄运祥等（1985）以新疆焉耆盆地为研究和综合治理对象，运用系统工程方法和数学模型，建立了该盆地盐渍土综合治理的优化方案，提出不同条件下的灌排方式，降低地下水位，改善地下水质和减少土壤表层盐分的具体措施和目标。这是应用近代技术，在大范围内进行盐渍土综合治理规划设计的有益尝试。

在区域水盐运动的研究中，水盐均衡是一种基本的和重要的方法。石元春（1977，1983，1985）在研究了土壤和地块水盐均衡后，又进行了大区和流域的水盐均衡的研究，提出了黄淮海平原的水均衡议程和模型，从宏观和战略上探讨了这个地区旱涝盐碱综合治理中的水盐调节问题。并针对小流域或县级为单位划分区域水盐运动类型的原则、方法和不同条件下的水盐调节管理模式。魏由庆（1985）对鲁西马颊河流域的陵西背河洼地，刘世春对商丘古黄河背河洼地的水盐动态和均衡的研究也取了很好的结果。

大范围和流域的水盐运动的研究和进行调节管理必然提出一个重要课题，即区域水盐运动的监测预报技术。此课题1983年开始被列入“六五”和“七五”国家科技攻关课题，由北京农业大学主持，中科院，中国农科院等6个单位参加。此项研究已取得重要进展。土壤、地下水等子模型已初步完成，综合预报模型等全部成果可望于1990年鉴定。

以流域为单位的盐渍化水文模型的研究使人们对条件极为复杂和因素众多的大范围的区域水盐运动的认识深化和定量化了。这为今后区域水盐运动研究开拓了一个重要方向。

4. **盐渍土改良与利用培肥结合**

改良为了利用，利用方式不同则改良要求和方法也就不尽相同。利用方式一方面受自然条件和经济技术的可能性的制约，同时也决定于产品的市场需要、经济价值和综合效益。新疆盐渍土区除重点发展粮棉生产外，在某些盐渍土上，重视和加强以胡杨、沙棘、柽柳等耐盐树种和在其下种植耐盐草本植物的“双层草场”的开发。某些盐渍土区大力发展甜菜、向日葵、红花、油菜等耐盐作物及产品加工。黄淮海平原利用棉花耐干、耐盐、经济价值高和充分利用雨季雨水发展旱地植棉。滨海盐土种植高度耐盐的籽粒苋等饲用或多用植物；利用雨季地面径流和冬季河流弃水发展芦苇以及利用滩涂发展水产养殖等。利用方式的合理选择可降低盐渍土改良的难度和投资，提高综合效益。史立本等在山东莱州湾的高矿化地下咸水（60～100克/升）盐渍土区巧妙地将农盐牧三业结合，综合治理，综合发展，取得了很好的综合效益。

种稻改良盐渍土是集利用与改良于一体的很好事例。新疆银川平原、辽河三角洲、鲁豫引黄灌区等地长期实践所取得的成功证明了在有水源和排水防渍防次保证下，种稻和稻旱轮作是一种很好的方式。随着畜牧业的发展，盐渍土区种草养畜的面积也在扩大。

利用增加土壤有机质改良和培肥盐渍土是我国农民的传统做法，有着丰富经验。许多科学家对此十分重视和开展了多方面研究。陈恩凤（1985）研究了吉林苏打盐土添加有机质后土壤微生物、酶活性和有机酸等的变化和对苏打盐的良好改良作用。赵守仁在苏北长期进行种植绿肥和有机肥培肥改良盐渍土的研究。系统研究了轮种绿肥对提供生物覆盖，改善土壤理化性状，提高土壤肥力的作用。特别指出，在当前土地养用失调、有机肥与化肥比例失调和化肥中氮磷比例失调的情况下应当全面考虑土壤改良与培肥的结合。南京土壤研究所在苏北滨海地区进行了表土熟化度与脱盐率的定位研究，并提出了土壤有机质含量、水稳性团聚体含量、容重和孔隙度等熟化指标。

四十年来，盐渍土的垦殖利用和改良事业取得了瞩目的成就和发展，也经历了一条曲折艰难的道路，积累了丰富的正反两方面的经验。盐渍土及其改良的科技工作和科技队伍在大规模的生产实践中由极为薄弱而发展壮大，逐步形成的理论和实践以及科学思维方式上具有鲜明特色的学术体系。但是，我国盐渍土面积大，条件复杂，资金和技术投入水平低，一些地区次生盐渍化反反复复，一些地区潜在盐渍化威胁依然存在，面临的任务是十分艰巨和长期的。科学研究上，尽管取得了可喜进展，缩小了与国际水平的距离和在某些方面逐渐形成我国的特色和优势，但是，盐渍土化学、盐渍土—植物系统的内在关系和机理、水盐运动模型和管理等方面的研究还很薄弱。今后，如果组织得好，部署得当，盐渍土及其改良学科完全有可能跻身于世界先进行列。

29 开发盐渍土区 促进粮食生产

【写作背景】

新中国成立以来，一直为粮食增产竭尽全力。在庆祝新中国成立40周年之际，农业部组织编写了一本《中国粮食发展战略对策》专著。编委会向本《文集》作者约写40年来通过盐渍土区的开发对促进粮食生产的文章，该书于1990年出版。

盐渍土主要是因为土壤中含有过量的易溶性盐类或碱度过高，导致土壤不良的理化性质。妨碍作物的正常生长以至造成死亡。通过改良，消除障碍因素，土地生产力即可正常发挥，作物产量可以大幅度增长。

盐渍土在我国北方分布相当广泛。据统计，我国农田中有盐渍土约1亿亩，受到次生盐渍化威胁的潜在盐渍土1.5亿亩，非农田中尚有盐渍土约1.5亿亩。上述这些盐渍土，都是我国的一种具有很大潜力的重要土地资源。对盐渍土地区的治理和开发，是促进我国粮食和农业生产的一个重要措施。

29.1 我国盐渍土区的分布和增产潜力

我国的盐渍土主要分布在北纬32°～50°，东经75°～135°的温带干旱、半干旱和半湿润季风气候区，即亚欧大陆的东缘（太平洋西岸）一直向东延伸到大陆腹地，横跨旱生森林草原、草原、荒漠草原和荒漠等生物气候带。沿太平洋西海岸的滨海盐土自北而南分布于温带半湿润区，亚热带及热带区。在高度上，由海拔153米的吐鲁番盆地到4 000米以上的西藏高原，均有盐渍土的分布。

土壤盐渍化过程主要受地形、地貌、水文、水文地质等因素的影响，可以出现在不同的生物气候带和土壤带。但是，它毕竟是一定气候条件下的产物，与气候和地理有密切关系。不同生物气候带的土壤盐渍化过程，在地球化学分异，土壤理化性质以及利用改良等方面均有各自的特点。主要的盐渍土区及其地理条件参见图 1（图略）和表 1。各区及其基本特点，自西而东和自北而南如下所述。

29.1.1 极端干旱荒漠结壳盐土区

处于亚欧大陆腹地的塔里木盆地和柴达木盆地，都属于极端干旱荒漠结壳盐土区。这类盐土区由于极端干旱和少雨（年降雨量低于 100 毫米），土壤中几乎不存在自然的盐分淋溶过程，而以氯化物和硫酸盐为主的中性易溶盐强烈积聚于地表和土壤上层，形成厚度由数厘米到数十厘米的结壳盐土。部分地区有硝酸盐盐土。

29.1.2 干旱荒漠和荒漠草原碱化盐渍土区

准噶尔盆地、阿拉善—河西走廊地区以及蒙古高原西部等干旱荒漠和荒漠草原地带均属于碱化盐渍土区。除在有地下水影响地区形成中性盐类强烈积聚的盐土和盐化土外，其主要特点是随地貌水文条件的演变，脱离地下水影响的残余盐土在少量降水（年降水量 200 毫米左右）影响下，土壤剖面（一般在 1 米以内）因轻微淋溶自上而下地明显分异为不厚的碱化层、发育的石膏积聚层和易溶盐积聚层。山前平原和沙丘间由于间歇性面状水流而形成的龟裂碱土，在银川平原和准噶尔盆地均有成片分布。

29.1.3 半干旱干草原结构碱土区

本区分布于蒙古高原东部，年降水量增加到 200 ～ 400 毫米。易溶盐淋溶过程较干旱荒漠和荒漠草原区为强。在残余盐土上脱盐而发育形成具有明显结构层的结构碱土，而其下没有明显的石膏和易溶盐积聚层。在干草原上这种结构碱土呈斑状分布于栗钙土间。在这种生物气候条件下，内陆盆地的湖沼周围受地下水影响的地区，苏打及苏打—硫酸盐—氯化物盐土代替了干旱荒漠区的结壳或蓬松盐土。

29.1.4 半干旱半湿润草原苏打盐渍土区

本区主要分布于我国东北平原，年降水量超过 500 毫米，干燥度已下降到 1.5 以下。在弱矿化地下水，土壤有机质含量高和土壤冻结期长的影响下，广大平原上以苏打盐渍化为其特征。地形部位较高处则因脱盐而演化为结构碱土。

29.1.5 半湿润季风气候盐化—苏打化盐渍土区

本区主要分布于东北平原以南的黄淮海平原。这里属暖湿带气候，年降水量增加到 600 ～ 900 毫米，且受季风气候影响而高度集中，土壤中积盐和脱盐过程呈季节性更替，易溶盐在土壤—地下水中频繁转化。在低矿化地下水（矿化度在 1 克 / 升以下）条件下。土壤盐渍化过程以苏打盐化为主；在矿化地下水条件下多为中性盐积聚。盐分的积聚量明显低于干旱荒漠和荒漠草原地区的盐渍土。

29.1.6 半湿润和湿润季风气候滨海盐土区

我国漫长的海岸线自北纬 42° ～ 12° 跨越的暖温带，亚热带和热带的半湿润、湿润季风气候区均属滨海盐土区。年降水量自 500 ～ 2 000 毫米。这类盐土一方面受海水（潮汐及地下水）浸渍的影响，另一方面也接受气候因素的制约。北部半湿润季风气候影响下的渤海湾滨海平原盐渍土中积盐—脱盐过程的季节更替使高矿化地下水位以上的土壤剖面中普遍含有大量以氯化钠占绝对优势的易溶性盐类。而年降水量接近和超过 1 000 毫米的黄海和东海的滨海平原，一旦脱离潮汐影响，土壤的自然脱盐过程进行较快，在种植条件下可以较快地演化为非盐渍化土壤。在南部沿海曾有红树林生长的滨海地区多发育为酸性硫酸盐渍土。

29.1.7 高寒干旱荒漠滨湖盐土区

西藏高原，特别是北部的羌塘高原和这些地区大大小小的内流盆地和其间星罗棋布的湖沼都属于滨湖盐土区。随着地势抬升，气候变干而湖水高度矿化，湖面缩小，形成大面积分布的以氯化物和硫酸盐为主的盐土和盐泥。由于降水少和土壤冻结期长，土壤淋溶过程极弱或基本无淋溶过程。有的滨湖地区有硼酸盐的积聚。

我国盐渍土区光热资源丰富，西部为灌溉农业，东部尚有 500 ～ 1 000 毫米的年降水量，只要土壤盐渍化得到治理，改善生产条件和提高农业技术水平，其巨大生产潜力即可得以发挥。据北京农业大学土地资源系高光明（1988 年）在全国土地生产潜力和人口承载力的研究中，对盐渍土做了专门分析。根据其研究分析，我国七个盐渍土区的土地增产潜力，见表 1。表中土地生产力是根据联合国粮农组织（FAO）提出的区域生态法计算而得出的。盐渍土面积是根据近两三年搜集的有关资料汇集而成的。从表中可以看出，我国盐渍化土壤的增产潜力为 3 220 万吨（粮食）。并以东部的黄淮海平原和东北平原潜力最大。

表 1　我国盐渍土区盐渍土的土地生产力及现有盐渍土耕地增产潜力估算①

盐渍土区	主要分布地区	年降水量（毫米）	平均土地生产力（公斤/亩）		盐渍土面积（万亩）		土地增产潜力估算②（万吨/年）	备注
			灌溉地	旱地	总量	耕地		
1. 极端干旱荒漠结壳盐土区	塔里木盆地、东疆山间盆地、柴达木盆地	<100	400	0	2 850	900	200	
2. 干旱荒漠和荒漠草原碱化盐渍土区	准噶尔盆地，阿拉善－河西走廊地区，蒙古高原西部	100 ～ 200	350	0	6 300	1 200	240	
3. 半干旱干草原碱土区	蒙古高原东部	200 ～ 400	300	85	900	210	20	按灌溉面积占 30% 计算
4. 半干旱半湿润草原苏打盐渍土区	松辽平原、三江平原	400 ～ 600	504	280	3 450	2 894	840	按灌溉面积占 30% 计算
5. 半湿润季风气候盐化—苏打化盐渍土区	黄淮海平原、汾渭平原	500 ～ 900	741	360	4 050	3 700	1 630	按灌溉面积占 60% 计算
6. 半湿润和湿润季风气候滨海盐土区	东部沿海平原	500 ～ 2 000	200	530	5 400	950	290	按灌溉面积占 60% 计算
7. 高寒干旱荒漠滨湖盐土区	西藏高原，主要是羌塘高原	＜ 200	—	— 累计	22 950	— 9 854	3 220	

①由高光明提供资料，其中 1,2 作了改修。
②全部折为粮食计算。

29.2 盐渍土区的治理情况和成就

新中国成立初期，周总理十分重视盐渍土等土地资源的考察、勘测和垦殖工作。在周总理的关怀下，先后组织科学家对东北、青海、西藏、新疆、内蒙古、华北平原等地进行考察以及两次全国性的土壤普查，对摸清我国盐渍土资源、组织垦殖和开展科学研究打下了很好的基础。新疆是我国西北盐渍土分布面积最大、最集中和最重要的地区，在 1.5 亿亩宜垦荒地中，四分之三是盐渍土。新疆生产建设兵团等单位自 20 世纪 50 年代至今，开垦盐渍土荒地 1 300 余万亩，在浩瀚无垠的荒漠上，建立了成片的、由钻天杨护田林网构成的农场群。在稀疏的高度耐盐碱的琵琶柴和梭梭柴的盐碱地上开垦的农田，亩收近千斤粮、百斤棉。宁夏银川平原的大片盐渍土上，引黄河水种稻，在垦殖的75万亩盐渍土区，水稻亩产超千斤，被誉为“塞外江南”。

我国东部的黄淮海平原是我国最大的平原和重要农区。具有优越的自然和社会条件，但又深受春旱夏涝和土壤盐渍化的危害。20世纪50年代曾组织进行了专门的土壤调查和水文地质等各种基础性的科学工作。自60年代至今，建立了许多以盐碱土改良为主的综合治理试验区，取得了大量和丰富的科学成果，生产条件发生了根本性变化。试验区粮食亩产由一两百斤提高到千斤以上。为了改善这个地区的生产条件，近40年来，初步治理了淮海、海河、黄河；在周围的山区建水库400余座，总库容1 100多亿立方米；打机井百余万眼。由于生产条件的全面改善，本区粮食总产由解放初期的250余亿公斤提高到800多亿公斤。渤海之滨、辽河三角洲的盘锦地区以及苏北等广大盐渍土区的开发工作，也取得了丰硕成果。为发展我国的粮食生产和推动整个农业的发展做出了重要贡献。

大规模垦殖和大型灌区的建成，大大推动了农业生产的发展。但是，在一些灌溉工程不配套，排水系统不健全，土地不平整，灌水技术落后的地区，也会导致地下水位抬升，土壤次生盐渍化。黄河中下游17个灌区的土壤次生盐渍化面积为灌溉面积的36%，黄淮海平原冀鲁豫三省的盐渍土20世纪50年代中期为2 800万亩，到60年代初期剧增到4 800万亩。内蒙古河套灌区无渠首建筑和缺少基本排水条件，灌区内三分之一土地次生盐渍化。新疆垦区中有的农场因灌溉不当，盐渍化卷土重来而被迫弃场撂荒外迁。银北灌区，东北郭前旗灌区等亦深受次生盐渍化之苦。

为次生盐渍化所困扰和为消除其危害而斗争，是20世纪60年代盐渍土及其改良工作的一个基本特点。实践使人们认识到，盐渍土的垦殖和改良是一项十分艰巨而复杂的工作。在水利改良中，加强了地下水临界深度及其预测，灌溉渠系的布置和防渗，明暗沟和竖井排水技术等方面的研究。围埝平种、沟畦台田、引洪漫淤、冲沟播种、深耠浅盖、绿肥有机肥培肥改土、选种耐盐品种和生物排水等农林措施受到人们的普遍重视。当时虽有重水（水利措施）和重农（农业措施）之争，但是，实践中的大量事实揭示，二者作用不同而又相辅相成。盐渍土改良与治理土壤次生盐渍化的工作，进入了“防治并重，农水结合，因地制宜，综合治理”的时期。

各主要灌区的盐渍土，经过10多年的治理取得了显著成效。黄淮海平原冀鲁豫三省盐渍土面积由4 800万亩减少到2 100万亩。河南新乡地区采取农水结合，特别是大力发展井灌，地下水位普遍下降，次生盐渍化面积基本消失，粮棉产量大幅度增长。1972年，周总理主持召开了北方19省抗旱工作会议。会议提出以河北省黑龙港地区37个县作好合理开发地下水，综合治理旱涝盐碱的科技攻关试点。以后，“六五”和“七五”，黄淮海平原中低产地区的旱涝盐碱综合治理一直被列为国家科技攻关项目，数十个单位和千余名科技人员参加。此项综合治理实践和科学研究工作的深度和广度都远远超过以往工作，对我国北方各盐渍土和中低产地区也产生了多方面的影响，揭开了我国盐渍土及其改良工作的新的一页。根据长期以来的治理实践和科学研究提出了半湿润季风气候区水盐运动的理论。认识到，黄淮海平原的春旱夏涝，土地盐碱瘠薄和地下的咸水是一组有机联系的自然现象，应当作为一个整体的治理目标。治理方法上，不仅是各种农水措施的简单相加，而是在现代科学理论和技术指导下，根据不同条件，建立相应的综合治理模式。

山东省农科院在山东寿光试验区研究出了滨海盐土和高矿化地下咸水区的“农牧盐结合”综合治理和开发模式，也取得了很大成绩。目前，山东省已组织大面积推广。此种模式是利用风能提取高矿化地下水（矿化度达 60 或 100 克 / 升以上），建晒盐池生产食盐时，导致周围土地的地下水位下降，促进雨季土壤脱盐，使滨海盐土得到不同程度改良，并相应组织发展农牧业生产。中国农科院在商丘试验区、陵县试验区、禹城试验区；中国科学院封丘试验区、禹城试验区，河南省农科院和安徽省农科院，分别组织的风沙地和砂姜黏质土地综合治理和开发试验区等，均积累了 10 年以上经验，并研究提出了不同条件下的综合治理和开发模式，取得了显著的经济效益和生态效益，提供了生动和具有说服力的现场和样板。12 个试验区的总面积为 1.4 万公顷，并在 40 万公顷上得到推广。

北京农业大学在河北省的曲周试验区研究提出了盐渍化和浅层咸水泛滥平原类型的综合治理和开发模式。包括旱、涝、盐渍化和地下咸水实行综合治理的农田工程系统、区域水盐监测预报和调节系统、优化施肥决策—咨询系统、农林牧综合发展的农田生态系统等。使面积为 2 000 公顷的试验区的生产条件、生态环境、生产水平和社会经济状况发生了根本性的变化，并提出了一个综合治理和开发的、生动的现场和样板。试验区的张庄大队治理前（1973 年）和治理后（1984 年）的变化是：粮食亩产由 165 公斤提高到 788.5 公斤，人均生产商品粮由 5.5 公斤增加到 1 483 公斤。在耕地面积为 23 万亩的推广区，治理前（1983 年）和治理后（1987 年）相比，粮食总产由 3.48 万吨增加到 6.77 万吨；棉花总产由 894 吨提高到 3 690 吨。

29.3 盐渍土区综合治理的基本经验

40 年来，盐渍土的垦殖、利用和改良事业取得了瞩目的成就和发展，也经历了一条曲折艰难的道路，积累了丰富的正反两方面的经验，是进一步开发盐渍土区的宝贵财富，以下是一些带有普遍意义的经验。

29.3.1 改良与利用结合，以用促改

同一盐渍土的利用方式不同，其改良目标和方法也不同。利用方式一方面决定于自然条件和技术上的可能性，另一方面也决定于社会需要和经济价值。随着对农产品要求的多样化和商品化程度的加强，我国日益重视在不同条件下各种盐渍土的最佳利用方式和取得经济、生态和社会的综合效益问题。例如，在极端干旱和干旱的新疆盐渍土区除传统的粮棉生产外，重视和加强发展以胡杨、沙枣、柽柳等耐盐树种和其下种植耐盐草本植物的“双层草原”；一些盐渍土区大力发展甜菜、向日葵、红花、油菜等耐盐作物及其产品加工业，在东部半湿润季风气候的盐渍土区，利用雨季的雨水和棉花耐盐性强、经济价值高的特点发展旱地植棉；在滨海盐土上种植粒用苋等高度耐盐的植物和利用雨季地面径流和初冬多余河水发展芦苇种植，以及利用淡水或海水发展水产养殖等。利用方式的合理选择将有可能降低盐渍土改良的难度和减少投资，并大大提高其经济和生态效益。还需指出，利用本身也是一种重要的改良措施，在利用中重视经济效益和资金积累，尚可增加自身的改良投入。

29.3.2 强调区域性治理

农业生产规模的扩大和科学技术的迅速发展，特别是实践中众多的正反两方面的经验，使人们逐渐意识到不仅要看到具体田块的不良土壤性状的改良，重要的是对整个区域的治理。对于与发展灌区密切相关的盐渍土区来说尤其是这样。

黄淮海平原的盐渍土改良正是在整个区域的综合治理中进行的和大范围取得成效的。它与“引江”、“引黄”、跨流域调水、开发地下水和农牧业综合发展相结合。新疆乌鲁木齐河进行全流域性的综合治理，山区修水库、对水量作多年性调节，建平原水库以调、蓄冬季的泉水和井水；加强渠道防渗和灌溉管理，使渠道有效利用系数由 0.3 提高到 0.6；潜水溢出带和下游冲积平原，在渠灌的同时，建立井灌系统，年提水量2.5亿立方米，灌溉面积由29万亩扩大到119万亩，盐渍土也由 30 万亩减少到 1.5 万亩。巴基斯坦的 SCARP 计划、埃及的尼罗河三角洲开发、美国的中央河谷以及匈牙利的蒂萨河流域灌区等，之所以取得较好的成效，也体现了治理的流域（区域）性和整体性。当然，在区域治理的同时，也不能忽视各具体地块的改良。

重视区域性治理是人们日益摆脱小生产的影响，向大生产和现代化方向的发展，在科学和方法论上由孤立和片面的观念，向整体观和系统观方面的发展，这是个重要的进步。

29.3.3 水盐运动的调节管理是区域性治理的中心内容

盐渍土区的主要制约因素是土壤中过量的易溶盐或较高的碱度和它们所带来的土壤不良理化性状。而此盐渍状况，实乃区域性水分运动特点所引起。在盐渍土区，水分的运动和盐分运动是一个相互联系的整体，不同气候和地学条件下具有不同的水盐运动特点和表现出不同土壤盐渍状况。在我国东部半干旱半湿润季风气候区（黄淮海平原、东北平原）的干旱和雨涝区也与区域性水盐运动的特点密切相关。上述黄淮海平原和新疆乌鲁木齐河流域等的区域性治理中的各种水利措施，主要也是调节和改善区域性的水盐状况。所以，盐渍土区的区域性治理（包括东部旱涝盐碱综合治理）的实质和中心内容，是通过人为措施调节和改善区域水盐运动的状况，实行科学管理，使原来的盐碱和旱涝的水盐运动类型逐渐转变为盐渍土得以改良和提高抗旱防涝能力的水盐运动类型。

我国许多盐渍土区在这方面有许多好的经验，但尚需上升到理论方面和建立适应当地条件的各种水盐运动调节模型和配套措施、管理办法。

29.3.4 走综合治理道路

在盐渍土改良上，20 世纪 50—60 年代曾有主水利措施和主农业措施之争。到 70 年代后期和 80 年代，大量实践和事实以及科学技术的发展，有力地说明了无论是盐渍土改良，或是盐渍土区的治理都必须走综合治理的道路。

综合治理，首先是指治理措施应当是综合的。即将灌溉、排水、平地、冲洗、放淤等水利工程措施和选择合适的种植制度、耕作制度和作物品种，种植绿肥、增施有机肥、合理施用化肥、覆盖地膜、发展畜牧业等农业技术措施，以及建立综合防护林体系等，构成一个综合治理体系。当然，不同条件下重点的和具体的措施及技术设计是不同的。

在盐渍土区，土壤盐渍化是主要矛盾，但常非唯一问题，干旱、渍涝、土壤肥力低、种植水平低、贫困等均制约着这个区域的发展。因此，在治理中，不能“单打一”地“头痛医头”“脚痛医脚”，而要将其视为一个有联系的整体和系统，研究其内在关系，统筹考虑，实行综合治理。

29.3.5 坚持因地制宜原则

改良与利用结合，实行区域治理，以水盐运动调节管理为中心内容和走综合治理道路等基本经验，都是从大量实践和科学研究中总结起来的。而在具体运用中则应当强调因地制宜的原则。

我国盐渍土区自然条件十分复杂，从新疆、河西走廊、黄河河套、内蒙古高原到东部的东北平原和黄淮海平原的气候、地形地貌、水文地质、土壤和农业生产条件等差异甚大。同一地区之内，具体条件也是千差万别。其水盐运动特点、利用改良和综合治理的方式途径各不相同。在黄淮海平原的盐渍土区的国家科技攻关项目中，分别在浅层地下咸水—盐渍土低渍平原区、黄河背河洼地区、古黄河背河洼地区、滨海区、滨海高矿化地下咸水区等，不同条件下设置了 12 个综合治理试验区，通过试验、研究，因地制宜地提出了适应该类型区的各不相同的综合治理模式。

坚持因地制宜原则，切忌生搬硬套是十分重要的。但是，在过去的 40 年中，一些地区曾出现一些盲目“推广”外地经验的事例，造成人力、物力、财力的重大损失和治理上的失败，我们应引以为戒。

29.3.6 十分重视土壤次生盐渍化的预防

盐渍土区的开发，往往是和灌区的发展分不开的。发展灌溉不一定引起土壤次生盐渍化，但大量中外实践证明，不良的灌排设计和管理很难逃脱次生盐渍化的惩罚。土壤次生盐渍化确实是盐渍土区的一个重要的潜在威胁，必须高度重视其预防工作。

如前所述，在我国开发盐渍土区的 40 年中，从新疆、内蒙古、宁夏、山西到东部的黄淮海平原，无不深受土壤次生盐渍化的困扰，如后套等地，至今仍受其害。19 世纪曾为富庶粮仓的底格里斯—幼发拉底斯河、尼罗河、印度河流域都曾因不良灌溉和大面积土壤次生盐渍化而导致农业的衰落。

我国耕地中有近亿亩盐渍化土壤。尚有 1.5 亿亩潜在盐渍土和数千万亩待垦的盐渍土。在这些地区已经和将要扩大或新建灌区。因此，土壤次生盐渍化的防治任务极重，万不可忽视和低估。实践证明，在对待次生盐渍化上，防患于未然具有很大的经济及社会意义。因此，土壤盐渍化条件和潜在盐渍化分区及次生盐渍化发生的预测成为新灌区设计中的重要内容。灌区和待建灌区设置水盐运动监测预报系统的工作也应受到重视。

29.3.7 逐步建立严格的技术设计和论证审批制度

在盐渍土区的开发中，各种条件十分复杂，技术难度大。其中，水利工程部分，更需有较大的人力、物力、财力的投入。如科学根据不足，考虑不周和设计不当，轻则事倍功半、效益低、浪费大，重则带来严重损失和后患。大量实践和事实说明，一项失败工程所导致的不良后果，非经极大的努力、数倍的投入和数十年的时间而不能挽回。因此，应当逐步建立严格的技术设计和论证审批制度，特别是对一些大中型项目或影响较大的项目，以及新开项目要加强管理。

我国政府十分重视区域开发并制订了中近期发展计划，黄淮海平原等已开始执行。在涉及面广、投资大的重要项目中，建立和坚持严格的技术设计和论证审查制度是技术投入的一种重要内容，望能受到各级领导的重视。

30 Comprehensive Reclamation of Salt-Affected Soils in China's Huang-Huai-Hai Plain

【写作背景】

2001年，美国加州大学戴维斯分校毕裔教授耿旭先生约请本《文集》作者为他朋友Sham S. Goyal博士编写的《CROP PRODUCTION IN SALINE ENVIRONMENTS》一书提供中国方面的文章。以下是本《文集》作者提供的撰文，该书于2003年在美出版。

SUMMARY Soil salinization and the related groundwater mineralization, drought, and waterlogging are the main factors that restrict the agricultural production in China's Huang-Huai-Hai Plain. This article discusses the principles and techniques adopted, the experiences and achievements of the Chinese agricultural scientists and technicians during the past two decades in the comprehensive reclamation of salt-affected soils and the development of agriculture in this Plain. [*Article copies available for a fee from The Haworth Document Delivery Service*: 1-800-*HAWORTH. E-mail address*: *<docdelivery@haworthpress.com> Website*: *<http://www.HaworthPress.com>*2003 *by The Haworth Press, Inc. All rights reserved.*]

KEYWORDS China, Huang-Huai-Hai Plain, salt-affected soils, reclamation

30.1 Introduction

Soil salinization is of serious concern worldwide because of its damaging consequences on resources, environment, and agriculture. Of the 9.52 million km^2 area of salt-affected soils in the world, about 3.17 million km^2 is in Asia (Szabolcs, 1987).

There is 0.99 million km^2 of salt-affected soils in China (Wang et al., 1993). This paper uses China's Huang-Huai-Hai Plain (HHH Plain) as an example to present the basic problems and principles and methods of reclamation for salt-affected soils. China has a sub-humid climate in the eastern coastal areas stretching westward to the extremely arid area in Eurasia hinterland, extending across 135° ～ 74° East longitude. Along with the regional alternation of climates and soils, the distribution of salt-affected soils can be divided into 7 regions from west to east and from north to south as follows (Figure 1，略).

1. Extremely arid desert-crust solonchak region
2. Arid desert and desert steppe-alkaline soil region
3. Semi-arid and arid steppe-solonetz region
4. Semi-arid, semi-humid steppe-soda alkaline soil region
5. Semi-humid monsoon climate-saline and soda-alkaline soil region
6. Semi-humid and humid monsoon climate-coastal saline soil region
7. Alpine frozen desert-lakeside saline soil region①

The salt-affected soils in the HHH Plain belong to the semi-humid monsoon climate-saline and soda-alkaline soil region and coastal saline soil region.

30.2 Soil Salinization in HHH Plain

The HHH Plain located in the east of China is a vast flatland formed by alluvial sedimentation of the three eastward rivers, i.e., the Huang River (Yellow River), Huai

---

① Shi Yuanchun is Professor, Department of Soil and Water Science, College of Resources and Environment, China Agricultural University, Beijing 100094, Peoples Republic of China. He was the chief scientist of the national research project on the comprehensive management of drought, waterlogging and salinization in HuangHuai–Hai Plain from 1978–1990.

［Haworth co–indexing entry note］: "Comprehensive Reclamation of Salt–Affected Soils in China's Huang–Huai–Hai Plain." Yuanchun, Shi. Co–published simultaneously in Journal of Crop Production (Food Products Press, an imprint of The Haworth Press, Inc.) Vol. 7, No. 1/2 (#13/14), 2003, pp. 163–179; and: Crop Production in Saline Environments: Global and Integrative Perspectives(ed: Sham S. Goyal, Surinder K. Sharma, and D. William Rains) Food Products Press, an imprint of The Haworth Press, Inc., 2003, pp. 163–179. Single or multiple copies of this article are available for a fee from The Haworth Document Delivery Service［1–800–HAWORTH, 9:00 a.m.— 5:00 p.m. (EST). E–mail address: docdelivery@haworthpress.com］.

River, and Hai River. It is the largest plain and an important agricultural region in China, covering 320,000 km^2, with 18.67 million ha of farmland and a population of 200 million. While the salt affected soils are distributed mainly in the arid and semi-arid regions of the world, there are 2.33 million ha of salt-affected soils and 2.67 million ha of potentially affected soils in the HHH Plain, a semi-humid climate region with an annual precipitation of 500 ～ 900 mm. Topographic, hydrologic, and hydro-geologic conditions of this region result in soil salinization of which the latter two are affected by the East Asia monsoon climate. About 60% ～ 75% of the annual precipitation is concentrated in summer monsoon period, the other seasons are either dry or the rain is rare. In addition, the alluvial plain is low and flat in topography, and runoff is impeded. Therefore, the drought and waterlogging calamities are frequent, and the soil salinization widespread. In the past 500 years, there have been 187 and 149 drought-caused calamities and 383 and 211 waterlogging or flood-caused disasters in Hebei and Henan provinces, respectively.

In comparison with the arid and semiarid regions, an important feature of soil salinization in the HHH region is a remarkable alternate occurrence of seasonal accumulation and leaching of soluble salt in the soil profile. The general pattern is as follows: the soil water and salt move upwards, get accumulated, and the groundwater table falls in spring (drought season); the soil water and salt move downwards causing leaching and groundwater table rises in summer (rainy season); the soil water and salt move upwards to be accumulated again and the groundwater table falls simultaneously in autumn. This seasonal alternation of the accumulation and leaching of soluble salts becomes a characteristic feature soil in this region and the reclamation efforts. The spatial distribution of accumulated salts is such that the chlorides and sulfates are accumulated mainly in the soils of northern region of the Plain with an annual precipitation below 600 mm; the bicarbonates accumulation occurs in the soils of southern region with an annual precipitation above 600 mm, and the coastal soils accumulate sodium chloride.

Another feature of the soil salinization process is the extensive distribution of the mineralized phreatic water, which is generally 2–10 g L^{-1}. This is due to the fact that the dry and warm climate in the Pleistocene Epoch of Quaternary Period resulted in the accumulation of soluble salts in soil and groundwater. The occurrence of mineralized groundwater in shallow horizons may enhance the soil salinization process and is reflected in the uniformity of types of soluble salts in soil and groundwater.

30.3 Reclamation of Salt-affected Soils in the HHH Plain

Historically, agriculture in the HHH Plain has faced formidable problems due to the damage from drought, waterlogging, salinization, and mineralization (DWSM). In the early 1950 s, the irrigation canals were built to alleviate drought in some areas, but it resulted in secondary salinization. At that time, reservoirs for storing water were built in great numbers, which ultimately worsened the situation. The area of salt-affected soils rapidly increased from 1.87 to 3.2 million ha, and the farmers destroyed the irrigation ditches to stop the water and "turned pale at the mention of water." In 1963, the Hai River Valley in the north of HHH plain suffered serious flooding damage, which was followed by 3 years of serious drought in the early 1970s. The damage from drought, waterlogging, and soil salinization became acutely serious and the use of irrigation water was curtailed. In the scientific and technological circles, the opinions varied, with no unambiguous conclusion. The problems were defined in terms of "farming-oriented reclamation," "water conservation reclamation," "networking of rivers," "raised fields," and "tube well engineering." The complicated agricultural situation of HHH plain proved to be a challenge to scientific ingenuity and technological advancement. In the early 1970s, Chinese Government initiated earnest efforts to enhance reasonable utilization of groundwater in northern region of the Plain. In 1978, a national project brought together scientific and technological groups from ten major disciplines, involving more than one hundred scientific research units and more than one thousand personnel.

I took the lead part in a study of the HHH Plain. A project on the sustainable and comprehensive management of DWSM was initiated. In this project, the first objective was to observe and study systematically the interrelation, generative processes, and regularities of DWSM. Its main conclusions were as follows (Shi and Xin, 1983; Shi et al., 1986):

- The co-existence of DWSM has a major effect on the HHH Plain as a result of natural phenomena influenced by the semi-humid monsoon climate and geological landscape of flood plain; each of these in turn is impacted by human activities.
- The DWSM must be regarded in its entirety with complex interactions, which must be subjected to a comprehensive development plan. The past practices were only aiming at part of the unfavorable factors. As a result of a simplistic, rather than a multi-factor approach, success in improving this region was limited.
- The crux of the comprehensive development is to appropriately regulate and manage the regional water-salt movement (including rainfall, groundwater, surface

water, soil water and the solutes in the water). The management strategies can be used to reduce drought and waterlogging damage and eliminate salinity, so as to improve the agroecosystem of the plain.

- The key to realizing the regulation and management of the regional water and salt movement lies in extracting and replenishing the shallow groundwater.
- DWSM needs to be managed comprehensively using technical knowledge and skills, including field engineering and "on farm" agronomic management.

30.4 Main Techniques of Comprehensive Management

Regionalization for Comprehensive Evaluation and Establishment of Experim-ental Areas

To this end, DWSM was regionalized and a comprehensive evaluation was conducted. Experimental areas were established separately to carry out tests. The whole Plain was divided into 9 management regions. Twelve experimental areas (EA) were established within those regions (Figure 2，略). According to the representative conditions and type of each EA (Table 1), the comprehensive management pattern and measures were worked out. The total area of the 12 EAs was 14 470 ha. At their periphery, 246 000 ha and 483 000 ha of farmland were set up as the demonstrative and management districts, respectively.

Techniques for Monitoring, Predicting, and Regulating the Regional Water and Salt Movement

The key to comprehensive harnessing of DWSM lies in scientific regulation and rational management of regional water and salt movement. For this, the system for monitoring and predicting the regional water and salt (PWS) was developed. In the monitoring system, a network was established for periodical observations on meteorological factors, groundwater table and quality, soil water, and salt. This resulted in a comprehensive database. In the prognosis system, the principles of groundwater and soil water dynamics, equilibrium method, and various expert recognition systems were applied separately to four sub-models for forecasting groundwater table and quality, soil water, and salinity. PWS forecasting models were established (Shi et al., 1991). The conceptual model is as follows:

TABLE 1 The Representative Types of Experimental Areas.

Types of Regions	No. of Experimental Areas	Location and Name of Experimental Areas
Salt affected soil region		
Shallow flat depressions between rivers	3	Ouzhou, Hebei; Yucheng, Shandong; Suining, Jiangsu
Depression in back of Huang river	1	Fengqiu,Hanan
Depression in back of ancient Huang river	2	Shangqiu, Henan; Lingxian, Hebei
Saline depression rear coastal	2	Nanpi, Hebei; Langanghe, Hebei
Coastal Plain	1	Shouguang, Shandong
Shajiang black soil region	1	Mengcheng, Anhui
Sandy soil region	1	Kaifeng Henan
Large irrigated area	1	Flenminsheng li canal, Henan Xinxiang

$$RWS(x,y)_i(t)=[(C(x,y)_i t+L(x,y)_i t-G(x,y)_i+1)]\cdot RWS(x,y)_i(t-1)$$
$$+A_{ei}\cdot RWS(x_e,y_e)_i(t-1)+\sum_{\substack{j=1\\j\neq i}}^{4} r_{ji}\cdot RWS(x,y)_j(t)$$

where, RWS= regional water and salt regime;i=1,2,3,4which represent regional groundwater table, groundwater quality, soil water, and soil salinity, respectively; C = climate factors; L = man-made factors; G = geo-factors; x,y = space coordinate; A_e = the influence factors for the effect of surrounding spots (x_e, y_e) on the water and salt regime of spot (x,y); r_{ji} = parameters for the influence of other sub-systems on the sub-system under consideration; t and t–1= time; t = time duration from t–1 to t. The structure and working flow chart of PWS is outlined in Figure 3. PWS can be used for the comprehensive harnessing and scientific management of DWSM.

Techniques and Installations for Field Water Management

Because the regulation and management of regional water and salt can be effectively realized particularly through the management of field water, the relevant engineering installations and techniques have their important significance. The main installation and techniques were as follows:

- For water transport, a system of low-pressure underground aqueduct was developed. It included new types of piping components (thin-walled pipes and double-walled tubes with a smooth inside wall and a corrugated outside wall, all made of PVC plastics), a variety of piping materials, on-the-spot construction techniques, the optimal design of the pipeline networks and a micro-computerized monitoring and controlling system. The low-pressure pipeline water transport system provided the field water management with good hardware environment, enabling the water use efficiency of the farmland canal system to increase from 40% to over 90%. Up to 1990, the low-pressure water transport technique was adopted in a 10 000 ha area.

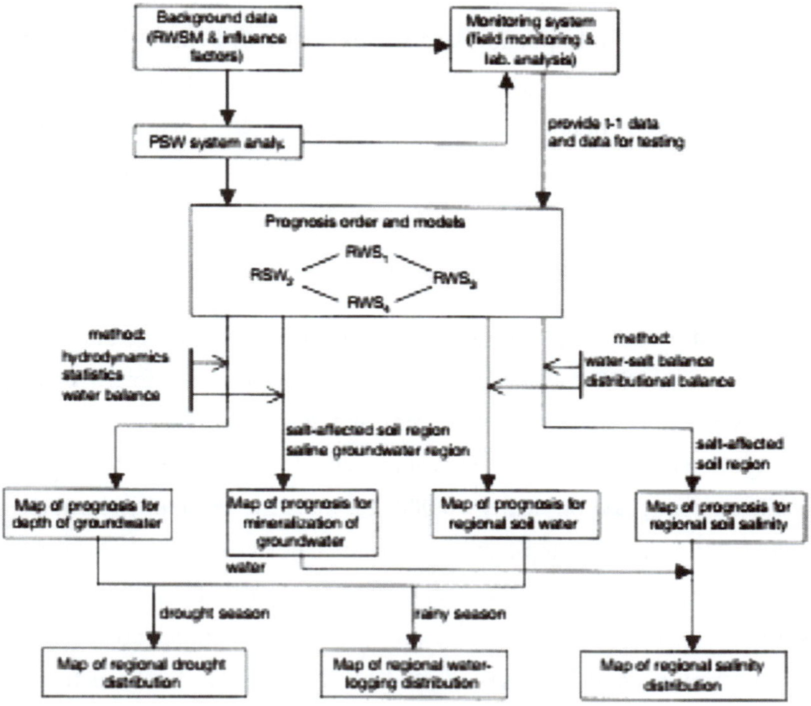

FIGURE 3. Structure and working flow chart of PWS. (Adapted from Shi et al., 1991)

- The key measures of field water management are the extraction and supplement of phreatic water. The first important installation was the construction of tube wells in the field. Extraction of the phreatic water from tube wells could be used not only for irrigation, but also for lowering the groundwater table to control the salt accumulation process of soils. It also promotes soil desalinization and reduces waterlogging in the rainy season. The tube well engineering was coordinated with the establishment of a multifunctional canal system. This system can drain off water, irrigate fields, and store water, so as to catch and store the runoff in flood season, and store water to be used for irrigation in the arid season with the prerequisite that it will not result in waterlogging.
- The greatest obstacle in extracting and supplementing phreatic water in mineralized phreatic region is the utilization of saline groundwater. Based upon the

study, it was suggested that mixing of saline and fresh waters for irrigation or their cyclic use could utilize saline water up to $4gL^{-1}$. Thus, it increased water supply of 1.2 billion cm^3 and lowered the groundwater table as well due to extraction of saline phreatic water. This resulted in considerable improvement of salt-affected soils, prevented waterlogging, and increased catching and storing of water in the rainy season.

- The final objective of field water management was to increase the yields of crops. To this end, the study put forward the expertise system SWAF for field water management of the soil-crop system (Figure 4). Running of this model demonstrates the growth dynamics of plant parts (leaf, stem, seed, and root), actual and potential transpiration, water stress coefficient, water content of each soil horizon, and the water use efficiency.

Techniques for Optimized Fertilizer Application

The annual fertilizer application to the Plain is about 300 kg ha^{-1} (N), while its recovery is between 30% ～ 40%. Introducing the optimized fertilizer application technique was not only for saving resources and raising economic benefits, but also for protecting the environment and the sustainable use of land resources. This research project has been conducted on nearly 10 000 test plots in 700 field experiments. A total of 41 models of fertilization application for four major crops, i.e., wheat, maize, rice, and cotton, at high, medium, and low fertility levels were developed. For the quantitative relationship between the crop yield and the amount of fertilizer applied, a quadratic or square root polynomial expression was used. Using the database from fertilizer application trials, an optimized fertilizer application system was recommended at the county level. By 1990, application of the fertilizer application system reached 140 000 ha and the yields of wheat and maize increased 8% ～ 12% and 14% ～ 17%, respectively.

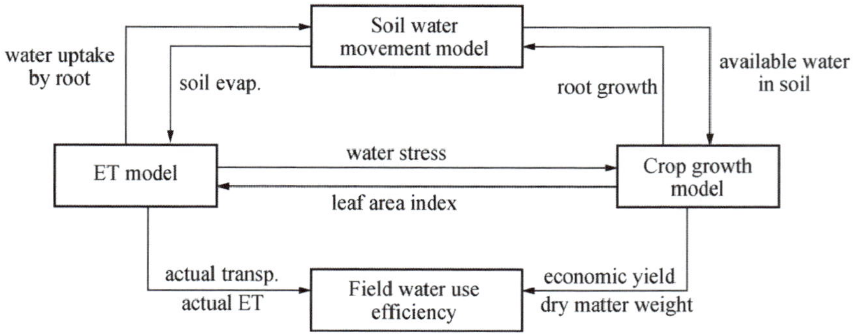

FIGURE 4. Structure and function of SWAF (from Li Baoguo's unpublished ma-terial).

Techniques for Improving the Potential of Crop Production

As the crop production conditions in HHH Plain vary greatly, a large number of varieties of wheat, maize, cotton, soybean, and peanut that were resistant to environmental stress and adapted to different conditions were screened and cultivated. In addition, a number of high yielding, top quality, and environmental stress resistant cultivation techniques were studied and applied. This involved the cultivation of stress resistant, high-yielding (15 Mg ha^{-1}) wheat and maize varieties in a cropping system, which used cotton grown on salt affected soil with stress resistant cultivars and chemical control of cotton growth and development. The intent was to integrate a cropping system of cotton-wheat or cotton-maize and to provide for the production of multiple protein sources in an agro-animal husbandry agroecosystem.

In the early 1990s, a computerized consultant system for crop production management was developed. It included the modules and integrated simulation models for forecasting and assessing the agricultural meteorology, soil fertility, varietal selection, crop protection, decision making of production management and regulation, and a database of agricultural production. In particular, the wheat production management system achieved good results of 10% ~ 15% yield increase in 5 year's of demonstration testing conducted on 333 000 ha of farmland. In the late 1990s, the decision-making consultant systems for crop production of cotton, maize, and rice were established with the use of CERES.

In addition, the revised agricultural ecological zone method of the United Nations Food and Agriculture Organization (FAO) was applied. The radiation-temperature productivity (Y_1), radiation-temperature-water-soil productivity (Y_2), and radiation-temperature-water-soil- fertilizer-technique productivity (Y_3) for wheat, maize, cotton, and soybean were studied and the yields predicted (Han et al., 1993). The Y_3's (recent period) yield increase potential is 23% ~ 30%, and the total yield of grain can increase by about 20 million Mg; while Y_2's (medium period) yield increase potential is 100% ~ 150%, and the total yield of grain can increase by about 70 million Mg. The great increase in yield potentials of major crops strengthens the confidence in comprehensive agricultural development of the HHH Plain.

Construction of Comprehensive Shelterbelt

The construction of a shelterbelt system is not only conducive to improving the ecological environment of fields but also capable of providing firewood, feed, green manure, building materials, and increasing household income of the local farmers. The research program for techniques of shelterbelt construction was conducted on 13 sites on an area of 2 670 ha of experimental land with more than 60 species of trees and 166 experimental locations. Along with site classification, the layout ratio of croplands and shelterbelt, the structure of forest types, the selection and combination of tree species, forest renewal and reforestation, and other related techniques have been suggested. The effects of quadruple elements: the microclimate, water and heat, biota, and the farming practices, as well as their economic impacts were analyzed. In addition, different types and extents of soil salinization, 5 combinations and 11 tree varieties, and the corresponding planting, tending, and renewing techniques were screened. The construction techniques of comprehensive shelterbelt were popularized and applied to 730 000 ha of farmland, which increased the tree coverage in farmlands from 10% to 17% ～ 26%.

30.5 Quzhou: An Example of the Experimental Areas

Below is a brief introduction of one of the earliest established Quzhou EA among the 12 EAs. Located south of Hebei Province, the Quzhou EA is an area with saline phreatic water (3—10gL^{-1}), and widespread soil salinization. The reclamation began in 1973 and 3 phases of experimental sub-area (ES) were established successively, totaling 2 223 ha. Also 48 000 ha of farmland were demonstrated and some peripheral regions were extended. The whole process of the comprehensive reclamation can be mainly divided into three different phases.

Reclamation Phase (1970s)

Focused on the basic construction of cropland and water conservancy work, this phase dealt mainly with the leveling of the farmland, building irrigation and drainage systems, designing the roads, tube wells, electricity network, and shelterbelts, as a means to improve the basic conditions of agricultural production. Especially, through a combination of the shallow tube wells and deep ditches, the field water-salt movement could be regulated enhancing desalinization and reducing drought. Figure 5 shows the patterns of the water-salt regulation.

Comprehensive Agricultural Development Phase (1980s)

Focused on raising the agricultural productivity, this phase carried out improvements in soil fertility by increasing organic matter in soil and adequate fertilization, selection of good varieties of seed, application of advanced agricultural techniques, and the rational distribution of crops for the whole county.

Comprehensive Exploitation and Utilization of Saline Low-Yielding Field Phase (1990s)

Aimed at environmental protection and sustainable development of agriculture, this phase concentrated on the combination of farming and animal husbandry, the improvement of water and fertilizer use efficiency, including the utilization of the saline groundwater. Extra efforts were made to strengthen the application of DWSM and to fertilize the soil to prevent the re-salinization.

The achievements of the comprehensive reclamation efforts in this area given below:

- Change in soil salinity: On the first ES, salt storage in the 0 ～ 2 m soil profile has decreased from the 140 Mg ha^{-1} in 1974 to 55 Mg ha^{-1} in 1994. The changes in the distribution of salt affected soils in this ES are shown in Figure 6. For the entire Quzhou EA, the salt storage in 0 ～ 2 m soil profile has decreased from the 74.2 Mg ha^{-1} in 1984 to the 57.9 Mg ha^{-1} in 1994, and the changes in salt affected soil area are listed in Table 2.
- Change in the saline groundwater: In the beginning of reclamation work, the depth of the groundwater was between 1.5 and 3 m (except in the natural embankment part). In 1994, the proportion of area with groundwater depth of 3 ～ 5 m increased. The degree of mineralization changed from 3 ～ 10 g L^{-1} to 3 ～ 5 g L^{-1} . Changes in the groundwater condition greatly impeded the rise of salt in the profile and its accumulation in soil.
- Change in soil fertility: In 1975, the soil fertility status in those areas where the organic matter content of> 1% constituted only 4% of the total area, and those between 0.6% ～ 0.8% covered 74% of the total area. There was a deficiency in available phosphorus, mostly in the range of 2 mg kg^{-1} to 5 mg kg^{-1} . Investigations on about 100 field spots in 1994 indicated that the organic matter content increased to 1% ～ 1.3%, total nitrogen 0.08%, and the available phosphorus content reached 9 mg kg^{-1}. The fertility of the farmland was obviously changed for the better.
- Changes in the agricultural production and economic conditions: Comparison of various parameters such as the land utilization, yield, and income in 1974, 1984, 1989, and 1994, respectively, demonstrate the changes in the first ES in the last 20 years (Table 3).

30.6 The Main Achievement of the Comprehensive Reclamation in HHH Plain

In the last ten years, comprehensive reclamation has been achieved on 12 EAs. Because different EAs were established at different times, the statistics developed in 1985 were used as a base. The parameters include agricultural production, ecological benefits, resource utilization, and economic income (Table 4).

From 1985 to 1990, the rate of soil desalinization was 66%, the effective irrigation area reached 87%, water use efficiency increased to 27% and the coverage of land by trees was increased by 50% in the experimental areas. The cumulative grain output increased by 2.05 million Mg and the annual per-capita income of farmers increased by 48% in the experimental areas. During implementation of this project, 81 items of technological achievement were extended, 645 training courses were conducted for the local technicians and farmers and nearly 90 000 persons were trained.

30.7 Conclusion

This project stresses fundamental improvement of the growth environment and agricultural production conditions, thus promoting sustainable development of regional agriculture. Based on the achievements above, by 1995 the utilization rate of irrigation water and nitrogen fertilizer increased by 10% and 11% ~ 18%, respectively; the yield per unit area of grain was raised by 27.8%; the agricultural total output value was raised by 20% ~ 56%, and the annual per-capita income of farmers was increased by 98% in the 12 EAs.

The social effects produced by the success of this project for salt-affected soils on HHH Plain are significant. It played other important roles, e.g., in obtaining considerable loan from The International Federation of Agricultural Development (IFAD) and The World Bank for extending the comprehensive EA and establishing some other projects for comprehensive reclamation of salt affected soils and other low-yield lands in HHH Plain; in reversing the previous south to north grain flow to the current north to south flow; in promoting the establishment of national key projects for comprehensive reclamation of middle-low yield land on the three-river plain (northeast China), the loess plateau, the north drought area, and red-yellow soil regions in the south.

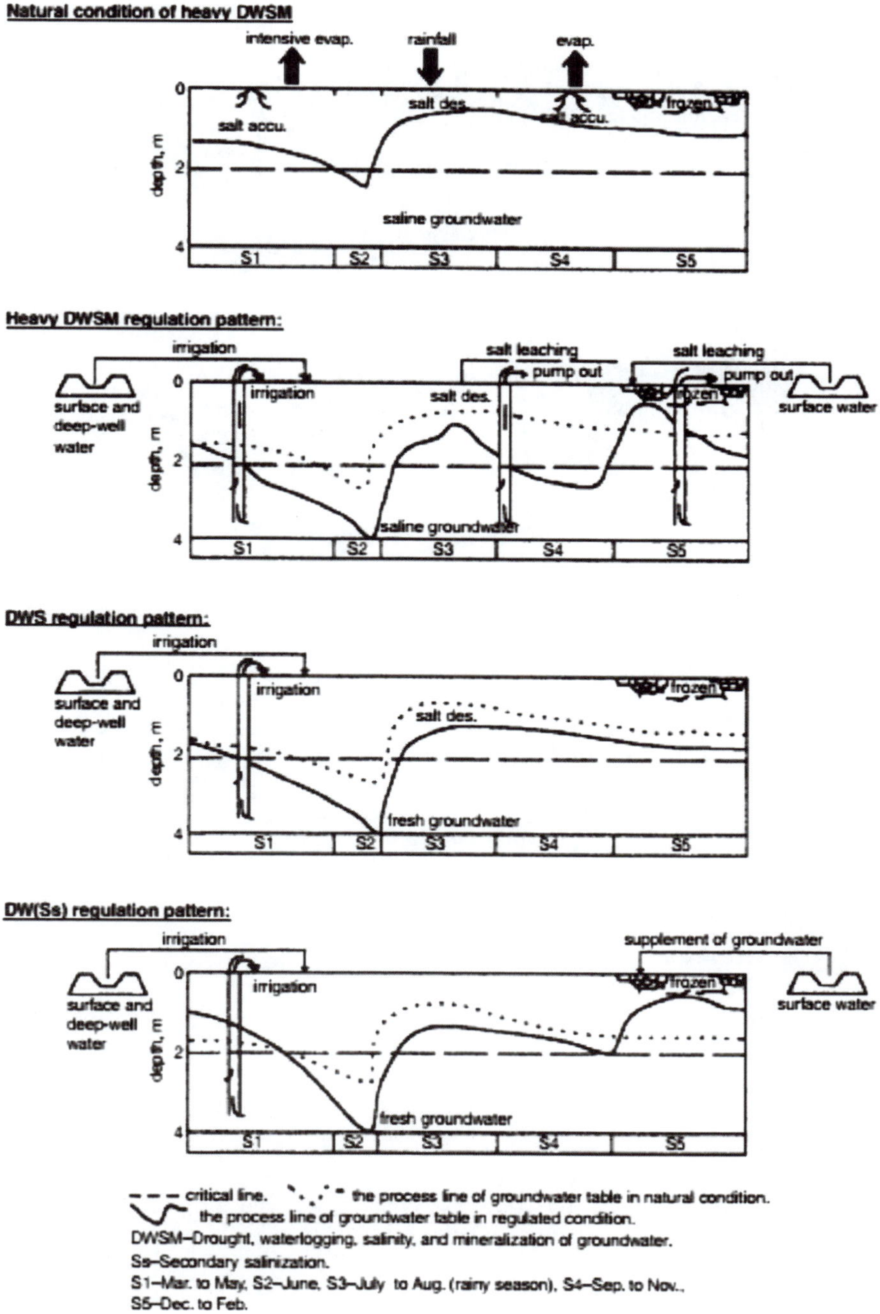

FIGURE 5. Some pattens of the regulation of water and salt. (Adapted from Shi, 1985)

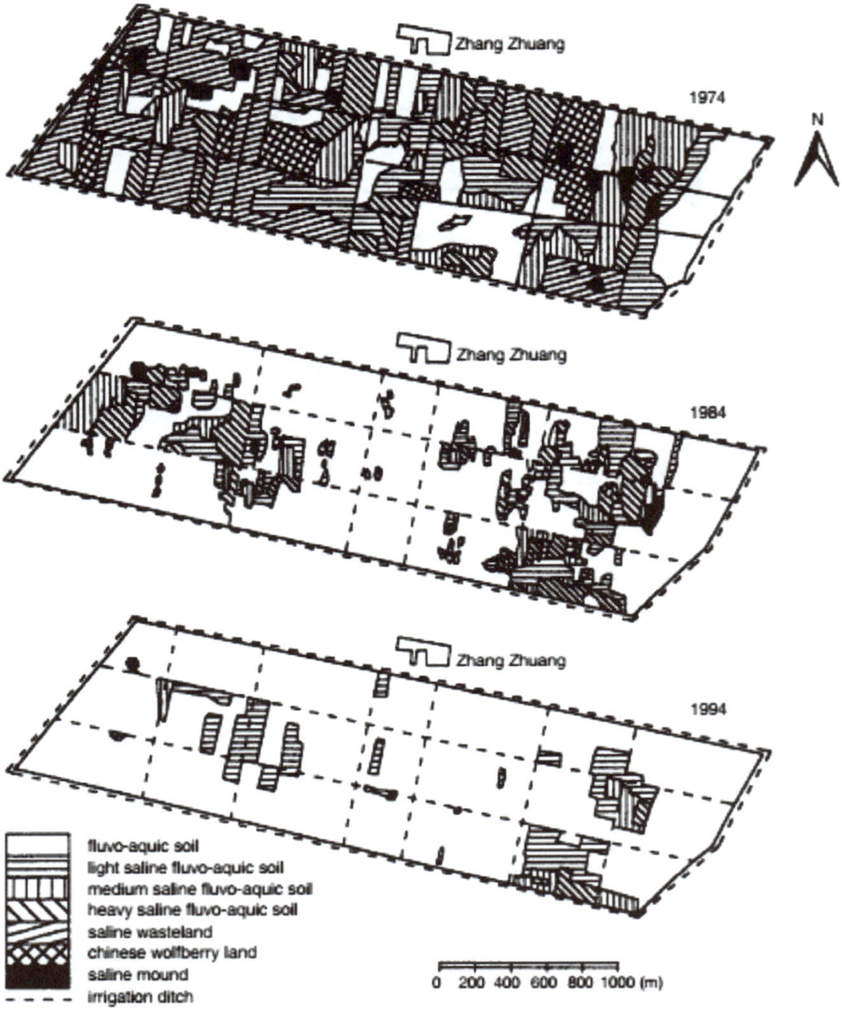

FIGURE 6. Changes in the distribution of salt-affected soils in the first ES (1974–1994).

TABLE 2 Change in the Area of Salt-Affected Soils in Quzhou Experimental Area.

Soil	1984		1989		1994	
	ha	%	ha	%	ha	%
Non-saline soil	1 345	60.5	1 637	73.6	1 776	79.9
Light saline soil	317	14.3	325	14.6	290	13.0
Medium saline soil	223	10.0	100	4.5	101	4.6
Heavy saline soil	338	15.2	161	7.3	56	2.5

(Adapted from Xin,1995)

TABLE 3 Changes in the Production and Economic Condition in the First Experimental Sub-Area.

	1974	1984	1989	1994
Percent Land Utilization				
Arable land	32.7	89.3	96.9	97.6
Waste land	29.0	0.6	0	0
Yield (kg ha^{-1})				
Grains	1 054	8 523	10 429	13 659
Lint cotton	114	747	936	1 125
Oil crops	—	1 470	1 710	1 695
Annual per Capita income (Yuan)	140.8	941	1 470	3 373

(From:Xin,1990;Xin,1995)

TABLE 4 Effect of Reclamation on the 12 Comprehensive Experimentat Areas in the HHH Plain.

Parameter	1985	1990	1995*
Average grain yield, (kg ha^{-1})	4 062	8 330	10 646
Lint cotton, (kg ha^{-1})	836	866	1 098
Soybean, (kg ha^{-1})	1 140	1 710	
Percent tree coverage	10	14–20	17–26
Output value of animal husbandry in agriculture %	< 5	8.5–12	18–40
Annual per capita income (Yuan)	465	690	1 368
Cropland increased,ha	9 466.7		
Fertilizer saved,t	3.7×10^4		3.3×10^4
Electricity saved,kW · h	7.1×10^8		6.3×10^8
Water saved,m^3	6.3×10^9		5.6×10^9

* 1995 data are from Cheng Xu.

References

[1] Han, X., Liu, X., and Qu, M. (1993). Studies on the natural resources and the establishing of national crop commodity bases in Huang–Huai–Hai region. Journal of Natural Resources8: 105–114.

[2] Shi, Y. and Xin, D. (1983).The Water–Salt Movement and the Comprehensive Harness

of Drought, Waterlogging, Salinity and Groundwater Mineralization on Huang Huai–Hai Plain. Shi Jiazhuang, Hebei: Hebei People Press.

[3] Shi, Y. (1985). The characteristics of water and salt movement and the regulation of salt affected soils in semi–humid monsoon climate region. In:Proceedings of the International Symposium on the Reclamation of Salt Affected Soils, Jinan, China. pp. 191–210.

[4] Shi, Y. (1986). China's salt affected soils and their reclamation. In:Transactions of the XIII Congress of International Society of Soil Science, Hamburg. pp. 1539–1540.

[5] Shi, Y., Li, Y., and Lu, J. (1986).Water and Salt Movement in Salt Affected Soils. Beijing: Beijing Agricultural University Press.

[6] Shi, Y. and Jia, D. (1988).Atlas of Agriculture in Huang–Huai–Hai Plain. Beijing: Beijing Agricultural University Press.

[7] Shi, Y., Li, B., Li, Y., and Lu, J. (1991).Monitoring and Prognosis of Regional Water and Salt. Shijiazhuang, Hebei: Hebei Science and Technology Press.

[8] Szabolcs I. (translator: Ge Su). (1987).Review on the Research of Salt Affected Soils. Beijing: Beijing Agricultural University Press.

[9] Wang, Z., Zhu, S., and Yu, R. (1993).Salt Affected Soils in China. Beijing: Science Press.

[10] Xin, D. and Li, W. (1990).Comprehensive Harness and Development of the Saline Low–Yield Region in the Mineralized Phreatic Condition. Beijing: Beijing Agricultural University Press.

[11] Xin, D. (1995). The Comprehensive Sustainable Development of Agriculture for the Salt–affected Reforming Region. Beijing: China Agricultural Science and Technology Press.

下篇

水土资源与环境篇

20世纪80年代，《文集》作者开始了对黄淮海平原旱涝盐碱综合治理区划、农业开发，以及我国耕地问题的研究，以下选入了6篇文章；90年代主持“节水农业应用基础”项目，选入文章3篇；世纪之交在我国西北多次多地考察，针对时弊地发表3篇文章；近年为现代资源环境观和绿色文明著文4篇；共选入水土资源与环境方面的文章16篇。

下篇目录

31 我国的耕地问题和对策

【写作背景】

本《文集》作者参与了 1986 年国家科委委托进行的一项关于我国耕地问题的软科学研究。北京农业大学参与此项研究工作的有石元春、熊顺贵和谢经荣。此文是由《文集》作者执笔撰写，于 1987 年 8 月提交的研究报告。

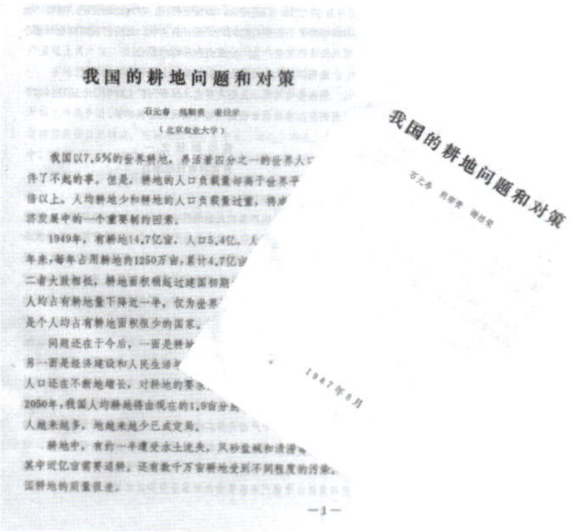
我国的耕地问题和对策

石元春 熊顺贵 谢经荣

（北京农业大学）

我国以7.5%的世界耕地，养活着四分之一的世界人口
件了不起的事。但是，耕地的人口负载量却高于世界平
倍以上。人均耕地少和耕地的人口负载量过重，将成
济发展中的一个重要制约因素。

1949年，有耕地14.7亿亩，人口5.4亿，人
年来，每年占用耕地约1250万亩，累计4.7亿亩
二者大致相抵，耕地面积稍超过建国初期
人均占有耕地量下降近一半，仅为世界
是个人均占有耕地面积很少的国家。

问题还在于今后，一面是耕地
另一面是经济建设和人民生活
人口还在不断地增长，对耕地的要求
2050年，我国人均耕地将由现在的1.9亩分
人越来越多，地越来越少已成定局。

耕地中，有约一半遭受水土流失，风沙盐碱和渍涝
其中近亿亩需要退耕，还有数千万亩耕地受到不同程度的污染
国耕地的质量很差。

—1—

我国的耕地问题和对策

石元春 熊顺贵 谢经荣

1987年8月

国家科委组织和委托进行的一项关于我国耕地问题的软科学研究。研究中除了收集分析已有资料外，尚对新疆、甘肃、宁夏、黑龙江、江苏、上海等省（自治区、直辖市）做了调研和部分现场考察。各地有关部门和单位提供了大量资料和建议。1987 年 3 月国家科委农村开发中心主持召开了“全国耕地问题和对策讨论会”。国家土地管理局曾悟先司长、郑振源副司长，中国土地学会副理事长许燮谟研究员，北京农业大学的石元春教授、刘巽浩教授、韩湘玲教授，中国农业科学院李远铸副研究员等许多专家做了重要发言。本文是提交会议的论文之一。会后又参考有关意见做了部分修改。李红梅同志参加了六省（自治区、直辖市）的调研工作。谨对以上单位和同志表示感谢。

31.1 我国的耕地问题和对策

我国以 7.5% 的世界耕地，养活着四分之一的世界人口，这是件了不起的事。但是，耕地的人口负载量却高于世界平均水平的两倍以上。人均耕地少和耕地的人口负载量过重，将成为我国国民经济发展中的一个重要制约因素。

1949 年，有耕地 14.7 亿亩，人口 5.4 亿，人均耕地 2.7 亩。30 多年来，每年占用耕地约 1 250 万亩，累计 4.7 亿亩，同期开荒 4.9 亿亩，二者大致相抵，耕地面积稍超过新中国成立初期的水平。但人口增长一倍，人均占有耕地量下降近一半，仅为世界平均水平的三分之一。我国是人均占有耕地面积很少的国家。

问题还在于今后，一方面是耕地后备资源很贫乏，只有 1.9 亿亩。另一方面是经济建设和人民生活年年都要占用数百万亩耕地，而且人口还在不断增长，对耕地的需求越来越高。据预测，到 2000 和 2050 年，我国人均耕地将由现在的 1.9 亩分别下降到 1.6 亩和 1.3 亩。人越来越多，地越来越少已成定局。

耕地中，有约一半遭受水土流失，风沙盐碱和渍涝等的侵害。其中近亿亩需要退耕。还有数千万亩耕地受到不同程度的污染。此外，我国耕地的质量很差。

一要吃饭，二要建设，都需要耕地。耕地资源贫乏，质量不佳与客观需要不断增长之间的矛盾日益尖锐，它将对我国农业和整个国民经济的发展产生十分重大和深远的影响。

在我国建设和发展的道路上，面临着一个严峻的耕地问题。

解决耕地问题，主要是节流，挖潜和扩大面积三个途径。以下分别剖析，然后提出我国耕地建设的战略和对策。

31.1.1 途径剖析之一：开发现有耕地潜力

现有耕地的潜力何在?

一个地区作物产量的高限最终取决于当地的光热资源。一定光热条件下作物的生产能力叫光热生产力。我国幅员广阔，条件复杂，光热生产力差异很大，约为 0.9 ～ 2.5 吨 / 亩。这是个理论值或可能性，而实际产量则决定于此光热背景下，当地的土水肥条件和技术及管理水平。正是这些条件上的差异，把相同或相近光热条件下的耕地现实产量间的差距拉得很大，出现了高产田、中产田和低产田。

高产田是指土壤肥力高，灌溉条件好，施肥充足，农业技术和管理水平发挥正常，能够取得高产稳产的农田。低产田者，多是土壤具有风蚀水蚀，盐碱渍涝，冷浸烂泥，沙黏僵漏等障碍因子，产量低而不稳的农田。中产田介于二者之间，一般是水肥条件及农业技术和管理水平较差，或土壤存有某些障碍性因素、产量一般的农田。以利用当地的光热资源而论，高产田利用得最充分，中产田次之，低产田最差。中低产田主要受土肥水条件和农业科技管理水平所限，使自然赋予的光热资源未能充分利用而白白地浪费掉了。若减弱以至消除这些制约因素的影响，光热资源得以更好利用，中低产田的产量可能赶上高产田，这就是现有耕地潜力之所在。

各地光热生产力不同，高中低产田的指标各异。南方亩产 1 200 斤以上为高产田，低于 800 斤为低产田；而北方一些地区，亩产 500 斤以上为高产田，200

斤以下为低产田。根据作物的光温生产力，复种指数等自然特点，可将全国划分为东北、西北、华北、华东、华中、西南、华南和青藏七个大区。各省（自治区、直辖市）的划分详见附表 1。

根据最新资料的整理，全国 14.950 8 亿亩耕地中（按上报统计资料），有高产田 3.726 3 亿亩，中产田 5.104 4 亿亩，低产田 6.120 1 亿亩，分别占耕地总面积的 24.9%，34.1 % 和 41.0%。七个大区中，以青藏区和西北区的中低产田所占比重最大，东北区和西南区次之。在 6.1 亿亩低产田中，7 种主要低产土壤的面积占 90%，它们依次是旱薄地（北方水土流失区）、盐碱地、旱薄坡耕地（南方）、冷浸田、白浆土、风沙土和砂姜黑土。（以上资料详列于附表 1。）

若将现有耕地的生产潜力按高中低产田各提高一个档次计算，即按目前生产水平，低产田提到中产田，中产田提到高产田，高产田由一般水平提高到现有条件下可以获得的高水平产量。高中低产田的生产潜力分别为 481 亿斤，1 115 亿斤和 1 336 亿斤，总生产潜力为 2 932 亿斤（均以粮食产量计，下同），高中低产田生产潜力分别占总生产潜力的 16.4%，38.0 % 和 43.6%。（详见附表 2）

高中低产田各自在现有生产水平提高一个档次是从整体上考虑的，即考虑到了灌溉面积和施肥水平可能增长的程度，多数障碍性低产土壤可得基本治理以及农业技术和管理水平，复种指数有所提高等方面。这种考虑和计算出的约 3 000 亿斤生产潜力是现实的，可以做得到的。如果在技术上和投入上有新的突破，耕地的生产水平和潜力也将出现新的局面。

开发耕地的生产潜力，要有总的考虑和部署。高中低产田中，中低产田的生产潜力占 83.6%，应作为开发重点；中低产田中，还要考虑其单位土地生产潜力上的差异。中低产田提高一个档次，东北区和青藏区的亩产潜力为 150 斤，西北区为 200 斤，华北区和西南区为 300 ～ 400 斤，华东华中区为 400 ～ 500 斤。华南区为 500 ～ 600 斤，也就是说，中低产田提高一个档次的生产潜力，华南区 1 亩相当于华东、华中区的 1.2 亩，华北区和西南区的 1.6 亩，西北区的 2.3 亩，东北区的 3.7 亩。单位土地生产力的这种差异，无疑是土地开发中应当考虑的一个重要因素。从地区分布看，以华北区和华东区的生产潜力最大，相当于总生产潜力的一半。从治理难度看，砂姜黑土，冷浸田，南方的坡耕土地和华北、东北的盐碱土较易，北方水土流失区的旱薄地较难。

开发中低产田具有以下的一些特点：

一是技术上比较成熟，可大可小，可快可慢。提高中低产田产量，一要增加常规性的物质和技术投入，使之接近高产田水平，这是加强一般性工作和技术问题；二要对障碍性低产土壤进行治理，这是专项性工作和技术。新中国成立三十多年来，在中低产田治理上取得了显著进展和一批科研成果，对多数障碍性低产土壤的治理，在技术上是比较成熟的，可以大小有之，因地因条件灵活应用。如治理冷浸田中垄畦栽培法简单易行，可以取得一定增产效益，如条件具备，工程措施更可收治本之效。一般盐碱土可以通过适应性种植和各种农业措施取得较好效果，如果需要和条件具备，配合以科学的工程改良将可起更大的和根本性的作用。

二是与开垦荒地相比，所需资金较少，可多渠道筹集，且效益发挥得快。如黑龙江在改良白浆土和黑糗土中，超深松可当年提高产量 20%，亩投资 10 ～ 15 元，三江平原排水工程亩投资约 15 元。甘肃修建梯田，亩投资约 50 元。四川省改良冷浸田亩投资 40 元，用工 100 个，亩增产 300 ～ 600 斤，投资可 2 ～ 4 年收回。

三是已有较好工作基础。30 多年来，全国各地都进行了大量的中低产田治理工作。“六五”期间经初步治理的中低产田 1.8 亿亩，“七五”期间计划治理 2 亿亩。各地在组织领导这项工作上已取得一定工作经验，群众基础也好。

开发中低产田对推动各地区的农业生产发展有着重要意义。十年前还是多灾低产的苏北，由于大规模治理中低产田和建设地力，粮食产量持续大幅度增长，1985 年粮食单产已接近高产稳产的太湖地区，产量占全省总产的三分之二，使江苏省粮食生产出现了一个新的突破。农林厅总结说：“粮食产量每登上一个新的阶梯，都有赖于中低产土壤产出能力的不断提高”“无论在什么时候、什么情况下，农业为基础，地力建设是基础的基础的思想不可动摇”。四川省在总结近一二十年农业生产发展的经验时也提出，什么时候抓好了中低产田治理和改善生产条件，全省产量就会稳定上升，否则就会徘徊不前。

但是，在开发现有耕地的潜力中也存在一些问题，如技术上零散而不完整，实用性差，局限性大，特别是工程性措施因科学性和质量问题曾造成许多失误和严重浪费；资金上严重不足，渠道不畅以及在组织领导上缺乏系统经验以及政策不够成熟和多变等现象还很普遍，要全面开发我国现有耕地的潜力，面临的任务是十分艰巨的。

31.1.2　途径剖析之二：扩大耕地面积

新中国成立以来，累计垦殖了 4.9 亿亩耕地，以后还有多少后备资源可供垦殖？弄清这个问题很重要，但是也很不容易。

经过 30 多年的勘测，我国土地资源情况基本上是清楚的。但是，哪些和有多少荒地可供农垦，由于概念和掌握尺度不一，范围和数字出入颇大，难以为领导决策所用。我们对最新资料作了整理分析，又对后备资源较多的 5 个省（自治区）做了调查，建议如下。

可将耕地后备资源的概念和范围确定为：具备条件（特别在水资源允许范围以内），经过垦殖，可以种植农作物、经济果林和养殖业生产的土地可定为宜农荒地，其中不包括可发展为人工草场的草地。因界限较难确定，我们用中国科学院自然资源综合考察委员会提出的我国宜农荒地资料（1985 年 11 月），再根据我们掌握的其他资料和上述概念作了修正。所得到的我国耕地后备资源为 1.906 4 亿亩。各大区（不包括海涂）及海涂的面积和占总面积的百分数分别为：东北区 5 078 万亩和占 26.6%；西北区 5 230 万亩和占 27.4%；华北区 793 万亩和占 4.2%；华东、华中区 2635 万亩和占 13.9%；西南区 1 833 万亩和占 9.6%；华南区 1 275 万亩和占 6.7%；青藏区 383 万亩和占 2.0%；海涂 1 837 万亩和占 9.6%。（详见附表 3）

另外，我国有遍布各地的 1 500 多个露天煤矿和煤矸石占地约 3 000 万亩，可以组织复垦，改良土壤。按垦殖率 50% 计，可建农田 1 500 万亩。

从以上资料看出，我国耕地后备资源的特点，一是太少，只相当于现有耕地面积的十分之一，世界可垦荒地资源的百分之一；二是分布很不平衡，54% 集中在土地生产力较低的东北和西北地区；三是质量差，几乎所有后备资源都在不同程度上受到水土流失、沙化、盐渍化、干旱、渍涝、地力贫瘠等的制约，开发中预防生态环境恶化和治理的任务很重。

我国耕地后备资源主要集中在东北、西北、南方土质丘陵以及沿海海涂四部分，占宜农荒地总面积的 94%，以下分述之。

第一是东北区。东北是我国可垦荒地资源集中分布的地区之一，可垦荒地的 80% 以上又集中于黑龙江省。自 1949—1985 年，黑龙江省开垦土地 8 628 万亩，现有耕地 1.339 3 亿亩，尚有宜农荒地 4 646 万亩，主要分布在三江平原。其中易开发的 870 万亩。多为黑土、黑钙土、草甸土和部分轻中度沼泽化草甸土。其余的 3 000 多万亩多为沼泽低湿地，需修建骨干排水工程方可垦用。辽宁和吉林二省宜农荒地少（约 1 000 万亩），质量差，多为盐碱土、盐化草甸土和沼泽土。

东北地区宜农荒地的特点是面积大，土质好，集中成片，国营农场和地方有垦殖的经验和工作基础。但土地生产力低（一般亩产 200 ～ 400 斤），旱涝低温灾害多。垦殖中首先要解决的是排水问题，其次是在种植中用地与养地结合的问题，防止土壤退化。

根据黑龙江提供的资料，国营农场开荒投资为每亩 350 元，包括居民点、道路和房屋建设。地方开荒亩投资 120 元，包括田间道路和水利工程。一般 3 ～ 4 年后可收回投资，产量接近一般耕地水平。采取大田、水稻、渔、苇等综合开发，可显著提高经济效益。

第二是西北区。西北区幅员广阔，荒地资源丰富，但受水资源所限，能垦为农田的面积不多，全区为 5 230 万亩，比较集中地分布在新疆、河西走廊、银川平原和河套地区。新中国成立以来，新疆上报的开荒面积为 5 100 万亩，尚有 7 344 万亩可供开垦。但水土资源不平衡，全疆地上水资源开发已达 70% 以上，部分地区超量开采，阿勒泰和伊犁地区又水多土少（或质量很差），开发难度较大。条件稍好的宜农垦区主要集中在北疆的额尔齐斯河和乌伦古河流域（约330万亩）；南疆的阿克苏河，开都河流域上中游（约400万亩）和伊犁河流域（约700万亩）。另外，零散分布在农田中的百余万亩夹荒地开垦难度相对较小。以上面积约在1 600万亩。

河西走廊和银川平原光热及土地资源丰富。扩大耕地的规模和范围主要决定于灌溉水源。河西走廊地区有宜农荒地412万亩。按疏勒河和黑河水源，可垦耕地300万亩。以灰钙土、荒漠化草甸土和盐碱土为主，多为一二等宜农荒地，开垦的亩投资260元。年总产粮15亿斤。4～5年的农业纯收入相当于全部投资（据甘肃省府报告）。银川平原为引黄灌区，有荒地418万亩，可垦为农田的约200万亩，以盐碱土为主。开垦的亩投资为250元。预计亩均净效益为180元。这两个地区的开发对解决甘肃、宁夏二省（自治区）的缺粮问题，山区移民和脱贫致富均有重要意义。地方政府和群众积极性很高，宁夏向世界银行贷款3亿元，地方财政筹集1.66亿元，已开始了银川平原的开发工程。

第三是南方土质丘陵区。南方的13个省（自治区、直辖市）的土地垦殖率已经很高，极少有荒地可被垦为水田旱地，但却广泛分布着以红黄壤为主的土质丘陵，可垦为梯田，种植茶、柑橘、油茶、油桐等经济果林，面积约5 700万亩。本区光热水资源丰富，土地生产力和产品经济价值高，劳力资源充足，地方和群众有积极性，且具有群众集资和多渠道集资的有利条件。南方土质丘陵将成为我国的一个重要的宝贵耕地后备资源。开发中要坚持技术标准，防止水土流失，重视红黄壤改良和培肥地力。

第四是沿海滩涂区。我国是个海岸线长，沿海滩涂资源丰富的国家。海涂北起渤海湾北沿，南迄南海之滨，跨暖温带、亚热带和热带，理论基准面以上的面积为3 198万亩（附表4）。其中有盐田约500万亩，苇地200万亩，已垦殖利用的720万亩，可垦为农田的837万亩，可供水产养殖的800万亩。

海涂是一种综合开发性质的资源，包括种植业、水产养殖业、畜牧业、盐业、林业、植苇等。在开发强度大的地区，各业间，特别是种植业与水产养殖业之间矛盾较多。因此，海涂开发中要强调因地制宜，统筹规划，合理利用的原则，水产养殖业经济价值很高，800万亩的宜用水产养殖海涂是一笔巨大财富，可以优先开发。837万亩宜农海涂，可提供粮食约60亿斤。围垦海涂需要防潮堤及灌排工程，滨海盐土，咸酸田需要经过改良，投资额大，约亩需450～600元。但地方对开发海涂的积极性很高，因为用于水产养殖有很高经济价值，用于农田可缓解人均耕地过少的矛盾。根据垦殖条件和有关省的计划，到2000年，可垦殖海涂1 200万亩，种植业和养殖业各半。

从以上对我国耕地后备资源的介绍和分析中可以看出，1.9亿亩宜农荒地中，能用于农作物生产的1.25亿亩，发展经济果林的5 700万亩，供水产养殖的800万亩。1.25亿亩后备农田主要分布在土壤生产力不高，生产条件较差，距消费市场远的东北和西北地区，总生产潜力约为500亿斤。多数土壤需要骨干水利工程及治理措施，亩投资约200～350元。宜于发展经济果林的南方土质丘陵区，土地生产力和经济效益高，开发条件好，投资不多和易于筹集。1 600多万亩海涂也具有这些优点，只是工程量大和投资较高。

现有农田中的零星闲散地的利用值得重视。河南长葛县近年来结合多种经营，清理利用了闲散土地七万多亩，相当于全县耕地的九分之一。累计全国农田中的闲散土地，数字也是可观的，可弥补部分建设和生活的占地。另外，水文地质部门最近查明，新疆塔克拉玛干大沙漠和内蒙古西部的巴丹吉林沙漠下有地下水蕴藏，为开发沙漠带来了希望。

31.1.3 途径剖析之三：节流耕地

我国耕地面积在快速缩减之中，一是建设和生活占地，一是风沙、盐碱和水土流失等自然因素的吞噬。

新中国成立以来，建设和生活占用耕地4.7亿亩，平均每年1 250万亩。“六五”期间，开荒部分不算，平均每年仍净减737万亩，其中城镇，工业和农村生活用房占50%以上。大中城市的城区范围在近30多年中扩大了数倍，小城镇扩展更快。1949年全国有69个市级城市，1985年增加到324个，预测2000年将发展到645个。还有在农田中星罗棋布的7 511个建制镇和几十万个村庄，每日每时都在向四外伸展，耕地面积一天天萎缩。

我们就城镇、村庄、交通、工矿和水利工程五项，预测到2000年共需占用耕地8 610万亩，平均每年718万亩。其中城镇和村庄各占地35%，共70%。加上其他项占地，到2000年，将要失去近1亿亩耕地。基建占地一般多是良田和交通方便的好地。越是经济发达的地区，问题越是突出。（详见附表5）

国家要建设，经济要发达，必然要占用一些耕地。但是，在一个十多亿人口，人均耕地很少，后备资源极缺的农业大国里，每十年就要减少近亿亩的耕地，这个数字和速度实在是令人吃惊和担忧。耕地的减少，使建设和生活占地与农业生产（或是粮食，人口）之间的矛盾日益尖锐。江苏省预测，到2000年，人口将增加到7 050万，需用粮705亿斤，耕地面积不能少于7 000万亩（粮食平均单产要达到1 350斤）。全省现有耕地6 945万亩，到2000年可新增200万亩，共7 145万亩。即在保证耕地7 000万亩的前提下，只有145万亩的调节余地。而建设和生活占地则需要1 193万亩，二者相差8倍。

四川省的2000年预测，耕地将由现在的9 512万亩减少到8 889万亩；人口由现在的10 319.5万增加到1 1823万，人均耕地由0.92亩下降到0.75亩。按人均占有粮食 800 斤计，粮田亩产要由现在的 1 003 斤提高到 1 425 斤，平均每年每亩需净增 28.2 斤（1948—1985 年平均每年每亩增加 16.3 斤）。显然，在目前基数已经很高的情况下，要实现这样的增长速度是很难的。他们大声疾呼，一定要保护耕地。

当前，耕地问题的焦点是在占用耕地上，长期存在的宽打窄用，少征多用，无计划无审批，违法占地等乱占滥用，浪费耕地的现象十分严重。这种现象再也不能继续下去了。

生态环境的恶化，也导致耕地面积的缩小。近 30 年来，我国北方农牧交错沙漠化地区，沙漠化土地面积增加了 5 060 万亩，平均每年扩大 160 多万亩。其中 43% 是由于过度开垦造成的。受沙漠化影响的农田，产量极低，亩产 60 斤左右，干旱年颗粒无收。在现有耕地中，受沙漠化影响的面积约 5 000 万亩。我国耕地中，受水土流失侵害的面积更大，约 2.9 亿亩，占总耕地面积的五分之一左右。水土流失轻则使土壤肥力退化，重则被吞食或被迫退耕。盐碱化也是一大威胁。新中国成立后新疆开垦荒地 5 100 万亩，由于盐碱化的发展被迫撂荒 2 000 多万亩。新中国成立以来，河套地区耕地面积扩大得快，盐碱化面积扩大得也快。1949—1951 年，耕地中盐碱化面积占 13.9%，1959—1965 年占 30.69%，1966—1972 年占 56%，目前每年以 15 万～20 万亩的速度发展。其中严重者只能弃耕撂荒。

有关资料提出，在现有耕地中，北方沙漠化地区需退耕 2 000 万亩，占现有耕地面积的 30% 左右；黄土高原丘陵沟壑区需退耕 6 000 万亩；还有南方 2 000 多万亩 30 度以上的陡坡地需要退耕，累计约 1 亿亩。因目前条件不具备，被迫退耕部分耕地，以克服广种薄收，保护基本农田建设和避免生态环境的进一步恶化是必要的。问题的实质是如何采取有力措施，制止这些自然因素对耕地的吞食和在此前提下尽量减少退耕面积。

31.2 耕地建设战略和对策

根据以上分析，我国耕地问题的基本特征是：一方面人均耕地少，后备资源缺，土地质量差；另一方面是人口压力大，客观需求高和国家底子薄。这就是我们面对的现实，也是我们考虑和制订耕地建设战略和对策的前提和立足点。

从这个现实出发，首先，在保证一要吃饭，二要建设的前提下，惜地如金，坚决制止滥占浪费耕地，把占用耕地的速度和数量降到最低程度。其次，在耕地挖潜和开源方面，目前国家财力物力不足。要优先考虑潜力大，耗资少，见效快，效益高，好抓易行的途径。显然，开发现有耕地，特别是中低产田的生产潜力具有很大的优越性，应当摆在耕地建设的首位。从地区和单位面积生产力上看，华东、华中区和华北区潜力最大，华南区和西南区次之。

挖潜可以提高耕地质量和农业产量，但解决不了耕地数量上的减少，1 亿多亩的宜农荒地还是要开的。鉴于近期内国家资金不足和技术及劳力条件，扩大耕地面积的重点是那些不需国家很多投资，工程不大，技术要求不高，效益明显，地方和群众力所能及的项目，如南方土质丘陵，东部海涂，零星分布于农田的闲散荒地以及矿区弃地的复垦等。以国家投资为主的大片开荒要十分谨慎，只是在确有需要而又条件具备的情况下才能考虑。如银川平原和河西走廊的部分土地。20 世纪内，开荒面积在 6 000 万亩左右。其他只能作为 21 世纪的任务了。

概言之，耕地建设的中近期（20 世纪内）战略应当是：坚决节流，少量开荒，重点是开发中低产田。相应对策有三。

第一，认识要深化。

耕地问题开始引起了人们的重视。但是，与问题本身的严重程度和对国家发展所产生的深远影响相比，认识还有待于深化。

连后备资源算上，我国顶多只有 20 亿亩左右的家底了，以后每年都要减少几百万亩。土地是一种非再生资源，占一亩少一亩。耕地面积逐年减少的趋势已成定局。另一方面，人口在不断增加，人们对土地的索取和要求越来越高。这样一对矛盾的存在和发展必然深刻地影响着国家的经济建设和发展，关系到国计民生和子孙后代的大事，自上而下和全社会都要有危机感和历史责任感。人无远虑，必有近忧。要在全社会形成“惜地如金”的风尚和“寸土必争”的严厉管理措施。

人口，粮食和耕地本是三位一体的。可是，赖以生产粮食和养活人口的耕地以及它所面临的严峻形势或危机却没有得到应有的重视。乱占滥用耕地的现象仍然严重存在。我们正在尝着五十年代人口问题上失误的苦果，切勿让我们的子孙因我们在耕地问题上的失误而备受熬煎。

第二，统一领导，加强管理，发挥政策威力。

耕地问题，无论是节流，开发中低产田和扩大耕地面积，在很大程度上是个管理问题，是以国家和政权的力量，通过一系列政策法令来实现的。近年来，国家逐渐加强了国土整治和土地管理工作。公布了《土地管理法》，成立了“国家土地管理局”。最近又发布了《耕地占用税暂行条例》和将非农业建设占用耕地纳入国民经济计划，下达了 1987 年的计划指标，我国的土地管理工作进入了一个新的阶段。

为了保护耕地，要在珍惜每一寸土地的思想指导下，最大限度做到：能用荒地废地的不用耕地；能用山丘坡地的不用平地；能改造旧区的不建或少建新区。调整农业内部结构中，尽量做到果林上坡进山，不与农作物争地；废田挖塘池要严格控制。要尽快编制全国和各省区的土地利用总体规划，对耕地的开发利用有一个总体考虑和部署。对土地利用加强宏观控制，实行计划管理。在一些重要的高产农田，可建立各类保护区。通过一系列的配套政策，从宏观到微观，把占用耕地的规模和速度降下来。

近几年，在改造中低产田，地力建设和扩大耕地面积下，一些省区制定了许多鼓励性政策，发挥了很好的作用。如：①谁承包、谁治理、谁经营、谁受益，使用权管理权和受益权长期不变；②投资补偿制度，凡承包土地因投资改良了土壤，提高了地力，使用权转移时，按新的地力等级补偿投资；③耕地分等定级建档，升级奖，降级罚；④乡镇企业以工补农资金，优先用于地力建设；⑤建立劳动积累制度，规定每个农村劳力每年必须投一定数量的义务工用于地力建设，纳入承包合同；⑥征收养地基金制度，即每亩耕地征收一定数量的养地费用于地力建设，专款专用，取之于民，用之于民。

一些省区还制订和颁布了有关条例和规定，如《吉林省农村耕地保养的若干规定》（1984）和实施细则、《黑龙江省耕地土壤培肥暂行规定》、辽宁省的《土壤肥力保护条例》等。福建省建阳地区在开发利用土质丘陵上进一步放宽政策，在统一规划，合理布局的前提下，坚持集体个人一起上的方针，把好山、近山、缓坡地划给群众种果种茶，发展经济果林，承包期延长到 30 年以上，大大调动了群众积极性。1985 年到 1986 年，垦殖土质丘陵，新种经济果林 10.9 万亩，相当于已有面积的一半以上。

在开发中低产田和扩大耕地面积中，资金不足是个重要障碍。一次性交纳的耕地占用税宜主要用于耕地建设。除一次性耕地占用税外，可每年收取少量耕地建设费，既加强了对非农业占地的自我约束，又加强了耕地建设资金的来源。如果一年占地 500 万亩，每平方米每年收一元，每年就是 30 多亿元。这些资金，取之于地，用之于地。这对实现中近期的耕地建设战略具有重要意义。

第三：要有实用化的技术和有效的运行机制。

开发中低产田和扩大耕地面积，一要政策，二要技术。技术如何有效地转化到生产中去？一是技术本身需要有个实用化过程，二是要有灵活有效的运行机制。

改造中低产田和垦殖宜农荒地，技术上比较成熟。但是要在生产上大范围使用，还需要有个实用化、科学化和社会化过程。首先是现有技术零星分散，局限大，需要成型配套和标准化，使之具有鲜明的实用性。其次，要总结选优，采用国内外先进技术，特别要抓住一些关键性技术（如冷浸田，低湿沼泽地，盐碱地的排水技术，不同条件下的节水灌溉技术，优化种植制度，南方土质丘陵的修造梯田和机械化技术，东北旱薄地水土保护和土壤培肥技术，用常规及近代生物技术培育新的高抗逆性作物等）和系统配套技术（如南方土质丘陵开发中从梯田和地力建设到柑橘园建设，保鲜加工和市场分析等）。三要社会化，即做好设计咨询，信息服务，成型技术相应的器材生产和经销维修等方面的社会服务，克服小生产的观念；改良组织管理方法。

在这些技术中，有“软件”部分，也有大量的物化了的，或是“硬件”的部分。如在全国6.1亿亩低产土壤中，有盐碱化土壤，白浆土，砂姜黑土和南方下湿地冷浸田等四大类2.37亿亩需要不同的排水技术。除了技术研究本身和设计咨询等软件外，还要有相应的各种管道、器材、施工工具和机械。同样的，不同条件下的节水灌溉系统；不同水文地质条件下的井型、井管、材料和钻井机械；科学施肥中的测试仪器，施肥工具以及适应不同条件的高抗逆性品种等都有大量物化了的技术。

在目前的状况下，科研和设计部门（软件部门），硬件的生产部门以及流通、供应、维修服务、宣传推广人才培训等部门都是脱节的，需要有能够不断自我调节和完善的运行机制。因此，可以考虑建立企业性质的耕地建设公司或集团，可以是全国性的或大区或省级的。它们与相应的各级土地管理部门相呼应和密切配合，所征收的耕地占用税和土地建设费可以股金形式投入。如果改革成功，将为耕地建设做出重大贡献和创造科学技术与国民经济建设相结合的新鲜经验。

将上述多项对策概括起来。可以表示为：

认识＋政策＋技术＋灵活的运行机制＝成功。

耕地建设是一种十分复杂艰巨和长期的任务，需要几十年和几代人的艰苦、扎实和锲而不舍的工作。

除了美国、苏联、加拿大、澳大利亚等资源丰富的国家以外，多数国家都存在耕地问题。日本、荷兰、西欧、新加坡、印度以及非洲和拉美的国家和地区各有自己解决问题的办法。有成功的，也有不成功的。我们要根据国情，探索自己的道路。能在占世界人口四分之一的大国里，把耕地问题解决好，确实是对人类的一个大贡献。

附表：

附表 1 我国耕地的质量 单位：万亩，括弧内数字为 %

大区	耕地面积	灌溉情况（按 1980 年）			生产水平			低产田的主要类型及面积	全国七大低产土壤及其面积
		水田	水浇地	非灌溉地	高产田	中产田	低产田		
东北区	24 795	1 363 (5.5)	2 611 (10.5)	20 821 (84.0)	5 636 (22.8)	9 700 (39.1)	9 459 (38.1)	盐碱土 2 894 白浆土 2 265 黑糗土 1 389 旱薄地 3 689 风沙土 843	1. 旱薄地（北方水土流失地）18 506 2. 盐碱土 9 797 3. 白浆土及黑糗土 3 654 4. 风砂土 4 953 5. 砂姜黑土 3 586 6. 旱薄坡耕地（南方）7 850 7. 冷浸田 6 633 合计 54 979 占低产田总数的 89.8%
西北区	30 931	495 (1.6)	11 007 (35.6)	19 429 (62.8)	5 973 (19.4)	7 370 (23.8)	17 588 (56.8)	盐碱土 3 392 风沙土 1 410 旱薄地 10 220 黏质土 1 100	
华北区	33 410	1 301 (3.9)	17 620 (52.7)	14 489 (43.4)	8 906 (26.7)	11 358 (34.0)	13 146 (39.3)	盐碱土 2 525 风沙土 2 700 旱薄地 4 617 砂姜黑土 1 886	
华东华中区	31 442	17 427 (55.4)	6 019 (19.1)	7 996 (25.5)	8 563 (27.2)	13 227 (42.1)	9 652 (30.7)	冷浸田 3 143 坡耕地 1 540 砂姜黑土 1 700 盐碱土 986 过沙过黏土 1 125	
西南区	17 019	5 331 (31.3)	1 385 (8.1)	10 303 (60.6)	3 945 (23.2)	5 203 (30.6)	7 871 (46.2)	冷浸田 2 800 旱薄坡耕地 4 850	
华南区	10 687	6 244 (58.4)	1 542 (14.4)	2 901 (27.2)	4 010 (37.5)	3 812 (35.7)	2 865 (26.8)	冷浸田 690 旱薄坡耕地 1 460	
青藏区	1 224	1 (0)	502 (41.0)	721 (59.0)	230 (10.3)	374 (30.6)	620 (59.1)		
合计	149 508	32 162 (21.5)	40 686 (27.2)	76 660 (51.3)	37 263 (24.9)	51 044 (34.1)	61 201 (41.0)		

注：耕地面积均按正式上报统计数；东北区含辽、吉、黑，西北区含陕、甘、宁、晋、蒙、新，华北区含冀、鲁、豫、京、津，华东华中区含苏、浙、皖、湘、鄂、赣、沪，西南区含川、贵、云，华南区含粤、闽、桂，青藏区含青、藏。

附表 2　我国耕地的生产潜力

大区	耕地面积 / 万亩	复种指数 /%	光温生产力 /（吨 / 亩）	可大面积实现的高产水平 /（斤 / 亩）	高产土壤			中产土壤			低产土壤			分区合计 / 亿斤
					面积 / 万亩	实现产量 /（斤 / 亩）	生产潜力 Ⅰ / 亿斤	面积 / 万亩	实现产量 /（斤 / 亩）	生产潜力 Ⅱ / 亿斤	面积 / 万亩	实现产量 /（斤 / 亩）	生产潜力 Ⅲ / 亿斤	
东北区	24 695	100 左右	1.0 ～ 1.3	600	5 636	> 500（500）	39.5	9 700	500 ～ 200（350）	101.9	9 459	< 200（150）	32.4	（9.3）273.8
西北区	30 931	100 左右	1.3 ～ 1.8	800	5 973	> 600（600）	83.6	7 370	600 ～ 200（400）	103.2	17 588	< 200（150）	307.8	（16.9）494.6
华北区	33 410	130 ～ 160	1.5 ～ 1.8	1 200	8 906	> 800（1 000）	124.7	11 358	800 ～ 400（600）	318.0	13 146	< 400（300）	276.1	（24.5）718.8
华东华中区	31 442	180 ～ 250	1.7 ～ 1.9	1 600	8 563	> 1 200（1 400）	119.9	13 227	1 200 ～ 800（1 000）	370.4	9 652	< 800（600）	270.3	（26.0）760.6
西南区	17 019	150 ～ 180	1.4 ～ 1.8	1 400	3 945	1 000（1 200）	55.2	5 203	1 100 ～ 700（900）	109.3	7 871	< 700（500）	220.4	（13.1）384.9
华南区	10 687	180 ～ 250	2.0 ～ 2.5	1 800	4 010	> 1 500（1 600）	56.1	3 812	1 500 ～ 800（1 200）	106.7	2 865	< 800（600）	120.3	（0.7）283.1
青藏区	1 224	80 ～ 90	0.9 ～ 1.0	600	230	> 500（500）	2.3	374	500 ～ 200（300）	5.2	620	< 200（100）	8.7	（0.5）16.2
合计	149 508						481.3（16.4）			1 114.7（38.0）	61 201		1 336.0（45.6）	2 932

注：1. 各大区包括的省（自治区、直辖市）同附表 1；

2. 高中低产土壤的现实产量栏的括弧中数字为计算时用的中间值；

3. 生产潜力Ⅰ指高产土壤由现实产量达可能大面积实现的高产水平时的潜力；

4. 生产潜力Ⅱ指中产土壤由现实产量达高产土壤现实产量时的潜力；

5. 生产潜力Ⅲ指低产土壤由现实产量达中产土壤现实产量时的潜力。

附表 3　我国宜农荒地资源概况

大区	宜农荒地面积 / 万亩			土地生产力		开发条件较好的宜农荒地			备注
	综考会资料	修正系数	实际面积	单产 /（斤 / 亩）	合计 / 亿斤	面积 / 万亩	分布地点	生产力 / 亿斤	
东北区	8 464	0.65	5 078（26.6）	350	177.7	1 200	三江平原 900，其他 300	42.0	
西北区	34 868	0.15	5 230（27.4）	400	209.2	900	阿克苏河、开都河流域 200，河西走廊 300，银川平原 200，夹荒地 200（新疆：河套等）	36.0	
华北区	1 585	0.50	793（4.2）	600	47.6	380		22.8	
华东华中区	3 294	0.80	2 635（13.9）	—	—	1 600	零星散布	—	经济果林，暂不作生产力计算
西南区	2 291	0.80	1 833（9.6）	—	—	1 200	零星散布	—	同上
华南区	1 594	0.80	1 275（6.7）	—	—	600	零星散布	—	同上
青藏区	957	0.40	（383）（2.0）	300	11.5	40		1.2	
海涂	2 478	0.74	1 837（9.6）	700	59.0	1 000	种植业 500 养殖业 500	50.0	生产力仅计算种植业。养殖业未计算
合计	55 531	—	19 064	—	5 050	7 220		162.0	

注：1. 实际面积栏括弧中数字为百分数；
2. 大区中省（自治区、直辖市）及单位生产力附同表 1 和附表 2。

附表 4　我国海涂资源概况

面积：万亩　单位生产力：斤 / 亩　累计生产力：亿斤

大区	省（自治区、直辖市）	总面积	已开发	宜垦农田					宜养殖面积	
				面积	垦殖系数	可垦面积	单位生产力	累计生产力	已开发	待开发
东北区	辽宁	400	100	200	0.50	100	700	7.0	40.0	32.0
	小计	400	100	200	—	100	—	7.0	40.0	32.0

续附表 4

大区	省（自治区、直辖市）	总面积	已开发	宜垦农田					宜养殖面积	
				面积	垦殖系数	可垦面积	单位生产力	累计生产力	已开发	待开发
华北区	河北	414	—	414	0.30	124	400	5.0	10.0	40.0
	天津	6	—	6	0.50	3	400	0.1	0.1	40.9
	山东	500	—	451	0.50	226	500	11.3	5.0	95.0
	小计	920	—	871	—	353	—	16.4	15.1	175.9
华中华东区	江苏	630	60	230	0.60	138	800	11.0	34.4	315.6
	上海	87	79	7	0.60	4	800	0.3	—	—
	浙江	400	168	67	0.65	44	1 000	4.4	5.1	60.9
	小计	1 117	307	304	—	186	—	15.7	39.5	376.5
华南区	福建	370	52	83	0.65	54	1 000	5.4	36.7	86.3
	广东	278	95	190	0.65	124	1 000	12.4	30.0	100.0
	广西	113	4	30	0.65	20	1 000	2.0	1.0	29.0
	小计	761	151	303	—	198	—	1.98	67.7	215.3
合计	3 198	558	1 678	—	837	—	58.9	162.3	699.7	

附表 5　经济建设和城乡生活占地 2000 年预测　　面积：万亩

用地项目	计算方法	面积	%
城镇	按人口纯增 2.5 亿人，人均占地 0.15 亩（包括乡镇）	3 000	34.8
村庄	按人口纯增 1 亿人，均占地 0.3 亩	3 000	34.8
水利工程	按扩大灌溉面积 1.7 亿亩，每扩大 1 亩水利工程占地区 0.15 亩计，耕地系数 0.6	1 530	17.8
交通	以平均每年 40 万亩计达到每百平方公里 15 公里交通线	600	7.0
工矿	以平均每年 30 万亩计	450	5.6
合计	——	8 610	100.0

注：用地项目只列了五项，其他项未列入。

32 黄淮海平原旱涝盐碱综合治理区划

【写作背景】

改革开放之初，国家农业委员会组织和开展了全国性农业区划工作。“黄淮海平原旱涝盐碱综合治理区划”是其中一个子课题，由中国农科院贾大林研究员和本《文集》作者主持。收入以下的是该区划报告的区划制订原则与方法、分区以及9个一级区的介绍。这部分主要由本《文集》作者执笔。

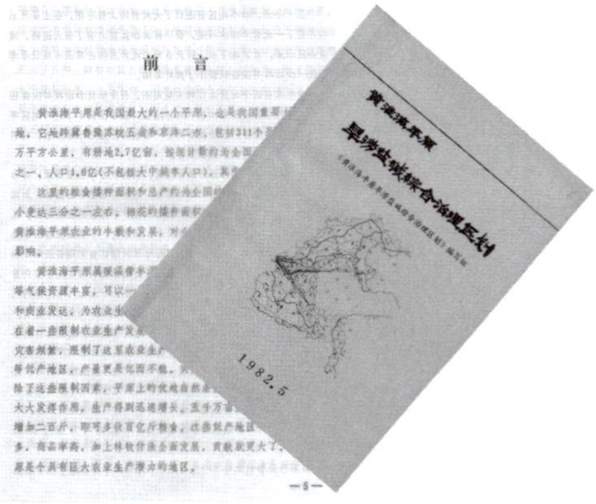

32.1 区划原则和方法

黄淮海平原在农业生产上有着巨大的潜力。影响这种潜力发挥的一个重要因素是旱涝盐碱的危害。要有效地治理旱涝盐碱，就要全面地科学地分析它们产生和发展的条件（自然的和人为的）和规律性。根据不同的条件和特点，因地制宜地进行治理。同时也可以使许多点上的经验能够科学地应用到面上的治理中去。这就是本区划的目的和任务。

这种目的决定了本区划属于专门性的区划，不同于一般的自然区划或农业区划。同时，区划的服务对象主要是旱涝盐碱的综合治理，而不是包罗和解决所有的农业生产中的限制因素和问题。

区划的原则是：

（1）区划要具有鲜明的实战性质，在对自然条件和人为活动进行综合分析的基础上提出综合治理的主要问题和应采取的治理方向及途径。这是进行区划的主要依据。

（2）运用景观学和生态学的理论，把气候、地貌、土壤、水文地质等自然条件以及人为活动对它的影响看作一个有着密切内在联系的综合体，是统一的地理景观和生态系统。只有这样，才能对自然条件和人为活动的影响做出深刻的分析，提出中肯的区划。

（3）已有的综合治理方面的经验和科研成果是区划中提出治理方向和途径的主要依据。同时也要吸取外地和国外的有益经验。区划应当是治理经验、科研成果和先进理论技术的总结和反映。

（4）此区划属小比例尺综合治理区划，主要是针对划分出的各区的特点提出带有战略性的治理方向和途径，为下一步进行大比例尺的区划、规划和设计提出科学依据和原则性意见。

考虑到以上原则和小比例尺区划的特点，在区域的划分以及治理方向和途径的考虑上，更多地侧重于区域水盐运动的特点和调控的工程措施方面。对土壤培肥和合理种植的分析和措施方面只是一般地提到。土壤培肥和合理种植是综合治理旱涝盐碱中的重要内容，希望在今后，特别是中大比例尺的区划和规划中得到弥补。

区划的方法是按地域作两级分区。一级区按气候大的地貌类型及流域在引水排水和治理上的特点进行划分：共划分为太行山及燕山山前平原区、海河平原区、徒骇—马颊—卫河平原区豫北黄河平原区、南四湖湖西平原区、淮北平原区、淮北低洼平原区、渤海滨海平原区、黄海滨海平原区等九个一级区。二级区是根据中小地貌、土壤类型、浅层地下水状况、灌溉排水条件的特点、治理方向和途径上的差异，在各一级区内作进一步划分，共分为 61 个二级区。

32.2 一级区概述

1. 太行山和燕山山前平原区

太行山东麓和燕山南麓的山前洪积冲积平原沿山麓呈条带状分布，面积 38 100 平方公里，占总面积的 14.3%。这里的年降雨量为 500 ～ 600 毫米，燕山山前平原可达 700 毫米。年平均温度为 1.0 ～ 13℃，南高而北低。

这里地形部位较高，地面倾斜，坡降在 1/1 500 ～ 1/2 000。沿山麓一带，有上更新世和中更新世的黄土状沉积。十数条大的河流出山后形成的洪积冲积扇切入早期的黄土状堆积平原，使地形沿山前呈波状起伏，新老沉积物交互更替，组成一个复合的洪积冲积扇群。这里地面径流通畅，自然排水良好，无涝害和土壤盐渍化的威胁。

本区处于平原各水系的上游，浅山区又建有大量水库以调蓄水量，故地上水源较为丰富。但在远离大河，没有水库调蓄水量的地方仍十分缺乏地上水源。地下径流状况良好，属全淡水富水区。地下水埋深多大于5米，矿化度小于1克/升，单井（井深30～80米）出水量多在30～50米^3/小时。

土壤以褐土为主，还有少量潮褐土。老的沉积母质为黄土状物质，多为中壤。近代河流沉积物多为沙壤和沙。河床部分为活动性粗沙和细沙。

由于这里水资源比较丰富，土壤较为肥沃，涝害和盐碱的威胁不大，多为稳产高产地区。

农业生产中存在的主要问题是地下水采大于补，地下水降落漏斗区不断扩大。近山黄土状沉积物的洪积冲积平原上水土流失和干旱问题比较严重。

治理途径：①山前平原区的水土比大大超过了冲积平原和滨海平原。从全局考虑，本区宜重于开采地下水源，部分的山区水库调蓄水量调到缺水的冲积平原。但要注意加强防渗措施。②作好引渗工程，拦蓄汛期雨水和河流弃水采取有力的回补措施，使地下水做到采补平行。③加强土地平整，防止水土流失，注意培肥土壤。④河床部分，要合理规划行洪河道及滩地利用，植树造林，防风固沙。⑤周围山地应大力发展水源林。

2. 海河平原区

海河平原区指海河流域冲积平原地区，包括蓟运河和滨海平原以西的潮原、永定、大清、子牙、（包括滹沱河、滏阳河）漳卫等河的中下游地区。面积42 500平方公里，占总面积的16%。这个地区地面坡降西南部（邯邢地区的东部）为1/5 000～1/10 000，东北部（廊、沧地区）为1/10 000～1/20 000。年降水量500～600毫米。年蒸发量1 800～2 000毫米。衡水地区东南受沂蒙山及山东丘陵地区的影响，年降水量仅400～500毫米，为平原的干旱中心。

这个地区是古黄河及海河各支流泛滥沉积而成的。南部地形发育受古黄河影响大，广泛分布着西南东北向的古黄河道，形成古河床高地及缓岗地貌。海河客支流冲积扇前缘同冲积平原之间形成不少大型交接洼地，如永年洼、大陆泽、宁晋泊、千顷洼、白洋淀、文安洼等。另外还有许多大小不等的浅平洼地、碟形洼地、槽形洼地。黑龙港流域就有“七十二连洼”之称。在治理海河以前，每遇夏季暴雨，洼地积涝成灾。岗洼之间为缓平坡地，所占面积最大。

本区分布面积最大的土壤为潮土，古河道带的缓岗上分布有褐土化潮土，在低平地及洼地边缘有盐化潮土及盆土。还有零星分布的瓦碱土。

本区除永定河扇缘、廊坊、永清、坝县西部、肃宁、河间、安平、饶阳等地为局部全淡水区外，其他大面积均为咸水区。其中黑龙港地区是海河平原径流最滞缓的地区，地下水埋藏浅，大部为浅层咸水。矿化度为3～5克/升，局布为5～10克/升，甚至达30克/升。卫运河沿岸有厚层（大于20米）淡水。深层地下水成井深度在清南、滹沱，黑龙港地区一般在150～250米，250～350米，运东地区在350～500米，黑龙港地区东北部，有大面积的碱性深层淡水。

本地区一般春旱，也有秋旱。但各河在春季一般没水，山区水库蓄水远不能满足抗旱灌溉需要，地上水源不足。石津渠灌区每年只能浇两三次水。1968 年以来，机井建设有了很大发展。但由于开采大于天然补给，全淡区地下水普遍下降，深层水也出现大漏斗。冀枣衡漏斗范围近 5 000 平方公里，中心埋深达 30 米，沧州漏斗中心达 66 米（三年下降 44 米）。

本地区过去沥涝严重，经过海河治理，排洪排涝入海能力提高到相当治理前的五倍。骨干河道达三到五年一遇，个别达十年一遇，大洼周边已建一批扬水站。但田间配套工程差，有些河道标准低。1977 年北部雨大（1 000 毫米左右），河北省受涝面积达 3 000 万亩。

河北省在 1958 年以前盐碱地为 1 600 万亩，以后由于平原蓄水，只灌不排，到 1961 年盐碱地扩展到 2 300 万亩。经过海河治理到 1977 年减少到 800 多万亩。近年河渠打坝建闸蓄水，影响排咸，次生盐碱又有反复。

由于旱、涝、碱仍在危害，海河平原产量不高，尤其是盐碱地集中的黑龙港地区（虽经治理，亩产也不过两三百斤），最高的 1978 年亩产 360 斤，较全省平均亩产低 80 斤。

本区治理途径，应对旱、涝、碱、咸实行全面规划，综合治理，要进一步解决好排涝排咸出路。对骨干河道有计划地清淤疏浚，逐步提高排涝标准。通过工程措施及管理，保证直通入海的统一排咸出路。排咸河道一律不建闸，停止蓄水。有排咸改碱任务的地区，排灌渠系分为两套系统。搞好排灌配套，首先是排水配套。

解决干旱问题，首先要充分利用当地水资源。利用洼淀蓄水要搞好截渗排水，防止周边土壤盐碱化。全灌区及厚层淡水区要发展井渠结合，利用非灌溉季节的地面水及雨水回补地下水。推广咸水利用，咸淡水混合利用的经验，大于 5 克 / 升咸水区，抽咸换淡，改造碱地和咸水。深层水开发要合理布局，漏斗区应控制开采。但本区水源满足不了抗旱丰产的需要，需要适当引用外水。

本区土壤有机质少，肥力瘠薄，应增施有机肥，大力发展绿肥，并与发展畜牧业结合。搞好粮肥间作，粮肥轮作，用地养地，不断提高土壤肥力，大力开展植树造林，营造防风林，农田防护林，大搞“四旁”植树。

要积极地因地制宜地推广曲周张庄及南皮乌马营沟渠井结合、农林水并举、综合治理旱涝碱咸瘦的经验，深县后营“四结合、四为主”的经验，使之在面上开花结果。

3. 徒骇—马颊—卫河平原区

本区位于徒骇、马颊河流域及小清河与黄河之间地区，包括河南省的新乡、滑县、内黄、清丰、南乐等县的部分土地，山东省的聊城、德州两地区的全部，惠民地区的西部和济南市的历城、章丘两县的土地。本区呈西南东北向，上窄下宽的条带状，长达 470 公里。

本区面积 31 250 平方公里，占总面积的 11.7%。

本区的干燥度为 1.2 ～ 1.4，年平均降水量 600 ～ 700 毫米。春季降水稀少，不足 80 毫米，多干热风，春旱严重，历时长。盛夏雨水集中，降水强度较大。旱涝气候特征是春至初夏重旱、盛夏涝秋偏旱。

本区内地貌类型复杂，由缓坡地、低平地、河滩高地、沿黄决口扇形地和背河槽状洼地组成，其中以缓平坡地为主。潜水埋深一般在 2 ～ 3 米。矿化度 1 ～ 2 克 / 升，局部地区 2 ～ 5 克 / 升。

本区西部浅层地下水的水质和蓄水性均较好，向东渐差。依地貌潜水状况的不同，土壤比较复杂，以潮土为主，高地有褐土化潮土，低平地和坡地与洼地交接的边缘地带多盐化潮土，古黄河的背河槽状洼地有大片盐土。

本区治理途径是：①确保徒骇、马颊及其二、三级支流等骨干排水河道的通畅，完善田间排水工程；②充分利用浅层地下淡水，井灌为主，以井助排，因地制宜地利用黄河水砂资源（注意排水配套工程），井渠结合，以灌带补；③用地与养地相结合，发展绿肥，实行粮肥轮作；④建立农田防护林网，实行林（桐、枣）粮间作。

本区可划分为十四个亚区，按其自然条件和综合治理中的主要问题和治理途径可归为如下几种主要的治理类型。

（1）古黄河河滩高地综合治理类型　沿马颊河左岸和金堤河左岸呈带状分布。

地形部位相对较高，潜水埋藏较深（一般大于 30 米）。矿化度小于 2 克 / 升，土壤多为沙壤质的褐土化潮土，涝碱威胁较小，而旱和土地瘠薄的问题比较突出。也应指出，土壤次生盐化的威胁仍然存在，要注意预防。治理途径是：①发展灌溉农业，充分利用浅层地下淡水资源。以井灌为主，同时引河补源，要密切注视潜水状况的变化，调节控制潜水位，既避免漏斗区的出现，又要防止水位上升和土壤的次生盐渍化。②在作物布局上应粮棉并重，发展绿肥，培肥地力。③建立农田防护林网，实行桐粮间作。

（2）缓坡地综合治理类型　主要分布在徒骇河上中游，包括河南省的清丰、南乐和山东省的聊城、德州两地区南部诸县的大部分土地。

地貌类型主要为河间的缓平坡地及与坡地相间的浅平洼地。潜水埋深 2 ～ 3 米，矿化度 1 ～ 2 克 / 升，浅层地下淡水一般较丰富。土壤以潮土为主，其间分布着较多的盐化潮土。治理途径是：①保证骨干排水河道畅通，充分开采利用浅层地下淡水，辅以引河灌溉补源。排灌工程的基本形式应该是，灌排分设，以井控制潜水位，骨干深沟排盐，田间布置排涝系统。②发展绿肥，麦豆轮作，粮肥间作，水肥条件好的地区，实行二粮一肥或二粮二肥一年两熟制。③建立农田防护林网，发展“三条”（柳、腊、绵槐），实行林（桐、枣）粮间作。

（3）低平地综合治理类型　主要分布在马颊河下游左岸和德惠新河两岸。此类型处于冲积平原下部的河间平原。

潜水埋深较浅，矿化度 2 ～ 5 克 / 升。土壤多潮土或盐化潮土，盐渍土的面积和盐化程度均较缓坡地类型为重。治理途径是：①建立防碱排盐的骨干深沟和田间除涝的排水系统，引河灌溉辅以井灌，渠井结合，抽咸换淡改造利用地下水；②发展绿肥，粮肥轮作、间作；③发展“三条”（柳、腊、绵槐），实行枣粮间作。

（4）背河洼地综合治理类型　包括卫运河右岸、马颊河沿岸和豫北的黄河背河洼地。

主要地貌类型是背河槽状洼地及与其毗连的缓平坡地。这里地势低洼，排水困难，涝灾突出。土壤盐渍化面积大，程度重。潜水埋藏浅，矿化度较高，多为 2 ～ 5 克 / 升。治理途径是：①安排好排水出路，健全排水系统，有的地区需要提排，严格控制潜水位；②适当调配河水灌溉洗盐，结合抽咸换淡，改造利用地下微咸水，局部浅层地下水质好的地段，积极发展井灌；③平整土地；④发展绿肥，实行粮肥间作，地多人少处一麦一肥；⑤建立农田防护林网，发展紫穗槐，实行枣粮间作。推广新乡洪门排灌平肥综合治理旱涝碱的经验。

（5）沿黄决口扇形地及浸润洼地治理类型　决口扇形地的地形部位较高，土壤多沙质，潜水埋深较大，一般在 2 ～ 3 米左右。而背河槽状洼地，地势低洼，潜水埋深小于 2 米，在黄河侧渗影响下，土壤盐渍化十分严重。本区浅层地下淡水较丰富，水质好，又紧靠黄河，可充分利用黄河水沙资源，治理途径是：①在健全排水系统的基础土，引黄放淤压沙或淤灌改碱，洼坑可种苇，水源有保证的洼碱地可种稻改碱；②充分开发利用浅层地下淡水，淤改后以发展井灌为主，以井控制潜水位，明沟除涝防渍；③建立农田防护林网，特别是决口扇形地，应大搞植树造林，防风固沙，实行桐粮间作，沿黄应多种柳树，以备防汛抢险之用；④发展绿肥，用地与养地相结合，淤改后的土地可麦豆轮作或粮肥间作，决口扇形地可适当扩大花生种植面积，黄河滩地一麦一肥。

4. 豫北黄河平原区

豫北黄河平原区包括河南省新乡和安阳地区的平原部分，属于金堤河，天然文岩渠流域，两河均流入黄河。面积 8 000 平方公里，占总面积的 3%。

本区年平均温度在 14℃左右，年降水量约 600 ～ 650 毫米，年蒸发量 2 000 毫米左右。这里春季和初夏严重干旱，夏季高温和多雨，常常造成涝灾渍害。冬春干旱持续时间长，蒸发量大，易引起土壤返盐。这种气候条件是造成本区旱涝碱并存的一个重要原因。

本区地形地貌、水文地质和土壤的形成与黄河的变迁历史密切相关，受黄河影响极大。据历史记载，黄河大小决口改道多达 1 500 多次，大部分在此地区。

由于黄河在本区频繁的决口泛滥和改道，使整个平原起伏较大。中小地形起伏，岗坡洼相间，造成岗旱洼涝二坡碱。黄河平原的地势由西南向东北倾斜，地貌类型可分为古黄河河滩高地，沿黄浸润洼地、浅平洼地和黄河故道沙丘洼地。

黄河有丰富的水沙资源，河水水质良好，有自流灌溉条件。但黄河流量由几百到上万米^3/秒，变幅极大，且主流多变，造成了引水的困难。黄河含沙量很高，据陕县水文站测定，平均含沙量为34千克/米^3，年平均总输沙量为13.6亿吨，河床年年淤高，金堤河和天然文岩渠淤积严重，在流入黄河处受黄河顶托，大大降低了排涝排地下水和排盐能力，加剧了渍涝盐碱的威胁。因此改善排水出路是本区综合治理旱涝碱的关键。

由于黄河决口泛滥改道的影响，沙层和粘层在水平和垂直方向上交错分布。60米深度内岩性以粉细中沙为主，有亚沙土、亚黏土及黏土夹层。含水层厚度10～30米，大部分地区多属富水区和较富水区。封丘东部长垣洑阳东南部和范县的洑城为贫水区。除洑阳和范县的小部分地区的地下水矿化度大于2克/升外，地下水质都较好，是重要的灌溉水源。开采量每亩100米^{3}左右，不能完全满足农业高产稳产的需要。本区潜水位一般在2～4米，低洼地1米左右，沙丘区1～10米不定。近年来引黄灌区的地下水位有所回升，但随着井灌区迅速扩大，井灌区的地下水位都有明显下降。沿黄地带因黄河河床比黄河背河浸润洼地高3～8米，每公里河段平均年侧渗补给水量达100万米^3，浸润范围8公里左右。

本区土壤以潮土和盐化潮土为主。综合治理途径和措施：①改善排水出路，这是本区综合治理旱涝碱的关键，目前要靠建闸抢排和建站提排，今后应根据黄河和海河流域规划统筹解决；②地下水源较好，可大力发展井灌，降低地下水位，达到防渗防涝防盐的效果；③本区引黄方便，但目前受排水出路的限制，必须有条件地发展引黄灌溉，其主要条件是：搞好排水，排灌分设，以井保丰，引黄补源，合理灌排，严格控制地下水位，保证不淤河道和土壤不发生次生盐化。

本区主要治理类型有以下几种：

（1）黄河内滩地治理类型　由于河床淤积和堤岸的逐渐加高，河床形成大片滩地。它低于河床而高于浸润洼地。地上地下水源丰富，地下水属全淡富水区，以沙壤质潮土为主。生产堤拆除后，有些地区不能保证一水一麦。今后应有计划地淤高滩地，发展提灌提排，解决排灌问题。种植制度上应保麦争秋或是一水一麦。

（2）黄河浸润洼地治理类型　较黄河河床低3～8米，地势低洼，排水不畅，且受黄河浸润。潜水埋深1～2米，雨季接近地面。地下水为淡水富水区，单井出水量50～100米^3/小时。土壤多为沙质和沙壤质。内涝和盐碱严重。治理途径：在打通排水出路和提高除涝标准的前提下，采取淤灌稻改和水旱轮作是一种效果好、见效快的办法，但要集中种植和注意防止土壤次生盐渍化。发展井灌不但可以弥补水稻季节黄河水源不足或引水困难，而且可以以井助排，防渍防次和改良盐碱地。

（3）浅平洼地治理类型　处于浸润洼地和黄河故道之间，地形平坦，自西南向东北倾斜，纵坡 1/5 000 ～ 1/6 000。由于黄河年年淤高，金堤河和天然文岩渠入黄处的排泄能力越来越差，增加了这一地区旱涝碱综合治理的难度，影响引黄灌溉的发展。此类型水文地质条件较好，宜发展井灌，以渠水补源，做到采补平衡，综合治理旱涝盐碱。排水河道不宜建闸蓄水，田间排灌系统应分开，加强配套工程。此外，引黄补源要处理泥沙，防止淤积河道。

（4）黄河故道沙丘洼地治理类型　黄河故道的沉积物质沙性强，是经风塑造形固定和半固定的沙垄、沙丘和沙洼地。土壤以弱度发育的沙质土为主，丘间平铺沙地和洼地为潮土和盐渍土。引黄和地下水条件都较好，但排水条件较差。主要灾害是风沙干旱和内涝。应建立排水系统和发展井灌井排。有引黄和排水条件的地方可放淤压沙改碱。建立以刺槐和紫穗槐为主的林网，发展果树的经济林。平沙地宜种花生，丘间沙洼碱地可上治丘植树插条，下治洼打井种稻。

5. **南四湖湖西平原区**

本区位于黄河以南，南四湖、梁济运河以西，废黄河以北。包括菏泽地区的绝大部分，济宁地区的鱼台、金乡、嘉祥三县全部和济宁县一部分。面积 19 080 平方公里，占总面积的 7.2%。

本区干燥度多年平均为 1.0 ～ 1.3，属半湿润区，年降水量 650 ～ 800 毫米，春季降水量 100 ～ 120 毫米，高出鲁北春季降水量的 25% ～ 50%。旱涝气候特点是春旱，夏重涝，秋偏旱。境内地势低平，主要排水出路——南四湖出口泄量小，骨干排水河道标准低。支流与田间工程配套较差，滨湖一带不能自排，涝灾较严重。

区内潜水矿化度一般为 1 ～ 2 克 / 升，局部盐渍区为 2 ～ 5 克 / 升。潜水中含重碳酸盐较多，大多有残余碳酸钠存在，加上淋溶作用较强，水、盐上下移动频繁，土壤有明显的碱化现象。万福河以南地区，分布着较大面积的碱化潮土和潮碱土。

本区的治理途径：①扩大南四湖出口泄量，疏通湖内行洪障碍，整治骨干排水河道及其支流，打通排水出路，搞好田间排水工程配套，保证排水畅通。②充分利用浅层地下淡水资源，发展引河、引湖灌溉，并考虑引江。但一定要坚持井渠并用，以井助排，控制地下水位。在湖水影响范围内及某些封闭洼地，要考虑提灌提排。③发展绿肥与改革耕作制度相结合，合理安排轮、间、套作，用地和养地相结合。④建立农田防护林网，实行林（桐、枣）粮间作。

本区除徒骇—马颊—卫河平原区中所具有的诸综合治理类型外，尚有以下两种类型；

（1）咸水低平地治理类型　包括巨野、郓城等县部分土地，面积为 2 000 平方公里。

本区的西北和西南部均高，地面与地下径流均向此汇集，而东部受南四湖顶托，排水困难，内涝严重。潜水与浅层地下水因受嘉祥残丘的阻滞形成封闭的地下水滞流区，潜水埋藏浅，矿化度高，一般为 2～5 克/升，个别为 5～10 克/升。土壤盐渍化严重。局部地区有浅层淡水，但水层薄，储量少。治理途径是：

①从根本上改善潜水出流不畅的状况，疏通排水出路，搞好排水系统配套，有些地区需提排。②充分开采利用局部浅层淡水，降低和控制地下水位，无浅层淡水的地区，需要引水灌溉，洗盐补源，抽咸换淡，逐步改造利用地下水。③实行粮肥间作，恢复部分土地的一水一麦和一麦一肥。④营造水土改良林，沟坡渠旁种植紫穗槐，护坡积肥。⑤无水源条件的地方，要围埝平种，蓄淡压盐，选种耐盐作物。

（2）滨湖洼地综合治理类型　此类型沿南四湖呈带状分布，面积 1 650 平方公里。由于地势低平及湖水侧渗影响，潜水位高。但因多为厚层黏土，尚无盐渍化现象，渍涝灾害较为突出。治理途径是：①要考虑引江和增加南四湖的调节水量，进一步扩大水源和提高水源保证程度。②提高河、湖堤防的防洪标准。③圈围封闭，提灌提排，种植水稻，在稻区外围的旱田要注意防碱问题。④水旱轮作，粮肥轮作，培肥地力。

6. 淮北平原（花碱土）区

本区位于黄淮海平原南部，包括河南省开封、商丘、周口地区，安徽省的宿县、阜阳和江苏省的徐州、淮阳等地区的有关县（市）。面积 56 700 平方公里，占总面积的 21.3%。

区内除零星分布有小面积的低山丘陵外，平原坦荡。地势西北高东南低，自西北徐缓向东南倾斜，是黄河、淮河、沂沭河合力营造形成的冲积大平原。公元 1194—1855 年黄河泛滥曾流经本区。由于受历次黄河泛滥决口影响，形成许多风蚀沙丘，丘间低地以及黄河堆积而成的决口扇形地、扇缘洼地、背河洼地、河间洼地、缓坡地、低平地和高起的黄河故道，共同构成本区的地貌景观。豫东皖北的涡、颍等河上游及沿河两岸地区的地貌，还兼受 1938 年黄河泛滥的影响。

本区平均年降水量 700～900 毫米，集中降于 7～8 月，且常以暴雨方式出现，年变率较大。故本区易旱、易涝，春旱夏涝，秋又旱，旱两头，涝中间，洪涝渍灾害比旱更严重。群众有“旱死怕涝”的说法。

本区的蒸发量约为降水量的 1.5 倍。平均稳定通过 10℃以上的积温为 4 500～4 600℃。无霜期 200～220 天，适宜于稻、麦、棉、大豆、绿肥等多种作物生长。大部分为一年两熟，部分一年一熟。

本区河道除江苏淮阴地区的六塘河水系直接独流入海外，颍、涡、奎濉等河流属淮河水系，西北东南向汇经洪泽湖入海。本区的河道多属雨源型河流，旱季河空见底。排水河道除涝标准很低，多为三年一遇，雨季的地面径流常常宣泄不及或受下游河湖水位顶托而泛滥成灾。

本区潜水埋深 1 ～ 3 米，水位年变幅 0.5 ～ 1.5 米，矿化度 1 克 / 升左右。大田盐斑下潜水矿化度则较四周好地为高，呈局部矿化现象。潜水化学组成以重碳酸盐为主，属碱性弱矿化地区，区内由于地形平坦，潜水的水平移动微弱，以垂直排泄为主。水分来源除沿湖、河、平原水库附近有水分浸润补给外，自然降水为其主要来源。自然降水较丰富，地下水亦属淡水富水区。苏北皖北有一定的引用河湖地面水资源条件。不足部分还可引黄补源，但要注意防止可能引起的土壤次生盐碱化，做到引而不碱。引黄补源还要慎重解决泥沙处理问题。本区土壤属于棕壤—褐土带。平原地区土壤多属于黄泛冲积母质的潮土（沙土、两合土、淤土等），以及和潮土插花分布的花碱土（包括沙碱、瓦碱、面碱、盐碱、卤碱等盐碱化潮土和盐土，群众统称为花碱土）。花碱土是本区分布最广的一种低产土壤，面积 56 700 平方公里，占本区面积的 21.3%。花碱土的形成除气候条件外还和地瘦有关系，群众有“牛瘦生癣、地瘦生碱”的说法。

本区土壤肥力瘠薄，有机质含量在 0.5% ～ 0.7%，大于 1% 的不多。土壤普遍缺磷，一般低于 4 ～ 5 ppm。

综合治理途径：①处理好淮河排水出路，提高排水河道的治理标准，健全排水系统，首先应解决涪和涝的问题。②积极开发浅层地下水，豫东应大力加强井泉管理，配套挖潜，充分发挥现有机井效益。还可采用井灌种稻，改良盐斑，苏北皖北利用地面水，辅以地下水，适当发展水稻绿肥轮作。③花碱土一般碱害大于盐害，治理中要突出“碱害”，要从除涝治碱着手，在解决排的基础上，大力扩大灌溉水源，种稻改碱。种植绿肥，培肥改碱。施用石膏、磷石膏，化学改碱。深耕结合翻压绿肥也是改良碱化土壤的一种好办法。④在风沙危害严重的黄泛地区，要大力发展林业，加强生物改良措施，防冲防淤，搞好水土保持，做到农林牧结合，建立新的合理的生态平衡。

以上措施可以因地制宜，有所侧重。根据自然条件，综合治理中存在的主要问题以及综合治理途径上的不同，可将本区划分为十二个亚区（详见下节）。

7. 淮北低洼平原（砂姜黑土）区

本区位于黄淮海平原的最南部，从洪河以东至洪泽湖之滨，南以淮河为界，北至界首，亳县及新汴河，为一间低平原。包括安徽省阜阳、宿县两个地区及淮南、淮北、阜阳、宿州四个市，共十七个县（市）。

本区系一古老冲积平原，除主要河流沿岸外，基本上未受近黄泛物质覆盖。境内除怀远、涡阳等县有少数零星孤山外，其余都是平原。地势低洼平坦，地面高程 36 ～ 14 米，从西北向东南倾斜，坡降 1/ 万左右。各河间大小低平洼地毗邻相接，地下径流滞缓，潜水埋深 1 ～ 2 米，汛期雨水补给较多时，可升到 1 米以上，有些洼地甚至接近地表。地下水矿化度一般小于 1 克 / 升，局部碱化砂姜土地区可高于 2 克 / 升。沿淮地形稍有起伏，有不少是湖洼地。本区为淮河水系，主要支流有洪河、谷河、颍河、西肥河、茨河、涡河、北肥河、浍河、濉河、滹河等。各河大致平行，由西北向东南流入淮河及洪泽湖。以上支流除涡河外皆为半地上河（洪水线在地面以上），河道狭小。有些河道受黄河南泛影响，泥沙淤积，河槽泄水能力不大，天然排水条件也很差。

本区位于暖温带的南部，具有气候温和、雨量适中和无霜期较长的特点。年降雨量一般在 800 ～ 950 毫米之间，其中一半以上集中降于夏季，多以暴雨降落。其余 9 个月只有降水量的 50% ～ 40%。年平均水面蒸发量约在 1 100 ～ 1 300 毫米之间，6 月份最大，1 月份最小。平均气温 15℃左右，日平均气温≥ 10℃的积温在 4 700℃左右。无霜期 200 ～ 220 天。冬季平均土温低于 0℃以下，但土壤冻期不长，冻结不深。具备农作物一年两熟的生长条件。

本区地带性土壤为棕壤，由于低洼潮湿，大部分地区为砂姜黑土（脱沼泽潜育性草甸土）、潮土（浅色草甸土）和水稻土。砂姜黑土约有 3 000 万亩。该类土壤质地黏重，结构不良，保水排水能力差，易旱易涝，土壤瘠薄，有机质含量低。30 厘米以下开始出现砂姜，下面为蓝灰色的潜育层，拟柱状结构。土壤胶体性能差，胀缩性大，干时坚硬，湿时泥泞，适耕期短，难耕难耙。砂姜黑土是本区面积最大，产量最低，需重点改良的低产土壤。

本区有较好的水热条件，地下水资源丰富，交通方便，是工农业发展的较好地方。但由于自然灾害较多，加之历史上反动统治的长期破坏，水利失修，加重了旱涝灾害的发展，成为“大雨大灾，小雨小灾，无雨旱灾”的有名灾区。新中国成立后，治淮河、兴水利，洪涝旱碱有所减轻，但抗御自然灾害能力还很差，不少地区还是靠天收，亩产仅 200 斤左右，是黄淮海平原的低产区之一。

低产原因主要是旱、涝、渍、碱、瘦，只要能把水利条件搞好，加上培肥地力，农业增产即能取得明显效果。

根据本区自然条件分析，旱、涝、渍、瘦、碱，互相依存，互相制约。治理上须全面考虑，综合治理。具体措施是：

（1）整治淮河干支河道，提高防洪排涝能力　沿淮受淮水长期顶托地区适当兴建机电排灌站。在已有骨干河道的地方，要切实做好排水系统配套工程，拆除一切妨碍排水的堵坝。力争在短期内建成一个大、中、小固定排水沟和条田沟、腰沟等相结合的比较完整的排水系统。沟洫系统需达到三、五年一遇的排涝标准，使地下水位升达地表后，能在 1 ～ 2 天内降到 30 厘米以下，条件许可时，要逐步实现暗管排水或采用其他先进排水技术，力求做到排除土壤多余含水的防除渍害。

（2）积极而稳步地发展灌溉　除沿河可利用的河水灌溉外，大部分地区要依靠井灌，并适当结合利用当地地面水源。当前要着重做好提高现有机井的灌溉效益，狠抓成井质量，搞好机泵配套和田间工程配套，平整土地，加强机井管理。发展河灌时，除搞好配套管理外，河道大沟上建闸蓄水要慎重，防止提高地下水位。中小沟要排灌分开，不宜建闸蓄水。

（3）广辟肥源，改土培肥　在改善排灌条件的基础上迅速增加土壤有机质，是获得高产的基础。要大力发展绿肥，近村好地，土地利用率可以高些，采取间种套种；远田薄地，部分实行一麦一肥。可适当发展花生、油菜、芝麻等油料作物，以油促农；适当发展一定面积的高秆作物，如高粱等，以解决群众盖房，烧柴的困难。推广沼气，节省秸秆用于还田。

（4）重视林牧业的发展　本区除沿淮外，地多人少，发展林牧业生产潜力很大，要因地制宜地利用一部分土地种饲料作物，发展畜牧业，并大力建设农田林网和四旁植树造林。

本区划分为四个亚区：

①颍河西部亚区；

②颍河涡西亚区；

③涡河东部亚区；

④沿淮亚区。

8. ***渤海滨海平原区***

渤海滨海平原区北起抚宁乐亭，南到胶莱河口，沿渤海湾呈宽约 60 公里的条带状分布，长达 300 余公里。面积为 23 800 平方公里，占总面积的 8.9%。

由于受渤海的影响，本区年平均温度较同纬度平原区低 0.5 ～ 1.0℃，春季月平均风速较平原区大 2 ～ 3 米 / 秒。平均年降水量为 500 ～ 600 毫米，南多北少。由于降雨集中而春旱夏涝。

本区地形十分低缓，海拔一般小于 5 米，地面坡降 1/10 000 ～ 1/16 000。主要的地貌类型有滨海低平地、河流三角洲（黄河、滦河、海河）及海滩地三种。由于成陆时间不长，多为近代沉积物。现黄河三角洲的海岸线仍以每年 2 ～ 5 公里的速度向外推进。沉积物质复杂，层次明显，比较黏重。这里的潜水埋深多小于 2 米，地下径流十分滞缓，受海水顶托，矿化度一般在 10 ～ 50 克 / 升，高者可达 200 克 / 升。

土壤以滨海盐土和盐化潮土为主。盐土属氯化钠型，表层含盐量多超过 1%，未经改良，难以利用。潮土主要是不同程度的盐化潮土、沼泽化盐化潮土，只有在现黄河三角洲的部分地区才有非盐化潮土存在。

这里的地上水资源除滦河三角洲和黄河三角洲较为丰富外，其他部分都很缺乏。浅层地上水矿化度高，难以利用。深层淡水的成井深度多在 500 米以上，不仅造价高，对钻井设备和技术要求高，成井困难，而且深层水的碱度一般偏高，对作物和土壤都有危害。但滦河滨海平原的深井成井深度一般在 300 多米，水质水量较好。在蓄水条件上，除滦河滨海平原可利用山区水库外，主要靠潟湖和各种浅平洼地蓄水（如北大港、南大港、扬呈等）。

由以地形十分低缓，海拔低和受海水顶托，天然排水条件不好。新中国成立后，兴修和疏浚了大量排水工程，如南北排河、捷地减河、黄南排干、大浪淀排水渠、徒骇河、马颊河等均可直流入海。但因排水河道沿海多已建闸，河口淤积严重，影响排水，涝灾仍很严重。

渤海滨海平原区的自然条件差，旱涝盐碱危害严重，地上地下水源十分缺乏。还有大片盐碱荒地没有利用。

治理的途径和措施：

①首先要解决排水（包括排咸）问题。完善独流入海水系，洪涝分排，保持通畅，不能自流的需要扬水排水。在健全骨干排水系统的基础上，要重视田间排水工程，保证排洪排涝排咸的顺利进行。

②努力扩大灌溉水源和提高灌溉效果。在有地上水源的条件下（多为河流三角洲）要搞好田间排灌工程，做到排灌分开，有灌有排。引黄灌溉应控制灌水次数，缩短引水时间，实现速灌速排。在地上水源缺乏的地方，利用洼淀、坑塘蓄水，周边植苇。无灌溉条件的洼碱地，修筑深沟台田，围埝平种，蓄淡压盐。

③这里自然条件差，改良难度大，要十分重视在因地利用，多种经营，全面发展上下功夫。黄河三角洲地区在原来的海滩上覆盖了一层 1 ～ 4 米厚的淡质的黄河现代沉积物，又不断受到河水的补给，因此形成了大片的天然林场和草地。若开垦不慎，盐分很容易上升地面，这个脆弱的生态平衡就会被打破。所以应因势利导地以发展林牧业为主，保护和改善林场牧场，使这种生态平衡向着更加有利于人们的方向发展。在滨海低平地上，也要宜草则草，宜苇植苇，宜稻植稻，宜林则林，宜粮种粮。要十分重视绿肥、林网和饲料基地的建设。种粮地区也要多搞粮肥间作轮作和种植耐盐作物。

在尚未开发利用的海滩地，应注意河口的防淤，固堤改土，发展滩涂渔业、养殖业及盐场等。

9. 黄海滨海平原区

本区位于江苏省东部，南起长江北岸，北抵干榆，东滨黄海，西至盐河、通扬河一线，在北纬 31° 37′ ～ 35°，东经 119 ～ 122°。土地总面积：18 600 平方公里，占总面积的 7.0%，为一受长江、淮河、黄河、沂沭河等河流冲积和滨海沉积的海滩平原。本区跨两个大的气候带，苏北灌溉总渠以北属暖温带，以南属亚热带。由于东滨黄海，兼受海洋性季风气候影响，年平均温度 13.1 ～ 14.5℃，无霜期 210 ～ 225 天，稳定通过 0℃的年积温为 4 770 ～ 5 290℃ ：稳定通过

10℃的年积温为 4 500 ～ 4 700℃，年平均降水量 950 ～ 1 100 毫米，大半集中降于 7 ～ 9 月。年雨量分配，愈北愈少，愈南愈多。台风、冰雹、暴雨等灾害性天气，每年都给农业生产带来不同程度的损失。

本区地形平坦，地面高程一般 2 ～ 5 米，总的趋势南高北低，以射阳河沿岸最低洼，多在海拔 1.5 米以下。地貌类型除广阔的滨海低平原外，大大小小的洼地散布其间。如灌云海湾平原的交接洼地，断山残丘间洼地，射阳河沿岸洼地等。此外，尚有古黄河三角洲。

区内河道除盐河、串场河、通扬运河外，一般为西东向。大的骨干河道有通合运河、拼茶运河、东台河、斗龙港、新洋港、灌河、蔷薇河、青口河等多系独流入海。河网密度，苏北灌溉总渠以南较密，有利于排水爽盐。古黄河三角洲上河道较少，排水不良。射阳河沿河洼地因地形低洼，加以射阳河河口建闸，排水条件较差。

这里降水和河水都比较丰富，但北部一些地区灌溉水源仍感不足。浅层地下水均为咸水，矿化度自西往东逐渐增高，深层地下淡水顶板埋深在 120 ～ 200 米。

这个地区土壤的主要类型为滨海盐土、盐化潮土和水稻土。土壤多发育于盐渍性冲积母质，土体中含有大量氯盐为主的可溶性盐类。由于受自然降水淋盐和人工排水排盐，以及人为耕种影响，土壤处于脱盐过程。脱盐趋势，南部快于北部，西部早于东部，由脱盐土—轻盐土—中盐土—重盐土，自西向东，大体上呈带状分布。土层脱盐顺序自上而下，土层盐分含量上轻下重。滨海盐土的脱盐、自然生草过程起着重要作用。自然生草过程，也是肥力积累和脱盐的过程。所以本区盐土改良，“培肥”是中心环节，不存在由于土壤脱盐进一步引起土壤碱化现象。随着土壤脱盐，其下层潜水亦应淡化，二者存在着紧密的发生学联系，随地下水淡化，其化学性质自硫酸盐氯化物钠镁型转化为重碳酸盐氯化物型。潜水矿化度一般 3 ～ 30 克 / 升，自西向东逐渐加大。地下水的化学分异和水平分带明显。

本区垦种利用历史较短，是江苏省重要的粮棉产区。棉花产量在全省占有很大比重。目前土壤利用情况，苏北灌溉总渠以北，由于气候偏旱，灌溉水源较缺，以种植旱杂粮为主。一般二年三熟，部分一年一熟和一年两熟。灌溉总渠以南，雨量较充沛，灌溉条件较好，水稻面积有较大发展。东部新垦区则以植棉为主，耕种、生产水平高于北部，多实行以间作套种为主的多种轮作制，复种指数较高。

本区近海洋，有丰富的水产和盐业资源，有大面积的荒滩（可围垦的面积据 1978 年调查统计约 200 万亩）可以综合开发利用。

本区有利的条件是气候适宜，降水较充沛，有利于土壤的自然淋盐和适宜多种作物生长。地处江、淮、沂、沭诸水下游，有较多淡水资源可以用于灌溉和淋洗盐分。射阳河以南地区可以直接引“江”，以北地区可以利用淮水、结合引江补源，这些条件都是渤海滨海平原所不能比拟的。不利的条件是地势低平，不利排水，雨季客水压力大，易形成洪、涝灾害。入海河道闸口易淤塞，影响排盐。根据本区具体的自然环境和社会生产条件，可以进一步划分为以下六个综合治理亚区：

①灌云海湾沉积平原亚区。

②古黄河三角洲平原亚区。

③射阳河洼地滨海平原亚区。

④大丰、东台滨海平原亚区。

⑤如东海湾平原亚区。

⑥黄海海滩地亚区。

综合治理途径是：①建堤造闸、杜绝盐分来源；开沟挖河打通盐分去路；造林防风、培肥改土，建立合理的生态系统，有效控制调节水盐动态。②继续抓好农田基本建设，彻底治理洪、涝、渍、灾，提高入海骨干河道和垦区沟网化标准，通畅盐分去路，加速排盐。同时，全面规划，加速实行江、淮东调工程，解决灌溉冲洗水源。③坚持养用结合，合理种植，培肥土壤，改革耕作制度，逐步建立农、林、牧结合的新的农业生产体制。④对海涂资源进行综合考察，宜盐则盐，宜渔则渔，宜农则农，要全面规划，合理地开发利用。

32.3 二级区的划分

九个一级区下共划分为 61 个二级区。各亚区分列如下：

Ⅰ太行山与燕山山前平原区

$Ⅰ_1$ 太行山前平原亚区：

$Ⅰ_2$ 燕山山前平原亚区

Ⅱ 海河平原区

$Ⅱ_1$ 清北永定河扇形平原亚区

$Ⅱ_2$ 清南低平地和交接洼地亚区

$Ⅱ_3$ 滹滏河扇形平原亚区

$Ⅱ_4$ 黑龙港咸水低平地亚区

$Ⅱ_5$ 卫运河西古河滩缓岗坡地亚区

Ⅲ 徒骇—马颊—卫河平原区

$Ⅲ_1$ 卫运河右岸背河洼地亚区

$Ⅲ_2$ 马颊河左岸古黄河河滩高地亚区

Ⅲ $_3$ 马颊河沿岸背河洼地亚区
Ⅲ $_4$ 德惠新河两岸低平地亚区
Ⅲ $_5$ 徒骇—马颊河缓坡地亚区
Ⅲ $_6$ 徒骇河下游咸水低平地亚区
Ⅲ $_7$ 支脉河上游咸水低平地亚区
Ⅲ $_8$ 鲁北沿黄河决口扇形地和浸润洼地亚区
Ⅲ $_9$ 小清河北沿黄河决口扇形地和浸润洼地亚区
Ⅲ $_{10}$ 金堤河右岸古黄河河滩高地亚区
Ⅲ $_{11}$ 卫河沿岸扇缘洼地亚区
Ⅲ $_{12}$ 豫北古黄河背河洼地亚区
Ⅲ $_{13}$ 豫北古黄河河滩高地亚区
Ⅲ $_{14}$ 卫河右岸黄河故道沙丘沙洼地亚区
Ⅳ 豫北黄河平原区
Ⅳ $_1$ 黄河故道沙丘沙洼地亚区
Ⅳ $_2$ 天然文岩渠金堤河低平地亚区
Ⅳ $_3$ 金堤河上游缓坡地亚区
Ⅳ $_4$ 豫北黄河浸润洼地亚区
Ⅳ $_5$ 黄河内滩地亚区
Ⅴ 南四湖西平原区
Ⅴ $_1$ 鲁西沿黄河决口扇形地和浸润洼地亚区
Ⅴ $_2$ 万福河北缓坡地亚区
Ⅴ $_3$ 万福河南缓坡地亚区
Ⅴ $_4$ 湖西咸水低平地亚区
Ⅴ $_5$ 南四湖滨湖洼地亚区
Ⅴ $_6$ 古黄河背河洼地亚区
Ⅴ $_7$ 古黄河河滩高地亚区
Ⅴ $_8$ 古黄河决口扇形洼地亚区
Ⅵ 淮北平原（花碱土）区
Ⅵ $_1$ 豫东黄河浸润洼地亚区
Ⅵ $_2$ 豫东丘间砂碱洼地亚区
Ⅵ $_3$ 豫东皖北古黄河背河洼地亚区
Ⅵ $_4$ 涡惠河河间低平地亚区
Ⅵ $_5$ 沱浍河河间低平地亚区
Ⅵ $_6$ 沙颍河北河间低洼平地亚区
Ⅵ $_7$ 颍涡河缓坡平地亚区

Ⅵ$_8$ 新汴河北低平地亚区
Ⅵ$_9$ 邳睢铜低山残丘低平地亚区
Ⅵ$_{10}$ 沂蒙山前平原亚区
Ⅵ$_{11}$ 睢宿低平地亚区
Ⅵ$_{12}$ 淮连低平地亚区
Ⅶ 淮北低洼平原（砂姜黑土）区
Ⅶ$_1$ 颍河西部亚区
Ⅶ$_2$ 颍东涡西亚区
Ⅶ$_3$ 涡河东部亚区
Ⅶ$_4$ 沿淮亚区
Ⅷ 渤海滨海平原区
Ⅷ$_1$ 滦河滨海低平原亚区
Ⅷ$_2$ 滨海低平地亚区
Ⅷ$_3$ 黄河三角洲亚区
Ⅷ$_4$ 支脉河下游滨海低平地亚区
Ⅷ$_5$ 渤海海滩地亚区
Ⅸ 黄海滨海平原区
Ⅸ$_1$ 灌云海湾沉积平原亚区
Ⅸ$_2$ 古黄河三角洲平原亚区
Ⅸ$_3$ 射阳河洼地滨海平原亚区
Ⅸ$_4$ 大丰、东台滨海平原亚区
Ⅸ$_5$ 如东海湾平原亚区
Ⅸ$_6$ 黄海海滩地亚区

33 搞好专题区划，为综合治理黄淮海平原旱涝盐碱提供科学依据

【写作背景】

上文所述黄淮海平原旱涝盐碱综合治理区划后期，国家农委于 1980 年 7 月在京召开了“全国农业区划工作会议”。《文集》作者代表黄淮海平原旱涝盐碱综合治理区划编写组在大会做了汇报交流，此文是上交大会的文字材料。

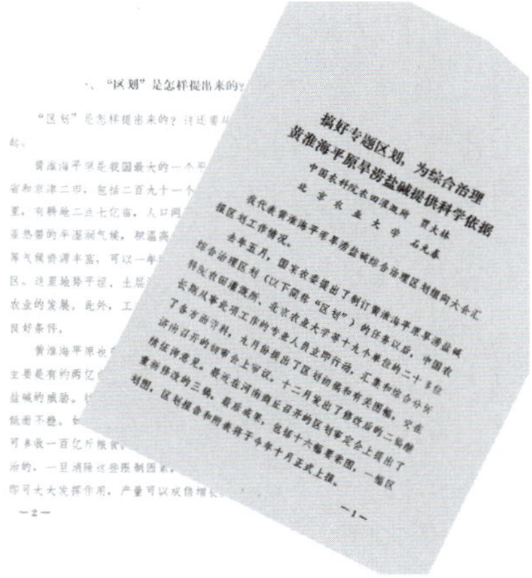
搞好专题区划，为综合治理黄淮海平原旱涝盐碱提供科学依据

我代表黄淮海平原旱涝盐碱综合治理区划组向大会汇报区划工作情况。

去年 5 月，国家农委提出了制订黄淮海平原旱涝盐碱综合治理区划（以下简称“区划”）的任务以后，中国农科院农田灌溉所、北京农业大学等 19 个单位的 20 多位长期从事此项工作的专业人员立即行动，汇集和综合分析了各方面资料，9 月份提出了区划初稿和有关图幅，交在济南召开的初审会上审议。12 月发出了修改后的二稿继续征询意见。最近在河南商丘召开的区划审定会上提出了重新修改的三稿。最后成果，包括十六幅要素图，一幅区划图，区划报告和附表将于今年 10 月正式上报。

33.1 “区划”是怎样提出来的？

“区划”是怎样提出来的？这还要从黄淮海平原说起。

黄淮海平原是我国最大的一个平原，跨冀鲁豫苏皖五省和京津二市，包括 291 个县，面积 30 万平方公里，有耕地 2.7 亿亩，人口 2 亿。平原地处暖温带和北亚热带的半湿润气候，积温高、无霜期长，水、热、光照等气候资源丰富，可

以一年两作，是我国重要的粮棉产区。这里地势平坦、土层深厚，有利于机械化和现代化大农业的发展。此外，工业、交通、商业发达也为农业的发展提供了良好条件。

黄淮海平原也存在着一些限制农业生产发展的因素，主要是有约两亿亩耕地在不同程度上受着春旱夏涝和土地盐碱的威胁。特别是 5 000 万亩的涝洼盐碱地区，产量更是低而不稳。如果将 5 000 万亩盐碱地的亩产增加 200 斤，即可多收 100 亿斤粮食。大量事实已经证明，旱涝盐碱是可治的，一旦消除这些限制因素，平原上的优越的自然条件即可大大发挥作用，产量可以成倍增长。这些地区一般是人少地多，商品率高，加上林牧副渔全面发展，贡献就更大了。黄淮海平原是个具有巨大农业生产潜力的地区。

30 年来，本地区曾进行了大规模的治理工程，各主要河系均开挖了一批骨干排水河道，排洪排涝排盐能力有了很大提高，大力建设山区水库和开发地下水取得显著成就以及各地广泛开展的农田基本建设等都为进一步治理旱涝盐碱提供了良好基础。

十分重要的是，多年来在这个地区进行的实地勘测、科学研究和治理实践提出了大量的科学资料、研究成果和实际经验，基本上揭示了这个地区旱涝盐碱的发生规律，已经摸索到了一套较为有效的治理力法，为科学治理旱涝盐碱提供了技术条件。

许多同志认为，大规模治理黄淮海平原旱涝盐碱的时机日趋成熟。

由于黄淮海平原的自然条件优越，具有较好的农业资源、劳力资源以及科学技术和河道工程的基础，只要治理了旱涝盐碱，加以培肥土壤和科学种田，农业生产就会出现一个可喜的崭新局面。抓黄淮海平原低产变高产，还具有投资少，见效快，不需解决移民等复杂问题的优点。所以，黄淮海平原的再开发问题日益受到各级领导和广大群众的重视，旱涝盐碱综合治理的科学研究已列入 1978—1985 年国家重大科研项目。但在生产实践中，有的地区不能因地制宜地进行治理，不断地发生一刀切、瞎指挥的现象，给国家和人民造成损失。

一个专题区划——黄淮海平原旱涝盐碱综合治理区划正是在这样的背景下提出来的。

33.2 “区划”从何入手?

黄淮海平原旱涝盐碱的治理是个老大难问题，反反复复，莫衷一是。20 世纪 50 年代末期，为了解决干旱缺水问题，大规模引黄，有灌无排，拦河筑坝，平原蓄水，结果渍涝发展，盐碱地扩大。仅冀鲁豫平原的盐碱地就由 2 800 万亩猛增到 4 800 万亩。不得已一些灌区停灌，并大力开挖治理了骨干排水河道，涝碱灾害减轻。到 1972 年，盐碱地面积下降为 2 100 万亩。可是，干旱问题并未解决。近些年来，不科学地引黄灌溉和排水河建闸蓄水，渍涝加重，盐碱地面积又回升到 2 800 万亩。

30 年来，各个地区也都经历了各自所走过的曲折道路。“张书记来了挖沟，李书记来了填沟，王书记来了不知所措”的事不知道干了多少。面对黄淮海平原的十分复杂的自然条件，不是按客观规律办事，而只凭长官意志、武断从事，怎不受自然界的严厉惩罚和挫伤农民积极性呢？

现实给“区划”工作尖锐地提出了一个问题——治理黄淮海平原的旱涝盐碱的科学办法是什么？这个问题不回答，为治理旱涝盐碱而作的专题区划也就没有了前提。所以，“区划”是从在正确的科学理论指导下，总结 30 年来的科研成果和实际经验教训入手的。

大家共同总结的最基本的一条经验就是，把旱涝盐碱作为一个有机的整体看待，对它们必须统筹考虑，实行综合治理。过去那种抗旱归抗旱，排涝归排涝，治碱归治碱的头痛医头，脚痛医脚的治理办法是行不通的，其结果只能是顾此失彼，事与愿违，陷于被动。

科学研究的成果提出了在半湿润季风气候和黄淮海平原的一定地学条件下，旱涝盐碱以及地下的咸水常常是相伴而生，相互联系和相互制约着的，它们是区域水分运动所表现出的一组自然现象，并以此为特征，构成一种独立的景观类型和生态系统，这是认识和治理黄淮海平原旱涝盐碱的理论基础。它从理论上阐明了必须坚持综合治理的方向和提出了综合治理中必须以调节水分运动作为中心环节。

此外，“区划”中总结了综合治理黄淮海平原旱涝盐碱的四条带有普遍意义的经验：

——打通排水出路，建立排水系统，控制地下水位，因地制宜地处理好排灌蓄的关系，这是综合治理旱涝盐碱的基础。

——积极开发利用地下水，特别是抓好浅层地下水，采用各种形式的井渠结合的办法，统一调度和利用大气降水、地上水、地下水和土壤水，这是综合治理旱涝盐碱的一项战略措施。

——大力建设林网方田，平整土地，发展绿肥，培肥土壤，加强生物措施，对旱涝盐碱实行全面和综合的治理。

——把综合治理和合理种植，综合发展结合起来，根据条件，宜粮则粮、宜草种草、宜林造林、宜苇植苇，因地制宜地建立起各种最佳的农田生态结构。

应当把以上四条看作一个整体，以此调控一个地区的水盐运动和建立合理的农业结构，促使以旱涝盐碱，地瘦人穷为特征的低产的农田生态类型向着抗逆性强，稳产高产，综合发展的农田生态类型转化，使区域的水循环和能量转化处于最佳状态。

有了正确的理论指导和经验的总结，“区划”也就有了共同的认识和工作基础了。

33.3 科学的分析是基础，合理的建议是目的

黄淮海平原旱涝盐碱综合治理区划是一项区域的专题区划，它是为解决这一地区的旱涝盐碱问题而进行的区划。其基本任务有两条：一是运用多学科综合分析的优势，对现有的科学资料，研究成果，实践经验进行综合分析和归纳，深化和系统化对旱涝盐碱发生规律，特别是在空间上的差异性的认识；二是在此基础上，为划分出的各个区和亚区提出综合治理中的主要问题和切实中肯的治理方向和途径。

对自然条件和人为活动的科学分析是提出治理建议和整个区划工作的基础。我们汇集和分析了黄淮海平原的气候、地貌、水文、水文地质、土壤等方面的资料和编制了“区划”所需用的十六幅要素图。重要的不仅在于这些资料和图幅的本身，而是在于对这些资料的综合分析和概括并用于提出综合治理旱涝碱的建议和进行区划。否则，这些资料和图幅即成为“区划”的例行的陪衬和装饰而无实际价值。

诸自然要素以及人为活动对它们的影响是一个有着密切内在联系的综合体，是统一的地理景观和生态系统。各种要素有规律地组合在一起，构成形形色色的综合自然单元，各种综合自然单元的旱涝盐碱的发生发展以及在治理上也是各具特色的，这是进行综合治理区划的主要依据。所以，对自然要素的综合分析并使之与综合治理结合起来是“区划”工作的一项基本功。

区划所用资料和图幅的取舍主要决定于“区划”的需要。例如，为了分析黄淮海平原农业生产现状和潜力，就编制了“粮食产量分布图”“人口密度和人均占有土地面积图”“人均收入分布图”。又如，为了有利于考虑综合治理与合理种植综合发展相结合的问题，专门编制了“作物分布图”。鉴于土壤盐渍化状况的不稳定性和既要治理，又要预防的特点，我们在综合分析地貌、土壤水文地质和人为活动的基础上，专门编制了“土壤盐渍化和潜在盐渍化图”，既指出已盐渍化的土壤，又指出现在的非盐渍化土壤中，哪些是最易盐化的？哪些是有盐化威胁的？哪些威胁较小？哪些基本上没有盐化威胁？这种综合性的要素图不仅是“区划”本身的需要，对大中型水利工程的选线和灌区建设等都有参考意义。

在综合分析和概括诸要素资料的基础上，按地域作了两级分区。一级区的划

分主要是依据气候、大的地貌类型及流域在引水排水和治理上的特点。共分为山前平原区、海河平原区，豫北黄河平原区、南四湖湖西平原区等九个一级区。一级区的治理方向和途径主要着眼于水土资源的平衡、流域治理等大的战略考虑。如山前平原区地势高，排水条件好，地下水位深，地上地下水资源丰富，无涝碱威胁，主要问题是合理用水和保持水土。而海河平原地势低洼，旱涝盐碱危害严重，地下多咸水，地上地下水水资源不足，是旱涝盐碱的重点治理地区。这两个一级区的治理方向分别是：山前平原以开采地下水为主，节约用水，大搞引渗，做到采补平衡，尽量将山区水库蓄存的地上水东济海河平原，还要平地保土培肥；海河平原在充分利用地上水的同时，大力挖掘本区水资源潜力，特别是通过开采浅层地下水（包括咸水的利用改造）以调节当地的大气降水、地上水、地下水和土壤水，对旱涝盐碱和地下咸水施行综合治理。此外，合理开采深层地下淡水，有条件的地方可以洼淀蓄水，多方节约用水和采用需水量低的种植制度，在水量严重不足的地区，根据需要，引进外水。还需进一步解决排涝排咸出路，提高骨干河道泄洪除涝标准，加强田间配套工程。

二级区是根据中小地貌、土壤类型、浅层地下水状况，排灌条件以及治理方向和途径上的差异，在各一级区内作进一步划分的。如徒骇—马颊—卫河平原区进一步划分为十四个亚区。其中马颊河左岸古黄河河滩高地亚区的地势较高，潜水埋藏较深，多为淡水，涝碱威胁较小而引河水困难，抗旱水源不足。其治理途径是以开采浅层地下水为主，多方截蓄引渗地表径流和节约用水，加强生物措施，田间排灌的主要形式是排灌分设，浅沟除涝。马颊河沿岸的古黄河背河洼地亚区的情况就很与此不相同了。此亚区多封闭洼地，引水排水困难，地下水咸，水源缺乏，旱涝盐碱严重为害，且地多人少，耕作粗放。其治理途径是首先要打开排水出路（多需提排），充分开发局部的或薄层的浅层淡水，积极利用改造咸水，争取引用河水和节约用水。田间排灌的主要形式是深浅沟系统，起除涝防渍控制地下水位的多种作用。此外，要大力改革种植结构，适当加大林牧比重和采用需水量低的种植制度。

在多数的二级区内，均有中央和地方抓的治理旱涝盐碱的试点，它们的典型经验是为各区提出治理途径的重要参考。

我们体会到，在科学的分析和经验的总结的基础上为各区提出切实而中肯的治理方向和途径是专题区划的基本任务。

33.4 把“区划”和治理实践结合起来

“区划”在黄淮海平原旱涝盐碱的治理中能起什么活用？这是大家，尤其是参加区划工作同志所关心的一个大问题。通过参加这次专题区划的实践使我们有了这样的体会，区划的作用是从治理的角度出发，将有关的科学理论、研究成果和实践经验加以总结，以区划的方式对不同条件下的治理实践做出科学的指导，它是将科学运用于治理实践的一种重要形式和不可缺少的一道程序。专题区划代替不了专题的规划设计和治理实践，但是要努力把它和治理的实践紧密地结合起来。国家农委和科委十分重视和加强了在这方面的领导。

这次所做的小比例尺（1：100 万）的专题区划只能解决一些方向性和战略性的问题，要解决某一具体地区综合治理旱涝盐碱的战术问题就需在区划的基础上进一步制订县级或小流域的大比例尺（1：5 万或更大）的综合治理规划和设计。最近在商丘召开的黄淮海平原旱涝盐碱综合治理区划会议上何康同志提出了在此“区划”的指导下，各省份分别制订本地区的中小比例尺区划和分期分批进行县级大比例尺的综合治理规划设计工作。特别是后者，将作为今后数年内一定要抓好的一项重要的基础工作。它将在“区划”和治理实践之间搭起一座桥梁。自去年济南会议至今，已进行了约一百五十万亩的这种大比例尺的综合治理规划和设计。

把“区划”和综合治理旱涝盐碱的试验区和治理区结合起来，这是“区划”与治理实践相结合的又一个方面。在国家农委和科委统一领导下，农业部、水利部和中国科学院，在不同的综合治理亚区内已经建立了十多个试验区，如山东的禹城、陵县，河北曲周，河南商丘、封丘，江苏睢宁，天津等。各省份也设置了和准备设置各类的综合治理试验区或试验点。试验区承担科学研究和对治理区和面上作技术指导的任务。多数的试验区都在其周围建立了数万或数十万亩的治理区，在“区划”和试验区的指导和带动下，进行大面积的治理。计划 1982 年建立 200 万～ 300 万亩的治理区，1985 年扩大到 500 万～ 1000 万亩。凭借这些有科学指导的治理区作为阵地，把治理工作逐步推进到整个黄淮海平原中去。

“区划”也为当前黄淮海平原旱涝盐碱的综合治理工作及科研工作提出了一些重要的课题，如水资源的清查和水—土—农业结构的综合平衡分析问题，充分和合理开采浅层地下水问题，蓄而不碱的问题，不同治理类型（区）的最佳农田生态结构问题，县级大比例尺综合治理规划和设计的方法问题等。这些问题的研究和解决，将有利于推动当前和今后的治理工作。

此外，也考虑到了综合治理中的资金来源、技术力量的培训、加强领导以及组织落实等问题，并经反复讨论，提出了“关于加强黄淮海平原旱涝盐碱综合治理工作的建设”。

“区划”与治理实践相结合也是这次区划工作的一个特点。

33.5 结束语

各学科和部门过去在黄淮海平原做了很多工作，积累了丰富资料，取得了重要科研成果和实践经验，这是几次区划工作得以完成的重要条件。

多学科协作，多学科各献其长，又相互尊重，密切配合，保证了“区划”的科学性和综合性。

参加“区划”工作的人员不少是长期在第一线从事综合治理旱涝盐碱的科学研究和实际工作的同志，这有利于增加为各区提出治理途径方面的分量和“区划”的实用性。

由于领导重视和区划组同志的努力，使“区划”能在一年多一点的时间里，经多次反复审议和修改而即将定稿。

“区划”存在的不足之处甚多，如：水资源不很清楚，水—土—农业结构之间的平衡分析差，生物措施、合理种植和农业结构提得笼统，经济方面的资料和分析不足，有些资料显得单薄和陈旧。

专题区划是个新的工作，我们缺乏经验又限于水平，缺点问题甚多，认识难免片面，请大家批评指导。但是我们也相信：“区划”将会在黄淮海平原的旱涝盐碱综合治理中发挥其应有的作用，为黄淮海平原的巨大农业生产潜力的开发做出一定的贡献。

中国农科院农田灌溉所贾大林
北京农业大学石元春
一九八〇年七月二十三日

34 中国黄淮海平原的综合治理和农业开发（俄文）

【写作背景】

根据中国和苏联两国的协议，1989年8月中方在莫斯科举行中国科技成果展览和学术报告会。《文集》作者是中国科学家代表团成员，在中国科技成果展览期间作了题为“中国黄淮海平原的综合治理和农业开发”的讲演。下面是讲演会发放的文字材料。

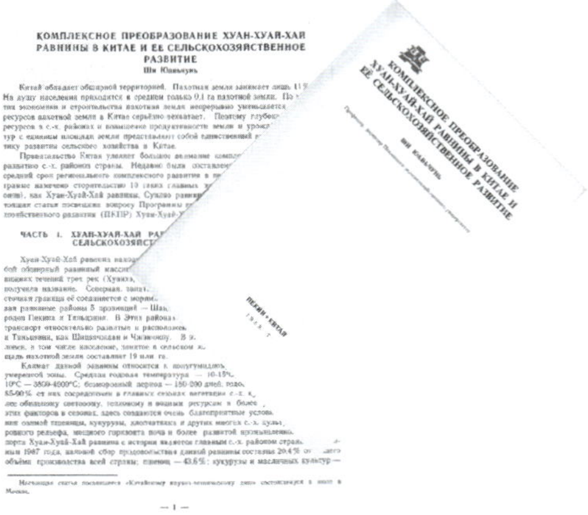

КОМПЛЕКСНОЕ ПРЕОБРАЗОВАНИЕ ХУАН-ХУАЙ-ХАЙ РАВНИНЫ В КИТАЕ И ЕЁ СЕЛЬСКОХОЗЯЙСТВЕННОЕ РАЗВИТИЕ

ШИ ЮАНЬЧУНЬ

Профессор, директор Пекинского сельскохозяйственного университета

ПЕКИН • КИТАЙ

1989. 7

КОМПЛЕКСНОЕ ПРЕОБРАЗОВАНИЕ ХУАН-ХУАЙ-ХАЙ РАВНИНЫ В КИТАЕ И ЕЕ СЕЛЬСКОХОЗЯЙСТВЕННОЕ РАЗВИТИЕ

Ши Юаньчунь

Китай обладает обширной территорией. Пахотная земля занимает лишь 11% от ней. На душу населения приходится в среднем только 0.1 га пахотной земли. По мере развития экономики и строительства пахотная земля непрерывно уменьшается и резервных ресурсов пахотной земли в Китае серьёзно нехватает. Поэтому глубокая эксплуатация ресурсов в с.-х. районах и повышение продуктивности земли и урожайности с.-х. культур с единицы площади земли представляют собой единственный выход и основную тактику развития сельского хозяйства в Китае.

Правительство Китая уделяет большое внимание комплексному преобразованию и развитию с.-х. районов страны. Недавно была составлена программа на близкий и средний срок регионального комплексного развития в период 1988-2000 гг. В этой программе намечено сторительство 10 таких главных эксплуатируемых территорий (районов), как Хуан-Хуай-Хай равнины, Сунляо равнины и других районов страны. Настоящая статья посвещена вопросу Программы комплексного преобразования и сельскохозяйственного развития (ПКПР) Хуан-Хуай-Хай равнины.

ЧАСТЬ 1. ХУАН-ХУАЙ-ХАЙ РАВНИНА — САМАЯ КРУПНАЯ РАВНИНА И СЕЛЬСКОХОЗЯЙСТВЕННЫЙ РАЙОН В КИТАЕ

Хуан-Хуай-Хай равнина находится в восточной части страны. Она представляет собой обширный равниный массив осадочного происхождения, образованый от отложения нижних течений трех рек (Хуанхэ, Хуайхэ и Хайхэ) перед вливанием в моря, отсюда и получила название. Северная, запатная и южная части Равнины окружены горами, восточная граница её соединяется с морями. Площадь её составляет 320,000 км^2, охватывая равниные районы 5 провинций — Шандун, Хэбэй, Цзяньсу, Аньхой и Хэнань и городов Пекина и Тяньцзиня. В Этих районах промышленности, сельское хозяйство и транспорт относительно развитые и расположены такие главные города, помимо Пекина и Тяньцзиня, как Шицзячждан и Чжэнчжоу. В этом районе насчитывается 200 млн. человек, в том числе население, занятое в сельском хозяйстве — 174 млн. человек. Площадь пахотной земли составляет 19 млн. га.

Климат данной равнины относится к полугумидному муссоному климату теплоумеренной зоны. Средная годовая температура — 10-15°C; сумма температур выше 10°C — 3800-4900°C; безморозный период — 180-200 дней; годовой осадок — 500-1000 мм, 85-90% от них сосредоточен в главных сезонах вегетации с.-х. культур. Благодаря более обильному световому, тепловому и водным ресурсам и более удачному сечетанию этих факторов в сезонах, здесь создаются очень благоприятные условия для возделывания озимой пшеницы, кукурузы, хлопчатника и других многих с.-х. культур. Вследствие ровного рельефа, мощного горизонта почв и более развитой промышленности и транспорта Хуан-Хуай-Хай равнина с истории является главным с.-х. районом страны. По данным 1987 года, валовой сбор продовольствия данной равнины составил 20.4% от общего объёма производства всей страны; пшениц — 43.6%; кукурузы и масличных культур —

Настоящая статья посвящается «Китайскому научно-техническому дню» состоящемуся в июле в Москве.

20%; табака более 40%; хлопка — 67%; отсюда видно, данная Равнина занимает главное место в с.-х. производстве Китая.

Кроме вышесказанных благоприятных условий для развития сельского хозяйства, существуют и многие ограничивающие факторы в этой равнине, поэтому урожайность с.-х. культур пока невысокая и неустойчивая. Под влиянием муссонного климата 70% годовых осадков сесредоточен в летний период и он колебается значительно по годам. Вследствие низкого и ровного рельефа стоковое течение перебойно. Всё это приводит в частному появлению засух, затоплений и повсеместному засолению почв. По историческим данным последних 500 лет здесь частота появления засух, ставших бедствием, составила 20-30%, т.е. серьёзные засухи появлялись через каждый 3-4 года; а затоплений, ставших бедствием от наводниния — 32-60%, т.е. более сильные затопления появлялись через каждый 1.5-3 года. После образования нового Китая широким размахом развёрдывались строительства по обузданию рек, которые привели к уменьшению в значительной степени вреда, внесённого засухами и затоплениями. Но развитие сельскохозяйственного производства всё ещё резко ограничивается этими неблагоприятными факторами. В настоящее время в Равнине имеются 2.5 млн. га. засолённых почв, свыше 2 млн. га. потенциально засолённых почв. Кроме того, имеются 2.3 млн. га. глинистых почв с ортштейном и 1.5 млн. га. песчаных почв. Все они относятся к малоурожайным почвам.

Вследствие влияния засушливости, затопления и засоления на Равнине расположены мало- и среднеурожайные почвы премерней площадью 13.5 млн. га, что составляет 70% от всей пахотной земли этой Равнины. Эти почвы дают урожайности, соотвествующие только 30% и 60% той урожайности на высокоурожайных почвах. Практикой доказано, при интенсивном увеличении вложения техники, фонда, материала и управления также при удалении или частнном удалении ограничивающих факторов большенство мало- и среднеурожайных почв может давать урожайности приблизительно к уровню на высокоурожайных почвах. На мало- и среднеурожайных почвах имеется большой потенциал повышения урожайности. Кроме того, здесь ощущается нехватка водных ресурсов и наблюдается низкая степень их эффективного использования. Площадь орошаемой земли составляет менее 60% от всей пахотной. Уровень внесения удобрений ожидается повышаться, теперь доза вносимых химических удобрений составляет 1 т/га за один год; лучшие сорта и семена пока не играют должную роль в широком масштабе; уровень земледелия и техники возделывания пока ещё невысокий; Развитие животноводства пока находится на более низком уровне, что стоймость животноводства составляет лишь около 15% от валовой стоймости всего сельского хозяйства; Кроме того, 1.7 млн. га. целин и 0.8 млн. га. поверхности водоёмов ожидается освоения.

Руководящая идея развития сельскего хозяйства в данном районе является комплексным преобразованием засух, затоплений и засоления, как центром внимания, мелиорацией мало- и среднеурожайных почв, как важным объектом и улучшением производственных условий и экологических сред. Намеченные цели развития — реализация глубокого эксплуатирования ресурсовых резервов и поднятие уровня сельскохозяйственного производства.

ЧАСТЬ 2. НАУЧНО-ТЕХНИЧЕСКАЯ ПОДГОТОВКА ЗА 10 ЛЕТ

Хуан-Хуай-Хай равнина является одним из найлучше изученных районов в стране. После образования Нового Китая была проведена большая работа по научному исследованию во многих отраслях. Накаплены богатые научные материалы. Однако как один самостоятельный район с целью всесторонной эксплуатации его потенциальных разервов планомерное, систематическое, всесторонное и продолжительное ведение научных исследований над ним, под единым руководством государства только началось с 1978 года. В течение 10 лет научно-исследовательские работы, как изучаемый объект государственной степени и под руководством Государственного Научно-технического Комитета, велись в 3 сроках последовательно, включив свыше 50 научных тематик. Число научных сотрудников, принимавших участие в исследовании, доститло 2000 чел. от 30 и бóльших научно-исследовательских учреждений государственного и провинциальных уровней и некоторых вузов. Были достигнуты большие ценные успехи, которые состоятся в следующих пунктах:

1) Фоновые и фундаментальные исследования

Собраны были все метеорологические и гидрологические данные за последние 40 лет. Причём был составлен агро-климатический атлас, в который входят агро-геоморфологическая карта в масштабе 1:500,000, четвертично-геологические карты в масштабе 1:4,000,000, гидро-геологические и почвенные карты в масштабе 1:15,000, 1:200,000 и 1:1,000,000, карты агро-районирования в масштабе 1:1,000,000 и включительно подробные годовые отчёты, данные и карты сельскохозяйственного производства с 1976 года.

И так эти работы служили основой всех других исследований.

2) Исследование по продуктивности и потенциалу увеличения продукции

В первую очередь, были проведены анализы почвенно-климатической продуктивности, или естественной продуктивности, разных местностей с разными условиями Равнины. Затем определялись естественные продуктивности, способность роста и потенциал увеличения урожайности таких ведущих с.-х. культур как пшеницы, кукурузы, хлопчатника, сои и других. На основании изученных результатов выдвинулись мишени эксплуатирования и соответствующие показатели о установлении самой большой в стране базы товарного хлопка, второй по крупности базы товарной сои, важных баз товарного продовольствия, фруктов и ягод умеренного пояса, продуктов животноводства и рыбоводства. Одновременно в соответствии с естественными условиями и особенностями продуктивности данной Равнины было указано тое особое положение, которое должны занять кукуруза, хлопчатник и соя. Поставлены задача увеличения посевов продовольствия в южных районах Равнины; а в северных районах — посевов хлопчатника и задача регулирования соотношения между растениеводством и животноводством, а также улучшения внутренней структуры земледелия и животноводства. Была устоновлена система земледелия и животноводства в соответствии с природными и ресурсовыми особенностями Равнины.

3) Исследования теории о водно-солевом движении и комплексного преобразования засухи, затопления и засоления при полугумидном муссонном климате

Засуха, затопление, засоление почв и засолённые грунтовые воды длительно гнетут сельскохозяйственную продуктивность данной Равнины. После построения территории орошения людям приходилось выпустить план орошения из рук потому, что ирригация вела к усилению затопления и засоления почв. Когда люди применяли дренаж и вымывание соли из почвы, одновременно усиливалась и засуха, которая серьёзно вредила сельскохозяйственным культурам. Эти явления взаимно переменялись, а люди уследили за одним, упустили другое. В серединие 70ых были начаты исследовательские работы. В результате изучения и суммирования вышеизложенных явлений получилось ясное представление о том, что всё это является независимыи географическим ландшафтом и экосистемой. Научные работники систематически изучали ахрактеристику водно-солевого движения, площадный водно-солевой баланс, древне-геохимический процесс и современное разделение пространства легкорастворимых солей и распределение такого типа ландшафта в масштабах Китая и всего мира.

На основе данной теории необходимо считать засуху, затопление, засоление почв и минерализацию грунтовых вод единой системой и органическим целым, одновременно необходимо вести комплексные меры борьбы с засухой, затоплением, засолением почв и минерализацией грунтовых вод, и нецесообразно применять только отдельные мероприятия. В сущности, решение проблем засухи и затопления и мелиорация засолённых почв представляют собой научную регуляцию и управление площадным водно-солевым движением, в том числе осадками, поверхностной водой, грунтовой водой, почвенной влагой и легкораставримыми солями в них. При таких условиях началась борьба с засухой и затоплением, мелиорация засолённых почв и улучшение полевой экологической среды. Центральное место в области регуляции и управления площадным водно-солевым движением занимают дабыча и дополнение верхних грунтовых вод. Комплексные мероприятия включают инженерные, биологические (лесоводство, плодоводство, полеводство и животноводство), земледельческие техники и другие.

4) Экспериментальные районы для комплексного преобразования и развития

На равнине Хуан-Хуай-Хай составилось районирование комплексного преобразования и были поставлены 12 экспериментальных районов. Некоторые высшие школы и научные учреждения ставят перед собой эти задачи. В опытных районах научные работники проводят полевые опыты, продуктивные практики и исследовательские работы, на основе которых выдвинуты были разные модели комплексного преобразования и развития. Например, в уезде Цюйчжоу провинции Хэбэй исследователи Пекинского сельскохозяйственного университета разработали модель, принадлежащую типу аллювиальной равнины, на которой образуются засолённые почвы и верхние грунтовые воды с различными минерализациями. Данная научная работа включает в себя следующие содержания: полевую инженерную систему, выполняющую комплексное преобразование засухи, затопления, засоления почв и минерализационных грунтовых вод; систему площадного водно-солевого прогноза и регуляции; оптимальную систему рекомендации для удобрения и полевую экосистему, комплексно развивающую растениеводства, лесоводства и живодноводства. Эффективность оказалась отлично. В данном экспериментальном районе, занимающем 2000 га., происходят коренные и огромнные изменения в производственных условиях, экологической среде, уровне продуктивности и социально-экономической обстановке. Всё показывает хороший образец людям. В опытном районе уезда Шогуан провинции Шандун характерны ближнеморские солончаки и высокоминеральные грунтовые воды, минерализации которых достигают 60-80 г/л. Научные сотрудники Шандунской с.-х. Академии установили другую модель — модель «связи растениеводства и животноводства с соляным промыслом», и достигли больших успехов. Они использовали ветряную энергию при работе насоса на колодцы и для соляного промысла, одновременно понижается глубина залегания грунтовых вод, увеличивается интенсивность вымывания солей из почв, которые находятся в различных степениях мелиорации, соответственно организованы развития растениеводства и животноводства. Исследователи Академии с.-х. наук Китая работают в экспериментальных районах уездов Шанчию и Линьсиан, исследователи Академии наук Китая — в уездах Юйчэнь и Фуньчио провинции Хэнань. Научные работники Академий сельскохозяйственных наук провинций Аньхой и Цзянсу занимаются исследовательскими работами и преобразованием песчаных почв и глинистых почв с ортштейном. Ими накопливались данные за десять и больше лет и из них получились разные модели, которые дали ясные экономические и экологические эффективности и служат живыми и хорошими образцами. Общая площадь 12 экспериментальных районов занимает 1400 га. научные результаты распространяются на 400,000 га.

5) Исследование по созданию комплексной системы защитных лесонасаждений

Сеть полезащитных насаждений не только уменьшает испарения с поверхности земли, снижает степень вреда, наносимого пшеничным посевам суховеями, и улучшает экологическую среду полей, но и играет важную роль в смягчении степени нехватки в снабжении топливом, кормами, удобрениями и строительственными материалами в сельских местах, и также в увеличении экономических доходов сельских населений. В настоящее время в Равнине, только в пределах 20% полей создана более совершенная сеть защитного насаждения. Процент лесопокрытой площади в данном районе составляет ниже 10%, С 1983 года началось исследование по созданию комплексной системы защитного лесонасаждения. Полученные результаты состоятся в следующем: Предложены лучшие древесные породы пригодные для разнообразных условий возделывания, особенно для мало- и среднеурожайных районов; рацианальная структура и размещение сети защитного лесонасаждения; уход за молодым лесонасаждением и их управление; а также и повышение экологической и экономической эффективности системы защитных лесонасаждений. Было создано 4 опытно-показательного участка комплексной системы защитного лесонасаждения в разных местах с различными природными условиями на площади 3000 га., что привело к дальнейшему внедрению этого достижения на площади 6.1 млн. га.

6) Исследования по созданию сельскохозяйственной системы с экономным водоснабжением

Засуха — это первый фактор, ограничивающий сельскохозяйственное производство в этом районе. За последние 40 лет примерно 1.4 млн. га. земель в среднем ежегодно подвергалось сырьёзному ущербу урожайности из-за засух. Для того чтобы повышалась способность против засух, рядом со введением в действие магистрального устройтва реки Янцзы и Хуанхэ, решающее значение имеет создание с.-х. системы экономного водоснабжения, которая даёт возможность полного использования местного водоресура. В данные исследования включаются следующие пункты:

— Освоение и использование почво-грунтовой воды, включающей слабо засолённую до минерализации 4 г/л. В бедном водой районе можно эксплоатиравать глубоколежащую артезианскую воду и строить водоподъёмную систему из колодцев или оросительную систему в сочетании поверхностного стока с подземной водой.

— Использование в сухом сезоне неглубоколежащей подземной воды со снижением уровня грунтовой воды. Благодаря этому усиливается способность к накоплению атмосферных осадков в дождевое время за счёт выравнивания, рыхления и насыпи сельскохозяйственных участков повышается инфильтрация атмосферных осадков. Устраивается многосторонная система каналов, которы могут скопить поверхностный сток и отводить избыток воды. При условии, в котором не вызывается затопление посевов, нужно по больше накапливать атмосферные осадки для последующего орошения в сухом сезоне.

— Использование ряда специальных оросительных труб и техники орошения. Успешно были испытаны подземная водоснабженная труба с низким давлением и тонкая пластмассовая труба, заливка трубы на месте, горизонтальный подземный канал-кротовина с фиксированно стабильной стенкой и надземная мягкая труба и техника орошения на пластмассовой плёнке, которая покрывает на поверхности земли, на которой выращена пшеница с подсевным хлопчатником. Удалось в этом районе повысить коэфициент эффективного использования поливной воды выше 0.9. Далее разработана была модель экономного орошения для пшеницы, благодаря чему уменшено было количество расхода воды на единицу урожая с.-х. растений на 15-30%.

— Ослабление интенсивности испарения и избежание ущерба от засух. Были приняты те мероприятия; к которым относятся покрывание полевой поверхности с соломой и пластмассовой плёнкой, построение лесозащитных полос на полях и ведение системы смешенного посева лесных пород и сельскохозяйственной культур.

7) Исследование по созданию системы мониторинга и прогноза для водно-солевого движения

Сущность комплексного преобразования засухи, затопления и засоления являются регуляция и управление площадным водно-солевым движением, поэтому в данном изучении была построена система мониторинга и прогноза для водно-солевого движения (PWS). Исследующая система составляется из уровня и качества грунтовых вод и водно-солевого режима почв в целом, и построены субмодели и комплексная модель прогноза путём методов лимитированных элементов и баланса и т.д. Можно делать прогноз влаги солей верхнего горизонта почвы путём методов разделения и наложения карт друг на друг, и по сравнению с индексами устойчивости главных с.-х. культур к затоплению и солям можно представить сезонный прогноз водно-солевого режима и прогноз годовой тенденции для каждой культуры. С целью выполнения измерений разных параметров использованы надземная аппаратура и аэро-спутниковые съёмки одновременно. Сохранение и обработка данных и картирование осуществляется при помощи ЭВМ.

Данное исследование проводится в 6 опытных районах (PWS) с различными условиями на 2800 км^2 равнины Хуан-Хуай-Хай. Система (PWS) служит комплексному преобразованию засухи, затопления и засоления, научному управлению площадным водно-солевым движением и крупно-среднему гидротехническому проекту.

8) Изучение по созданию научной системы удобрения

Как выше показано, уровень удобрения и техники внесения был невысок в Хуан-Хуай-Хай равнине. Коэфициент эффективного использования удобрений очень низкий. Этот факт указал насущную необходимисть в создании научной системы удобрения. В исследованиях установлены модели удобрения и наилучшие рекомендуемые проекты уробрения главных культур, как пшеницы, кукурузы, хлопчатника, риса и других в разных условиях этой Равнины. Эти результаты исследований получены динамической полисистематизацией на основаниях больше 700 полевых опытов на 10,000 делянках. Кроме того, эти исследования подвергнулись массовым опытным проверкам и анализу экономической эффективности. В настоящее время, созданы и развиты справочно-обслуживающие системы поудоблению в 5 уездах на площади 340,000 га. В справочно-обслуживающей системе уезда Цюйчжоу Пекинского сельскохозяйственного Университета изучены и использованы аналитические техники ЕСС, т.е. электроультрафильтрация (EUF), последовательнотекучий анализатор (CFA) и аналитическая система с компьютером.

9) Исследование по установлению семеноводческих и растениеводческих систем для полевых культур

Выведены лучшие сорта и установлены семеноводческие системы для пшеницы, кукурузы, хлопчатника, сои и других культур на основании введения, отбора и селекции в соответствии с условиями Хуан-Хуай-Хай равнины. Началось в середине 80ых лет исследование контролирующей системы в растениеводстве, в которую включаются модули идентификации климатических ресурсов, агрометеорологического прогнозирования и оценки, идентификации почвенного плодородия, принятия решений о сортовых фондах, защите растений, многообъективной оптимизации и производственном управлении и регулировании, а также информационного пула сельскохозяйственного производства. Симуляционная модель целой системы растениеводства разработана из этих модулей на ЭВМ. Применение контролирующей системы пшеничного производства ведётся в течение 3 лет в демонстрирующих опытах на 1,400 гектарах и даёт прибавку в 10-15%. Подобное для хлопчатника, кукурузы, риса и других культур будет начинаться, используя систему "CERES", введенную со США. Контролирующая система растениеводства — это рекоментация и управление процессами с помощью динамичной симуляции ЭВМ, обобщающей научные данные и опыты из сложных процессов роста и развития культур и их возделывания, руководствуясь теорией и методикой науки системологии.

Разработана также высокоурожайная система двух урожаев пшеницы и кукурузы за один год в орошаемых условиях Хуан-Хуай-Хай Равнины с достаточными тепловыми ресурсами и осадками. Вследствие этого урожайность повышена с 50-80% ц/га. до 150 ц/га. на бóльших площадях.

10) Исследование по установлению систем макроконтроля и сельскохозяйственной информации

Большой важностью обладают своевременное и точное получение инфориационных данных, а также на основании их анлизирование и поставка справочного обслуживания для принятия решения при организации региональной эксплуатации и современного с.-х, производства. Динамичная информация была собрана путём дистанционного зондирования и контролирования и поставки государственным и местными статистическими управлениями. Уже получены технические результаты в отношении наблюдения над динамикой засоления почв, состояния использования земли, мониторинга динамики возделываемых с.-х. культур и комплексной оценки урожайности пщеницы при использовании TM и MSS изображений от дистанционного обследования. Несомненно, что при использовании SPOT изображения значительно повышаетеся качество собранных многообразных информаций, но из-за экономических причин, оно пока не получило широкого применяния.

Кроме того, были собраны статистические данные разных уездов по растениеводству, животноводству, рыбному хозяйству, лесоводству, плодоводству и по переработке с.-х. продуктов и другие материалы производственного характера. Были проделаны большие работы по упорядочению, сопоставлению и анализированию ряда материалов накапленых со середины 70ых годов. В настоящее время, на основании полученных материалов вышесказанным путём при помощи теории и методики географической информационной системы (GIS) создаётся сельскохозяйственная информационная система Хуан-Хуай-Хай Равнины.

ЧАСТЬ 3. КОМЛЕКСНОЕ ПРЕОБРАЗОВАНИЕ И РАЗВИТИЕ

Преобразование и развитие данной Равнины всегда находится в центре внимания правительства и народа Китая. За период начала 50-тых лет до начала 80-тых лет капитальное вложение только в объект водного хозяйства составило 25 млрд юаней. Способность протекания паводков и отвода воды фарватеров главных рек резко поднялась. В окружающих горных местностях данной Равнины были построены 4,000 водохранилищей, суммарная ёмкость их — 25 млрд M^3. Пробиты 1.28 млн. мелких и глубоких колодцев. Эффективная площадь орошаемых полей увеличена от 1 млн. га. до 9 млн. га. За 30 лет сумма внесенных химических удобрений повышена от 20 тыс. т до 12.76 млн. т. Суммарная мощность двигателей с.-х. машин — от 0.26 млн. до 43.66 млн. л.с.; эксплуатация электроэнергии в сельских местностях увеличена от 18 млн до 6.33 млрд квт-ч. Улучшение производственных условий и резкое повышение объёма капиталовложения значительно способствовали развитию сельского хозяйства в данном районе: валовая продукция продовольствия увеличилась от 28.9 млн. до 58.5 млн т; валовая продукция хлопка— от 0.51 млн. до 1.49 млн. т. Кроме того, валовой сбор масличных культур и количество поголовьев свиней, коз и овец, а также и доходы крестьян возрасли во много раз.

Несмотря на достигнутые прогрессы, всё ещё как выше сказано, существуют много ограничивающих факторов в с.х.-венном производстве в этой Равнине. Условия ожидают срочного усовершеннствования; большой производственный потенциал нуждается в эксплуатации. Именно на фоне и базе достигнутых результатов в науке и технике за последние 10 лет была составлена Программа комплексного преобразования и развития в период 1988-2000 гг. (ПКПР).

Согласно проведенным исследованиям по продуктивности сельского хезяйства и возможности вложения фонда, материалов и техники были намечены следующие цели для ПКПР: к концу нашего столетия увеличение главных показателей с.х. производственной способности при одновременном улчшении условий производства и экологической среды будет: 25 млн. т продовольствия, 1 млн. т хлопка, 1 млн. т растительного масла, 4.5 млн. т фруктов и ягод, 2 млн. т мяс и 0.65 млн. т продуктов рабного хозяйства. Процент годового прироста вышеуказанных видов продукций будет составлять соответствено 2.66%, 3.21%, 2.64%, 8.71%, 5.16% и 7.73%.

Для улучшения условий производства и экологической среды в первую очередь стоит задача расширения площади орошаемых полей и повышения способности борьбы с засухой путём ввода в строительство двух проектов «отвода воды от реки Хуанхэ» и «отвода воды от реки Янцзы», комлектного ремонта существующих ирригационных сооружений, реконструкции и пробивки 0.3 млн механизированных колодцев. Таким образом, площадь орошаемых полей будет расширенна на 1.35 млн. га. На 5 млн. га орошаемых полей будет повсеместно осуществляться водосберегающее земледелие. Кроме этого, будет проведена прочистка русел в пределе бассейнов 30 небольших рек с целью повышения норм протекания паводков и отвода воды, в результате чего будет значительно повышена способность борьбы с затоплением на площади 4 млн га.

Вторая задача состоит в проведении ме лиоративных работ на 9 млн. га. таких почв, как засолённых, глинистых с ортштейном, песчаных, низменных и неорошаемых тощих. Будет освоена целина в 0.6 млн. га, улучшены луга и пастбища в 0.55 млн. га, расширена площадь водоёмов для рыборазведения на 0.35 млн га.

Третья задача будет направлена на повышение уровня применения удобрений. На основании роста количества и качества хозяйственных удобрений, запашки в поле солом, применения сидератных и других органических удобрений, будет повышена доза внесения химических удобрений от 1т/га до 1.8 т/га, и соотношение азота к фосфору в вносимых удобрениях будет менятьcя от 1:0.2 до 1:0.4. На примерно одной третьях, т.е. 4 млн. га орошаемых полей будет широко применен способ внесения удобрений по научно-обоснованной рекомендации.

Кроме того, будет создана сеть защитных лесонасаждений на площадях 15 млн. га, осуществлять смешенный посев с.х. культур с лесными породами на площади 1 млн. га. Процент лесопокрытой площади будет повышен от 9% до 14% приближительно. Суммарная мощность с.х. машин будет доведена от 48 млн до 60 млн л.с., эксплуатация электроэнергии в сельских местностях — от 7.3 млрд. до 9.5 млрд. квт-ч.

В отношении развития резервов производства продукций растительного характера при предпосылке сохранения объёмов посезов продовольственных культур будет уменьшаться площадь низкоурожайных пшеничных посевов и увеличиваться посевная площадь кукурузы, дающей потенциально возрастающую урожайность на 1.2 млн. га, посевные площади риса и батата — на 0.3 млн. га, тем самым будет улучшаться структура посевов с.х. культур. На полях, орошаемых в более или менее значительной степени, будет расширяться площадь земделения по системе выращивания урожаев дважды за один год по схеме пшеницы-кукурузы, пшеницы-хлопчатника, пшеницы-риса и других. Тем путём повысится индекс повторного посева от 150% до 160%. В соответствии с достигнутым результатом науки и предложениями учёных будут регулировать размещение с.х. культур и систему земледелия, проводить посевы лучшими сортами и совершенствовать систему семеноводства и внедрять контролирующую систему в растениеводстве на площадях около 2.5 млн. га средне-и высокоурожайных полей. В отношении плодоводства будут усиливать реконструкцию существующих низкоурожайных садов площадью 0.5 млн га. Кроме того, главным звеном развития плодоводства будет освоение старых русел реки Хуанхэ и пойменных песчаных почв, насчитывающих 0.4 млн га для посадки винограда, груши, яблони, китайского финика (унаби) и других плодовых пород умеренного пояса.

В отношении развития резервов производства продукций животного характера требуется полное эксплуатирование и освоение резервных преимуществ, создавая производственную систему животноводства и рыбного хозяйства на равниных с.х. районах, повышая их долю стоимости производства в валовой стоимости всего с.х. производства до около 20%. Будут и улучшать существую структуру видов стад, в которой преимущественное место пока занимают свиньи, предлагая постепенный переход в такую систему видов стад, в которой главное место будут занимать свиньи, мясные куры и несушки с одновременным развитием и разведением овец, коз, крупного рогатного скота, кроликов, гусей и уток, образуя, тем самым, комплексное развитие животноводства для производства мяса, шерсти, пуха, кожи и дубленной кожи. Такая структура видов стад обеспечит повышенную экономическую эффективность. Среди существующих видов с.х. животных имеется 10 млн. поголовьев рабочего скота, дающего низкий рабочий эффект. Большенство из них мажет переводиться в скот мясо-молочного направления. В отношении свиноводства стоят на очереди улучшение способа кормления и повышение выхода откормочных свиней. В данной Равнине имеются водоёмы площадью в 1 млн га, пригодные для ведения пресноводного рыбного хозяйства, и только 40% от них освоено в настоящее время, продуктивность их составляет 0.7 т/га. Поверхность водоёмов с соленоватой водой насчитана 0.37 млн. га, 90% от них ожидает освоения. Таким образом, аквакультура обладает огромным потенциалом и экономической ценностью в Равнине.

Критическим звеном развития животноводства и рыбного хозяйства является поддержка могучей системы кормопроизводства и его обслуживания. В этом районе имеются богатые резервы растительных протеинов, главным образом, в виде жмыхов (хлонковых, бобовых и арахисовых). Кроме того, здесь успешно культивируют кукурузу и бататы. Значительная площадь тощих почв может быть использована для возделывания с.х. культур, устойчивых к неблагоприятным условиям среды, и для развития силосованных и аммонизированных кормов. Будет построена система производства и обслуживания кормов с годовым выпуском комбинкормов в 5 млн. т и система убоя, переработки, хранения, транспортировки и реализации животных продуктов, а также санитарно-профилактическая система для с.х. животных.

Для осуществления Программы был выдвинут государством принцип «трёх вложений»: вложения фонда и материала, вложения научно-технического интеллектула и вложения политики.

Валовой объём вложения по Программе составит 7.5 млрд долл. (американских), невключая целевое вложение на такие крупные государственные сооружения, как речной фарватер, ирригационное сооружение и электроэнергическое строительство. Более 50% капитальных вложений направляют на капитальное строительство полей и мелиорацию мало- и среднеурожайных почв. Источники вложений операются на центральное правительство, местные правительства и крестьянство. Соотношение объёмов вложений этих трёх сторон будет приближиеельно 4:3:3. 40% вложения за счёт правительств даётся в форме кредитов для оборотного использования. Государственное и местные правительства организуют промышленное производство, связанное с сельским хозяйством, с выпуском таких продукции как химических удобрений, ядохимикатов, пластмассовых плёнок и труб и т.д., обеспечивая снабжение средством и материалом крестьянам.

Научно-техническое интеллектуальное вложение является основным гарантием успешного выполнения Программы ПКПР и ключом для повышения эффективного вложения фонда, материала и политики, а также составной частью квинтэссенции прироста продуктивности. ПКПР была разработана на основании достигнутых успехов в научном исследовании и исполняется за счёт научно-технического и интеллектуального вложения. Десятки прикладных агротехник с большим практическим значением и экономической ценностью были выбраны из научных достижений научно-исследовательскими учреждениями и вузами. Эти агротехники уже внедрялись в производство для применения и много из них получило хороший эффект.

Для того, чтобы превратить прикладные агротехники в производительные силы и повышать эффективность этого хода, необходима перестройка настоящей административной системы и улучшение механизма операции. В пределах уезда постепенно устанавливаются предприятия научно-технических служб и экономические субстанции, образованные на основании связей станций агротехнического внедрения с компаниями для производства средств сельского хозяйства и соответствующих заводов. Среди них главным звеном являются станции агротехнического внедрения.

Научно-исследовательские учреждениии вузы с центральной или провинциальной принадлежностью стимулированы образовать обслуживающие компании или блоки, которые интегрируют науку, технику, промышленность, сельское хозяйство и торговлю с цолью эксплуатации отраслей новой техники. В деле эксплуатации отраслей новой техники, высокой техники и более сложной техники научные учреждения и вузы считаются опорной силой. Для развития сельского образования будет создана многоступенчатая система подготовки с разными формами за счёт вузов и средних специальных училищей, как главное звено, в связи с начальным сельским професиональным образованием для того, чтобы неуклоно повышать культурный уровень и научную натуру кадров, техников и крестьянских масс, работающих на фронте с.х. производства. Главное содержание обучения является внедрением прикладной техники в связи с требованиями ПКПР. Кроме того, с 1991ого года наступит новая пятилетка научного исследования. Тематический план, включающий некоторые фунтаментные исследования и опережающее исследование, находится в процессе составления. Этот план будет предоставлять новые энергитические и научно-технические резервы для дальнейшего развития Хуан-Хуай-Хай равнины.

Вложение политики включает в себя осуществление разных льготных политик и стимулирующих политик, а также политик управления фондом объектов для крестьян, научных сотрудников, правительств разных категорий и соответстьующих ведомств. Руководствуясь идеей перестройки, формирование научнообоснованной системы политик имеет важное, руководящее и толчковое значение для реализации ПКПР.

Познание и преобразование объективного мира человеком является непрерывным углубляющемся процессом, самым оживленным фактором и могучим толчком к этому ходу являются, именно, наука и техника. Это представляет собой ядро и основную руководящую идею в осуществлении программы ПКПР.

35 以黄淮海平原为例谈区域资源开发和持续利用

【写作背景】

黄淮海平原旱涝盐碱综合治理与农业开发项目获 1993 年度国家科技进步特等奖。作为该项目第一主持人的本《文集》作者应邀在中国科学院和中国工程院于 1994 年 6 月在京召开的两院院士大会上作学术报告，报告题目是“以黄淮海平原为例谈区域资源开发和持续利用”，后发表在《中国科学院院刊》1994 年第 3 期。

提要　黄淮海平原地域广阔，自然条件复杂，治理难度很大。文章介绍了 20 年来我国科技人员对黄淮海平原综合治理和农业开发所取得的成果和经验，并在此基础上探讨了以科学技术替代紧缺资源的潜力问题。

35.1 导言

资源和环境是众所关注的一个全球性问题。我国资源人均占有量低，资源整体质量也不高，且有减少和恶化趋势。资源的数量质量和令人担忧的发展态势已成为我国经济建设和社会进步的“瓶颈”。借助科技对紧缺资源的替代不仅完全必要，也是克服“瓶颈”的根本出路。

我国一直重视资源的考察和开发工作。20 世纪 50 年代就组织广大科技人员对东北、西藏、华南、新疆、华北平原等地的大规模科学考察，不仅在资源的清查和开发上，而且在科学研究上也是成绩卓著的。随着我国人口急剧增长和建设的迅速发展，水土资源不足的矛盾更加突出，对主要农区资源的深度开发，提高土地生产率和单位面积农作物的产量已成为发展农业的唯一选择和基本策略。为此，我国从70年代开始就重视区域治理，到80年代后期制订了农业区域开发战略，确定了黄淮海平原、松辽平原、三江平原、黄河河套灌区、河西走廊、湘南、赣西南以及沿海滩涂等十大片区作为重点农业开发区，涉及20个省份、3.8亿人口、4.7亿亩耕地，以集中科技力量和资金（1988—2000年投资540亿元）进行全面治理和开发。

在我国的区域治理开发计划中，无论在地域、社会和经济上，黄淮海平原都具有其特殊重要的地位。且其综合治理始于60年代，是我国区域治理的先驱，在借助科技对紧缺资源的替代上也比较全面和作用明显。

35.2 黄淮海平原简况

黄淮海平原以黄河、淮河和海河三河东流入海前沉积的一个广阔平原而得名。面积32万平方公里，耕地2.81亿亩，人口2亿，是我国最大的平原。该平原跨京津二市和冀鲁豫苏皖五省，是政治、经济和文化中心，工农业和交通发达。

这里属暖温带半湿润气候，年平均温度10～15℃，年降水50～1 000毫米，可适合多种农作物和果树生长。且地势平坦，土层深厚，是我国的主要农区。粮食产量占全国总产量的20%，其中小麦、玉米、棉花、烟草分别占全国总产的43.6%、23.6%、57.0%和41.1%。因此，黄淮海平原的年成丰歉，对全国农业形势影响很大。

但是，在季风气候影响下，70%的降水量集中于夏季，变率大，加以地势低平，径流不畅，故而旱涝灾害频繁，土壤盐渍化普遍。据近五百年历史资料的统计，旱灾成灾率为25%～30%，涝灾成灾率为32%～66%，即3～4年发生一次大的旱灾，1.5～3年发生一次大的涝灾。这里有盐渍土3 500万亩，潜在盐渍化面积约4 000万亩。此外还有4 000万亩砂姜黏质土和2 500万亩风沙土等低产土壤。

由于受旱涝盐碱的影响，这里有低产田和中产田约2亿亩，占全区耕地的70%。它们的产量水平只分别相当于高产田的30%和66%。实践证明，加强技术、资金、物资和管理上的投入，消除或部分消除制约因素，多数中低产田是可以达到或接近高产田的产量水平的。

35.3 黄淮海平原的治理

自夏禹治水、西门豹引漳至今，对这个平原的治理已有数千年历史。20世纪50年代初，为抗旱修渠引水，旱情缓解而渍涝和土壤盐渍化滋生。新建灌区“一年增产，二年平产，三年减产”。1957年进而大搞水利化和修建平原水库，因治水方针失误而导致1958—1961年冀鲁豫平原盐渍土面积由2 800万亩猛增到4 800万亩，农民废渠断水，“谈水色变”。1963年海河流域又遭特大洪灾，更是雪上加霜。在干旱、渍涝和土壤盐渍化的困扰下，科技界也是众说纷纭。一时间，“农改”“水改”“水网化”“台田化”“管井工程”，莫衷一是。当人们大抓挖沟排水，防洪除涝时，60年代末和70年代初黄淮海平原连续三年大旱，治理上又发生深浅井之争和深浅沟之争。30年治理的坎坷经历更加深了对恩格斯关于“我们不要过分陶醉于我们人类对自然界的胜利，对于每一次这样的胜利，自然界都对我们进行报复”论断的理解。在“必然王国”中顾此失彼，累得疲惫不堪的黄淮海平原急切地呼唤着科学理论的指导和先进技术的支持。

20世纪60年代初，国家科委主任范长江亲自率队以山东禹城县和河南原延封为据点开展科学治理；70年代初周总理批准的河北黑龙港地区的科技大会战以及以后的“十二年国家科技发展规划”和“六五”“七五”“八五”国家科技攻关，先后六进黄淮海平原。“七五”攻关即在四个部院主持下，有十几个学科，100多个科研教学单位，1 000多名科技人员参加。这种历时20余年的大型和综合性研究，在世界上也是罕有的。

35.4 综合治理的理论——半湿润季风气候区水盐运动理论

20世纪70年代初开始，我们对旱涝盐碱和地下咸水的内在关系和形成发展规律进行了系统和周密的观测和研究，发现这是一个十分复杂的系统。这个系统是在半湿润季风气候和泛滥平原地学条件下所表现出一组特有的自然现象，是一种新揭示的，独立的地理景观和生态系统。

这种对黄淮海平原旱涝盐碱和地下咸水间复杂的内在关系和形成演变规律的揭示和认识概称为“半湿润季风气候区水盐运动理论”。其要点是：

（1）旱涝盐碱和地下咸水共存和交相为害是半湿润季风气候和泛滥平原地学条件下区域水盐运动所表现出的一组自然现象，是一种独立的地理景观和生态系统。

（2）旱涝盐碱应视为一个统一的系统和有机的整体，必须综合治理，不能孤立地“头痛医头，脚痛医脚”。这是近30年来多次治理而未得成功的理论上的原因。

（3）综合治理旱涝盐碱的实质是对区域水运动（包括降水、地下水、地上水、土壤水及其中的易溶盐）的科学调节和管理，使之向着能够抗旱涝和消除土壤盐渍化，改善农田生态环境的方向发展。

（4）调节管理区域水盐运动的枢纽和杠杆是浅层地下水的开采和回补。

35.5 综合治理模式

科学的理论揭示了事物的本质和运动的一般规律，为科学的治理和实践指明了正确的方向和基本原则，但是它不可能代替复杂多样的客观实际。黄淮海平原地域辽阔，条件复杂，为此研究和编制了《黄淮海平原旱涝盐碱综合治理区划》，并据此设置了 12 个综合治理试验区，由各科研单位和高校分别承担，根据其所代表的条件类型，研究提出不同条件下综合治理的模式。试验区总面积 21.7 万亩，平均每个试验区的面积为 1.8 万亩。试验区周围设示范区和研究成果扩散区，其面积分别为 369 万亩和 724 万亩。12 个试验区研究提出了各自所代表的类型区的综合治理模式有：

（1）河间浅平洼地地下淡水盐渍区综合治理模式（山东禹城试区、江苏睢宁试区）

（2）河间浅平洼地地下咸水盐渍区综合治理模式（河北曲周试区）

（3）河间浅平洼地地下咸淡水交错盐渍区综合治理模式（河北龙王河试区）

（4）黄河古河洼地地下淡水补给型盐渍区综合治理模式（河南商丘试区）

（5）黄河古背河洼地浅层承压水盐渍区综合治理模式（河南商丘试区）

（6）黄河古背河洼地浅层咸水盐渍区综合治理模式（山东陵县试区）

（7）黄河冲积扇盐渍型大型灌区综合治理模式（河南人民胜利渠试区）

（8）近滨海低平原盐渍区综合治理模式（河北南皮试区）

（9）滨海平原高矿化强盐渍区综合治理模式（山东寿光试区）

（10）黄河故道风沙区综合治理模式（河南开封试区）

（11）淮北脱沼泽洼地砂姜黑土区综合治理模式（安徽蒙城试区）

12 个试验区在其综合治理和农业发展中均取得了很大成功。在提高抗旱防涝，防治土壤盐渍化能力，改善农田生产条件和生态环境方面取得明显进展。1986—1990 年间，粮食平均单产增加 2.4 倍，年人均收入增长 1.8 倍，林木覆盖率由 8% 左右提到 11.4% ～ 20%；节约耕地 14 万亩（含扩大）、化肥 3.3 万吨、电 6 亿度、水 56 亿米^3，直接经济效益 74 亿元。

35.6 重大技术体系

针对黄淮海平原的特点，及综合治理和持续发展的需要，研究提出了 6 项重大技术体系。

35.6.1 区域水盐管理技术体系

旱涝盐碱综合治理的实质是对区域水盐运动的科学调节和管理，调节管理的基础是对区域水盐运动的监测和预报。为此，研究提出了区域水盐运动监测预报体系（PWS 体系）。该体系将地下水的水位和水质、土壤水分和盐分构成一个整体和系统，应用水动力学原理和均衡法等分别建立了各子模型和 PWS 系统预报模型。此模型是在三维空间和时间系列上表征了区域水盐运动的物质流和能量流的流量和流向。在技术上，从实验室模拟到田间，从单点到多点，并通过分布式动态模型和栅格化数据图幅叠加等方法将多点预报扩展为面预报。在提出土壤湿度和盐渍度预报的基础上，与各主要作物的耐旱耐涝耐盐指标结合，按作物提出季节性（春、夏、秋）的旱情、涝情和盐情预报图幅以及年度的趋势预报。预报精度达到了季节性或短期实时预报的要求。监测系统是地面观测和航天航空遥感信息相结合，应用地理信息系统（GIS）和计算机技术，使信息输入、运算、管理和所需图幅、数据、文件输出自动化运行。

根据区域水盐运动理论和上述各综合治理模式的水盐管理模式，再根据 PWS 体系提供的季节预报作进一步的实施性的操作，这是区域水盐管理技术体系的核心。

PWS 体系的研究是在黄淮海平原的 6 种不同条件下设置的 6 个 PWS 试验区中进行的，总面积为 2 800 平方公里。PWS 体系为综合治理旱涝盐碱、区域水盐运动的科学管理和大中型灌区的工程设计等提供服务。使土地和水资源得以充分开发、保护和持续利用。

35.6.2 农田节水技术体系

一方面，干旱和水资源严重短缺是制约黄淮海平原农业生产和综合资源潜力开发的重大因素。而另一方面，在缺乏先进技术的支持下，宝贵水资源的严重浪费和未能充分利用的现象仍是相当严重。农田节水技术体系研究是从开源与节流两方面开展的，主要是：

（1）研究和提出了开发利用矿化度低于 4 克 / 升（正常灌溉水质矿化度低于 1 克 / 升）的咸水的技术，既可增加约 12 亿米^3 的水源，又可因浅层微咸水的开采而降低地下水位，有利于盐渍土改良，防涝和接蓄雨季降水。

（2）研究提出了旱季开采浅层地下水用于灌溉，又可降低地下水位，增加土层蓄积雨季降水的能力；农田围埝平地松土以增加雨季降水入渗以及建立能排能灌能蓄的多功能渠系，以截存汛期径流等技术，在不致引起涝害的前提下蓄水，以作旱季灌溉之用。以缓解季风气候造成的水分盈缺不均和干旱渍涝。

（3）研究提出了农田低压地下管道输水系统，从新型管材（薄壁 PVC 塑料管和内光外波纹 PVC 双壁管）管件、多种管材和现场施工工艺以及管网优化设计和微机监控系统等。使农田渠系水利用率提高 30% 以上和达到节水节地和增产的目的。

（4）研究提高了利用作物秸秆、塑料地膜等作地面覆盖以及利用农田林网、林粮（棉）间作等措施以减少土壤水分蒸发和干旱的危害。

35.6.3　优化施肥技术体系

肥料是发挥资源效益的重要因素，在技术增产中占 30% ～ 40% 的份额。目前，黄淮海平原的施肥水平达 20 公斤 / 亩（纯量）。但化肥施用的有效率仅 30% 左右。针对黄淮海平原特点，研究提出的科学施肥技术不仅是节约能源，提高经济效益，也是为了保护环境和土地资源持续利用的需要。这项研究是在近万个小区、七百多项田间试验中进行的。提出了高中低 3 种肥力水平下小麦、玉米、水稻和棉花 4 种作物的 41 个施肥模型。中上肥力水平多采用二次多项式模型、缺肥条件下采用平方根式模型。同时研究提出了适应性的化学测试方法和普遍采用了 ECC 测试系统（电超滤—流动分析仪—计算机）。

此项研究成果已应用于 5 个县的 216 万亩农田。为农民提供的优化施肥方案，较习惯施肥的作物增产幅度为：小麦 8% ～ 12%、玉米 14% ～ 17%。1986—1990 年累计经济效益为 6 900 万元。

35.6.4　农作物良种及栽培技术体系

黄淮海平原生产条件和水平差异很大，为此，筛选培育了一批能适应不同条件的主要农作物的优良品种和建立了繁殖体系以及研究提出相应的高产优质抗逆的栽培技术。80 年代中期开始了作物生产管理计算机咨询系统的研究。该系统包括气候资源辨识、农业气象预测和评价、土壤肥力辨识、品种资源决策、植保决策、多目标决策、生产管理调节决策、农业生产信息库等模块。最后在计算机上形成作物生产系统的整体模拟模型。其中，小麦生产控制系统已在约 50 万亩农田进行了五年示范试验，取得了增产 10% ～ 15% 的良好效果。目前正在进行棉花、玉米、水稻等作物的研究试验工作，并引入了美国的作物生产决策咨询（CERES) 系统。作物生产控制系统是在系统科学的理论和方法指导下，集中了作物生育过程和复杂栽培过程的科学成果及经验，以计算机模拟的方式对作物生产过程做出指导和管理。

在作物栽培中的重要技术还有：棉麦（油）一体化技术、夏秋粮亩产吨粮技术、棉花整形和早熟高产优质的全程化学控制技术和盐碱地植棉技术等。

35.6.5 建设农田综合防护林技术体系

建立农田防护林网不仅可以改善农田生态环境，而且对缓解当前农村缺乏燃料、饲料、肥料、建筑材料的矛盾和增加经济收入均有重要作用。目前平原上仅有 20% 左右农田建有防护林网，但质量效益均低。农田综合防护林技术体系的研究是在 13 种立地类型，4 万亩试验区，60 余试验树种，166 块固定标地上进行的。在立地类型分类研究的基础上提出了在 13 种立地条件下的农田综合防护林的配置比例、林种结构、树种搭配、优良适应性树种的选择以及栽培抚育更新等配套技术。并分别进行了微气候、水热、生物、农业的四效应分析和经济效益评价。

此项研究成果已应用于 1 100 万亩农田，其林木覆盖率由 10% 提高到 20.4%、作物平均增产 8.7%、投产比为 1∶10.8。

35.6.6 农业信息系统技术体系

在综合治理和农业发展中，及时和准确地掌握信息，为决策和管理提供咨询服务很重要。自 20 世纪 80 年代中期以来，地理信息系统（GIS）的理论和方法开始应用于黄淮海平原的综合治理与农业开发。已经研究和提出的有农业气候、地下水、土壤等的农业资源信息系统；用于提供宏观咨询和指导的种植业动态及其分析信息系统以及专项技术性应用信息系统。农业动态的信息源一方面从各级政府统计部门取得以县为单位的有关种植业、养殖业、农产品加工业等的生产性和经济活动的资料；另外，利用 TM 和 MSS 遥感影像，对土壤为湿度和旱涝状况、土壤盐渍化、土地利用、作物种植的动态进行监测和取得信息以及对小麦等作物进行估产。

农业信息系统的工作只是开始，但已显示其强大的生命力和应用前景，无疑将是今后的一个重要研究方向。

35.7 资源的技术替代潜力

资源的技术替代潜力问题涉及因素很多，相关关系复杂，研究方法也多种多样，这里只从作物生产力分析角度，以一斑窥其全貌。

自 20 世纪 70 年代初，国家和各有关省份十分重视黄淮海平原的综合治理和农业开发。到 80 年代初，黄淮海平原开始扭转缺粮局面，进而向国家上交粮食的数量年年迅增。以 1976 年为基础，1977—1991 年的 15 年间，黄淮海平原在播种面积减少 10% 的情况下，粮食总产的增长率达 102.8%，全国的增长率仅

53.2%。增长率提高的影响要素中，技术投入起着重要作用。主要的常规技术有：提高土壤肥力和管理技术、施肥技术、引水和灌溉技术、培育良种技术（农林果蔬饲和畜禽水产）、作物栽培和保护技术以及畜禽水产养殖和疫病防治技术。在同一区域和相对稳定的光热水土资源条件下，技术投入水平对提高土地生产率起着决定性作用。

黄淮海平原有耕地2.3亿亩，播种面积近4亿亩，小麦、玉米、大豆和棉花四大作物的播种面积占农作物总播种面积的73%，小麦、玉米和大豆的产量占粮食总产的85%。因此，以此四大作物作为研究对象，探讨其在光热水和播种面积基本稳定的条件下技术替代的潜力。

研究中，我们以联合国粮食和农业组织（FAO）的农业生态区法为基础，对黄淮海平原的实际情况作了修正与检验，分三级计算了这四种作物的不同层次的生产力。这三级生产力是：

光温生产力（Y_{mp}），即在土肥水和技术等均能充分满足条件下，仅由当地光温条件所决定的生产力，是生产力上限的理论值。

光温水土生产力（Y_{RIS}），即 Y_{mp} 加进降水、灌溉和土壤条件的生产力，用灌溉水源开发和土壤改良的可能和前景进行修正，可作为远期（如今后20年左右）的生产力水平。

光温水土肥技生产力（Y_f），即 Y_{RIS} 加进施肥和技术投入条件的生产力，可按肥料和技术投入状况进行修正和设计。大体相当于近期，即2000年前后的生产力。

四作物三级生产力及其增产潜力见表1。

表1 四作物三级生产力及其增产潜力

作物	光温生产力单产	光温水土生产力单产	光温水土肥技生产力单产	基数（1987）		光温水土生产力增产潜力			光温水土肥技生产力增产潜力		
				播种面积	单产	单产	总产	%	单产	总产	%
小麦	651	505	312	14 733	242	263	388	109	70	104	28.9
玉米	925	669	370	7 073	286	383	270.9	134	84	59.4	29.4
大豆	331	226	117	3 262	90	136	44.4	151	27	8.8	30.0
皮棉	161	115	70	1 680	59	56	9.4	95	11	1.85	18.6

注：单位：单产，公斤/亩；总产，亿公斤；面积，万亩。对原表个别数字作了修正。

从上分析，以近期生产力 Y_r 计，四作物增产潜力在30%左右，粮食总产增长潜力约170亿公斤。以远期（20～30年）生产力 Y_{RIS} 计，四作物增产潜力可达100%～150%，粮食总产增长潜力在700亿公斤以上。

帕维里斯提出，美国 1929—1972 年间农业增长中科技进步的贡献份额为 81%，提高土地生产率的贡献份额是 71%。中国农科院农经所对我国 1972—1985 年间农业增长中科技的贡献份额是 35%，黄淮海平原显然高于此数。估计在未来的十年间，科技进步的贡献份额可在 60% 以上，资源的技术替代，具有很大潜力。国际上著名的大型区域治理开发项目有如在联合国开发计划署（UNDP）援助的巴基斯坦 SCAP 管井工程和埃及尼罗河三角洲暗管排水工程、美国加州中央河谷治理计划、匈牙利蒂萨河流域开发计划等。与其治理计划相比，无论在治理规模、持续时间、治理效果和研究深度与平上，黄淮海平原的综合治理工程均在前列。特别是在多学科协同，农林水综合研究上得到国际上的高度评价。1985 年的“国际盐渍土及其改良学术讨论”会议纪要写道：“对中国提出的半湿润季风气候区水盐运动及其调节的有关理论以及采用灌溉、排水、农业、林业对区域水管理的综合治理盐渍土的办法予以肯定。与会科学家认为，中国人民应为此成就而自豪”。

36 Comprehensive Harness and Agricultural Development of Huang Huai Hai Plain in China

In: 《Integrated Resource Management for Sustainable Agriculture》.Proceedings of the International Conference, Beijing Agricultural University Press,1994,47-55.

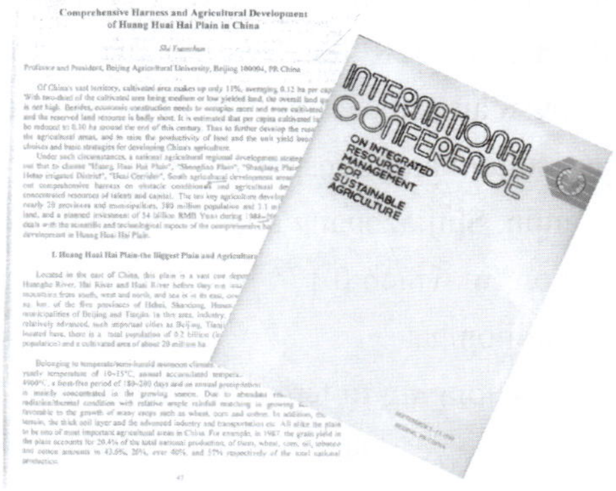

【写作背景】

农业部与北京农业大学于1993年举办了“综合资源管理与持续农业国际会议”。《文集》作者在大会上作了“中国黄淮海平原的综合治理与农业发展”的讲演。以下是收入大会《论文集》的论文稿。

Of China’s vast territory, cultivated area makes up only 11%, averaging 0.12 ha per capita. With two-third of the cultivated area being medium or low yielded land, the overall land quality is not high. Besides, economic construction needs to occupies more and more cultivated land, and the reserved land resource is badly short. It is estimated that per capita cultivated land will be reduced to 0.10 ha around the end of this century. Thus to further develop the resources of the agricultural areas, and to raise the productivity of land and the unit yield become main choices and basic strategies for developing China’s agriculture.

Under such circumstances, a national agricultural regional development strategy is worked out that to choose “Huang Huai Hai Plain”, “Shongliao Plain”, “Shanjiang Plain:, “Huanghe-Hetao irrigated District”, “Hexi Corridor”, South agricultural development areas. Then to carryout comprehensive harness on obstacle conditions and agricultural development with concentrated resources of talents and capital. The ten key agriculture development areas cover nearly 20 provinces and municipalities, 380 million population and 3.1 million ha cultivated land, and a planned investment of 54 billion RMB Yuan during 1988 ～ 2000. This paper only deals with the scientific and technological aspects of the comprehensive harness and agricultural development in Huang Huai Hai Plain.

36.1 Huang Huai Hai Plain–the Biggest Plain and Agricultural Area in China

Located in the east of China, this plain is a vast one deposited by three big rivers of Huanghe River, Hai River and Huai River before they run into the sea. It is surrounded by mountains from south, west and north; and sea is in its east, covering the area of 320 thousand sq. km. of the five provinces of Hebei, Shandong, Henan, Jiangsu an Anhui, and two municipalities of Beijing and Tianjin. In this area, industry, agriculture and transportation are relatively advanced, such important cities as Beijing, Tianjin, Shijiazhuang and Zhengzhou are located here, there is a total population of 0.2 billion (in which 0.174 billion is agricultural population) and a cultivated area of about 20 million ha.

Belonging to temperate/semi–humid monsoon climate, Huang Huai Hai Plain has an average yearly temperature of 10–15℃ , annual accumulated temperature (above 10℃) of 3 800–4 900℃ , a frost–free period of 180–200 days and an annual precipitation of 550–1 000 mm, which is mainly concentrated in the growing season. Due to abundant resources of solar radiation/thermal condition with relative ample rainfall matching in growing season, it is favorable to the growth of many crops such as wheat, corn and cotton. In addition, the flat terrain, the thick soil layer and the advanced industry and transportation etc. All alike the plain to be one of most important agricultural areas in China. For example, in 1987, the grain yield in the plain accounts for 20.4% of the total national production, of them, wheat, corn, oil, tobacco and cotton amounts to 43.6%, 20%, over 40%, and 57% respectively of the total national production.

Despite so many favorable conditions for agriculture, the plain also has a lot of limiting factors which make the grain/cotton yield not high and unstable. Influenced by the monsoon climate, precipitation is highly concentrated in summer and also varies a great deal from year to rear, and the low land and flat terrain impedes the run off and discharge of water, all these have caused frequent drought, flood, and large area of saline–alkaline affected soils. According to the statistics of past five hundred years, the drought frequency was 25%–30%, flood frequency 32%–66%. That's to say, a serious drought occurred in every 3–4 years, and a comparatively big flood in every 1.5–3 years. There were 2.3 million ha of saline soil and 2.7 million ha of potential saline soil. Apart from these, there were also other low yielding soil including 2.7 million ha of "Shajiang" clay soil with a lot of rigid sandy pits in profile and 25 million are nose soil.

Influenced by drought, flood and salinization, there was totally 13.4 million ha of low–medium yielding land, accounting for 70% of the total cultivated area of the plain, whose yields was respectively equivalent to 30% and 60% of the high–yielding land. Practices show that by adding inputs of technologies, capital, production materials and management to partially eliminate the limiting factors, the yield of most medium–low yielding land can be increased to or near that of high–yielding land. The big potential of yield–increasing lies also in these factors: first, the effectiveness of water utilization was very low, irrigated area amounted to less than 50% of the total cultivated areas secondly, amount of chemical fertilizer used was low(annual amount was about one ton per ha.); thirdly, the high quality seeds and scientific cultivation and planting technologies had not been fully utilized; also, the development level of animal husbandry was considerably low with its output value making up only around 15% of the total agricultural ones; at last, in the plain, there remained 1.4 million ha of waste–land and 10 million ha water surface waiting for being developed and utilized.

Both for its abundant resources and a few favorable conditions, and many limiting factors and low level of development, Huang Huai Hai Plain was listed as top priority in the national regional development plan. The guidelines are to realize the objectives of deeply tapping potential resources, increasing the grain yield and the agricultural production level by the harness of drought, flood and soil salinization, reforming the medium–low yielding land and improving the production and agro–ecological environment.

36.2 Scientific Research and Participation

With the basic scientific research begun in 1950's, the overall scientific research and its participation in the harness and development started in 1973, and is still in progress now. The research, participated by more than one hundred universities and institutes and 1 400 scientific and technological personnel, lasting more than 20 years, is a comprehensive and multi–disciplined big project. it is conducted completely based on the principles of link theory with practices, and research being integrated with participation. Up to now, there are 8 items that have been further research and the findings have begun to be put into practice.

36.2.1 Analysis on agricultural production conditions and resource potential.

On the basis of systematically observation, investigation and research, six sets of specialized maps including agricultural hydrology, landscape and topography, soil & land utilization and have been completed. They have provided a great deal of research findings and technical materials systematically, forming the basis for further realizing and developing of the plain.

It is very important to make a scientific evaluation on the yield–increasing potential. According to the systematic research, in the snort–term, the annum yield–increasing potential index for wheat, corn soybean and cotton is 0.3, 0.4, 0.3, and 0.2 respectively (based on the output in 1987), the relevant total production growth will be 10.3, 7.5, 0.9, and 0.6 million tons. While in the long–term, the annual index potential will be 1.09, 1.53, 1.52 and 1.03 and total increased production 38.8, 28.6, 4.4, and 2.7 million ton respectively. Accordingly a plan for internal structure adjustment of planting industry and planting–livestock industry and for cropland distribution have also been put forward.

36.2.2 Theory of comprehensive harness

Drought, waterlogging, salinization of soil and saline groundwater were the main factors affecting the agricultural production in the plain in a very long time. Construction of irrigated areas to introduce water to fight against drought usually causes water logging and aggravation of salinization. As a result, the irrigating plan was forced to be abandoned. On the contrary, when protect against salinization, often result in the threats of drought. These two facts often lead the people in a passive position of “attending to one thing and losing sight of another”. Since mid of 1970s, a theory of water–salt movement in the semi–humid monsoon climate was raised up based on a great deal of systematic observation and practice. It holds the coexistence of drought, waterlogging, salinization and saline ground–water and their harming in turn is a set of natural phenomenon caused by the water–salt movement under circumstances of semi–humid monsoon climate and flood–alluvial plain geography condition, and an independent geographic landscape and ecological system. It has the features of specific water–salt movement and laws of geographic distribution. The conceptual equation expression of water–salt movement is as follow:

$$\begin{aligned}\mathrm{RWS}(x,y)i(t)=&[c(x,y)it+L(x,y)i(t)g(x,y)i+1]\\&+\mathrm{RWS}(x,y)i(t\text{-}1)+A_{ei}\mathrm{RWS}(xe'y_e)i(t\text{-}1)\\&+\sum_{\substack{j=1\\j\neq i}}^{4}R_{ij}\mathrm{RWS}(x,y);(t)(i=1,2,3,4/(x,y)\in D)\end{aligned}$$

RWS: regional water and salt status. *x*, *y*: spatial position.

G: comparatively stable affecting factors (soil, land form, hydrogeology)

C and *L*: climate factors and man-affecting factor changing with time

t and *t*–1: time

t: time span from *t*–1 to *t* is various subsystems

1,2,3,4: groundwater table, groundwater table, groundwater quality, soil moisture and soil salinity.

A_e: affecting factors of ambient spots to the water and salt situation of (*x*,*y*) spots (*x*,*y*)

D: all spots in the region D on which research is conducted

j: possible subsystems except *i*

According to this theory, drought, waterlogging and salinization should be regarded as a united system and an organically interacted integrity, they have to be harnessed comprehensively, and not separately is the saying goes: treat the head when the head aches, treat the foot when the foot hurts in the past, (which is just the theoretical reason why the past harness failed). The research points out that the substance of comprehensive control of drought, waterlogging and salinization is to scientifically regulate and manage the regional water-salt movement (including precipitation, surface water, groundwater and various soluble salts), in order that drought, waterlogging and salinization of soil can be prevented and ecological environment of land improved. At the same time, the research proposes that exploitation and replenishment of shallow groundwater be "pivot" and "lever" of regulating and managing the regional water-salt movement. At last, measures of control shall be comprehensive, including engineering measures, biological measures (forest, fruit plantation, crops and livestock farming), technological measures of tillage and management.

36.2.3 Regionalization, experimental zone models

For Huang Huai Hai Plain coves a vast area and has complicated conditions, a

Regionalization for Comprehensive Harness of Drought, Flood and Salinization in Huang Huai Hai Plain was drawn out. It divided the whole plain into 9 regions and 61 categories based on different forming conditions of drought, waterlogging and salinization and respective characteristics of control. Accordingly 12 experiment zones for comprehensive control and agricultural development together with 17 single-item experimental zones have been established in the early 1970s and early 1980s, on which a lot of research units and universities and colleges undertook the tasks of research and developing tasks respectively. Beijing Agricultural University involved in the research conducted on Quzhou experiment Zone in Hebei Province, has put forward a model of comprehensive control and agricultural development to the land type of salinity and shallow saline groundwater & alluvial plain. The model includes a farmland engineering system, a optimized fertilizing consultative system and a farmland ecological system of comprehensive development of farming, forestry and animal husbandry, aiming at comprehensive control of drought, waterlogging, salinization saline groundwater. It has not only greatly improved the production conditions, ecological environment, production level and socio-economic status in 2 thousand ha land in experimental zone and extended zone, but also provided a vivid site and example of comprehensive control and agricultural development. Shandong Provincial Academy of Agricultural Sciences, in its research on Shouguang experimental zone in Shandong Province, has created a model of comprehensive control and development of combining farming, forestry and control of salinization in the seashore saline soil and highly mineralized saline groundwater area. That is, to pump highly-mineralized groundwater (its mineralized degree 2-4 times higher than that of sea water) up to ponds to produce sea salt, which at the same lowered the groundwater table, accelerating the desalting of soil in the rainy seasons, therefore, improve the quality of seashore saline soil to different extent. At the same time, agricultural and animal production were also organized correspondingly. Apart form the two examples, China Academy of Agricultural Sciences in Shangqiu and Lingxian experimental zone, Chinese Academy of Sciences in Yucheng; Fengqiu experimental zone, Henan Provincial Academy of Agricultural Sciences and Anhui Provincial Academy.-of Agricultural Sciences separately in other three experimental zones of are nose soil and “Shajiang” clay soil. They all have put forward models of comprehensive control and agricultural development under different conditions based on scientific test results accumulated in more than ten years, and achieved notable economic and ecological benefits.

The total area of 12 experimental zones is more than 134 thousand ha. From 1988 to 1990, many demonstration zones (with a total area of 180 thousand ha more) and expanding zones 470 thousand ha have been established around them, and 67 major technological achievements have been gained, covering an area of 6.7 million ha, resulted in economic benefits of 3.3 billion RMB Yuan.

36.2.4 The regional water and salt management technology system.

The substance of comprehensive control is to scientifically regulate and manage the regional water and salt movement. For this reason, the research has developed a regional water and salt movement monitoring and prediction system (PWS system). The system taking groundwater table, water quality, soil moisture and salinity as a whole, and has established various sub models and PWS system prediction models, with hydro-dynamic theories and balance methods. That is, to predict regional soil humidity and salinity by means of digitized grid maps and map's overlap, then combine them with main crops' tolerance indexes for drought, waterlogging and salinization, so as to put forward seasonal (spring, summer and autumn) prediction on drought, waterlogging and salinization to various crops and annual tread. The monitoring systems the combination of ground-based instrumental monitoring and space remote sensing monitoring. While data storage and processing and producing of different graphs are all realized by computers.

The research of PWS systems was conducted separately in six different-conditioned PWS experimental zones (with a total area of 28 000 sq. km), aiming at providing services to comprehensive control of drought, waterlogging and salinization, scientific management of regional water and salt movement and engineering design of large or medium sized irrigated areas.

The heart of the regional water and salt management technology system lies in further implementation of regional water and salt movement models raised according to different conditions plus the material provided by above-mentioned. In addition, in order to make full use of local water resource and practicing scientific management, the following technologies were developed and applied: technology to exploit shallow saline groundwater with lower mineralization (less than 4 grams per liter), low pressure water-conveyance pipeline and irrigation technology which increases the utilization efficiency of canal water from 40% to 90%, water storage technology which will cause no waterlogging and salinization of soil, multi-form soil surface covering technology (biologically or by plastic film), etc.

36.2.5 Optimized fertilizing technology system

The study, conducted in nearly ten thousand small plots and more than seven hundred field tests, has raised 41 fertilizing models for four crops of wheat, corn, rice and cotton under three levels of fertility. To these type of land with high or middle level fertility, quadratic polynomial design model was used, while for the low level one square root model applied. At the same time, an adaptive chemical test method was developed and ECC (electrical ultrafilter-flow analyzer-computer) test system is widely used.

The research finding has been applied 5 counties'farmland of 14 thousand ha. The optimized fertilizing plans provided for the farmers have resulted yield increase of 8% ～ 12% for wheat and 14% ～ 17% for corn compared to fixed fertilizing method, and an accumulated economic benefit of 69 million RMB Yuan during 1986—1990.

36.2.6 Improved crops' varieties breeding and cultivation technology system

For the wide difference of production conditions and level in Huang Huai Hai Plain, improved varieties of main crops applicable to different conditions were chosen and bred, a propagating system established and appropriate high-yielding, good quality and anti-stress planting technology proposed. In the mid-1980s, a research on crops' production management through computer consultative system was initiated. The system included such models as climatic resource identification, agricultural meteorological prediction ad evaluation, soil fertility identification, variety resource decision making for plant protection measures, multi-target decision-making production management and regulation decision, agricultural production database, etc. At last, an integrated simulation model of crops' production system was worked out, among which the wheat production control system has achieved a satisfactory result of yield-increase of 10% ～ 15% in its five-year demonstration tests on the about 330 thousand ha farmland. Currently the research and test on crops of cotton, corn and rice remain in progress, and the CERES system has been introduced from USA. Summarily speaking, the crops' production control system, guided by theories and methods of systems science, is a system used to direct and manage the crops' production process in form of computer simulation with concentrated scientific findings and experiences of the crops' growth process and their complicated cultivation process.

In addition, there are other important crop cultivation technologies, such as the technology of integrating cotton and wheat or oil, the technology of "one ton grain yield per Mu (1Mu=l/15 ha)" consisted of winter wheat and summer corn, the technology of cotton plant shaping chemical regulation resulting early maturing, high–yield and good cotton quality, and at last, the technology of planting cotton in the saline soil.

36.2.7 Comprehensive farmland shelterbelt system technology

Construction of farmland shelterbelt network will not only improve the farm ecological environment, but also contribute a lot of alleviate the shortage of fuel, forage, green manure and building materials (timber) and adding up to economic incomes. Currently on only about 20% farmland in the plain installed relatively complete shelterbelt network and forest coverage rate of the whole plain is less than 10%. The research of farmland comprehensive shelterbelt technology system has been conducted on 13 types of sites, covering 27 ha. 60 more test varieties of trees and 166 pieces of fixed sample plot have been involved based on the study of the classification of different types of site, the research has raised collocation proportion, structure site, and of different forest trees, technologies of choice quality adaptive tree varieties. matching of tree varieties applicable to conditions of different of planting, as well as cultivation and regeneration of high–quality adaptive tree varieties. Also four effectiveness of microclimate, water–thermal, biological and agriculture has been analyzed and economic benefits evaluated.

The research finding has been applied in 730 thousand ha of farmland, increasing the forest coverage rate from 10% to 20.4%, and the grain yield by 8.7% in average. The input–output ratio is 1 : 10.8.

36.2.8 Agricultural information system

Since the mid–1980s, the theories and methods of geographic information system (GIS) begun to be used in the comprehensive control and agricultural development of the Huang Huai Hai Plain. From then on, a few systems have been developed: first, the agricultural resource information system including climate, groundwater, soil, etc.; secondly, the plant production dynamic process and their analysis information system used to provide macro consultation and guidance for the specific technology application information Systems, Such as the above–mentioned regional water and salt movement prediction and management information system, economically fertilizing consultative system and crops production management consultative systems.

The agricultural dynamic information source comes partly form related counties database of production and economic activities on plant productions. animal husbandry, aquaculture and processing industry of agricultural products gained by statistical departments of different level governments. In addition, it was came from dynamic monitoring on Soil moisture, drought or waterlogging situation, salinization of soil, land use and crops' plantation as well as comprehensive yield estimation of wheat through TM and MSS remote sensing images. SPOT images will undoubtedly improve the quality of many kinds of information, however, they are not widely used for economic reason.

36.3 Comprehensive Harness and Agricultural Development

Our ancestors had conducted harness of this plain for thousands of years. While the control in the recent years was carried out on the basis of modern sciences and technologies and on a large scale. In the 30 years from the early 1950s to the early 1980s, 400 more reservoirs with a total capacity of 25 billion cubic meters of water had been built in the mountainous areas around the plain, the channels of three rivers of Huanghe River, Huai River and Hai River and their main tributaries had been dredged, and 128 million wells drilled, the effectively irrigated area had increased from 1 million ha to 10 million ha and amount of fertilizer applied from 0.02 million ton to 12.76 million ton. Due to decrease of natural calamities and improvement of production conditions (such as water and fertilizer), the total grain yield has increased from 28.9 million ton to 58.5 million ton, that of cotton from 0.51 million ton to 1.49 million ton, the amount of oil, livestock products and farmers income has all increased by different times.

Despite such great progress, the agricultural production in the plain still faces many limiting factors, The infrastructure conditions need an urgent improvement and the huge production potential is to be explored. Just under such circumstances and on the basis of past twenty years' scientific findings, a plan for integrated control and development (PICD) in 1988–2000 has been made out, its objectives being: by the end of this century, while improving production conditions and ecological environment, to realize an increased yield of 34.4 million ton for grain, 1.25 million ton for cotton, 1.86 million ton for oils, 4.5 million ton for fruit, 2.00 million ton for meats and 0.65 million ton for marine products.

In the aspect of improving the production conditions and ecological environment, the first task is to expand the irrigated area to increase the capability of drought resistance. That is, by carrying out the "Huanghe River Diversion" engineering and the "Yangtze River Diversion" engineering, device-matching & maintenance for the existing irrigated areas, and newly drilling and redrilling of 300 thousand wells, to increase the irrigated area by 1.3 million ha and implement an overall water-saving project on 5 million ha irrigated farmland. In addition, channel dredging on 30 more small basins will obviously increase the flood resistant capacity on 4 million ha of farmland.

The second task is to reform 4.6 million ha saline soil, "Shajiang" clay soil, are nose soil, waterlogged lowland and improve 200 thousand ha of grassland and to expand the fresh-water aquaculture area by 150 thousand ha seashore aquaculture area by 330 thousand ha.

The third one is, while raising the amount and quality of organic manures, compost made of stalks and green manure, to increase the annual amount of chemical fertilizer application from 975 kg per ha to 1 800 kg in commercial form, the N, P, K content is about 20% per ha, to adjust the ratio of nitrogen and phosphate fertilizers from 1:0.2 to 1:0.4, and to apply the optimized fertilizing consultative technology in the irrigated farmland of 8 million ha.

Additionally, 7 million ha of comprehensive shelter belt networks and 800 thousand ha of interplanting trees into crop fields will be constructed, increasing the forest coverage rate from 9% to around 18%. The total power of agricultural machinery will be raised from 48 million HPs to 60 million HPs, and the rural power consumption from 7.3 billion kilowatt-hour to 9.5 billion.

In respect to tapping the potential of plant production, while keeping the acreage under food grain, measures will be taken to:

(1) to decrease the low-yielding acreage and increasing the planting area of corn, rice and potatoes with higher increasing potentials by 300 thousand ha.

(2) to improve the crop structure. In the irrigated farmland which meet the requirements, the area of double cropping of wheat-corn, wheat-cotton and wheat-rice will be extended, thus increasing the cropping index from current 150% to around 160%.

(3) to adjust distribution and planting system on the basis of existing research findings.

(4) to improve the varieties of seed and perfect propagating system.

(5) to extend the "crop production management consultative system" to about 1.4 million ha of high or medium yielding land. As to fruit farming, in addition to improving the existed 460 thousand ha of low-yield orchards, emphasis shall be put on developing 530 thousand ha new orchards of fruits such as grape, pear, apple and

jujubes in the old course and flooded area of Huanghe River.

As to tapping of animal husbandry potential, resource superiority shall be fully exploited, and a system of livestock rearing in the plain's agricultural areas be established, so as to increase its output value to a share in total gross value of farm production. The current livestock structure with pig as the main kind should be replaced by an evenly developed variety of pig, meat chicken and egg chicken, and comprehensive development of meat, hair, feather, skin and fur of sheep, cow, rabbits, goose and duck shall be organized to increase the economic benefits.

The existed 10 million head of draft cattle that are low–utilizing effect shall be replace by meat and milk ones. While the pig–breeding methods shall be improved greatly and urgently to Increase off–take rate of hogs. In addition, development of 145 thousand ha of fresh water surface and 330 thousand ha of seashore–culture has a huge potential and will result in a large amount of economic value.

The key factor for developing animal husbandry lies in a powerful backing of feed producing and service system. The plain has abundant vegetative protein resources mainly including cotton–seed meal, soybean and peanut meal, and huge production of corn and sweat potatoes, and large area of low–fertility soil can be planted feed crops with strong stress–resistant capability. A system of feed producing and service with an annual production of 5 million tons, a system of slaughtering, processing, storage, conveyance and sale of livestock products and a system of disease prevention for livestock will be established.

The above–mentioned agricultural development needs an investment of 23.6 billion RMB Yuan, another 3.35 billion Yuan is specific fund used in spreading agricultural technologies and establishing social service system. Roughly speaking, the central government, local governments and farmers shall each pay one–third of he capital.

With the completion of the first phase of the plan (1988—1990), including 1.2 million ha of medium or low–yield land reformed, 62 thousand ha of cultivable wasteland reclaimed, with a total investment of 4.2 billion Yuan.

Huang Huai Hai Plain is a bright green pearl in the east of China. After the comprehensive harness and agricultural development is conducted with persistence and guided by modern sciences & technologies, to promote what is beneficial and abolish what is harmful, it will surely have a bright future, and will make great contribution to the happiness of the local people and the process of China's modernization.

37 华北平原节水农业应用基础研究（汇报用 PPT）

【写作背景】

在完成黄淮海平原旱涝盐综合治理国家科技攻关项目之后，于 1993—1997 年，本《文集》作者与刘昌明院士共同主持了国家自然科学基金重大项目“节水农业的应用基础研究”。1998 年 3 月 11 日，《文集》作者代表项目组做验收汇报。以下是汇报用 PPT，是《文集》作者学会使用计算机后最早做的几个 PPT 之一。39 张幻灯片能简而明地总结概括此重大项目的研究情况与主要成果。以 PPT 替代文字是一种尝试。

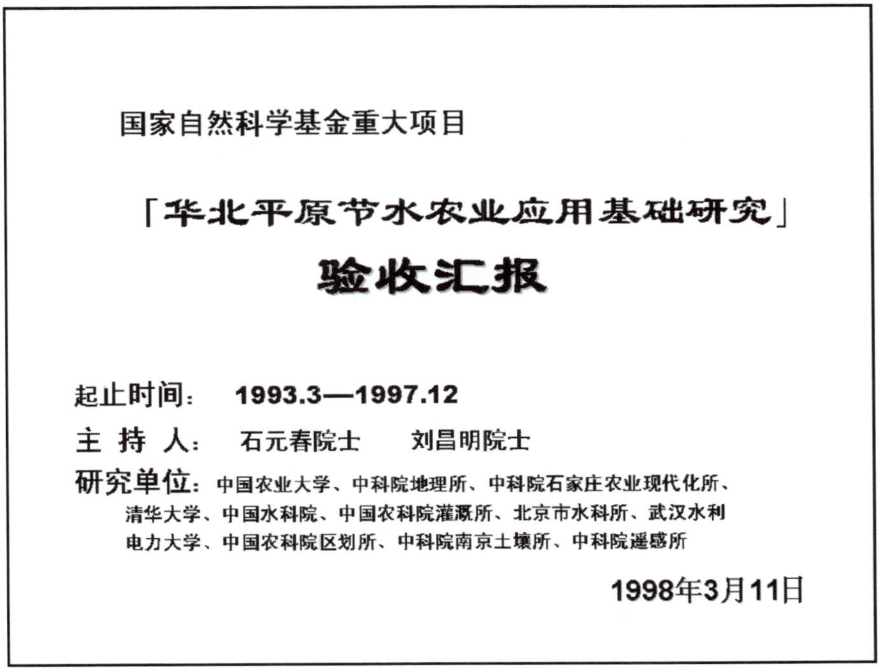

汇 报 内 容

❶工作总结

❷主要研究成果

❸不足和希望

项目分解和课题设置：

编号	课题名称	主持人	工作单位
01	以土壤水为中心的农田水循环规律及节水调控机理研究	石元春　院士	中国农业大学
02	典型农田 SPAC 系统水分运行、转化规律及调节实验	刘昌明　院士	中国科学院石家庄农业现代化研究所
03	节水农业的生物学基础	罗远培　教授	中国农业大学
04	节水农业综合技术的应用基础研究	雷志栋　教授	清华大学
05	节水农业分区及决策系统研究	李宝庆　研究员	中国科学院地理研究所

14个节水农业研究和示范基地

完成的试验工作量：

- 对气象、土壤水、地下水和作物生长进行了3年系统观/监测，
  取得了60多万个试验数据
- 土壤棵间蒸发试验、作物降水截流试验、大型蒸渗仪联合观测，
  取得了近100万个试验数据
- 进行了作物水分胁迫信息传递试验和冬小麦根系的系统观测，
  取得 了6万多个试验数据
- 进行了农田节水试验的系统观测，*投入人力约700个人月，*
  取得了26万个试验数据
- 建立了节水农业分区数据库，*累计上机时间8000小时，*
  形成50多幅有关图件

近200万个数据，5万机时，50多幅图件

发表的论文和著作

专著：

《华北平原节水农业应用基础研究成果汇编》
（内部资料），1994。
《节水农业应用基础研究进展》
（中国农业出版社），1995。
《土壤-作物-大气系统水分运动实验研究》
（中国气象出版社），1997。

总结报告约50万字

计划出版6部专著，200万字以上

已发表论文197篇，其中：
中文核心期刊132篇
英文核心期刊 13篇

几种主要核心刊物发表论文数

期刊名称	数量	期刊名称	数量
Soil Science (美国)	1	水动力学研究与进展	1
土壤学报	4	中国(北京)农业大学学报	11
水利学报	16	清华大学学报	2
作物学报	1	武汉水利电力大学学报	2
地理学报	10	水利科技与经济	1
植物生理学报	7	生态农业研究	6
植物学报	3	华北农学报	3
农业工程学报	4	中国农业气象	2
自然资源学报	2	生态学杂志	1
应用生态学报	1	植物生理通讯	2
应用气象学报	1	灌溉排水	16
农业生物技术学报	1	农业现代化研究	2
水科学进展	10	干旱地区农业研究	2
科技导报	1	应用与环境生物学报	1
水土保持研究	1	自然资源	1
植物学通报	2	生命科学	1
科学通报	2	水利水电科技	2
土壤通报	1	其他英文刊物	8

国际合作研究和学术交流

学术交流：

派出国内学者16人次(讲学、培训、合作研究)
请进国外专家12人次(讲学、研讨、合作研究)

合作研究：

美国佛罗里达大学、德国霍恩海姆大学、英国爱丁堡大学、澳大利亚CSIRO、墨尔本大学、悉尼大学、以色列国家农业研究组织等。

组织国际学术会议：

国际雨养农业会议(北京)　　IGBP/BAHC国际会议(北京)

人才培养

博士后	**14**名
博　士	**42**名
硕　士	**41**名
Σ	**97**名

（详见各课题组材料）

多已成为学术骨干或学科带头人

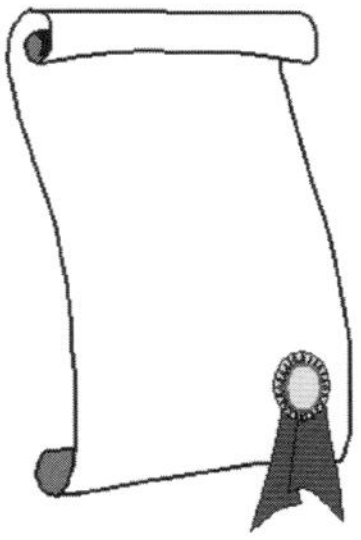

经费使用情况

批准支助经费：	**300**万元
追加经费：	**50**万元
总经费：	**350**万元

经费分配：

课题序号	批准数	追加数	总数
1	63	8.5	71.5
2	54	8	62
3	45	6	51
4	62	8.5	70.5
5	46	6	52
机动	30	13	43
Σ	300	50	350

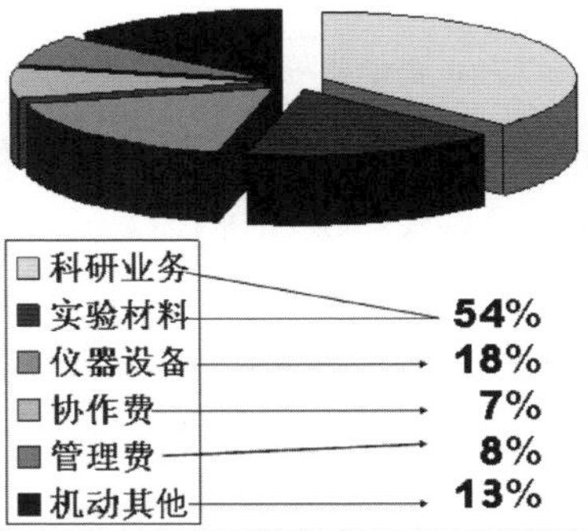

项 目 管 理

- 认真制定落实项目/课题/专题三级 “研究计划任务书”
- 成立了以项目主持人为首的学术领导组负责组织协调工作
- 专题/课题/项目每半年分别提交一份*“研究进展书面报告”*
- 每年年初召开一次研究进展*交流/工作部署会*
- 期中进行了野外观测实验的*实地考察/检查*

  （1995. 5）*项目外专家检查*（1996. 1）
- 项目办公室负责项目的日常工作

会议大事记

1993.3 项目落实部署会
1994.1 年度工作总结交流会
1995.1 年度工作总结交流会
1996.1 年度工作总结交流会
1997.1 年度工作总结交流会

学术思想和课题分解

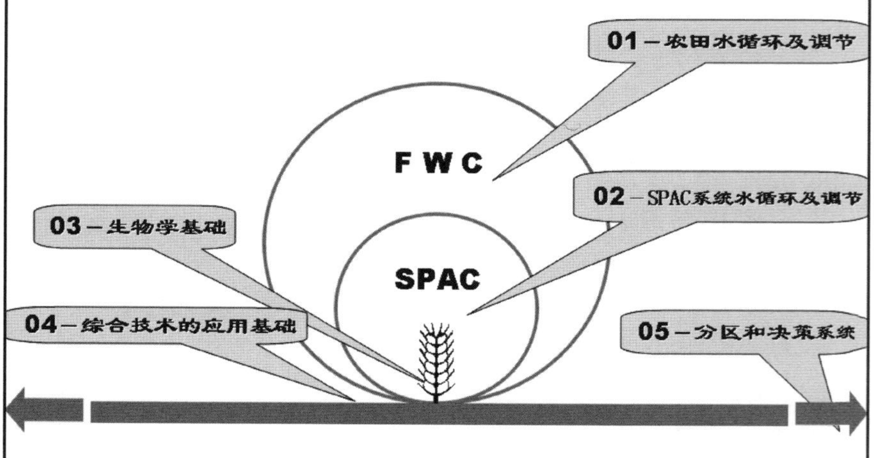

主要研究成果

1. 以土壤水为中心的农田水循环规律及节水调控机理
2. 典型农田SPAC系统水分运行转化规律及调节实验
3. 节水农业的生物学基础
4. 节水农业综合技术的应用基础
5. 节水农业分区及决策系统
6. 新理论新技术应用

1 FWC FWC FWC FWC FWC FWC FWC FWC

建立了以土壤水为中心的农田水循环模型

学术背景和前沿：

- "四水转化"和"农田（区域）水均衡"的*概念性和半定量化*研究阶段

  ——70年代初到80年代中

  "水盐运动"和"农田水循环"*定量化和模型化研究的起步*阶段

  ——80年代中到90年代初

- 国外主要集中在较大尺度(流域)和较小尺度(几百平方米)，缺乏对实际农田操作单元土壤及水分的定量描述和预测。

学术前沿和学术思想：在已有大量工作基础上，通过建立以土壤为中心的农田水循环的综合和通用性模型，以进一步和全面揭示华北平原农田和区域水循环的特征和规律，并使之定量化和实用化。

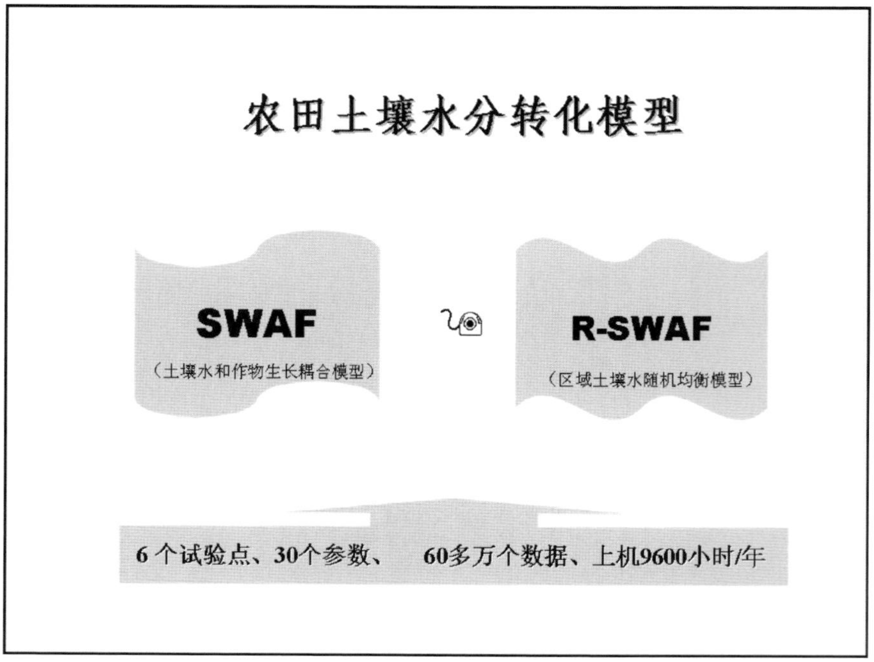
农田土壤水分转化模型
SWAF
（土壤水和作物生长耦合模型）
R-SWAF
（区域土壤水随机均衡模型）
6 个试验点、30个参数、 60多万个数据、上机9600小时/年

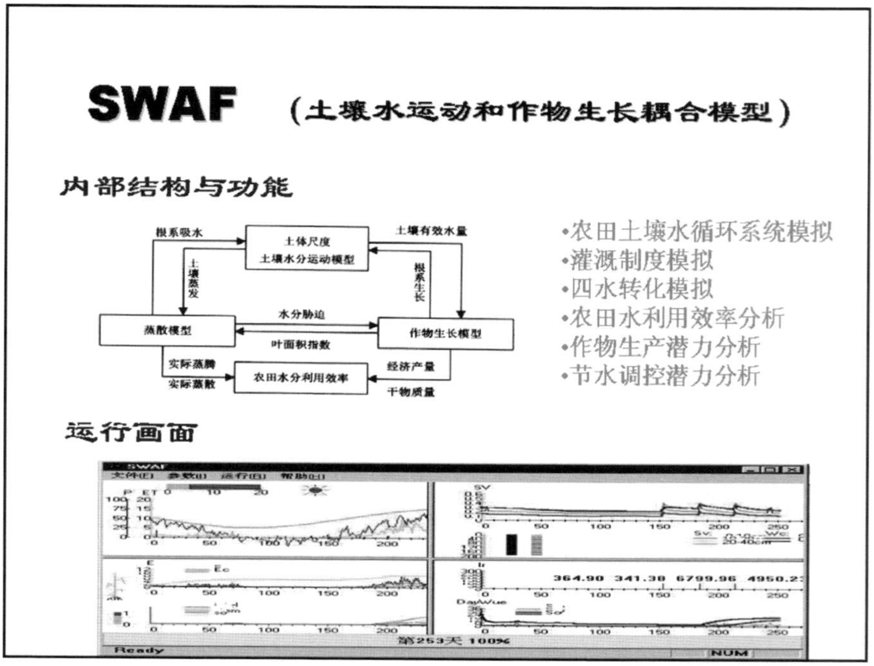
SWAF （土壤水运动和作物生长耦合模型）
内部结构与功能
根系吸水
土体尺度
土壤水分运动模型
土壤有效水量
土壤蒸发
根系生长
水分胁迫
蒸散模型
作物生长模型
叶面积指数
实际蒸腾
实际蒸散
农田水分利用效率
经济产量
干物质量
•农田土壤水循环系统模拟
•灌溉制度模拟
•四水转化模拟
•农田水利用效率分析
•作物生产潜力分析
•节水调控潜力分析
运行画面
Ready
NUM

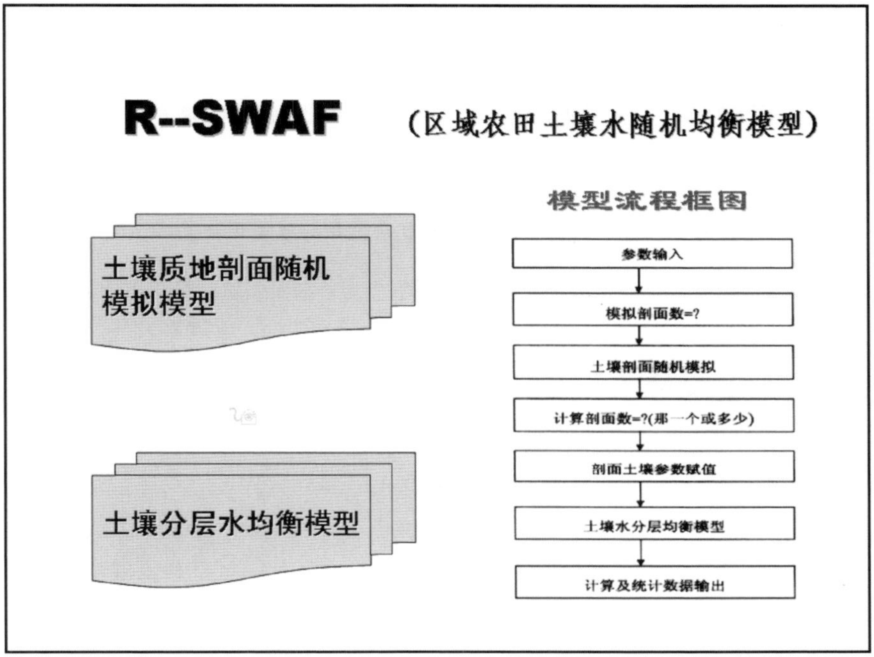
R--SWAF （区域农田土壤水随机均衡模型）
土壤质地剖面随机模拟模型
土壤分层水均衡模型
模型流程框图
参数输入
模拟剖面数=?
土壤剖面随机模拟
计算剖面数=?(那一个或多少)
剖面土壤参数赋值
土壤水分层均衡模型
计算及统计数据输出

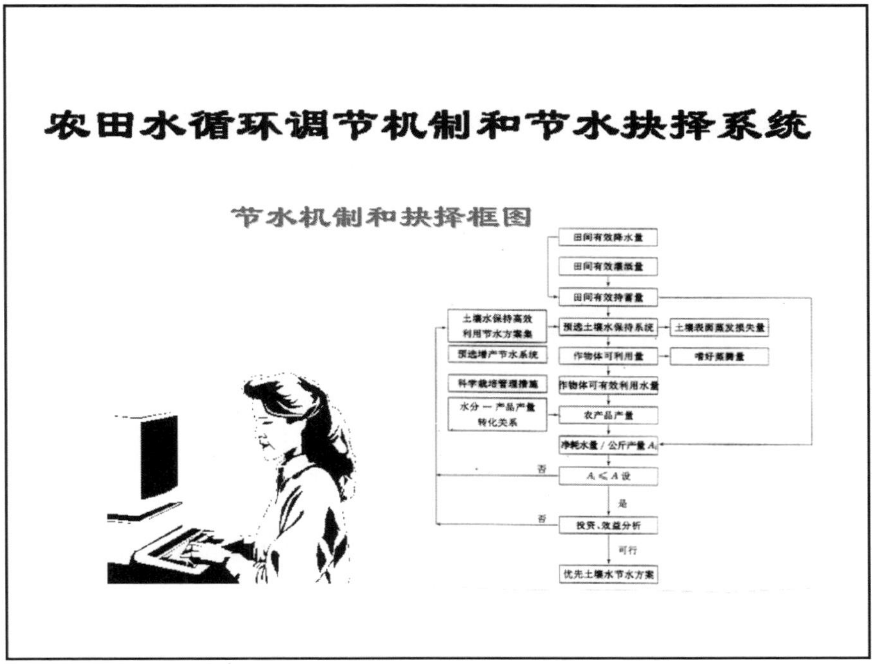
农田水循环调节机制和节水抉择系统
节水机制和抉择框图
田间有效降水量
田间有效灌溉量
田间有效持蓄量
土壤水保持高效利用节水方案集
预选土壤水保持系统
土壤表面蒸发损失量
预选增产节水系统
作物体可利用量
科学栽培管理措施
作物体可有效利用水量
水分一产品产量转化关系
农产品产量
净耗水量 / 公斤产量 A_i
否
$A_i \leqslant A$ 设
是
否
投资、效益分析
可行
优先土壤水节水方案

②

SPAC系统的水分运行和节水调节

将土壤—植物—大气作为一个物理上统一的连续体，即SPAC系统（Philip,1966）。用物理学方法，定量研究水分在这个不同介质和界面的连续体中的运动规律，是节水农业的重要理论基础。

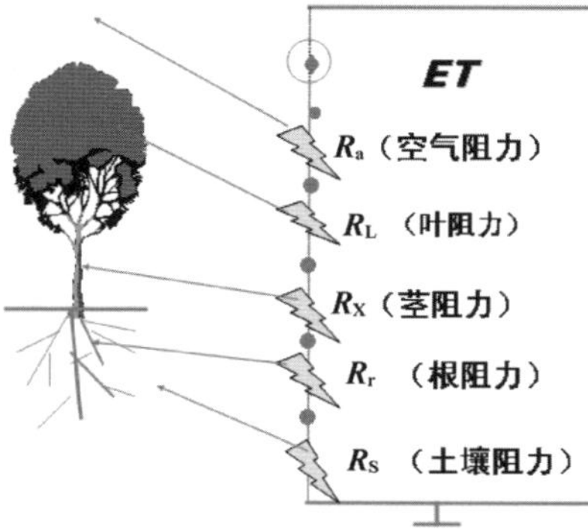

本项研究目的在于通过大量观测实验，探求华北平原农田水分在SPAC系统中的运行规律，并为节水农业提供理论依据和指导。

主要观测项目

典型区：栾城站
实验方法：
田间实验
小区对比
Lysimeter
盆栽
水分池
单叶、个体和群体

4年

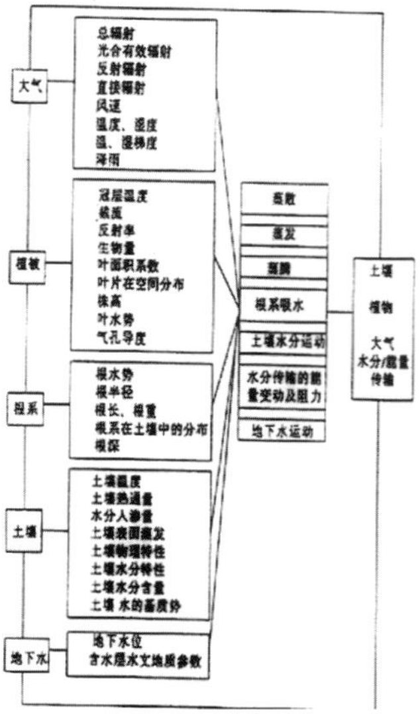

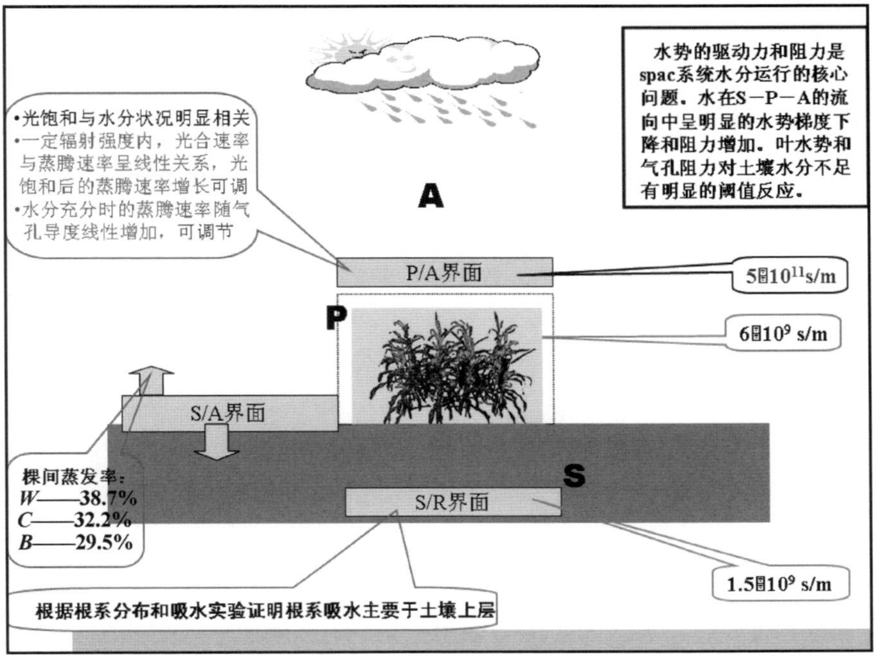
水势的驱动力和阻力是spac系统水分运行的核心问题。水在S－P－A的流向中呈明显的水势梯度下降和阻力增加。叶水势和气孔阻力对土壤水分不足有明显的阈值反应。
•光饱和与水分状况明显相关
•一定辐射强度内，光合速率与蒸腾速率呈线性关系，光饱和后的蒸腾速率增长可调
•水分充分时的蒸腾速率随气孔导度线性增加，可调节
A
P/A界面
5×10^{11}s/m
P
6×10^{9} s/m
S/A界面
S
S/R界面
棵间蒸发率：
W——38.7%
C——32.2%
B——29.5%
1.5×10^{9} s/m
根据根系分布和吸水实验证明根系吸水主要于土壤上层

SPAC 系统综合模拟
冠层表面阻力与环境因子关系和水热传输模型
水分能量溶质运动模拟
土壤水分对小麦根系生长的节水调控模拟
蒸散及其过程模拟

3

作物节水的生物学机理研究

研究目标：“提出作物在缺水逆境中可能维持较高蒸腾效益的条件，水分、养分对作物的交互作用。探索田间节水的理论基础。”

研究内容：“根系特征和吸水；根系环境对作物水分利用效率的影响；根系与地上部分的信息传递”

研究思路：

以根冠关系作为作物水资源高效利用研究的核心

- 作物根冠互作（器官水平）
- 作物根冠间信息传递（细胞水平）
- 作物和根系的土壤水氮环境

3.1 作物的根冠互作

- 在根冠间既相互依赖促进，又相互竞争制约的复杂关系中，研究提出了作物高效用水的生物学结构与功能的优化匹配；建立了适应趋向的动力模型。为作物高效用水的结构功能的整体研究分析和通过模型指导灌溉制度的制定提供了理论依据

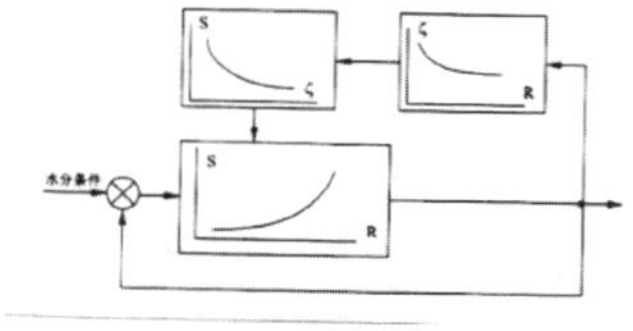

根冠适应过程图

- 观察和发现受水分胁迫时作物出现的生长滞后现象和胁迫解除后的自组激发和反馈调节机制；建立了滞后--反馈模型。为非充分供水和水分胁迫下，自觉运用反馈调节机制以提高水分利用效率和改善作物生长状况。

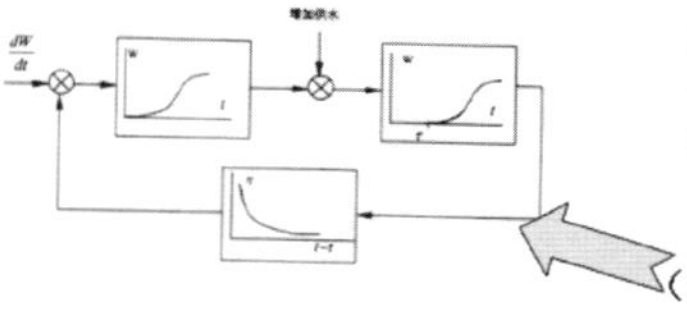

（水分变动中干重积累滞后与反馈机制图）

3.2 水分胁迫与作物根冠间电化学波信息传递

气孔是作物与外界环境进行水和CO_2交换的门户和可人为调节的关节点，对水分胁迫最敏感的根系与气孔间是通过电波和化学信号进行信息传递的

化学信使—ABA
发现在保卫细胞质外体中ABA大量积累是诱导气孔关闭的主因，又与ABA在保卫细胞背和腹壁中的再分配密切相关，在国际上首先发现ABA在气孔中的分室化作用

乙酰胆碱: **发现乙酰胆碱在根冠交通中能起正信号作用；首先发现它能以"神经递质"的作用传递电波和运动蛋白收缩，可以提高气孔的敏感性与导度，参与气孔保卫细胞的膨压运动。提出电化学波诱导气孔运动不仅是渗透调节，还有细胞骨架参与。在国际上首次提出了调控气孔的电化学波理论。**

3.3 根系生长与土壤水氮环境

土壤是作物及其根系生长的主要环境，土壤水氮是主要影响因素和可调控手段

根系生长的优化土壤水氮条件的确定

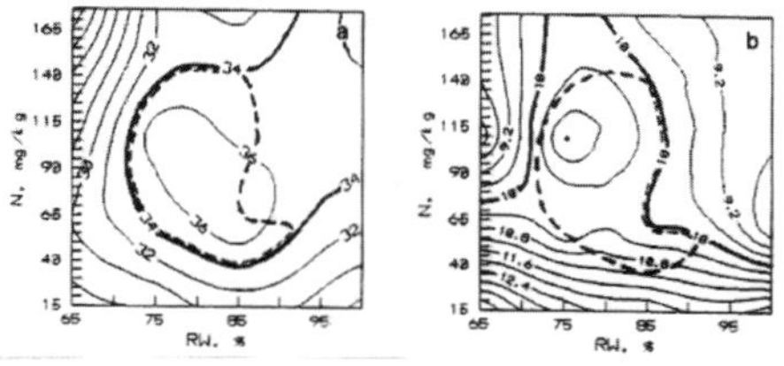

土壤—作物联合模型

作物生长发育模型

根系吸收模型

土壤水氮运动模型

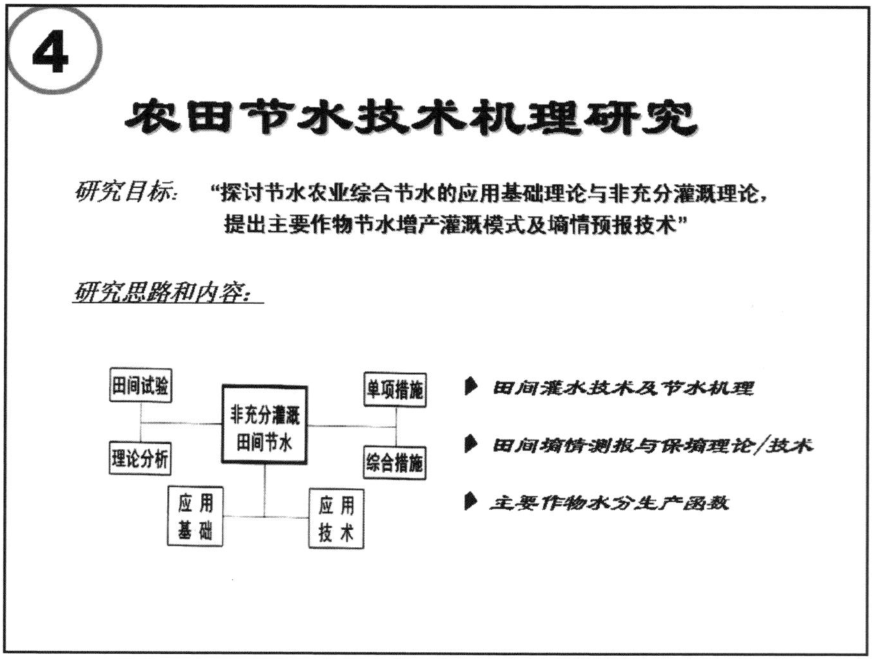
4
农田节水技术机理研究
研究目标: “探讨节水农业综合节水的应用基础理论与非充分灌溉理论，
提出主要作物节水增产灌溉模式及墒情预报技术”
研究思路和内容:
田间试验
理论分析
非充分灌溉
田间节水
单项措施
综合措施
应 用
基 础
应 用
技 术
田间灌水技术及节水机理
田间墒情测报与保墒理论/技术
主要作物水分生产函数

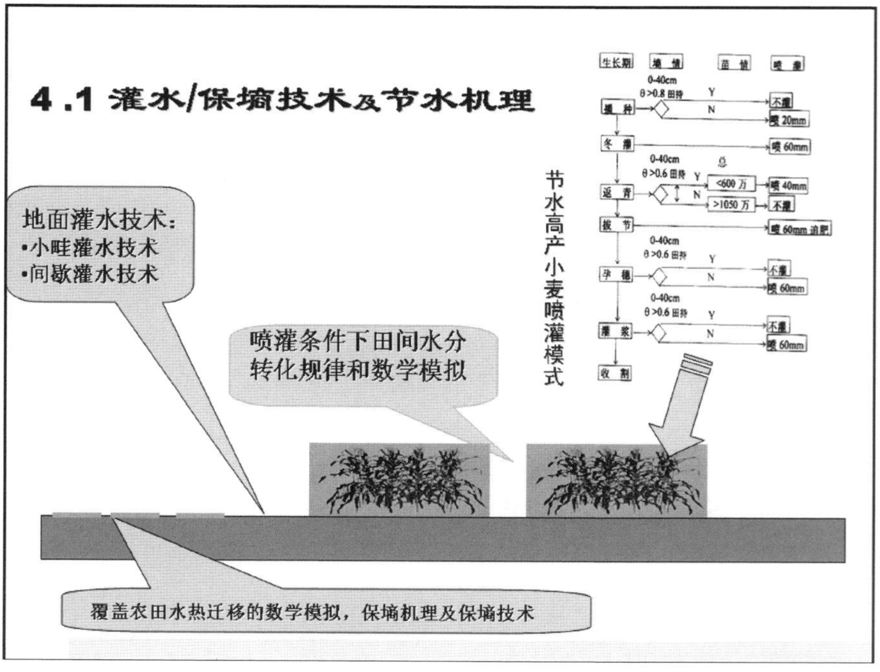
4.1 灌水/保墒技术及节水机理
地面灌水技术:
•小畦灌水技术
•间歇灌水技术
喷灌条件下田间水分
转化规律和数学模拟
节水高产小麦喷灌模式
生长期
墒情
苗情
喷灌
0-40cm
θ>0.8 田持
Y
N
播种
不灌
喷 20mm
冬灌
喷 60mm
0-40cm
θ>0.6 田持
返青
<600 万
>1050 万
喷 40mm
不灌
拔节
喷 60mm 追肥
孕穗
灌浆
不灌
喷 60mm
收割
覆盖农田水热迁移的数学模拟，保墒机理及保墒技术

4.2 田间土壤水分消退规律和墒情测报

认识田间土壤水分消退规律，进行墒情测报是科学用水，节水增产和抗旱防灾的基础工作；是认识客观世界与精密测报技术的结合。本研究提出了预报模型和方法、测报信息系统和用水管理系统。

墒情监测模型库

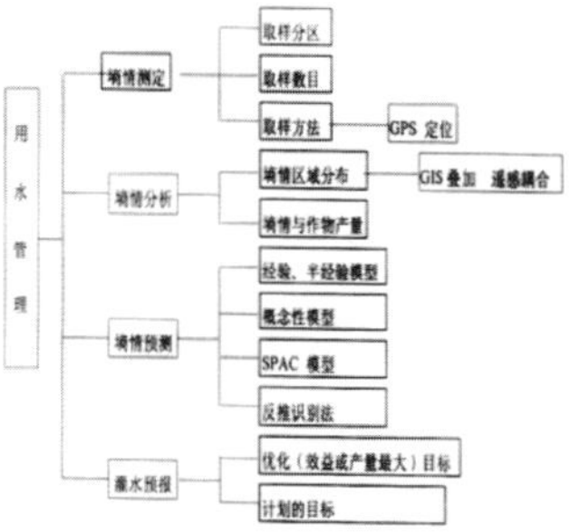

墒情预报模型
（经验性、概念性、机理性）

随机性墒情预报模型
（正推法、反推法）

应用一阶自回归模型预测潜在腾发量的随机变化
将土壤水状态变化作为一阶Markov链过程。利用时间序列分析方法模拟作物参照腾发量的随机变化

4.3 作物水分生产函数研究

作物需水量与作物产量之间的关系称为“作物的水分生产函数”，是非充分灌溉条件下研究二者关系和指导灌水技术和用水管理的理论依据。

作物动态产量 Morgan模型

- 提出了土壤水分响应函数新表达式
- 研究证实了模型的良好时域稳定性
- 研究提出了其地域适应性合适的表达式

水分生产函数Jensen模型

突破传统模式，提出了水分敏感指数积累函数概念，可不受地点和年份影响。

5 节水农业分区及决策支持系统

研究目标： 提出节水农业类型与分区，制定节水农业综合技术与科学管理模式

拟解决的关键问题： 节水农业区划与节水模式，建立节水农业决策系统

研究内容：

- 节水农业分区
- 节水农业模式
- 节水农业决策支持系统

5.1 节水农业分区

揭示与节水农业相关的自然和社会经济条件的地域特征，为因地制宜地确定不同节水农业模式提供科学依据

3个一级区
11个二级区

因子分析

指标体系

指标聚类

分区界限

5.2 节水农业模式

之一：以喷微灌为主＋节水措施
之二：以渠道防渗为主＋节水措施
之三：低压管道为主＋适水种植
＋节水措施
之四：以适水种植为主＋微灌
之五：渠道防渗－管道输水为主
＋节水工程和措施

5.3 节水农业决策支持系统

1.建立多种数据源的
空间型数据库

2.GIS支持下的
决策方案生成方法

3.决策评价指标体系和
方案综合评价模型

6

新理论新方法应用

- 应用 分形（FRACTAL）理论和技术研究了作物根系形态和土壤水分空间变异
- 应用 三维可视化 理论和技术于作物生长发育模型
- 应用 两域流动 理论研究大孔隙条件下的Darcy定律
- 应用时域反射仪(TDR) 进行了土壤水分测定
- 应用 现代观测技术 丰富和发展了SPAC界面理论
- 应用 RS和GIS 建立了节水农业决策系统

总

主要创新性研究成果

- *建立了以土壤水为中心的农田水循环模型及节水抉择系统*
- *取得了大量和系统观测资料，发展了SPAC系统界面理论*
- *系统研究了作物根冠互作，提出了气孔调节的电化学波理论*
- *丰富了非充分灌溉理论，为发展节水灌溉技术提供依据*
- *提出了华北平原节水农业分区与决策系统*
- *应用了新理论新方法*

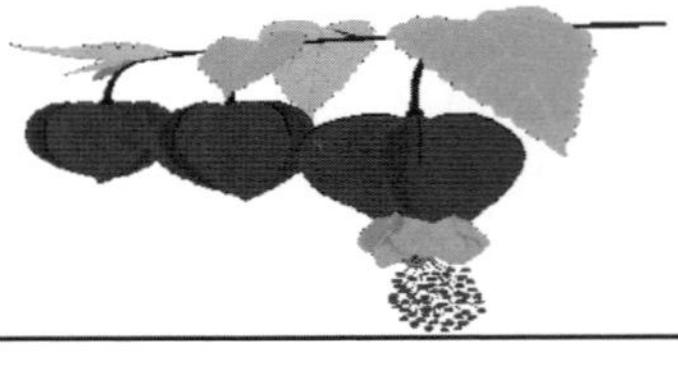

总

具有重要应用前景和指导意义的成果

☒ 进一步完善的**SWAF1.0 / RE－SWAF**模型将可广泛应用于华北平原农田水的调节和管理

☒ P/A界面、作物根一冠互作和调控气孔运动的电化学波理论将从细胞到群体水平上对作物与环境的系统调控

☒SPAC系统和节水灌溉应用基础研究将对农田灌溉技术、覆盖保墒技术以及墒情测报和作物水分生产函数分析等将对形成新一代的农田节水技术体系产生重要影响。

☒节水农业分区及决策系统将对县以上的区域性宏观节水的科学指导和科学决策有重要参考意义

本项目按“计划任务书”要求，全面和较好地完成了各项研究任务

研究工作特点：

- 多学科交叉融合
- 微宏观结合，点面结合
- 把握学科前沿，应用新理论新方法
- 注重学术创新，又有应用前景

不足和希望

不足：

- 实验数据有待于进一步分析和处理
- 建立的模型还需在实践中进一步验证和完善

希望：

在基金委的领导支持和研究人员的努力下，本项目取得了一批重要成果，有些成果在理论和应用上都具有重要价值，*如得不到继续资助而中断*，太可惜了。希望基金委予以考虑，以不同形式继续给予资助，定收*事半功倍*之效。

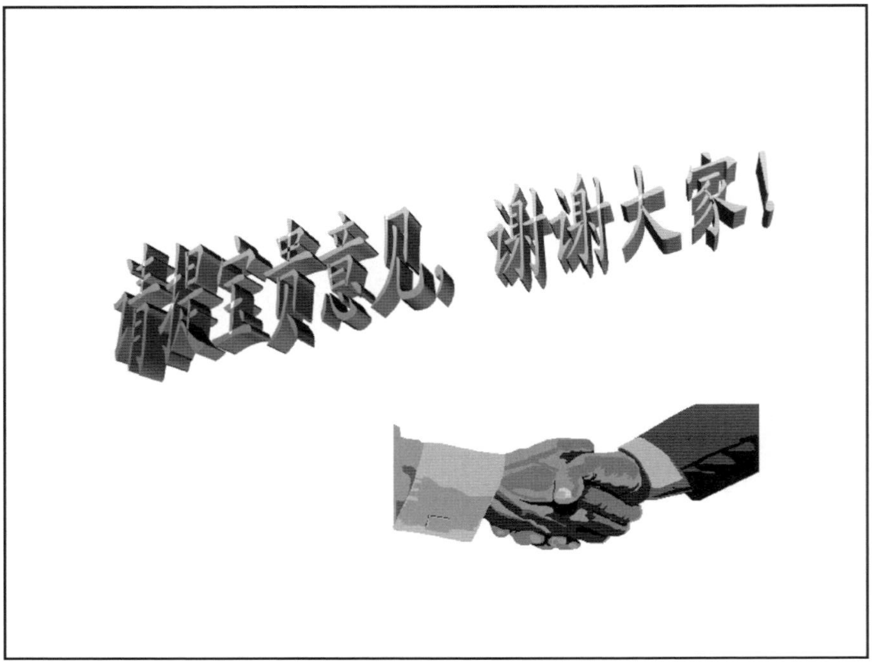

38 开拓中的蹊径：生物性节水[①]

【写作背景】

在“节水农业应用基础研究”中，《文集》作者深感重“工程技术”而忽视农业种植过程中生物体的节水潜力，在一次学术报告会上对此作了系统阐述。后成文，发表在《科技导报》1999 年第 10 期。

38.1 理性的呼唤

黄河和印度河、尼罗河和底格里斯河孕育了人类文明，而当今淡水资源的匮乏正威胁着人类社会的发展。面对新世纪和未来，有识之士对全球性淡水资源的状况充满忧患。联合国水问题大会提出：“石油危机之后的下一个危机便是水”（1997），另一份报告还说：“30 年后，全世界 2/3 的人口将面临供水紧张”。世界银行副行长萨拉杰丁认为，下个世纪，如爆发战争，其起因将是水，而不是石油，该行持续增长委员会呼吁：“如不及时采取行动，一场空前的水危机将会在全球范围内爆发”（1996）。

我国人均淡水资源占有量只有世界平均量的 1/4，且时空分布高度不均，是世界 13 个贫水国之一。水资源严重不足，利用效率很低（不及发达国家一半），浪费十分严重，将成为我国未来经济建设和社会发展的一个重要制约因素。近 80 年（1920—1997）的流域降水资料表明，黄河断流并非水资源总量的减少而是区域分配上的变化，根子仍然是水资源的严重浪费。农业是用水大户，占 5 400 亿立方米年总用水量的 70% 以上，农业节水首当其冲。中共十五届三中全

① 本文是作者 1999 年 5 月在国家自然科学基金委召开的“我国水资源论坛”上的发言整理而成。

会提出："要把推广节水灌溉作为一项革命性措施来抓，大幅度提高水的利用效率"。节水已成为举国上下的共识，成为我国的一项基本国策。

38.2 生物性节水

"节水"是一种俗称，学术上的提法是指提高农业生产过程中的水分利用效率（WUE），即提高单位耗水（蒸散量）的经济产量。农业生产从引水到农业产出是个多环节和长过程的活动，包括引水、输水、灌水和地表蒸发等非生物性水消耗过程；也包括作物根系从土壤中吸水、传输、蒸腾和同化物合成的生物性水消耗过程。说到节水，人们直感和熟悉的多为前者，即通过渠道衬砌防渗、管道输水、喷灌微灌、覆盖保墒等工程性措施以减少输水中的渗漏、灌水中的浪费和地面蒸发的损失，而往往忽视后者。

节水是手段，农业产出是目的，是节水的终极评价标准，而农业产出主要是在生物性耗水过程中形成的。相同的水分状况，不同的作物或同一作物的不同品种的同化物产出可以大不相同；相同的干旱程度，不同作物或品种受旱减产情况也会大相径庭，问题在于生物性耗水上的差异。植物可以通过扩展根系和调节气孔以御旱；可以通过渗透调节以耐旱；也可以整体性地具有高水分利用效率。据邱国雄的测定（1992），C3 植物的蒸腾比（蒸腾量与 CO_2 同化量之比）平均为 1052 + 225，而 C4 植物为 494 + 45，二者相差一倍以上，玉米、高粱、粟子、糜子的水利用效率就比稻麦高得多。同是燕麦，不同品种的蒸腾比在 300 ～ 650，也可相差倍余（山仑，1985）。此外，作物的不同生育期对水分亏缺的反应不同，水分亏缺对产量形成的有关生理过程的影响也不一样，这正是非充分灌溉的理论基础。所谓生物性节水，是指利用和开发生物体自身的生理和基因潜力，在同等水供应条件下能够获得更多的农业产出。

以减少输灌水过程中无效损失为目标的工程性节水，其技术性强，研究开发程度高，工作重点在于产业化开发及相关技术研究。而生物性节水面对的不是材料和设计、工程和技术，而是复杂的生物体。其特点是研究难度大，开发程度低，应用中投入小而效益高，潜力大而前景广阔。以色列的喷微灌工程节水已经达到很高水平，面临继续开发难度增大和潜力渐减的难题，他们越来越认识到，"只有提高作物自身的水分利用效率才有可能取得节水上的新突破"（Stanhill, G.,1992）。分子生物学和生物技术的兴起和发展，为生物性节水带来了巨大活力，正孕育着新的突破和进展。近 20 年，我国年均旱灾面积 3.4 亿亩，损失粮食 5 000 万～ 6 000 万吨，如果通过调整作物类型、品种和种植制度，培育优良抗旱品种，提高农业灌溉和抗旱技术等生物性节水措施，必将低投入高效益地减少干旱造成的损失，增加农业产出。生物性节水的蹊径正在开拓中。

38.3 作物对干旱的生理响应与调节

作物在水供应不足的胁迫下，有抗有耐，也有一系列的主动性响应，特别是“渗透胁迫”（Osmotic stress）响应，如增加细胞溶质，降低渗透势，维持膨压及细胞扩张、气孔启闭等生理响应过程，均可明显增强作物抗旱能力。

作物从土壤中吸收的水分主要用于蒸腾，因而提高蒸腾比就成为提高作物水分利用效率的重要指标。蒸腾的主要通道和出口是气孔，研究气孔启闭和蒸腾的生理机制，无疑是提高作物蒸腾效率和 WUE 的重要切入点。近年研究中的一个重要进展是水胁迫下的信使和信号传递。胁迫信息传递中有膜的感受功能、电化学波的传导功能及不同代谢水平上的响应。研究中发现，乙酰胆碱能以“神经递质”的作用，传递电波和运动蛋白收缩，可以提高气孔的敏感性和导度，参与气孔保卫细胞的膨压运动，在根冠交通中起着副信号的作用。植物激素 ABA 是在干旱胁迫下由根向地上部分传递信息的化学信使。吴国胜的工作证明了根部可以合成 ABA，通过蒸腾流传送到叶片表面，其含量与气孔开度呈显著负相关（1993）。ABA 在保卫细胞质外体的大量积累和在保卫细胞背部和腹壁中的再分配是诱导气孔关闭的主要原因和机制（王学臣，1995）。但是，一些重要理论问题，如电波传递的生理功能和与化学信号的关系；根系对环境信息感知传递和作物响应的机理；细胞的信息传导和气孔运动的调节机制；植物激素在信号传递及调节机理等都有待于进一步揭示。

调节气孔启闭是提高蒸腾效率的重要途径。研究中发现，与 K^+ 螯合的离子载体，如水杨嗪酸、腐殖酸等喷洒在叶片上，可以有效地引起气孔关闭和降低蒸腾。近年我国北方地区叶面喷施黄腐酸已在数百万亩农田上取得了较好抗旱增产效果。据报道，ABA、$CaCl_2$、三唑酮等化学物质也能起到增强作物抗旱能力的作用。李耀强还观察到叶片喷施低浓度 ABA 可促进根系发育，提高抗旱能力的有趣现象。提高作物蒸腾效率和水分利用效率的化学和生物化学物质在生产应用中日益受到关注。

渗透胁迫环境中作物的滞后效应、复水后的补偿效应和不同作物、不同品种、不同发育阶段对渗透胁迫的不同响应以及与产量形成过程的关系，始终是抗旱生理的研究热点。Turner, N.C. 曾提出“水分亏缺并不总是降低产量，早期适度水分亏缺有利于某些作物的增产”的“有限水分亏缺效应”（1989）；郭贤仕在我国西北以谷子为材料的试验表明，前期干旱锻炼可以使水分利用效率提高 10%～73%，我国北方农民也早有“蹲苗”经验。水分胁迫对作物产量形成不是简单的线性关系，而是一种多层次的复杂生理过程。通过对不同作物的水胁迫生理的深入揭示，将使农田灌溉技术和作物水分利用效率提到一个新的高度。

38.4 作物 WUE 的分子遗传改良

提高作物水分利用效率（WUE）的研究在分子水平上也已取得可喜进展。研究证明，作物对水分胁迫的响应是多途径的，是由多基因控制的复杂过程，其重要性状 WUE 具有稳定的遗传性。作为水分胁迫信息传递和调节气孔反应的化学信使 ABA，已从小麦上分离得到 7 个 ABA 的应答基因和克隆了 150 多个受 ABA 调控的基因（Guitinan）。近年已发现的渗透胁迫调节基因（OR 基因）有能合成如氨基酸、脯氨酸、糖醇、甜菜碱等一些溶质，以降低细胞水势的相溶性溶质合成基因；有可以改变光合作用途径，如由 C3 途径转变为强耐旱性的 CAM（景天酸代谢）途径的光合作用相关基因；有抗氧化基因（SOD、CAT 等）；有跨膜转运体基因和盐的分室化基因等。

作物 WUE 的分子标记研究也取得了重要进展。Martin 等对番茄 WUE 基因位点的研究提出，干旱敏感的栽培品种与耐旱野生型之间有 70% 的 WUE 遗传变异与 B 染色体上的 85 号位点、F 染色体上的 4 号位点以及 Q 染色体上的 90 号位点有关。Main 等对大豆 WUE 的 RFLP 连锁图谱研究提出，有 6 个 RFLP 标记与 WUE 基因有关，一个位于染色体 LG15（G）上，两个位于 LG17（H）上，3 个位于 LG18（J）上。利用 WUE 的 RFLP 连锁图谱已找到与所要克隆基因有紧密连锁关系的分子标记进而得到所要克隆的 WUE 基因。分子标记技术在作物 WUE 的遗传改良和分子育种上开拓了一条有效的途径。

作物 WUE 的分子遗传改良在实践上也有了进展。1993 年 Tarczynski 等首先将甘露醇 -1- 磷酰脱氢酶基因转移到烟草，增强了抗旱能力。梁峥将 BADH（甜菜碱醛脱氢酶）基因转移到烟草，也提高了烟草的抗旱（盐）性。日本学者从 C4 植物尾稻草属中克隆出了 PEPCK 基因，并导入水稻，使 CO_2 同化力显著增强，补偿点明显降低。此外，还分别在烟草、苜蓿和水稻上成功地分别转移了 LEA、CAT 和 SOD 基因，均在不同程度上提高了作物的抗旱能力。

WUE 的分子遗传改良才是起步，一些重要的基础性研究显得特别重要。如建立我国缺水地区主要农作物 WUE-RFLP 分子标记连锁图谱和 WUE 基因的定位、克隆及其结构、功能和表达调控的研究；单个 OR 基因的系统整合和全 cDNA 测序；在分子水平上揭示作物渗透胁迫及适应性调节机理；通过渗透胁迫突变体的整合性分析，寻求关键性基因和渗透胁迫高耐受性工程植株等。生物技术发展日新月异，抗逆性的分子育种已成为关注的热点，相信常规育种与分子育种的结合，高 WUE 作物品种将会不断涌现，异军突起于农业节水战线。

38.5 根—土微生态系及其调节

作物根冠关系的研究进展加深了对作物 WUE 的整体性认识。作物所需水分主要来自土壤，而水分在土壤中不是孤立存在，是土壤复杂系统中的一个有机组成部分。因此，土壤微生态系，特别是根—土微生态系就成为作物 WUE 研究中的一个重要组成部分。近年，土壤表面化学和电化学、土壤水动力学和溶质运移、土壤微生物系和根土界面的研究；模型化技术、模拟和可视化三维重建技术、分形理论和技术、空间变异和 3S 技术、原位活体根系测定技术以及生物技术等理论和研究方法上的突破性进展，大大推进了人们对根—土微生态系以及与作物 WUE 关系的认识。1985 年美、德等国将根际动态列为国家级重点研究项目；1986 年第 13 届国际土壤学会成立了根际工作组；1989 年召开了 6 次有关根际的国际学术会议；1994 年 15 届国际土壤学会提出：根际动态研究对提高土壤水肥利用效率具有特别重要意义。

根—土微生态系有水分、养分和微生物群；有作物根系、各种有机物、腐殖质和矿物质；有根系分泌物、微生物分泌物和 VA 菌根；有离子交换过程、溶解沉淀过程、氧化还原过程、酸碱调节过程等，这个复杂系统处于动态平衡和演化过程之中。以往，土壤化学、土壤物理学、土壤微生物学、植物生理学等单学科的研究较多，近年对整体性、综合性以及根—土界面的研究越来越受到重视。研究中发现，向根趋近的土壤水分呈明显的梯度下降；土壤水分向根系转运中，根表存在的一层高张力土壤溶液膜制约着水分的传导，其传导阻力与其中离子活度有关（Watt）。研究中还发现了一种有趣的“提水现象”（hydraulic lift）现象，即养分多集中于土壤表部的耕作层而水分多蓄存于土壤下层，当根系从下层土壤吸水向地上部转运的中途，将部分水分释放于上部干旱的土壤以利于养分吸收。

根—土微生态系的水养互作研究一直受到重视。研究发现，根际含水量下降引起土壤磷钾有效性迅速下降（Jungk）和改变了小麦根系的 NO_3^- 吸收动力学参数（龙怀玉等）。合理的营养状况对提高作物 WUE 有重要影响，常规方法施用磷肥的有效率只有 20%，而根际施磷的有效率可达 80%（张福锁）；合理施肥可使作物的水分利用效率提高 49%（邹邦基 1995）以及在水氮利用效率的协同效应研究中提出了优化指标和管理（李韵珠，1996）。作为一个系统的根—土微生态，植物根系和微生物群落是重要的参与者和对 WUE 有着重要影响。研究表明，植物在缺乏某一养分时，可自身合成专一性物质分泌于根际以活化土壤中的这种养分，磷钾的活化具有特别重要意义。此外，作物吸收氮量的 60% 来自土壤微生物量氮，即氮肥施用中的大部分需要经过微生物 0.2 ～ 0.6 年时间的转化。

综上所述，水的土—根传导、肥水互作、根分泌物及微生物的根际效应、土壤氮磷的生物活化等与提高作物水分利用效率方面的研究，将进一步揭示一个新的视野，开拓生物性节水的一条新径。

38.6 结语

节水是为了在一定水量条件下增加农业的产出。通过调动生物体的生理和基因潜力以增加农业产出的生物性节水是相对于以减少无效耗水的工程性节水而言，二者相辅相成，不可替代。工程性节水技术性强，开发程度高，投入大。生物性节水需要深厚的理论基础，难度大，开发程度低，但具有潜力大，低投入高产出，厚积薄发的特点。分子生物学和生物技术的兴起和发展正在揭示这个崭新而诱人的领域，生物性节水的蹊径正在开拓中。抗旱性分子育种与新品种培育、作物生理过程和根—土微生态系的调控、提高作物水分利用效率的灌溉技术和施肥技术、抗旱性制剂的研制和施用等将逐渐形成生物性节水的技术体系。低投入高产出的生物性节水与工程性节水相结合，将成为具有中国特色的农业节水之路。

参考文献

[1] 石元春，刘昌明，龚元石 . 节水农业应用基础研究进展 . 北京：中国农业出版社，1995.

[2] 邱国雄 . 植物光合作用效率//余叔文，汤章成 . 植物生理与分子生物学 . 北京：科学出版社，1992：236.

[3] 山仑 . 提高旱地农田生产力的若干生态生理问题 . 干旱地区农业研究，1985，4: 71–79.

[4] 山仑 . 改善作物抗旱性及水分利用效率研究进展//作物高产高效生理学研究进展 . 北京：科学出版社，1994.

[5] 李韵珠，等 . 作物对土壤水氮资源的利用效率//罗远培，李韵珠 . 根土系统与作物水氮资源利用效率 . 北京：中国农业科技出版社，1996：168–178.

[6] 王学臣，贾文锁 . 水分胁迫下蚕豆气孔关闭与叶片细胞中 ABA 区隔化和再分配的关系 . 植物生理学报，1995，21（4）:324–328.

[7] 黄荣峰，王学臣．细胞骨架调控气孔运动机理的研究进展//阎龙飞，王学臣．生命科学研究进展．北京：中国农业大学出版社，1997.

[8] 王学臣．植物细胞对渗透胁迫响应的分子机理//植物环境生理学术讨论会论文汇编．昆明，1999，5.

[9] 吴国胜，王学臣，娄成后．豌豆脱落酸含量、叶片导性与土壤含水量之间的关系．植物生理学报 ,1993，19（4）:391–394.

[10] 李耀强，王学臣．根信号及其在植物水分利用最优化的调节．植物学通报，1994，11（2）.

[11] 邹邦基，陈利军，朱玺．变量 NP 肥配合下小麦根系活力与水分利用的关系//汪德水．旱地农田肥水关系原理与调控技术．北京：中国农科院出版社，1995.

[12] 郭贤仕，山仑．前期干旱锻炼对谷子水分利用效率的影响．作物学报，1994,20（3）.

[13] Turner,n.c..Plant water relations and irrigation management.Agricultural Water Management, 1990, 17:59.

[14] Stanhill,G. Irrigation in Israel:Past achievements,present challenges and feature possibilities. // Water Use Efficiency in Agriculture.Priel Publishes,1992:63.

39 高效节水和现代农业

【写作背景】

水利部在实施一项通过黑河中游张掖绿洲节水 100 万立方米输送到下游的内蒙古额济纳旗，挽救因缺水而正在消失的绿洲的黑河流域水资源调节计划。在这期间，邀请了部分专家到张掖市作节水考察与座谈。此文是参加考察的本《文集》作者 2001 年 6 月 12 日在座谈会上的发言，后整理成文。此次座谈成为作者“生物性节水”观的一次现场展示。

首先，感谢张掖市领导对我们的邀请，给了我们这个好的学习机会。但看到和知道的情况不多，只能谈一点肤浅的学习体会，供作参考。

咨询内容中提到概念和内涵问题，所以先谈一点对节水的理解。一提节水，很容易就想到渠道衬砌和喷灌滴灌等，其实，节水是个系统，是个多层次的整体概念。如通过水资源的合理配置、经济用水和生态用水的统筹、用水管理、政策法规等以达到节水目的的“管理节水”；通过调蓄、引水、输水和配水等工程措施以达到节水目的的“工程节水”；通过管灌、畦灌、喷灌、滴灌等灌溉技术以达到节水目的的“灌溉技术节水”；以及通过农业技术措施达到技术目的的“农业节水”。前三者平时谈得多，大家比较熟悉，不多谈了，仅就农业节水方面多说几句。

农业节水主要是通过调整作物种植结构、改进耕作栽培技术、提高作物耐旱能力、减少土壤表面蒸发等途径以达到节水的目的。如张掖将用水多的稻田面积由 10 万亩压缩到 3 万亩以减少用水量，现在北京根本不让种水稻；小麦—玉米带地和苜蓿地的用水量差得很远，所以通过改变种植结构，可以节约很多的灌溉用水。河北省种冬小麦，一般要灌 4 ～ 5 水，中国农大的一位教授在吴桥县，通过改进耕作栽培技术，两水就能打 400 公斤；河北省推广玉米免耕覆盖播种 1 800 多万亩，全省节水 5.5 亿立方米，增产玉米 3.6 亿公斤，节约作业成本 3.6 亿元，这是以改进耕作栽培技术节约用水。至于提高作物的耐旱能力，潜力更大了，以色列的节水灌溉技术是世界领先的，一位以色列专家对我说，他们的喷灌和滴灌技术已经发展到第五代，技术潜力几乎开发到了极限，办法已经不多了，现在他们拟运用生物技术，通过改善作物的遗传性，开发作物自身的耐旱能力，进行节水战略的调整。此外，通过对植物生理过程的调节，也能显著提高作物的耐旱能力，减少用水量。还有就是大家都知道的，通过生物、地膜、化学等覆盖物，节水保墒的效果也很好。农业节水的效果好，花费少，潜力大，可惜至今未引起大家的足够重视。一年多前，我曾发表过关于生物性节水的文章。

在节水中，人们常用“水利用效率”的概念，即每立方米水能生产多少公斤粮食，以色列是 2.7 公斤，我国不到 1 公斤。我还想提一个“水利用效益”的概念，就是每一立方米水能得到多少产值。去年我在银川考察时发现，素有塞上江南的银川平原的稻田，1 立方米水的产值是 1 元，而银广夏公司的葡萄是 12 元；麻黄是 27 元。张掖要搞高效节水，对节水的一些基本概念的把握非常重要，内涵和思路要清晰和全面。

关于现代农业的内涵，其说法不一，这里谈点我个人的体会。

区别于传统农业的现代农业，首先，应当是商品农业，即落后生产力支撑下的传统农业不可能提供大量商品性的农产品，而现代农业则是以提供大量商品性的农产品进入市场交易为其特征的；其次，现代农业不是以分散的小农户，而是以现代企业形式进入市场经济大体系中运行的；第三，现代农业不仅从事初级农产品生产，而是农工贸一体化经营的；第四，现代农业不是在低技术水平上运作，而是有强大现代技术支撑的技术密集型产业；第五，现代农业不是资源型农业，而是资源节约，保护环境和可持续发展的绿色产业。张掖的高效节水现代农业示范区应当以现代农业的概念和标准来要求，起点一定要高，否则怎好叫示范区呢?

听说工程节水和灌溉技术节水方面已经有了规划和设计，所以我仅就农业节水方面谈几点建议。

第一，从示范区规划和目前种植现状看，我以为要把发展草畜业作为农业结构调整的战略重点。一是可以大量节水，小麦—玉米带地的年灌溉用水 800 ～ 1 000 立方米，苜蓿只要 400 立方米就够了，如果以 10 万亩的带地改种苜蓿，就能节水 0.5 亿立方米，且在偏旱年和水量供应不足时，所受的负面影响比农田小得多。二是养殖业和草业可以增值，效益比种植业高 1 ～ 3 倍，有利于农民增收。三是畜产品的国内和国际市场前景比粮食好得多。四是现代农业中的畜牧业在农业总产值中的比重，一般都在 50%左右，张掖目前仅约 25%。

第二，规划中提出发展日光温室、酿酒葡萄等 7 大产业和 14 个系列加工企业群体，我认为非常好，抓住了要害和牛鼻子。考察了一天，使我很受鼓舞，这方面张掖无论在认识和实践上都是走在前头的。这 7 大产业体现了张掖的特色和优势，但在生产链条上延伸得不够，含技量和含金量也不高。例如沙地野生植物苦豆子，这里开发作肥料，而有的地方已经从中提取了苦生素，经济价值很高，可说是一步登天。又如，这里有玉米淀粉加工厂，很好，但淀粉的增值是很有限的，我曾写过一个材料，玉米经四级开发，可增值十倍。

第三，引进人才和技术十分重要。上面谈到延长产业链条，关键是要注入人才和技术，特别是高层次人才和高新技术。例如，发展养殖业，胚胎工程技术和建立良种繁育体系就很重要；发展地膜覆盖又要防止土壤肥力下降，就要开发全生物降解塑料的生产技术；发展淀粉深加工，就要有生化和化工技术的支撑等等。搞高效节水现代农业，不引进人才和技术是办不好的，办了示范区，水平也不会很高。

第四，现代农业是科农工贸一体化的现代企业，农业企业是主体，扶持农业产业化经营和龙头企业是战略重点和切入点。这不仅是产品经济向市场经济转型的需要，也是引进技术、人才和资金的需要。张掖在这方面的进展是突出的，有年集团的农业高新技术示范区、滨河集团的饮品公司和种苗公司、银光绿色农业示范园、高台的苜蓿和啤酒花生产基地、张掖市梁家墩的设施农业等都很有特色，农业产业化经营正方兴未艾。对此我想提出的，一是在此基础上，进一步加大工作力度，向广度和深度上推进；二是始终把目光和工作重点放在开拓市场和增加效益上，这是农业产业化经营的生命线；三是加强对龙头企业的引导和培训，提高他们的素质。

农业产业化经营刚刚起步，一些民营企业家虽有魄力和办法，但在技术、管理和人才上还是经验不足的。如有的民营企业家在建筑行业干过，到外地看看别人的温室就自己设计干起来，结果是成本高，水平低，问题多，这是缺乏现代技术观的表现；如梁家墩设施农业的成本为 1 元，他要 3 元、4 元，而市场卖价却差不多，这是缺乏成本效益观的表现。机制和政策（基本）解决了，核心是提高经营者的素质，农业产业化经营是个长期过程。

第五，建议加强农业科技企业的建设。农业是指生产稻麦棉和猪牛羊等生物性产品的产业，而农业科技企业是为农业提供科技产品和服务的产业，例如用先进技术生产的优良品种、专用肥料、生物农药、温室大棚、灌溉设施、信息产品等等。随着技术物化和产品化程度的提高，农业科技产业犹如雨后春笋。这些公司拥有技术、资金、机制、经营和开拓市场的优势，是技术开发和传播的主体。我们常说，美国只有 2% 的就业人口直接从事农业生产，不仅满足了国内需要，还有大宗农产品出口；但却忽略了另一个数字，即有约 17% 的就业人口，以大大小小公司等形式为农户提供先进的科技产品和服务，这是美国农业取得成功的重要因素。

高台的种子业、滨河的种苗和苜蓿草业等是农业科技产业的萌芽。但考察中所见的温室大棚多较粗放，技术含量和水平不高；经营喷灌、滴灌等节水设施、优质专用复合肥料、农用生物制剂、牛羊胚胎、农业信息产品和服务等的科技企业也很少。“欲善其事，必先利其器”，要搞现代农业，就要重视发展现代农业科技产业，它是现代农业的“兵工厂”和后勤部，是现代农业中不可或缺的组成部分。发展农业科技产业也有利于农村人口向小城镇转移。

第六，现代农业是节约资源，保护环境和可持续发展的绿色产业，张掖在这方面的任务是很重的，因为张掖绿洲外的荒漠草原和戈壁的退化和破坏，会直接威胁到绿洲生存和发展的质量。首先，一定要将羊管起来，改放养为圈养和适当建人工草场以作调剂和补充；其次，退耕还林还草宜以还草为主，以减少耗水和提高经济效益；节水灌溉中，宜以管道输水，小畦灌溉为主，发展喷灌滴灌要严格控制，只用在经济效益高和管理精细的作物，“全面普及滴灌、喷灌等高效节水技术”的提法不妥。

报告中提出了新增地下水开采量 1.87 亿立方米和“接近允许开采量”的提法。我认为，开发地下水要取十分谨慎的态度，多留些余地，严防（禁）超采。开发地上水要留够生态用水，开采地下水更要留足生态用水。我在黄淮海平原工作了 20 多年，地下水漏斗一旦形成，遗患无穷，20 世纪 80 年代初，河北省就将地下水作为战略储备资源，开采的限制和审批极严。河北省年降水五六百毫米，北有燕山山脉，西有太行山脉，张掖没有这么好的条件，所以要慎而又慎。

以上是些不成熟和肤浅的看法，不当之处请批评指正。

40 农业节水中的盲区与亮点

农业节水中的
盲区与亮点

【写作背景】

世纪之交本《文集》作者在我国西北地区多次多地考察，仅2001年即考察了三地。在张掖考察中写的《高效节水和现代农业》是第一篇文章；《农业节水中的盲区与亮点》是第二篇文章，发表在2002年6月17日的科技日报。该文提出了农业节水中的“四个盲区”和“三个亮点”。

我国淡水资源严重不足，农业用水占总用水量的70%以及农业水利用效率低下的现实，决定了农业节水成为国家实施可持续发展战略中的重要内容。目前正在编制和实施全国农业节水发展纲要和计划，拟就农业节水工作中的盲区与亮点谈些看法。

首先是节水目标上的盲区。农业节水无疑是国家的战略目标，但并不能简单转换或混同于农民目标。就用水而言，农民以方便、省力、省钱为原则，甚至宁愿大水漫灌也不去费钱、费事、费工地搞节水，除非节水的收益大于投入。也就是说，如果不能增收，节水就不可能成为农民的目标和自觉行动。两年前，我曾就此提出了“以节水促进增收，以增收激活节水”的见解，意即在此。

目标不是抽象的，是在具体时空条件下具体主体的具体目标。在我国新民主主义革命时期，共产党的目标是推翻三座大山，而农民的目标则是斗地主分田地。农业节水的国家目标与农民目标的含混，会导致政府对农民节水目标的忽视而贻误工作。

其二是节水主体上的盲区。“九五”国家投资250亿元于全国300个示范县8 000余万亩农田的渠道防渗、管道输水和喷、微灌建设，“十五”还要搞几百个这样的县。政府集项目决策、政策制订、资金投入和实施执行于一身，形成了事实上的“国家出资金，干部出政绩，农民出力气”的格局。示范县农民是受益了，但因主体地位和意识的模糊而在技术选择、设施使用和增收效果上大打了折扣。更重要的是，全国十多亿亩农田都需在不同程度和方式上节水，政府是包不下来的，关键是要建立以农民（不只是示范县）为节水主体的政府投入机制和政策。

供电站和输电网建设是政府的事，节电则是企事业单位和千家万户的事。同样，供水和输水工程建设是政府的事，节水主体之一理当是农民。但农业节水与工业节电的不同之处在于农民是资金、技术和产品效益上的弱势群体，是政府政策性扶持的对象。

其三是技术与技术产品上的盲区。一谈到节水，就会想到喷灌滴灌、防渗平地、覆盖保墒、耐旱品种，等等。其实，目前的主要问题不在于这些传统技术，而是这些技术的集成配套差，物化产品质量不高价格高，售前售后服务跟不上，这是节水科技企业不发达，市场运行机制不健全的表现。如果说节水主体是农民，那么，节水技术和装备的支撑主体应当是节水科技企业。

其四是技术改进与突破上的盲区。技术进步中有量变与质变，改进与突破。目前我国的传统节水技术还不发达，在技术改进和推广中还有相当大的发展空间，是当前节水工作的技术主力。但在制订国家节水高技术中长期发展规划中，存在着以传统技术的改进模糊以至替代节水技术的前沿和突破点的现象。不同目标和技术层次上的含混，将对节水技术的重要前沿和突破上带来负面影响，对节水事业的长远发展和提高节水科技企业的竞争力不利。

从上盲区分析中，自然地浮现出了一些具有现实意义的亮点。

第一个亮点是节水与增收的互动。

根据甘肃经验，我曾提出过“集水滴灌—简易大棚—高附加值果蔬花—龙头企业”模式。也就是在年降水三五百毫米，十年九旱的黄土丘陵区，到处都是黄土坡坡，削出个阳面，架上个简易大棚，用上点集雨、扬黄或井水搞滴灌，再种上高附加值的果蔬花和由龙头企业与市场对接，这是一种具体化了的节水与增收的互动模式。宁夏考察中还发现，1 立方米水的经济效益可以是 1 元、也可以是 12 元或 20 余元。

作物布局和农业结构调整使节水与增收融为一体，蕴藏着极大的潜力。为能从黑河分出 9 亿立方米的水输向下游的额济纳旗，张掖地区以进为退地搞节水，其核心就是依靠当地资源优势，发展高效节水农业，形成日光温室、酿酒葡萄、浓缩果汁、真空冻干食品、草（块）粉加工、发展养殖业等 7 大产业和 14 个加工企业。种植业内部的粮、经、草比例达到 30 : 50 : 20；畜果业产值达农业总产值的 45%。这是一个节水与增收互动双赢的范例。

要调动起农民的节水积极性，成为事实上的节水主体，就必须克服那种就节水论节水，靠国家投资搞节水示范工程的惯性，将节水与当地的农业结构调整，产业化经营和农民增收融为一体。农民增收了，才会有扩大再生产和节水投入的积极性和可能性。当前的主要障碍是国家的拨款体制，即水利拨款只能作灌排工程不能他用，而农业结构调整和产业化经营又没有稳定的资金渠道。

第二个亮点是节水科技企业。

农民有了节水积极性，技术和装备就成了关键因素。节水科技企业是节水的“装备部”，是先进节水技术集成和成果转化传播的桥梁和主力军，是一种新兴和活跃的生产力要素。新疆生产建设兵团以喷滴灌塑料管生产厂为龙头，将种子包衣、播种、种肥条施、滴灌塑管和地膜铺设等实行机械化复式作业，一次完成。由于使用方便，省工节时，节水节肥，增产增收，深受农民欢迎。一次性滴灌塑料管价格可降到每米 0.2 角和在机械化复式作业中铺设，使滴灌技术突破了不能进大田的禁区，并将在新疆数十万公顷棉田上得到推广。这是在新疆高机械化条件下棉田节水技术集成、物化和产业化的一个范例。

“欲善其事，必先利其器”“磨刀不误砍柴工”是中国的至理名言，抓节水，就要抓节水技术的集成、物化和企业化。就目前而言，低压管道输水企业、喷滴微灌企业、旱区设施工程企业、节水机械工程企业、节水用覆盖材料企业、节水用化学–生物制剂企业、节水型种子企业等将有个大的发展。

第三个亮点在节水科技的前沿和突破。

近一个世纪的科技进步，孕育了上述节水技术系统，而新兴的现代科技将带来节水技术的新的突破，这是规律和必然，是“863”等国家重大高技术研究项目考虑的重点。

农业的生物质生产过程中的水分循环，包括从供水、引水到进入田间的非生物性（工程性）过程和植物吸收、传输、蒸腾和同化物合成的生物性过程。近代工程技术装备了工程性节水技术，而新兴和快速发展中的生物技术必将在生物性节水，特别是在提高作物水利用效率的遗传改良方面取得重大突破。生物性节水是指利用和开发生物体自身的生理和基因潜力，在同等水供应条件下能获取更多的农业产出，这是一个具有极大潜力和生机的节水技术前沿。

地膜覆盖具有突出的节水效果，年覆盖面积已达亿亩以上。但是，多年使用导致土壤肥力下降的问题日显突出，其技术突破口在于全生物降解塑料的研制和使用。北方春旱普遍，在工厂化育苗和移栽的生物和机械化配套技术上应有所突破。基于改善作物对干旱胁迫条件下的生理响应和调节能力的抗旱性化学–生物制剂的实用化上将取得突破性进展。

农业节水不仅是个技术问题，也是个社会和经济问题，是个大系统。系统越复杂，误区和盲点越多，越不好把握。我想，一个是突出农民的主体地位和节水与增收的互动；一个是突出节水科技产业和技术的改进与突破，这是农业节水工作的两个“牛鼻子”。政府当导演和搭戏台，让农民、科技企业和科技专家唱戏，这样，关系就顺了，政府资金可收四两拨千斤之效。

41 走出治沙与退耕中的误区

【写作背景】

世纪之交，本《文集》作者在西北地区的多次多地考察中发表的第三篇文章是“走出治沙与退耕中的误区”。对当时“退耕还林”政策中存在的诸多问题提出了尖锐意见。如“林草误区”“点面误区”“标本误区”“天人误区”等。此文载于 2002 年 2 月 25 日科技日报。后应《草地学报》稿约，将此文补充和完善后发表于该杂志 2004 年第 2 期。

【摘　要】近半个世纪沙漠化防治的结果是局部改善，整体恶化和治理赶不上破坏，本文分析和提出了林草（灌）等四个误区和走出误区的三条建议，以及将发展生产与修复生态在源头上结合起来，可收生态生产共建双赢之效的观点。

【关键词】沙漠化；治沙；误区；建议

中图分类号　S181 ；X22 文献标识码：A

注：本文是作者对他在科技日报（2002 年 2 月 25 日）上发表的同名文章稍作修改和补充后重新发表的。

Extricate Ourselves from the Dilemma of Desertification Control and Return of Reclaimed Farmland (to Afforested Area)

SHI Yuan-chun
(China Agricultural University, Beijing 100094, China)

Abstract: Our half-century effort to control desertification has resulted in some achievements in partial areas but deterioration in the whole, and controlling of desert lagging far behind worsening desertification. The present paper analyzes the dilemmatic measures of returning reclaimed farmland to afforested area, or to grassland, or shrubland, and puts forth three suggestions to elude the dilemma , as well as measures to dovetail production development and ecosystem restoration at source, so as to achieve win-win of increased production and environment protection.

Key words：Desertification; Desertification control; dilemma, suggestion

41.1 沙漠与沙漠化

1. 到更新世，特别是近二三百万年，喜马拉雅造山运动将高仅 2 000 米的青藏高原骤升到 5 000 米，阻断了低纬度北上的暖湿气流，形成了蒙古—西伯利亚冷高压，使我国西北逐渐演变成为夏季风不达、冬春季冷高压肆虐的干旱半干旱气候。冷高压形成的强大风力，将其中心和周边地面的松散沉积物中的细粒向东南方向搬运和堆积，在空间上分异形成自蒙古国南部至我国西北现在的沙漠带、沙地带和黄土沉积带。也就是说，是冷高压所形成的强大风力和沙尘暴造就了我国的沙漠与黄土高原，如以黄土沉积年代计，西北地区的沙漠化和黄土沉积过程已进行 260 万年了，这是认识西北干旱和沙漠化的自然历史背景。

2. 沙漠主要是指出现在干旱和半干旱地区的流动和半固定沙丘的地貌现象。而“沙漠化是干旱、半干旱和部分半湿润地带，在干旱多风和疏松沙质地表条件下，由于人为强度利用土地等因素，破坏了脆弱的生态平衡，使原非沙质荒漠的地区出现了以风沙活动为主要标志的土地退化过程。”[1] 沙漠化是荒漠化中的一种类型，在联合国“荒漠化防治公约”中也提出，“荒漠化是指包括气候变异和人类活动在内的种种因素造成的干旱、半干旱和亚湿润干旱地区的土地退化”，包括沙漠化、水土流失、盐渍化和土地生产力的衰退。

3. 我国有主要在地质时期形成的沙漠、戈壁、盐漠和高寒荒漠 128.3 万平方公里，有主要在人为因素作用下形成的沙漠化土地面积 38.57 万平方公里[1]，即在此 167 万平方公里的沙漠和沙漠化面积中，地质时期形成的占 76.9%，人为活动形成的占 23.1%。

地质因素相对稳定，而人为因素活跃，是近代沙漠化扩展的主要原因。根据资料报道，20 世纪 50 年代到 70 年代、70 年代中期到 80 年代中期、90 年代前 5 年和后 5 年四个时段的沙漠化年均扩展面积分别为 1 560、2 100、2 460 和 3 436 平方公里。沙漠化防治的对象应当是人为因素引起的沙化，而不是笼统地面对整个沙漠和沙漠化，更不是“治理沙漠”。

我国大规模治沙是从 70 年代末的三北防护林建设开始的，全面推进起于《1991—2000 年全国治沙工程规划要点》的实施；2000 年又在 17 个省市开始了退耕还林还草试点，2002 年正式实施。20 多年来治沙的基本结论是：“局部改善，整体恶化”和“治理赶不上破坏”。因此，在总结成就和经验的同时，反思检讨些问题是非常必要的。

41.2 治沙和退耕中的误区

“局部改善，整体恶化”和“治理赶不上破坏”，重要的是源于概念和实施中的误区与误导。

41.2.1 林草（灌）误区

在我国西北，干草原、荒漠草原和荒漠区占总面积 90% 以上，也就是说，西北绝大部分地区适生耐旱草灌，乔木只能生长在高海拔山地，或有地上、地下或人工补水的地方。而三北防护林和 90 年代治沙工程中营造的 476 万公顷防风固沙林都是以乔木为主体的，所以工程造价高，成活率低，维护更新困难。河西走廊有 1 200 公里的三北防护林带，因补水困难或地下水位下降而成片枯萎和死亡；民勤县人工造林 8.7 万公顷，只剩下 2 万多公顷。一份来自地方的报告写道，三北防护林的三期工程款到位率很低，四期工程又将启动，一些林场种树越多，赔得越多；农民出钱、出力、出草而难有收益，眼前利益和积极性是个问题。

耐旱的草灌，是最能适应西北条件的当家植被。较之乔木，还有耗水少、见效快、周期短、投入低，能与发展养殖业和草业结合，有利于农业结构调整和较快增加农民收入的优势。草灌虽占尽西北的天时与地利，就是不占人和，受到体制性，政策性和舆论性的冷遇和歧视。不仅在三北防护林和治沙工程，至今的“退耕还林”，实行的仍是以乔为主的乔灌草路线。乔灌草路线适于湿润和半湿润地区，而在西北干旱和半干旱地区应当明确提出以草灌为主的草灌乔路线。重林木而轻草灌，既不符合科学规律，又不符合经济规律，还助长了工作中的瞎指挥和浮夸风。

41.2.2 点面误区

无论是地质过程或是人为过程，风沙运动的主要形式，是在风力作用下的面上起沙和空中搬运，而不是沙丘的地面滚移。所以，三北防护林带的近地面和线上防守战术的实际效果是很有限的。采取步步为营和稳扎稳打战术的“小流域治理”工程，无疑能在点上取得明显成效，20 多年治理了 20 多万公顷流域面积，但在整体和就上亿公顷的退化土地而言，犹如杯水车薪。同样，目前的退耕还林，着眼点也只在几十万公顷的退耕地上。

问题不在于对某项治理工程本身的评价，也不在于对稳扎稳打的褒贬，而是风沙的运动和人为的滥牧、滥垦和滥樵，都是在面上发生和运作的。忽视这个基本事实，而将有限的人力和财力投于点线治理，其结果当然是“局部改善，整体恶化”。这是整体部署上的偏颇和以点失面、以小失大的战术失误。

41.2.3 标本误区

冷高压为中心的强大风力将我国北方分异成沙漠带、沙地带和黄土沉积带，而北京仅处于黄土沉积带的外缘。沙尘暴的源区在蒙古国南部和我国内蒙古、甘肃、宁夏一带；有北路、西北路和西路三条传输途径，有沿途退化沙地的补给[2]。中科院地学部《关于我国华北沙尘天气的成因与治理对策》报告中也指出：“对京津地区构成重大威胁的沙尘灾害源于可以治理的退化草地和耕地，如能迅速采取措施，就可以有效地抑制影响京津的主要沙尘来源”。

就自然地带而言，燕山山脉和京津地区为半湿润落叶阔叶林和森林草原区，河北丰宁、宣化、北京官厅等地的永定河等河流冲积物也可以“就地起沙”产生零星沙地（中央领导曾到过的视察点），就其气候植被条件和有限的沙尘源，与西北干旱和半干旱地区的沙漠化和沙尘源是两个不同的地理概念。这种地理概念上的混淆，导致了“黄龙直逼北京，龙头越过官厅”“北京距沙零公里”“沙漠化兵临城下”等耸人听闻的媒体报道以至“迁都”宏论，误导了社会舆论和领导视听。竟以百亿计的资金投入“环京津防沙林带工程”，却冷落了主要沙尘源区的防治，岂非是本末倒置，掩耳盗铃。

退耕一些严重诱发风蚀水蚀的劣地远地，本可让其自然恢复植被，改善生态，却又强调开发，投钱、投粮、投劳，使之成为继三北防护林后的又一个规模更大，涉及面更广的国家“退耕地治理开发工程”。如果说改善生态，退耕地如杯水车薪；如果说开发，置面积数倍和条件更好的现耕地而不顾；如果说产生退耕地的根源，广种薄收和粗放经营病根未除。所以，就退耕地论退耕地，治标而已。导致沙化的滥牧、滥垦和滥樵（采）的贡献率分别是 30.1%、26.9% 和 32.7%，合计达到 90%[2]。我们搞了那么多的治理工程，在遏制“三滥”上，又做了多少工作？有时还以扩大耕地面积和增加羊只存栏数作为政绩褒奖。

41.2.4 天人误区

在年降水量仅 200 毫米左右的荒漠草原和荒漠地区，到处可见因“三滥”而沙化的土地，但在人迹羊蹄罕至处，也能见到覆盖度达百分之四五十的草灌植被和灰钙土被，相当稳定而无沙化之虞。令人振奋的是，在包兰铁路线经的腾格里沙漠南沿，看到了铁路两侧各约 1 公里的宽度内，仅围栏禁牧禁樵四五年，即可出现覆盖度在 40% 以上的植被而沙化得到有效遏制。考察中，还看到盐池县柳杨堡乡的 1 200 公顷活动和半活动沙地上，封育飞播四五年，也能长出覆盖度在 60% 以上的，繁茂的黑沙蒿群系，并在活动沙地表面开始形成能抗风蚀的土壤结壳，大面积沙化被有效地遏制了。

生态系统，是生物体与气候、水、土等诸因素组成的一个相互依存和制约，相对稳定和有自组织功能的大系统。某种人为因素的介入可以打破该系统的稳定与平衡，一旦介入因素减弱或消失，该系统具有逐渐恢复到接近于原自然生态系统状况的自我修复能力。人力工程仅在于点线，自我修复可普惠大地；人力工程靠投入，自我修复靠系统的自组织功能。可惜，我们热衷于人力工程，而忽视了这种自然力的巨大作用和潜在经济价值。

导致以上误区的思想上原因是，人定胜天思想有余，按自然规律办事不足，粗放经营和小农意识有余，现代农业观念不足；工作上的原因是，部门和地方利益至上，一门心思上项目争投资，上级领导偏听偏信，情绪浮躁和决策简单化。

41.3 走出误区

走出误区，就要正本清源，从源头抓起。

41.3.1 退牧退耕，封育飞播

在沙化的源头上解决问题，就必须遏制住“三滥”，必须将滥牧滥垦导致退化的土地退牧退耕。退牧就是将退化草地的载畜量退到允许线以下，严重退化和沙化的草地厉行定期禁牧封育；退耕就是在保障生产主要用地的前提下，将那些收成很低，生态破坏性很大的远地劣地厉行禁耕封育。

退牧退耕和封育不是消极的，其目的在于启动生态系统的自我修复能力，改善植被和土被状况，这是行之有效的面的防治方法。在沙化活跃和重点防治区，封育与飞播草灌结合，可以相得益彰。这是一项成熟技术，有成功经验，每公顷投资几百元，只是小流域治理投资的1/50—1/100，是其他治理工程所无法比拟和替代的，多快好省的治理措施。

41.3.2 改羊的放养为舍饲

西北饲养业的主体是羊，年存栏1.1亿只，而牛仅500万头。羊对干旱环境的极强适应力和很高的经济价值，使它在西北的生产和生活中具有特殊的位置。但是，它登山走坡，如履平地，食性广泛，连啃带刨，又是破坏生态环境的祸首，如果管不住羊的嘴巴和蹄子，改善西北的生态环境就会落空。再说，退牧封育也不是消极限制养羊，而是与改放养为舍饲相结合，相辅相成地将养羊业转移到现代化轨道上来，实现生态生产的协调发展。

最近看到两个报道，一是“宁夏平罗县50万只羊换了个‘活法’”；二是延安市吴起县舍饲的小尾寒羊由三年前的3 000只发展到83 000只。考察中发现，在宁夏农科院的指导下，一个种羊育种中心——种羊繁殖场——农户舍饲——饲料基地建设的农区养羊系统正在银川平原悄然兴起。农民自愿组织起来的种羊繁殖场已有百余，饲用玉米亩产近十吨，苜蓿种植面积和草业迅速扩展，羊产品加工和综合开发方兴未艾。据张英杰在定西县的试验，舍饲羊均收入较放养高出4.4倍[3]。农区可为舍饲提供广泛饲料资源，舍饲又为农业结构调整，产业化经营和农民增收提供了新的契机。

改放养为舍饲，是几千年来羊生产方式的一次革命，是改善西北生态环境，实现人与自然协调发展的一个重要环节。

41.3.3 以现代农业替代资源农业

我们对宁夏南部山区和东部风沙区的两个典型村作了调查，这里人均耕地是全国的3～4倍，而生产支出是1/4，产出是1/3，是一种典型的低投入低产出的高资源消耗型农业。但其中也能看出强烈反差和潜在积极因素，这里1亩一类地的产出相当于4～8亩三类地，1亩塑料大棚的产出相当于110～140亩三类地。显然，这类地区的农业产出，主要不决定于土地数量而决定于土地生产率，决定于资本，技术和智力的投入水平。资源型农业向资源替代型农业，传统农业向现代农业的转换是改变西北农业和生态状况的根本路径和唯一选择。

现代农业是资源节约和集约经营的技术密集型产业，是种养加，贸工农一体的新型企业。一定要摒弃广种薄收，粗放经营和农牧分离的落后观，以现代农业的概念，加快推进农业产业结构调整和产业化经营，建设农区畜牧业、草业、良种与栽培饲养管理、综合农田节水、农产品加工、农村能源等技术—产业系统。

无论是灌溉农业或雨养农业，都会形成以村或绿洲为中心，逐渐向外扩散的，农牧核心圈，人工草场—工贸圈以及生态保护圈，这是西北地区人与自然协调发展的“细胞”，一种适应西北自然人文环境的优化人工生态系统。

41.4 结语

没有沙尘暴就没有黄土高原，没有水土流失就没有华北平原，这是不依人们意志为转移和人力所难以抗拒的自然地质过程。我们应当关注的主要不是地质作用，而是人为作用下引起的沙化，是“三滥”和粗放农业生产方式的破坏力。古人云；“故以汤止沸，沸乃不止，诚知其本，则去火而已矣”，“解铃还须系铃人”，是农业惹的祸，就要由农业去收场，即用先进的农业生产方式去替代落后的农业生产方式。将发展生产与修复生态在源头上结合起来，可收生态生产共建双赢之效，这也是当今世界发展的一种趋势。国际农业界 1997 年提出了“双重绿色革命”（Doubly Green Revolution）；2000 年又提出了“常青绿色革命”（Ever-Green Revolution）。

退牧退耕、封育舍饲和加快推进现代农业建设是“釜底抽薪”和“解铃”之举，应当是国家资金，政策，技术投入的重点。国家财力、人力有限，应当用在刀刃上，避免在末端上治标，事倍功半，劳民伤财。

参考文献

[1] 王涛．中国沙漠与沙漠化．河北：科学技术出版社，2003.2.

[2] 石玉林．西北地区水资源配置生态环境建设和可持续发展战略研究—土地荒漠化卷．北京：科学出版社，2004:372-373.

[3] 张英杰．养羊手册．北京：中国农业大学出版社，2000:177.

[4] 石元春．走出治沙和退耕中的误区．科技日报，2002-2-25（8）.

42 西北呼唤草业

【写作背景】

世纪之交的西北考察中发表的第四篇文章是《西北呼唤草业》。即在 2002 年 8 月，中国草业学会在山西太原召开农区草业研讨会上，《文集》作者在会上作了“西北呼唤草业”的讲演。经《草业学报》约稿，将讲演内容形成文字，并发表于该杂志 2003 年第 1 期。讲演和文章结尾引用的“我是一棵无人知道的小草”，歌词颇为贴切和感人。

近两年，我有机会到西北作过几次走马观花式的考察，有些感受和心得，愿在此就西北发展草业问题求教于大家。

考察之一，两个典型村的调查

去年宁夏考察后，很想对经济和生态条件差的地区有些进一步了解，于是拟了个调研提纲，请宁夏科协协助作了两个典型村的调查，一个是位于黄土高原西部的黄土丘陵沟壑区的固原县杨郎乡杨庄村，一个是毛乌苏沙地西侧的盐池县潘家圈村，都可说是经济和生态的双赤贫村。

我从调查材料中提炼了三个宏观性数据与全国作了对比，能说明些问题。这两个村的人均耕地占有量是全国平均数的 3 ～ 4 倍，而农业投入是 1/4，产出是 1/3。显然，这是个低投入、低产出和高资源消耗型的农业。两个典型村内部的土地产出数据也很有趣，以旱地产出为 1（约 100 ～ 150 元 / 亩），则水浇地是 4，大棚是 50，“撞地”（春天将地犁起来，有雨水就播种些糜谷和荞麦，雨水不好就撂荒）只有 0.3。

这两组数据说明，这类地区的农业产出不决定于土地数量而决定于土地的生产率，决定于资本、技术和智力的投入（含水资源）。所以，资源型农业向资源替代型农业，传统农业向现代农业的转换是改变这类地区农业和生态状况的唯一选择和根本途径。不增加资金、技术和智力投入，一切都是空话。

考察之二，种草养畜在农区悄然兴起

去年夏天，在报上见到一篇题为“50 万只羊换了个活法”，副标题是“发展畜牧业也能保护生态环境”，报道的是银川平原上的平罗县，将羊的放养改为舍饲，2000 年建了 80 个社区，3 000 多农户参与。另一篇题为“黄土高原实施大面积禁牧”，报道了延安市吴起县舍饲的小尾寒羊由三年前的 3 000 只发展到现在的 83 000 只，农民收入显著增加，生态状况明显好转。

以宁夏农科院为技术依托，正在银川平原建起肉用良种羊的培育中心、繁育基地和农户舍饲三层结构的农区舍饲羊的技术和生产体系。良种羊培育中心由农科院畜牧所承担，一百多个的繁育基地都是农民自办的。我在银川市郊区双渠村调查了一个由 5 户农民自办的良种羊繁育场，出资 250 万元，租地 60 亩，年租金 3 万元；建羊舍 8 排，60 万元；进小尾寒羊 1 400 只，每只 600 元。繁育的 5 月龄母羊每只售价 1 000 元，十分紧俏，估计三年能收回全部投资。农户舍饲羊的规模由几十只到几百只，多者两三千只，农民积极性很高。

农户养羊除利用玉米秸秆等作粗饲料外，农田种植苜蓿和青饲玉米的越来越多。国营贺兰山农牧场经改制后，经营方向也改向了草业，2000 年种苜蓿 6 500 亩，收干草 1 500 吨；去年苜蓿面积扩大到 3 万亩，计划 5 年内发展到 10 万亩。草及其制品的销路很好，农场的盈利状况明显好于过去。①

考察之三，全灌区的草—经—粮结构

上个月，参加了宁夏扶贫扬黄红寺堡灌区的一个论证会和灌区考察。

这是 1998 年开工的一个国家级生态移民工程项目，原本打算扬黄垦殖 40 万亩农田，移民 20 万人，投资 30 亿元。现拟在指导思想上作重要调整，一是坚持灌区的可持续发展，二是灌区发展与农业结构调整和农民增收相结合，这次论证的正是这个调整方案。

该灌区扬黄灌溉面积 58 万亩，涉及面积 260 万亩。总面积规划中，生态保护区占 58%，生态治理区占 19%，种植区占 23%；种植区内的种植结构是草、粮各占 35%，经作占 30%，形成草粮经三元种植结构和 6 年轮作制。这种种植结构主要是支撑起一个肉用羊及其深加工的主导产业，并为此而作了大力发展公司加农户的产业化经营规划。这种全灌区的，以种草养畜为主导产业的可持续发展规划，不能不说是思想解放和观念超前，令人欣喜。

参加这次考察和论证，很受启发。将一个 20 万移民的“饱肚子”工程，调整到科学的农业结构、先进的经营方式和可持续发展的全面规划，真是地下天上。记得《林海雪原》中夹皮沟的老百姓有句话：“火车一响，黄金万两”，这里也可说一句话：“观念一变，天上人间”。

① 这是 2002 年 8 月 2 日在太原召开的全国农区草业发展研讨会上的报告稿。

考察之四，大规模农业结构调整中的草业

去年6月，受甘肃省之邀，考察了黑河上游的张掖市节水农业工程。

张掖市是河西走廊的一个老灌区，现有390万亩耕地，地表水资源25亿立方米。根据国务院办公会的决定，要求这个灌区年节约9亿立方米水，输送给下游的额济纳旗，以解生态恶化的燃眉之急，限三年完成。规划中节水的基本思路是工程 / 设施节水与调整种植结构节水相结合。

我感到他们在调整种植结构和节水上做得很有新意。90年代以后，这里是甘肃的粮仓，一眼见不到边的小麦和玉米，还有片片水稻，庄稼长势毫不逊色于冀鲁豫大平原。规划中的“节水农业示范区”，面积115万亩。以节水为主题的种植结构调整，是大量压缩小麦、玉米和水稻等高耗水作物，改为既节水，又有高经济效益的种植结构。请看他们种植结构调整的气势和清单：特色果品30万亩、优质牧草20万亩、中药材20万亩、酿酒葡萄10万亩、日光温室10万亩、啤酒花5万亩，相应地建设了葡萄酒、啤酒花、牧草、中成药等14个系列加工群体，形成大产业、新技术、低水耗、高效益的新型产业发展格局。

座谈会上我说了，对付落后的传统农业，就是要应用和采取现代农业的概念和行动；完成大规模节水，就得用“以进为退”的战略，这无疑是明智之举，成功的保障。强制性节水9亿立方米，是件很难受的事，但又是个难得的机会，只能置之死地而后生，这个“生”不是偷生，而是新生。张掖的这一节一调，整出了个现代农业的新天地。

考察之五，生态系统的自我修复功能

前年秋天，我们的汽车由宁夏中卫到武威，公路两侧，满目疮痍，尽是过度放牧而退化的草场，植被稀落，沙化迭起。但在人烟羊迹罕到之处，也可见到覆盖度在40%以上，相当茂盛的黑沙蒿群系自然植被，地面稳定，沙化远离。特别令我振奋的是，当汽车由科学院沙坡头治沙站往西，行经在腾格里沙漠南沿的时候，眼前突然一亮，怎么会有如此好的一片植被？原来是铁道两侧各约1公里宽设置了围栏，仅5年时间，以黑沙蒿为主，伴生有苦豆子、白草、沙生冰草、骆驼刺等的植被覆盖度就恢复到了50%以上。这里既没有高地下水位，也没有人工补水，全靠围栏挡住了羊的嘴巴和人的砍刀。

次春又来宁夏，又去现场作了植被调查，还得知封育飞播也能得此效果。于是来到盐池县柳杨堡乡时，真是喜出望外。这里是1997年开始实施，面积17 951亩的一片洋洋大观的封育飞播现场，柠条、花棒、杨柴、沙蒿、毛条等人工植被的覆盖度达到70%以上，半人多高。谁会相信四五年前这里还是一片活动和半活动的沙丘呢？自治区遥感中心的两幅遥感影像还为此提供了科学证据。

生态系统，是生物体与环境，即气候、水、土等自然因素组成的一个相互依存和制约，相对稳定和有自组织功能的大系统。某种外来因素的介入，可以打破系统的平衡；一旦介入因素削弱或消失，该系统具有恢复到或接近于原自然生态状况的自我修复功能，以上事实不就是很好的说明吗？

看来，西北草业不仅在农区，在宽阔的退化草场和沙区也是大有作为的。

考察情况就说到这里，下面谈点心得。

其一，落后的西北农业，最缺的是什么？

不少人会回答，水！这是事实，但不是症结，症结是正确的观念和投入。发展西北农业，正确的观念不是在传统农业轨道上的改进和延伸，而是用现代农业观去改造和跨越（最近将发表现代农业观的文章）。也就是说，越是落后，越不能“亦步亦趋”，而要“迎头赶上”，20 世纪 60 年代搞“两弹一星”就是个例子。

其实，种植养殖一体化，种草养畜和深加工，就是搞现代农业，就是物质和能量循环的高效化和优化，而目前存在的“种养分离”和“重种轻养”正是传统农业的落后遗风。养殖业发展的滞后是我国传统农业遗留下来的结构性弊端，随着农业的现代农业化、社会生活需求的提高以及加入 WTO，这个矛盾会越来越突出，所以养殖业是个成长性很强的行业。种养加相结合和贸工农一体化经营，公司加农户模式和强化龙头企业是现代农业的主要经营方式，是推动西北农业和生态建设的发动机。发展西北农业，最需要的正是这些现代农业的观念和行动。发展农区草业不能是孤立的，而要进到这个大的时代背景，登上这艘时代的航船。

至于国家资金对西北农业的投入，实在太少，正确的投入就更少。不仅要投资修渠引水和植树造林，还要开门见山地将资金投到土地加工、技术替代和开发智力上去，以提高土地生产率，提高“造血”功能，让农民得到更多实惠。就整体而言，西北农民能维持温饱和简单再生产就不错，根本没有扩大再生产的能力。要“大开发”，政府就要加大这种“开门见山”的投入，农民那里挤不出多少“油水”。

其二，农区草业丰富多彩

农区草业，丰富多彩。仅上所述，就有老农区渗入型（银川）、老农区结构调整型（张掖）、新灌区草畜主导型（红寺堡）以及生态恢复型。西北农业，形式多种多样，但也有共性的地方，这就是我想谈的“三圈层”看法。干旱和半干旱地区，至今人们还得“逐水草而居”，只能在水土条件相对优越处形成聚居点和发展绿洲农业。从人与自然协调发展和现代农业理念出发，这个聚居–绿洲农业点是由三个圈层组成的：占据最佳水土位置的内圈是“居住–种植 / 养殖核心圈”，外圈是水土条件差些的“人工草场–工贸圈”，再外圈就是无明确外沿界线的“生态修复–保护圈”。这是人与自然协调和可持续发展的“细胞”，三个圈层犹如细胞核、细胞质及其外围环境空间一样。

其三，沙化问题的简单化处理

沙化问题很复杂，想作简单化处理的一种尝试。

导致沙化扩展的人为因素，主要不就是那超载过牧引起的 8 400 多万公顷退化草地吗？那一亿只羊（背后是人）对西北脆弱生态所造成的沉重压力吗？古人云："故以汤止沸，沸乃不止，诚知其本，则去火而已矣"。上面讲了许多的农区草业和羊的舍饲，其作用不正是为了寻求个，既要减少草地载畜量又不减少羊的饲养规模的出路，使发展与生态双赢吗？种草和舍养正是为了"去火"，为了"釜底抽薪"，也是一种"以进为退"的战术。所以，农区种草养畜，不仅是为了调整农业结构和优化农区的物质和能量循环，也是在源头上重建退化草地，遏制沙化，改善西北的生态环境。

其四，西北应当退耕还草

西北98%是干旱和半干旱地区，森林草原区只占2%。也就是说，旱生草灌是这里的当家植被，而乔木只能在高海拔山地，或有地上、地下、人工补水的地方才能正常生长。尽管三北防护林的知名度很高，如果没有水的持续供应，照样是不死不活或成片死去。再说，在风力作用下，沙的主要运动形式是面上起沙和空中搬运，而不是地面滚移，所以三北防护林的近地面和线上防守战术的防风固沙效果是很有限的。正如万里长城可以防御古代士兵而防不了现代的飞机和导弹一样。这些都是常识，一点也不深奥，不需要公式和模型证明，但有时问题还就出在常识上。

较之乔木，耐旱的草灌耗水少、见效快、周期短、投入低；还能与种草养畜、调整农业结构、增加农民收入结合；还能在退化土地重建中发挥自我生态修复的功能等等。耐旱草灌，占尽西北的天时和地利，就是不占人和。退耕还林初期，三年前，好不容易才在"退耕还林"的后面挤上个"（草）"和"还草"的"偏房"地位。这两年，不断有"扶正"的呼吁，结果在最近下的《关于进一步完善退耕还林政策措施的若干意见》的文件里还是把这个"偏房"给"休"了。我想，这是以部门利益误导国家方针政策的结果，部门得到好处，而国家和纳税人会付出代价。也许，若干年后，会总结这次的政策失误（交了十亿计的学费），如果实事求是的话。

还草两个字可以在文件里被抹掉，但"种草"二字一定会在农民心中扎根，"草业"将如日东升，兴旺发达。最后，以我喜欢的一首歌，《小草》的歌词结束我的发言：

没有花香，没有树高，我是一棵无人知道的小草。
从不寂寞，从不烦恼，你看我的伙伴遍及天涯海角。

43 现代资源环境发展观
——为纪念中国农业大学资源与环境学院成立 20 周年而作

【写作背景】

作为一位土壤地理学家，《文集》作者始终关注地球资源与环境，以及人类社会的可持续发展问题。在 2012 年 12 月 8 日举行的庆祝中国农业大学资源环境学院建院 20 周年的科学报告会上，作者以“现代资源环境观的发展”为题发表讲演，后按 PPT 成文。此文也是作者近年对资源与环境问题思考的一次系统总结。

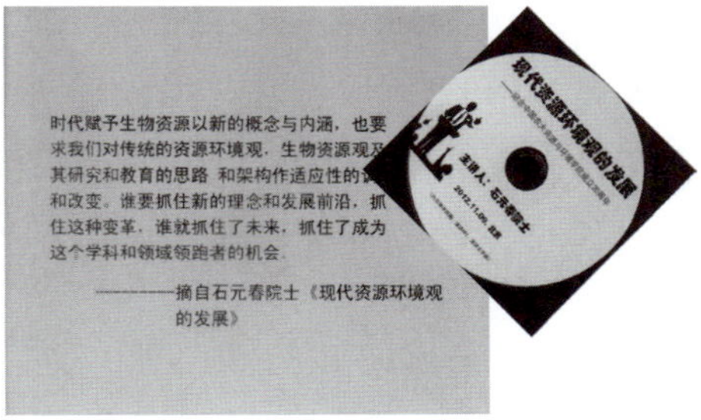

平时到院里来得少，和大家见面的机会不多。这次一次能见到这么多的老师和同学，济济一堂的，很高兴，找到了回家的感觉。农业资源与环境学院从成立到现在，转眼已是弱冠之年。在庆祝院庆的时候，院里要我作个报告，讲什么呢？还是和大家一起叙叙旧，谈谈资源与环境的过去与未来，题目是“现代资源环境观的发展”。

资源与环境，我们的老祖宗在《道德经》里就说得非常精辟了，而我要讲的是现代的资源环境观。

这张照片大家一定很熟悉，她是《寂静的春天》的作者，Rachel Carson。我很喜欢这张照片，当然不是因为她长得很漂亮，而是她的这双眼睛，能看到别人看不到的东西。20 世纪 50 年代，当人们为发明高效杀虫剂 DDT 而感到无比惊喜，农药制造商为获得高额利润而欢欣鼓舞的时候，她却在 1962 年出版的《寂静的春天》这本书里告诉大家，人类社会将面临一场毁灭性的灾难。我认为 R.Carson 是提出现代资源环境观的第一人。

43.1 重温经典，回眸发祥（1962—1992年）

今天讲演的第一部分是和大家一起“重温经典，回眸发祥”。

R.Carson在《寂静的春天》这本书的开篇“明天的预言”中写道：

“一些不祥的预兆将落到村落里。神秘莫测的疾病袭击了成群的小鸡，牛羊病倒和死亡。到处是死神的幽灵，农夫们述说着他们家庭的多病，城里的医生也愈来愈为他们的病人中出现的新病感到困惑莫解。……被生命抛弃的地方只有寂静一片，不是魔法，也不是敌人的活动使这个受损害的世界的生命无法复生，而是人们自己使自己受害。”

当时的一些农药制造商，恶毒地对她进行人身攻击，说她在“煽情”，是“老处女”、是“女巫”等等。但这本书是一记振聋发聩的警钟，唤醒了人类社会的良知，人们用各种文字，无数次地再版传播她的思想。30年后，也就是1992年的一次再版中，当时的美国副总统戈尔（Albert Gore），在序言中如是说：

“《寂静的春天》犹如旷野中的一声呐喊，用她深切的感受，全面的研究和雄辩的论点改变了历史的进程。如果没有这本书，环境运动也许会被延误很长时间，或者现在还没有开始。”

这本书醒悟了无数仁人志士，其中突出的一个是“罗马俱乐部”。就是一些学者、生态工作者、社会活动家、政治家、企业家们自愿集合起来，探讨人类社会的未来这样一个沉重的话题。1972年，罗马俱乐部出版了《增长的极限》这本书，执笔作者是Dennis L.Meadows，书中列举了大量社会事实，提出未来世界有两种前景：

第一种前景是如果在世界人口、工业化、污染、粮食生产和资源消耗方面以现在的趋势继续下去，这个行星上增长的极限有朝一日在今后100年中发生。最可能的结果是人口和工业生产力双方有相当冲突的和不可控制的衰退。

第二种前景是改变这种增长趋势和建立稳定的生态和经济的条件，以支撑遥远的未来是可能的。全球均衡状态可以这样来设计，使地球上每个人的基本物质需要得到满足，而且每个人有实现他个人潜力的平等机会。

在《寂静的春天》及其感召下的仁人志士们的大声疾呼，联合国于1972年在瑞典首都斯德哥尔摩召开了“联合国人类环境会议”，第一次把世界各国的首脑集中在一起，讨论当代的环境问题，发表了著名的《人类环境宣言》。为了准备这次会议，大会秘书长委托专家组为大会准备了一份非正式报告，后来出版为《只有一个地球》一书，又一部绿色经典诞生了。书中倾情地说：

“在这个太空中，只有一个地球在独自养育着全部生命体系。……这个地球难道不是我们人世间的宝贵家园吗？难道它不值得我们热爱吗？难道人类的全部才智、勇气和宽容不应当都倾注给它，来使它免于退化和破坏吗？我们难道不明白，只有这样，人类自身才能继续生存下去吗？”

在这次大会发表的《联合国人类环境会议宣言》中有这样一段话：

“为了这一代和将来的世世代代的利益，地球上的自然资源，其中包括空气、水、土地、植物和动物，特别是自然生态类中具有代表性的标本，必须通过周密计划或适当管理加以保护。……，地球生产非常重要的再生资源的能力必须得到保护。”

《寂静的春天》一书在出版后的十年里，产生了多么大的国际影响啊！

L.R. 布朗，这位大家非常熟悉的，美国世界观察研究所前所长，于 1981 年出版了《建立一个可持续的社会》一书，这是第一次提出“可持续发展”概念。他在书中有一句名言：“我们现在不是在前辈手中继承地球，而是向子孙后代借用地球。”刚才我见到陈研老师带来的两位才十几岁的小听众，正是我们这一代人在向他们这代人和他们的后代借用和糟践着这个地球。

L.R. 布朗在书中警告说：“尽管我们许多人居住在高科技的城市化社会里，但我们仍然像我们的以狩猎和采集食物为生的祖先那样依赖于地球的自然系统。”L.R. 布朗将人与自然系统的关系已经说得很透了。

联合国于 1983 年 12 月成立了以挪威首相布伦特兰夫人为首的，由 22 人组成的“世界环境与发展委员会”，对世界面临的问题及应采取的战略进行研究。该委员会于 1987 年发表了著名的《我们共同的未来》报告。这个报告将地球作为全世界 60 亿人口的共同家园，有着一个共同的未来，应当是一个“可持续发展”的未来。报告提出了地球的资源和能源远不能满足人类发展的需要；提出了全人类正面临着“人口、资源、食物和环境的严重挑战”；提出了必须为当代人和下代人的利益而下决心改变当今的发展模式。

为了贯彻联合国《我们共同的未来》报告的思想，联合国粮农组织于 1991 年在荷兰登博斯召开了一个由各国农业部长参加的“农业与环境”会议，我们国家的农业部何康部长参加了这个会议。会议发表了著名的《登博斯宣言》，提出了可持续农业和农村发展概念，要求建立强化有机质的循环利用，要减少化肥农药等石油产品的投入，提高农产品产出和它的质量，保护自然资源与环境的可持续性的农业系统。

经过多年的准备，联合国于1992年，在巴西的里约热内卢召开了“世界环境与发展”的国家首脑峰会，会议的主题是“可持续发展”，中国总理李鹏出席了这次会议。这次会议有四个重要文件，《里约环境与发展宣言》《21世纪议程》《联合国气候变化框架公约》和《生物多样性公约》。经签约国政府批准后都成为法律性文件。

自《寂静的春天》的春雷乍起，引来学者们的声声呐喊，次次唤醒人类良知。1992年，联合国环境与发展世界首脑大会终于举起了可持续发展的大旗，在人类社会发展的历程中树立起了一座新的里程碑。资源、环境与可持续发展已经不只是R.Carson、Dennis L.Meadows、L.R.Brown这些科学家们的呐喊与疾呼，而是由学界转化为联合国和150多个国家首脑的共同理念与行动。

令人欣慰的是，《里约宣言》公布后的半个月，7月1日北京农业大学的农业资源与环境学院成立了。今年，是《里约宣言》的20周年大庆，也是咱资环学院的20周年大庆。

43.2 20年来的发展（1992—2012年）

自《里约宣言》至今的20年里，可持续发展和资源与环境领域发生了哪些大事呢？我理了一下，有四件大事，下面一件一件地和大家一起回顾。

第一件大事是“聚焦全球气候变化”。

1992年里约大会有多项公约和协议，关注度最高的要数《气候变化框架公约》。在广泛性和深远意义上，全球气候变化对人类社会的威胁最大，自然地成为战略关注点。我也梳理了一下，围绕这个焦点，这20年里发生过10件大事，它们是：

1992年 联合国世界环境与发展大会，巴西里约

1994年 《联合国气候变化框架公约》正式生效

1997年 通过《京都议定书》，规定38个工业化国家或地区的二氧化碳等6种温室气体2008—2012年的减排任务是较1990年减少5.2%。

2002年 联合国可持续发展世界首脑第二次会议在南非约翰内斯堡举行，会上围绕水、卫生、能源、农业与生物多样性等5议题提出了建议

2004年 欧盟、日本、中国等相继批准《京都议定书》，美国宣布退出《京都议定书》

2007 年　IPCC 发布第四次评估报告
2007 年　G8+5 会议在德召开，加、欧提出到 2050 年全球温室气体排放量比 1990 年降低 50% 的建议，美同意“认真考虑”方达成妥协
2007 年　“后京都时代”启动会议在印尼巴厘岛召开
2009 年　“后京都时代”峰会议在哥本哈根召开
2012 年　联合国可持续发展世界首脑第三次会议在巴西里约举行

1992 年的《联合国气候变化框架公约》里面有这样一句话：“将大气中的温室气体浓度稳定在一个安全水平，使自然生态系统能够适应全球的气候变化，确保食物生产不受到威胁使经济能够持续发展。”也就是全球气候变化要与生态系统的适应性变化相匹配，而重要前提是确保食物生产不受到威胁，经济能够持续发展。为此制订和于 1997 年通过了《京都议定书》，规定 38 个工业化国家或地区的二氧化碳等 6 种温室气体的 2008—2012 年的减排任务是较 1990 年减少 5.2%。中国等发展中国家根据《公约》的“共同但有区别的责任”原则，承担着各自的任务。

这 38 个工业化的国家或地区，每个国家或地区都有具体减排指标。欧盟国家对此很认真，可惜美国这个温室气体排放第一大户却不守规矩。布什政府觉得美国经济上会吃亏，借口全球气候变暖存在不确定性，2004 年宣布退出《京都议定书》。

联合国政府间气候变化专门委员会 IPCC 是一个专业性的国际权威组织。IPCC 的三个工作组分别于 2007 年的 2 月 14 日、4 月 6 日和 5 月 4 日发布了第四次评估报告。《报告》明确指出，全球气候变暖已是不争的事实？显然这句话是冲着美国说的。

《报告》提出全球二氧化碳浓度由工业化前的 280 ppm 增加到 2005 年的 379 ppm；1970—2004 年主要温室气体排放增加了 70%；1906—2005 年全球地表平均温度上升了 0.740℃，20 世纪后半叶北半球平均气温是近 1 300 年中最高的；与 1980—1999 年相比，未来 20 年全球将增温 0.4℃，到世纪末增温 1.1 ～ 6.4℃，海平面将上升 0.2 ～ 0.6 米；如不积极采取措施，2030 年的温室气体排放量将比 2000 年增加 25% ～ 90%，其中二氧化碳将增加 40% ～ 110%；人类活动，特别是化石燃料的使用，是导致全球变暖的主要原因。

《报告》严肃指出，全球气候变暖的后果十分严重，如：

——冰川消融加速，冰川积雪的储水量减少，海平面上升，旱区面积扩大，世界 1/6 以上人口的可用水量将受到影响。
——水资源时空分布失衡，部分地区旱者愈旱，涝者愈涝，洪涝灾害加重，

热浪、强降水、台风等极端事件将更加强烈和频繁。

——对全球生态系统将造成不可恢复的影响，如平均温度增幅超过1.5～2.5℃，二到三成物种可能灭绝；对陆生和水生动植物的季节迁徙和地理推移将产生重大影响；农林业的气候变率以及气候和生物灾害增加，收成更加不稳定，以及因二氧化碳增加海水酸度而导致海洋生态失衡。

——导致突发性公共卫生事件增多增强。

《报告》最后提出，面对这些问题，“越早采取措施，经济成本越低，效果越好。”

我不知道是有意安排还是巧合，5月份出台IPCC报告，6月份在德国小镇海利根达姆召开的八国的首脑峰会上讨论的不是经济问题，不是军事问题，正是应对全球气候变化问题。会上，欧盟和加拿大提出2012年《京都议定书》执行期结束后的后续行动；提出到2050年全球温室气体排放量比1990年降低50%的建议（2008—2012年是5.2%）。在激烈讨价还价和强大的压力下，布什勉强同意美国将“认真考虑”才达成了峰会的“妥协方案”。

在这次的激烈讨价还价中，布什还是挺强硬的，就是不认账，后来欧盟国家和加拿大也较上劲了，如果美国不表态，下次在美国开的一个××会我们都不出席。后来布什才表态说，美国将认真考虑这个意见，才发表了2007年八国峰会的公报。公报还确定当年12月在印度尼西亚巴厘岛召开“后京都时代”的启动会议。

全球对巴厘岛峰会寄予很大希望，大会提的口号是“从气候变化的毁灭性灾难中，拯救我们的地球”。这是一次各国既要求发挥其影响力而又最大限度地维护自身利益，在相互妥协中寻求可行的解决途径的会议。这个会开得非常艰难，最后达成初步的意见是，发达国家应该在2020年前，将温室气体的排放量在1990年的水平上减少25%～40%。但美国还是没认账，大会确定各国回去后好好准备，两年后再开。

这就要说到2009年的联合国气候变化哥本哈根会议了。会外的期望值更高了，将这次会议称作“拯救地球”的会议。丹麦气候和能源大臣康妮·赫泽高女士指出：“如果这次会议失败的话，我们将会花更多时间和成本去寻找另一个解决办法，这是我们等不起的，这次会议只能成功，不能失败。”可是各国经过两年的准备后，各家的立场和小算盘算得更精了，会更难开了。

会议上充满着先行工业化国家与发展中国家两个利益集团的博弈，出现了《丹麦文本》和《北京文本》两个文本。中国在会上是两头受压，颇为被动。争论到会议结束也没有结果，不得不将会议延长了一天半才勉强发表了会议公报，叫《哥本哈根协议》，是些没有法律约束力的非实质性结果。

以上事实说明，可持续发展的理念大家拥护，涉及国家利益就不那么简单了。看来，坚持可持续发展还有很长的路要走，当时人类社会必须艰难地做下去。

这20年里的第二件大事是全球能源转型。

导致全球气候变暖的主要原因是什么？是化石能源。美国能源信息署在《世界能源展望2005》中明确指出，“引起全球变暖的温室气体80%～85%来自化石能源消费”。所以缓解全球气候变暖的核心是减少化石能源的温室气体排放。

此外，工业革命以来的200年里，化石能源的需求和开采量高速增长，资源正趋于枯竭。石油学界有“峰值论”之说，即一口油（气）井、一片油（气）田和整体的油气资源，在开发过程中都是由低量到高量的峰值，然后产量渐减而趋于枯竭。

世界峰值研究会2002年提供的这张石油和天然气的峰值图（图1）显示，全球油气资源的峰值期大体是在2000—2020年，以后就开始走下坡路了。根据国际权威组织对化石能源枯竭的预测，美国的世界能源信息署2005年的年度报告《IEO2005》提出，全球剩余可采储量加上储量增长潜量和待发现资源量，石油可用53年、天然气63年、煤炭90年。另一个权威组织的预测，英国石油集团公司BP的2011年年报预测是，2010年世界石油、天然气和煤炭，分别可满足世界46.2年、58.6年和85年的开采。这两份报告的预测结果非常接近。

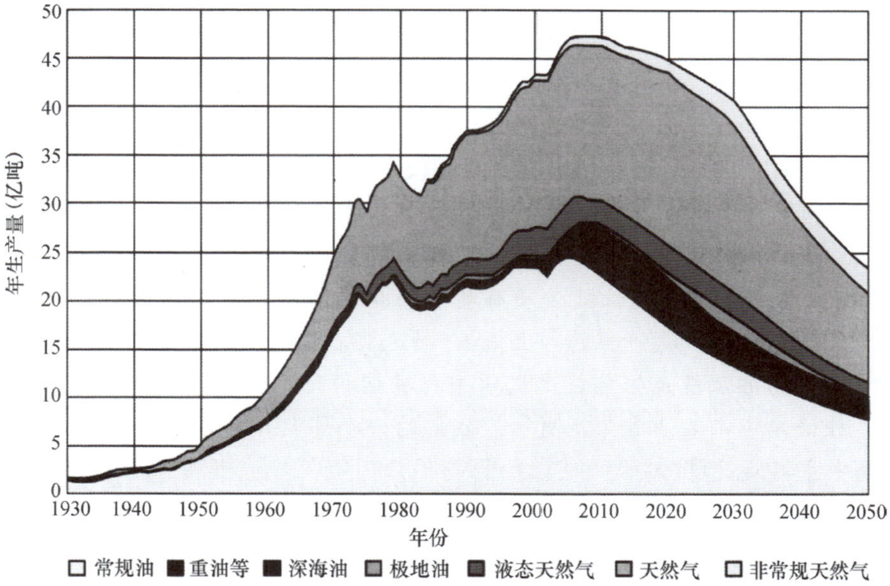

图1　世界峰值研究会对世界石油和天然气的峰值的预测

中国的情况怎么样？在《决胜生物质》书中，我根据国内的权威资料提供的2005年的相关数据计算，石油、天然气和煤炭分别可供开采14年、45年和57

年。这是个什么概念呢？即不考虑进口、没有新的重大矿藏发现和按2005年开采量的条件下，计算出的现资源量的可供开采时间。按目前情况，中国的石油资源是极贫的，天然气也是很贫的，唯煤炭较丰，但开采强度太大的情况下也只够开采50多年了。

化石能源既是导致全球气候变暖的主要原因，资源又将趋于枯竭，寻求可再生的清洁能源对化石能源的替代就成为当务之急。

1973年曾发生世界石油危机，发达国家开始寻求以生物乙醇、生物质发电、工业化沼气等对石油的替代之路。但世界性的，在化石能源替代上形成气候的，应当是在1999年的8月，克林顿发布了一个《发展生物基产品和生物能源》的总统令。该总统令开门见山地指出：

“目前生物基产品和生物能源技术有潜力将可再生农林业资源转换成能满足人类需求的电能、燃料、化学物质、药物及其他物质的主要来源。这些领域的技术进步能在美国乡村给农民、林业者、牧场主和商人带来大量新的，鼓舞人心的商业和雇佣机会；为农林业废弃物建立新的市场；给未被充分利用的土地带来经济机会；以及减少我国对进口石油的依赖和温室气体的排放，改善空气和水的质量”。

这个总统令以及有力的实施计划将美国的燃料乙醇对石油的替代推向了高潮，也带动了欧洲、中国、日本、印度、菲律宾等世界上的许多国家或地区的生物质能源的发展。

接替克林顿的布什政府拒绝在《京都议定书》上签字，但在对石油的替代上表现得非常积极。他在2006年的《国情咨文》中说：

“美国要保持领先地位就必须有足够的能源，当前我们存在的一个严重问题就是使用石油像吸毒一样的‘上瘾’，而这些石油是从世界上不稳定地区进口的。”“最好的办法就是依靠技术进步去打破这种对石油的过分依赖，摆脱石油经济，让依赖中东石油成为历史”。“我们的一个伟大目标是：到2025年，替代75%的中东石油进口”。

2009年奥巴马在总统就职演说中讲了一句话：“我们将致力于用太阳、风和土壤，为汽车和工厂提供燃料和动力。”所谓土壤，当然指的是生物质能源。他上任后就宣布了他的绿色新政，将“绿色能源”提升到了“绿色经济”，并以此带动美国疲软的传统经济模式。在2010年的《国情咨文》中讲道：“掌握洁净、可再生能源动力的国家将处于21世纪的领先地位。”2011年的《国情咨文》又说道：

“美国不能把长久繁荣与安全建立在将会枯竭的能源基础上，未来十年内美国的石油进口规模将减少三分之一。”

从克林顿、小布什到奥巴马这三位美国总统在发展可再生能源对化石能源的替代上是不遗余力的。美国石油进口依存度从2008年的62%已降低到了2011年的50%以下，而此时中国石油的对外依存度则上升到了56%，又增加了一个“超美”项目。

再看欧盟国家，他们的替代是多样化的，有生物柴油、燃料乙醇、工业沼气、生物发电、风电等。2007年3月，欧盟首脑会议上提出了“三个20”的目标，也就是到2020年，要减排温室气体20%（以1990年为基数）、提高能效20%、可再生能源占能源总消费量的20%，这就是欧洲所谓的三个20%的替代减排目标。

在能源转型上有两个“急先锋”，一个是欧洲的瑞典，一个是美洲的巴西。

瑞典1970年的能源消费中石油占77%，2003年降到32%。总理佩尔松在2006年的世界生物质能源大会上宣布，生物质能源已能满足瑞典25%的能源需要，2020年瑞典将成为世界上第一个告别石油的国家。

巴西2010年甘蔗乙醇总产1 900万吨，替代了51%的汽油，出口326万吨，产值282亿美元，占GDP的2%，有1 300多万辆灵活燃料汽车，在汽车销售中占90%以上，以及有1.2万架小型飞机和农用飞机使用燃料乙醇，巴西是世界上唯一的一个不供应纯汽油，只供应乙醇汽油的国家。生物能源产业已成为巴西超过信息产业的第一支柱产业。2007年斥资7亿美元建输往大西洋海岸的乙醇管道，全长1 150公里，用于出口甘蔗乙醇，主要是出口日本，还有中东南美等国家。

据国际能源组织2010年的统计，全球能源结构中，可再生能源占13%，排在煤炭、石油和天然气之后的第四位。可再生能源中生物质能源占10%，水能占2%，风能、太阳能和地热合占1%。

可再生能源对化石能源的替代已经是世界大势了。我国石油化工的奠基人、中国科学院院士和中国工程学院院士，2008年国家最高科技奖得主闵恩泽先生于2006年著文指出：

“从长远看，石油终将枯竭，利用取之不尽、用之不竭的农林生物质资源将会逐步兴起。由石油碳氢化合物生产的化石燃料，终将会由碳水化合物生产的生物质燃料逐渐部分替代。让我们加强生物炼油厂的研究，迎接‘碳水化合物’新时代的到来。”

同志们，闵恩泽院士搞了一辈子石油化工，却提出了碳氢化合物向碳水化合物转换的时代命题。我们搞农业，搞的就是碳水化合物，我们又做何感想和该有何作为呢？请大家看闵老的这张照片，一对仁慈的眼睛和R.卡尔逊的眼睛一样的深邃和极富洞察力。

这20年里发生的第三件大事是为可持续发展支招。

从可持续发展的提出和1992年联合国举起这面大旗，仁人志士们的关注点开始转移到如何可持续发展上来了。前面我介绍了罗马俱乐部的Dennis L.Meadows在1972年写的《增长的极限》一书，20年以后，1992年他又出了一本书，叫《超越极限》。很有意思，我把这两本书对照着看，看到他在这20年里思想和观点的发展，认为超越极限是可能的，而且提出了超越极限的思路。

1995年德国科学家厄思斯特·冯·魏茨察克和美国科学家艾默里·B.洛文斯以及L.亨特·洛文斯向罗马俱乐部提交了一份名为《四倍跃进》的报告并成书出版。该书的副标题是"一半的资源消耗创造双倍的财富"，即实现资源利用效率的四倍跃进。该书尖锐地指出："除非财富成倍增长，否则贫穷问题无法解决，而且除非资源消耗削减一半，否则地球无望回到生态平衡的状态，关键是资源效率的提高。"《四倍跃进》没有太多的理论或说教，而是列举了50个实现了四倍或四倍以上的资源利用效率提高的实例，这50个实例来自各个领域，形象生动地展示了"四倍跃进"的广泛可行性。

当时有些人评价说，这些实例没什么新意，魏茨察克引用了沙特石油部长Mullah Nasruddin的一句话，"月亮会比太阳更有价值，因为它是在人们最需要光明的晚上发出的光亮。"

1997年，卡诺勒斯（Carnoules）发布了《十倍跃进宣言》并指出："在一代人的时间内，把资源、能源和其他物质的效率提高十倍（Factor 10）"。

2001年，L.R.布朗出版了他的新作《生态经济》，大胆地提出了"生态学凌驾于经济学之上"的观点。"所谓生态经济，就是能够满足我们的需求而又不会危及子孙后代满足其自身之需的前景的经济。"该书第三部分以三章的篇幅谈"从此岸到彼岸"，描绘了实施蓝图。他说："以矿物燃料为基础，以汽车为中心，充斥着一次性物品的西方经济模式，在工业国家已经不再行得通。在中国、印度等发展中国家也行不通。"

L.R.布朗出版了《生态经济》，但言犹未尽，2003年又写了一本《B模式》，让他的观点"B模式"与传统经济增长模式"A模式"更加的泾渭分明。L.R.布朗尖锐地指出："以牺牲资源与环境为代价和不可持续的现行，'A模式'必将被'B模式'所代替。实现'B模式'的途径是提高水和土地的生产率，将碳排放减半，以及通过稳定人口、普及教育、全民医疗等应对社会挑战。"

另外一个令人鼓舞的是根据20世纪60年代美国学者鲍丁提出的宇宙飞船经济理论提出循环经济思想。他认为地球只是茫茫太空中一艘小小的宇宙飞船，人口和经济的无序增长迟早会使船内有限的资源耗尽，生产和消费过程中排出的废料又将使飞船受到污染而伤害着船内的乘客，最终飞船将不能持续地崩溃和坠落。因此必须要将经济增长方式从“消耗型”改为“生态型”，从“开环式”转为“闭环式”。

所谓的循环经济，就是按照自然生态系统物质循环和能量流规律构建的经济系统，并使经济系统纳入自然生态系统的物质与能量循环过程的一种新的经济形态。这正是 L.R. 布朗提出的提高资源利用效率的一种有效的经济形态。它以资源的高效利用和循环利用为目标；以“减量化、再利用、资源化”为原则；以物质闭路循环和能量梯次使用为特征，提出了“减量化、再利用、再循环”的“3R”原则，后来也有“4R”、“5R”和“6R”之说的。

克林顿和小布什两任总统的环境顾问 Fred Krupp 博士于 2008 年出版了他的新作《决战新能源》(中文版译名)。书中指出：“一场新的工业革命已经开始，它将彻底改变世界和我们的生活方式。”“第三次世界大战不是炮与火的战争，而是全球新能源战争。”“一场影响国家兴衰的产业革命。”“保护我们的地球不要毁灭。”

最近，可能有同志已经看过这本书，《第三次工业革命》，作者是杰里米 · 里夫金。他提的第三次工业革命有五个支柱，第一个就是化石能源向可再生能源转型，这是第三次工业革命的基石。第二条是“将每一大洲的建筑转化为微型发电厂，以便就地收集可再生能源”，即将风、太阳、生物质等收集和转化为电能，做到部分或全部自我循环和利用。第三个支柱是在每一栋建筑物以及基础设施中使用氢和其他存储技术，以存储间歇式能源。第四个支柱，一个新颖而大胆的设想，即利用互联网技术将全球电力网转化为能源共享网络，像全球互联网一样的信息共享。最后一个支柱是将运输工具转向插电式以及燃料电池动力车，电力由共享的电网平台提供。

1992 年的第一届世界环境与发展首脑里约大会 20 年后，2012 年联合国又在巴西里约召开了第三届世界环境与可持续发展首脑大会，中国是温家宝总理参加会议的。这次大会上主题是“绿色经济在可持续发展和消除贫困方面作用”。温家宝总理的发言中提出的三个建议是：坚持公平公正和开放包容的发展理念；积极探索发展绿色经济的有效模式，以及完善全球的治理机制。“绿色经济”成为当今的时代主题。

这 20 年里发生的第四件大事是可持续发展的绿色行动。

光有可持续发展理念和出主意还不够，还需要行动，这很重要。下面说说两个案例。

欧洲一个叫居辛的小镇 (Gussing District)，是奥地利东南边境最穷、最不发达的一个小镇。面积 50 km^2，2.7 万人口。农民靠传统农林业为生，70% 的劳力外出打工，连一年 600 万欧元的用电和取暖用化石能源都买不起。这里没有工业和贸易，没有交通基础设施，是发达国家奥地利的“第三世界”。

1992 年当选镇长 Peter Vadasz 从利用本地林木资源、减少买电 / 热支出做起。1998 年以林区剩余物先后建成 2.0 MW 和 4.5 MW 两座热电联产的发电厂和两座以能源作物青贮生产沼气 0.5 MW 的发电厂。现在这个小镇的可再生能源消费占总能源消费的百分之百，还自给有余。而奥地利全国可再生能源消费只占总能源消费的 23%，整个欧盟只占 6%。2009 年度获欧盟“可持续城镇”的瑞典 Waxjo 减排温室气体 25%，而居辛是 90%。从这些数字看，这个绿色能源起家的居辛小镇在实现绿色发展上有多么先进。

“栽好梧桐树，引来金凤凰”。可再生能源项目陆续落户居辛，有发电厂 27 家，总发电产能 22 MW，其中 8 MW 卖给国家电网，“绿电”年销售额 1 400 万欧元。另建有 12 家生物质能源厂，1 家生物柴油厂和 3 家大型太阳能厂、奥地利首家高效能太阳能电池生产企业等 50 多家企业在这里落户，还成立了可再生能源技术咨询服务公司（ECRE）。欧洲的可再生能源研究中心（EEE）也建在了居辛，这里“绿色和生态友好旅游”的游客年 20 余万人次。

绿色产业的发展为小镇创造就业岗千余个，地方财税收入从 1990 年的 40 万欧元增至 2006 年的 123 万欧元。

下面介绍第二个案例。

今年 8 月底 9 月初，我参加了中国战略与管理研究会和中国生物多样性保护与绿色发展基金会在山东东营举办的首届“中国绿色论坛”。其间，瑞典 Wikstrom 公司总裁 Stefan Pettersson 有一个讲演，介绍这个专门搞可持续发展建筑工程设计的公司，包括单体建筑和城镇建设的可持续发展建筑设计。他们奉行的是生态–社会–经济三位一体的可持续发展设计理念，有具体的实施计划流程。讲演中介绍了瑞典的哥德堡和汉马贝湖城等三个城镇的可持续发展设计案例。

首都斯德哥尔摩附近的汉马贝湖城的可持续发展设计中采取的主要绿色技术是封闭式全自动地下废物收集系统；可再生燃料、余热和沼气利用系统；太阳能热水和发电；生活污水与废物生产沼气；径流水收集和过滤；高效节能建筑、三层玻璃窗、绿色屋顶等。已实现的生态指标是减排二氧化碳 60%；化石燃料使用量由 80% 减少到 3%；能源利用效率提高到 90%；硫化物与可吸入颗粒减少 99.5%。一个城市能实现如此高标准的绿色指标一般是很难想象的。

这个公司在中国设了个分公司，叫“别处空间”，挺有诗意的。做过几个不同类型的可持续发展设计项目，如航星技术中心办公楼、北京大学公共教学楼、北京宝钞胡同甲 38 号四合院、四川茂县黑虎小学，幻灯片上有这些建筑的照片。

这个讲演的理念好，PPT 做得也好，经同意，拷给了我一份。哪位有兴趣可以到院里去拷。

我讲这两个案例是想说明，在这 20 年里，可持续发展已经从理念阶段进化到实践阶段，绿色行动已经在一座楼一座楼，一个镇一个镇，一个区一个区，一个城市一个城市里实现开来。当然这只是开始，还很不完善，但重要的是一轮旭日从地平线上升起来了。

43.3 我的绿色文明观

2011 年我出版了一本书，书名是《决战生物质》。这本书里有这样一句话：

“我们现在讨论的应对全球气候变化和能源转型，讨论的后工业社会和绿色文明，都是在讨论着一个未来的美好时代，决胜生物质是为迎接至美的绿色文明社会中的一个重要战役。”

有人说，决胜生物质，好像石老师想跟谁打架。我说，走向绿色文明和发展生物质产业不是坐在沙发上就能实现的，而是一场艰难和长期的战斗，因为相信这场战斗一定能胜，所以才叫“决胜”。在这本书里，专门写了一章，章名是“至美的绿色文明”。这张幻灯片是该书引用的一个曲线图，是公元 1500 年到 2000 年的 500 年间全球 GDP 的资料。以 1500 年的全球 GDP 为 1320 年后的 1820 年是 3；再过 80 年的 1990 年是 8.2。进入 20 世纪以后，GDP 急剧增长，像坐上了电梯，1950 年是 22，1998 年是 135。

经济总量的增加是需要物质原料和能量投入的增加相适应的，20 世纪 GPD 的高速增长必然带来物质原料和能源投入和消耗的急剧增加，带来了物质生产原料和化石能源资源的枯竭，也带来了化石能源消费导致人类生存环境的恶化。这张幻灯片是引用《增长的极限》书中的一张表（表 1）。表中告诉我们，除铬、煤、钴、铁四项尚能使用百年以上外，其他均不及百年。请注意，起始期是 1971 年。

表 1 资源储量

资源	已知世界储量	固定的指标（年数）	指数的指标（年数）	5 倍于已知的储量指数的指标（年数）
铝	1.17×10^{9} 吨	100	31	55
铬	7.75×10^{8} 吨	420	95	154
煤	5×10^{12} 吨	2 300	111	150
钴	4.8×10^{9} 磅	110	60	148
铜	308×10^{6} 吨	36	21	48
黄金	353×10^{6} 英（两）金衡	11	9	29
铁	1×10^{11} 吨	240	93	173
铅	9×10^{6} 吨	26	21	64

续表 1

资源	已知世界储量	固定的指标（年数）	指数的指标（年数）	5 倍于已知的储量指数的指标（年数）
锰	8×10^8 吨	97	46	94
汞*	3.34×10^6 铁箱	13	13	41
钼	10.8×10^9 磅	79	34	65
天然气	1.14×10^{15} 立方英尺	38	22	49
镍	147×10^9 磅	150	53	96
石油	455×10^9 桶	31	20	50
类白金	429×10^6 英两（金衡）	130	47	85
白银	5.5×10^9 英两（金衡）	16	13	42
锡	4.3×10^6 长吨	17	15	61
钨	2.9×10^9 磅	40	28	72
锌	123×10^6 吨	23	18	50

2005 年 8 月在北京召开的“国际矿床地质学会第八届大会”宣称：

“随着人类开发资源程度的加剧，新的矿床和新型资源矿床已经变得越来越难以找到和开发，因为这些能源和矿床埋藏更深更荒远，而浅层矿床和地处人类活动频繁地带的矿床已经逐渐枯竭”。

根据制订我国“十一五”国民经济发展规划时的资料，在刘健生的文章（2005）中说：

“我国的 45 种主要矿产资源人均占有量不到世界水平的一半，铁、铜、铝等只是世界平均水平的 1/6、1/6 和 1/9。我国多数金属矿产资源禀赋不佳，开发利用难度大，选矿和冶炼成本高。”“到 2020 年，我国 45 种重要矿产资源中，可以保证的有 24 种，基本保证的 2 种短缺的有 10 种，严重短缺的有 9 种。”

也是 2005 年，国务委员陈至立在国家科学技术协会的学术年会上做报告时指出：

“2003 年，我国消耗了占全球 31% 的原煤，30% 的铁矿石，27% 的钢材以及 40% 的水泥。2004 年，由于我国对铁矿石需求的急剧增加，国际市场价格曾上涨了 71.5%；由于国际原油价格屡创新高，我国全年多支付外汇达数十亿美元。长此以往，越来越多的企业将不堪重负，国家将不堪重负。”

上面资料说的是 21 世纪中叶或 2020 年，不是遥远的未来。

全球和中国就是这么些家底，难道不值得绷紧我们的神经吗？

二百多年工业化经济的高需求、高科技和高速度，带来了物质生产原料与能源的高消耗和快枯竭，化石能源还严重污染了环境，工业经济不可持续了，工业文明在取得辉煌的同时正走向自己的终结。

用于社会物质生产的原料与能源资源有着不同的特质。

一种资源是不可再生和不可循环，而且是高碳排放，如化石能源；第二种资源是不可再生但可减量循环，如各种金属和无机盐矿产，每循环一次大约减少三成；第三种资源是可以再生但不能循环，是低碳但不能替代，如水能、风能、太阳能等可再生能源；第四种资源是可以再生和可以增量循环，越循环越多，消费中低碳排放，而且可以替代不可再生的物质原料和能量资源，这就是生物质。

能从事社会物质生产的以上四种原料与能源资源中，生物质是最具潜力和前景的。在这张幻灯片上（图 2）可以看到，能持续为地球提供能量的是太阳辐射。太阳辐射到达地球表面后，一部分转化为水能、风能、热能和海洋能，是可进一步转化为热能和电能的物理态能量，不稳定和较难储存；一部分辐射能被植物体吸收，通过光合作用转化为化学态能量，因以生物质为载体而便于储运和形态多样，可以转化为热能和电能，也可以转化为液态和气态燃料；除可以供应食物、纤维、建材以外，还可以生产可降解塑料等上千种的生物基产品。

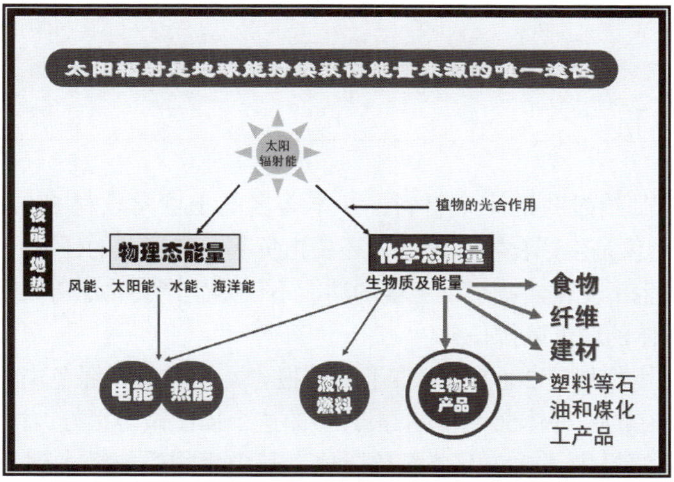

图 2　太阳辐射为地球提供持续的能量供应及能态

所谓的化石能源，是地质时期的有机生物质在长期地质过程和环境条件下形成的。在化学分子结构上，碳氢化合物是碳水化合物脱氧后形成的，分子结构上十分相近，是石化和煤化工产品的最佳替代原料。

美国科学院给总统的一份咨询报告中说："生物基产品最终满足大于90%的美国有机化学消耗和达到50%的液体燃料需要，并形成转化生物基产品的全球领导地位。"（"Biobased Industrial Products: Research and Commercialization Priorities" NAS, 1999）美国农业部能源政策和新用途办公室主任Roger Conway博士说："Everything old is new again"，说的是19世纪大量使用的是生物基化工制品，20世纪之初，石油基工业制品取代了这些生物基工业制品，21世纪之初，生物基工业制品又重新回归，正在逐渐替代石油基工业制品。我们知道，最早的汽车用的是花生油等植物性燃料，美国福特牌的第一代汽车燃料是酒精，但不久就被质优价廉的石油燃料替代了。一个世纪后的今天，生物基燃料又替代起石化燃料。用中国的话说，叫"三十年河东，三十年河西。"佛教也有"轮回"之说。

R.Conway博士在"生物基产品的明天"一文中提出的"全球生物基化工制品市场预测"如下（亿美元）。表中以2005年的产值为1，2025年为23～29（表2）。

表2　2005年与2025年产值比较预测　　亿美元

项目	2005年	2025年
一般化工制品	9	500～860
特种化工制品	50	3 000～3 400
精细化工制品	150	880～980
聚合物	3	450～900
合计	212	4 830～6 140
增加比值	1	23～29

李保国老师给过我的一个材料，一本著名的土壤学教材2002年版中写道："土壤的功能不仅是生产食物和纤维，还要担负起生产能源的任务"。时代变了土壤的功能也发生了变化。我想，土壤的功能不仅是生产食物、纤维和能源，还要担负起温室气体的增汇减排任务。

联合国环境规划署2007年发表了一份报告，题目是"绿色岗位：可持续的低碳世界所向往的一种体面工作"。报告中的这个插图做得很好，内容是2006年全球可再生能源提供了223万个绿色岗位，其中生物质能源占到50%；预测到2030年，这个绿色岗位将增加到2 040万个，其中生物质能源占59%。图中资料只是可再生能源部分而不是绿色岗位的全部，报告中用了一个很有意思的词，

“体面的工作”。

在《决胜生物质》书中“至美的绿色文明”章有一个我做的插图，这张幻灯片用的标题是“21 世纪是能源换代的世纪”。根据 21 世纪能源消费结构中化石能源逐渐减少、可再生能源逐渐增加，以及氢能和核聚变等新能源在下半个世纪可能开始投入商业化运行的大趋势，我三分了 21 世纪。前三分之一是以化石能源为主的单能阶段；中间三分之一是可再生能源与化石能源主导的双能阶段；后三分之一是以可再生能源为主的三能或多能阶段。

根据社会生产中不可再生的物质原料与能源资源趋于枯竭，和以生物质为代表的可再生资源的兴起，在工业社会形成的，由农业、工业和服务业的“三产”产业结构模式将因生物产业的迅速崛起而逐渐向生物性产业、非生物性产业和服务业的新“三产”的产业结构进化。我在过去的讲演和《决胜生物质》书中多次阐述了这个观点，还有一幅在这张幻灯片（图 3）中展示的，对未来生物产业结构与内容的设想。

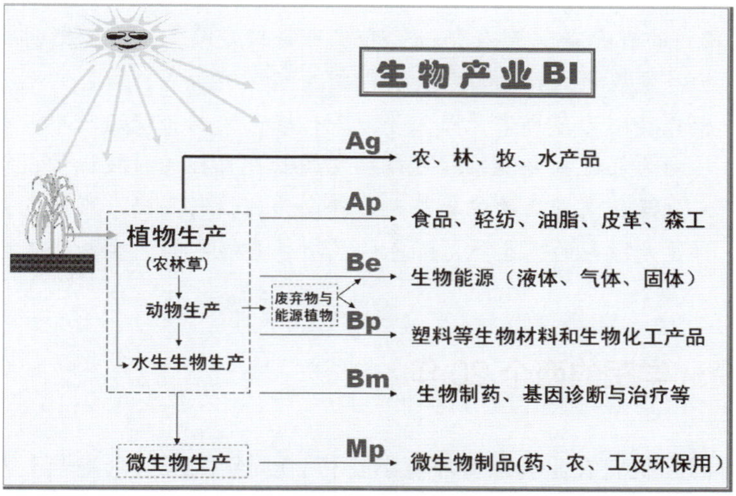

图 3　未来生物产业结构及内容

有了以上这些认识，就会逻辑性地提出一个更大的命题，绿色未来的定位。工业经济，工业社会和工业文明是继农业经济，农业社会和农业文明之后的一种社会形态。工业经济和工业社会以后是什么经济和社会形态？有人说是信息经济（社会）；有人说是知识经济（社会）；有人说是低碳经济（社会），有人含糊其词地说成“后工业社会”。我以为这些提法和内容都很重要，但上升不到与“原始社会”、“农业社会”和“工业社会”的高度和与之相提并论。

如果认同人类社会发展的本质特征是物质性生产；认同事物皆有其发生、发展和消亡过程的哲学观点，那么就会对人类社会发展得到以下的逻辑认识。农业社会是以动植物生产的农业为主要生产形式和先进生产力代表的一种社会存在形态，延续了两千多年。农业生产力发展带来人口稳定增长和创造了辉煌的农业文明，同时也因人口急剧增长、土地资源不足以及农业产量增长趋缓而使传统农业难以为继。

15世纪开始的科学革命和技术革命带来了先进的工业生产力并成为社会的主要生产形式和先进生产力的代表，也缓解了人地矛盾和粮食供需矛盾。但是，在工业经济创造辉煌工业文明的同时，高需求、高科技、高（资源）消耗以及高污染的负反馈又使的工业社会变得不可持续。那么，替代工业社会的新的生产力和生产方式的基本前提应当是能保障社会的可持续发展。显然，能缓解资源匮缺与环境恶化矛盾并保障社会的持续发展的，是以生物产业为主导的绿色经济将成为未来社会的主要生产形式和先进生产力代表，“信息”、泛义的“知识”等都不具备这种功能和能够确切地表达。

我在《决胜生物质》书中对“绿色文明”有这样一段表述。

“绿色文明的理念是‘天人合一’和‘可持续发展’；绿色文明将使牺牲生态与环境的经济发展模式转向为修复和保护生态环境模式；绿色文明将使不可再生资源主导模式转向为可再生资源主导模式；绿色文明将使追求单一和近期目标的科技进步转向为促进社会健康和可持续发展长期目标的科技进步；绿色文明将使人类生产、生活和消费上的贪婪与无度转向为理性与高尚。在绿色社会，理念是绿色的，科技是绿色的，生产是绿色的，消费是绿色的，生活也是绿色的。”

43.4 资环学院的两个20年

最后，回到我们农业资源与环境学院和20周年院庆这个主题上来。我用的标题是“资环学院的两个20年”，一个是已经过去的20年，一个是未来的20年。20年前，《里约宣言》发表后半个月，北京农大的资环学院诞生了，是赶得上时代的。现在已经是20岁的大小伙子了，这20年里成长与修为如何。

这20年里，全球资源与环境领域发生了太多事情，理念与实践上有了许多发展与进步。土地和水资源更趋紧缺，质量在下降，保护水土资源和提高利用效率形势更加紧迫；大气质量成为全球环境恶化的主要关注点，太阳能和风能走上了可再生能源舞台；而与农业密切相关的生物资源，概念与内涵发生了更加深刻的变化。

过去只注重利用农作物的籽实和纤维，而现在能将占生物量2/3的秸秆；畜禽粪便、有机垃圾、污泥污水等所有有机剩余物；利用边际性土地种植抗逆性强和生物量大的植物，以及动植物的细胞与基因等都可用于生产社会需求越来越多的清洁能源、可降解塑料、化工原料与产品、生物医药、建筑材料等。随着社会需求的拓展和生物技术的进步，这种非常规生物资源成为一种可再生和可循环利用，可替代不可再生资源和保护环境的一种重要的新资源。

时代赋予生物资源以新的概念与内涵，也要求我们对传统的资源环境观，生物资源观及其研究和教育的思路和架构作适应性的调整和改变。谁要抓住新的理念和发展前沿，抓住这种变革，谁就抓住了未来，抓住了成为这个学科和领域领跑者的机会。

我们现在天天说创新驱动，创新驱动的源泉是什么？是理论与理念的创新。作为大学的资源与环境学院，首要的是理论与理念上的创新，才能引领这个领域。同样，也只有在理论与新理念指导下的实践与工程技术研究成果才能引领和推进这个学科和行业的发展。

从《寂静的春天》到《里约宣言》经过了 30 年；自《里约宣言》至今又过了 20 年。这 20 年里，全球聚焦气候变化与能源转型，寻求新的经济模式和开始采取绿色行动。那么在未来的 20 年里会有哪些发展呢？

我以为，可持续发展将在理论体系上会有所建树。实践是产生理论的基础，申农的信息论、费希尔的第三产业论、波尔丁的循环经济论等都是在大量实践基础上提出来的，可持续发展的半个世纪的发展，为其理论体系建设打下了良好实践基础。除理论体系建设外，全球能源替代与转型将会提速，绿色产业将如雨后春笋。

资环学院是在只有土壤、植物营养和水利土壤改良三个专业教研组的土化系与农业气象系的基础上成立的。成立后的 20 年间，组建为现在的土壤与水、土地资源与管理、生态科学与工程、环境科学与工程、农业气象和植物营养等 6 个系。当初我积极提倡和在农业遥感研究所基础上组建了“资源遥感与信息技术系”（不一定准确），无疑可以用最先进的技术与手段武装资源与环境的教学与研究。不知为什么会离开了资环学院，太可惜了。

这次纪念 20 年院庆，不能停留在形式上，要好好总结这 20 年发展中我们的成绩和不足，经验和教训。对未来 20 年的资源与环境领域和学科的发展应当有何前瞻？应当做哪些适应性调整？例如生态文明建设的“18 大”精神和我们该如何有所作为？生物资源概念与内涵的深刻变化，以及生物能源与生物基产业将有个大的发展，我们如何当仁不让地走在前列？绿色产业将如雨后春笋，该做何反应？等等。

教育的滞后性决定了教育理念与培养策划的超前性。我校资源与环境学院的成立是超前的，建议对这 20 年做一次阶段性反思与评估。想想我们的科学与教育理念超前了吗？想想我们的系科与专业、培养目标、方案和课程设置超前了吗？想想我们的研究项目与课题超前了吗？还有我们的教师队伍的整体素质能适应和超前吗？

科学和教育最忌讳墨守成规、“就汤下面”“师生复制”而不是“青出于蓝而胜于蓝”，这样就惨了！因为没有生命力了。我听说吴文良院长带队到北大、北师大等兄弟院校学习交流经验，这样很好，锐意进取，博采众长嘛！

可持续发展是人类社会由工业文明进化到绿色文明的主要价值观和纲领，可持续发展的核心是资源与环境。当你选择了资源与环境事业，成为一个资环人，你就是为实现人类社会可持续发展和由工业文明向绿色文明过渡的中坚力量；就是和这个崇高的目标联系在一起的一名光荣的绿色战士；就有了一份神圣的责任。

我就说到这里，说得不对的地方，请大家批评指正。

44 绿色文明　说易行难

【写作背景】

2012年8月，“中国发展战略与管理研究会”在山东东营举办“中国首届绿色论坛”，《文集》作者的讲演题目是“绿色文明，说易行难”。这是继作者2011年出版《决胜生物质》书中的《至美的绿色文明》篇之后，结合中国实际发表的一篇讲演，也是该篇的一次发挥。此文是按讲演用PPT转写的文字稿。文中以四个事例说明绿色文明的“说易行难”，PPT的后部分在文字稿中从略。

感谢“中国首届绿色论坛”对我的邀请，给我一次与大家交流的机会。

生态文明是国策，但在我的一些接触中，感到说易行难。说几个例子，谈点体会，不当处请批评指正。

前不久看到中国科学院地理研究所出版的一份研究报告，书名就很有意思，叫《噬水的煤》，副标题是“煤电基地开发与水资源”的研究。书名就将煤电与水资源联系起来，还用了一个颇具感染力的“噬”字，非常贴切。

文中列举了我国“十二五”的13个煤电基地（见图1），除黑龙江宝清煤矿、安徽淮南煤矿和贵州煤矿外，其他9个在陕北黄土高原，1个在新疆，都是干旱缺水地区。

煤电基地，噬水成性，地上水和地下水通喝。《报告》称，2015年的全国14个大型煤炭基地的总需水量是99.75亿m^3，即超过了“南水北调”东线方案的93亿立方米（2030年）和中线方案的97亿m^3（见图2中左图）。一年消耗近百亿立方米的水，干旱缺水的西北地区能承受得了吗？《报告》提供了乌拉盖河水资源利用的百年变迁（1908—2008年）资料（见图2右）很能说明问题。20世纪70年代以前该河河水全部用于生态；1984—2004年生态用水和农业用水各半，2004—2008年间，80%的水都是工业用了，农业不到20%，生态用水几无。此外，每生产3吨煤炭就要排放1立方米废水。所以煤电基地不仅大量耗水，还要大量排放废水，导致产地河水严重污染。

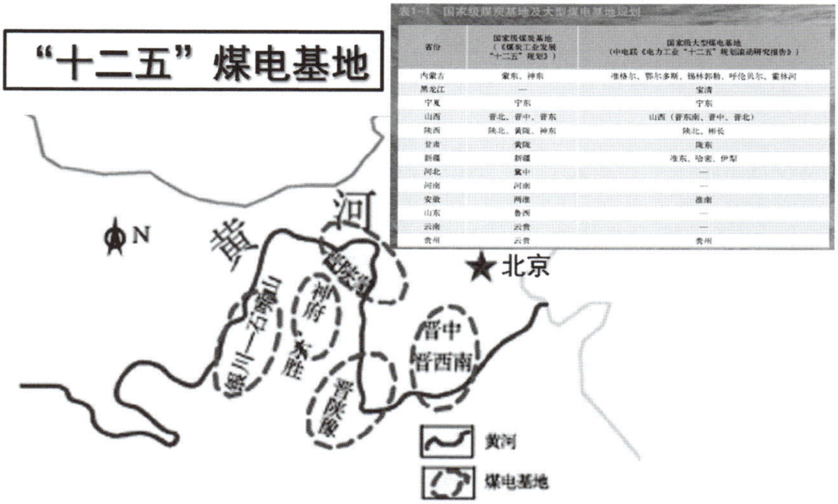

表1-1 国家级煤炭基地及大型煤电基地规划

省份	国家级煤炭基地（《煤炭工业发展“十二五”规划》）	国家级大型煤电基地（中电联《电力工业“十二五”规划滚动研究报告》）
内蒙古	蒙东、神东	准格尔、鄂尔多斯、锡林郭勒、呼伦贝尔、霍林河
黑龙江	—	宝清
宁夏	宁东	宁东
山西	晋北、晋中、晋东	山西（晋东南、晋中、晋北）
陕西	陕北、黄陇、神东	陕北、彬长
甘肃	黄陇	陇东
新疆	新疆	准东、哈密、伊犁
河北	冀中	—
河南	河南	—
安徽	两淮	淮南
山东	鲁西	—
云南	云贵	—
贵州	云贵	贵州

图 1 “十二五”煤电基地及部分基地分布概图（引自《噬水的煤》）

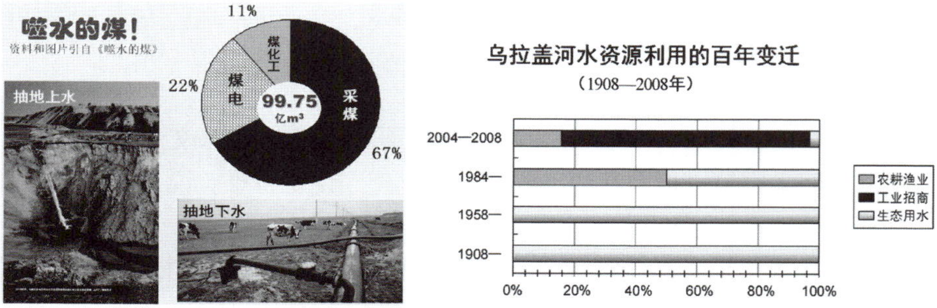

图 2 煤电基地的用水（左图）及乌拉盖河水资源利用的百年变迁（右图）

（引自《噬水的煤》）

我国西北干旱半干旱区的生态十分脆弱。煤电基地与生态争水，与农争水，与民争粮，使当地减少 600 万亩灌溉农田和每年少收 50 亿斤粮食，并导致草场退化、载畜量锐减、草地沙化，以及沙尘暴加剧和黄河断流。这是一场实实在在的生态灾难。

一说到煤炭，就说中国“富煤”，是吗？不是。

以剩余可采量 1 145 亿吨标煤计，2005、2007 和 2010 年的储采比分别是 68、60 和 51，即分别可采 68 年、60 年和 51 年。国际权威资料 BP《世界能源报告 2011》公布的数据是 63.6 年。

又据中科院的一个研究报告，全球光伏组件产能 50 GW，中国就有 40 GW，是 2011 年全球光伏装机总量（24 GW）的 170%。2011 年中国太阳能产品 90% 出口，美国占 10% ～ 20%，欧洲占 60% ～ 70%。问题是，多晶硅生产过程中 75% 的三氯氢硅以尾气形式排放、四氯化硅废液和 TCS 对人体有极大毒害作用，以及生产中大量使用氢氟酸和产生大量含氟废料，使产地河水中氟化物含量超标 10 倍以上。

美国的页岩气革命震撼了美国和世界。一个世界头号能源消费和进口大国，居然因页岩气而可以成为能源出口大国，太神奇了。有国外传来消息，说中国页岩气储量比美国还多，这不是久旱逢甘雨，天上掉馅饼吗？

所幸中国还是有思想冷静的人。原石油部勘探司副司长、教授级高工查全衡在 2012 年 8 月 20 日《环球时报》国际论坛版发表了一篇“页岩气开发，不必全听美国忽悠”的文章。文章中说：“当前在我国，开发页岩气形成了一股热潮，起因除了上述因素外，美国政府直接出面推介，西方能源机构和技术服务公司对我国资源前景一片叫好，我国学界高亢的符合声也在推波助澜。这股热潮具有上面比下面热和业外比业内热的特点。”

接着，文章一转：“因为中美国情的差异，开发页岩气的条件至少有 6 点不同：①油气资源开发阶段不同。美国是晚期，中国是早中期；②石油地质条件不同。美国主要是海相地层，中国以陆相为主，页岩气积聚规律复杂得多；③环境承载能力不同。单井产气量很低，必须多打井，大型压裂每井日用水 1 万～ 2 万立方米，美国和加拿大一些州因水而停止开发项目，中国多数地区不具备这种环境承载能力；④技术服务体系不同；⑤销售网络完善程度不同；⑥矿权管理制度不同。”

程序教授在一篇文章中对“西气东输”、“页岩气开发”和“生物天然气”三者的投资与经济性作了比较，结果是“生物天然气”明显优于前二者。表 1 是页岩气 / 天然气与沼气净化压缩生成的生物天然气（有效成分 CH_4 均在 95% 以上）的比较，几乎项项都具优势，请注意在减排效果上，一个是正 398 克，一个是负 414 克，相差何其大也。

以黄淮海平原为代表的我国粮食主产区，二三十年前主要是两年三熟农作制，后改为小麦玉米一年两熟，粮食产量与秸秆量大增。过去农民用秸秆烧火和堆肥，后来越来越少了，因为用煤、天然气和化肥既省事又干净。于是，大量秸秆堆在田间地头影响下茬播种，耽误农时，成为负担，一把火烧之最好。于是，每年麦收和秋收两季，火烧连营般地在田间焚烧秸秆，烈火熊熊，黑烟滚滚，污染大气，人呛马喘，公路汽车断行，飞机异地降落。

表 1　天然气 / 页岩气与生物天然气的比对

对比项目	天然气 / 页岩气	生物天然气
原料	化石能源	有机废弃物和污染物
可再生性	不可再生	可再生

续表 1

对比项目	天然气 / 页岩气	生物天然气
减排效果 *	398 克	–414 克
环保性	生产过程对环境有负面影响	本身即环保产业，有极强环保功能
产业带动性	有关工业行业	有关工业行业可促进农业现代化和农民增收
技术性	难度极大	没有技术障碍
自主性	对外依赖性大	自主技术与装备国产化
经济性	400 亿—600 亿元 /100 亿 m^3	250 亿元 /100 亿立方米
资源潜力	—	2 330 亿立方米

* 每 1 千瓦时做功能量的 CO_2 排放克数

一年要露地烧掉多少秸秆呢？ 1 亿多吨。如果将这些秸秆转化为能源，其能量相当于两座三峡电站的发电量，太可惜了，为什么不将它转化为生物质能源呢？

中国是个缺油少气而又需求剧增的国家，石油的对外依存度已近 60%，天然气近 30%。油气立足国外，不仅消耗国家大量财力、军力和外交资源，而且能源不自主就不会安全，一有风吹草动，后果不堪设想。其实，我国生物质资源十分丰富，可以转化为固态、液态和气态能源，不仅是可再生和清洁的，能保护环境和生态，还可以带动农业、增加农民收入，提供就业岗位，在技术和装备上也不存在问题。

谢谢大家！

45 至美的绿色文明

【写作背景】

《文集》作者在2011年出版的《决胜生物质》一书的《前瞻篇》以“至美的绿色文明”为题，阐述了农业文明、工业文明和工业文明中先进的科技和强大的生产力必将导致资源与环境的危机，人类社会必将向着绿色文明方向发展，走向至美的绿色文明社会。以此作为本篇和本卷的结束文可带来人们的憧憬与希望。

一个社会即使探索到了本身运动的自然规律……它还是既不能跳过也不能用法令取消自然的发展阶段。但是它能缩短和减轻分娩的痛苦。[1]

——卡尔·马克思

地球存在46亿年，生物就有38亿年演化历史。生物在演化中曾经历过多次绝灭事件，影响最大的一次是在距今2.5亿年的二叠纪末和三叠纪初，95%的陆地动植物物种和一半的海洋生物物种灭绝了；另一次是在距今约6 000万年的白垩纪末，有75%的动植物物种又遭灭顶之灾。这次灭绝后重新繁殖起来的陆生植物不再是裸子植物而是被子植物，不可一世的恐龙被哺乳动物家族替代了，现代的自然地理景观也是在这个地质时代开始和逐渐形成的。

地质史上最新的一个时期叫第四纪，记载的是最近三四百万年间的地质事件，其间最大的事件有二：一是出现多次冰期，二是出现了人类。末次冰期是在距今约7万年前开始的，距今1.7万～2万年间为最盛期，结束于1万年前，末次冰期后的全球气候逐渐变暖转湿。400万年前出现了人类，但是进化得非常缓慢，直到十多万年前才由“直立人”进化为“智人”，而由智人进化为现代人，仅万年耳，正是处在末次冰期后的温暖湿润期。这个温暖湿润的“最佳时期”大抵出现在距今9 000～6 000年间，这是人类进化历史上的春天，中国黄河中游的仰韶文化和东部的河姆渡文化都是在这个时期出现的。

在冰后期温暖湿润的“最佳时期”里，万物滋润繁茂，“智人”们不满足于渔猎采集，开始了一个伟大的创举——驯化野生动植物，出现了农业。它的“蝴蝶效应”首先是让人类由山地洞穴走向肥美的平原河川，由渔猎到饲养，由采集到种植，由游移到定居；出现了村落聚居和人口的快速增长，生产和生活资料有了剩余和积累，社会有了分工，体力劳动与脑力劳动开始分离，而这一切“效应”的物质基础是人类的食物营养丰富了，人的大脑和智力发育加快了。人类活动的基本要义是生存与繁衍以及对生存与繁衍质量的不断追求，正是这种追求，使人类创造了光辉灿烂的农业文明和工业文明。

事物总是一分为二，得失利弊如影随形。食物多了好了，人口增长就快了，土地的扩展空间却越来越少了，人口与食物间的矛盾出来了。同样，随着工业社会的高度发展，带来了资源急剧消耗和生存环境恶化，工业社会难以为继了。正是这种矛盾的存在和对立成为推动社会进化的内因与动力，进化是不断解决矛盾的一个新陈代谢过程。那么，如何解决工业社会不可持续的矛盾呢？后工业社会又会是个什么样子？

本章作为全书的结尾，是想从人类文明进化的长河中悟出一些后工业文明的未来走向。

45.1 辉煌的农业文明

约 4 000 年前，古巴比伦王国的国王，伟大的汉谟拉比在夸耀他赫赫战功的时候也不忘记说：“我修通了运河，带来充沛的水源，灌溉苏美尔区和阿卡德区的田畴。我把两岸的土地变成了绿野，我保证了谷物的丰收。”2 000 多年前，被恺撒大帝赦免的瓦罗（M.T.Varro）在他 80 岁时写下的《论农业》，书中是这样炫耀农业和夸赞他朋友 C.T. 斯罗法的：

“他是个各方面都很有教养的人，同时他也被认为是罗马在农业方面的最大权威。我说，难道对他作这样的估价不对吗？由于他经营得好，他的田庄在许多人看起来比别人的宫殿式的建筑还要好看，因为人们到他这里来参观田庄的房舍，看到的不是路库路斯[①]家那样的画廊，而是满藏着果实的仓房。我说，在圣街[②]的最头上的地方，有我们朋友的果园的一幅画，在那里果子是卖金子的。”[2]

早期的农业，创造了辉煌的古巴比伦、古埃及、古中国、古印度，以及古希腊和古罗马的古代文明。这个时期出现了荷马诗史和中国《诗经》，出现了毕达哥拉斯、苏格拉底、柏拉图、亚里士多德和中国的老子、孔子、庄子等一批伟大

① 当地的著名富豪。

② 是通往罗马广场的一条街，最头上有个最好的水果店。

的思想家，他们的思想光芒影响了人类社会几千年。

在中国，民以食为天，国以农为本，风调雨顺、五谷丰登，仓廪殷实是上自君王公卿，下至黎民百姓的最大祈愿。北京的“九坛”（天坛、地坛、日坛、月坛、社稷坛、祈谷坛、先农坛、先蚕坛等）无不与“农本”思想有关。自宋以来，形成历代皇家亲题或授命写作耕织诗的传统，画文并茂，以彰农事，以劝农作，推广农技。康熙、雍正、乾隆每年还亲率群臣到北京先农坛扶犁春耕。

传统农业的本质特征是利用光、热、水、气以及土壤中的营养物质等自然要素，通过植物的光合能力，进行人类生存所需要的植物性及动物性产品的生产。农人通过种植作物和饲喂牲畜以供养人类的同时，几乎将作物秸秆、人畜粪便、燃尽的草木灰、残羹剩饭等所有的剩余物（生命物质）都直接或间接地归还于土壤，进入再循环和再生产，保障了土壤肥力数千年而不衰。传统农业是一个人为活动参与下的自然态和封闭式的生命物质与能量循环系统，除了太阳辐射不断提供的能量外，没有其他任何外来的能量与物质。传统农业的理论精髓是天地人合一，技术精髓是精耕细作，通过精耕细作将生命物质和能量循环的效率发挥到极致，中国的传统农业是世界传统农业的突出代表。

农业的兴起带动了由石质农具向铁质农具的转变，带动了观象与数学、地理与土地、水利工程与工具、桑蚕与纺织、冶金与铸造，以及制陶工艺等相关科技和行业的发展。在农业社会，作为主导产业的农业和农业科技是当时先进生产力的代表，并与相关产业和科技构成了农业文明发展的物质基础和光辉象征。

丰富的食物带来人口的增长。公元1—15世纪间，即中国西汉到明万历年间，中国人口一般维持在4 500万～6 000万；清康乾盛世达到2亿，清末达到4.36亿；1949—2000年由5.4亿增加到13亿。随着人口增长和可垦土地减少，人均占有耕地由隋代的2.81公顷和唐代的1.80公顷，减少到明代的0.77公顷，清代0.15公顷和1994年的0.08公顷[3]。17世纪的世界人口是5亿，18世纪是8亿；19世纪超过13亿，20世纪则由16亿增加到60亿。到了19世纪，全球人口骤增，可是耕地已经没有多少可供垦殖了。

农业文明发展到鼎盛的时候，也是中国和世界人口急剧增长和耕地扩展空间锐减的时候，而传统农业的封闭式物质与能量循环系统在几千年的精耕细作下，提高作物单产上的潜力已经不大了，传统农业陷入了困境。但是它孕育了科技革命和工业革命。科技革命和工业革命回报农业以先进的生物科学和农业化学，送来了良种、化肥、农药、拖拉机和电力，这些外源性物质和能量打破了传统农业的封闭式物质与能量循环系统，使农作物单产成倍增长，这才缓解了农产品供应与社会需求之间的矛盾。

哲学家说，世界万物有发生就有消亡。事物在发展的同时，抑制和消亡因素也在增长，直至事物的死亡，农业文明也是如此，如同人的成长与衰老相伴而行一样。当然，做好保健可以延缓衰退，控制人口和增加农业产出也能放慢农业文明的衰亡。正如卡尔·马克思所说的：“一个社会即使探索到了本身运动的自然规律……它还是既不能跳过也不能用法令取消自然的发展阶段。但是它能缩短和减轻分娩的痛苦。”[1]

45.2 灿烂的工业文明

五千年农业文明的一个最伟大的贡献就是孕育和支撑了科技革命和工业革命。

“高楼大厦，电灯电话”只是工业文明的表征，其实质与核心是从16世纪开始的，以哥白尼－牛顿为代表的科学革命推动下的现代技术革命和工业革命：

——是珍妮纺织机（1764年）和瓦特蒸汽机（1776年）吹响了向技术革命和工业革命进军的号角，才有了20世纪初期出现的汽车（1900年）、拖拉机（1904年）和喷气式飞机（1939年）；

——是19世纪初的道尔顿原子说、波义耳元素说和赖尔地质进化论以及机械制造业的推动，现代的采矿业、冶金业和化学工业才得以迅速发展，有了煤炭、石油、天然气、化肥和塑料；

——是法拉第电磁感应定律（1831年）和麦克斯韦尔统一电场理论（1858年）的推动，19世纪下半叶才相继发明了电机（西门子，1866）、电话（贝尔，1876）、电灯（爱迪生，1879）和无线通信技术（赫兹，1888），以及20世纪的微电子技术，进而给人类送上了收音机、电视机和计算机。

——是香农的信息论和二进位制应用推动了信息技术、光纤通信、因特网和移动通信的快速发展，才有了今日人们对网络世界和手机的享受。

——是达尔文进化论（1859年）、孟德尔遗传学（1865年）和DNA双螺旋结构的发现（1950年），开创了现代生命科学，才有了今日之胚胎工程、酶工程、细胞工程、蛋白质工程、基因工程等现代生物技术，才有了现代农学和现代医学。

——是20世纪中期的“曼哈顿计划”大大推进了核科技的发展；以及“阿波罗计划”将航天科技推向了高峰，拉近了人类与外层空间的距离。

李政道在21世纪中国科技战略研讨会（1999年，北京）上谈到狭义相对论和量子力学两项伟大发现时说：“到1925年，对这两个领域完全了解了，并且由此发展了原子结构、分子结构、核能、激光、半导体、超导体、X光、超级计算机等等，假如没有狭义相对论和量子力学，这些都不会有，几乎所有的20世纪的物质文明都是从这两个物理基础科学的发现衍生的”。

现代科技日新月异，光彩万千，工业文明是现代科技文明的外化。

工业文明也有他的另一面，就是这座工业大厦是靠浩大的资源堆砌起来的，能源、冶金、制造、化工、建筑、运输、信息、航空航天、公共服务等等，还有那金碧辉煌和灯红酒绿的城市，他们每时每刻都在吞噬着大量的地球资源和伤害着地球的生态与环境，使不可持续的阴云越来越浓密地在工业社会上空聚集。

人类开始明白，工业社会的科技越进步，工业生产越兴盛，对资源的消耗也越多，对生态与环境的伤害也越大；人类开始明白，科技是多么锐利的一柄“双刃剑”，既是工业社会生产力发展的强大动力，又是加速地球资源消耗和生态环境恶化的催命判官。“福兮祸所伏”，这种负反馈机制也像农业文明时期的粮食越多人口增长越快一样地制造着工业文明的不可持续和走向消亡。现在，人们一面在尽情地享受着工业文明的成果，一面必须面对工业文明带来的资源枯竭和环境恶化，急忙寻找着可再生清洁能源和应对全球气候的变化，思考着后工业文明该怎么办？

45.3 能源危机与“三段式”转型

化石能源是支撑工业文明大厦的柱石，也是消耗最盛、不可循环和伤害环境最重的一柄“利剑”。本书以上诸章对此已有阐述，但仍愿再列出一组数据以强化这种印象。美国地质调查所2000年的一份世界能源展望报告（USGS2000）指出，截至1998年，世界石油和天然气已分别用掉了875亿吨和496亿吨，是2000年剩余可开采储量的67%和42%；美国能源信息署2005年的报告（IEO2005）提出[4]，2002—2025年的世界石油、天然气和煤炭的消费量年均增速分别为1.9%、2.3%和1.3%，三者尚可使用的年限分别是53年、63年和90年。这两组数据难道不足以令世人警醒吗？

美国的清洁能源新政也好，欧盟的“三个20%”计划也好，在应对全球气候变化和能源转型中除提高能效和节能减排外，主要是清洁能源对化石能源的替代。那么，进展与前景又是如何？先看看领军世界能源转型的几个国家的情况。

美国是世界最大能源消费国，每年要用掉世界能源总消费量的1/5。据图1美国能源情报署（EIA）的最新报告[5]，2035年前后美国的能源消费增长缓慢，清洁能源将占到能源总消费量的24%。其中发电量增长部分的41%由非水可再生能源提供，液体燃料消费增长部分由生物乙醇弥补。欧盟国家2020年可再生能源将占到能源总消费量的20%，而瑞典的生物能源2006年已占到全国能源消费总量的25%，巴西2009年的生物燃料在运输燃料中已经占到了56%。

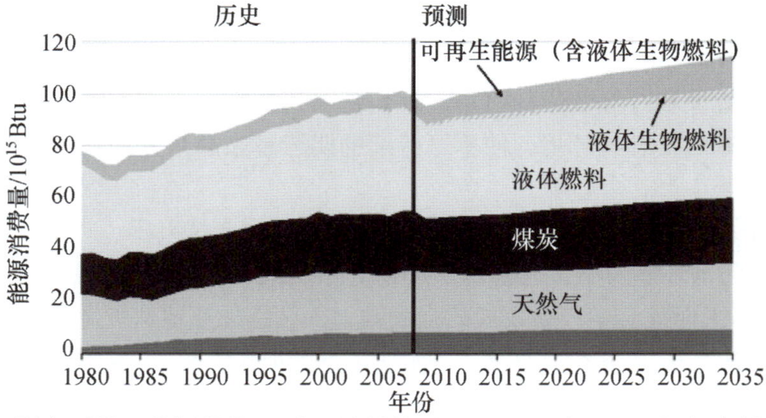

Richard Newell,SAIS,December 14,2009 Source:Annual Energy Outlook 2010

图 1　美国能源消费结构及预测[5]

以上数据说明，2035 年前后美欧诸国的清洁能源将超过本国能源消费总量的 1/4，而非能源高消费国的巴西和瑞典则将大大超过这个指标。据此发展动向，兹提出 21 世纪能源转型的“三段式”设想，即在 21 世纪的前 1/3 时段为单能阶段，即在可再生能源和核能快速成长和替代的同时仍将以化石能源为主导；第二个 1/3 时段为双能阶段，即可再生能源将由替代能源成长为主导能源之一，化石能源比重降低到 50% 左右的双雄共撑世界能源的局面；第三个 1/3 时段为三能阶段，即随着氢能和核聚变等新能源由试验进入商品化，而逐渐出现一个可再生能源、化石能源和新能源的三足鼎立格局（图 2）。

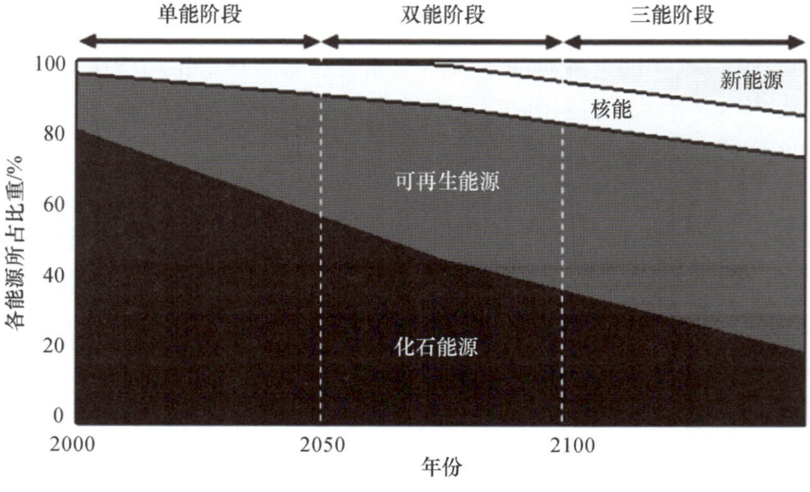

图 221　世纪能源演化三段式图示

45.4 非能资源危机更加深重

导致工业社会资源枯竭、环境恶化和不可持续的要素中，化石能源首当其冲，但并非唯一。建造这座“工业大厦”，除能源外，还需消耗地球上多少不可再生的矿产资源啊！而这些资源的匮乏尚未引起足够重视，且大多尚无替代着落，这是人类社会更深层次的隐忧。

最早系统地提出这个问题的是丹尼斯·米都斯的《增长的极限》[6]一书。书中详细列出了 19 种不可再生矿产资源的已知储量，并按当时的年开采量提出可使用年数、按年均增长率给出使用年数的指数指标，以及设置新发现资源量 5 倍于已知储量指数给出的可使用年数。表中除铬、煤、钴、铁四项尚能使用百年以上外，其他均不及百年（表 1），请注意该书提出的起始期是 1971 年，已经过去 40 年了。

表 1　不可再生的自然资源储量及使用年数[6]

资源	已知世界储量	使用年数		
		固定的指标 / 年	指数的指标 / 年	5 倍于已知的储量指数的指标 / 年
铝	1.17×10^9 吨	100	31	55
铬	7.75×10^8 吨	420	95	154
煤	5×10^{12} 吨	2 300	111	150
钴	1.9×10^6 吨（4.18×10^9 磅）	110	60	148
铜	308×10^6 吨	36	21	48
黄金	1.10×10^4 吨［353×10^6 英（两）金衡］	11	9	29
铁	1×10^{11} 吨	240	93	173
铅	9×10^6 吨	26	21	64
锰	8×10^8 吨	97	46	94
汞	1.15×10^5 吨（3.34×10^6 铁箱）	13	13	41
钼	4.9×10^6 吨（10.8×10^9 磅）	79	34	65
天然气	3.2×10^{13} 米^3（1.14×10^{15} 立方英尺）	38	22	49
镍	6.67×10^7 吨（147×10^9 磅）	150	53	96
石油	7.23×10^{13} 升（455×10^9 桶）	31	20	50
类白金	1.34×10^4 吨［429×10^6 英两（金衡）］	130	47	85
白银	1.71×10^5 吨［5.5×10^9 英两（金衡）］	16	13	42
锡	4.37×10^6 吨（4.3×10^6 长吨）	17	15	61

续表 1

资源	已知世界储量	使用年数		
		固定的指标 / 年	指数的指标 / 年	5 倍于已知的储量指数的指标 / 年
钨	1.32×10^6 吨（2.9×10^9 磅）	40	28	72
锌	123×10^6 吨	23	18	50

① 1 磅 =0.453 6 千克；② 1 英两（金衡）=31.103 5 克；③汞的每铁箱为 76 磅；④ 1 立方英尺 =0.028 317 米^3；⑤ 1 桶 =158.98 升；⑥ 1 长吨 =1.016 吨。

该书是 1972 年出版的，20 年后的 1991 年，丹尼斯·米都斯在他的新著《超越极限》中重新审视了他 20 年前的这些数据和论断后说：

“当我们汇编数据，重新运行先前的计算机模型以及反思 20 年来的所学所得，我们认识到时间的流逝和许多增长趋势的延续已经将人类社会带到了相对于其发展极限的一个新的位置。1971 年，我们得出结论，人类开采能源和利用资源的自然极限将在随后的几十年内达到。1991 年，当重新研究过去的数据、计算机模拟结果以及世界各地的经验时，我们发现尽管科技水平在不断提高，环境意识不断觉醒，环境政策不断趋于严格，但是许多自然资源和污染排放已经超过了可持续发展的界线。”[7]

《超越极限》这本书出版至今又过去 20 年了，时间在飞快地闪过。2005 年在北京召开的“国际矿床地质学会第八届大会”（2005.8）的主题报告中指出：“随着人类开发资源程度的加剧，新的矿床和新型资源矿床已经变得越来越难以找到和开发，因为这些能源和矿床埋藏得更深更荒远，而浅层矿床和地处人类活动频繁地带的矿床已经逐渐枯竭”。该会再次向人类发出警告，矿产资源“已经变得越来越难以找到和开发了。”

中国的矿产资源总量居世界第三，工业化不到半个世纪和尚处在工业化中期，重要矿产资源缺口就日益扩大。2003 年铁矿石和铝的对外依存度超过 50%，铜达 71%，钾盐达 80%。在制订“十一五”计划时，国务院研究室工业贸易司副司长刘健生著文说：

“我国的 45 种主要矿产资源人均占有量不到世界水平的一半，铁、铜、铝等只是世界平均水平的 1/6、1/6 和 1/9。我国多数金属矿产资源禀赋不佳，开发利用难度大，选矿和冶炼成本高。”“到 2020 年，我国 45 种重要矿产资源中，可以保证的有 24 种，基本保证的 2 种，短缺的有 10 种，严重短缺的有 9 种。”（2005.8）

2005年9月，国务委员陈至立在新疆乌鲁木齐的一次报告中也深有感触地说：

“2003年，我国消耗了占全球31%的原煤，30%的铁矿石，27%的钢材以及40%的水泥（作者注：以上4项指占当年全球总消费量的百分比）。2004年，由于我国对铁矿石需求的急剧增加，国际市场价格上涨了71.5%；由于国际原油价格屡创新高，我国全年多支付外汇达数十亿美元。长此以往，越来越多的企业将不堪重负，国家将不堪重负。”

世界工业化二百年，中国才五六十年，世界和中国的不可再生矿产资源已经捉襟见肘了。如此以往，世界何以持续？中国何以为继？

45.5 碳氢化合物与碳水化合物的“轮回”

“从长远看，石油终将枯竭，利用取之不尽、用之不竭的农林生物质资源将会逐步兴起。由石油碳氢化合物生产的化石燃料，终将会由碳水化合物生产的生物质燃料逐渐部分替代（氢能、太阳能等也将替代部分）。让我们加强生物炼油厂的研究，迎接‘碳水化合物’新时代的到来。”[8]

现在看起来这段话似无惊人之处，但却出自中国石油化工界前辈闵恩泽2006年的一篇文章。闵先生是中国石化科学研究院前副院长兼总工程师，中国科学院院士和中国工程院院士，2007年度国家最高科技奖得主。他从事石油化工半个多世纪，在他耄耋之年却高屋建瓴地发表了题为“利用可再生农林生物质资源的炼油厂，推动化学工业迈入‘碳水化合物’新时代”的文章，其意义何其深远。这篇文章使刚涉足生物质能源领域的我感到震撼与敬佩，不久就拜见和认识了闵先生，共襄中国生物质能源发展盛举。

现代化学工业是从植物性碳水化合物起步的。世界上第一个塑料品种，赛璐珞（celluloid）是1868年利用天然纤维素硝化制成的；19世纪80年代销量最大的化学制品是植物基酒精；1900年巴黎博览会上展示的内燃发动机的燃料是花生油；福特的第一台汽车的燃料是酒精，如此等等。可是，碳水化合物刚崭露头角，就被20世纪20年代的石油及石油基制品的高性价比赶出了市场，1925年美国工业品中的植物基产品还占到35%，1989年只剩下16%了[9]。

随着石油资源的渐趋枯竭和油价飙升使碳氢化合物制品价格普遍上涨，加以它们对环境的负面影响和社会环保意识的增强，使一些企业开始由碳氢化合物原料向碳水化合物原料回归。半个多世纪前曾刮起聚合物化工的“飓风”，将尼龙和塑料产品刮得无处不在，当人们认识到这种“白色污染”的严重性的时候，一些企业家又试之以淀粉为原料经乳酸发酵和聚合等技术生产可以生物降解的塑料。美国 Cargill 公司于 2001 年建成并投产的年产 14 万吨的聚乳酸生产装置具有里程碑意义；道氏化学公司推出的 Biobalance 生物基聚合物取代了以往的聚氨酯，成为现在地毯制造的标准。尽管目前在性价比上生物基塑料尚不及石油基塑料，但随着技术改进、成本降低和环保政策的引导，逐渐取代已是大势所趋。

同样，当人们发现印刷制品中释放有害有机化合物时，以大豆为原料的油墨的销量在美国从 1989 年到 2000 年增加了 4 倍，超过了总使用量的 22%（ILSR 2002）；还有家用清洁剂、润滑剂、表面活性剂、有机肥料等的“绿色替代”也在扩展，至于生物能源对化石能源的替代更是众所周知了。

“绿色生产”和“绿色消费”逐渐成为时代的理念，一种时尚，加以政府的导向、支持和监管的“天平”已经明显地向碳水化合物原料一方倾斜，消费者也更愿意购买绿色产品。美国科学院十年前的一份报告就曾指出：“生物基产品最终满足大于 90% 的美国有机化学原料的消耗和 50% 的液体燃料需要，并形成转化生物基产品的全球领导地位。”[10] 如果我们看一下美国化学工业原料构成中烃类约占 70% 和生物质类约占 15% 的现状，和随着以石油基为主的烃类逐渐被糖类替代，就不难理解美国科学院提出的“生物基产品最终可以满足大于 90% 的有机化学原料的消耗”的预测了。表 2 提供了 1992 年美国部分化工产品中碳水化合物产品所占份额的背景材料。

表 2　美国来自碳氢化合物和碳水化合物的产品（1992 年）

产品	总产量 / 万吨	植物基所占比例 /%
黏合剂	500	40
脂肪酸	250	40
表面活性剂	350	35
醋酸	230	17.5
增塑剂	80	15
活性炭	150	12
洗涤剂	1 260	11
颜料	1 550	6
燃料	450	6
墙涂料	780	3.5
油墨	350	3.5
塑料	3 000	1.8

注：资料来源，参考文献[10]

佛学讲“轮回”，中国也有“三十年河东，三十年河西”的说法，不想也应验在了碳氢化合物与碳水化合物间的“轮回”上。

美国农业部能源政策和新用途办公室主任 Roger Conway 在他的以“生物基产品的今天和未来”为题的一份报告[11]中有这样一句话：“Everything old is new again”，意思是说“凡事皆可重新回归”。他的依据也是由碳水化合物到碳氢化合物，又回到碳水化合物的历史变迁。他在报告中对全球生物基化工制品市场作出了预测，2005 年的市场销售额是 212 亿美元，2025 年将达到 4 830 亿～6 140 亿美元，是 2005 年的 23 ～ 29 倍，详见表 3。

表 3 全球生物基化工制品市场预测[10] 亿美元

产品	2005 年	2025 年
一般化工制品	9	500 ～ 860
特种化工制品	50	3000 ～ 3400
精细化工制品	150	880 ～ 980
聚合物	3	450 ～ 900
合计	212	4830 ～ 6140
增加倍数	1	23 ～ 29

2000 年美国国会通过了《生物质研发法案》，法案提出 2010 年能通过生物质生产 12% 的化学品和材料，2020 年达到 18%、2030 年达到 25%，而 2002 年的基数是 5%。

在过去的 100 年里，有机化工领域的碳水化合物与碳氢化合物间的轮回不是简单的回归与重复，而是一种时代与技术的进步。

45.6 Biorefinery：生物炼制

历经百年开发与积累，石油化工已建立了一套可以生产千余种能源和非能产品的、成熟和完整的炼制技术与装备体系，而碳水化合物的现代化工技术与装备才刚刚起步。1982 年的《Science》杂志上发表了一篇题为：“Biomass refinery”的文章，这是首次从“石油炼制”概念引申提出的“生物炼制”概念，它标志着现代碳水化合物时代的到来，一个生物炼制的技术与装备体系将逐步建立。

石油炼制与生物炼制的理念相同而对象不同，一个是非生命的石油，一个是有生命的生物质。生物炼制是通过生物化学、热化学和分子生物学的技术平台将生物质转化为生物能源及生物基化工产品的炼制技术和装备体系。农作物和树木等植物及其残体、畜禽粪便、有机废弃物等所有生物质体均可作为炼制原料，所以有木质纤维素炼制、全作物炼制、绿色植物（草本植物、藻类等）炼制、有机废弃物炼制等等。炼制一般是将生物质水解成糖后进入到几个不同含碳水平的转化平台：有含 1 个碳（C1）的生物气甲烷和甲醇等，有 C2 平台上的乙醇、醋酸、乙烯、乙二醇等，有 C3 平台上的乳酸、丙烯酸、丙二醇等，有 C4 平台上的丁二酸、富马酸、丁二醇等，有 C5 平台上的衣康酸、木糖醇等和 C6 平台上的柠檬酸、山梨醇等。转化的产品有乙醇、生物柴油、沼气等生物质能源，有生物塑料、尼龙工程塑料等生物质材料，有乙烯、乙醇、丙烯酸、丙烯酰胺、1,3- 丙二醇、1,4- 丁二醇、琥珀酸等百余种重要化学品、精细化学品和药物等等。此外生物质也是制氢最具竞争力的一种原料。

2009 年美国能源部发布了 2009—2014 年 6 年投资 2 亿美元支持生物炼制工厂中试和示范工程项目。2010 年将建成第一座基于农业废弃物的大规模综合性生物炼制厂。

石油炼制的对象是石油，人们对基质只能作有限的选择而不能改变。而生物炼制的基质多种多样，选择余地很大，它又是有生命的，可以通过选育和遗传工程改良调控基质的加工品质和增加产出数量。随着分子生物学和生物技术的快速发展，人们提出了生物炼制中的“植物工厂”和“细胞工厂”的概念（图 3）。“植物工厂”是指通过基因工程改造后的植物个体可以直接产出某种目标产物或中间体，如聚羟基烷酯（PHAs）是生产塑料的一种高分子聚合物，现在是通过石油炼制或通过生物基质发酵合成，DOE 公司正在资助一个经基因改造的柳枝

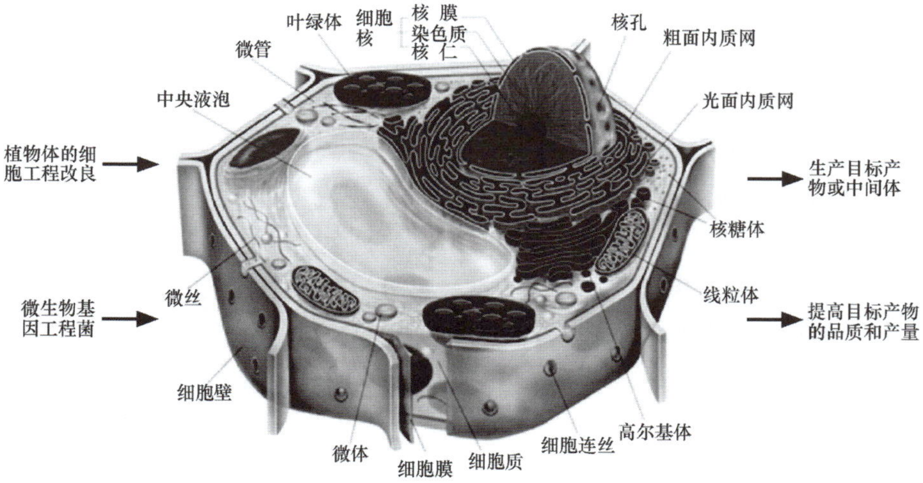

图 3　生物炼制中的“细胞工厂”示意图

图片来源：吴庆余．基础生命科学．2 版。

稷直接生产 PHAs 的项目。“细胞工厂”则是在细胞层次上“生产或制造某种产品，或者进行某种处理程序”，“可以按需求设计生产线及辅助系统，并调控生产进度。”[12] 美国杜邦和杰能科公司构建的能够生产 1,3- 丙二醇的重组大肠杆菌的“工厂”产品已于 2006 年实现工业化生产，产品在市场上可与石油基同类产品相抗衡。

由于生物炼制基质的生命性而可以将人为调控过程向上延伸到对基质的改良，而当今发展快速的分子生物学和生物技术则如虎添翼地为它推波助澜，其潜力和前途无限美好。

美国 Oak Ridge 国家实验室曾绘制一个生物炼制的概念图（Idealized biorefinery concept）（图 4），该图以二氧化碳和生物质作为“链接”，将自然条件下的生物性生产与工厂化的转化构成一个统一的物质和能量循环系统，这在宏观概念上是可以成立的。但是，自然态生长的植物及人工态生产的农作物的过程与其生物体（质）的工业性转化过程毕竟是生命性和非生命性的完全不同属性，二者虽密切关联，但将植物性生长和生产过程纳入生物炼制范畴是不恰当的，生物炼制还是专指生物质的现代加工炼制体系为好。美国国家再生能源实验室（NREL）的生物炼制定义即为：以生物质为原料，将生物质转化工艺与设备相结合，用来生产燃料、电热能和化学产品的过程。

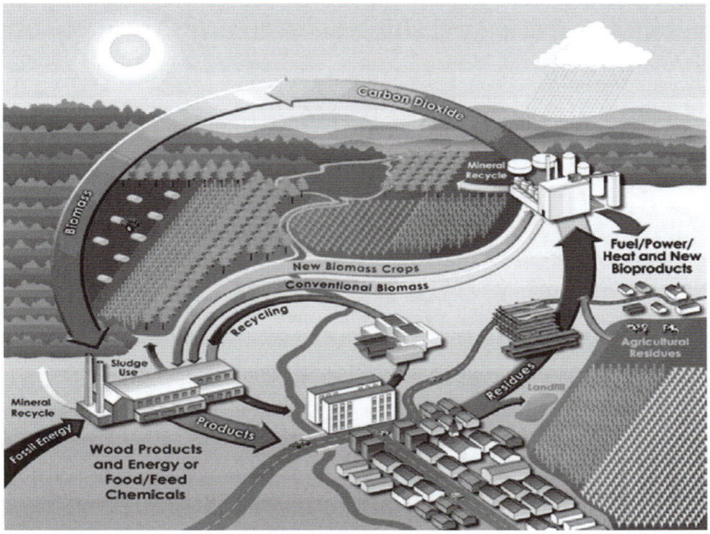

图 4　生物炼制概念图

图像来源：美国 Oak Ridge 国家实验室。

45.7 Bioindustry: 生物产业

以上谈了那么许多，似乎生物质生产和生物炼制只是针对石油等碳氢化合物产品的替代，那么以上第 4 节提出的那些不可再生的铝、铁、锡、铜、锌等金属材料资源匮缺又将何以应对？当然，生物质不可能“包打天下”，但它能做出重要贡献。

蛋白质具有独特的晶体结构，是自然界最复杂的大分子聚合物之一，具有极佳的材料性能。目前还没有一种合成纤维的强度和弹性堪与蜘蛛丝相比，其强度是钢丝的 5 倍，弹性是尼龙丝的 2 倍，防水性和可伸缩性更佳。加拿大科学家已成功地使基因改良的山羊奶中含有类蜘蛛丝蛋白；一些国家正在研究生物工程蜘蛛丝编织的轻软高效的防弹衣。海洋生物黏合蛋白和某些水生生物产生的蛋白也具有蜘蛛丝的类似性能。

上节谈到的生物塑料和尼龙工程塑料已经开始应用于多种工程材料，如日本丰田公司用白薯淀粉基塑料制成多种汽车配件，富士通公司用玉米淀粉基塑料制成的电脑外壳，以及近 100 万个分子量的生物高分子聚合物材料的生产和应用等。2004 年 4 月，嘉吉·陶氏公司在内布拉斯州的布莱尔市（Blair）设立了他们的第一家大规模 PLA 工厂。该工厂有 3 亿磅（1 磅＝ 0.454 千克）的年产量，预测到 2020 年的市场规模可能达到 80 亿磅[9]。2001 年美国生物工程技术协会的副会长曾宣称：“以玉米淀粉为原料的 PLA 生物材料在美国已经商业化启动。我们刚刚开始看到它在制造业的所有部门中得到应用，这可能会彻底改造旧经济。”

复合材料是生物质材料替代刚性材料的另一领域。钢筋强化混凝土、钢丝加固轮胎、以玻璃纤维和碳纤维作为增强材料早已有之，现在科学家们则开发强度更大和质地更轻的绿色材料。为减少油耗，汽车制造商十分关注于轻质、绿色和廉价的优质材料开发，福特汽车最近开始使用一种聚丙烯和洋麻纤维复合材料做成多种车型的内部门板；约翰迪尔（John Deere）公司正在使用大豆油基树脂的复合材料替代传统的黏结剂。如果玻璃纤维能被天然纤维所替代的话，那么复合材料板材可以是全生物基的，玻璃纤维的价格每磅 0.50 ～ 0.75 美元，而天然纤维的价格仅 0.03（黄麻）～ 0.25 美元（洋麻）[9]。

由于广泛的原料来源，不断提升的技术，产品的优质、绿色和可以持续，以及它是对众多不可再生资源替代的唯一选择，决定了生物制品必将稳步地赢得越来越大的市场。其经济意义将不亚于食品、纺织、造纸、建筑等传统用途，其社会意义在于他将成为社会可持续发展的新的支柱和保障。

2006 年，我在一次讲演中曾提到“生物产业”概念，其内涵是将植物生产、动物生产和微生物生产作为一个整体，按产品分为农业生产平台（Ag）、农产品加工平台（Ap）、生物能源平台（Be）、生物基产品平台（Bp和Bm）和微生物制品平台（Mp）。图5是当时PPT中的一张片子（稍有修改）。

中国国家发展改革委员会积极推进生物产业在中国的发展，2007年召开了第一届中国生物产业大会。国家发改委副主任张晓强在致辞中说：

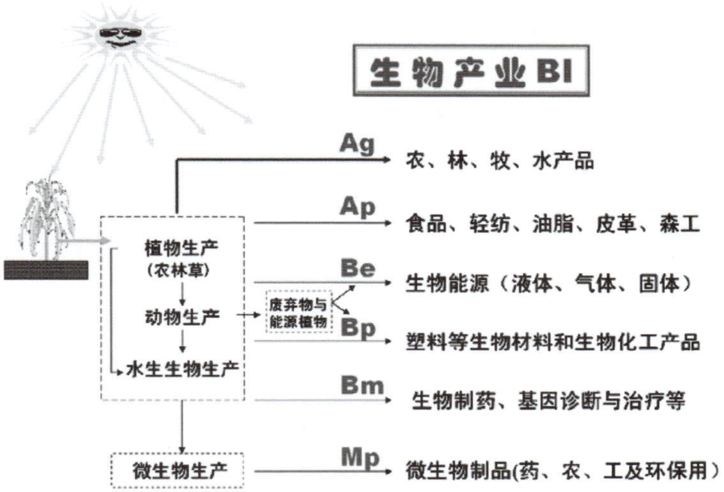

图5　生物产业概念图示

“当前，生命科学正在向揭示生命本质规律和控制生命过程方面快速发展，生物技术的重大突破正在农业、医药、能源等领域孕育和催生新的产业革命，世界生物技术发展已开始进入大规模产业化阶段，未来几年将会出现新的快速增长时期，正在形成充满活力的生物产业群。”[13]

受世界金融危机的影响，中国高技术制造业出现负增长，2009年1—2月份的主营业收入为-10.34%，利润增长为-54.67%，而生物产业却仍保持高速增长态势。在2009年的全国第二次生物产业大会上，国家发改委党组成员苏波说：

“从发展现状看，生物产业具备成为新的支柱产业的诸多条件……力争到2010年使生物产业增加值达到5 000亿元以上。在此基础上，2020年全国生物产业增加值突破2万亿元，成为国民经济的主导产业。”[14]

45.8　绿色的明天

人类社会发展所需要的自然资源有三：一是不可再生和不可循环的资源，如化石能源；二是不可再生但可减量化循环的资源，如金属和非金属矿产；三是可再生和可增量化循环的资源，如生物资源。前二者是不可持续的。只有后者是可以持续的。如果将时间尺度拉长，百年后核聚变能、氢能、氦 -3 等能成为主导性能源的话，人类的能源前景是可以乐以观之的，但是物质生产的基本要素——物质性资源，即上述第二类资源呢？它在减量循环中将逐渐稀缺以至耗尽。就目前所拥有的知识和技术，能应对渐趋耗尽的物质性资源的唯一可能是可再生的生物资源，别无他途。

从资源和技术的成长性看，化石能源和采矿冶金产业的“此消”与生物质产业的“彼长”已成大势，非人力所能左右。随着生物产业的发展，它将覆盖到农业与牧业、食品与轻工、能源与运输、材料与制造、医药与健康等诸多行业领域，因而现在的农业、工业和服务业的“三产”格局将演化为生物产业、非生物产业（采矿业、冶金业、制造业、无机化工业、新能源业、信息业）和服务业的“新三产”格局。

碳水化合物产品对碳氢化合物产品的替代是有史以来人类社会最大规模的一次“绿色”替代，未来的采矿业、冶金业、制造业、无机化工业、信息业，以及服务业使用的是清洁能源，生产过程也将是绿色的。绿色的明天不是梦想，而是一种努力与期待。

联合国环境署（UNEP）主持，与国际劳工组织（ILO）、国际雇主组织（IEO）国际商业联盟（ITUC）联合进行了一项为世界政策决策者提供咨询的研究，发布了一份以“绿色岗位：可持续和低碳世界里的一项体面工作”为题的报告（2007年）[15]。报告对“绿色岗位”的定义是“在农业、工业、服务业和管理上有助于保护或修复环境质量的工作，它们有助于节能减排、低碳和最少的环境污染。”报告估计 2006 年全球在可再生能源上有 233.2 万个绿色岗位，其中生物质能源方面占 50%；预测 2030 年将增加到 2 040 万个，其中生物质能源占 59%（图 6）。

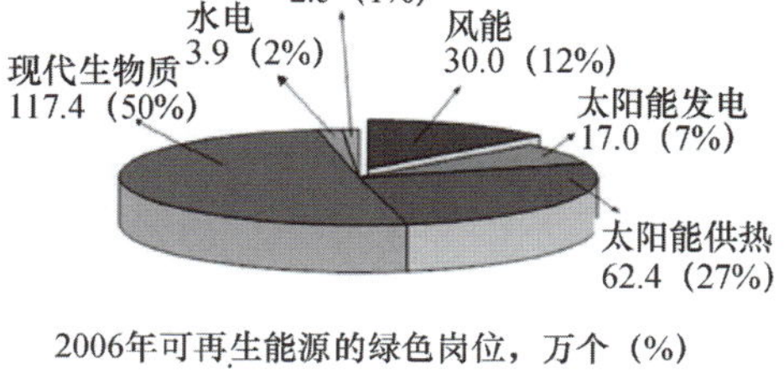

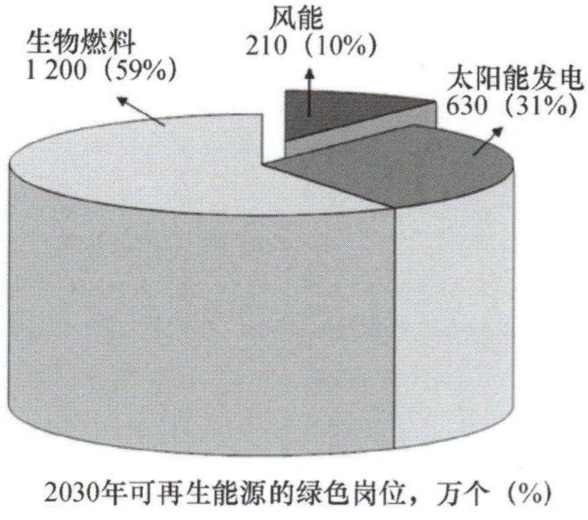

图 6 全球绿色岗位的现状（2006 年）与预测（2030 年）[15]

2008年美国全球观察研究所也提交了一份类似的报告，题目是“美国经济中当前和潜在的绿色岗位”[16]。该报告就可再生能源及提高能效领域，对美国51个州及所属区的现有(2008年)及潜在(2038年)的绿色岗位作了调查和预测，综合结果是：现有75.1万个绿色岗位，预测2018年、2028年和2038年分别约为254万个、348万个和422万个绿色岗位，详见表4。

表4　美国潜在的绿色岗位预测(2038年)[16]

绿色岗位名称	2018年	2028年	2038年
可再生能源发电	407 200	802 000	1 236 800
家庭和商业设备改造	81 000	81 000	81 000
可再生运输燃料	1 205 700	1 437 700	1 492 000
工程、法律、研发和咨询	846 900	1 160 300	1 404 900
合计	2 540 800	3 481 000	4 214 700

这两份报告昭示，人们已经开始在为未来的绿色社会谋划了。

如果说是不可再生能源的过度消耗和人类生存环境的恶化敲响了传统工业社会的丧钟，那么生物产业则为人类社会带来了希望和美好前景，预示着一个继工业文明之后的绿色文明将要到来。

45.9 至美的绿色文明

专家们对后工业社会有种种设想和见解，如知识经济、信息经济、生态经济、低碳经济等等。许多经济学家、社会学家也曾对人类社会的发展有过专门研究，如孔德(Auguste Comte)的“社会动力学”、斯宾塞(Herbert Spencer)的“社会进化论”、韦伯(Max Weber)的社会发展理性化理论，以及马克思(Karl Marx)的社会发展论等[17]。

不同社会形态具有不同的本质特征和不同的发生、发展和消亡过程。农业社会以农业为先进生产力代表和社会存在的主要形态，同时又因农业生产力高度发展导致人口与土地的尖锐矛盾而难以为继；工业社会以工业为先进生产力和社会存在的主要形态，也因工业生产力高度发展导致资源枯竭和环境恶化而不可持续。那么，下一个社会形态则必须是以能缓解资源匮缺与环境恶化矛盾并保障社会可持续发展为基本特征。在这个意义上，唯生物及其他可再生资源为主导的绿色产业能担此重任，以生物产业为主导的绿色产业将作为未来社会的先进生产力和社会存在的主要形态。

绿色文明的理念是“天人合一”和“持续发展”。绿色文明将使牺牲生态与环境的发展模式转向修复和保护生态环境模式；绿色文明将使不可再生资源主导模式转向可再生资源主导模式；绿色文明将使追求单一和近期目标的科技进步转向为促进社会健康和可持续发展长期目标的科技进步；绿色文明也将使人类生产生活消费上的贪婪与无度转向理性与高尚。在绿色社会，理念是绿色的，科技是绿色的，生产是绿色的，消费是绿色的，生活也是绿色的，人们将以绿色为荣。

奴隶社会为争夺奴隶而战，封建社会为争夺土地而战，资本主义社会为争夺资源和市场而战，特别是化石能源资源，20 世纪的两次世界大战到以后频频的海湾战争不是这样的吗？当今世界已经走向多极，全球气候变化需要世界共同面对，化石能源资源已近“峰值”，可再生能源使各国更关注于本土资源的开发而不是对国外资源的争夺，这些基本要素的变化必将改变国际关系格局。关心地球村这个人类共同的家园将逐渐成为 60 亿地球人的时尚和行动，“绿色”正在人类社会萌动与孕育。50 年、100 年或更长一些时间，“绿化”人类社会是一定可以实现的，我们应当有这样的信心和期待。

绿色文明是在对人类社会作历史观，以生产力发展为主线，以及工业社会不可持续发展的时代背景下提出来的。正如马克思所说的：“人们自己创造自己的历史，但是他们并不是随心所欲地创造，并不是在他们自己选定的条件下创造，而是在直接碰到的、既定的、从过去继承下来的条件下创造的。”[18]

我们现在讨论的应对气候变化和能源转型，讨论的后工业社会和绿色文明，是在讨论着一个未来的美好的时代，决胜生物质是为迎接这个美好时代的一个重大战役。

只要绿色理念在我们的心中和行动中，“绿色文明”就在我们身边。来自工业社会的人们一定要记住佛祖的“回头是岸”和“立地成佛”的教诲。对我们每个人如此，对国家和地方的领导者更是如此，毕竟他们拥有权力把握着这支航船；更寄希望于他们能多一些“绿在心中”——为了当代和子孙。

参考文献

［1］马克思恩格斯选集. 北京：人民出版社（北京），1972，2.

［2］M.T. 瓦罗（古罗马）. 王家绶据英译本译出. 论农业. 北京：商务印书馆，1997.

［3］林培. 中国耕地资源与可持续发展. 南宁：广西科学出版社，2000.

［4］美国能源信息署. 国际能源展望 IEO2005（中译本）. 北京：科学出版社，2006.

［5］U.S.Energy Information Agency（EIA）.Energy Outlook 2010.2009.12.

［6］Dennis L.Meadows，et al. 增长的极限，罗马俱乐部关于人类困境的报告（译本）. 李

宝恒译．长春：吉林出版社，1997.

［7］唐奈勒·H. 梅多斯，丹尼斯·L. 梅多斯．赵旭，周欣华，张仁俐译．超越极限，上海：上海译文出版社，2001 年。

［8］闵恩泽．利用可再生农林生物质资源的炼油厂——推动化学工业迈入‘碳水化合物’新时代．化学进展，2006,18（2/3）.

［9］Industrial Bioproducts:Today and Tomorrow, prepared by Energetics,Incorporated, Columbia, Maryland for the U.S.Department of Energy Office of Energy Efficiency and Renewable Energy.Office of The Biomass Program, Washington,D.C. July,2003.

［10］Biobased Industrial Products: Research and Commercialization Priorities，NAS, 1999.

［11］Roger Conway. The Future for Bioproducts, Presented to the USDA Global Conference on Agriculture.Minnesota, August,20–22,2007.

［12］张延平，李寅，马延和．生物炼制中的微生物细胞工厂．前沿科学，2007.2.

［13］张晓强．把握历史机遇，加快我国生物产业发展 // 中国发展和改革委员会高技术产业化司．中国生物产业发展报告 2007. 北京：化学工业出版社，2008.

［14］苏波．加快做大做强我国生物产业 // 中国发展和改革委员会高技术产业化司．中国生物产业发展报告 2009. 北京：化学工业出版社，2010.

［15］United Nations Environment Programme (UNEP), International Labour Organization (ILO)，International Trade Union Confederation (ITUC)，International Organization of Employers (IOE).Green Jobs: Towards decent work in a sustainable, low–carbon world, 2007.

［16］Global Insight, Inc.Current and Potential Green Jobs in the U.S. Economy, 2008.

［17］童星．社会发展学与中国现代化．北京：社会科学文献出版社，2005.

［18］马克思恩格斯选集．第 1 卷．北京：人民出版社，1972.

46 黑土地保护与物质循环

【写作背景】

中国农业大学资源与环境学院李保国教授在吉林省梨树县建立“保护黑土地试验站”，2015 年 9 月举办第一届“黑土地论坛”。本《文集》作者在论坛作“黑土地保护与物质循环”讲演，会后成文，未发表。讲演 PPT 见《石元春 PPT 选辑》。

19 世纪 40 年代，德国化学家李比希在提出《植物矿质营养学说》的同时，提出了《养分归还学说》。他指出：“植物从土壤中吸收养分，每次收获必从土壤中带走某些养分，使土壤中养分减少，土壤贫化。要维持地力和作物产量，就要归还植物带走的养分。”在当今广泛使用无机化肥的条件下，对土壤有机质的保障性补充，以维持土壤良好的微生态状况、物理性状和培肥土壤都具有重要意义，尤其是在黑土地上。

在以玉米为主的一年一作的黑土地上，有机质回归农田大体有三种模式。一是“种植回归模式”，即年产出生物量中约占 4 成的籽粒以商品粮形式离开了土地，占 6 成的秸秆中的 2 成以有机肥回归土壤，另 4 成被露地焚烧或作燃料，以少量草木灰形式回归土壤。二是“种—养回归模式”，即以玉米籽粒为饲料，以畜禽粪便归还土壤，可另增 1 成有机质还田。三是以种植和养殖的作物秸秆和畜禽粪便为基质生产沼气，以沼渣还田的“种—养—加回归模式”。因沼气加工生成的生物天然气的商品性和极佳的市场需求与高附加值，可促进更多的秸秆和畜禽粪便以沼渣形式回归土壤。“种—养—加回归模式”可有约 5 成的有机质还田。

秸秆和畜禽粪便在沼气化过程中，将 C、H、O 转化为 CH_4 等气体的同时，将植物营养元素几乎全部地保留于沼渣，回归土壤。有机质中的 C、H、O 元素是植物光合作用合成自大气中的 CO^2 与 H_2O，又在土壤中分解而复归大气的一种物质循环系统，是太阳辐射能转化为化学能的载体元素。合成的碳水化合物除用于食物、饲料和燃料外，秸秆与畜禽粪便等农业废弃物中的转化是无实用价值的，而沼气化则可使这些化学态能量转化为高附加值的清洁能源。这是在农田物质与能量循环系统中可实用性部分的一种新增与扩展。

地质时期里的厌氧过程使有机质得以保存，又经高温高压等地质过程使有机质脱氧而形成了煤炭、石油、天然气等，以 C、H 为主要化学组分的化石能源。在现代科技条件下，有机物质则可直接在生物学、物理学或化学平台上有控地转化为固态、气态或液态的生物质能源。其中唯沼气化或甲烷化可在获得高品位的生物天然气的同时，植物营养元素得以最大量地保存与回归土壤。

沼气化过程是农田生态系统中物质循环与利用的中心环节，是作物秸秆和畜禽粪便无害化和资源化利用的主要途径，是潜在资源的深度开发，且具极佳经济性（净收入可接近种植业与养殖业之和）与环境效应（是唯一的负碳生物质能源）。

德国生物燃气公司由 2004 年的 2 050 家发展到 2009 年的 4 780 家，产能由 247 MW·h 发展到 1 600 MW·h。2007 年瑞典生物天然气驱动的汽车 1.5 万辆，加气站网遍布全国。2009 年欧盟诸国产生物天然气 250 亿 m^3。

在此期间，中国走的是发展农村户用沼气和部分养殖场沼气的道路。因为是国办的惠民与环保项目而无商品性与市场驱动，虽投资百亿元而成效甚微。随着山东民和、北京德清源等大型养殖场的沼气发电，以及 2011 年我国第一个日产 1 万 m^3 的民营生物天然气工程在我国面世后，沼气商品化形势发展很快。在多方推动下，国务院于 2015 年投入资金 20 亿元推进生物天然气发展；同年 5 月环保部和国家能源局在内蒙古自治区设立了生物天然气示范区。

在中国农业大学的协助下，吉林省辽源市金翼蛋品有限公司组建了天焱生物质能源公司，其在建生物天然气工程项目投资 3.33 亿元，日处理鸡粪 1 000 吨，年产生物天然气 3 000 万 m^3 和有机肥 10 万吨，年产值 1.44 亿元，2015 年底投产。

梨树县是吉林省的农业大县，作物秸秆与畜禽粪便资源极丰。可作能源用的作物秸秆和畜禽粪便折标煤 109 万吨 / 年（表 1），可年产 12 亿 m^3 生物天然气，产值 60 亿元，可接近 2014 年种植业产值（66 亿元）或养殖业产值（87 亿元）。因原料成本低而净收入高，可相当于种植业（6 亿元）与养殖业（13 亿元）之和；可年新增农民人均收入 3 300 元及年减排 75 万吨 CO_2。

表 1　吉林省梨树县农业废弃物资源及能源化潜力

项目	数量	实物量 / 万吨	干重 / 万吨	能源用系数	能源用干重 / 万吨	折标煤 / 万吨
秸秆 / 万吨	322	322	257	0.6	154	81.6
牛 / 万头	29.5	219	43.8	0.6	26.3	12.4

续表 1

项目	数量	实物量 / 万吨	干重 / 万吨	能源用系数	能源用干重 / 万吨	折标煤 / 万吨
猪 / 万头	126.0	75	13.5	0.6	8.1	3.5
鸡 / 万头	763.3	28	22.4	0.8	17.9	11.5
合计	——	322/322	336.7		206.3	109.0

注：为 2014 年资料，由梨树县提供。

以沼气厌氧发酵为中心的“种—养—加模式”是黑土地农田生态的一种高质高效的物质与能量循环系统；是农工一体的现代农业生产与经营体系。生物天然气的商品性和极佳经济性是驱动这种模式运行的强力助推器。希望这种模式能在吉林省得到发展。

2013 年的第一届生物质产业发展长春论坛上，笔者提出“20 世纪末吉林省提出玉米经济，现在是该提生物质经济的时候了”的建议受到省委的重视，4 个月后印发了《吉林省发展生物质经济实施方案的通知》(简称《通知》)。《通知》指出：“生物质经济是以生物质产业为核心，横跨现代农业、工业和服务行业三次产业，满足生产、生活对清洁能源和生物基产品日益增长的需要，实现绿色、低碳和可持续发展的经济形态。”“发展生物质经济有利于推动我省经济整体转型和发展方式转变，培育新的经济增长点；有利于推进全省生态文明建设，实现绿色发展；有利于解决‘三农’问题，推进绿色城镇化建设，促进城乡协调发展。”

2014 年的第二届生物质产业发展长春论坛上，吉林省发改委姜有为主任在主题讲演中提出了“黑土地上决胜生物质！”的号召。十年前，2005 年笔者在郑州讲演中提出和次年发表于《求是》杂志的“农业三个战场”观正在实现之中！

中共中央、国务院《关于加快推进生态文明建设的意见》(2015 年 4 月 25 日)中指出：“总体上看我国生态文明建设水平仍滞后于经济社会发展，资源约束趋紧，环境污染严重，生态系统退化，发展与人口资源环境之间的矛盾日益突出，已成为经济社会可持续发展的重大瓶颈制约。”

国务院《关于加快转变农业发展方式的意见》(2015 年 8 月 13 日)指出：“当前，我国经济发展进入新常态，农业发展面临农产品价格‘天花板’封顶、生产成本‘地板’抬升、资源环境‘硬约束’加剧等新挑战，迫切需要加快转变农业发展方式。”在加快转变农业发展方式的七项任务中提出了“创新农业经营方式，延伸农业产业链”；“深入推进农业结构调整，促进种养业协调发展”，以及“提高资源利用效率，打好农业面源污染治理攻坚战”。并提出“为提高资源利用效率，启动实施农业废弃物资源化利用示范工程”。

20 世纪末，克林顿在《发展生物基产品和生物能源的总统令》中开宗明义地指出："目前生物基产品和生物能源技术有潜力将可再生农林业资源转换成能满足人类需求的电能、燃料、化学物质、药物及其他物质的主要来源。这些领域的技术进步能在美国乡村给农民、林业者、牧场主和商人带来大量新的，鼓舞人心的商业和雇佣机会；为农林业废弃物建立新的市场；给未被充分利用的土地带来经济机会；以及减少我国对进口石油的依赖和温室气体的排放，改善空气和水的质量。"生物质经济在全球范围得到快速发展。

无论是在生物量中所占比重，还是在资源循环与利用，生态建设与环境保护，以及为转变农业发展方式等方面，农林有机废弃物等非粮生物质都将成为农田生态系统中不可分割的重要组成部分，成为资源环境科学与技术中跨学科与跨领域的一个新方向。

中国正处在大变革时期，愿中国农业大学资环学院与梨树实验站在资源与环境科技，在现代农业建设中勇于开拓，敢于创新，做出更大贡献。

（写于庆祝中国农业大学建校 110 周年之际）